中文版

Revit 2018 基础培训教程（修订版）

何相君 编著

人民邮电出版社
北京

图书在版编目（CIP）数据

中文版Revit 2018基础培训教程 / 何相君编著. --
2版（修订本）. -- 北京 : 人民邮电出版社, 2022.5（2024.1重印）
ISBN 978-7-115-58259-1

Ⅰ. ①中… Ⅱ. ①何… Ⅲ. ①建筑设计－计算机辅助
设计－应用软件－教材 Ⅳ. ①TU201.4

中国版本图书馆CIP数据核字(2021)第259131号

内 容 提 要

本书介绍 Revit 2018 的基础操作方法和 BIM 建模的操作技法，内容包括 Revit 2018 的基本功能、Revit 建模的前期工作、墙体、门窗与楼板、天花板与柱、楼梯/栏杆扶手/坡道/台阶、屋顶、内建模型和场地建模、图表生成/渲染/漫游、部件/零件/体量、族，以及综合案例实训等内容。

本书内容以课堂案例为主线。通过对课堂案例实际操作的学习，读者可以快速熟悉软件功能与建模思路。书中的软件功能讲解部分可以帮助读者牢固掌握软件功能；课堂练习和课后习题可以拓展读者对知识的实际应用能力，使读者掌握更多软件使用技巧；综合案例实训可以帮助读者快速掌握 BIM 建模的思路和方法，顺利达到实战水平。

本书既适合作为大专院校相关专业和培训机构 BIM 建模课程的教学用书，也可作为 Revit 2018 自学人员的参考用书。

◆ 编　　著　何相君
责任编辑　张玉兰
责任印制　马振武

◆ 人民邮电出版社出版发行　　北京市丰台区成寿寺路 11 号
邮编　100164　　电子邮件　315@ptpress.com.cn
网址　https://www.ptpress.com.cn
固安县铭成印刷有限公司印刷

◆ 开本：787×1092　1/16
印张：18.75　　　2022 年 5 月第 2 版
字数：553 千字　　　2024 年 1 月河北第 3 次印刷

定价：69.90 元

读者服务热线：(010)81055410　印装质量热线：(010)81055316
反盗版热线：(010)81055315
广告经营许可证：京东市监广登字 20170147 号

前　言

BIM（建筑信息模型）是Autodesk公司提出的信息化工程建设理念。该理念不仅能够帮助建筑师减少错误，还能提高利润和客户满意度，进而完成更具有可持续性的精确设计。同时，BIM能够优化团队协作，使建筑设计师、工程师、承包商、建造人员与业主能更加清晰、可靠地沟通设计意图。Autodesk公司随后推出了实现BIM理念的软件——Revit。该软件是为BIM构建的，可帮助建筑设计师设计、建造和维护质量更好、能效更高的建筑。其强大的功能可以简化大量复杂的任务，其项目样板文件的统一标准格式为设计提供了便利，在满足设计标准的同时，大大提高了建筑设计师的工作效率。不难想象，在今后的工程建设行业中，Revit将是一款主流软件。

为了帮助大专院校和培训机构的教师全面、系统地讲授这门课程，使读者能够熟练地使用Revit进行BIM建模，航骋教育组织从事BIM项目工作的专业人士编写了本书。

我对本书的编写体系做了精心的设计，按照“课程案例→软件功能解析→课堂练习→课后习题”这一思路进行编写。课堂案例能使读者快速了解软件功能和建模思路，软件功能解析能使读者深入学习软件功能和操作技巧，课堂练习和课后习题能拓展读者对知识的实际应用能力。在内容方面，力求细致全面、重点突出；在文字叙述方面，注意通俗易懂、言简意赅；在案例选取方面，强调案例的针对性和实用性。

本书的参考学时为64学时，其中实训环节占28学时，各章的参考学时参见下面的学时分配表。

章序	课程内容	学时分配	
		讲授	实训
第1章	初识Revit 2018	1	-
第2章	Revit建模的前期工作	2	1
第3章	墙体	2	2
第4章	门窗与楼板	2	2
第5章	天花板与柱	2	2
第6章	楼梯/栏杆扶手/坡道/台阶	4	3
第7章	屋顶	2	2
第8章	内建模型和场地建模	3	2
第9章	图表生成/渲染/漫游	6	4
第10章	部件/零件/体量	4	2
第11章	族	4	4
第12章	综合案例实训：阶梯教室	4	4
学时总计		36	28

为了方便读者了解本书的结构体系，下面对本书结构进行图解展示。

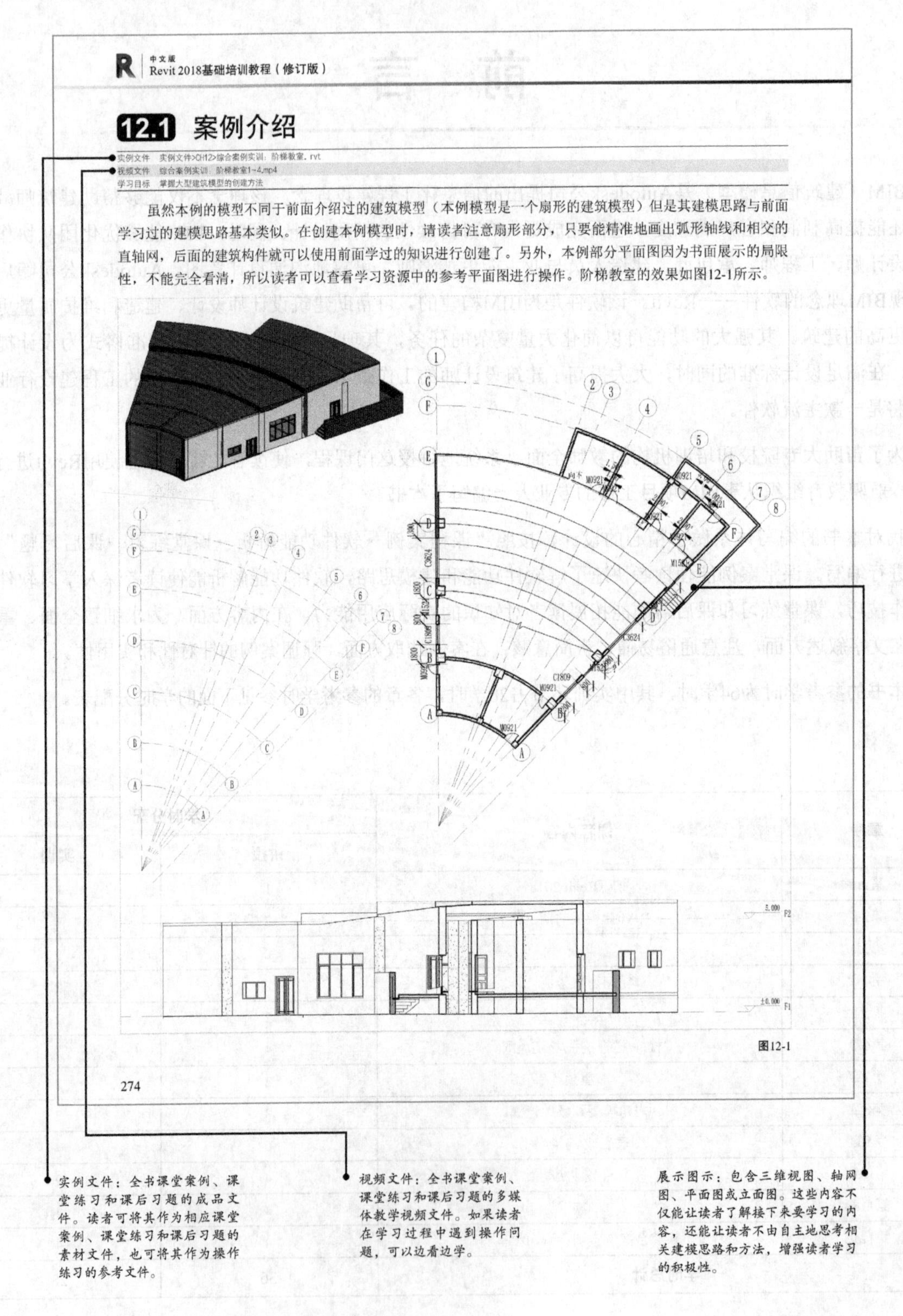

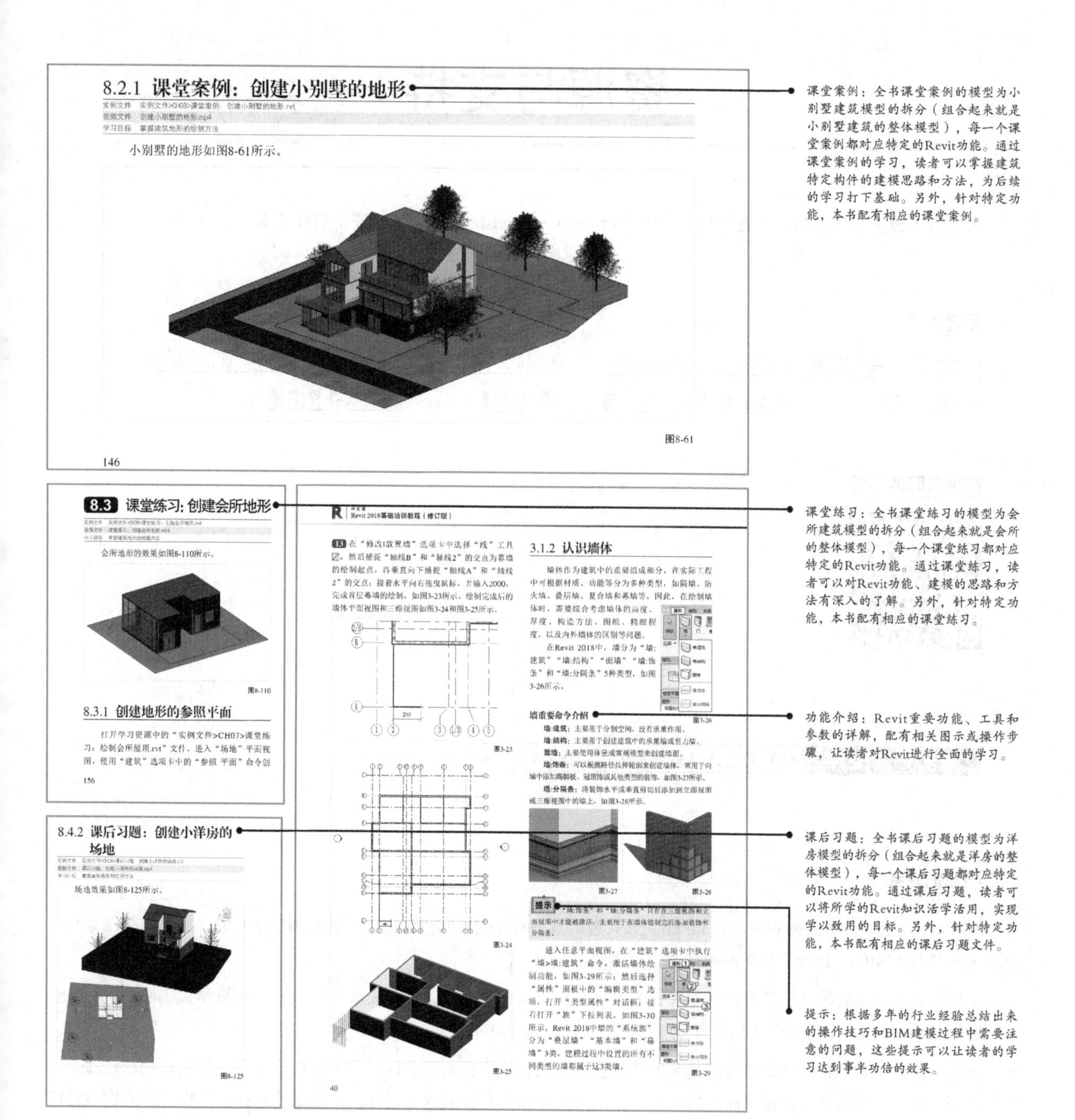

本书能顺利出版，少不了业内相关人士的帮助和支持，在此表示感谢。由于编者水平有限，书中难免存在疏漏之处，敬请广大读者批评指正。若读者在学习过程中遇到问题和困难，欢迎与我们联系，我们将竭诚为广大读者服务。

编者

2021年12月1日

资源与支持

本书由“数艺设”出品，“数艺设”社区平台（www.shuyishe.com）为您提供后续服务。

配套资源

实例文件（课堂案例、课堂练习、课后习题）　在线教学视频（课堂案例、课堂练习、课后习题）

PPT教学课件　BIM技能考试二级（建筑）模拟试题　5个试卷答案模型

资源获取请扫码

“数艺设”社区平台 为艺术设计从业者提供专业的教育产品

与我们联系

我们的联系邮箱是 szys@ptpress.com.cn。如果您对本书有任何疑问或建议，请您发邮件给我们，并请在邮件标题中注明本书书名及ISBN，以便我们更高效地做出反馈。

如果您有兴趣出版图书、录制教学课程，或者参与技术审校等工作，可以发邮件给我们。如果学校、培训机构或企业想批量购买本书或“数艺设”出版的其他图书，也可以发邮件联系我们。

如果您在网上发现针对“数艺设”出品图书的各种形式的盗版行为，包括对图书全部或部分内容的非授权传播，请您将怀疑有侵权行为的链接通过邮件发给我们。您的这一举动是对作者权益的保护，也是我们持续为您提供有价值的内容的动力之源。

关于“数艺设”

人民邮电出版社有限公司旗下品牌“数艺设”，专注于专业艺术设计类图书出版，为艺术设计从业者提供专业的图书、视频电子书、课程等教育产品。出版领域涉及平面、三维、影视、摄影与后期等数字艺术门类，字体设计、品牌设计、色彩设计等设计理论与应用门类，UI设计、电商设计、新媒体设计、游戏设计、交互设计、原型设计等互联网设计门类，环艺设计手绘、插画设计手绘、工业设计手绘等设计手绘门类。更多服务请访问“数艺设”社区平台www.shuyishe.com。我们将提供及时、准确、专业的学习服务。

目　录

第1章 初识Revit 2018

本章将介绍Revit 2018的基础知识，包括建模的基本思路、Revit族的分类、建模专业分类等。另外，通过本章的学习，读者还可以对Revit 2018的工作界面和模型格式有初步的了解，为后面的深入学习打下基础。

学习目标

- 了解建模的思路
- 了解Revit建模专业的分类
- 了解Revit模型文件格式
- 了解模型细度（深度）

1.1 Revit建模常识

使用Revit创建建筑模型时，通常遵循“标高轴网→墙→门窗→柱及楼板→屋顶→楼梯→其他构件→场地”这个基本流程。注意，在Revit中建模是以“搭积木”的方式完成的，每一个构件就相当于一块积木，因此可以通过组装各构件完成一个完整的建筑模型。

本节内容介绍

名称	作用	重要程度
建模基本思路解析	了解Revit建模的基本流程	高
Revit族的分类	了解族的类型	中
Revit建模专业分类	了解建模专业类别	中
Revit适用范围	了解Revit的使用范围	中

1.1.1 建模基本思路解析

在学习Revit建模之前，需要知晓建模的基本思路。下面以图1-1所示的小别墅剖切面视图为例，讲解建筑模型的基本组成和建模的基本过程。

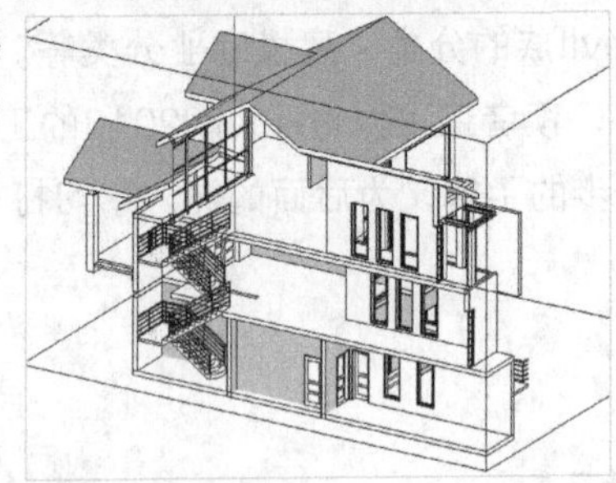

图1-1

提示 这是本书课堂案例的参考图。

既然Revit的建模方式为“搭积木”，在拿到该剖面图时，第一时间就应该观察并分析图纸中建筑的构成，如图1-2所示。

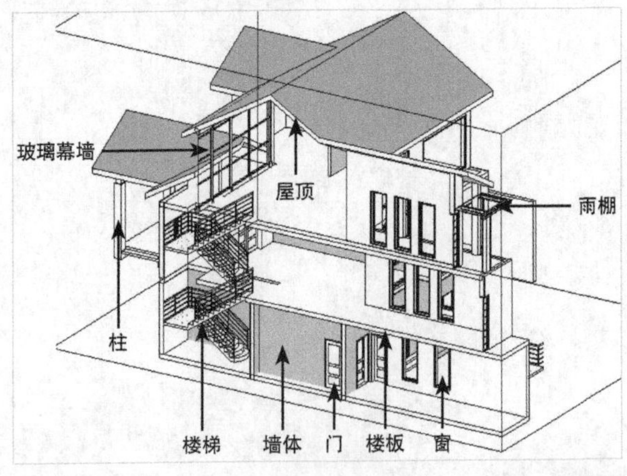

图1-2

将建筑的构件拆分出来后，读者一定要先将标高和轴网绘制好，再创建建筑的构件，具体顺序如下。

第1步：创建墙体。

第2步：创建门窗。

第3步：创建柱及楼板。

第4步：创建屋顶。

第5步：创建其他构件，如雨棚、玻璃幕墙等。

第6步：创建地形和景观。

这是使用Revit创建建筑模型的常规顺序，按此步骤完成的建筑模型的效果如图1-3所示。

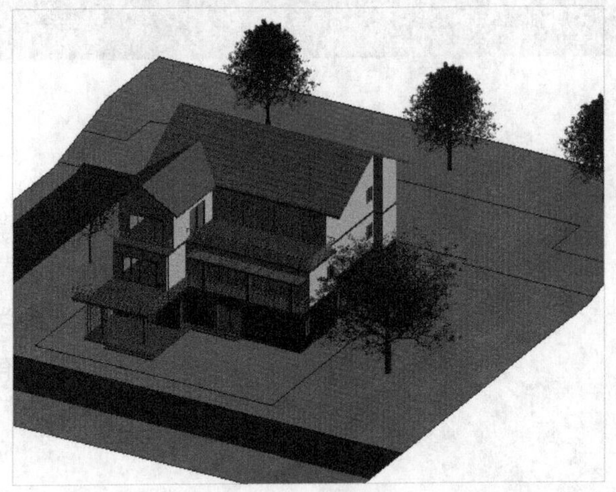

图1-3

1.1.2 Revit族的分类

从建模思路中可以看出一个建筑有很多门和窗，门和窗的外形和大小不尽相同。为了方便建模，Revit将各构件按类型划分为“族”。同类的构件属于同一个族，如“门族”“窗族”等。有了族，用户可以直接根据构件的类型从族中选择对应的构件，再拼装和组合出完整的模型。

在Revit 2018中，族可分为“内置族”和“可载入族”两类。其中，“内置族”只能在当前项目中使用，不具有可传递性，如内建模型等；“可载入族”可以载入任意项目使用，具有可传递性，如“门族”“窗族”等。

提示 这里仅简单介绍族的相关概念，族的具体使用方法后面会进行详细讲解。

1.1.3 Revit建模专业分类

Revit的功能非常强大，其建模专业可以划分为“结构”“建筑”“机电”3个。其中，“结构”专业主要包括主体结构的受力构件，可绘制钢筋等；“建筑”专业包括各类非结构构件，主要用于表现建筑形式等；“机电”专业包括各种系统管线，主要用于管线的优化和综合。

提示 读者在学习Revit建模时，建议从“建筑”专业入门，掌握各种建模方式，以便在学习“结构”和“机电”专业建模时能快速上手。

1.1.4 Revit适用范围

Revit 2018的功能虽然非常强大，但它主要用于房建项目和部分结构较为简单的桥梁隧道工程，如小区高层建筑、别墅等。另外，Revit 2018暂时不适用于某些项目，如市政项目、钢结构项目等。虽然Revit 2018能做这些类型项目的建模工作，但局限性很强，尤其在细节表达上显得不足。

提示 市政项目常用Civil 3D和InfraWorks处理，钢结构项目常用Takle处理，曲面构件的建模常用Rhino和Revit搭配完成。

1.2 Revit 2018的基本功能

本节主要介绍Revit 2018的工作界面。学习本节内容后，读者可对Revit 2018的工作界面有一个基本认识，并能掌握相关的基础操作。

本节内容介绍

名称	作用	重要程度
认识Revit 2018的工作界面	了解Revit 2018的工作界面	中
Revit 2018的视图操作	掌握Revit 2018的视图操作	高

1.2.1 认识Revit 2018的工作界面

打开Revit 2018，其工作界面如图1-4所示。将其按区域划分，可分为应用菜单及选项卡、打开或新建项目区域、最近使用的项目文件、打开或新建族区域、最近使用的族和帮助栏。

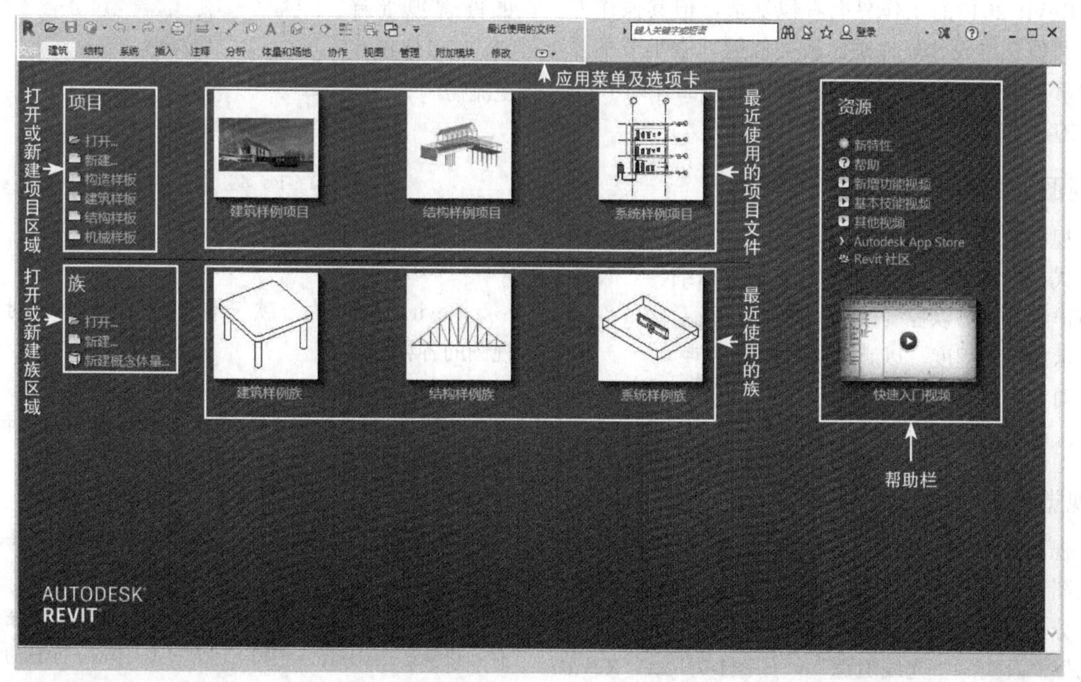

图1-4

双击“建筑样板”，进入建模视图，其工作界面如图1-5所示。

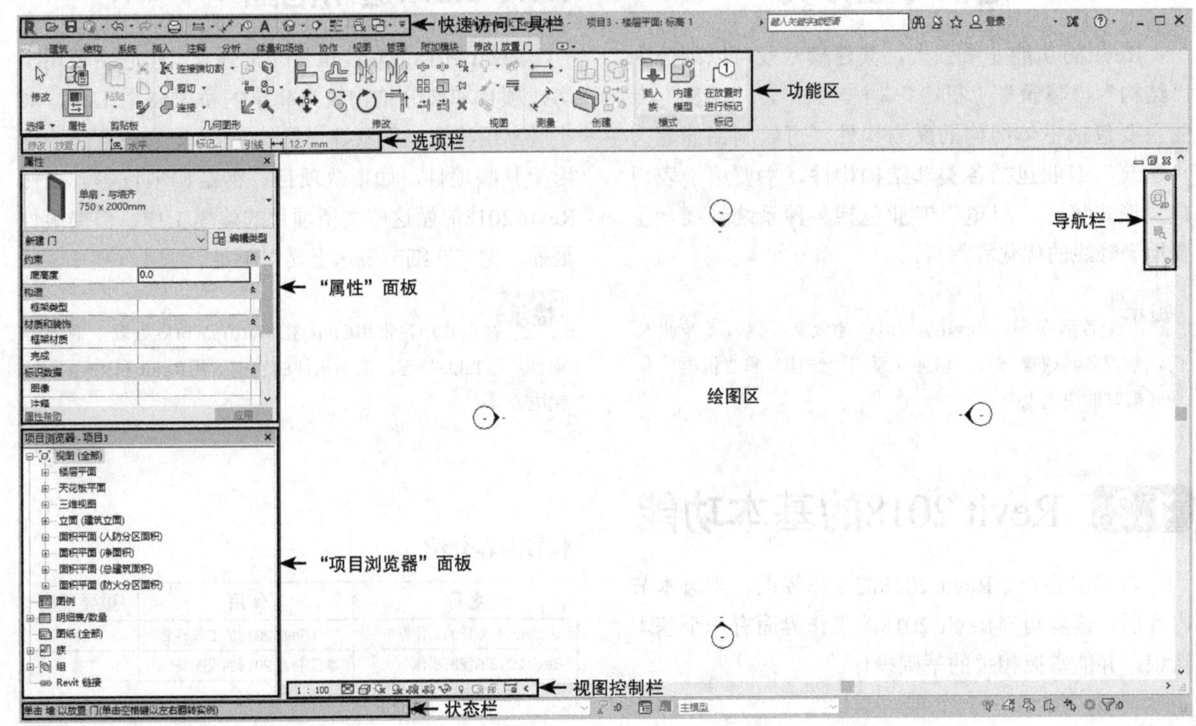

图1-5

1.2.2 Revit 2018的视图操作

Revit 2018的工作界面看似复杂，但其操作方式与其他三维设计软件是比较类似的。本小节主要介绍常规的视图操作，而其他操作在后面介绍Revit 2018的具体功能时会通过步骤进行讲解。

1. 视图详细程度

视图控制栏中的“视图详细程度”提供了3类显示方式，分别是“粗略”“中等”“精细”，设置视图详细程度可以控制模型显示的精细程度，以满足不同状态下的模型表现需求，如图1-6所示。

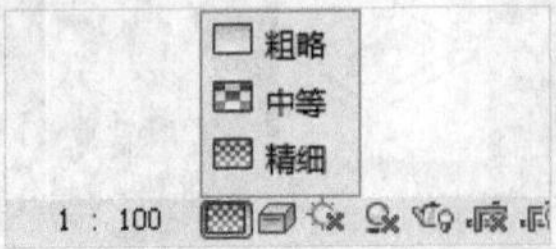

图1-6

2. 视觉样式

视图控制栏中的“视觉样式”用于控制模型在视图中的显示方式。Revit 2018提供了6种视觉样式，分别是“线框”“隐藏线”“着色”“一致的颜色”“真实”“光线追踪”，如图1-7所示。Revit 2018中模型显示的效果按上述顺序逐渐增强。注意，显示效果增强的同时，对计算机资源的消耗会同时增加，因此，合理设置视觉样式，可以使操作更流畅。

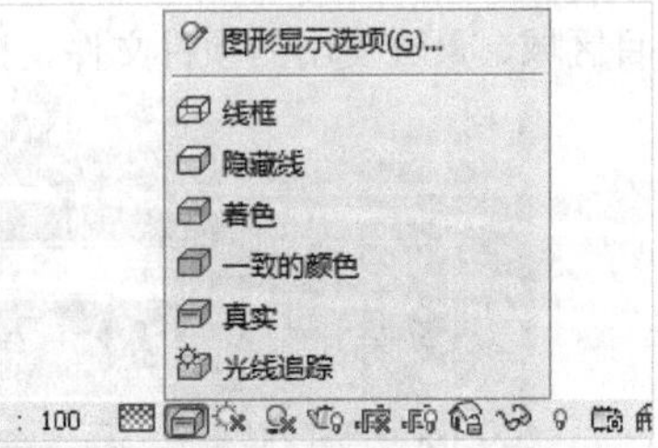

图1-7

3. 视图的缩放/平移/旋转

Revit 2018作为一款三维软件，自然存在对模型视图的各种操作。

缩放视图：缩放视图的方法有两种，第1种是在三维视图中直接滚动鼠标滚轮；第2种是按住Ctrl键与鼠标中键，然后上下拖曳鼠标。

平移视图：按住鼠标中键，拖曳鼠标。

旋转视图：按住Shift键，然后按住鼠标中键拖曳鼠标。

提示 读者可以在Revit 2018中打开学习资源中的任意文件，切换到三维视图，根据上述方式练习Revit 2018的视图操作。

4. 三维视图的切换

使用视图右上角的ViewCube工具可以进行三维视图的切换。其操作方法非常简单，单击对应的方位即可完成视图的切换，如图1-8所示。

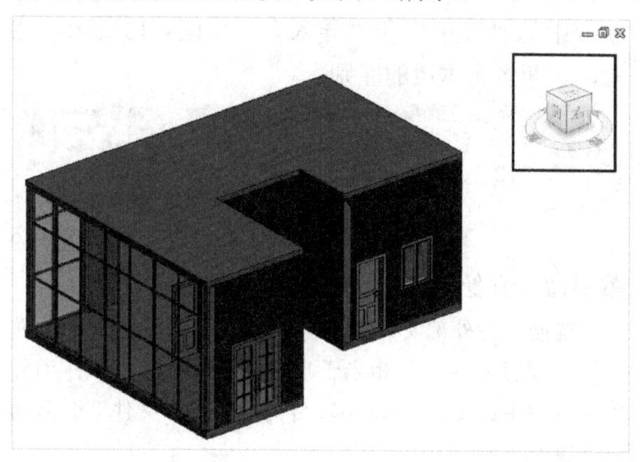

图1-8

5. 视图导航

在“视图”选项卡中打开“用户界面”下拉列表，勾选“导航栏”选项，视图中会出现视图导航栏，如图1-9所示。

图1-9

单击“控制盘”按钮，视图中会出现导航控制盘，它会跟随鼠标指针移动。用户移动鼠标指针到导航控制盘中的任意位置，按住鼠标左键即可执行相应的操作，如图1-10所示。

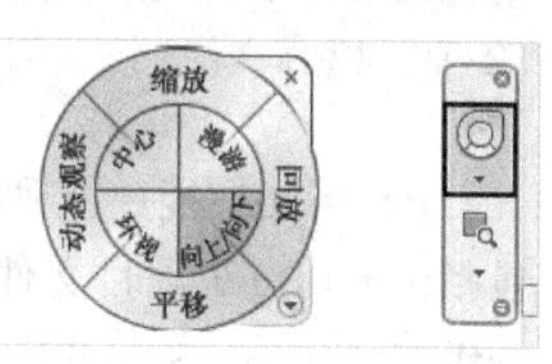

图1-10

1.3 模型文件格式和模型细度

在Revit建模中，模型的文件格式和模型的细度将直接影响模型的后期应用，不同的应用对模型的文件格式和细度有不同的要求。

本节内容介绍

名称	作用	重要程度
模型文件格式	了解常用模型文件格式	高
模型细度概述	了解模型细度的概念	中

1.3.1 模型文件格式

根据Revit模型的作用，Revit模型的文件格式可以分为Revit内部模型文件格式、Revit导出文件格式和Revit链接/导入文件格式。

1. Revit内部模型文件格式

Revit内部模型文件主要有4种，即项目文件、族文件、项目样板文件和族样板文件。它们对应的文件扩展名包括.rvt（项目文件）、.rfa（族文件）、.rte（项目样板文件）和.rft（族样板文件）。其中，项目样板文件用于创建新的项目，族样板文件用于创建新的族。下面介绍样板文件的新建与保存方法。

第1步：打开Revit 2018，选择“新建”选项。在“新建项目”对话框中选择“建筑样板”选项，单击“确定”按钮［确定］，即可创建样板文件，如图1-11所示。

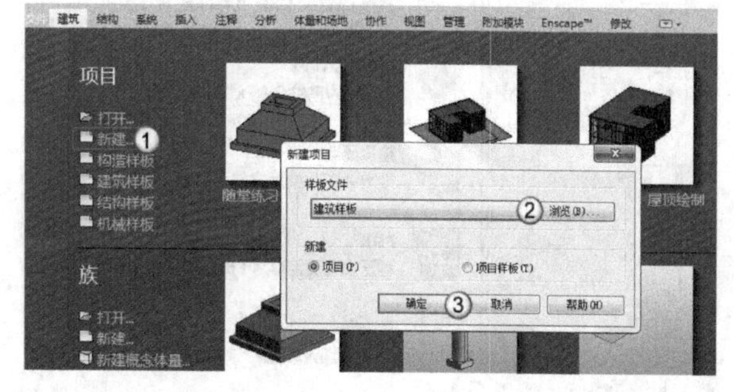

图1-11

第2步：执行“文件>另存为>样板”命令，如图1-12所示。在打开的“另存为”对话框中设置文件名和文件类型，然后单击“保存”按钮［保存(S)］保存样板文件，如图1-13所示。

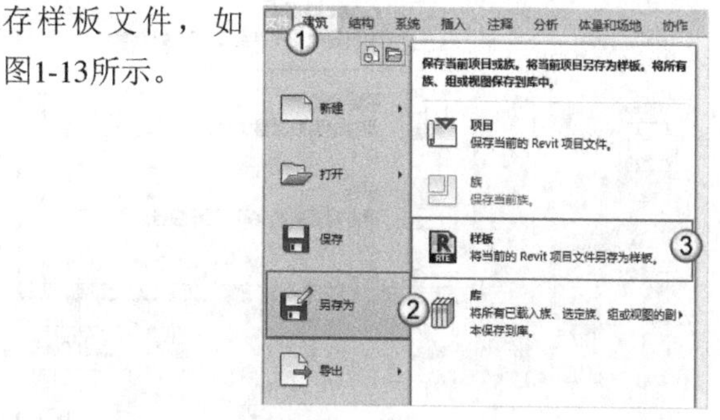

图1-12

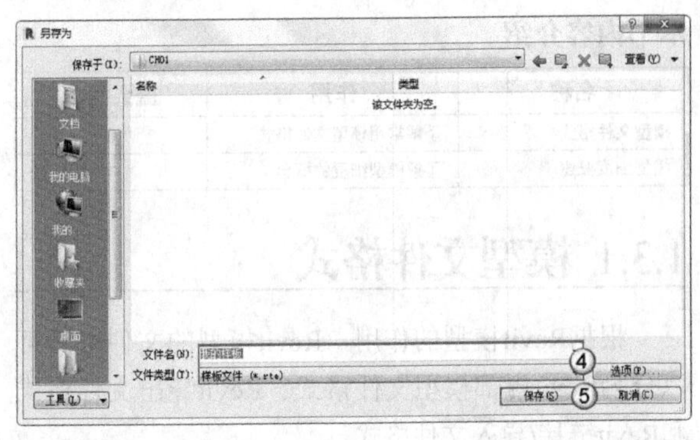

图1-13

2. Revit导出文件格式

Revit能导出的模型文件格式有IFC和NWC等。另外，在安装了其他Revit插件的情况下，可以导出其他格式的文件。模型创建完成后，执行“文件>导出”命令，然后选择对应的格式，如图1-14所示，可将模型导出为相应格式的文件。

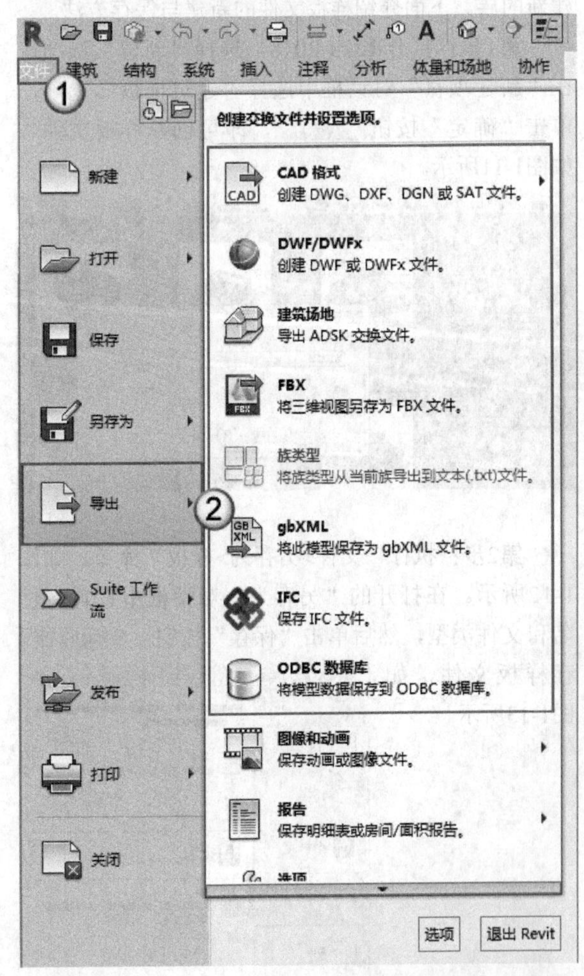

图1-14

3. Revit链接/导入文件格式

同其他Autodesk软件一样，Revit 2018的项目文件中也可以加入外部文件。在Revit 2018中，将外部文件加入项目文件的方法有两种，即用“插入”选项卡中的“链接”和“导入”，如图1-15所示。注意，这两者有本质的区别。

图1-15

重要命令介绍

链接：将外部文件和Revit项目文件关联，外部文件不属于项目文件，只相当于项目的“参照文件”；当外部文件发生改变时，Revit项目内的“参照文件”会自动进行更新。

导入：将外部文件直接导入Revit项目文件，从而将外部文件作为项目文件的一个组或块，当外部文件发生改变时，导入Revit项目内的文件不会自动更新。

为了方便读者理解，这里举一个简单的例子。

如果将机电模型链接到土建模型，土建模型就把机电模型作为外部参照文件。二者建立链接关系后，当修改外部机电模型时，链接的土建模型会随之更新，不必再重复链接。如果将机电模型导入土建模型，机电模型就成为土建模型中的一个组，当修改外部的机电模型时，Revit内部的模型不会更新；如果想使用修改后的机电模型，就需要重新导入。

提示 当需要向其他人提交上述模型时，如果二者为链接关系，就需要将机电模型源文件一并提交，否则在土建模型中无法显示机电模型；如果二者为导入关系，就不需要再提交机电模型源文件。

Revit 2018能链接到项目中的模型文件的扩展名包括.rvt（Revit项目文件）、.ifc、.dwg/.dxf（CAD图纸）、.skp（SketchUp文件）、.sat（ACISSAT文件）和.nwd/.nwc（Navisworks文件）。

提示 IFC格式是行业基础类的文件格式，它是国际协同工作联盟组织制定的建筑工程数据交换标准，主要为不同软件之间的协同问题提供解决方案。

注意，链接Navisworks文件是Revit 2018的新功能。选择“插入”选项卡，然后在“链接”命令栏中执行

“协调模型”命令，如图1-16所示。在打开的“协调模型”对话框中单击“添加”按钮 添加(D)... ，如图1-17所示；在打开的“选择文件”对话框中选择需要链接的Navisworks文件，单击“打开”按钮 打开(O) ，如图1-18所示。最后在“协调模型”对话框中单击“确定”按钮 确定(O) ，如图1-19所示。

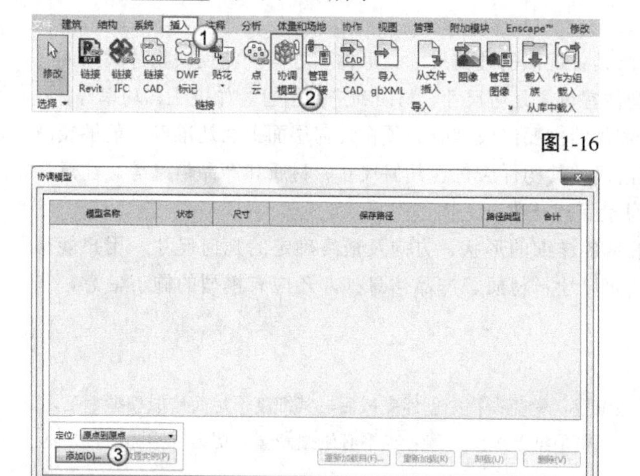

图1-16

图1-17

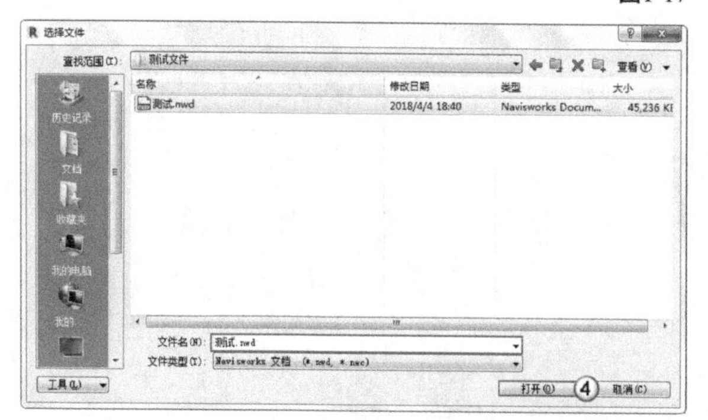

图1-18

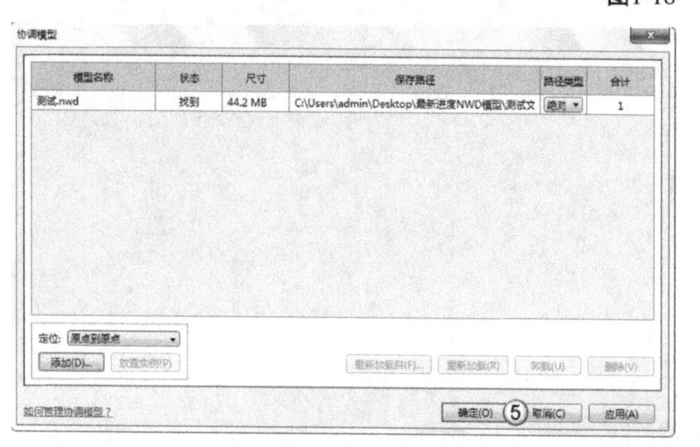

图1-19

Revit 2018中能导入的模型文件类型包括DWG文件、DXF文件、SketchUp文件、Rhino文件和ACIS SAT文件，具体操作方法如图1-20和图1-21所示。

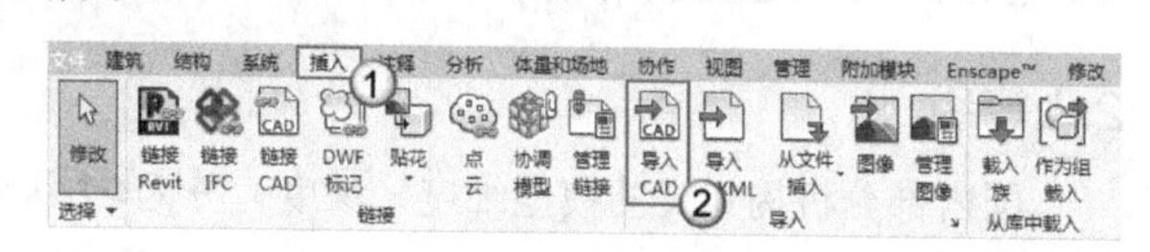

图1-20

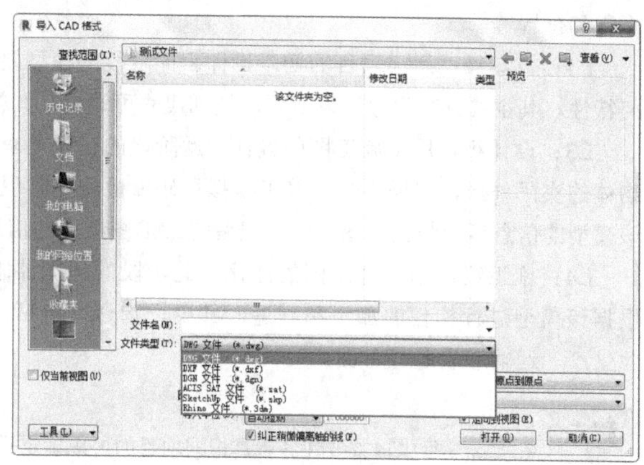

图1-21

1.3.2 模型细度概述

模型细度（深度）表示模型的细致程度或详细程度，国内目前没有统一的模型深度标准，这里主要介绍美国建筑师协会（AIA）定义的LOD（Level of Details）等级和国内部分机构定义的L1~L4等级。

1. LOD等级

AIA定义的LOD等级分为5个级别，范围为100~500。

LOD100：等同于概念设计，此阶段的模型通常可以表现建筑整体，用于分析建筑体量模型，分析内容包括体积、建筑朝向、每平方米造价等。

LOD200：等同于方案设计或扩初设计，此阶段的模型包含普遍性系统，主要包括大致的数量、大小、形状、位置和方向等。LOD200 模型通常用于系统分析和一般性表现。

LOD300：模型单元，等同于传统的施工图和深化施工图层次。此阶段的模型已经能很好地用于估算成本和协调施工，包括碰撞检查、施工进度计划和可视化等。LOD300 模型应当包含业主在BIM交付标准里规定的构件属性和参数等信息。

LOD400：此阶段的模型被认为可以用于模型单元的加工和安装，更多地被专门的承包商和制造商用于加工和制造相关构件和系统等，包括预制构件、水电暖系统等。

LOD500：最终阶段的模型，用于表现项目竣工后的情形。此模型将作为中心数据库被整合到建筑运营和维护系统中，包含业主BIM交付标准中规定的全部构件参数和属性。

2. L等级

国内部分机构定义的模型细度（深度）分为4个级别，即L1~L4。

L1：概念级，用于项目的规划设计。此阶段的模型要求具备基本形状、粗略的尺寸，包含非几何数据，仅有线、面积和位置等。

L2：方案级，用于项目的初步设计。此阶段的模型要求具备近似的几何尺寸、形体和方向，能反映物体大致的几何特性，其主要外观尺寸不得变更，细部尺寸可调整；其构件宜包含几何尺寸、材质和产品信息，如电压、功率等。

L3：设计级，用于施工图的设计。此阶段的模型要求物体的主要组成部分必须在几何层面上表达准确，能够反映物体的实际外形，保证不会在施工模拟和碰撞检测中出现错误；其构件应包含几何尺寸、材质和产品信息等。注意，该模型的信息量应与施工图设计完成后的CAD图纸上的信息量保持一致。

L4：施工级，用于施工图的深化。此阶段的模型要求具备详细的形状、方向及最终确定的几何尺寸，用户能够根据该模型进行构件的加工和制造。其中，构件除包括几何尺寸、材质、产品信息外，还应有模型的施工信息，包含生产、运输和安装等方面。

提示 在实际项目中，首要任务就是根据项目的要求确定模型细度，避免在模型创建完成后，其细度不足而造成模型返工，或模型过细造成人员、设备、时间、成本的浪费。另外，对于以上模型细度等级，读者也不必生搬硬套，切记以实际项目为基础进行适当调整，让BIM适应不同类型的项目。

第2章

Revit建模的前期工作

本章将介绍Revit的样板、族库、标高和轴网。通过对本章的学习，读者应该掌握Revit 2018项目文件的创建方法、标高和轴网的概念，以及绘制它们的具体方法和思路。

学习目标

- 掌握Revit的样板
- 掌握Revit的族库
- 掌握标高的绘制方法
- 掌握标高的编辑方法
- 掌握轴网的绘制方法
- 掌握轴网的编辑方法

2.1 Revit样板和族库

Revit 2018自带项目样板和族库，族库中有常用的族文件。项目样板用于快速创建空白项目，族库则提供建模时常用的族文件。项目样板可根据需求制作；如果族库中没有需要的族，用户可以通过族样板自制族。

本节内容介绍

名称	作用	重要程度
Revit样板	创建空白项目	高
Revit族库	提供常用的族文件	中

2.1.1 课堂案例：创建空白项目

实例文件　实例文件>CH02>课堂案例：创建空白项目.rvt
视频文件　课堂案例：创建空白项目.mp4
学习目标　掌握创建项目样板的方法

从本案例开始，全书所有的课堂案例均围绕一个小别墅模型展开，通过对全书所有课堂案例的学习，读者可以完成小别墅的整体建模。本案例主要介绍如何创建初始的建筑样板项目。

01 启动Revit 2018，执行“文件>新建>项目”命令，如图2-1所示；在打开的“新建项目”对话框中设置“样板文件”为“建筑样板”，单击“确定”按钮 确定(O) ，如图2-2所示。

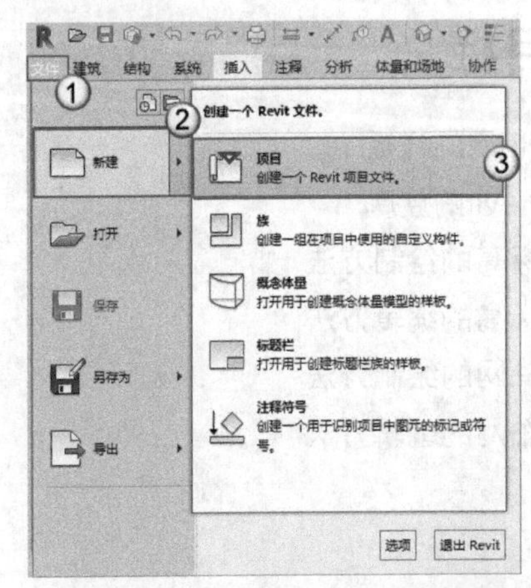

图2-1

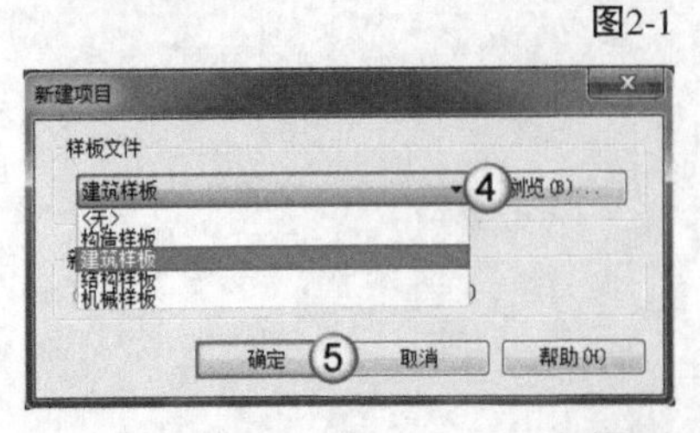

图2-2

提示

如果读者在实际操作中发现“新建项目”对话框的“样板文件”中没有样板选项，说明Revit 2018的安装不完全。这时可以导入完整的文件夹，也可以卸载Revit 2018后重新安装，整个安装过程务必处于联网状态。另外，在卸载Revit 2018时，千万不要直接删除或使用其他软件进行卸载，建议使用“开始”菜单的Autodesk文件夹中的Uninstall Tool进行卸载，如图2-3所示。

图2-3

02 创建完成后，单击快速访问工具栏中的“保存”按钮或按快捷键Ctrl+S，打开“另存为”对话框。单击“选项”按钮 选项(P)... ，在“文件保存选项”对话框中设置“最大备份数”为3，并单击“确定”按钮 确定 ；设置文件名后单击“保存”按钮 保存(S) ，如图2-4所示。

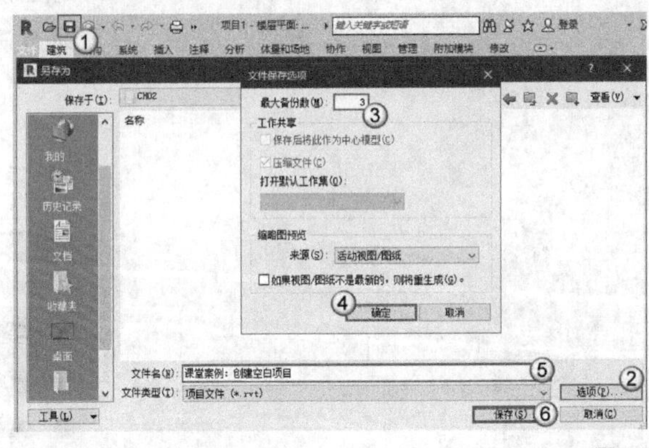

图2-4

2.1.2 Revit样板

Revit样板文件分为两类：项目样板文件和族样板文件。

在使用Revit 2018制作项目之前，需要选择或制作特定的项目样板，通过项目样板文件可以快速创建需要的空白项目。在建模过程中，如果软件自带的族库无法满足建模需求，就需要通过“族样板”自制需要的族构件。

Revit 2018提供的项目样板文件中常用的是“构造样板”“建筑样板”“结构样板”“机械样板”。Revit 2018中的族样板类型较多，常用的包括公制常规模型和公制轮廓等。执行"文件>选项"命令，如图2-5所示，可以打开"选项"对话框。切换到"文件位置"选项卡，其中包含默认的项目样板文件和族样板文件的路径，如图2-6所示。

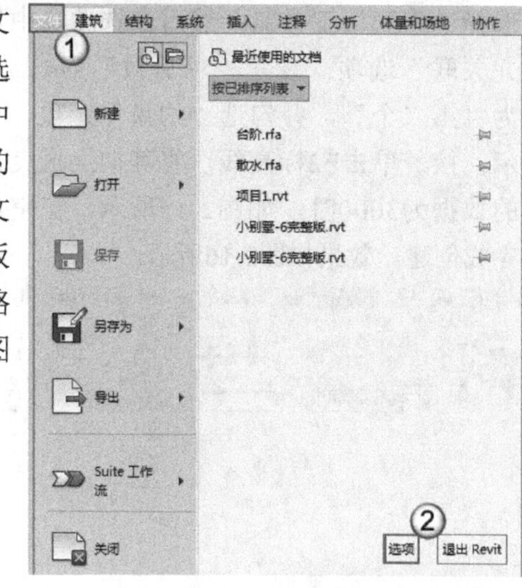

图2-5

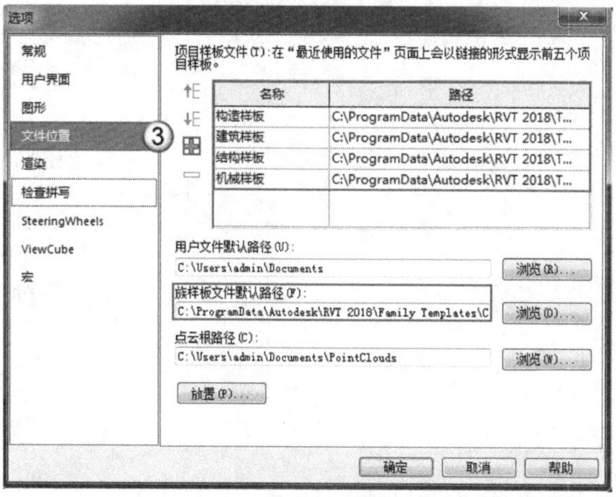

图2-6

在使用Revit 2018前，建议读者设置好样板文件的路径，然后通过按钮将自制的样板文件导入软件中，以便快速通过自制样板文件创建空白项目。

提示

Revit 2018自带的样板文件在很多时候可能满足不了建筑设计规范的要求，这就需要读者在开始建模前定义好项目样板，整合项目的度量单位、标高、轴网、线型和可见性等内容。一个好的项目样板是提高建模效率的重要手段，所以定义好项目样板对整个建模过程而言非常重要。

2.1.3 Revit族库

族库是Revit 2018自带的，族库中提供了常用的族构件，如门族、窗族等。在空白项目中载入族文件的方法很简单，执行"插入>插入族"命令，打开"载入族"对话框，然后在对应的路径中选择族构件文件夹，单击"打开"按钮打开(O)，如图2-7所示。

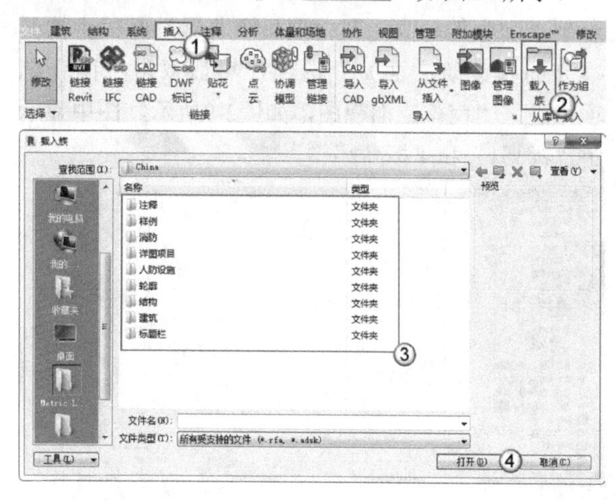

图2-7

2.2 标高

标高主要用于定义楼层层高和生成平面视图，用于反映建筑物构件在竖向上的定位情况。标高并不只能表示楼层层高，也可作为临时的定位线条。在本节中，读者需重点掌握标高的创建、应用和生成对应标高的平面视图的方法。

本节内容介绍

名称	作用	重要程度
认识标高	掌握标高的图元组成	中
绘制标高	掌握标高的创建方法	高
编辑标高	掌握标高的修改方法	高

2.2.1 课堂案例：绘制小别墅的标高

实例文件　实例文件>CH02>课堂案例：绘制小别墅的标高.rvt

视频文件　课堂案例：绘制小别墅的标高.mp4

学习目标　掌握标高的绘制和编辑方法

本案例的标高效果如图2-8所示。

图2-8

01 打开学习资源中的“实例文件>CH02>课堂案例：创建空白项目.rvt”文件，下面将在该文件中绘制小别墅的标高。在“项目浏览器”面板中展开“立面（建筑立面）”选项，然后双击“南”选项，进入“南”立面视图，如图2-9所示，图中显示了“标高1”和“标高2”。

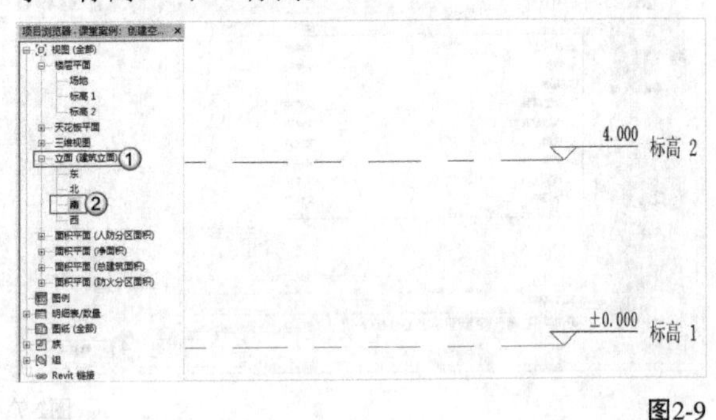

图2-9

02 修改标高的名称。分别在“标高1”和“标高2”上双击，然后修改“标高1”为F1、“标高2”为F2，如图2-10所示。

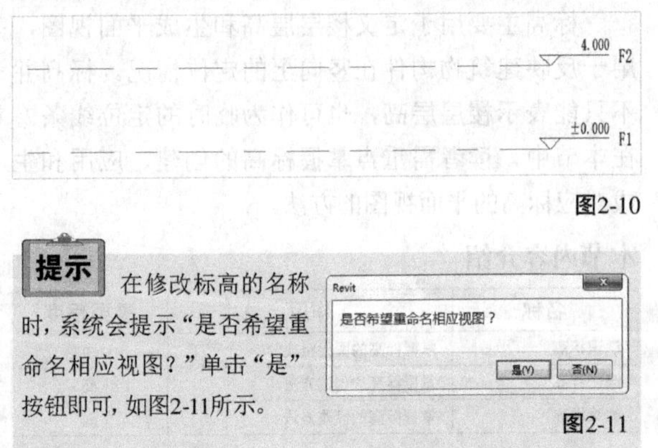

图2-10

提示 在修改标高的名称时，系统会提示“是否希望重命名相应视图？”单击“是”按钮即可，如图2-11所示。

图2-11

03 单击F2标高线，然后修改F2 的标高为3000（此处单位为mm），如图2-12所示，即可将第1层（F1）和第2层之间的距离修改为3（此处单位为m），如图2-13所示。

图2-12

图2-13

04 创建标高F3、F4和F5，标高间距（楼层层高）均为3m。单击F2标高线进入“修改|标高”选项卡，选择“阵列”工具▦；然后在选项栏中勾选“成组并关联”选项，设置“项目数”为4、“移动到”为“第二个”，并勾选“约束”选项，如图2-14所示；接着单击F2标高线，将其向上拖曳，待标高间的数据为3000时，如图2-15所示，在空白区域单击完成创建。效果如图2-16所示。

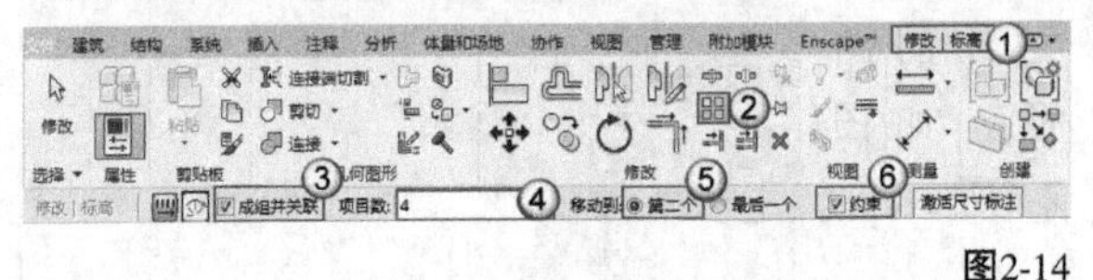

图2-14

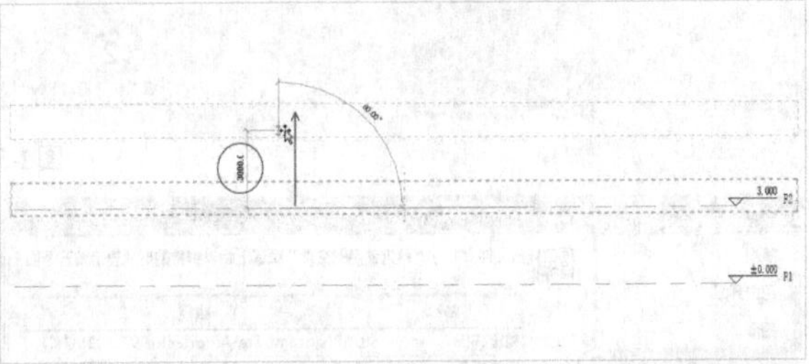

图2-15

图2-16

提示 在创建标高时，会出现图2-17所示的情况，文本框中的4表示进行阵列处理后，一共生成了4个标高，也就是额外创建了3个标高，对应前面设置的“项目数”。如果将“项目数”修改为5，将额外创建4个“标高”。

图2-17

05 创建标高F6（室外地坪标高），F6与F1的间距为200mm。单击F1标高线进入“修改|标高”选项卡，选择“复制”工具，并在选项栏中勾选“约束”和“多个”选项，如图2-18所示。单击F1标高线，将其向下拖曳，在文本框中直接输入200，如图2-19所示。创建完成的效果如图2-20所示。

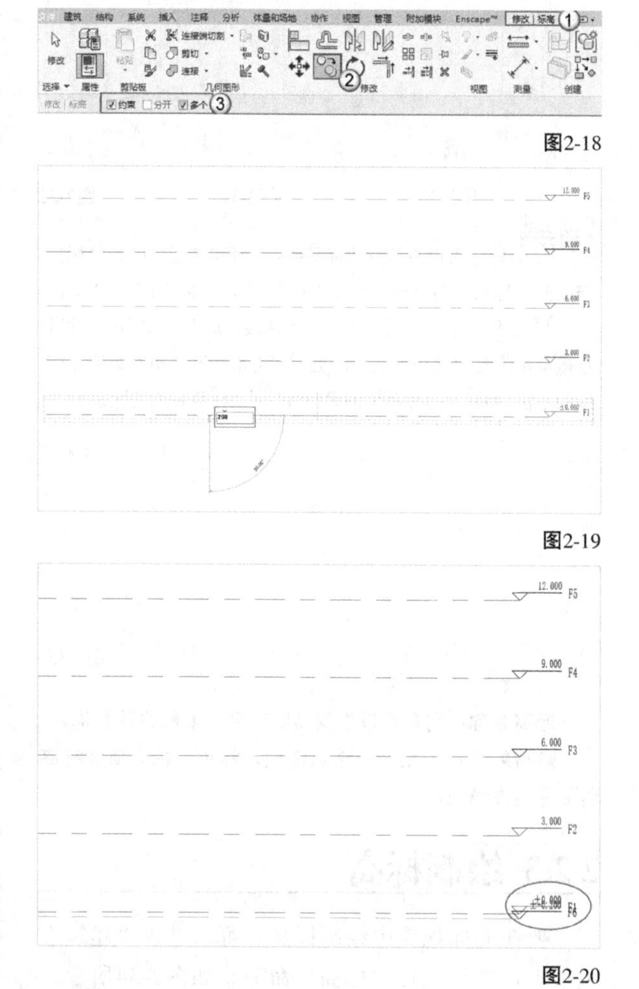

图2-18

图2-19

图2-20

提示 操作完成后，可以按Esc键退出“复制”工具的激活状态。

06 修改标高名称。单击F6，如图2-21所示；然后在文本框中将标高名称修改为-F1-1，如图2-22所示。

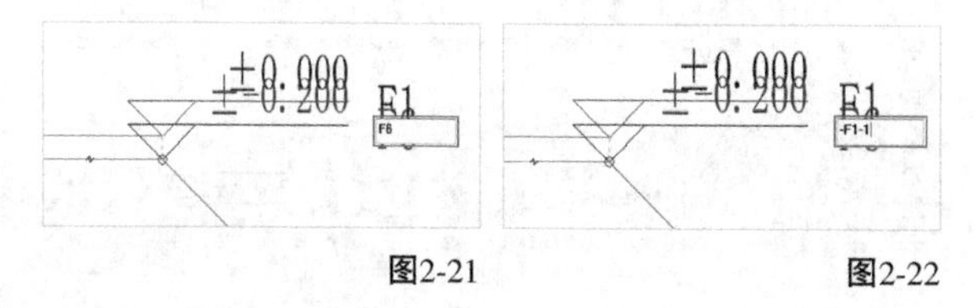

图2-21　　图2-22

07 编辑标高。单击-F1-1标高线，然后单击“属性”面板中“标高 正负零标高”右侧的下拉按钮，选择“下标头”选项，如图2-23所示；此时-F1-1的标头自动旋转到了下方，如图2-24所示。

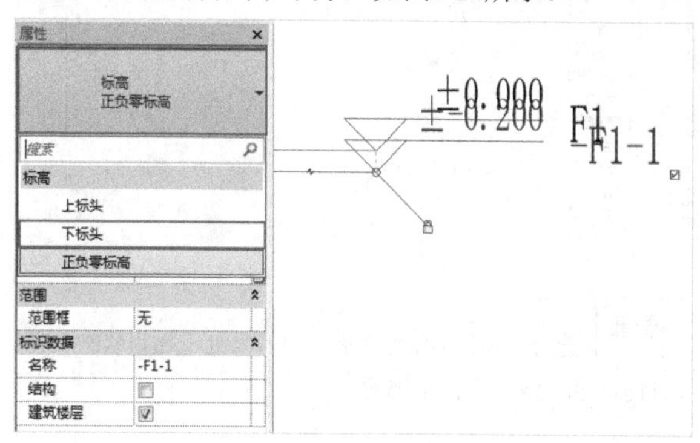

图2-23

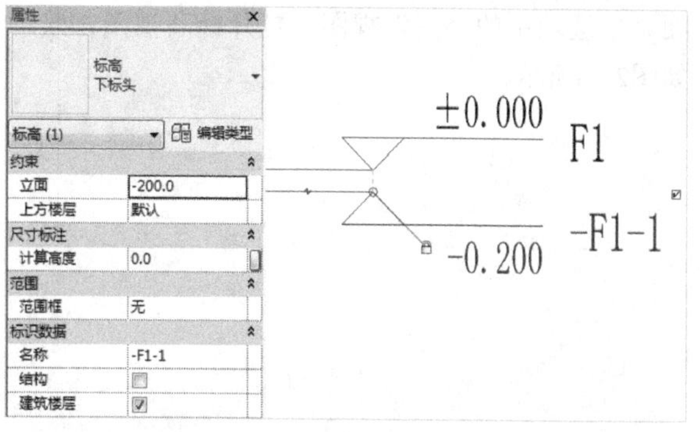

图2-24

08 创建楼层平面。进入“视图”选项卡，执行“平面视图>楼层平面”命令，如图2-25所示，打开“新建楼层平面”对话框；然后按住Ctrl键依次加选-F1-1、F3、F4和F5标高线，并单击“确定”按钮 确定 ，如图2-26所示。在“项目浏览器”面板中展开“楼层平面”视图，发现系统创建了新的楼层平面-F1-1、F3、F4和F5，且自动打开了F5的平面视图，如图2-27所示。

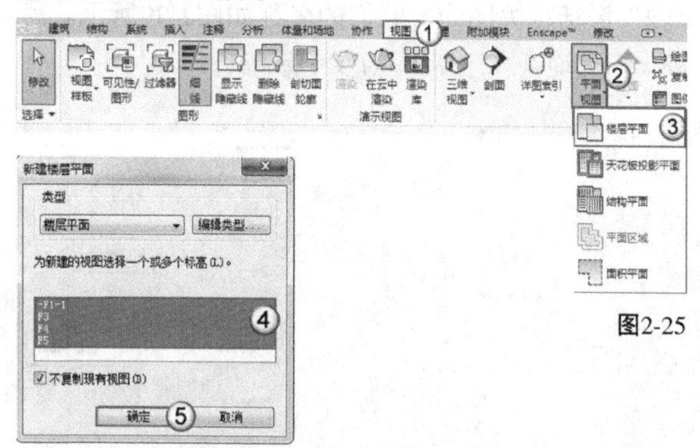

图2-25

图2-26

图2-27

提示 此时“项目浏览器”面板中的F5处于加粗状态，表示目前打开的楼层平面是F5的。

09 在“项目浏览器”面板中双击“立面（建筑立面）”选项中的“南”视图，打开标高视图，效果如图2-28所示。

图2-28

2.2.2 认识标高

立面视图中一般会显示样板文件中的默认标高，如前面案例中的“标高1”和“标高2”，单击“标高2”激活相关图元，它们的名称如图2-29所示。另外，后续均以“标高2”为参考标高。

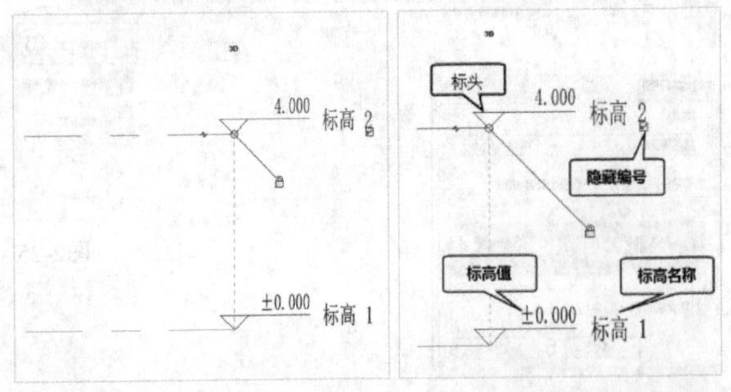

图2-29

标高内容介绍

标高值：表示当前标高距地面的高度，默认单位为m；单击数值，可以修改标高的具体数值，如图2-30和图2-31所示；修改后标高值会自动更新，如图2-32所示。

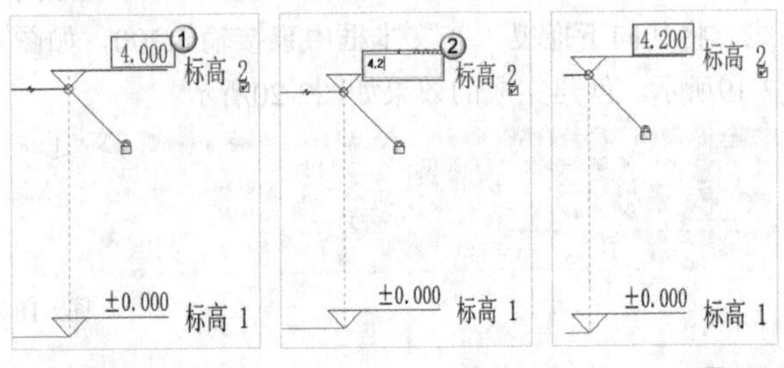

图2-30 图2-31 图2-32

提示 除了可以直接修改标高值外，还可通过临时尺寸标注修改两个标高间的距离。单击“标高2”，“标高1”与“标高2”间会出现一条蓝色的临时尺寸标注线，如图2-33所示。此时直接单击临时尺寸线上的标注值，即可重新输入新的数值，该值的单位为mm，与标高值的单位m不同，注意它们的区别。

图2-33

标高名称：用户可以根据实际项目需求修改其名称。

隐藏编号：如果不勾选该选项，标头、标高值和标高名称都将被隐藏。

2.2.3 绘制标高

要在立面视图中绘制标高，可以进入“建筑”选项卡，然后执行“标高”命令，如图2-34所示。移动鼠标指针到视图中“标高2”的左上方，当出现对齐虚线时，单击确认标高起点，如图2-35所示；接着向右拖曳鼠标，直到再次出现对齐虚线时单击，结果如图2-36所示。

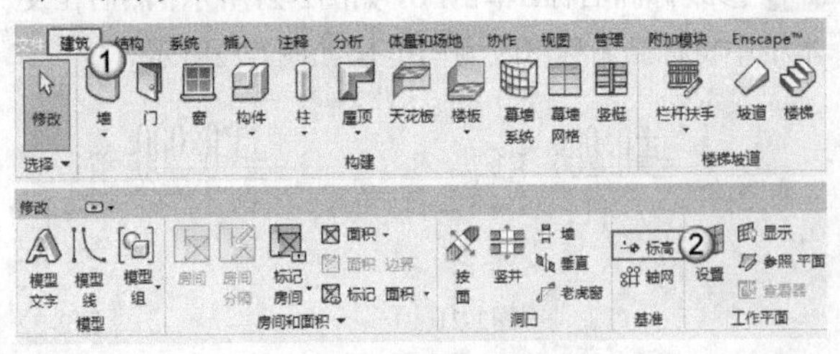

图2-34

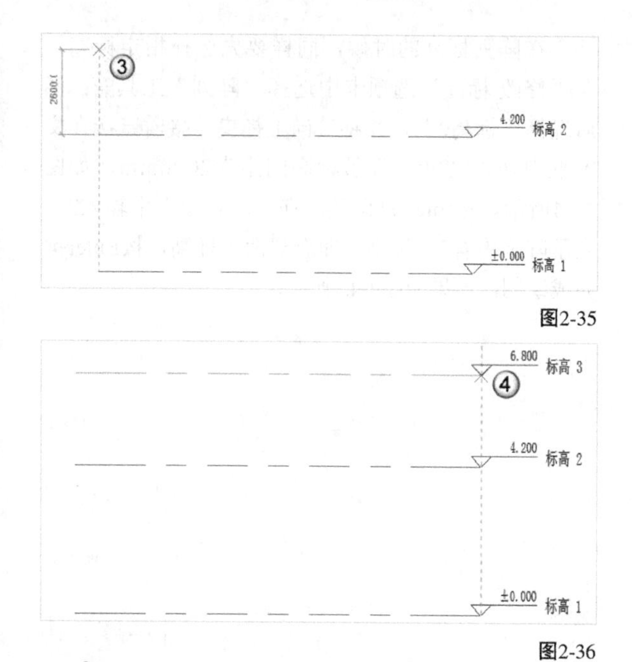

图2-35

图2-36

提示 创建标高时，在选项栏中勾选“创建平面视图”选项，如图2-37所示，系统会自动在“项目浏览器”面板中生成“楼层平面”视图，否则创建的标高为参照标高。标高作为竖向定位线，在“项目浏览器”面板中包含“楼层平面”“结构平面”和“天花板平面”等视图平面，它们分别为一个视图平面；参照标高只是一条参照线而已。

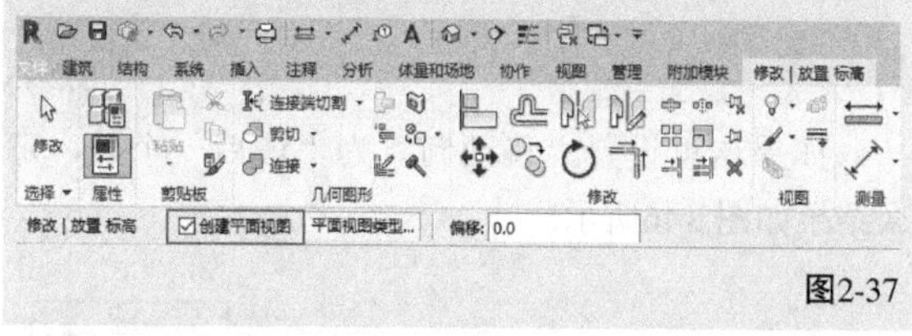

图2-37

2.2.4 编辑标高

高层建筑或复杂建筑可能需要多条高度定位线，虽然可以用前面的方法直接绘制标高，但工程师为了提高工作效率，通常会使用“修改|标高”选项卡中的“复制”工具和“阵列”工具来快速绘制标高或修改标高样式，如图2-38所示。

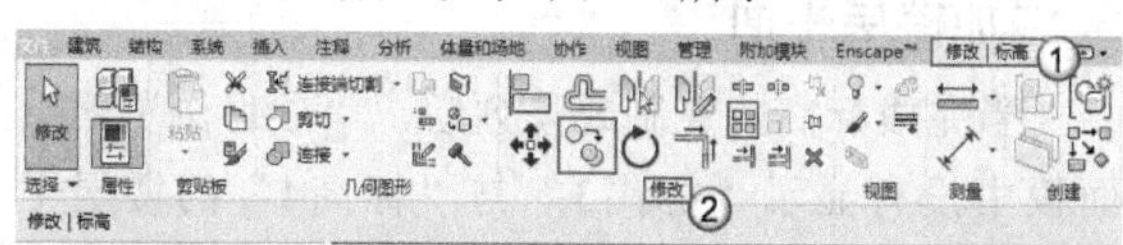

图2-38

提示 只有选定标高后，才能进入“修改|标高”选项卡。

1. 复制标高

选择“复制”工具后，选项栏中会出现图2-39所示的选项，用户可以勾选这些选项来控制标高的复制方式。

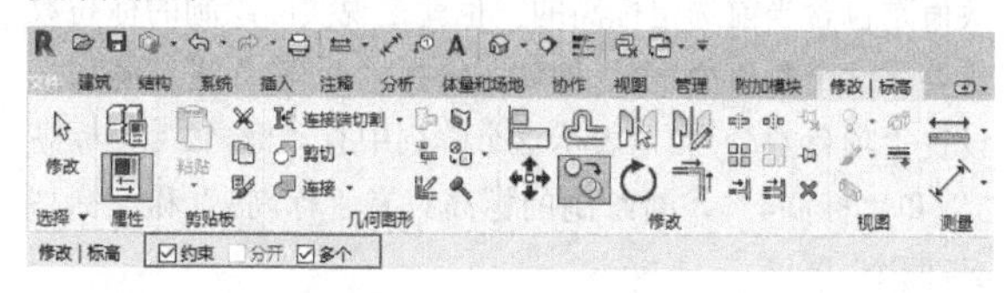

图2-39

复制重要选项介绍

约束：约束移动的方向，使标高在复制过程中，仅能在水平或垂直方向上移动。

多个：如果不勾选该选项，则每次复制一个标高后，系统都会自动结束复制操作；如果勾选该选项，用户则可以连续复制选定的标高，并按Esc键结束复制操作。

通常，用户都会勾选上述两个选项，然后单击当前选定的标高（这里选定的是“标高2”），将其作为起点，接着向上拖曳鼠标，并直接在文本框中输入具体高度值，如1500，如图2-40所示。

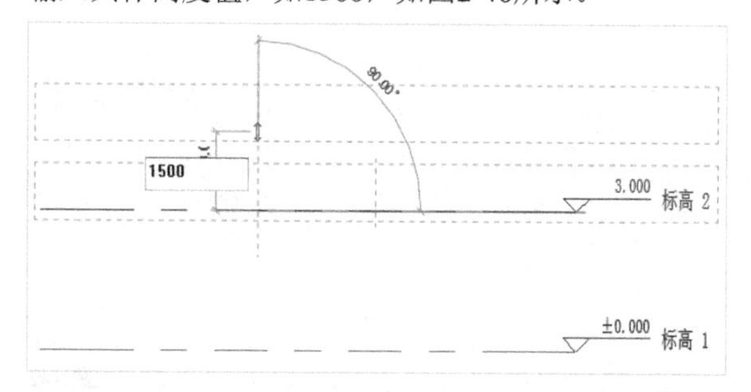

图2-40

提示 这里输入的1500表示1500mm，单位默认为mm；标高值的单位默认为m，请读者一定要谨记。

2. 阵列标高

使用“阵列”工具可以一次绘制多个等距的标高，选择“阵列”工具后，选项栏中会出现图2-41所示的选项，用户可以使用这些选项来控制阵列方式。

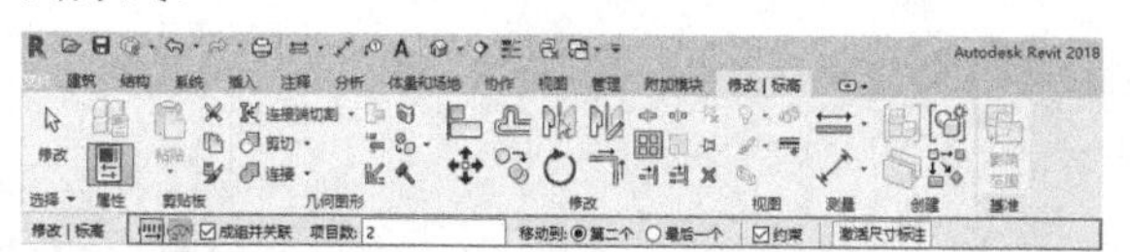

图2-41

阵列重要参数介绍

成组并关联：如果勾选该选项，就可以绘制多个标高，且当前选择的标高和新绘制的标高关联成组；如果不勾选该选项，则只能绘制1个标高，且当前选择的标高与新绘制的标高相互独立。

项目数：设置标高阵列中有多少个标高。注意，这个数值是包含当前选定标高的，也就是说实际绘制的标高数量要比这个数值少1个。例如，选择“标高2”进行阵列，设置“项目数”为3，表示这个阵列中有“标高2”“标高3”和“标高4”，新绘制的标高只有“标高3”和“标高4”两个。

移动到：控制标高值是相邻标高的间距，还是所有标高间距之和。

第二个：选择该选项后，在阵列过程中输入或拖动产生的数值是相邻标高的间距。图2-42所示是选择“第二个”选项后，“项目数”为3、数值为3000的效果。

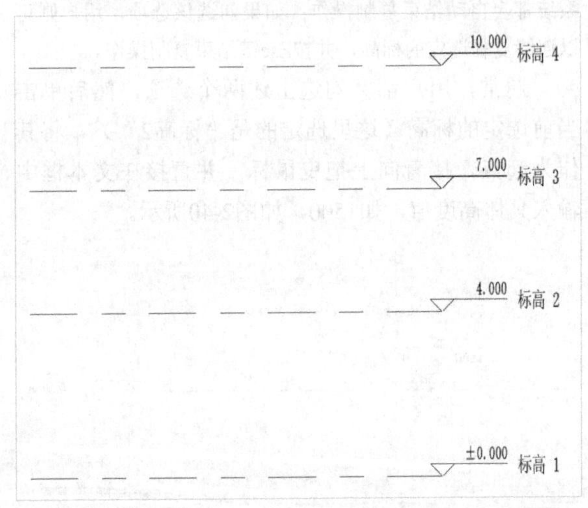

图2-42

最后一个：选择该选项后，在阵列过程中输入或拖动产生的数值是标高阵列中所有标高间距的总和。图2-43所示是选择“最后一个”选项后，“项目数”为3、数值为3000的效果。请注意对比图2-42、图2-43中的总标高和阵列后的标高间距。

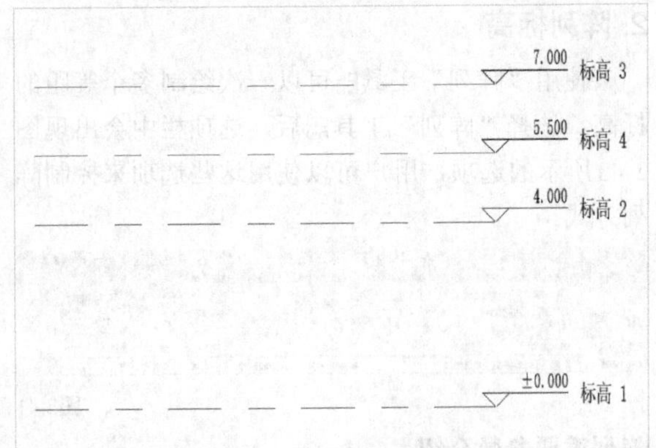

图2-43

在阵列标高的时候，同样要先选择指定标高，在“修改|标高”选项卡中选择“阵列”工具；然后选择“标高2”，并将其向上拖曳；接着直接在文本框中输入2000，表示标高间距为2000mm，如图2-44所示，按Enter键确认。在“项目数”中输入3，表示阵列中有3个标高，即新建两个标高，按Enter键完成绘制，结果如图2-45所示。

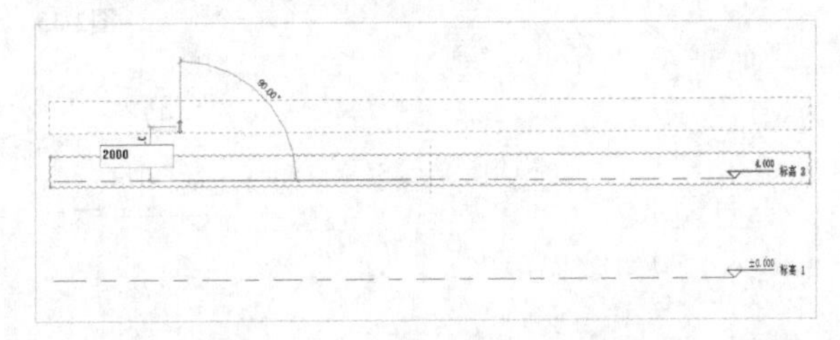

图2-44

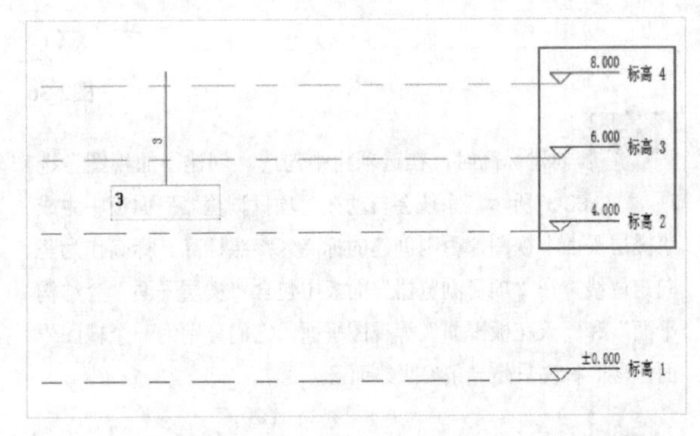

图2-45

如果这里设置“移动到”为“最后一个”，那么结果如图2-46所示。

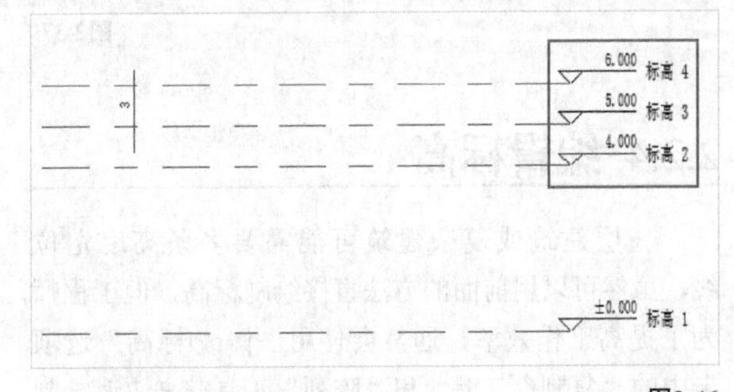

图2-46

3. 添加楼层平面

当完成标高的复制或阵列后，“项目浏览器”面板中没有显示“标高3”与“标高4”的楼层平面，如图2-47所示。因为 Revit 复制的标高是参照标高，所以新复制的标高标头都是黑色的，且在“项目浏览器”面板中的“楼层平面”选项下不会创建新的平面视图。

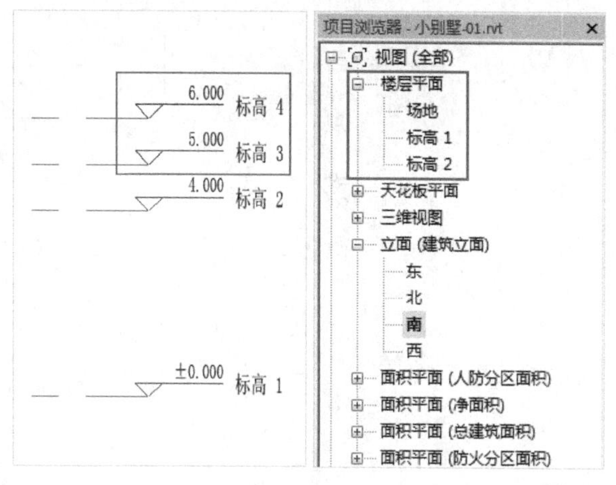

图2-47

因此，在复制或阵列标高后，需要创建对应的楼层平面。进入“视图”选项卡，执行“平面视图>楼层平面”命令，如图2-48所示。打开“新建楼层平面”对话框，按住Ctrl键选择新创建的“标高3”和“标高4”，单击“确定”按钮 确定(O) ，如图2-49所示。此时系统会在“项目浏览器”面板中创建“标高3”和“标高4”的楼层平面，如图2-50所示，并自动打开“标高4”的平面视图。

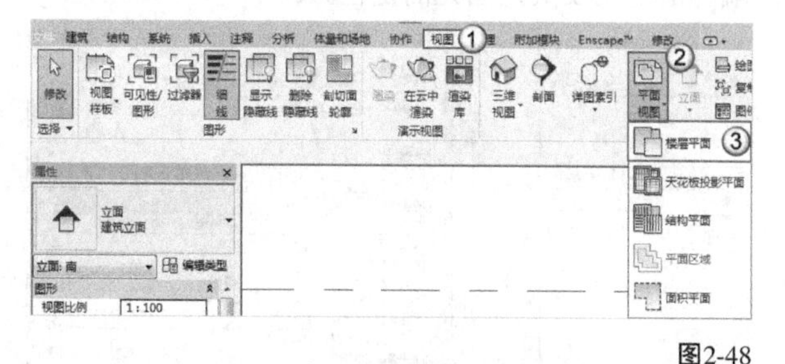

图2-48

图2-49 图2-50

回到立面视图，可以发现“标高3”和“标高4”均为蓝色，如图2-51所示。

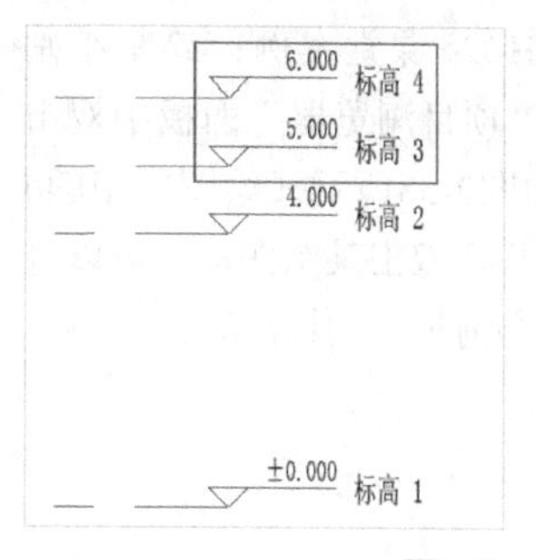

图2-51

提示 标高的命名一般由软件自动完成，Revit 2018默认按最后一个字母或数字进行排序，如F1、F2、F3。另外，在Revit 2018中汉字不能自动进行排序。

2.3 轴网

轴网用于定位构件，在Revit 2018中，轴网确定了一个不可见的工作平面。轴网编号和标高名称一样，均可修改。Revit 2018可以绘制直线轴网、弧形轴网和折线轴网。轴网只需要在任意一个平面视图中绘制一次，其他平面、立面和剖面视图中都将自动显示出轴网。

本节内容介绍

名称	作用	重要程度
认识轴网	掌握轴网的图元组成	中
绘制轴网	掌握轴网的创建和编辑方法	高

2.3.1 课堂案例：绘制小别墅的轴网

实例文件　实例文件>CH02>课堂案例：绘制小别墅的轴网.rvt
视频文件　课堂案例：绘制小别墅的轴网.mp4
学习目标　掌握轴网的绘制和编辑方法

本案例小别墅的轴网如图2-52所示。

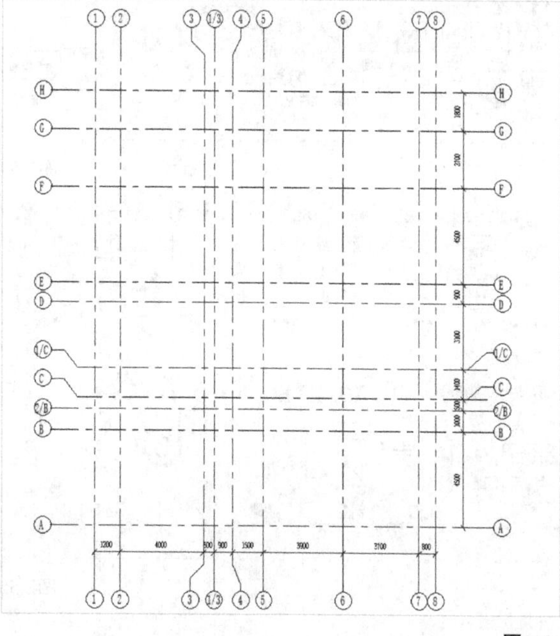

图2-52

01 打开“实例文件>CH02>课堂案例：绘制小别墅的标高.rvt”文件，在“项目浏览器”面板中双击“楼层平面”中的F1，如图2-53所示（绘图区中的4个圆形图标为立面视图图标，双击某个图标，可以进入对应的立面视图，查看当前项目的标高）。

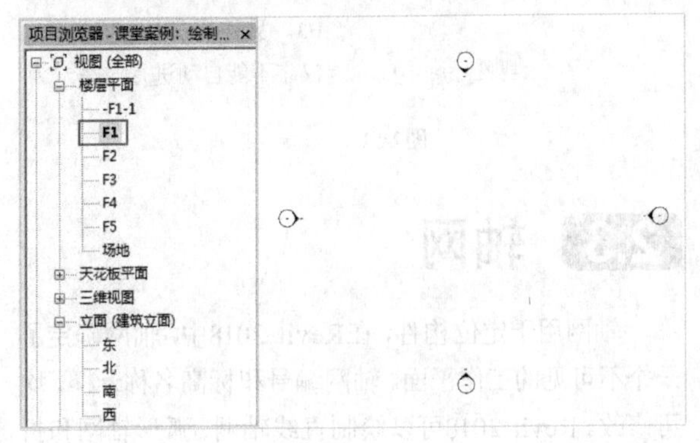

图2-53

02 绘制第1条垂直轴线。切换到“建筑”选项卡，在“基准”命令栏中执行“轴网”命令，如图2-54所示；然后进入“修改|放置 轴网”选项卡，并选择“线”工具，如图2-55所示。在绘图区内单击，垂直向下移动鼠标指针到合适位置时再次单击，如图2-56所示。绘制的轴线如图2-57所示。

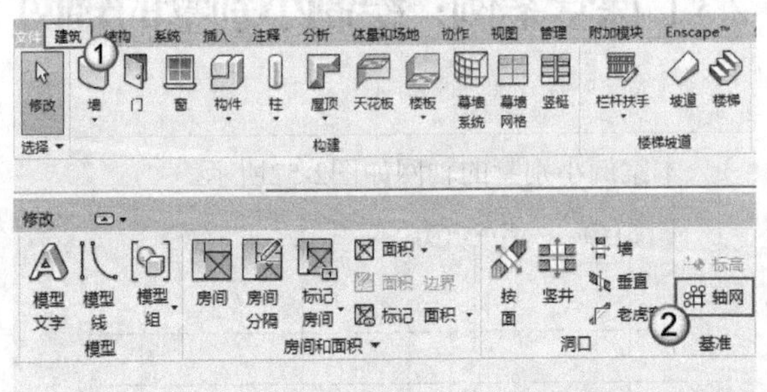

图2-54

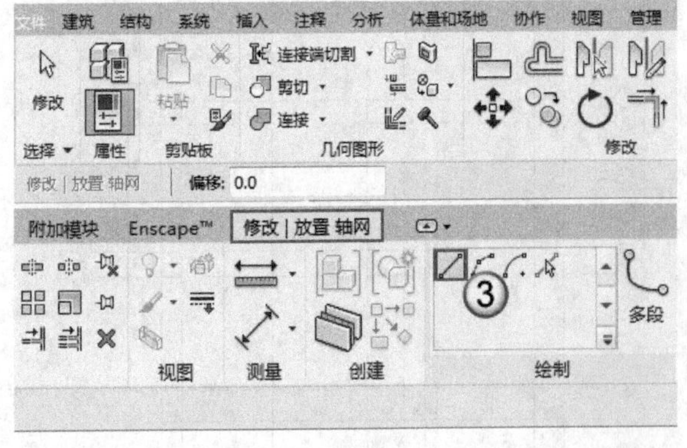

图2-55

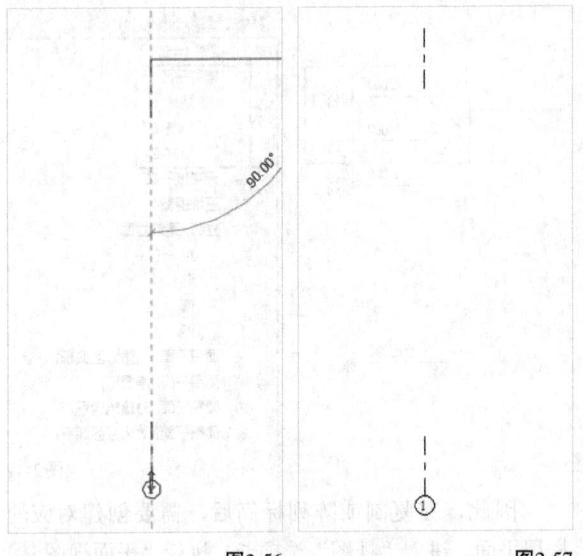

图2-56　图2-57

03 选中“轴线1”，然后在“属性”面板中选择“编辑类型”选项，打开“类型属性”对话框。设置“轴线中段”为“连续”，勾选“平面视图轴号端点1（默认）”选项，如图2-58所示。“轴线1”的效果如图2-59所示（设置中段连续可以方便后续墙体的绘制及其他图元的定位）。

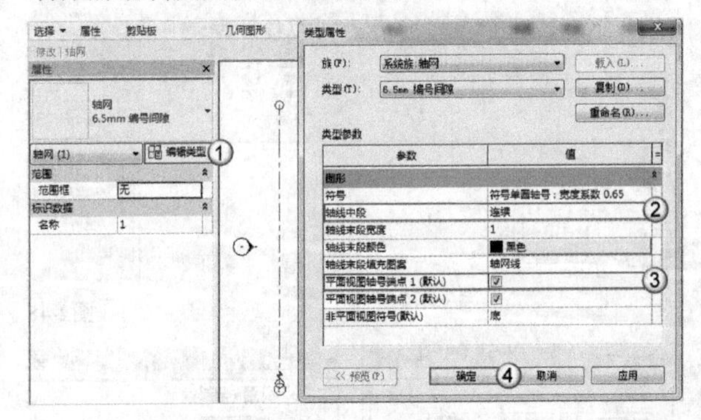

图2-58

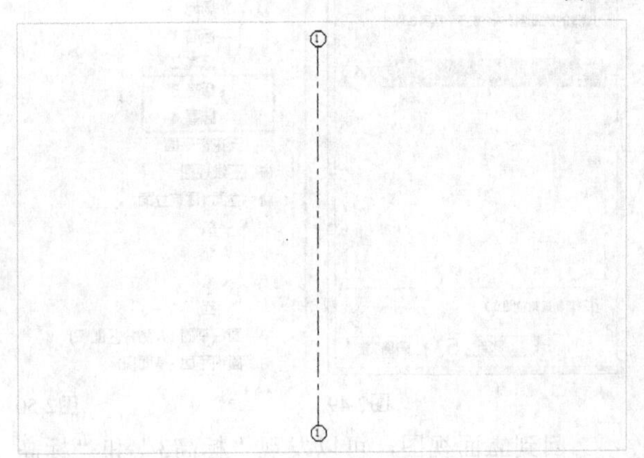

图2-59

04 绘制剩余的垂直轴线。选中“轴线1”，然后在“修改|轴网”选项卡中选择“复制”工具，并勾选“约束”和“多个”选项，如图2-60所示。

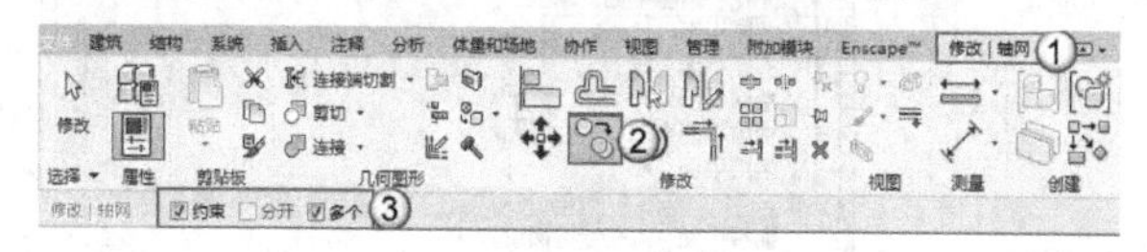

图2-60

05 选中“轴线1”，然后水平向右拖曳，并直接在文本框中输入间距值 1200，如图2-61所示。按 Enter键确认，复制出“轴线2”，再水平向右拖曳鼠标，重复前面的步骤继续复制轴线，分别输入间距值 4000、500、900、1500、3900、3700和800，最后按Enter键完成“轴线3”~“轴线9”的绘制，如图2-62所示。

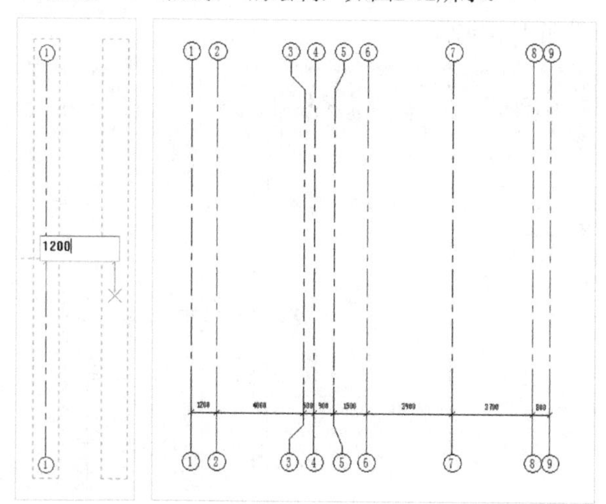

图2-61　　图2-62

06 修改轴号。选中“轴线4”，待标头数字变为蓝色后，修改4为1/3，并按Enter键确认，将其修改为附加轴线；然后选中其右侧的轴线，修改标头数字为4；接着依次调整剩余的标头数字。最终效果如图2-63所示。

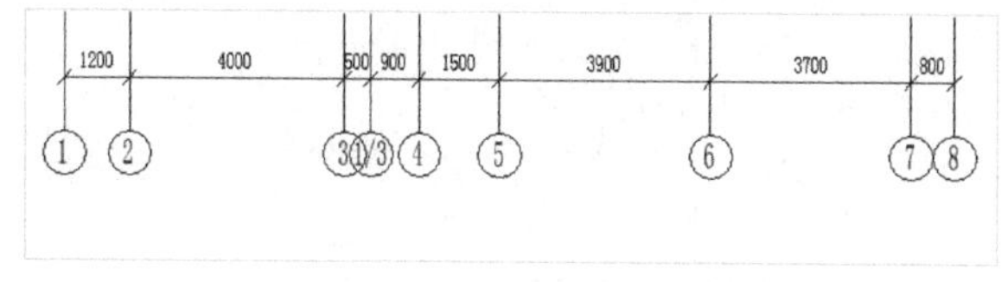

图2-63

07 绘制水平轴线。同理，使用“线”工具在“轴线1”左侧单击，然后水平向右移动鼠标指针到“轴线8”右侧的合适位置，并再次单击，完成水平轴线的绘制，如图2-64所示；接着修改其标头为A，得到“轴线A”，如图2-65和图2-66所示。

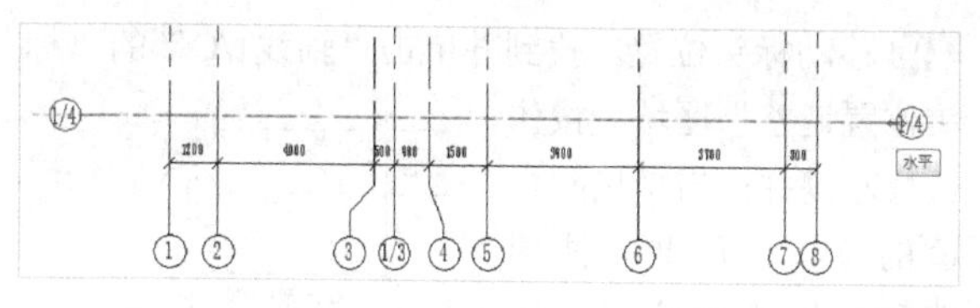

图2-64

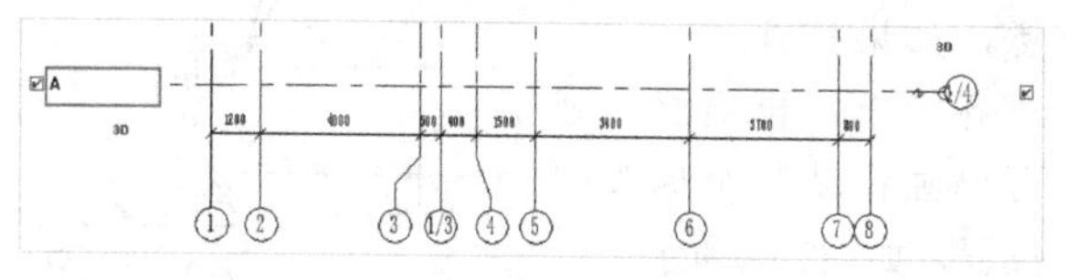

图2-65

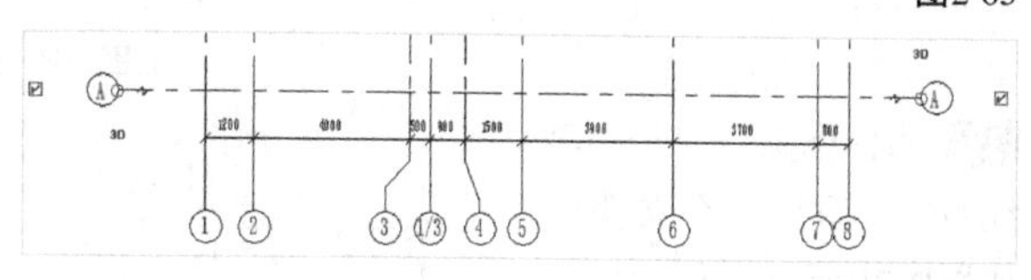

图2-66

08 同理，用复制垂直轴线的方法绘制出水平方向上的“轴线B”~“轴线J”，这里的间距从B到J依次为4500、1000、500、1400、3100、900、4500、2700和1800，如图2-67所示。

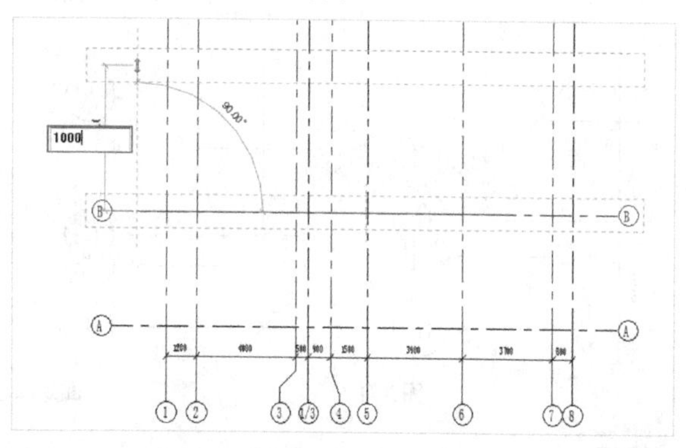

图2-67

09 调整水平轴线的标头，修改“轴线C”为“轴线2/B”，“轴线D”为“轴线C”，“轴线E”为“轴线1/C”，并依次调整余下标头，结果如图2-68所示。

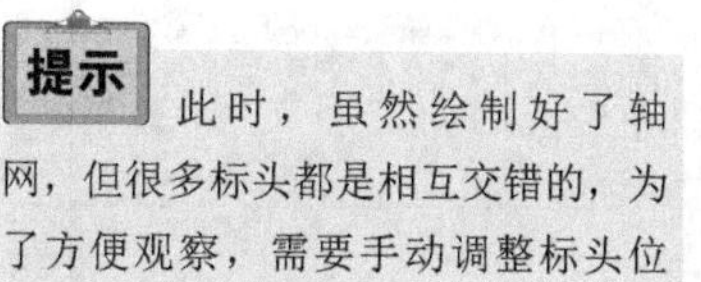

提示 此时，虽然绘制好了轴网，但很多标头都是相互交错的，为了方便观察，需要手动调整标头位置，以满足出图需求。

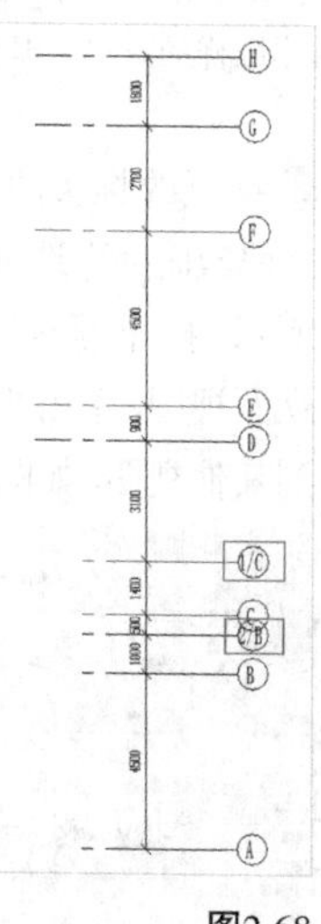

图2-68

10 移动标头位置。找到并单击“轴线1/C”的“标头位置调整”区域，按住鼠标左键并向右拖曳到合适的位置。用此方法调整所有标头的位置；注意，如果打开了“标头对齐锁”，再拖曳，则可单独移动某个标头的位置，如图2-69所示。

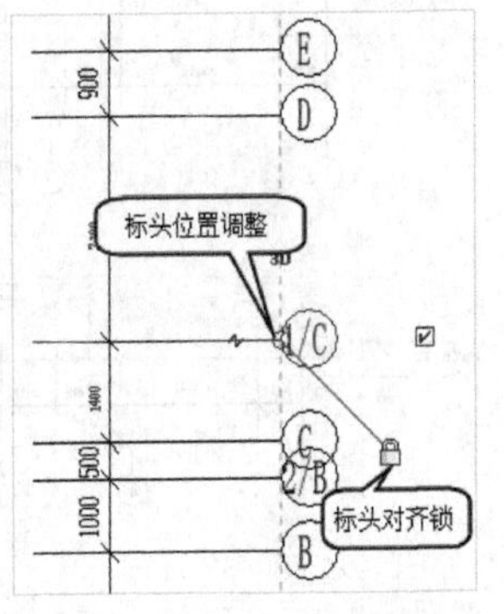

图2-69

11 偏移标头。单击“轴线1/C”添加一个弯头，如图2-70所示；然后按住鼠标左键拖曳小蓝点，调整标头位置，如图2-71所示。调整后的效果如图2-72所示。

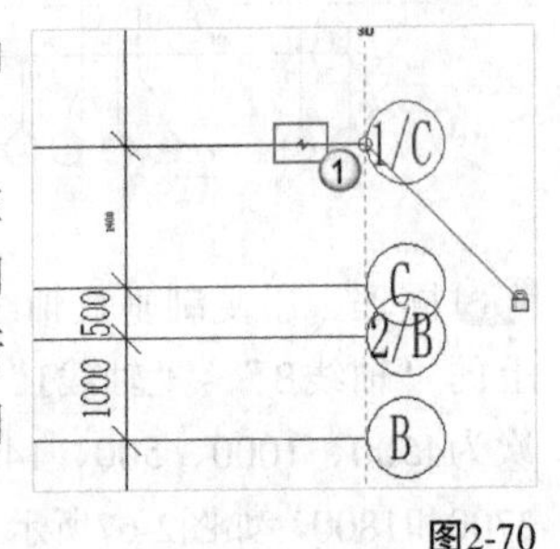

图2-70

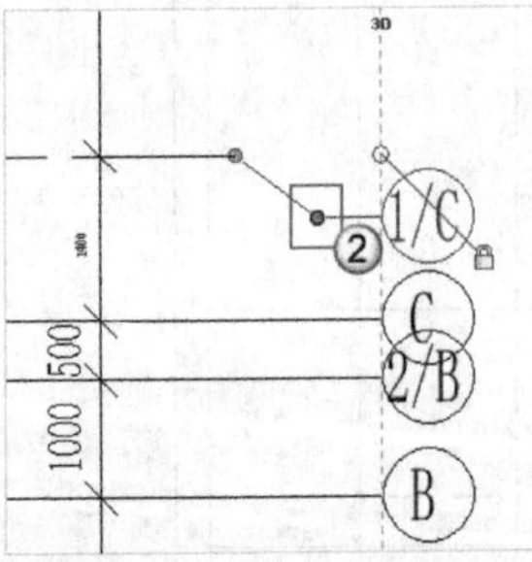

图2-71

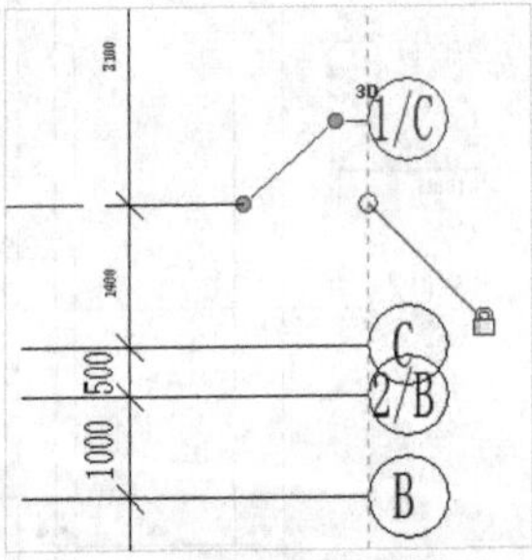

图2-72

提示 这样就完成了“轴线1/C”标头的调整，读者可以用同样的方法处理其他交错的标头。

12 更改标头的影响范围。选择“轴线1/C”，然后在“修改|轴网”选项卡中选择“影响范围”工具，如图2-73所示。打开“影响基准范围”对话框，勾选需要的平面或立面视图，单击“确定”按钮 确定(O) ，将这些设置应用到其他视图，如图2-74所示。

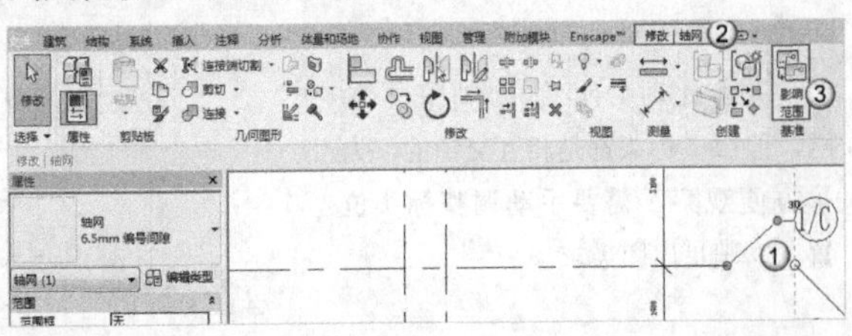

图2-73

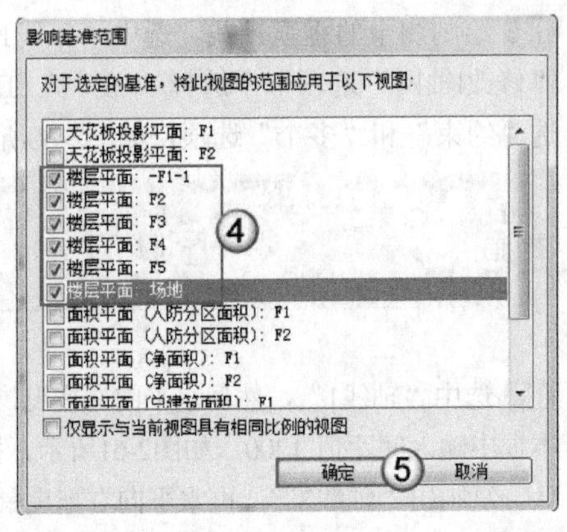

图2-74

13 选中所有轴线，然后切换到“修改|选择多个”选项卡，选择“锁定”工具，如图2-75所示，完成轴网的绘制。

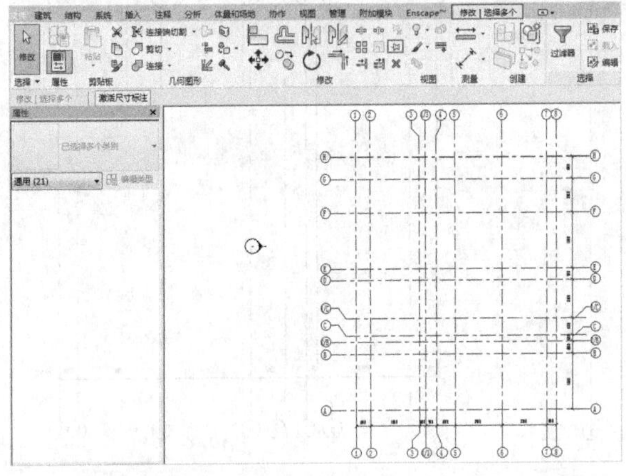

图2-75

2.3.2 认识轴网

轴网是模型平面的定位参照线，中间为点划线，两端为轴线端点。图2-76所示为轴网图纸。

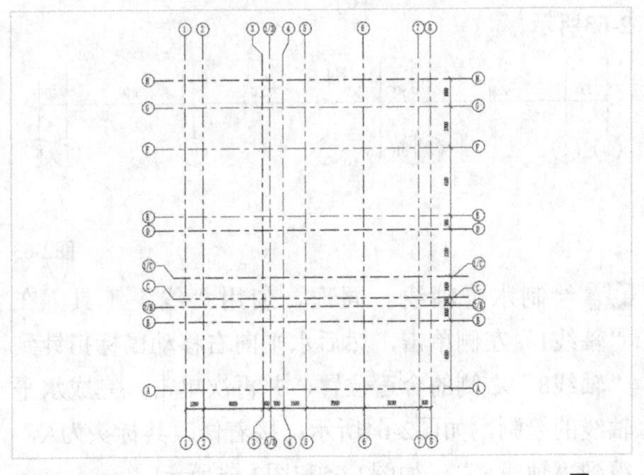

图2-76

2.3.3 绘制轴网

轴网一般是在“楼层平面”视图中绘制的，这也是为什么新建标高后要创建楼层平面，否则无法在对应楼层绘制轴网。在绘制轴网之前，要先在“楼层平面”选项中选择对应的平面；然后在“建筑”选项卡中执行“基准”命令栏里的“轴网”命令，如图2-77所示；接着选择“绘制”工具组中的绘制工具，如图2-78所示；最后在绘图区内单击，沿着水平或垂直方向拖曳鼠标，移动鼠标到合适位置后再次单击，即可完成轴线的绘制，如图2-79所示（绘制轴网时的细实线为轴网的角度参照线）。

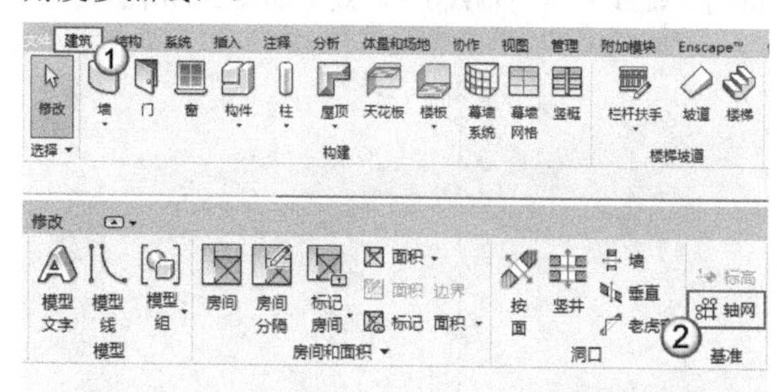

图2-77

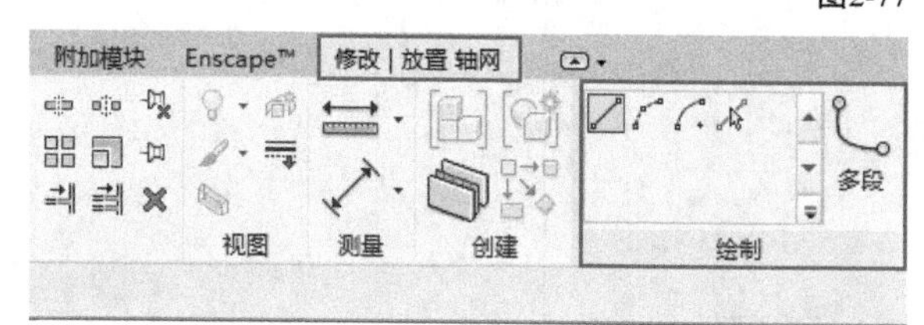

图2-78

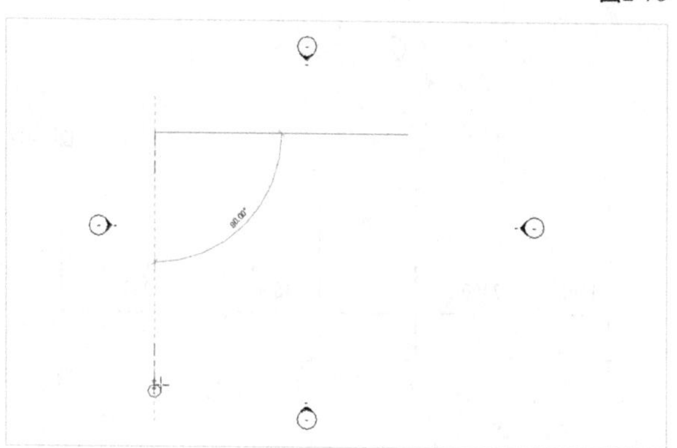

图2-79

提示

读者也可以直接在“楼层平面”视图中按快捷键G+R，然后绘制轴网。另外，由于编辑轴网和编辑标高的思路和工具都大同小异，这里不再讲解轴网的具体编辑方法。

2.4 课堂练习：绘制会所的轴网

实例文件 实例文件>CH02>课堂练习：绘制会所的轴网.rvt
视频文件 课堂练习：绘制会所的轴网.mp4
学习目标 掌握轴网的绘制和编辑方法

本练习的会所轴网图纸如图2-80所示。

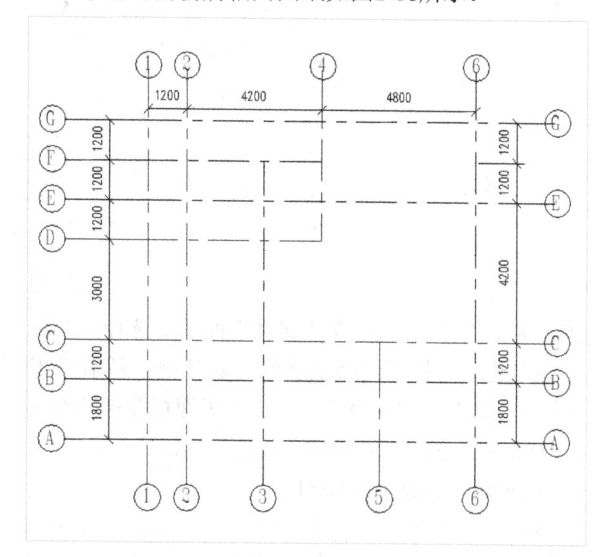

图2-80

01 在“项目浏览器”面板中双击“楼层平面”里的“标高1”视图，打开首层平面视图，如图2-81所示。

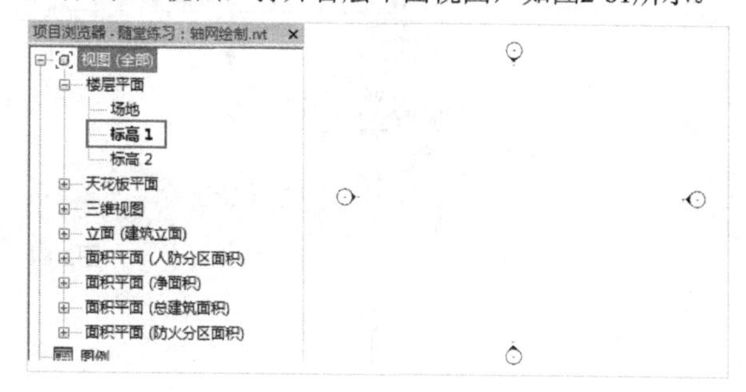

图2-81

02 绘制第1条垂直轴线。按快捷键G+R，在“标高1”视图中单击，然后向下拖曳鼠标，如图2-82所示，绘制一条垂直的“轴线1”，效果如图2-83所示。

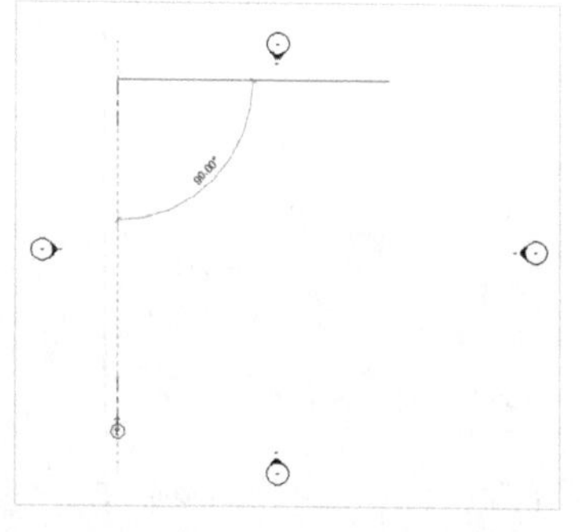

图2-82

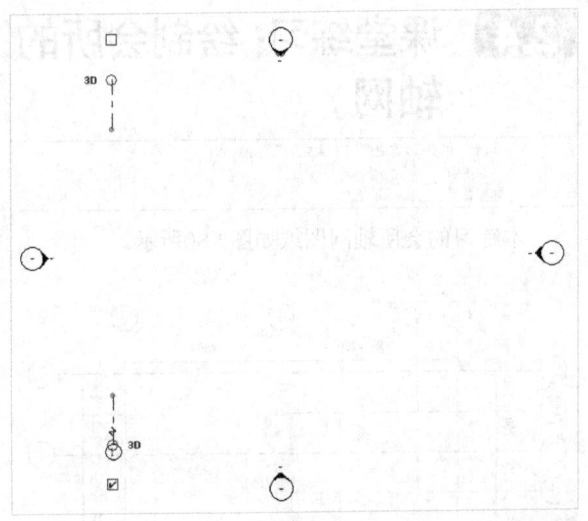

图2-83

03 选中“轴线1”，在“属性”面板中选择“编辑类型”选项，打开“类型属性”对话框；然后设置“轴线中段”为“连续”，勾选“平面视图轴号端点1（默认）”选项，并单击“确定”按钮 确定(O) ，如图2-84所示。效果如图2-85所示。

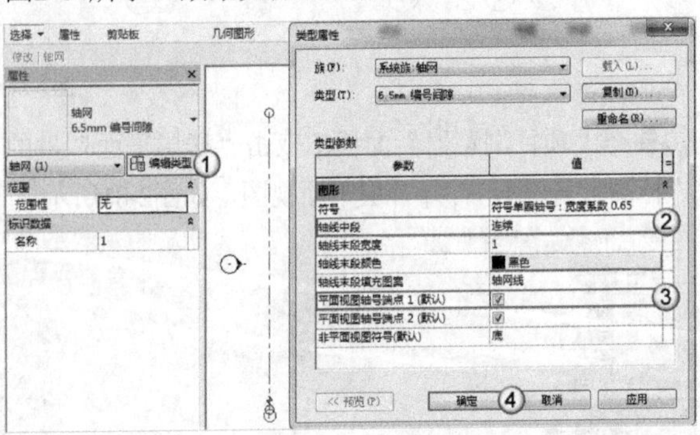

图2-84

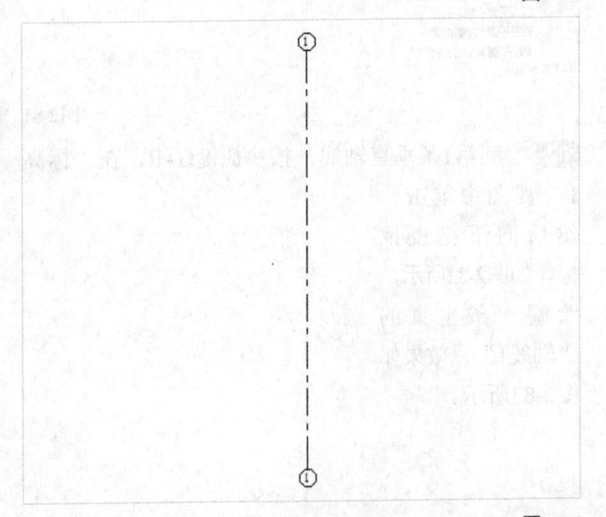

图2-85

04 绘制剩余的垂直轴线。选中“轴线1”，在“修改|轴网”选项卡中选择“复制”工具，并勾选“约束”和“多个”选项，如图2-86所示。

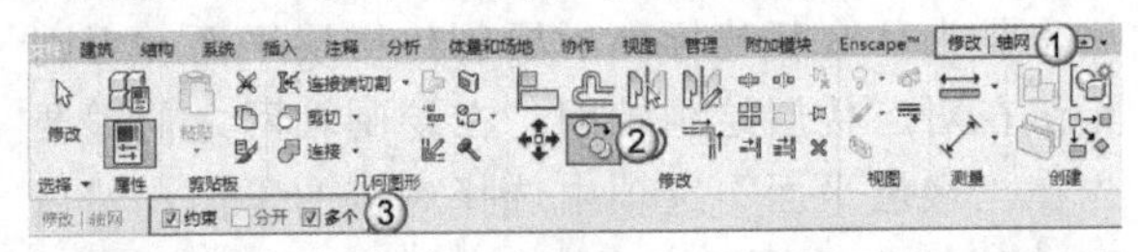

图2-86

05 在“轴线1”上单击捕捉一个点作为复制参考点，然后水平向右移动鼠标指针，输入间距值 1200，如图2-87所示，并按Enter键确认，得到“轴线2”。保持鼠标指针位于新复制轴线的右侧，分别输入间距值2400、1800、1800和 3000，并按Enter键确认，得到“轴线3”~“轴线6”，效果如图2-88所示。

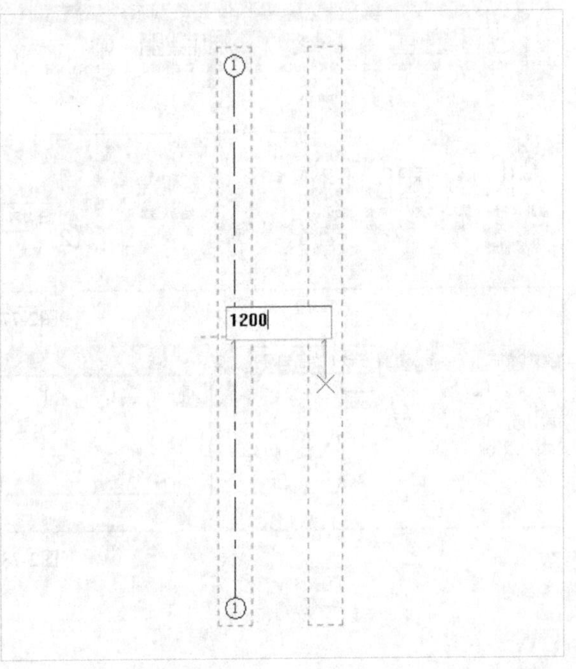

图2-87

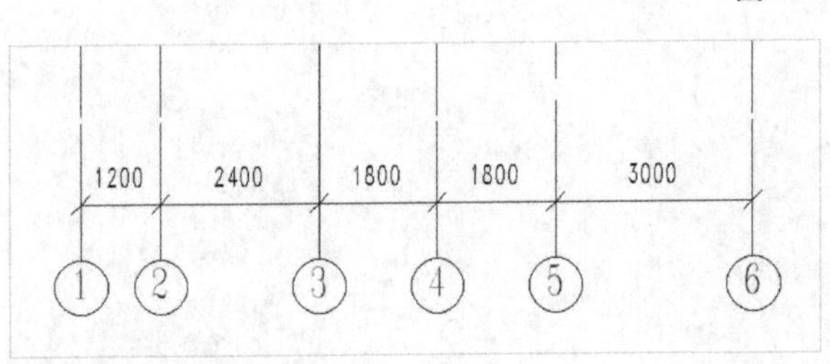

图2-88

06 用同样的方法绘制7条水平轴线，并命名为“轴线A”~“轴线G”，间距依次为1800、1200、3000、1200、1200和1200，效果如图2-89所示。

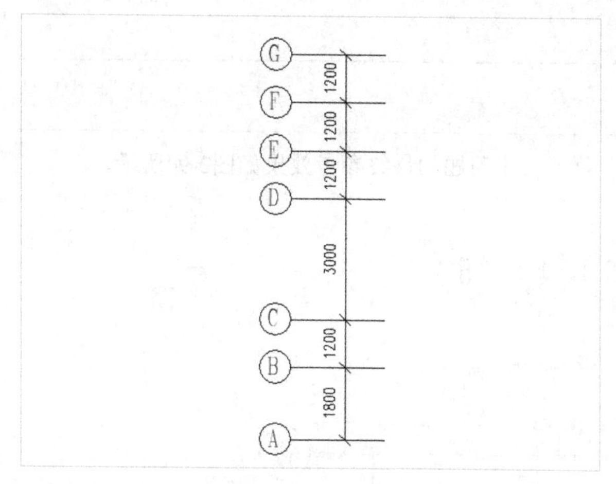

图2-89

提示 同样，绘制完轴网后，需要在平面视图和立面视图中手动调整轴线的标头位置，以满足出图需求。

07 调整标头位置。选择“轴线4”，打开“标头对齐锁”，然后隐藏编号，拖曳蓝色小点，如图2-90所示，调整“轴线4”到“轴线D”处，如图2-91所示。

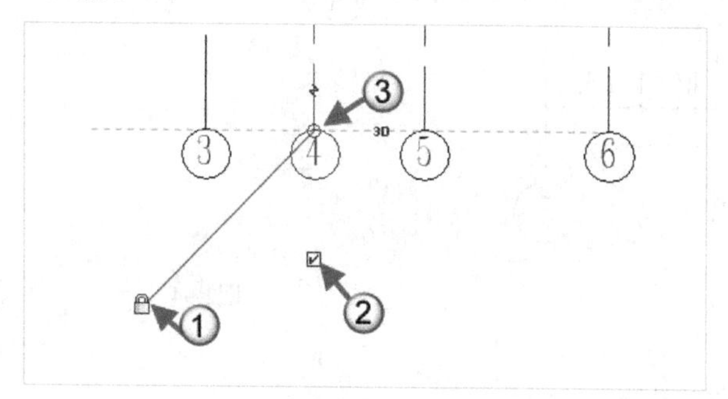

图2-90

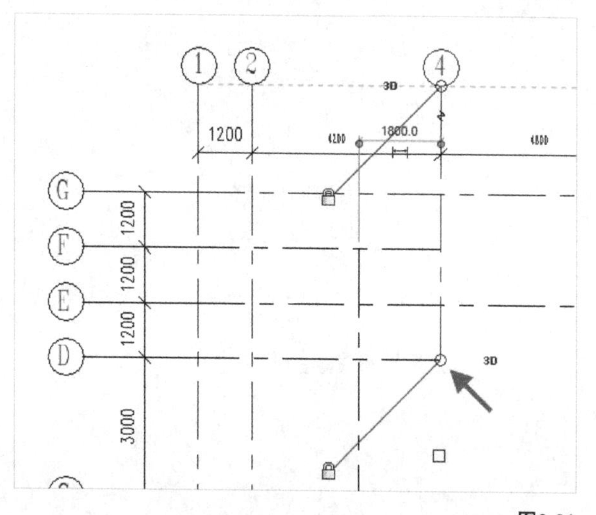

图2-91

08 用同样的方法完成其他轴线的调整，最终效果如图2-92所示。

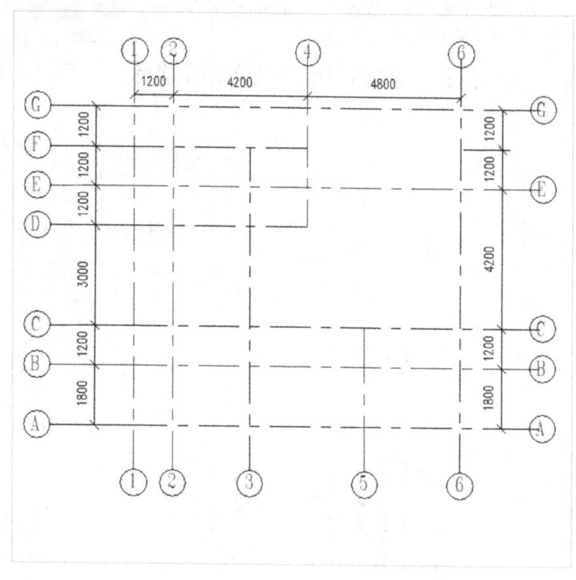

图2-92

2.5 课后习题

为了帮助读者能更熟练地掌握轴网和标高的绘制方法，下面给出两个课后习题，请读者认真练习。

2.5.1 课后习题：绘制小洋房的标高

实例文件　实例文件>CH02>课后习题：绘制小洋房的标高.rvt
视频文件　课后习题：绘制小洋房的标高.mp4
学习目标　掌握标高的绘制和编辑方法

本习题的最终参考效果如图2-93所示。

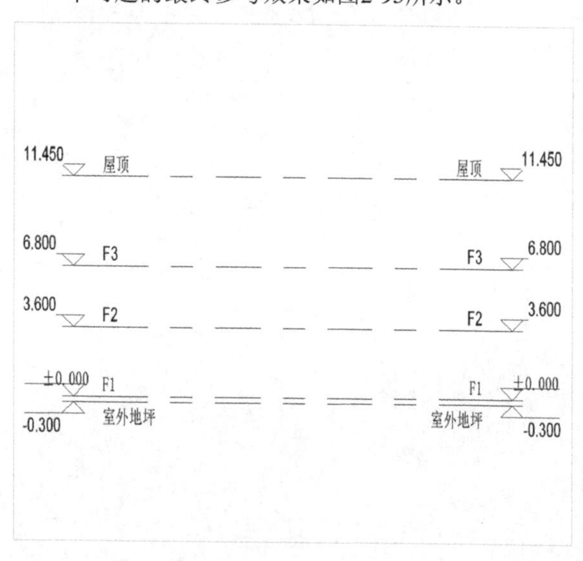

图2-93

2.5.2 课后习题：绘制轴网

实例文件 实例文件>CH02>课后习题：绘制轴网.rvt
视频文件 课后习题：绘制轴网.mp4
学习目标 掌握轴网的绘制和编辑方法

使用上一个课后习题中的文件完成练习（后续习题一样）。本习题的最终参考效果如图2-94所示。

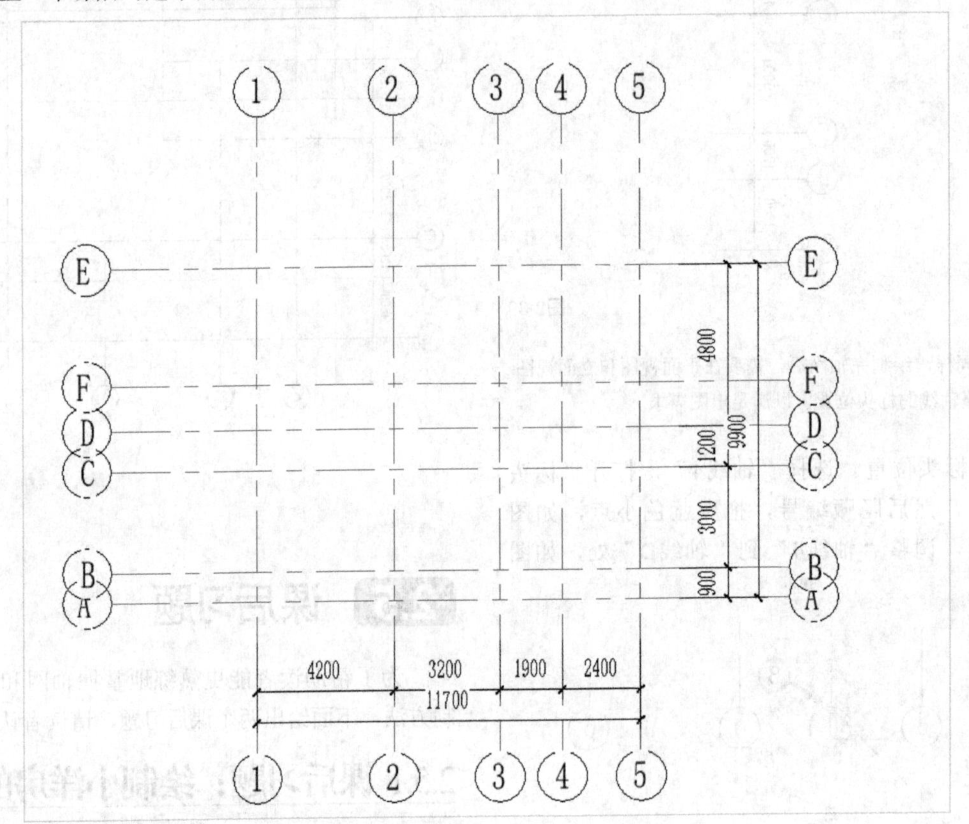

图2-94

第3章

墙体

本章将介绍Revit 2018中墙体的基本概念和绘制方法，Revit 2018中的墙体包括基本墙、叠层墙和幕墙。通过对本章的学习，读者可以根据轴网快速地绘制需要的墙体。

学习目标

- 了解墙体的基本概念
- 掌握墙体的组成结构
- 掌握墙体的基本绘制方法
- 掌握幕墙的基本概念和绘制方法
- 掌握墙体的准确定位方法

3.1 墙体的基本概念

随着高层建筑的不断涌现，幕墙及异形墙体的应用越来越多，单纯的二维展示已不能满足应用要求，这时候就可以通过Revit有效地建立出三维模型。

本节内容介绍

名称	作用	重要程度
认识墙体	理解墙体的基本概念	中
墙体的重要参数	掌握墙体各项参数的作用	高

3.1.1 课堂案例：绘制小别墅一层的墙体

实例文件　实例文件>CH03>课堂案例：绘制小别墅一层的墙体.rvt
视频文件　课堂案例：绘制小别墅一层的墙体.mp4
学习目标　掌握墙体的绘制方法

本案例小别墅的墙体效果如图3-1所示。

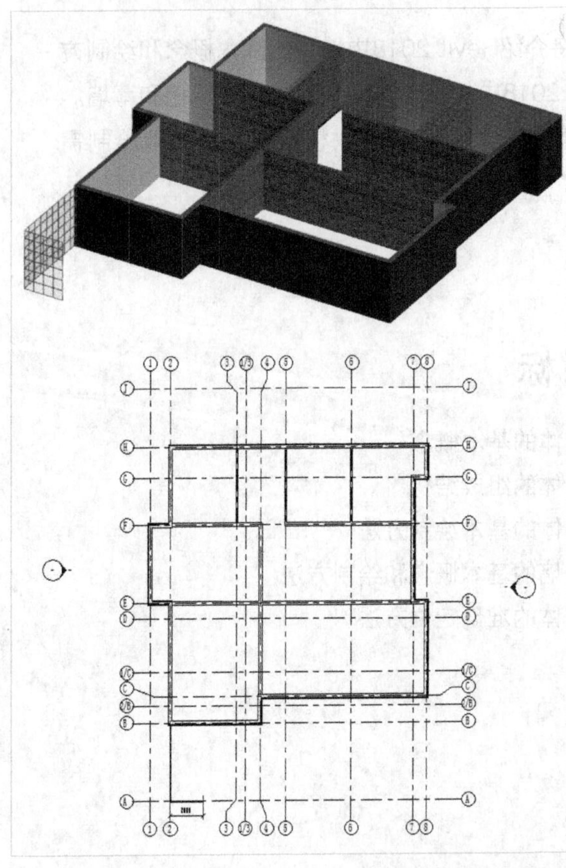

图3-1

01 新建墙类型。打开“实例文件>CH02>课堂案例：绘制小别墅的轴网.rvt”文件；然后在“项目浏览器”面板中双击“F1”视图，进入一层平面视图；接着在“建筑”选项卡中执行“墙>墙:建筑”命令（快捷键为W+A），激活墙体绘制功能，如图3-2所示。在“属性”面板的“类型选择器”中选择“基本墙 常规-200mm”选项，并选择“编辑类型”选项；打开“类型属性”对话框，单击“复制”按钮 复制(D)... ，并设置“名称”为“外墙-饰面砖-240”，单击“确定”按钮 确定 ，如图3-3所示。

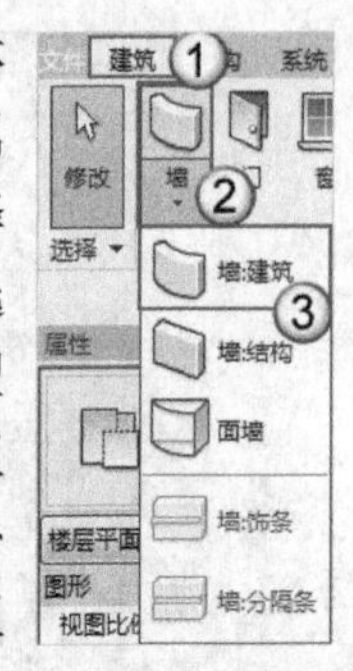

图3-2

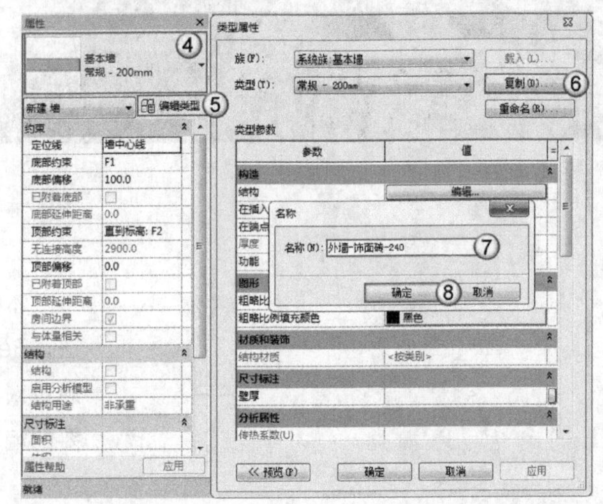

图3-3

02 设置墙层和各墙层材质等参数。单击“类型属性”对话框中的“编辑”按钮 编辑... ，打开“编辑部件”对话框；然后单击“插入”按钮 插入(I) ，如图3-4所示，插入4个新的墙层；接着通过“向上”按钮 向上(U) 和“向下”按钮 向下(O) 调整墙层位置，如图3-5所示。

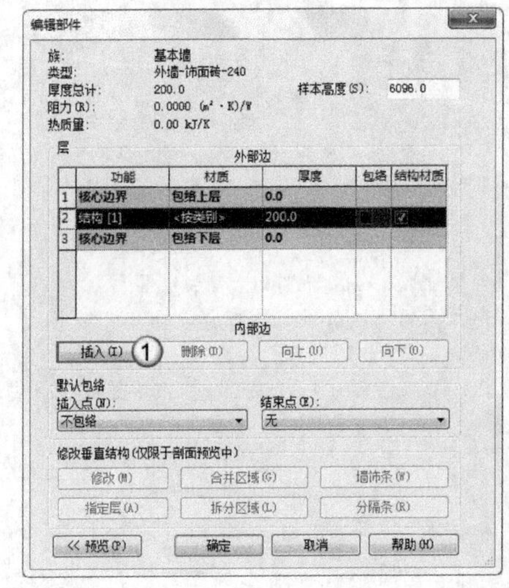

图3-4

	功能	材质	厚度	包络	结构材质
1	结构 [1]	<按类别>	0.0	☑	☐
2	结构 [1]	<按类别>	0.0	☑	☐
3	结构 [1]	<按类别>	0.0	☑	☐
4	核心边界	包络上层	0.0		
5	结构 [1]	<按类别>	200.0	☐	☑
6	核心边界	包络下层	0.0		
7	结构 [1]	<按类别>	0.0	☑	☐

图3-5

03 单击“功能”栏中各墙层右侧的下拉按钮，设置各墙层的“功能”和“厚度”，并单击“材质”按钮，如图3-6所示。打开“材质浏览器”对话框，在“创建并复制材质”中选择“新建材质”，如图3-7所示，将创建“默认为新材质”材质。

	功能	材质	厚度	包络	结构材质
1	面层 1 [4]	<按类别>	20.0	☑	☐
2	保温层/空气层	<按类别>	20.0	☑	☐
3	涂膜层	<按类别>	0.0	☑	☐
4	核心边界	包络上层	0.0		
5	结构 [1]	<按类别>	190.0	☐	☑
6	核心边界	包络下层	0.0		
7	面层 2 [5]	<按类别>	10.0	☑	☐

图3-6

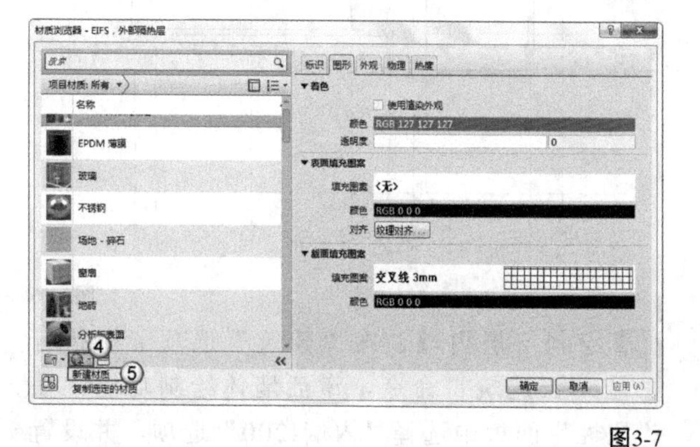

图3-7

04 在“默认为新材质”上单击鼠标右键，选择“重命名”选项，如图3-8所示，将新材质命名为“外装饰红砖”；然后单击“打开/关闭资源浏览器”按钮，打开“资源浏览器”对话框，在搜索框中输入“砖”，选择“不均匀顺砌-紫红色”材质，单击“确定”按钮，如图3-9所示。

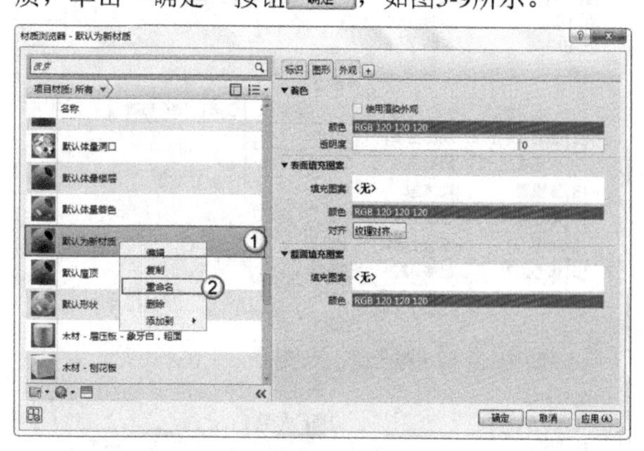

图3-8

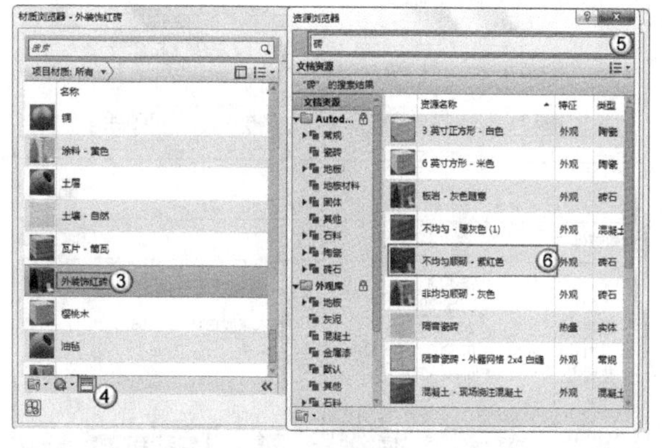

图3-9

05 按同样的方法设置其他墙层的材质，如图3-10所示，设置完成后单击“确定”按钮，完成墙“外墙-饰面砖-240”的创建。

	功能	材质	厚度	包络	结构材质
1	面层 1 [4]	外装饰红砖	20.0	☑	☐
2	保温层/空气	隔热层/保温层	20.0	☑	☐
3	涂膜层	隔汽层	0.0	☑	☐
4	核心边界	包络上层	0.0		
5	结构 [1]	混凝土砌块	190.0	☐	☑
6	核心边界	包络下层	0.0		
7	面层 2 [5]	松散 - 石膏板	10.0	☑	☐

图3-10

06 用前面的方法创建小别墅中其他类型的墙。“外墙-灰白色漆-240”“内墙-200”和“内墙-100”的参数设置如图3-11~图3-13所示。

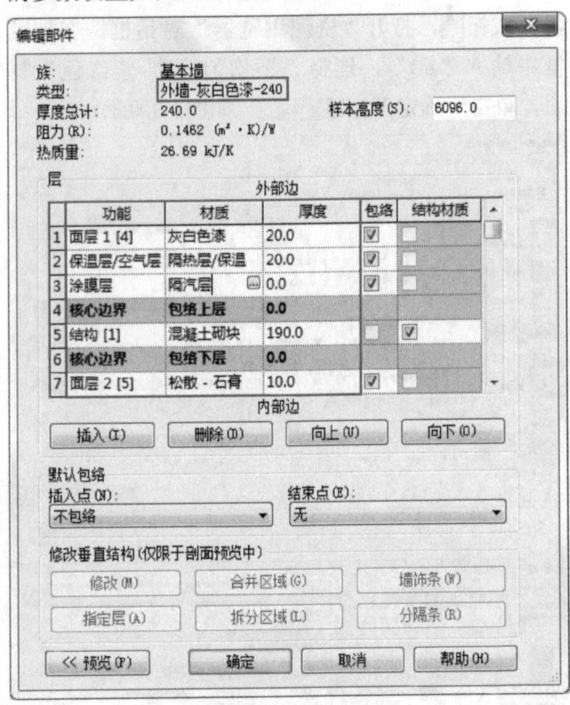
编辑部件

族：基本墙
类型：外墙-灰白色漆-240
厚度总计：240.0　　样本高度(S)：6096.0
阻力(R)：0.1462 (m²·K)/W
热质量：26.69 kJ/K

层

外部边

	功能	材质	厚度	包络	结构材质
1	面层 1 [4]	灰白色漆	20.0	☑	☐
2	保温层/空气层	隔热层/保温	20.0	☑	☐
3	涂膜层	隔汽层	0.0	☑	☐
4	核心边界	包络上层	0.0		
5	结构 [1]	混凝土砌块	190.0	☐	☑
6	核心边界	包络下层	0.0		
7	面层 2 [5]	松散 - 石膏	10.0	☑	☐

内部边

插入(I)　删除(D)　向上(U)　向下(O)

默认包络
插入点(N)：不包络　　结束点(E)：无

修改垂直结构（仅限于剖面预览中）
修改(M)　合并区域(G)　墙饰条(W)
指定层(A)　拆分区域(L)　分隔条(R)

<< 预览(P)　确定　取消　帮助(H)

图3-11

编辑部件

族：基本墙
类型：内墙-200
厚度总计：200.0　　样本高度(S)：6096.0
阻力(R)：0.0000 (m²·K)/W
热质量：0.00 kJ/K

层

外部边

	功能	材质	厚度	包络	结构材质
1	核心边界	包络上层	0.0		
2	结构 [1]	砖砌体	200.0	☐	☑
3	核心边界	包络下层	0.0		

图3-12

编辑部件

族：基本墙
类型：内墙-100
厚度总计：100.0　　样本高度(S)：6096.0
阻力(R)：0.0000 (m²·K)/W
热质量：0.00 kJ/K

层

外部边

	功能	材质	厚度	包络	结构材质
1	核心边界	包络上层	0.0		
2	结构 [1]	砖砌体	100.0	☐	☑
3	核心边界	包络下层	0.0		

图3-13

07 设置一层墙体的参数。在“建筑”选项卡中执行“墙>墙:建筑”命令，激活墙体绘制功能。在“属性”面板中选择“外墙-饰面砖-240”选项；设置“定位线”为“墙中心线”，“底部约束”为F1，“底部偏移”为100，“顶部约束”为“直到标高:F2”，如图3-14所示。

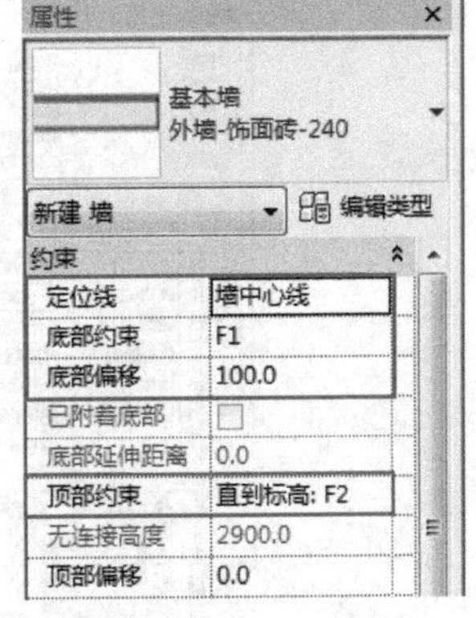

图3-14

08 绘制墙体。在“修改|放置 墙”选项卡中选择“线”工具，如图3-15所示；然后捕捉“轴线H”和“轴线2”的交点为墙体的绘制起点；接着将鼠标指针水平向右移动到“轴线8”并单击，再垂直向下移动鼠标指针并单击“轴线G”；最后依次捕捉“轴线G”和“轴线7”的交点、“轴线E”和“轴线7”的交点等。外墙效果如图3-16所示。

修改 | 放置 墙
测量　创建　绘制

图3-15

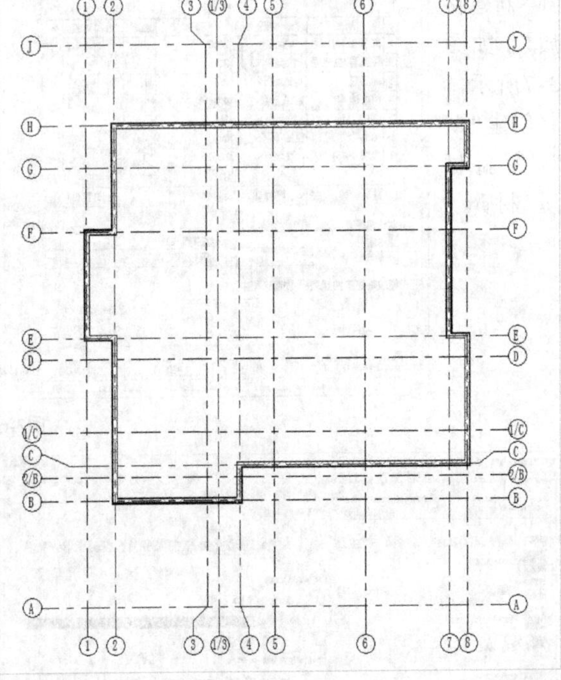

图3-16

09 绘制一层内墙。在“建筑”选项卡中执行“墙>墙:建筑”命令，激活墙体绘制功能。在“属性”面板中选择“内墙-200”选项，并设置

图3-17所示的参数，绘制图3-18所示的“内墙-200”。

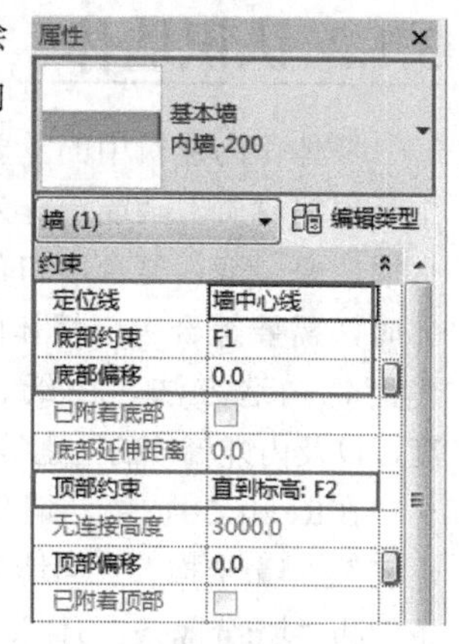

图3-17

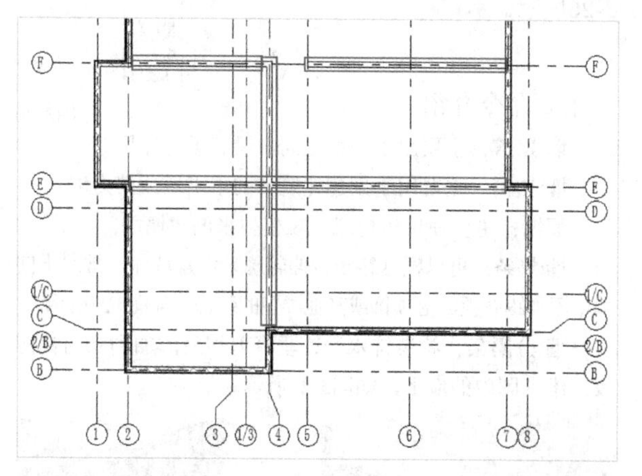

图3-18

10 用同样的方法，激活墙体绘制功能；然后在“属性”面板中选择“内墙-100”选项，为其设置与“内墙-200”相同的参数，绘制出图3-19所示的“内墙-100”。

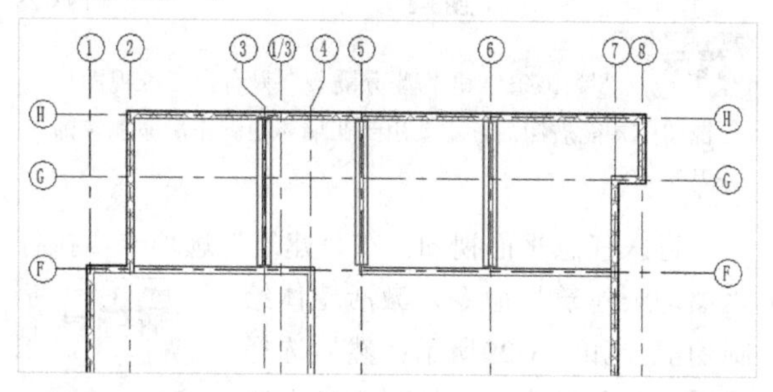

图3-19

11 绘制首层幕墙。按快捷键W+A激活墙体绘制功能，然后在“属性”面板中选择“幕墙”选项，再选择“编辑类型”选项，打开“类型属性”对话框，单击“复制”按钮 复制(D)... ，新建一个幕墙，并设置其“名称”为“幕墙-1”，单击“确定”按钮 确定 ，如图3-20所示。

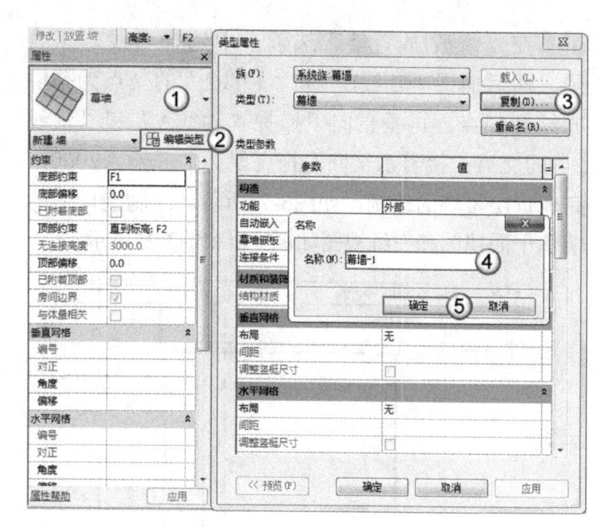

图3-20

12 在“属性”面板和“类型属性”对话框中设置“幕墙-1”的参数，如图3-21和图3-22所示。

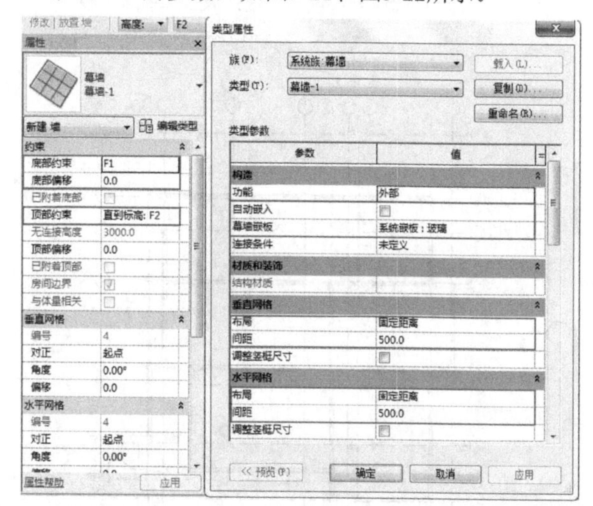

图3-21

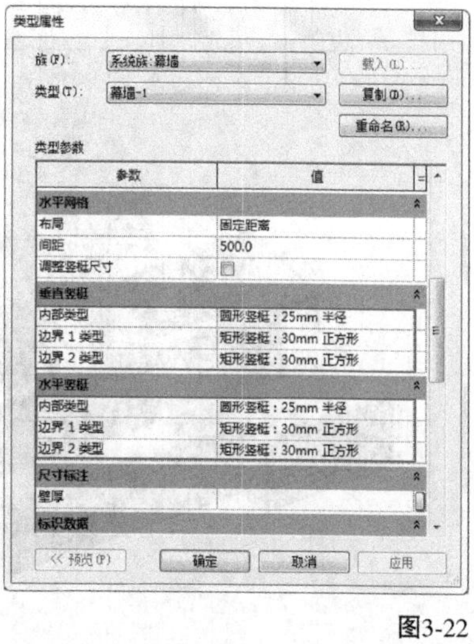

图3-22

13 在“修改|放置墙”选项卡中选择“线”工具，然后捕捉“轴线B”和“轴线2”的交点为幕墙的绘制起点，再垂直向下捕捉“轴线A”和“轴线2”的交点；接着水平向右拖曳鼠标，并输入2000，完成首层幕墙的绘制，如图3-23所示。绘制完成后的墙体平面视图和三维视图如图3-24和图3-25所示。

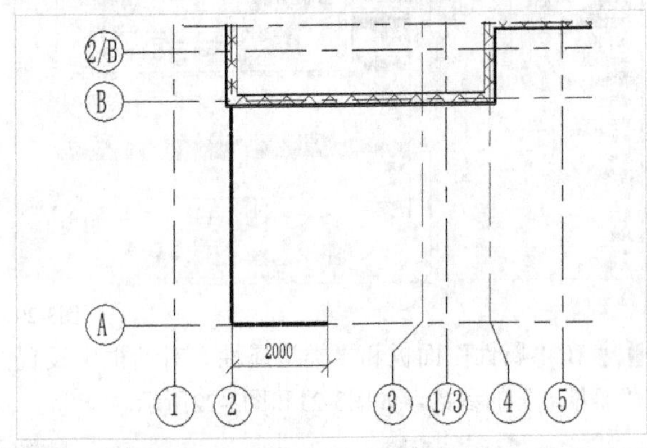

图3-23

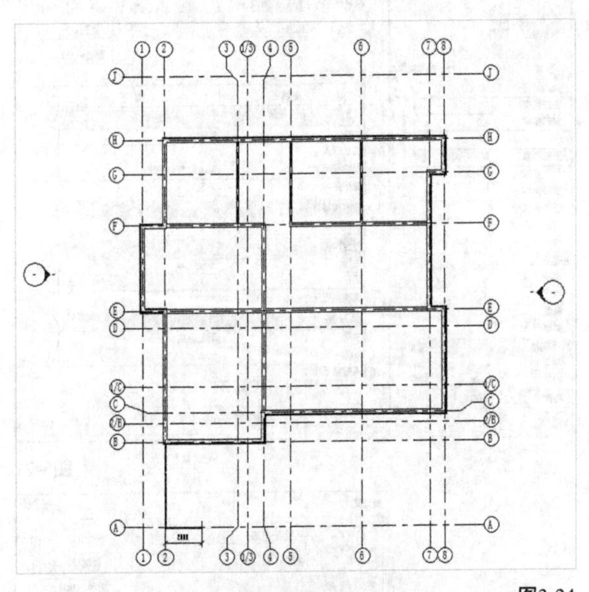

图3-24

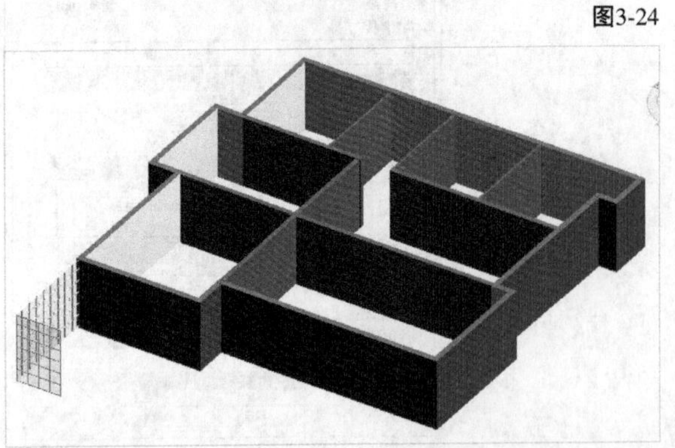

图3-25

3.1.2 认识墙体

墙体作为建筑中的重要组成部分，在实际工程中可根据材质、功能等分为多种类型，如隔墙、防火墙、叠层墙、复合墙和幕墙等。因此，在绘制墙体时，需要综合考虑墙体的高度、厚度、构造方法、图纸、精细程度，以及内外墙体的区别等问题。

在Revit 2018中，墙分为“墙:建筑”“墙:结构”“面墙”“墙:饰条”和“墙:分隔条”5种类型，如图3-26所示。

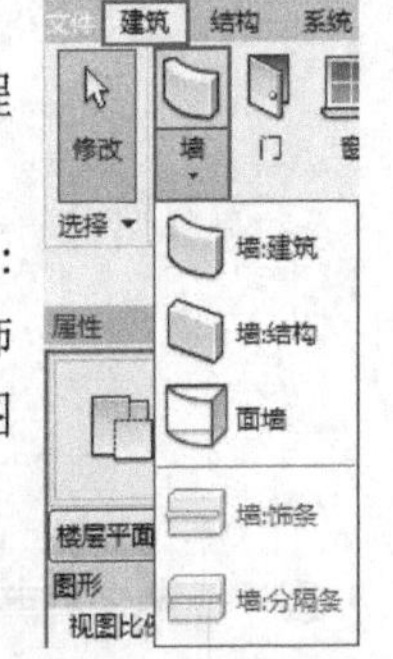

图3-26

墙重要命令介绍

墙:建筑： 主要用于分割空间，没有承重作用。

墙:结构： 主要用于创建建筑中的承重墙或剪力墙。

面墙： 主要使用体量或常规模型来创建墙面。

墙:饰条： 可以根据路径拉伸轮廓来创建墙体，常用于向墙中添加踢脚板、冠顶饰或其他类型的装饰，如图3-27所示。

墙:分隔条： 将装饰水平或垂直剪切后添加到立面视图或三维视图中的墙上，如图3-28所示。

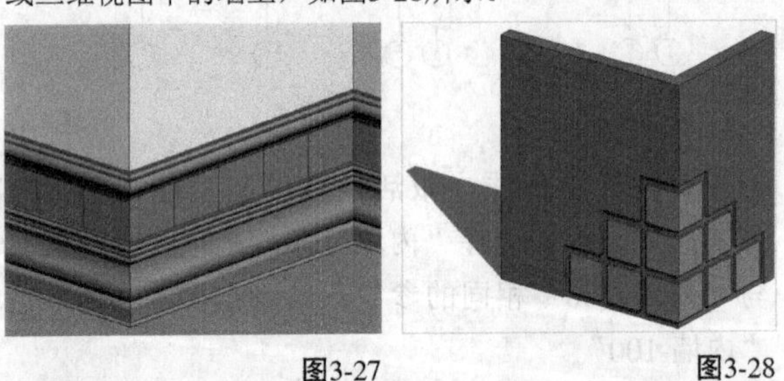

图3-27　图3-28

提示

“墙:饰条”和“墙:分隔条”只有在三维视图和立面视图中才能被激活，主要用于在墙体绘制完后添加装饰和分隔条。

进入任意平面视图，在“建筑”选项卡中执行“墙>墙:建筑”命令，激活墙体绘制功能，如图3-29所示；然后选择“属性”面板中的“编辑类型”选项，打开“类型属性”对话框；接着打开“族”下拉列表，如图3-30所示。Revit 2018中墙的“系统族”分为“叠层墙”“基本墙”和“幕墙”3类，建模过程中设置的所有不同类型的墙都属于这3类墙。

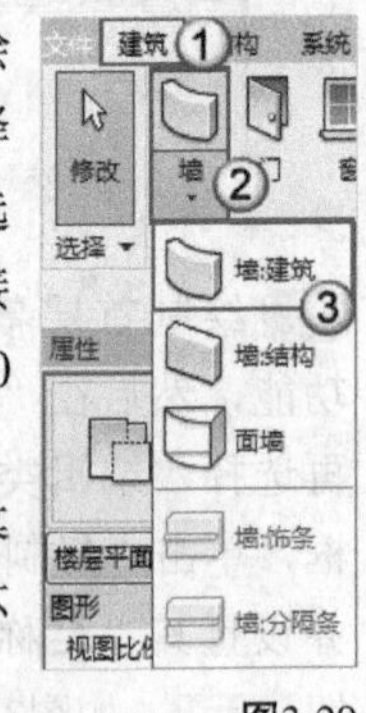

图3-29

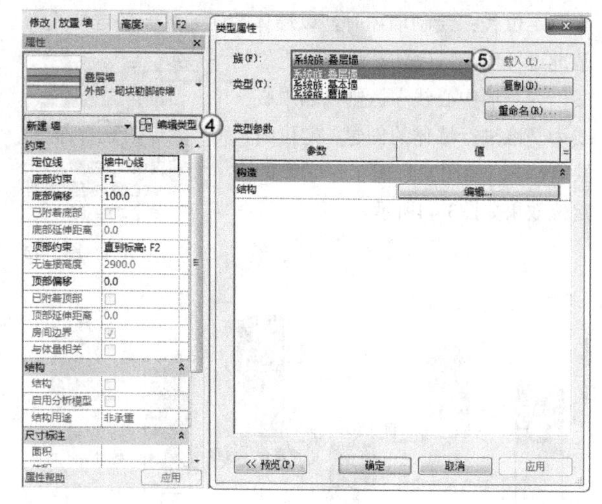

图3-30

提示 在后面的内容中会详细介绍这3类墙体的区别和作用。

3.1.3 墙体的重要参数

在“建筑”选项卡中执行“墙>墙:建筑”命令，激活墙体绘制功能；然后进入“修改|放置 墙”选项卡，会出现墙体的“绘制”工具组，选项栏也发生了对应变化，变为墙体设置选项栏，如图3-31所示。同时，“属性”面板中也会出现墙的各项参数，如图3-32所示。

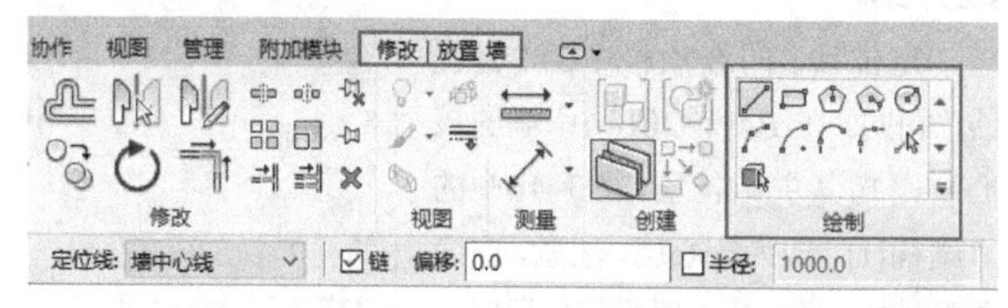

图3-31

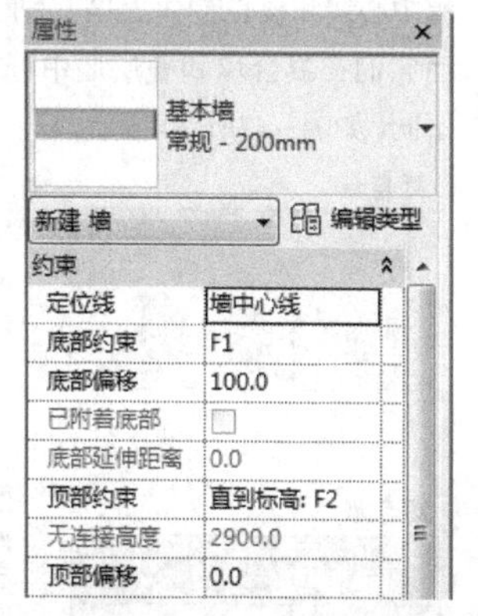

图3-32

绘制墙体前需要先选择绘制方式，如“线”工具、“矩形”工具、“多边形”工具、“圆形”工具和“弧形”工具等。如果导入了二维平面图（.dwg）作为底图，则可以先选择“拾取线”工具，然后拾取平面图中的墙线，系统会自动生成墙体。另外，利用“拾取面”工具可以拾取体量的面来自动生成墙。

例如，选择“矩形”工具进行绘制。在“建筑”选项卡中执行“墙>墙:建筑”命令，激活墙体绘制功能。进入“修改|放置 墙”选项卡，出现了墙体的“绘制”工具组，选择“矩形” 工具，如图3-33所示。

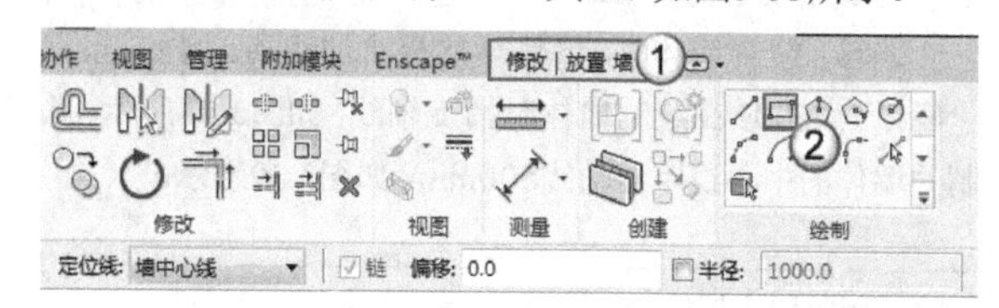

图3-33

在绘图区中绘制一个矩形即可，效果如图3-34所示。其他绘制方式的操作步骤类似。

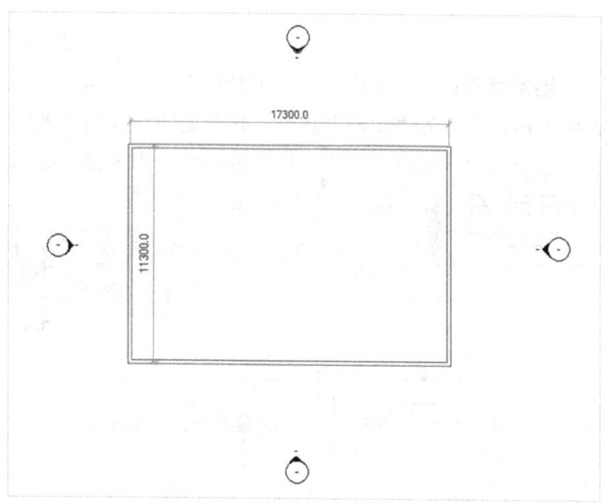

图3-34

1. “放置 墙”选项栏

设置好绘制方式后，就要设置墙体的有关参数，如图3-35所示。注意，下列参数的介绍顺序以设置先后顺序或绘制复杂程度进行排列。

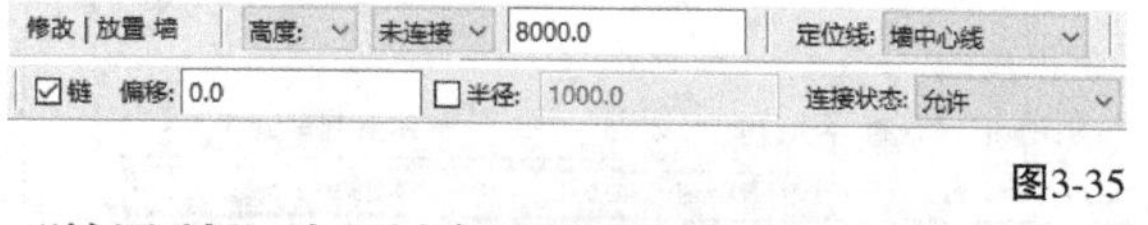

图3-35

“放置 墙”选项栏中重要参数介绍

高度/深度：从当前视图向上或向下延伸墙体，如图3-36所示。

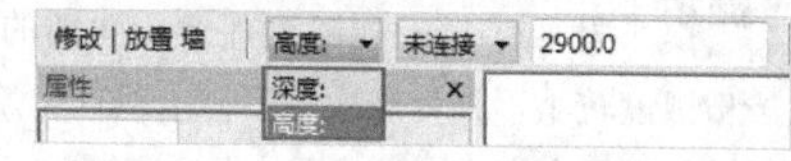

图3-36

未连接：该下拉列表中包含各个标高楼层，后面的具体数字表示墙体的高度，在绘制时可以输入指定的数值，如图3-37所示，绘制完成后也可以在“属性”面板中调整该值。

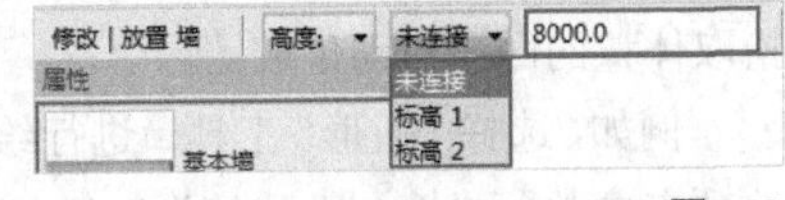

图3-37

链 ☑链：墙体是一段一段地绘制的，勾选“链”选项后，可以连续绘制墙体。

偏移：绘制墙体时，墙体与捕捉点的距离。例如，设置“偏移”为500，在绘制墙体时捕捉轴线，如图3-38所示，绘制的墙体的中心线距离轴线500mm，如图3-39所示。

图3-38

图3-39

连接状态：有“允许”和“不允许”两个选项，如图3-40所示。设置为“允许”状态，转角处的墙体会自动连接；设置为“不允许”状态，转角处的墙体不连接，如图3-41所示。系统默认为“允许”状态。

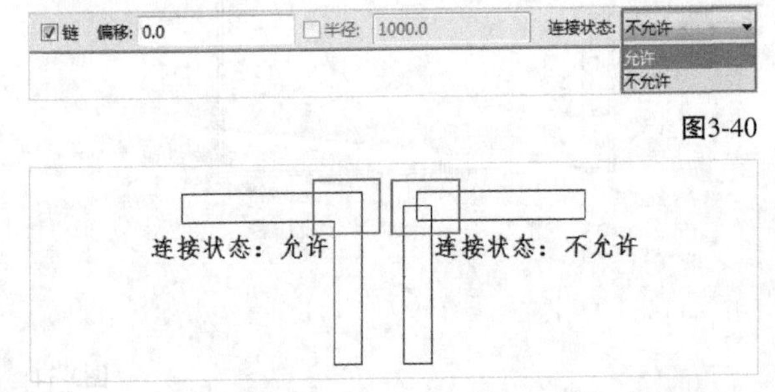

图3-40

图3-41

半径：勾选该选项后，两面墙的转角处不是直角，而是根据设定的半径值自动生成圆弧。注意，当“连接状态”为“允许”状态时才能绘制“半径”墙体，如图3-42所示。

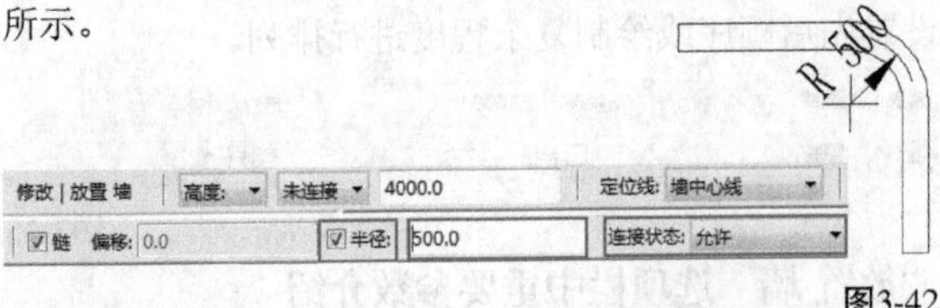

图3-42

提示 圆弧半径不能超过任意一面墙的长度，墙的转角一般弧度较小，因为现实中不会出现有大弧度转角的墙。另外，若半径太大，图元就无法保持连接。

定位线：绘制墙体时，以墙体截面的某一条定位线为基准进行绘制。例如，设置“定位线”为“墙中心线”，则以墙中心线为基准进行墙体的创建。定位线共有6种，如图3-43所示，它们的定位效果如图3-44所示。

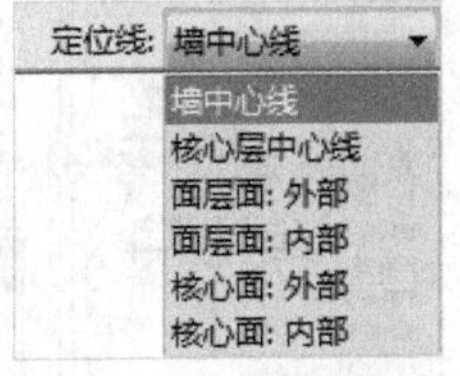

图3-43

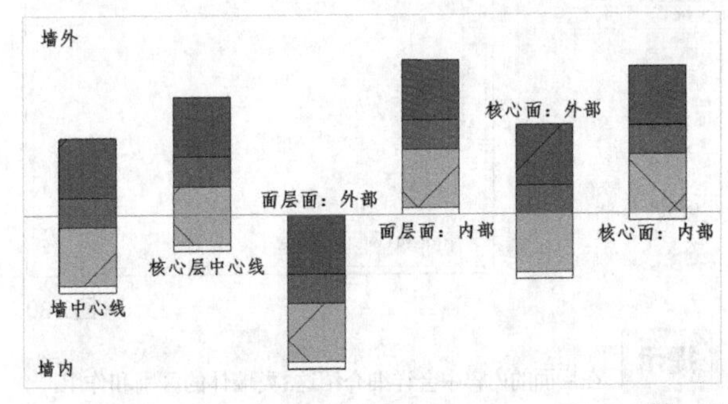

图3-44

2. 墙体属性

在绘制墙体时，“属性”面板如图3-45所示。“属性”面板主要用于进行墙体参数的修改，在绘制墙体或墙体被选中时均可进行修改，其中的部分参数与选项栏中的一致。

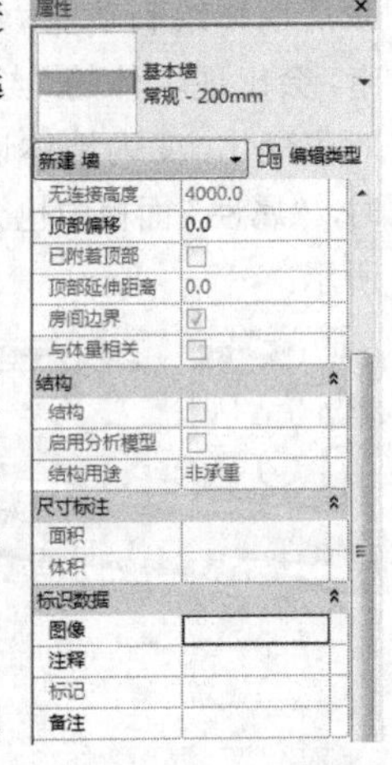

图3-45

墙体“属性”面板中重要参数介绍

定位线：同选项栏中的“定位线”相同。在 Revit 2018中，墙的核心层是指其主结构层，图3-46中的“结构[1]”即为核心层。注意，在简单的墙中，只有核心层无其他层时，墙中心线和核心层中心线将会重合，而它们在复合墙和叠层墙中可能会不同，如图3-47所示。

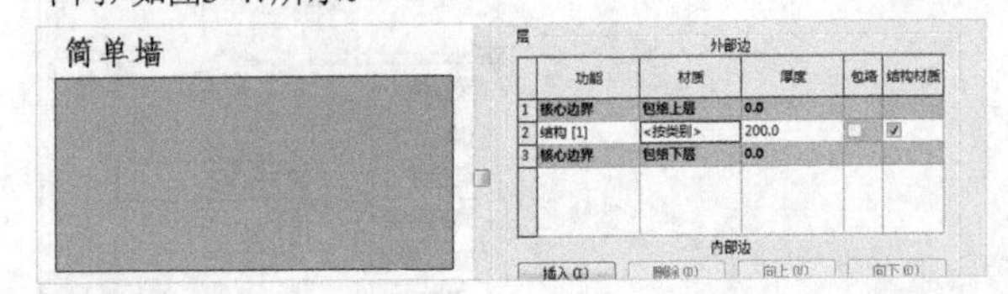

图3-46

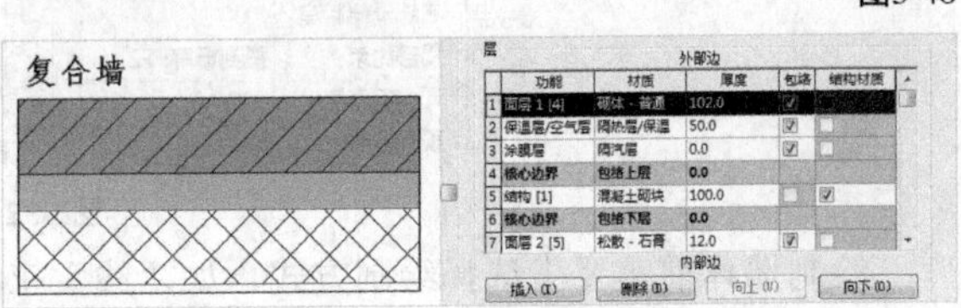

图3-47

底部约束/顶部约束：墙体上下方的约束范围，如设置“底部约束”为F1、“顶部约束”为F2，墙体高度即为其所在楼层的标高。

底部偏移/顶部偏移：在约束范围内，可上下微调墙体的高度。例如，设置“底部偏移”为500，表示墙体底部向上减少500mm，如图3-48所示；“顶部偏移”同理。注意，正值为向上偏移，负值为向下偏移。

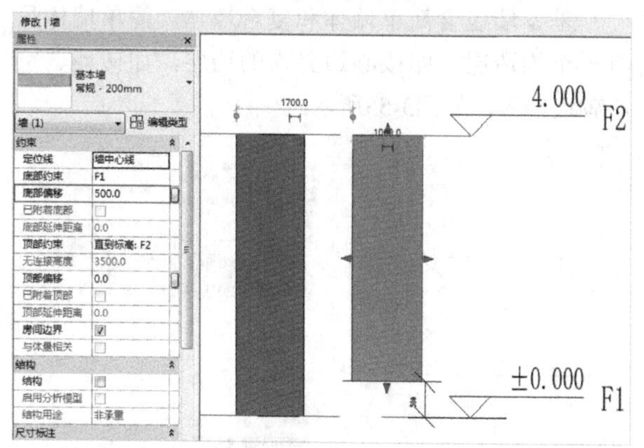

图3-48

无连接高度：当“顶部约束”设置为“未连接”时，墙体没有“顶部约束”条件，用户可手动调整墙体高度，如图3-49所示。

顶部约束	未连接
无连接高度	4000.0

图3-49

房间边界：在绘制墙体时，该选项默认处于勾选状态；其作用是在计算房间的面积、周长和体积时，Revit 2018会使用墙体作为房间的边界进行计算。

结构：表示当前墙体是否为结构墙，勾选该选项后，可用于后期做受力分析等。

3. 墙体类型属性

选择“属性”（实例属性）面板中的“编辑类型”选项，打开“类型属性”对话框，如图3-50所示。墙体的“类型属性”对话框主要用于新建墙体类型、设置墙体材质和墙层等。

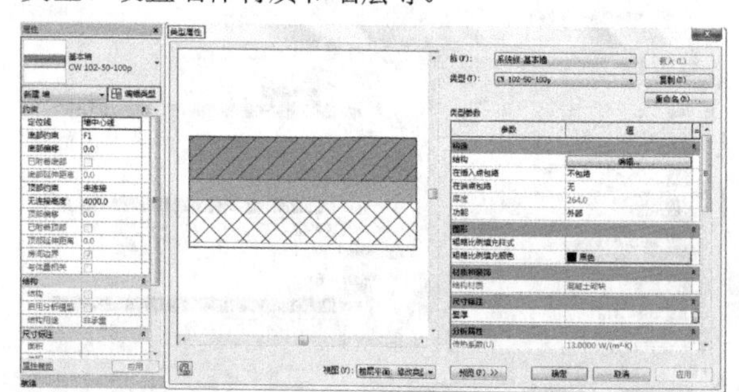

图3-50

墙体类型重要参数介绍

复制：可复制“系统族:基本墙”下不同类型的墙体，复制出的墙体为新的墙体；新墙体的结构可以编辑，从而形成需要的墙体类型。

重命名：可修改“类型”中的墙体名称。注意，这里不会生成新的墙体，只是更改同一墙体的名称。

结构：用于设置墙体的结构。单击“编辑”按钮[编辑...]，如图3-51所示，打开“编辑部件”对话框，如图3-52所示，“内部边”和“外部边”表示墙的内外两侧。

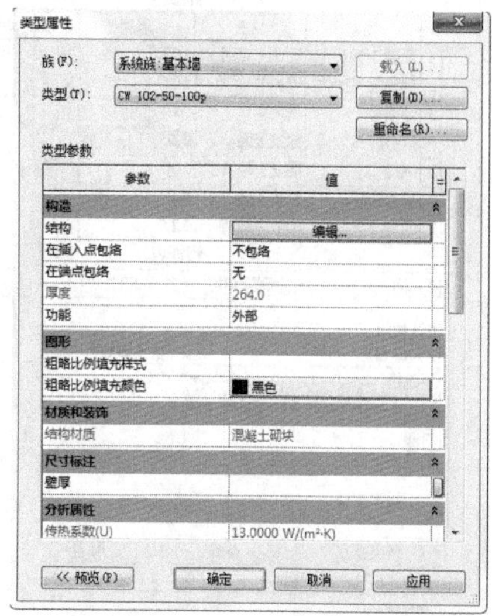

图3-51

编辑部件

族：基本墙
类型：CW 102-50-100p
厚度总计：264.0　　样本高度(S)：6096.0
阻力(R)：0.0769 (m²·K)/W
热质量：14.05 kJ/K

层　外部边

	功能	材质	厚度	包络	结构材质
1	面层 1 [4]	砌体 - 普通	102.0	☑	☐
2	保温层/空气层	隔热层/保温	50.0	☑	☐
3	涂膜层	隔汽层	0.0	☑	☐
4	核心边界	包络上层	0.0		
5	结构 [1]	混凝土砌块	100.0	☐	☑
6	核心边界	包络下层	0.0		
7	面层 2 [5]	松散 - 石膏	12.0	☑	☐

内部边

插入(I)　删除(D)　向上(U)　向下(O)

默认包络
插入点(N)：不包络　结束点(E)：无

修改垂直结构（仅限于剖面预览中）
修改(M)　合并区域(G)　墙饰条(W)
指定层(A)　拆分区域(L)　分隔条(R)

<< 预览(P)　确定　取消　帮助(H)

图3-52

提示

用户可根据需要添加墙体的内部构造层。单击“编辑部件”对话框中的“插入”按钮[插入(I)]即可插入墙体构造层，单击“向上”按钮[向上(U)]或“向下”按钮[向下(O)]可以调整构造层的位置，单击“材质”按钮[...]可以调整材质或新建材质。

默认包络：“包络”指的是墙的非核心构造层在断点处的处理方法，仅对“编辑部件”对话框中勾选了“包络”选项的构造层进行包络。包络的形式有3种，如图3-53所示，且只在墙体开放的断点处进行包络。内部包络和外部包络效果如图3-54所示。另外，绘制墙体时一般不需要设置包络。

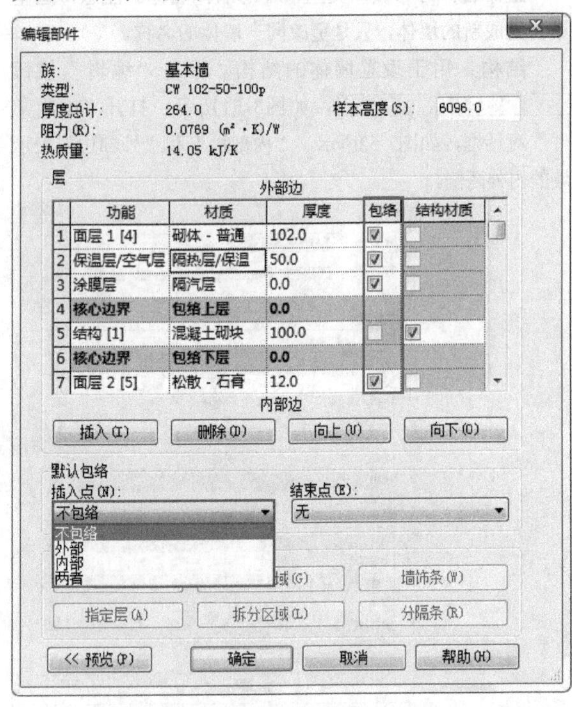

图3-53

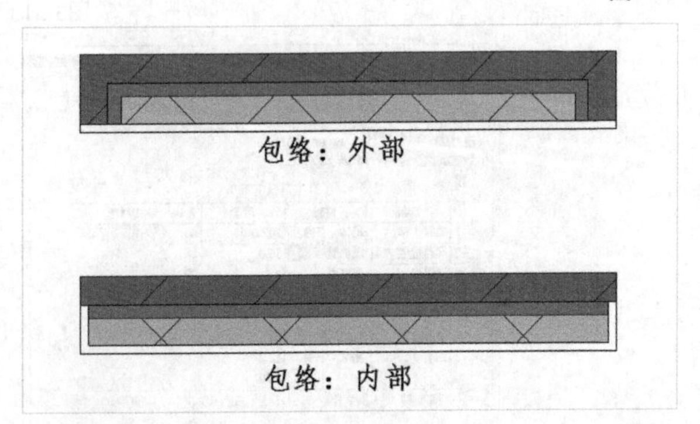

图3-54

提示 在墙体建模过程中，墙体分为“墙内”和“墙外”，绘制时，一般沿顺时针方向绘制墙体，这样墙体的外部面（面层面:外部）在默认情况下均位于外侧。

3.2 基本墙/叠层墙/幕墙

在Revit 2018中，墙体分为“基本墙”“叠层墙”和“幕墙”3类，本节将介绍它们的构成和参数设置。

本节内容介绍

名称	作用	重要程度
基本墙	了解基本墙的分类	中
叠层墙	理解叠层墙的基本设置	中
幕墙	了解幕墙的基本组成和竖梃、嵌板的设置	中

3.2.1 基本墙

基本墙包含简单墙体和复合墙体。简单墙体只有一个构造层，即核心边界内的墙层，如砖墙、空心砌块墙等，如图3-55所示。

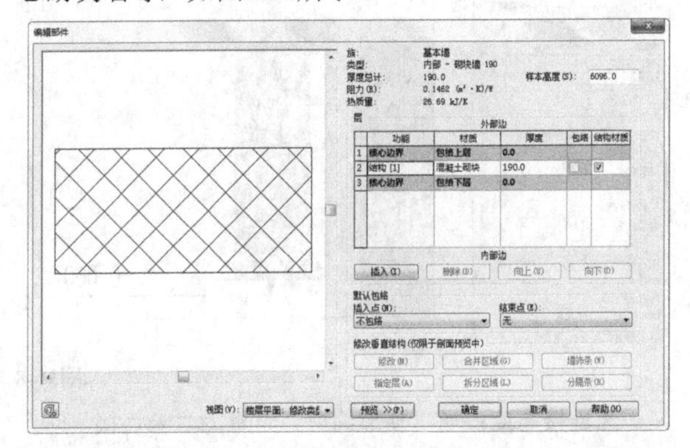

图3-55

复合墙体有多个构造层，如保温层等。在复合墙体的各构造层中单击“材质”按钮，可以调整材质或新建材质，如图3-56和图3-57所示。

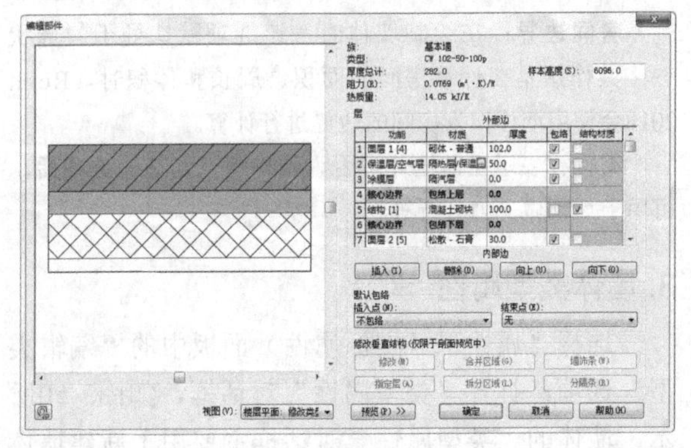

图3-56

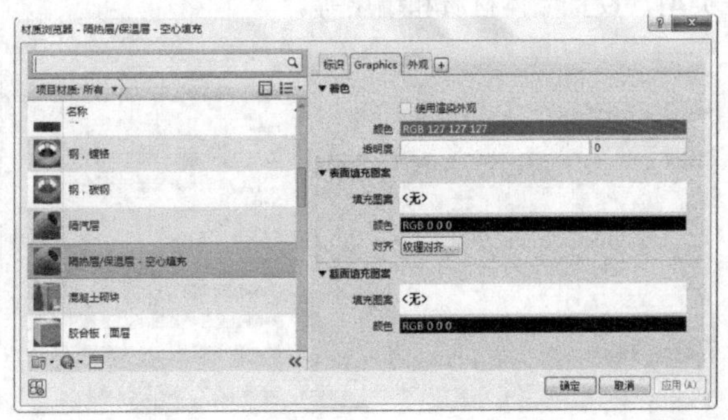

图3-57

3.2.2 叠层墙

叠层墙由不同材质、类型的墙在不同的高度叠加而成（同一面墙的上下构成不一样时即可通过叠层墙实现，如下半部分为砼结构、上半部分为砖砌体，又如墙的上下部分厚度不一样）。要绘制叠层墙，首先要在“建筑”选项卡下激活墙体绘制功能，如图3-58所示；然后在“属性”面板中选择叠层墙，再选择“编辑类型”选项；打开“类型属性”对话框，单击“复制”按钮 复制(D)... 新建叠层墙，将其命名为“自建叠层墙”，单击“确定”按钮 确定 ，如图3-59所示。

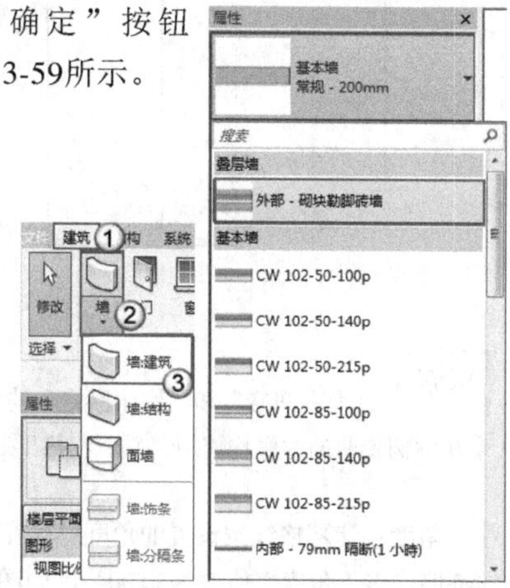

图3-58

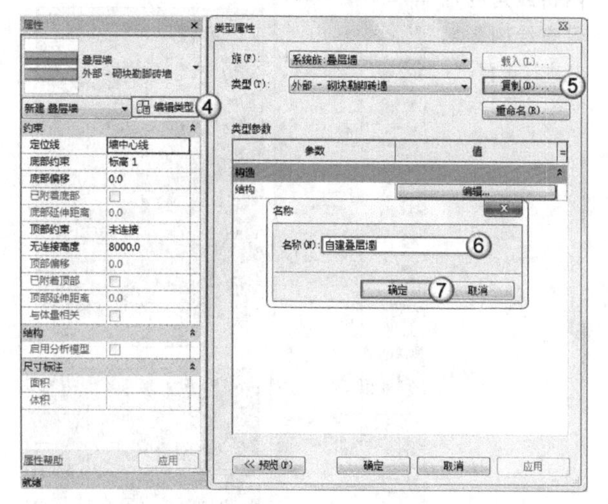

图3-59

单击“类型属性”对话框中的“编辑”按钮 编辑... ，打开“编辑部件”对话框，如图3-60所示。其中墙1和墙2均为基本墙，项目中没有的墙体类型要在“基本墙”中新建后才能添加到叠层墙中。

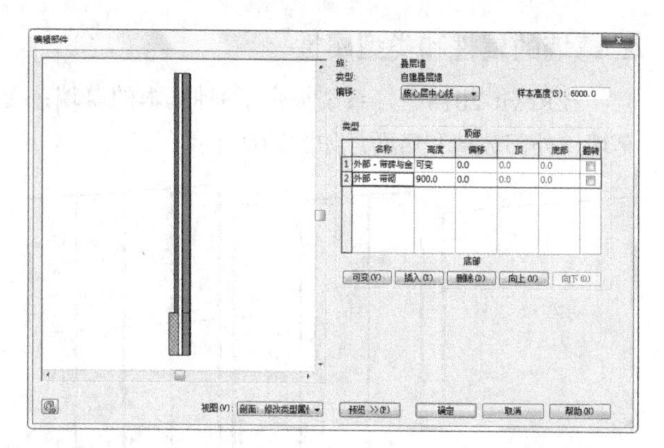

图3-60

提示 单击“预览”按钮 预览 >>(P) 可打开预览框，再次单击“预览”按钮可关闭预览框；单击“插入”按钮 插入(I) 即可插入新的墙体；单击“向上”按钮 向上(U) 或“向下”按钮 向下(O) 可调整墙体的位置。注意，在叠层墙中，只有一个墙体可设置成“可变”状态。

3.2.3 幕墙

在Revit 2018中，幕墙可单独作为墙体。可以在原有的基本墙上绘制幕墙，且需要将幕墙嵌入主体。另外，幕墙为非承重构件。

1. 幕墙的组成和类型

在Revit 2018中，幕墙由网格线、竖梃和嵌板组成，如图3-61所示。

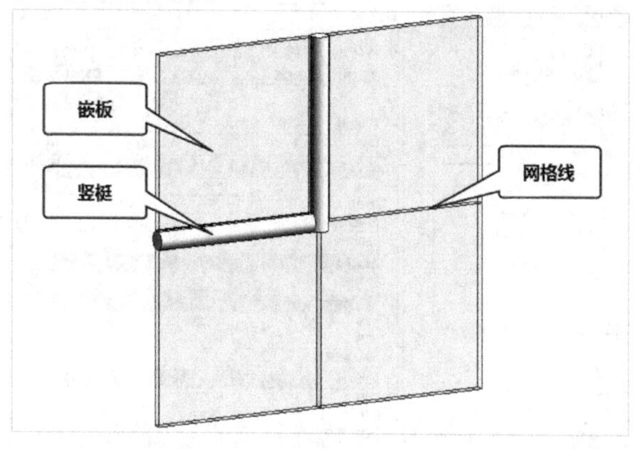

图3-61

幕墙结构介绍

网格线：将整面幕墙划分成若干个小单元，每一个单元即为一个嵌板，网格线定义了竖梃的位置。

竖梃：幕墙中分割相邻单元的结构构件。

嵌板：组成整面幕墙的每一个单元，常用的嵌板为玻璃嵌板。

2. 幕墙的属性和类型属性

在Revit 2018中，系统提供了3种基本的幕墙：幕墙、外部玻璃和店面，如图3-62所示。

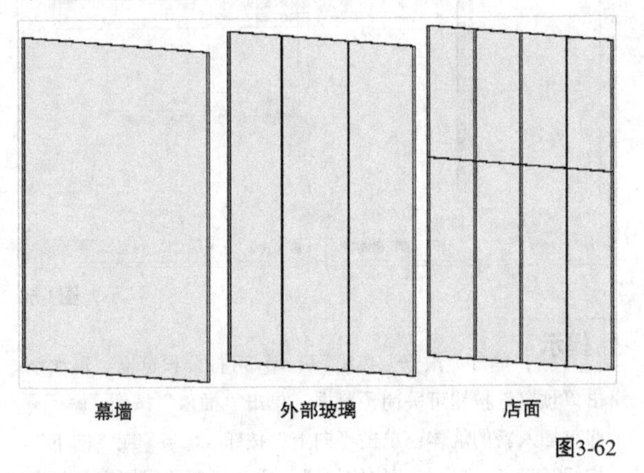

图3-62

幕墙绘制类型介绍

幕墙：没有网格线和竖梃，这类幕墙的灵活性最强，可根据绘制需求添加网格线和竖梃。

外部玻璃/店面：拥有预设好的网格线，无竖梃，若预设网格线不满足绘制需求，则可调整网格规则。

幕墙的绘制同前面的墙的绘制类似，只是在属性设置上有些差别。下面介绍幕墙的“属性”面板和“类型属性”对话框。

幕墙的“属性”面板和“类型属性”对话框如图3-63所示。为了便于读者掌握幕墙的绘制方法，下面参数的介绍顺序根据绘制顺序进行排列。

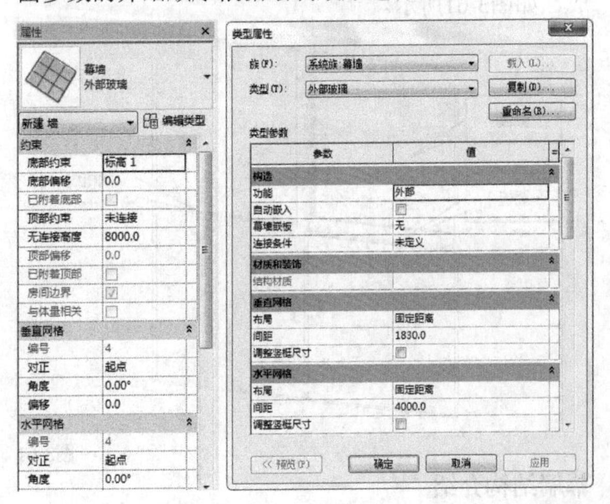

图3-63

重要参数介绍

对正：设置网格线的起点、终点或中心为绘制的起始点，如图3-64所示。“起点”表示从绘制起始点开始，向结束点按规则绘制网格线；“终点”表示从绘制结束点开始，向起始点按规则绘制网格线；“中心”表示以幕墙的中心点为网格线起始点，按规则绘制网格线，3种对正效果如图3-65所示。

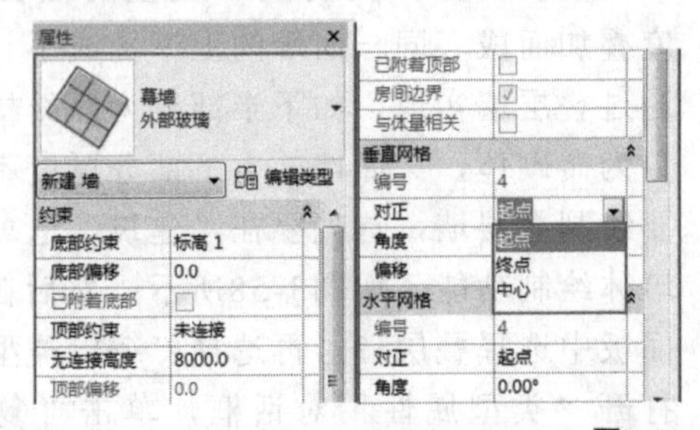

图3-64

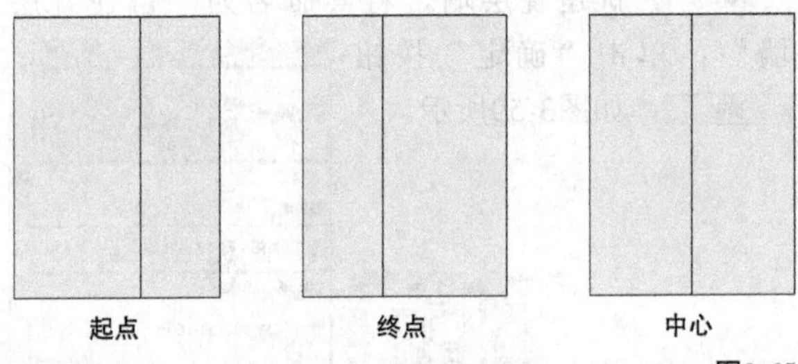

图3-65

> **提示**
> “垂直网格”和“水平网格”的参数作用相同，本章在举例说明的时候均使用“垂直网格”。

角度：让网格线按设置的角度进行旋转。选中已绘制好的幕墙，将“角度”值改为30.00°，如图3-66所示。另外，网格线角度也可在绘制幕墙时进行设置。

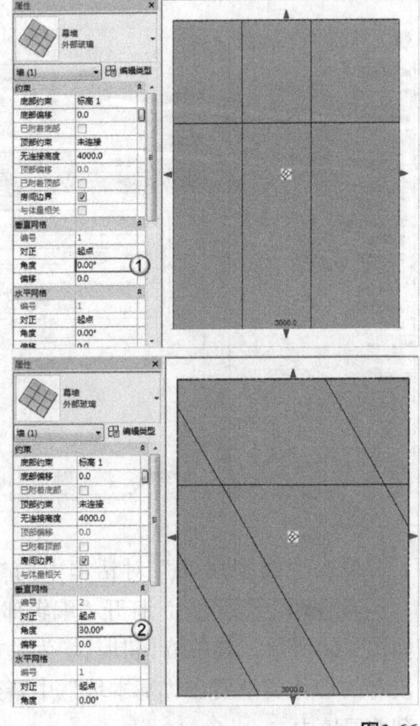

图3-66

自动嵌入：控制绘制幕墙时幕墙是否嵌入其他主体，这里主要指其他墙体。勾选该选项后，幕墙将嵌入墙体，如图3-67所示。

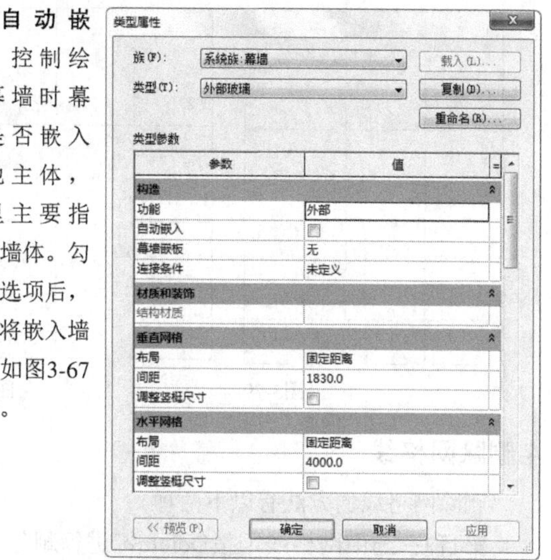

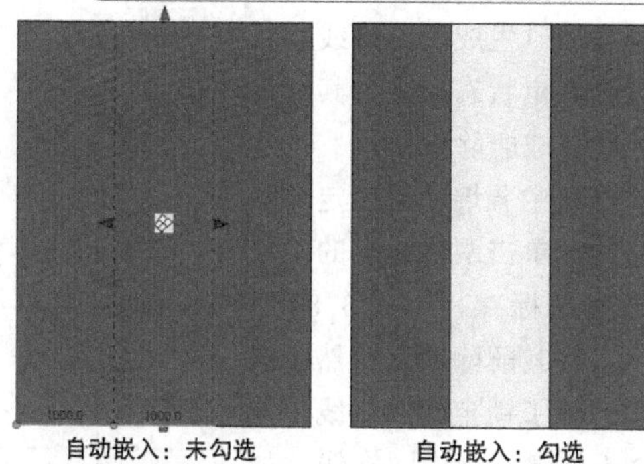

自动嵌入：未勾选　　自动嵌入：勾选

图3-67

幕墙嵌板：用于设置嵌板的类型，包含玻璃、实体和各类墙体等。注意，墙体也属于嵌板类型，一般将“幕墙嵌板”设置为“系统嵌板:玻璃”，如图3-68所示。

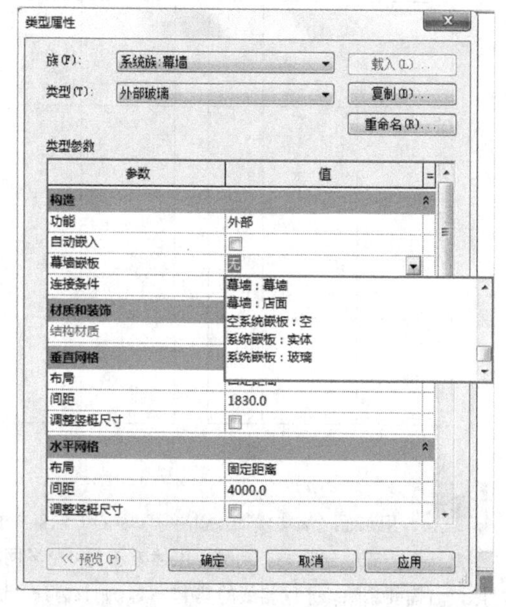

图3-68

间距：表示相邻网格线之间的距离，包含“无”“固定距离”“固定数量”“最大间距”和“最小间距”5种，如图3-69所示。

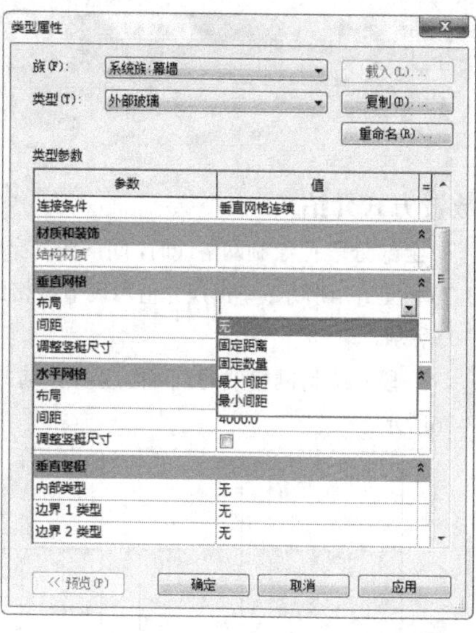

图3-69

垂直竖梃：包含“内部类型”“边界1类型”和“边界2类型”，其中“内部类型”指除边框外的竖梃类型，“边界1类型”指起始边的竖梃类型，“边界2类型”指结束边的竖梃类型。单击“内部类型”右侧的下拉按钮，选择“圆形竖梃：50mm 半径”，然后设置“边界1类型”和“边界2类型”，如图3-70所示。

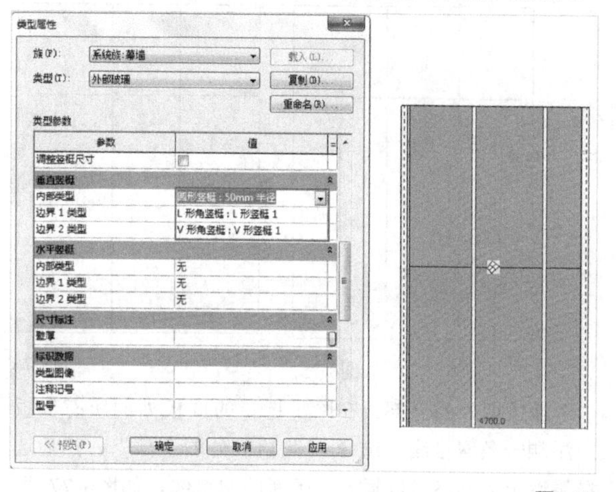

图3-70

3.添加幕墙网格线

在“建筑”选项卡中执行“幕墙网格”命令，如图3-71所示。进入“修改|放置 幕墙网格”选项卡，“放置”工具组中包含3种添加网格线的方式：“全部分段”“一段”和“除拾取外的全部”，如图3-72所示。

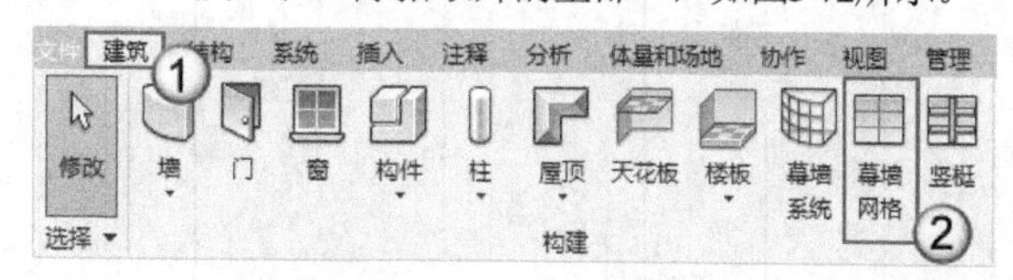

图3-71

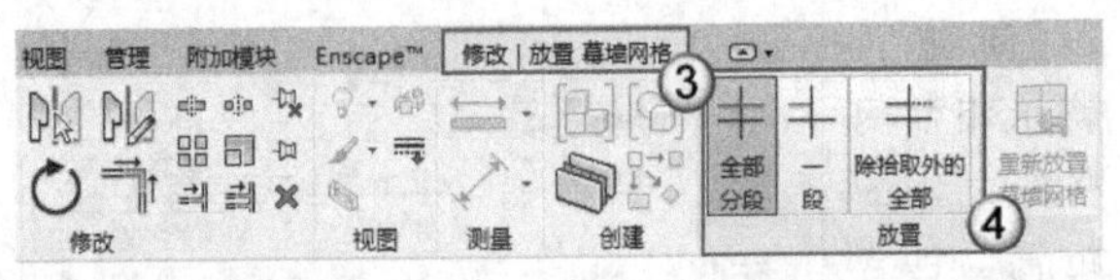

图3-72

放置方式介绍

全部分段：绘制网格线时，网格线贯穿整个幕墙，如图3-73和图3-74所示；单击尺寸值可调节网格线的位置，如图3-75所示。

一段：绘制网格线时，网格线贯穿选择的嵌板，如图3-76所示。

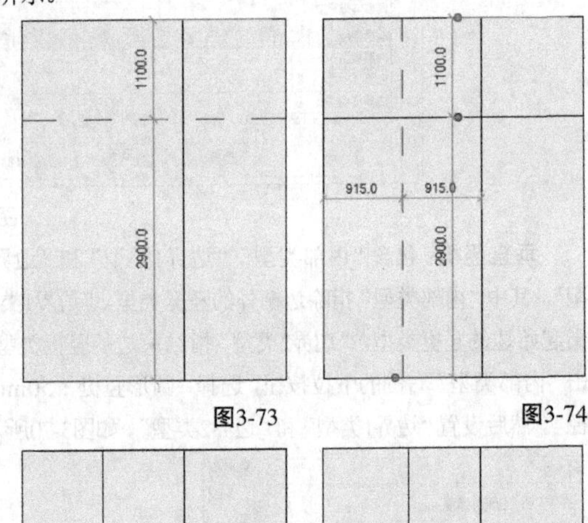

图3-73　图3-74

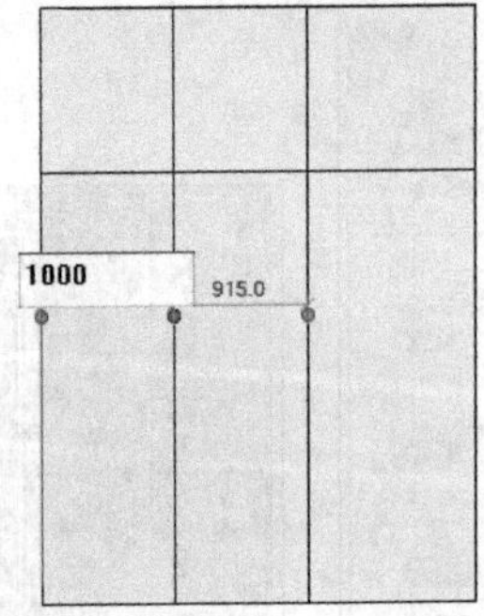

图3-75

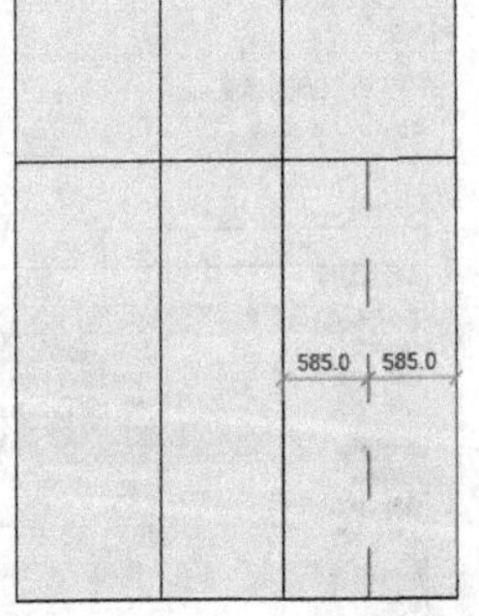

图3-76

除拾取外的全部：在除了选择的嵌板外的所有嵌板上添加一条网格线。选择“除拾取外的全部”，然后选择幕墙上的网格线以插入一条新的网格线，如图3-77~图3-79所示；接着单击需要排除的线段，按Enter键确认，效果如图3-80所示。

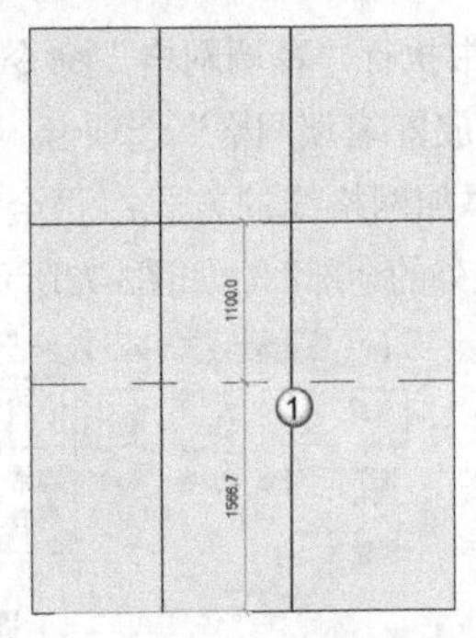

图3-77

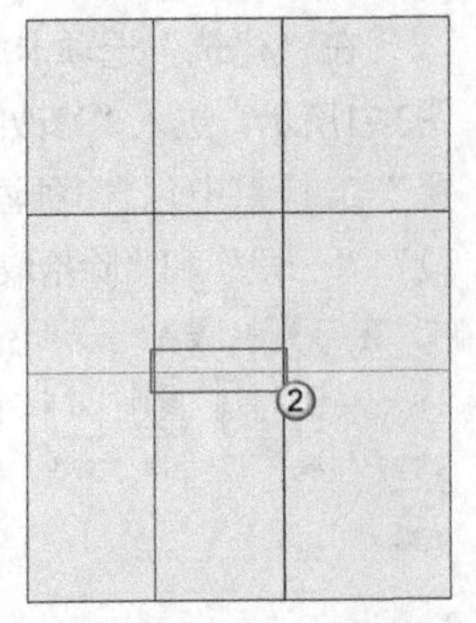

图3-78

图3-79

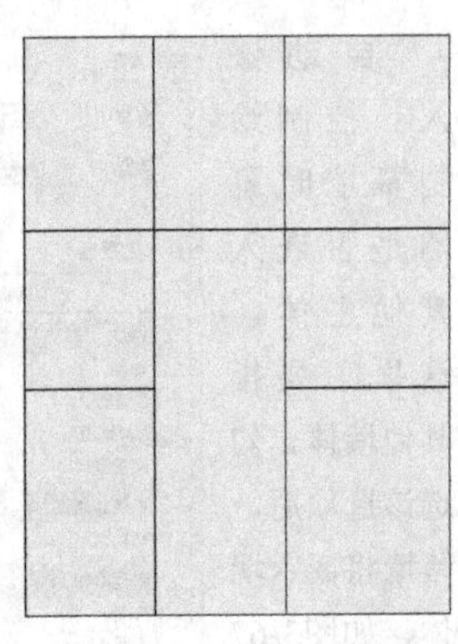

图3-80

4.删除网格线

删除网格线的方法有以下两种。

第1种：选中网格线，按Delete键进行删除。绘制幕墙时生成的网格线默认处于锁定状态，需为其解锁才能完成删除操作。

选中幕墙上已锁定的网格线，单击网格线上的“锁定”图标，如图3-81所示。将其解除锁定，然后选中解除了锁定的网格线，按Delete键，删除网格线，如图3-82所示。删除后的效果如图3-83所示。

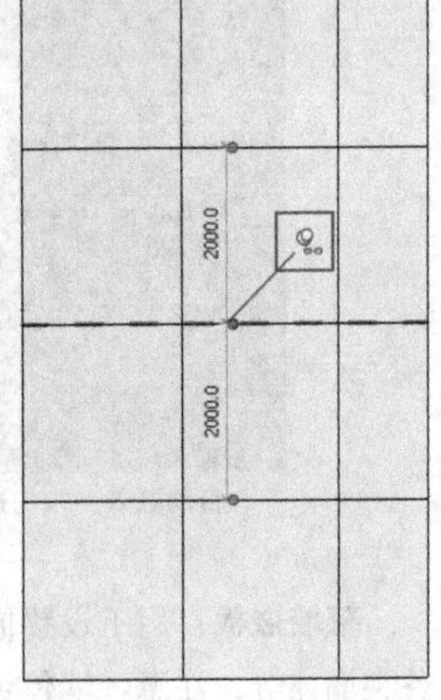

图3-81

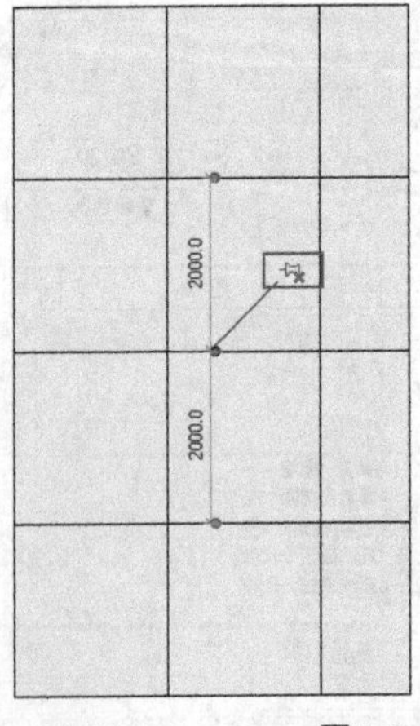

图3-82

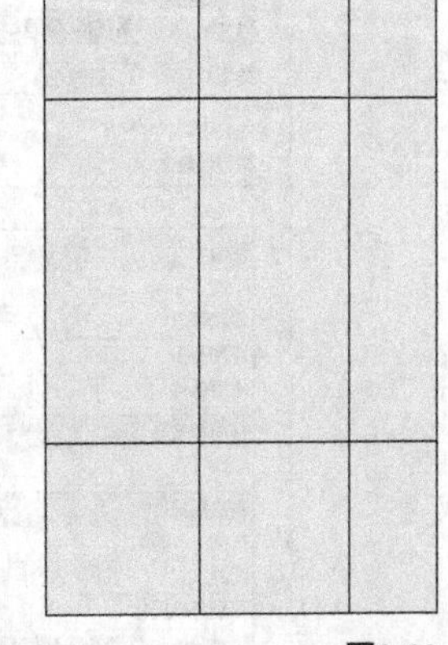

图3-83

提示　用前面“添加幕墙网格线”中的方法绘制的网格线默认处于未锁定状态。另外，上述方法会将整条网格线删除，若需要删除一条网格线的其中一段，则该方法不适用。

第2种：使用“修改|幕墙网格”选项卡中的“添加/删除线段”工具删除网格线。

选中一条网格线，然后选择“修改|幕墙网格”选项卡中的“添加/删除线段”工具；接着单击需要删除的网格线段，完成删除操作，如图3-84所示。删除后的效果如图3-85所示。

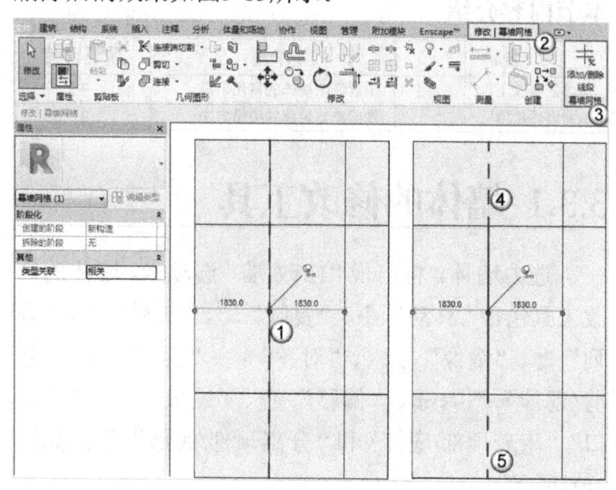

图3-84

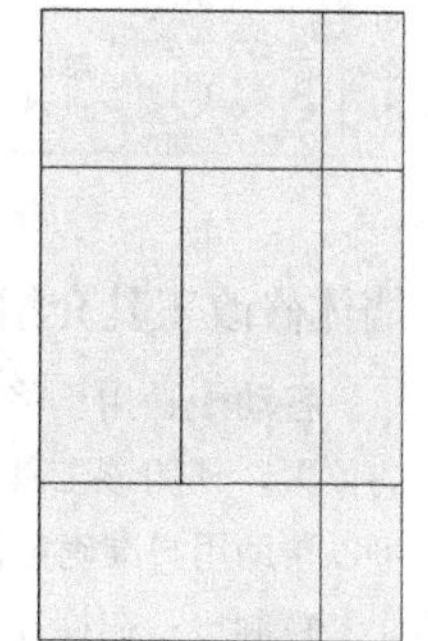

图3-85

提示 如果再次单击已删除的网格线，将添加网格线。

5.添加幕墙竖梃

进入“建筑”选项卡，然后执行“竖梃”命令，如图3-86所示；在“修改|放置 竖梃”选项卡中可以找到“网格线”“单段网格线”和“全部网格线”3种添加竖梃的方式，如图3-87所示。

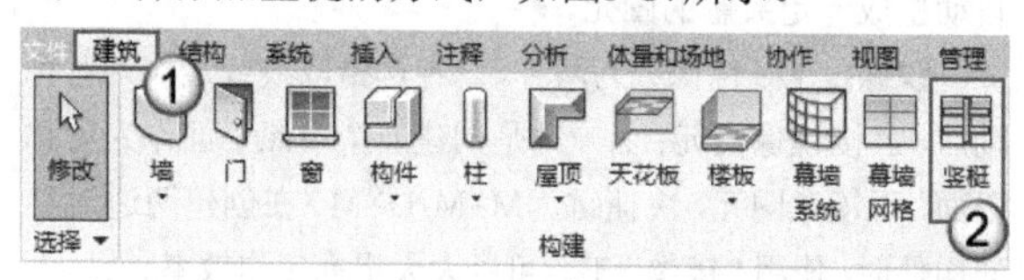

图3-86

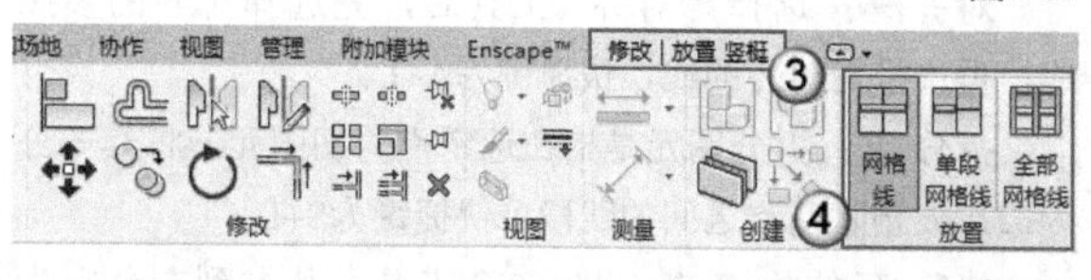

图3-87

添加竖梃工具介绍

网格线：单击某一条网格线会在整条网格线上生成竖梃，如图3-88和图3-89所示。

图3-88　　图3-89

单段网格线：单击需要生成竖梃的网格线段，竖梃只在该段网格线上生成，如图3-90和图3-91所示。

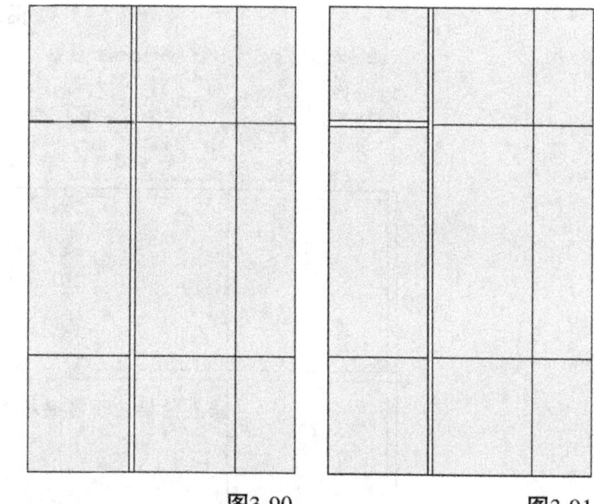

图3-90　　图3-91

全部网格线：让幕墙上的所有网格线均生成竖梃，如图3-92和图3-93所示。

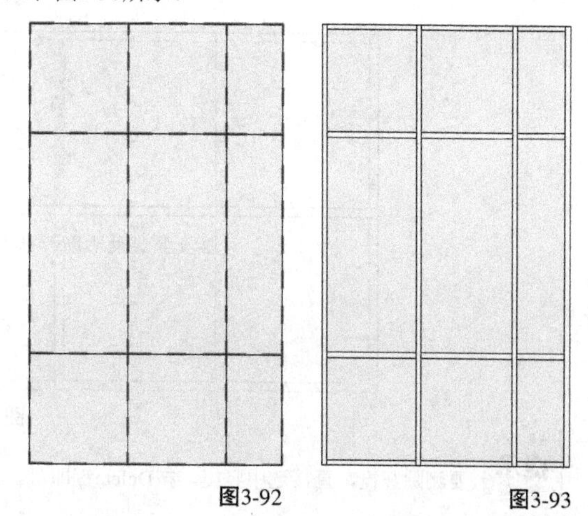

图3-92　　图3-93

6. 调整幕墙竖梃

选中已生成的竖梃，进入“修改|幕墙竖梃”选项卡，然后选择“结合”工具，如图3-94所示，将断开的竖梃贯通；选择“打断”工具，如图3-95所示，可以将相邻的竖梃断开，如图3-96所示。另外，竖梃的结合和断开也可通过竖梃上的“结合”/“断开”图标来实现。

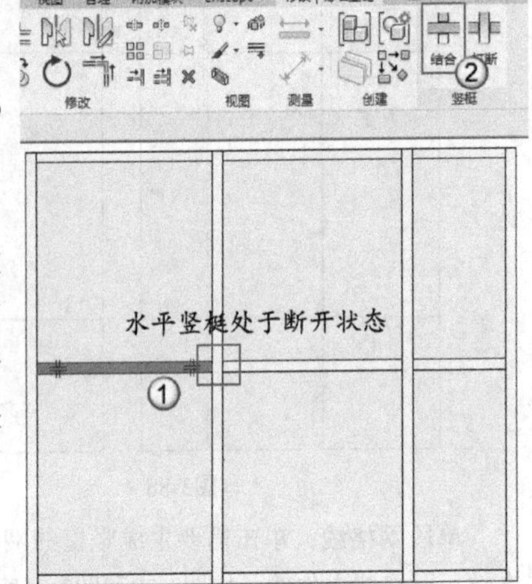

图3-94

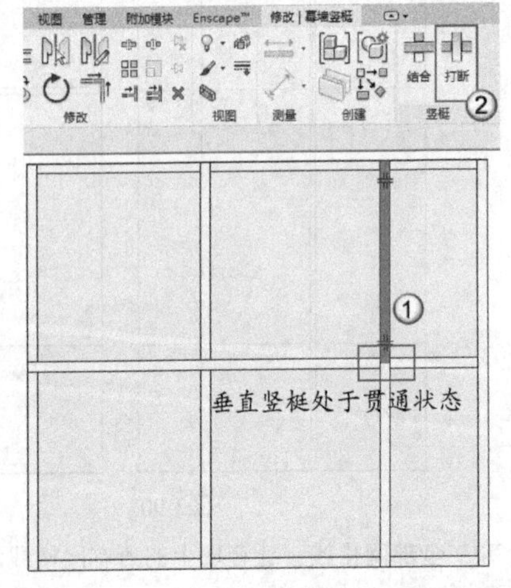

图3-95

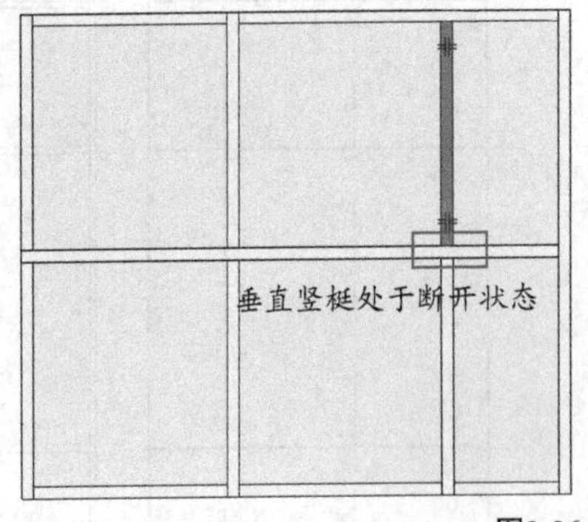

图3-96

提示 要删除竖梃，直接选中竖梃，按Delete键即可。

3.3 墙体的修改

在Revit 2018中，定义好墙体的高度、厚度、材质等参数后，在按要求绘制墙体的过程中，还需要对墙体进行一系列的修改，才能使所绘墙体与实际要求保持一致。

本节内容介绍

名称	作用	重要程度
墙体的修改工具	了解修改墙体的常用工具	中
编辑墙体轮廓	掌握墙体轮廓的编辑方法	中

3.3.1 墙体的修改工具

选中墙体，将出现“修改|墙”选项卡，墙体的修改工具包含“移动”、“复制”、“旋转”、“阵列”、“镜像”、“对齐”、“拆分”、“修剪/延伸”、“偏移”、“缩放”、“墙洞口”“附着顶部/底部”和“分离顶部/底部”等，如图3-97所示。

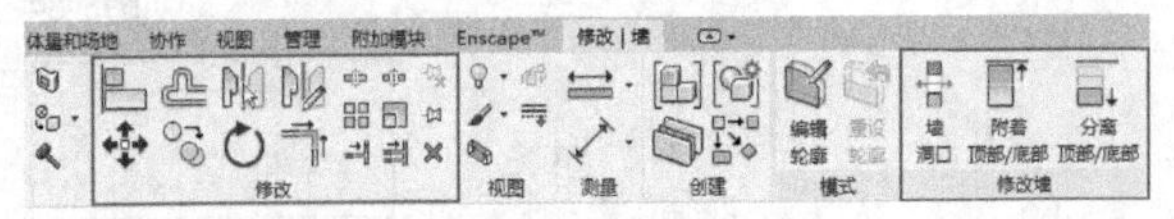

图3-97

墙体修改工具介绍

移动：用于将选定的墙图元移动到当前视图中指定的位置，使用该工具可以在视图中直接移动图元，该工具可以帮助用户准确定位构件，快捷键为M+V。

复制：在标高、轴网中已应用过该工具，该工具同样可应用于墙体，快捷键为C+O。

旋转：可使图元绕指定轴旋转，快捷键为R+O。

阵列：用于创建选定图元的线性阵列或半径阵列，该工具可创建一个或多个图元的多个实例，快捷键为A+R。与“复制”工具不同的是，“复制”工具需要一个个地复制，但“阵列”工具可以指定数量，在某个区域中自动生成一定数量的图元。

镜像：镜像分为两种。一种是拾取线或边作为对称轴后，直接镜像图元；另一种是创建一个参照平面作为对称平面，再镜像图元，快捷键为M+M/D+M。在创建两边对称的构件时，使用“镜像”工具可以大大提高工作效率。

对齐：选择“对齐”工具后，先选择对齐的参照线，再选择需对齐的线，快捷键为A+L。

拆分：拆分图元是指在选定点剪切图元，将其一分为二，或删除两点之间的线段，快捷键为S+L。

修剪/延伸：共有3个工具，从左到右分别为

“修剪/延伸为角”“修剪/延伸单个图元”和“修剪/延伸多个图元”，快捷键为T+R。

偏移：设置偏移距离，选中偏移的参照线，可以生成偏移后的新图元，快捷键为O+F。

缩放：用于放大/缩小图元。选中图元，设置缩放比例，按Enter键可以将原图元放大或缩小，快捷键为R+E。

墙洞口：用于在墙体上开一个矩形的洞。在任意立面视图中选中墙体，然后在“修改|墙”选项卡中选择“墙洞口”工具，如图3-98所示；接着在墙体上绘制矩形，如图3-99所示。效果如图3-100所示。

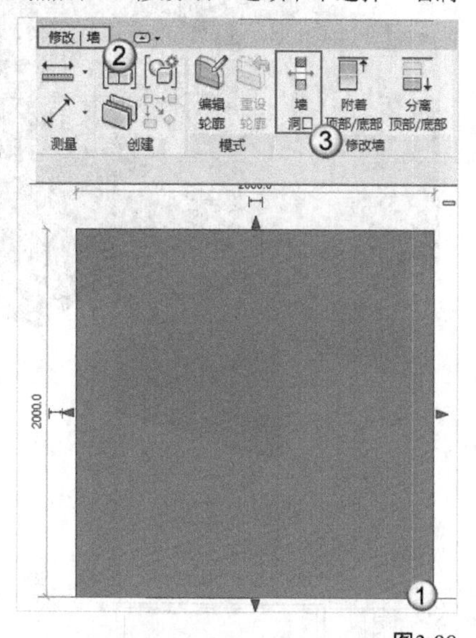

图3-98

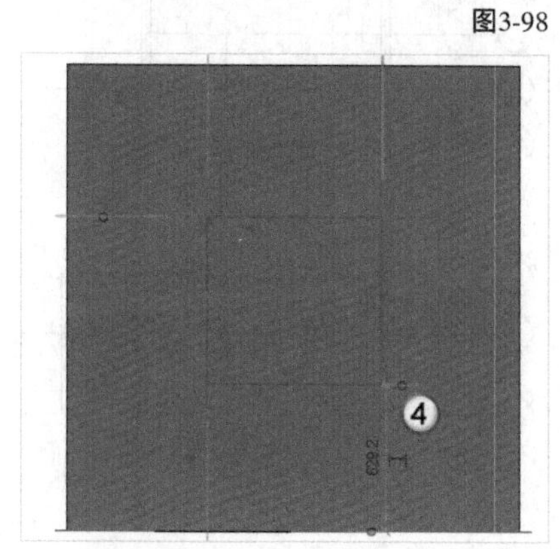

图3-99

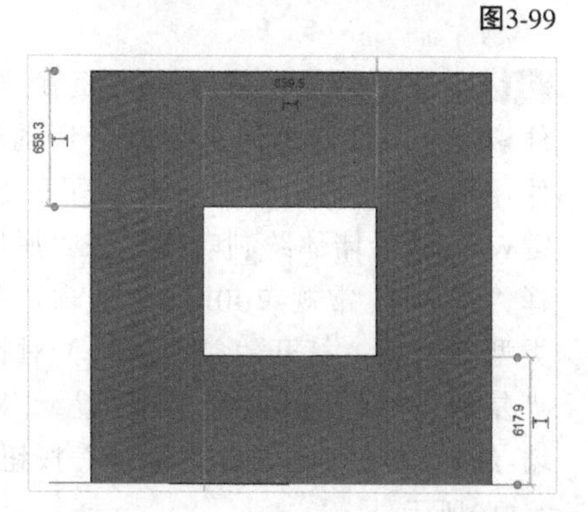

图3-100

附着顶部/底部（分离顶部/底部）：将墙体附着（分离）到其他构件的顶部或底部，在Revit 2018中墙体的附着对象一般为屋顶或楼板。在任意立面视图或三维视图中选中墙体；然后在“修改|墙”选项卡中选择“附着顶部/底部”工具，如图3-101所示；接着拾取屋顶或楼板，如图3-102所示。效果如图3-103所示。

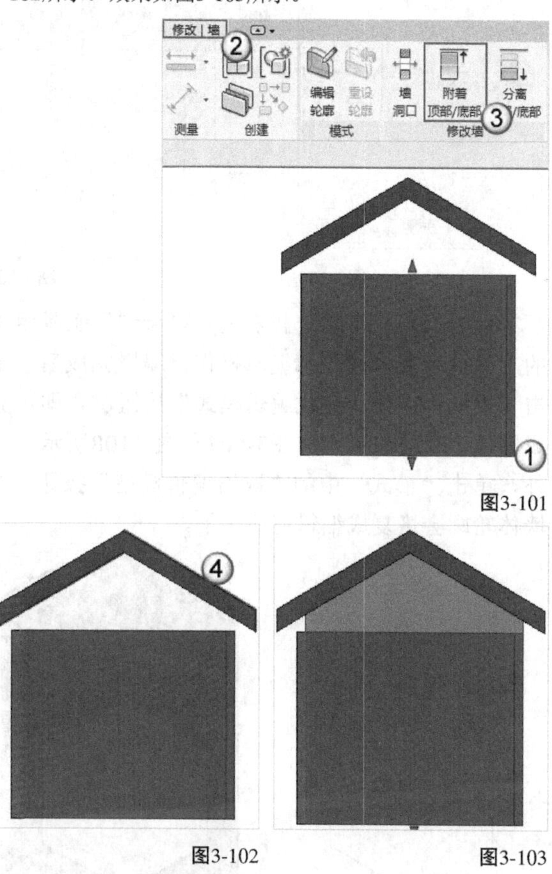

图3-101

图3-102　　图3-103

3.3.2 编辑墙体轮廓

对于异形的墙体或者有异形洞的墙体，用户需要对墙体的轮廓进行编辑。选中绘制好的墙体，然后在“修改|墙”选项卡中选择“编辑轮廓”工具，如图3-104所示。

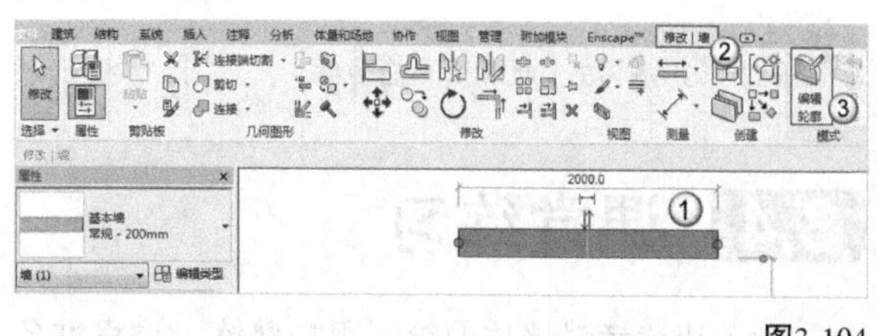

图3-104

在平面视图中进行墙体的轮廓编辑操作，此时会打开“转到视图”对话框，可以在其中选择任意

资源获取验证码：12494

一个立面视图或三维视图进行操作，这里选择“立面：南”视图，进入轮廓草图的绘制模式，如图3-105和图3-106所示。

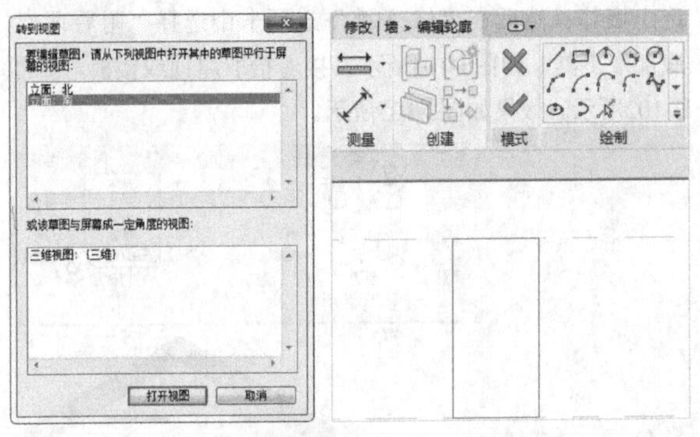

图3-105　　图3-106

此时，用户可以选择右上角“绘制”工具组里的工具进行墙体的轮廓编辑操作。编辑完成后，单击“模式”中的“完成编辑模式”按钮✔，即可完成墙体轮廓的编辑，如图3-107和图3-108所示。另外，单击“模式”中的“取消编辑模型”按钮✖，墙体轮廓会恢复成编辑前的样子。

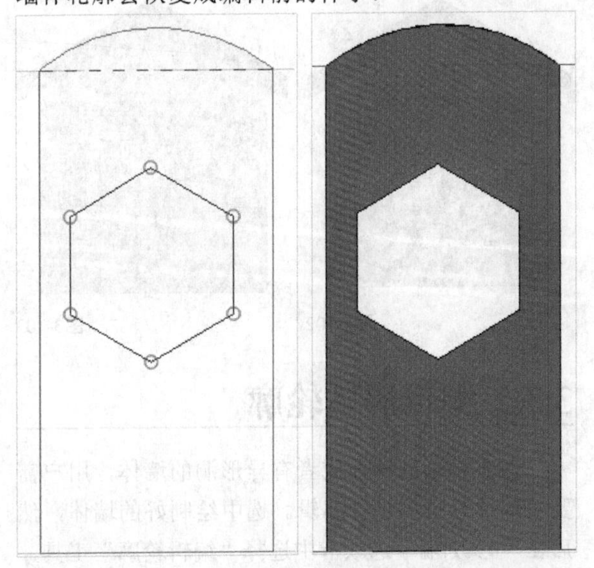

图3-107　　图3-108

提示

弧形墙体的立面轮廓不能编辑。

3.4 课堂练习

为了让读者对墙体的绘制更加熟练，这里准备了两个课堂练习供读者学习，如有不明白的地方可以观看教学视频。

3.4.1 课堂练习：绘制会所的墙体

实例文件　实例文件>CH03>课堂练习：绘制会所的墙体.rvt

视频文件　课堂练习：绘制会所的墙体.mp4

学习目标　掌握根据轴网绘制墙体的方法

本练习的墙体效果如图3-109所示。

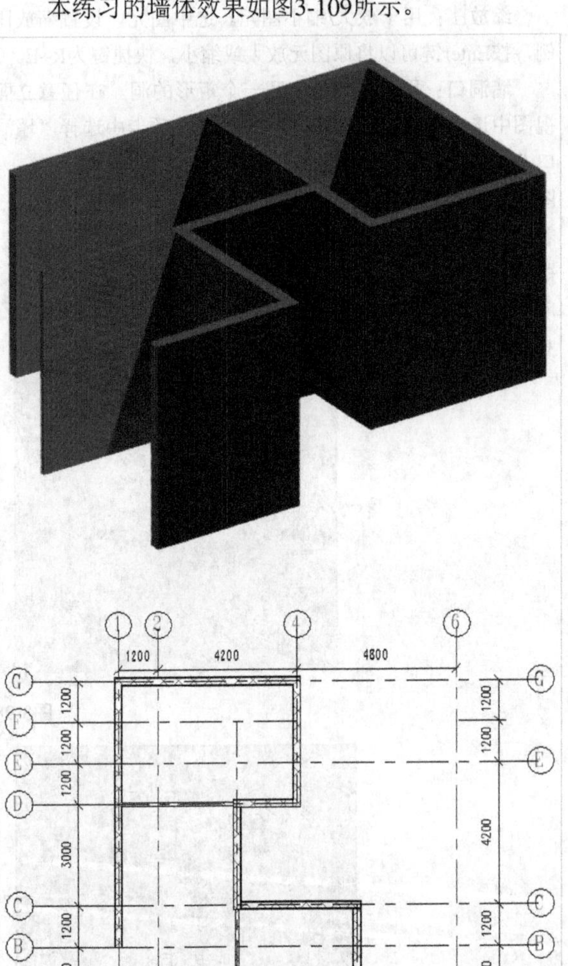

图3-109

01 新建墙类型。打开学习资源中的“实例文件>CH02>课堂练习：绘制会所的轴网.rvt”文件，双击“标高1”进入一层平面视图，按快捷键W+A激活墙体绘制功能。在“属性”面板中选择“基本墙 常规-200mm”选项，并选择“编辑类型”选项，打开“类型属性”对话框，再单击“复制”按钮[复制(D)...]，设置“名称”为“外墙-红砖-240”，单击“确定”按钮[确定]，如图3-110所示。

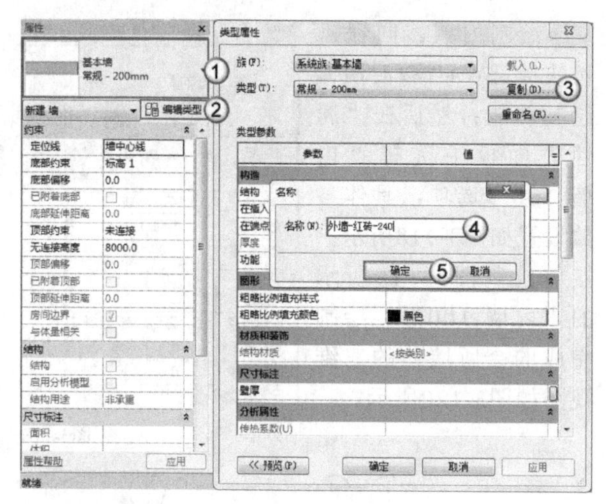

图3-110

02 设置墙层和各墙层材质等参数。单击“类型属性”对话框中的“编辑”按钮 编辑... ，打开“编辑部件”对话框，单击“插入”按钮 插入(I) ，插入两个新的墙层；然后通过“向上”按钮 向上(U) 和“向下”按钮 向下(O) 调整墙层的位置，如图3-111所示。

编辑部件

族: 基本墙
类型: 外墙-红砖-240
厚度总计: 240.0　　样本高度(S): 6096.0
阻力(R): 0.0000 (m²·K)/W
热质量: 0.00 kJ/K

层　外部边

	功能	材质	厚度	包络	结构材质
1	面层 1 [4]	<按类别>	20.0	☑	☐
2	核心边界	包络上层	0.0		
3	结构 [1]	<按类别>	200.0	☐	☑
4	核心边界	包络下层	0.0		
5	面层 2 [5]	<按类别>	20.0	☑	☐

内部边

插入(I)　删除(D)　向上(U)　向下(O)

默认包络
插入点(N): 不包络　　结束点(E): 无

修改垂直结构(仅限于剖面预览中)
修改(M)　合并区域(G)　墙饰条(W)
指定层(A)　拆分区域(L)　分隔条(R)

<< 预览(P)　确定　取消　帮助(H)

图3-111

03 单击“功能”栏中各墙层右侧的下拉按钮，更改各墙层的功能；然后设置各墙层的厚度，单击“材质”栏中的⊡按钮，打开“材质浏览器”，选择任意材质，如图3-112所示。

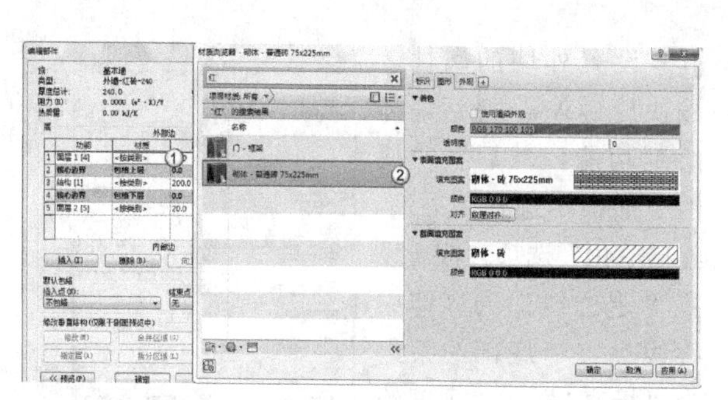

图3-112

提示 在后面的章节中会详细介绍新建材质的方法。

04 按上述步骤为其他墙层设置图3-113所示的材质，完成新建墙类型操作。

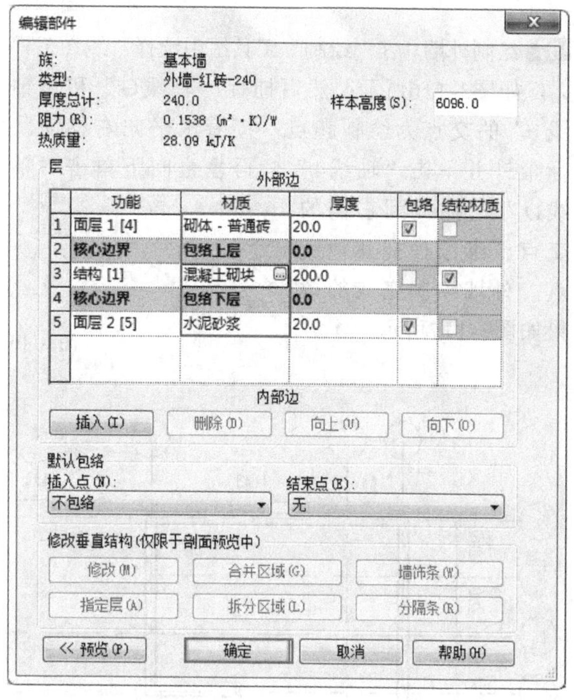

图3-113

05 按前面的方法创建“内墙-100”，其具体参数设置如图3-114所示。

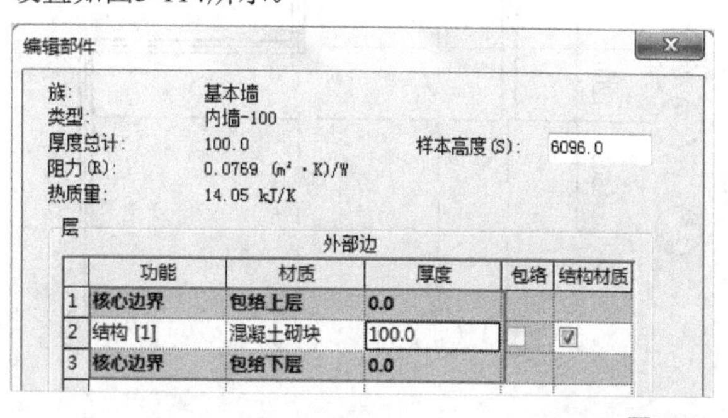

图3-114

06 设置外墙的属性。按快捷键W+A激活墙体绘制功能，然后在“属性”面板中选择“外墙-红砖-240”选项，接着设置“定位线”为“墙中心线”，“底部约束”为“标高1”，“顶部约束”为“直到标高：标高2”，如图3-115所示。

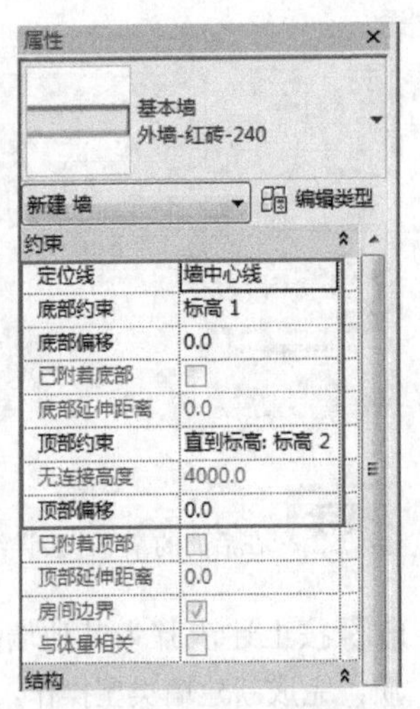

图3-115

07 绘制外墙。在“绘制”工具组中选择“线”工具，如图3-116所示；然后捕捉“轴线G”和“轴线1”的交点为绘制起点；接着水平向右移动鼠标指针并单击“轴线4”，再垂直向下单击“轴线D”，捕捉到它们的交点，继续捕捉其他交点。外墙绘制完成的效果如图3-117所示。

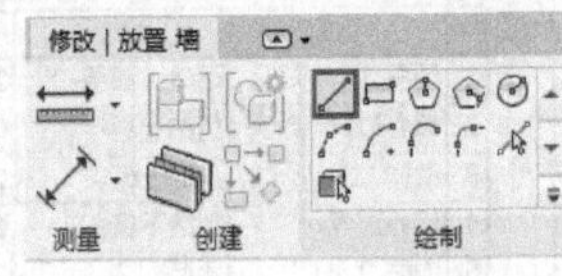

图3-116

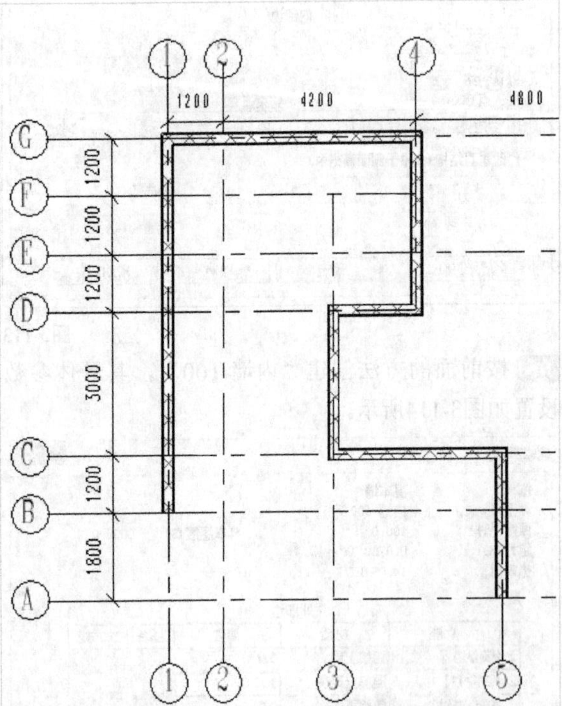

图3-117

08 绘制内墙。同理，按快捷键W+A激活墙体绘制功能；然后在“属性”面板中选择“内墙-100”选项，具体参数设置如图3-118所示；接着绘制图3-119所示的“内墙-100”。绘制完成的会所墙体的三维视图如图3-120所示。

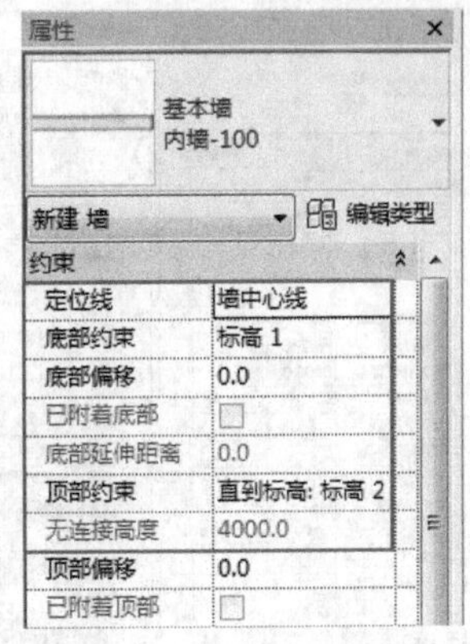

图3-118

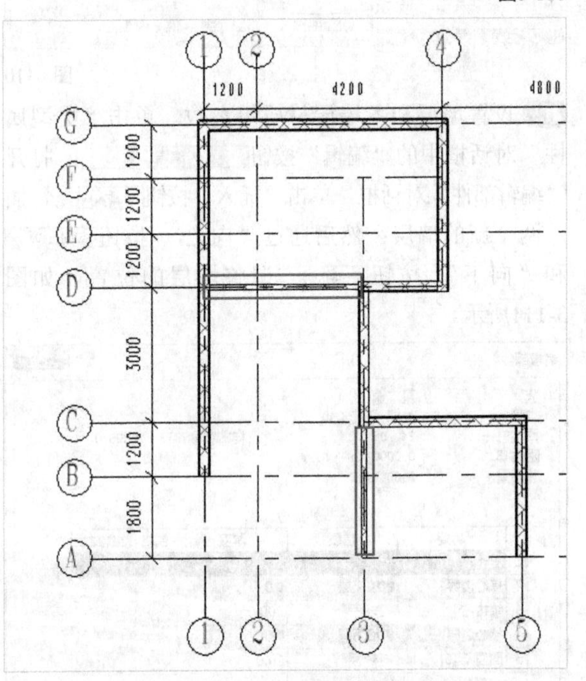

图3-119

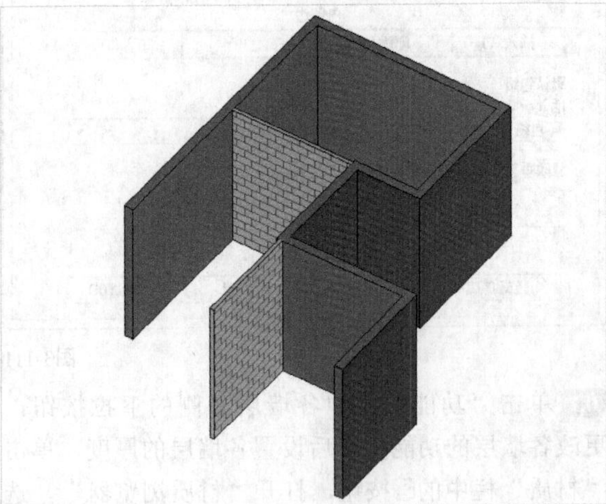

图3-120

3.4.2 课堂练习：绘制会所的幕墙

实例文件 实例文件>CH03>课堂练习：绘制会所的幕墙.rvt
视频文件 课堂练习：绘制会所的幕墙.mp4
学习目标 掌握幕墙的绘制和编辑方法

本练习幕墙的三维效果和平面效果如图3-121所示。

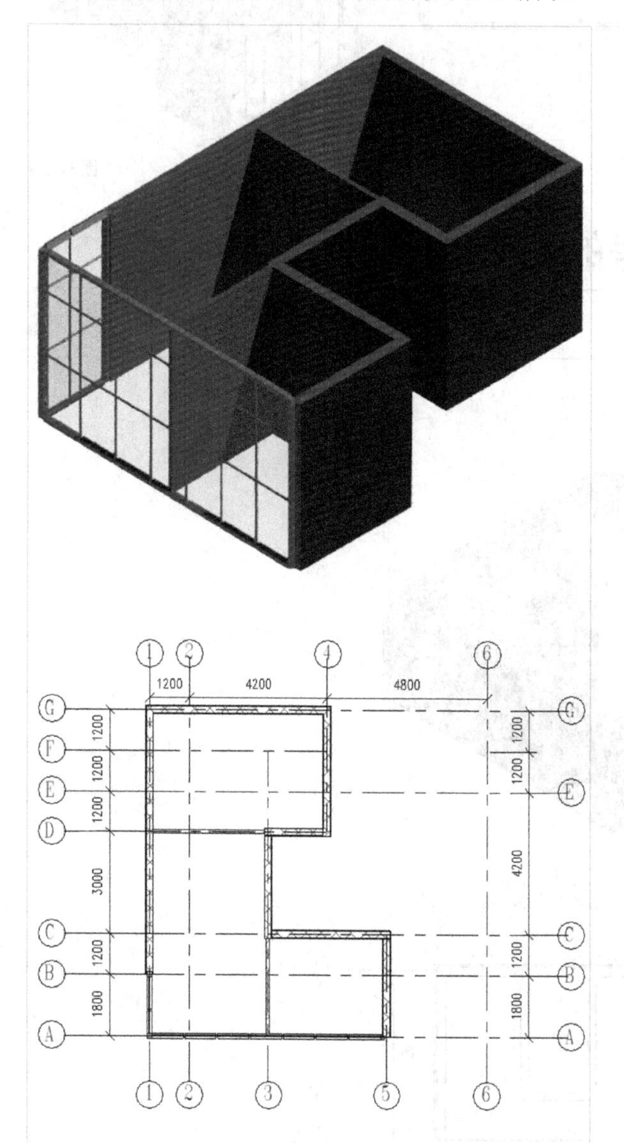

图3-121

01 打开学习资源中的“实例文件>CH03>课堂练习：绘制会所的墙体.rvt”文件，按快捷键W+A激活墙体绘制功能；然后在“属性”面板中选择“幕墙”选项，并选择“编辑类型”选项，打开“类型属性”对话框；接着单击“复制”按钮复制(D)...，新建一个幕墙类型，并设置“名称”为“独立幕墙”，单击“确定”按钮确定，如图3-122所示。

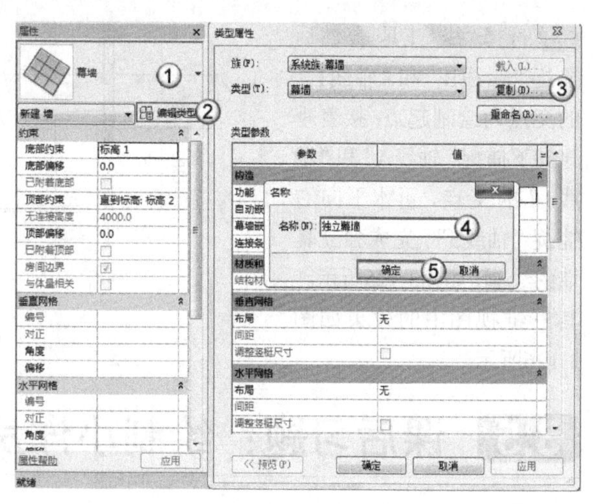

图3-122

02 同理，设置“属性”面板和“类型属性”对话框中的参数，如图3-123和图3-124所示。

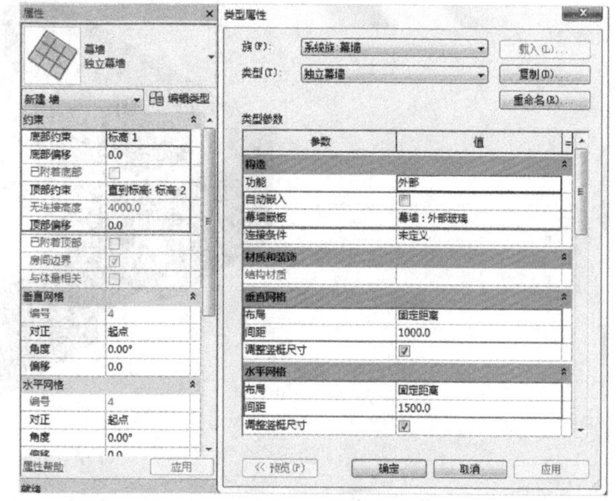

图3-123

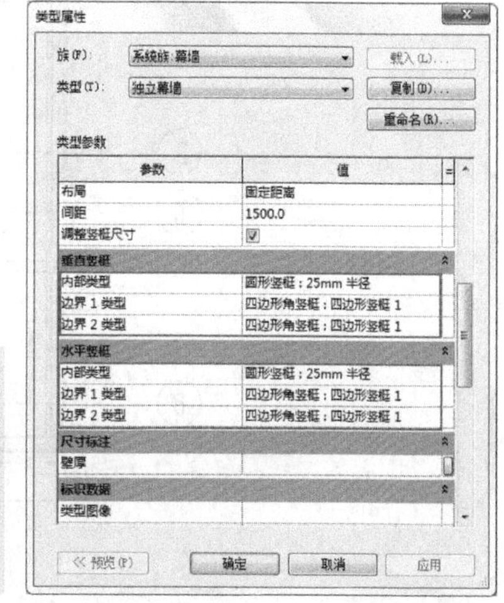

图3-124

提示 有关这些参数的设置方法，读者可以参考上一个课堂练习和教学视频。

03 选择“线”工具，然后捕捉“轴线B”和“轴线1”的交点为绘制起点；接着垂直向下捕捉“轴线A”和“轴线1”的交点，再水平向右捕捉“轴线5”，完成独立幕墙的绘制，如图3-125所示。其三维视图中的效果如图3-126所示。

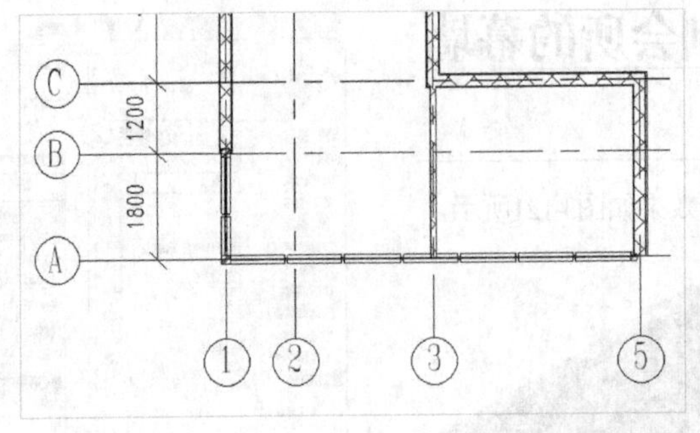

图3-125

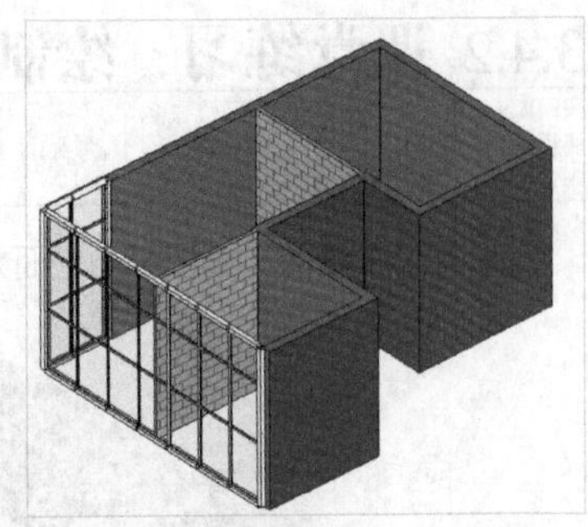

图3-126

3.5 课后习题：绘制小洋房的墙体

实例文件　实例文件>CH03>课后习题：绘制小洋房的墙体.rvt
视频文件　课后习题：绘制小洋房的墙体.mp4
学习目标　掌握墙体的绘制和编辑方法

本习题的墙体效果如图3-127所示。

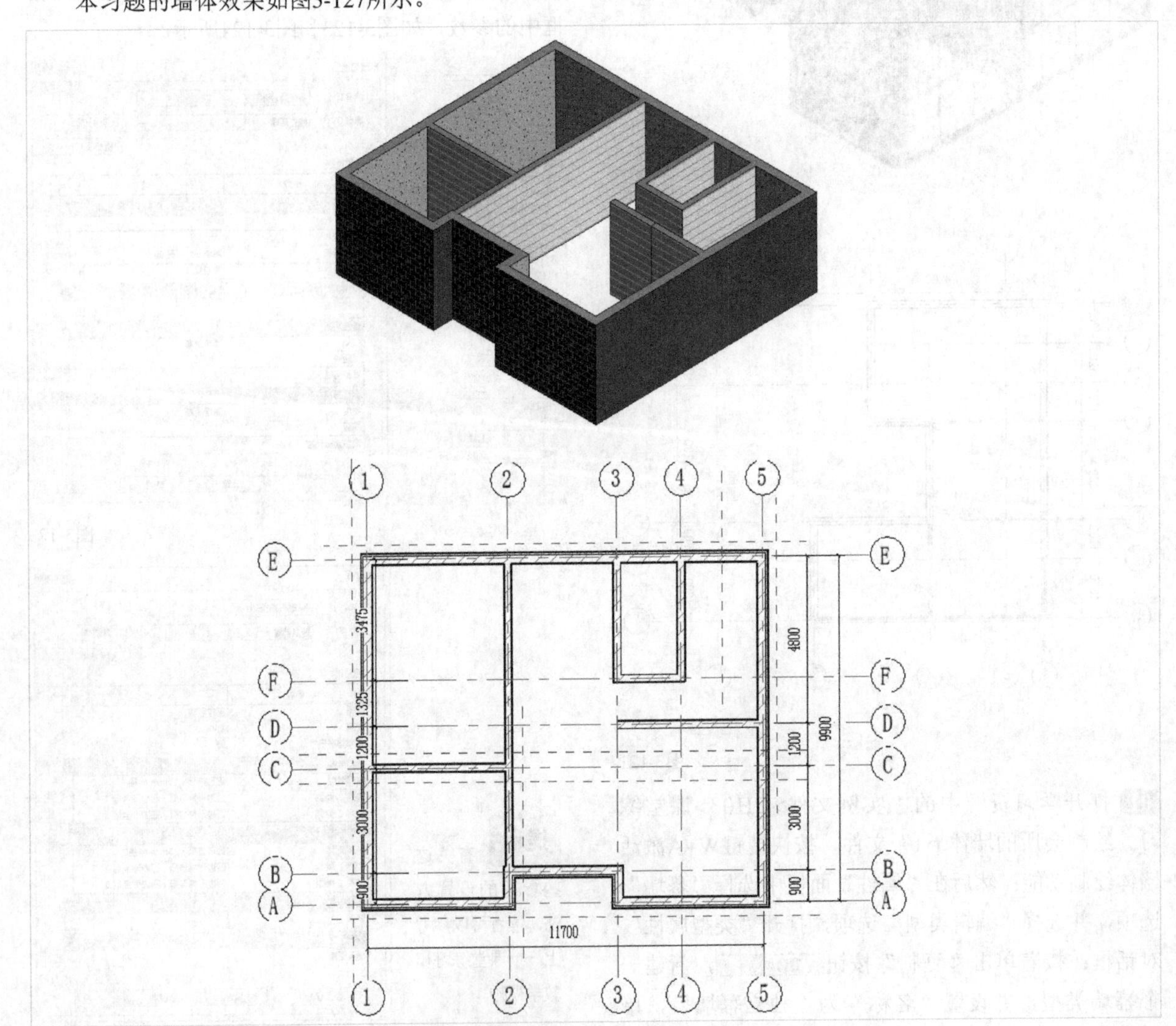

图3-127

第4章

门窗与楼板

第3章讲解了墙体的绘制方法，本章将介绍Revit 2018中门窗和楼板的基本概念和创建方法，并讲解在Revit 2018中载入门族、窗族和创建楼板的方法。通过对本章的学习，读者可以了解创建门窗和楼板的方法。

学习目标

- 了解门窗和楼板的基本概念
- 掌握门窗类型的设置方法
- 掌握门窗的创建和编辑方法
- 掌握楼板的创建方法
- 掌握楼板的编辑方法

4.1 门窗

创建门窗时需要拾取墙作为主体，门窗也是建筑中的重要构件。本节将会对门窗做详细的讲解。

本节内容介绍

名称	作用	重要程度
绘制门窗的注意事项	了解门窗的特性	中
创建门窗	掌握门窗的创建方法	高
编辑门窗	掌握门窗参数的设置方法	高

4.1.1 课堂案例：绘制小别墅一层的门窗

实例文件　实例文件>CH04>课堂案例：绘制小别墅一层的门窗.rvt
视频文件　课堂案例：绘制小别墅一层的门窗.mp4
学习目标　掌握门窗的绘制方法

小别墅一层的门窗效果如图4-1所示。

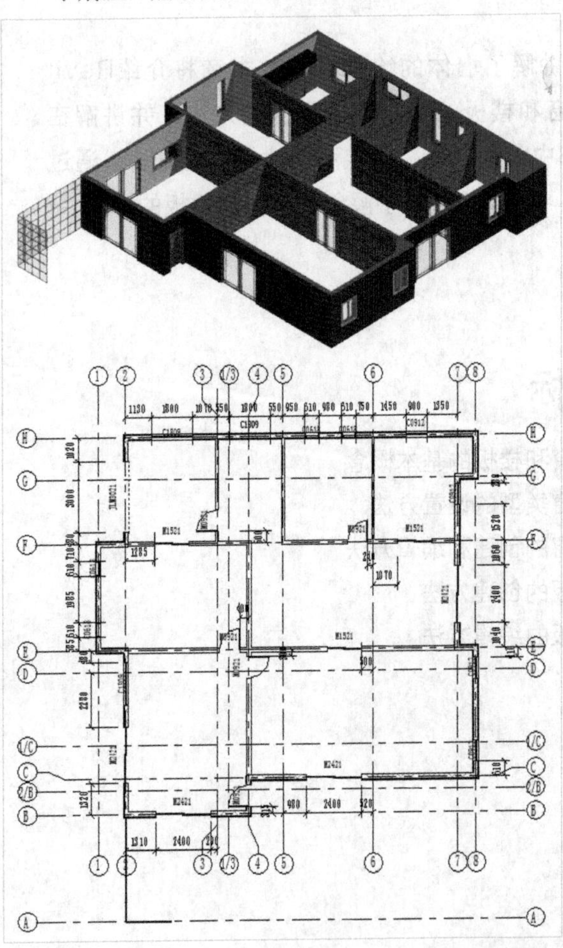

图4-1

01 载入门。打开学习资源中的“实例文件>CH03>课堂案例绘制小别墅一层的墙体.rvt”文件，然后在“插入”选项卡中执行“载入族”命令，如图4-2所示。打开“载入族”对话框，选择“建筑>门>普通门>推拉门>双扇推拉门2.rfa”文件，单击“打开”按钮 打开(O) 完成门的载入，如图4-3所示。

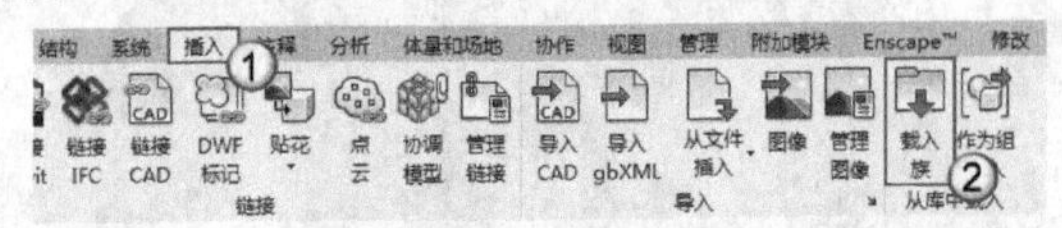

图4-2

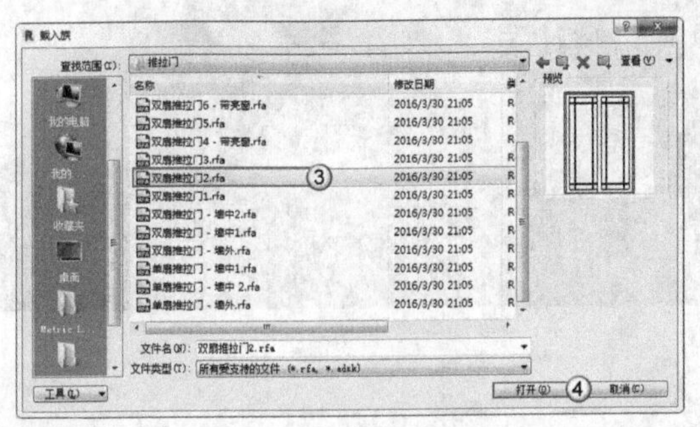

图4-3

提示 继续按上述步骤依次载入“建筑>门>普通门>平开门>单扇>单嵌板木门 4.rfa”“建筑>门>普通门>推拉门>四扇推拉门2.rfa”“建筑>门>卷帘门>滑升门.rfa”和“建筑>窗>普通窗>平开窗>双扇平开-带贴面.rfa”文件。

02 新建门窗类型。在“建筑”选项卡中执行“门”命令（快捷键为D+R），激活门绘制功能；然后在“属性”面板中选择“双扇推拉门2 1500×2100mm”选项，并选择“编辑类型”选项，打开“类型属性”对话框；接着设置门的材质，设置“玻璃”为“玻璃”、“门嵌板材质”为“门-嵌板”、“框架材质”为“门-框架”，单击“复制”按钮 复制(D)... ，并设置“名称”为M1521，单击“确定”按钮 确定 ，如图4-4所示。

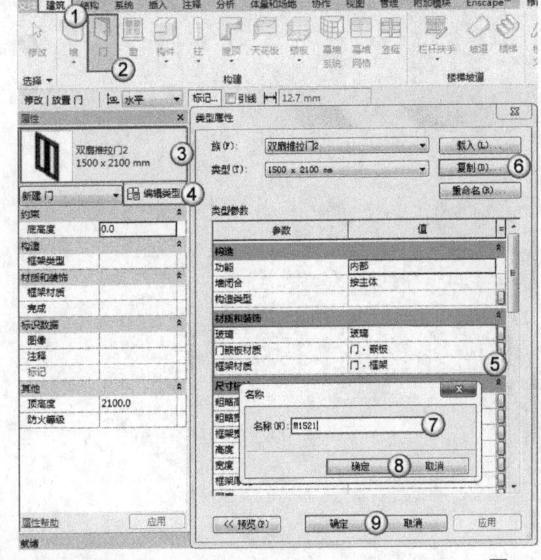

图4-4

03 按上述步骤依次新建门窗类型。将“单嵌板木门 4”命名为M0921、“双扇推拉门”命名为M2421、“四扇推拉门2”命名为M3021、“双扇平开-带贴面”命名为C1809、“滑升门”命名为JLM3021、“双扇平开-带贴面”命名为C0912、“固定”命名为C0618，并设置C0912的“底高度”为900、C0618的“底高度”为700。具体参数设置如图4-5~图4-7所示。

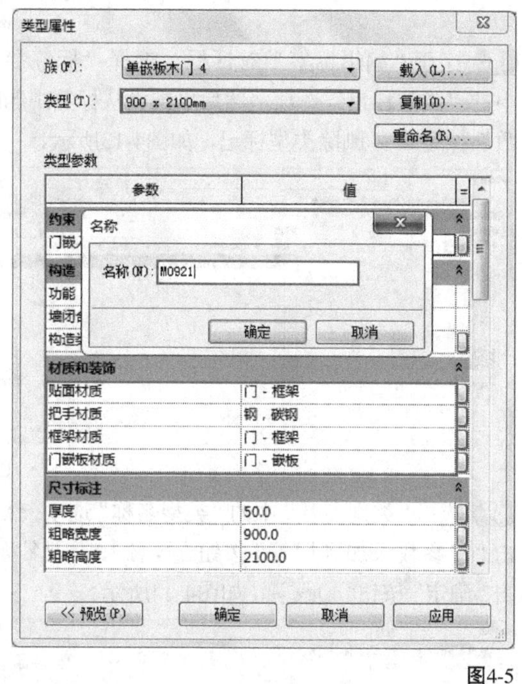

图4-5

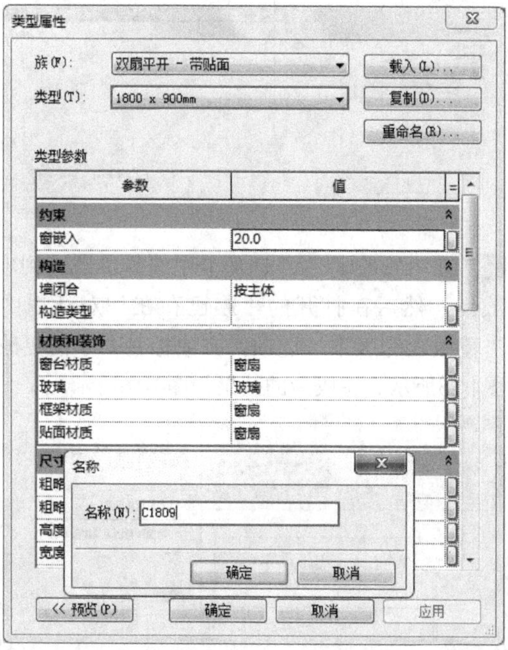

图4-6

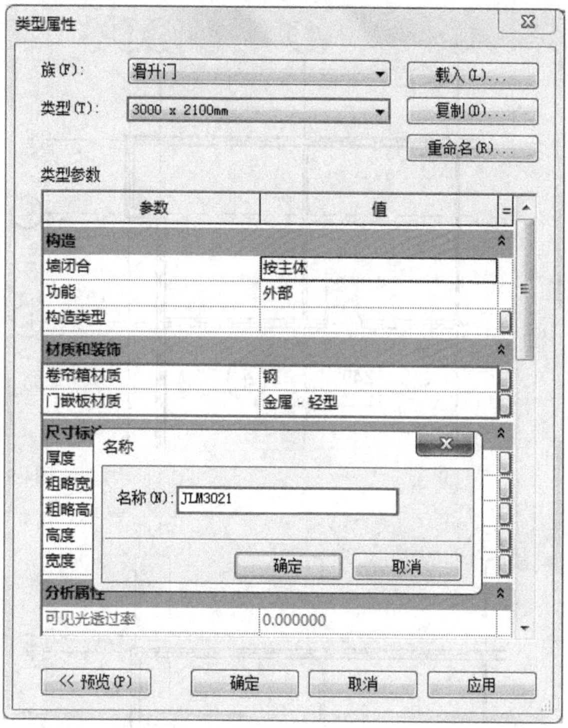

图4-7

提示 如果读者不熟悉参数的设置方法，可以观看教学视频。

04 创建门。按快捷键D+R激活门绘制功能，在“属性”面板中选择“单嵌板木门4 M0921”选项，并在“修改|放置门”选项卡中选择“在放置时进行标记”工具；然后将鼠标指针移动到“轴线F”上“轴线5”和“轴线6”之间的墙体上，此时会出现门与周围墙体距离的蓝色相对临时尺寸，如图4-8所示。通过该相对临时尺寸大致捕捉门的位置，单击相对临时尺寸，输入准确的数值240，如图4-9所示。绘制完成后的效果如图4-10所示。

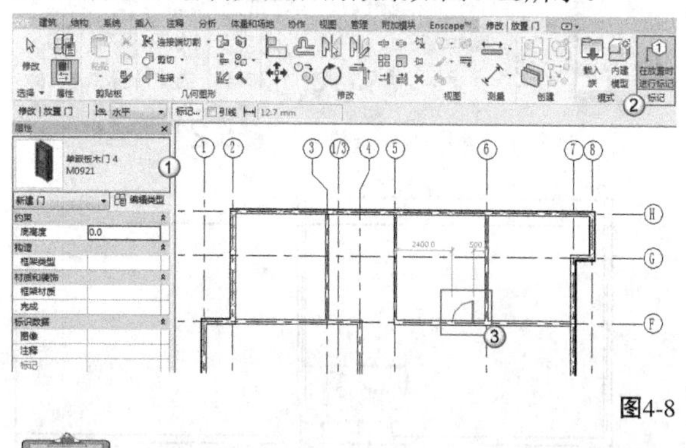

图4-8

提示 在平面视图中放置门之前，可以按空格键控制门的开启方向。

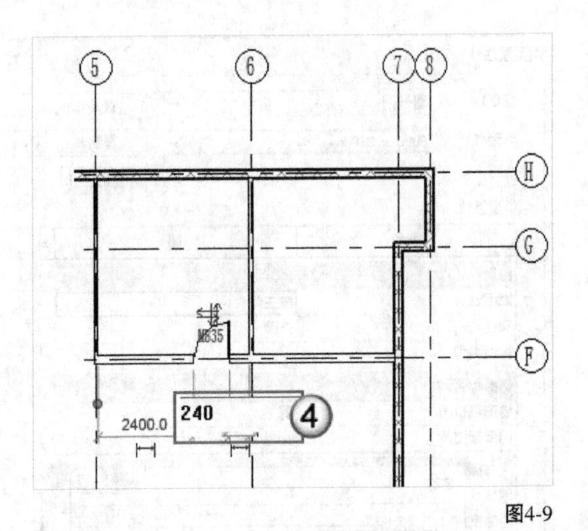

图4-9

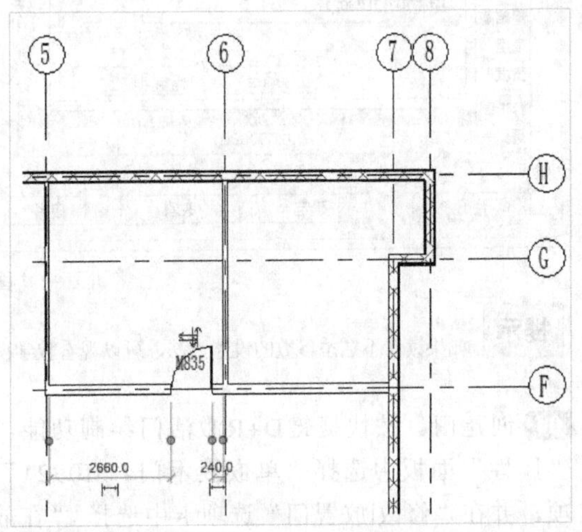

图4-10

05 更改门标记名称。拾取到“标记-门”，然后选择“修改|门标记”选项卡中的“编辑族”工具，如图4-11所示。进入“编辑族”视图，单击“1t”，并选择“编辑标签”工具，如图4-12所示。

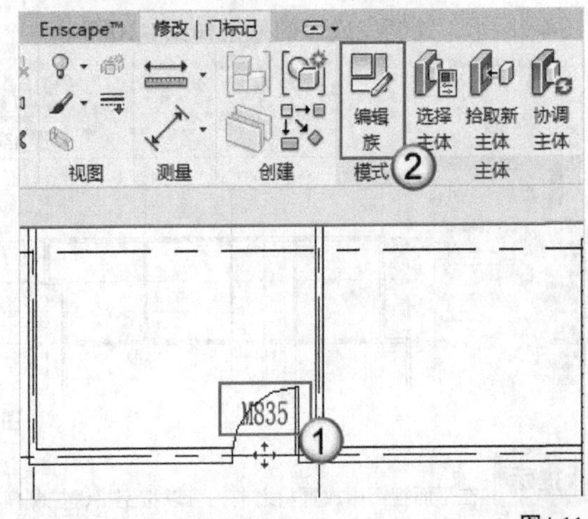

图4-11

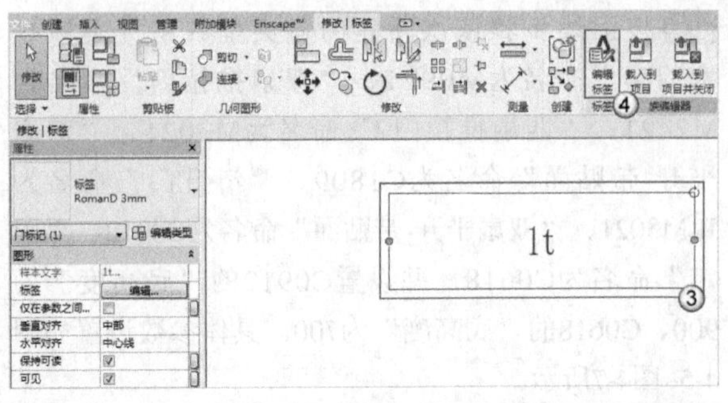

图4-12

06 打开“编辑标签”对话框，选择“标签参数”中的“类型标记”选项，然后单击“从标签中删除参数”按钮，删除类型标记，如图4-13所示。

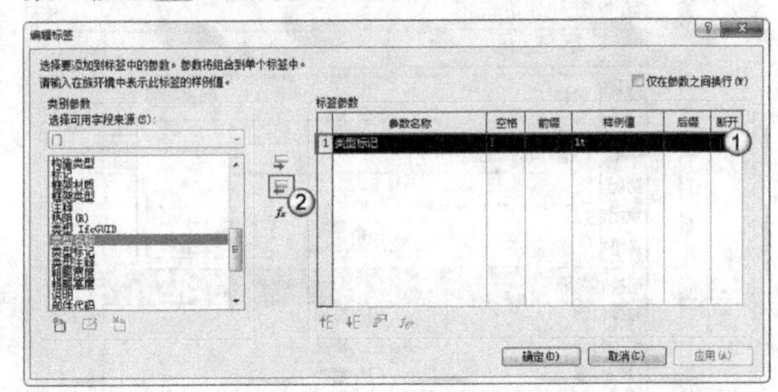

图4-13

07 选择“类别参数”中的“类型名称”选项；然后单击“将参数添加到标签”按钮，添加类型名称；单击“确定”按钮，如图4-14所示。

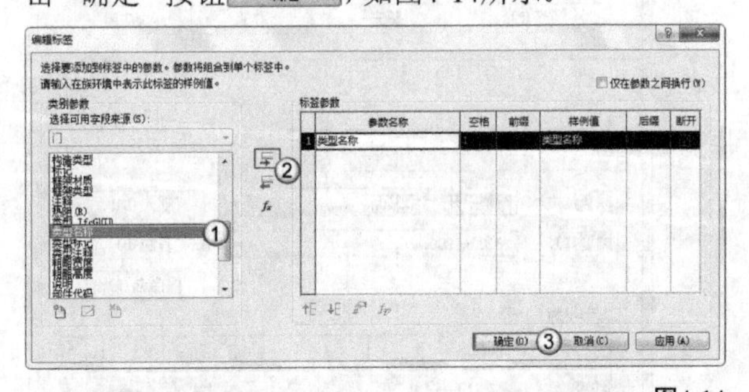

图4-14

08 在“修改|标签”选项卡中选择“载入到项目”工具，然后在打开的“族已存在”对话框中选择“覆盖现有版本”选项，完成标签名字的更改，如图4-15所示。完成后的效果如图4-16所示。

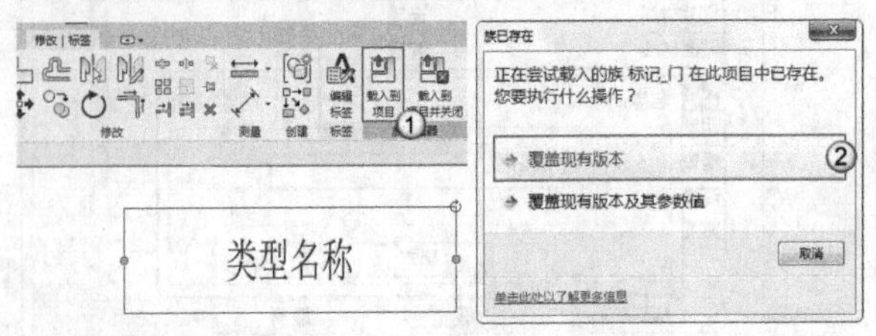

图4-15

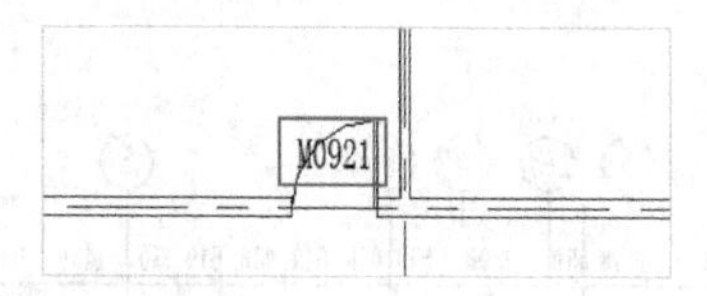

图4-16

09 创建一层的门和窗。按照前面的方法，并根据图4-17所示的标注位置完成小别墅一层门和窗的创建。

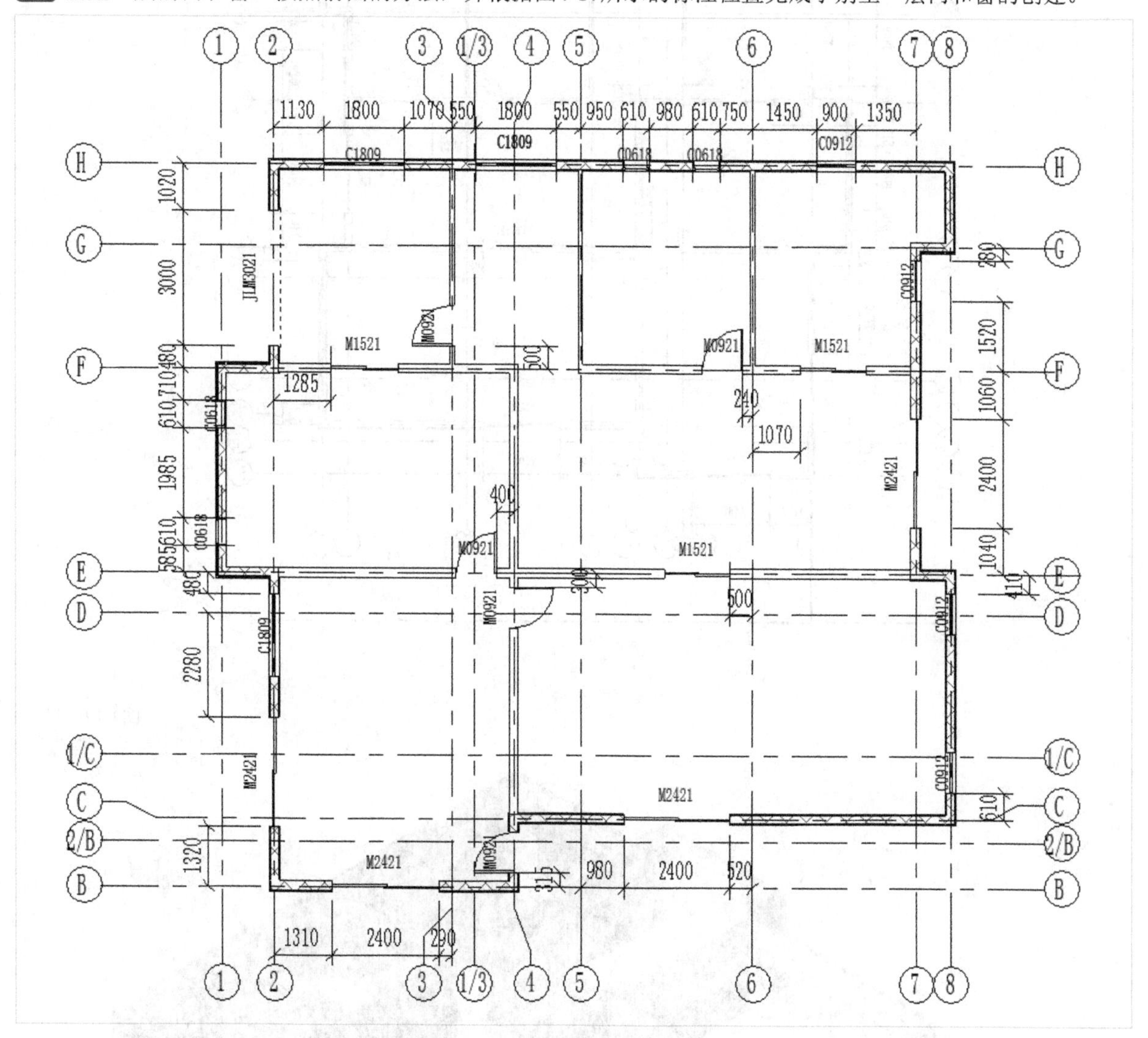

图4-17

10 选择“轴线H”与“轴线4”相交处的窗C1809，将其“底高度”900改为1800，如图4-18所示。完成后的平面视图如图4-19所示，三维视图如图4-20所示。

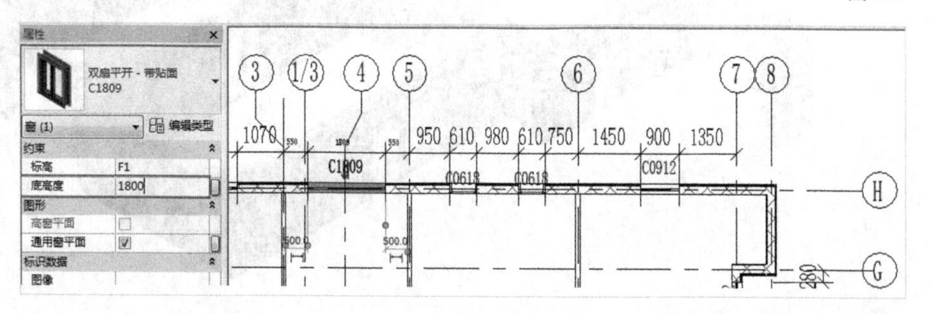

图4-18

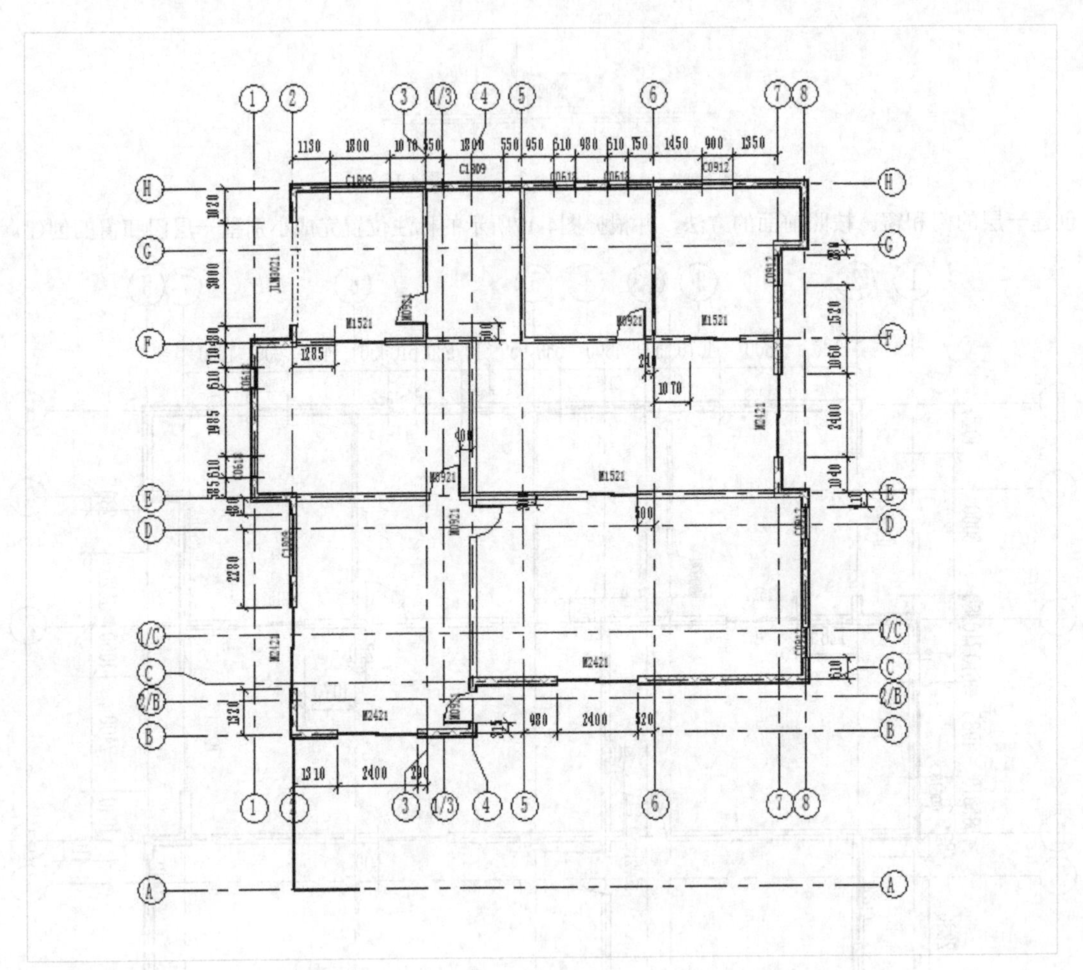

图4-19

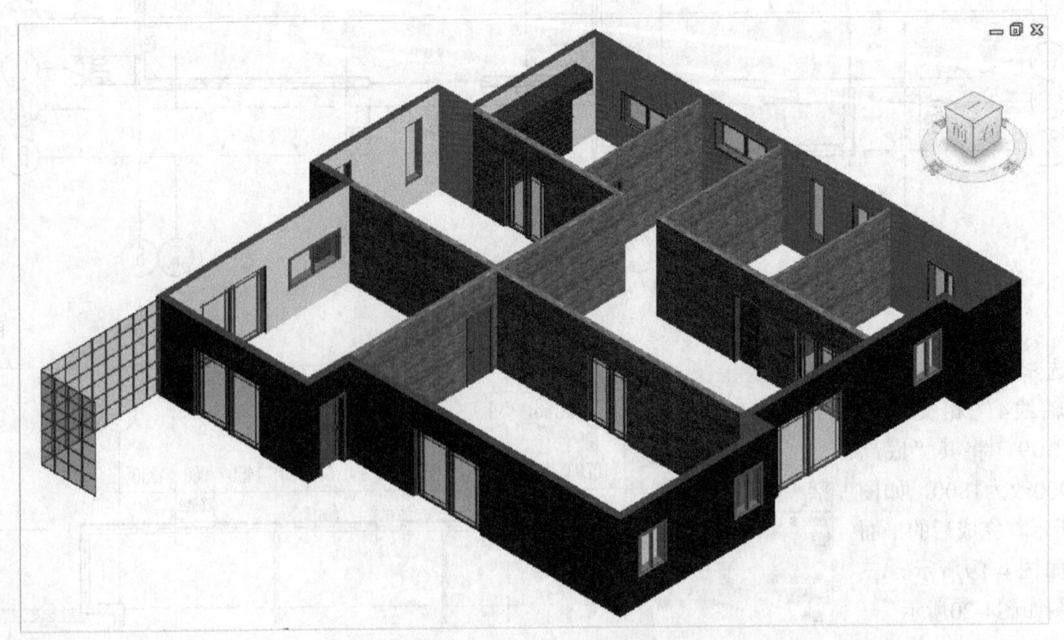

图4-20

4.1.2 绘制门窗的注意事项

在学习Revit 2018的门窗系统之前，有以下3点需要读者注意。

第1点：在Revit 2018的三维模型中，门窗的三维模型与它们的平面并不是对应的剖切关系。在平面视图中，门窗的表达形式与CAD图类似，也就是说门窗模型与平面的表达可以相对独立。

第2点：Revit 2018中的门窗可直接放置到已有的墙体中，对于普通门窗来说，可直接通过修改门窗的族类型参数（如门窗的宽和高、材质等）来形成新的门窗类型。这点在后面的章节中会深入讲解。

第3点：门窗的主体为墙体，因此门窗可以添加到任何类型的墙体中，它们对墙体具有依附性，也就是说删除墙体后，门窗也会随之被删除。另外，在平面、立面、剖面和三维视图中均可添加门窗，门窗也会自动剪切并插入墙体。注意，门窗只有在墙体上才会显示。

4.1.3 创建门窗

创建门窗的方法很简单，在墙主体上移动鼠标指针，然后参照临时尺寸标注，当门窗位于正确的位置时单击即可完成创建。下面介绍具体操作过程。

1. 新建门窗

门和窗的创建方法类似，这里以创建窗为例。在“建筑”选项卡中执行“窗”命令（快捷键为W+N），然后在“属性”面板中选择窗的类型为“固定 0915×1220mm”，接着单击墙体上的指定位置，如图4-21所示。创建完成后的效果如图4-22所示。

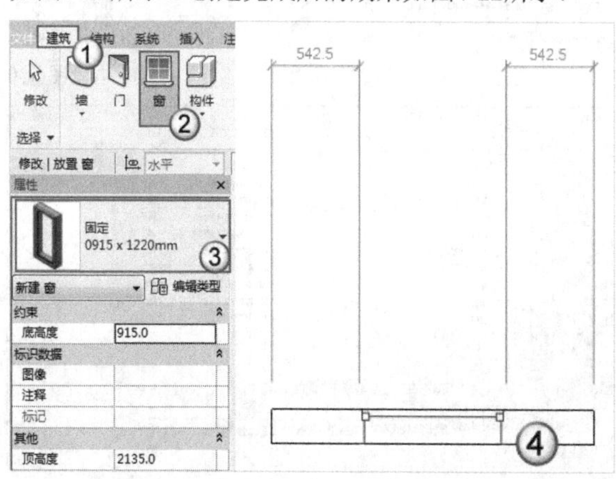

图4-21

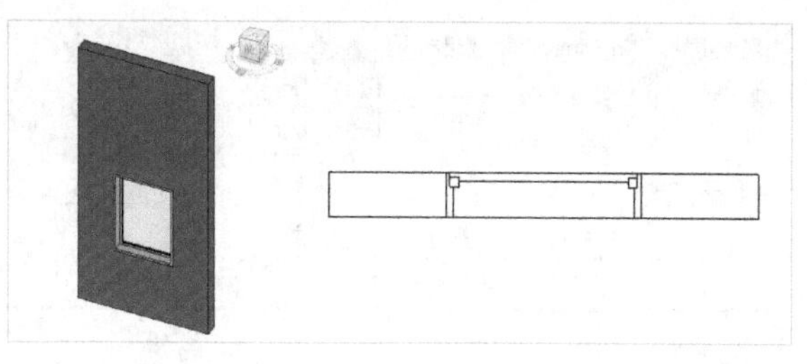

图4-22

2. 门窗的临时尺寸标注

通过图4-21可以发现，放置窗后可以看到临时尺寸，这时可以单击临时尺寸，激活文本框，然后输入具体的数值来精准定位窗，门的操作同理。另外，在放置门窗时，如果门窗开启的方向设置反了，则可以和墙一样，选中门窗，通过“翻转控件”⇕进行调整，如图4-23所示。

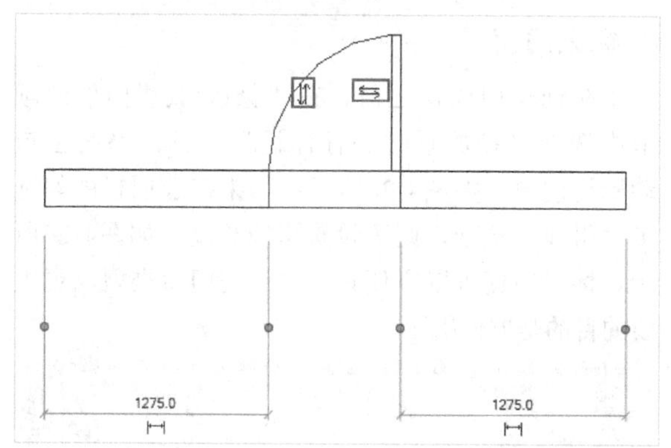

图4-23

3. 拾取新主体

“拾取新主体”工具可以使门窗脱离原本依附的墙体，重新依附到其他墙体上。这里以门为例，先选中创建好的门对象；然后在“修改|门”选项卡中选择“拾取新主体”工具，如图4-24所示；接着选择新的墙体放置门即可，如图4-25所示。

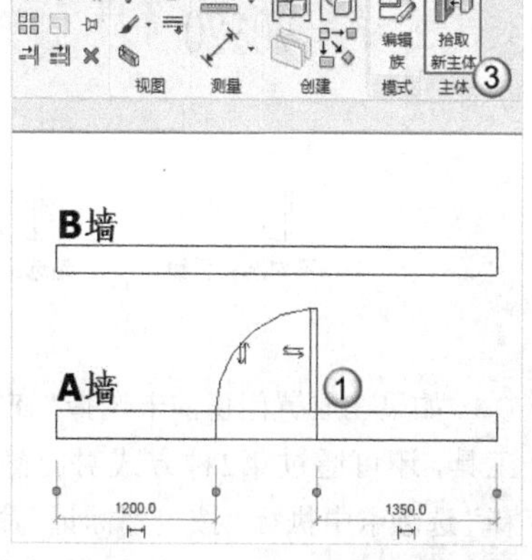

图4-24

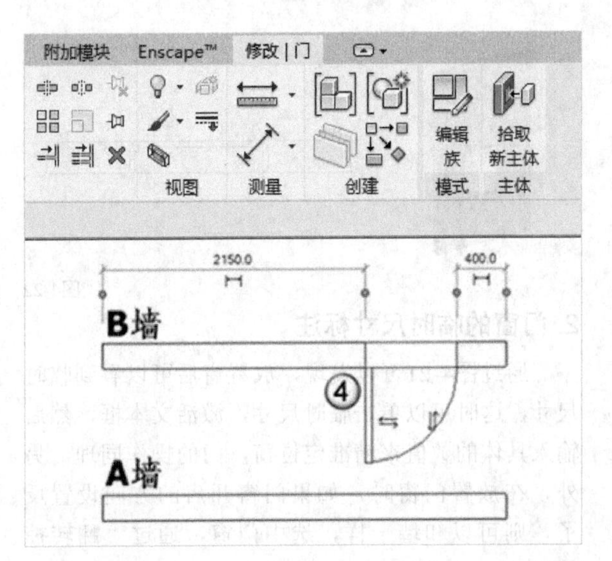

图4-25

4. 标记门窗

在创建门或窗之前，在“修改|放置门”选项卡中选择“在放置时进行标记”工具，系统会自动标记门窗，如图4-26所示；如果在选项栏中勾选了“引线”选项，则可设置引线长度，如图4-27所示。标记门窗可以方便建模时识别门窗类型，更主要的目的是方便出图。

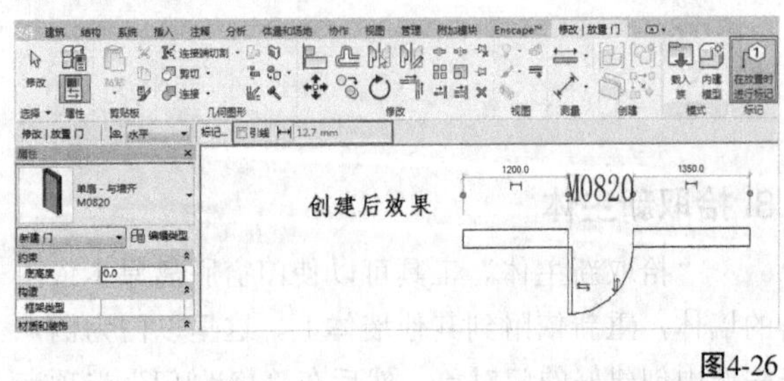

图4-26

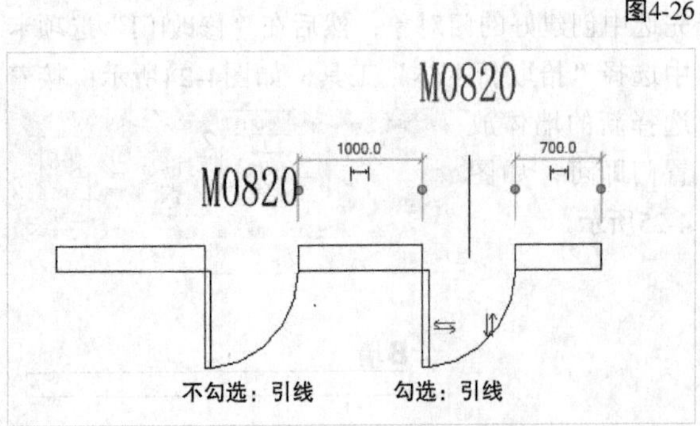

图4-27

如果在放置门窗前未选择“在放置时进行标记”工具，还可通过第2种方式对门窗进行标记。在“注释”选项卡中执行“按类别标记”命令，将鼠标指针移至放置标记的构件上，待其高亮显示时，单击即可直接标记。也可以执行“全部标记”命令，在打开的“标记所有未标记的对象”对话框中选中需标记的类别，单击“应用”按钮 应用(A) ，如图4-28和图4-29所示。

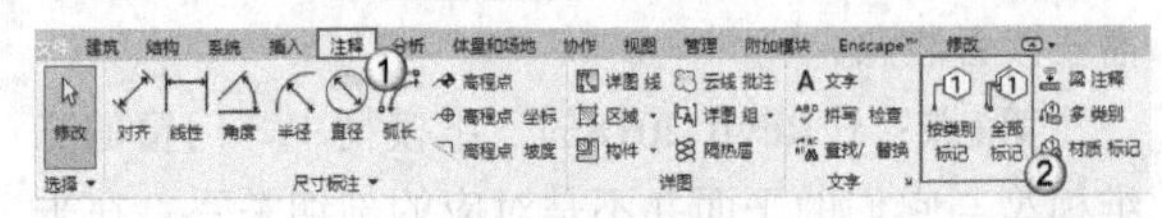

图4-28

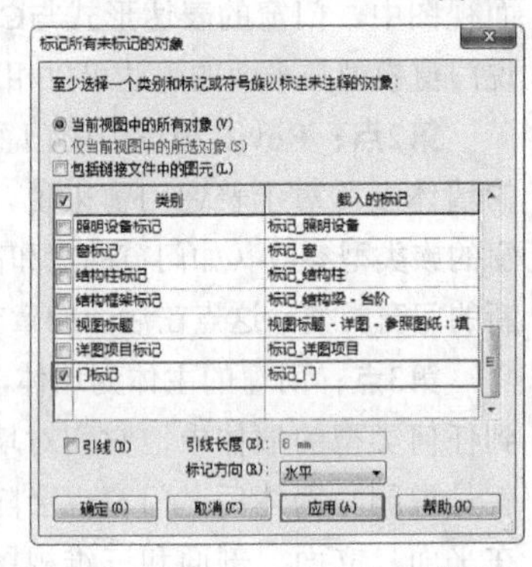

图4-29

5. 添加其他门窗类型

如果需要添加其他的门窗类型，可以通过以下两种方式实现。

第1种：通过“载入族”命令从Revit 2018的族库中直接载入。

执行“插入”选项卡中的“载入族”命令，打开“载入族”对话框，如图4-30所示；然后选择“建筑”文件夹，如图4-31所示；接着选择“门”或“窗”文件夹，这里选择“门”（“门”文件夹中包含常用的门类型），双击选择“普通门”，在其中选择“推拉门”选项；最后任意选择一个门族，单击“打开”按钮 打开(O) ，完成门的载入，如图4-32所示。

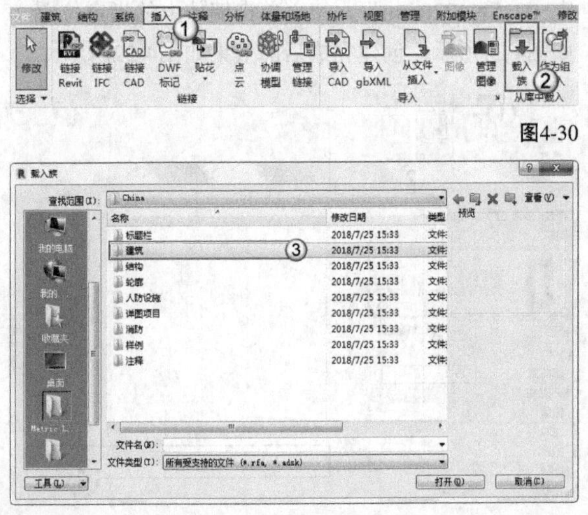

图4-30

图4-31

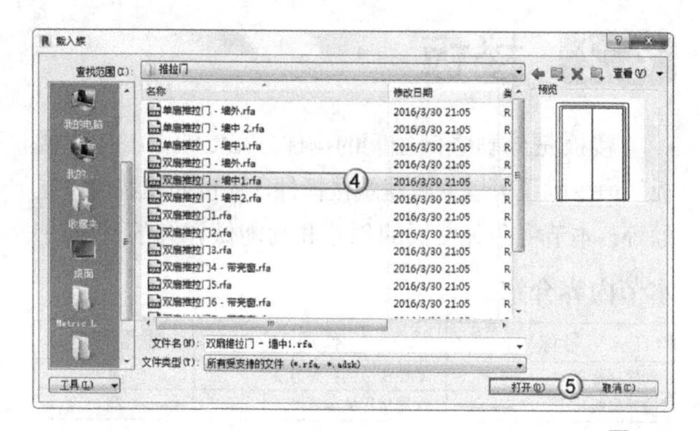

图4-32

第2种：同前面的墙一样，通过修改项目中原有门窗的尺寸来新建门窗类型。

执行"建筑"选项卡中的"门"命令（快捷键为D+R）或"窗"命令（快捷键为W+N），这里执行"门"命令；然后在"属性"面板中设置门类型，这里选择"单扇-与墙齐 600×1800mm"选项，并选择"编辑类型"选项，如图4-33所示。打开"类型属性"对话框，单击"复制"按钮 复制(D)... ，设置"名称"为M0821，单击"确定"按钮 确定 ，如图4-34所示；在"尺寸标注"中修改"高度"和"宽带"，并单击"确定"按钮 确定 ，新建门类型M0821，如图4-35所示。

图4-33

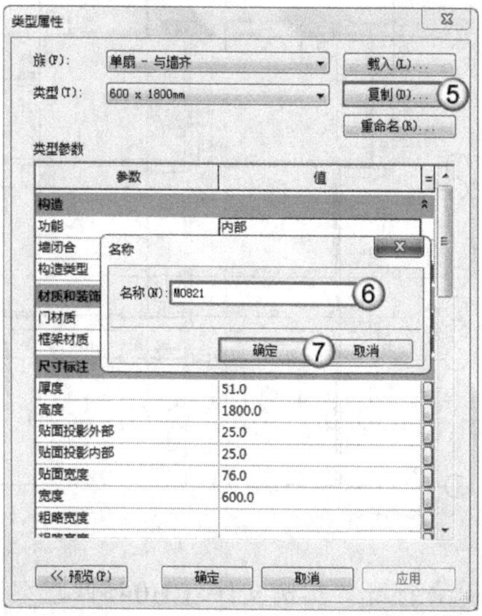

图4-34

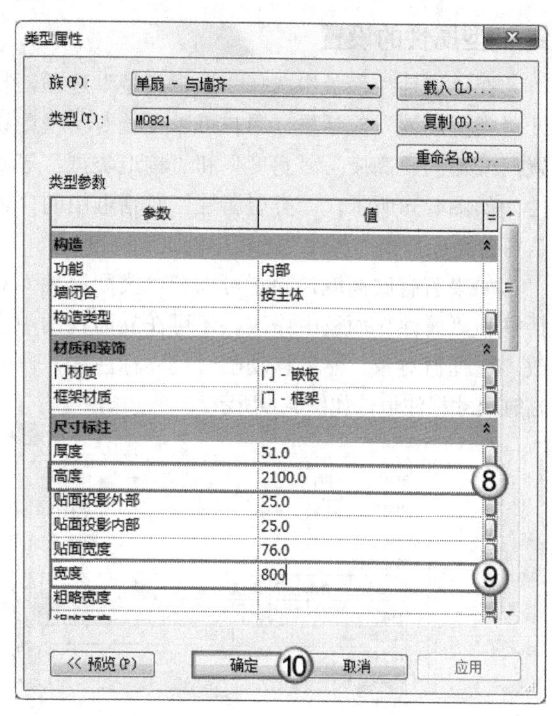

图4-35

4.1.4 编辑门窗

同墙体一样，门和窗的编辑包括在"属性"面板（实例属性）和"类型属性"对话框中的编辑。

1. 实例属性的设置

在视图中选择门或窗后，"属性"面板会自动转换为门或窗的"属性"面板，如图4-36和图4-37所示。在"属性"面板中，可以设置门或窗的"底高度"（窗台高度）和"顶高度"（门窗高度+底高度）等。

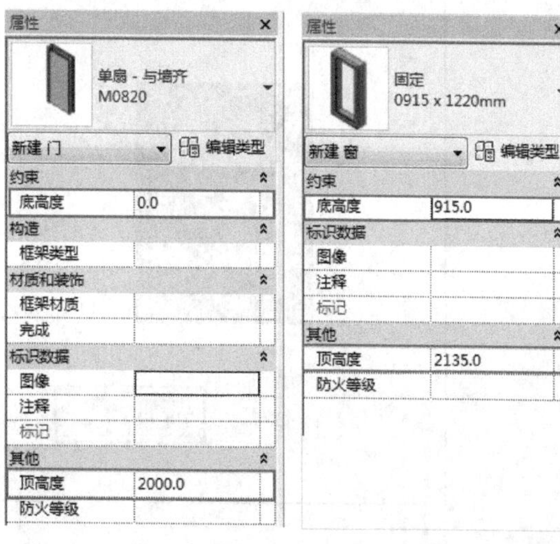

图4-36　图4-37

2. 类型属性的设置

在“属性”面板中选择“编辑类型”选项，打开“类型属性”对话框，用户可以在该对话框中设置门或窗的“高度”“宽度”和“构造类型”等属性，如图4-38所示。“类型属性”对话框中的“默认窗台高度”指“属性”面板中的“底高度”。

如果窗有底高度，除了可以在“类型属性”对话框和“属性”面板中修改，还可在立面视图中修改。选择窗对象，然后移动临时尺寸标注线，修改临时尺寸标注值，如图4-39所示。

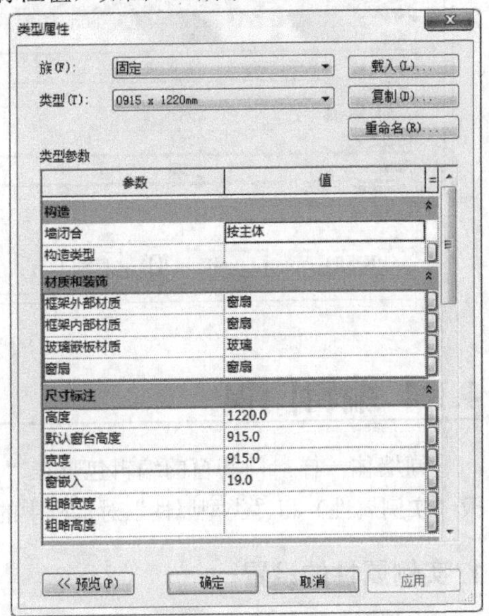

图4-38

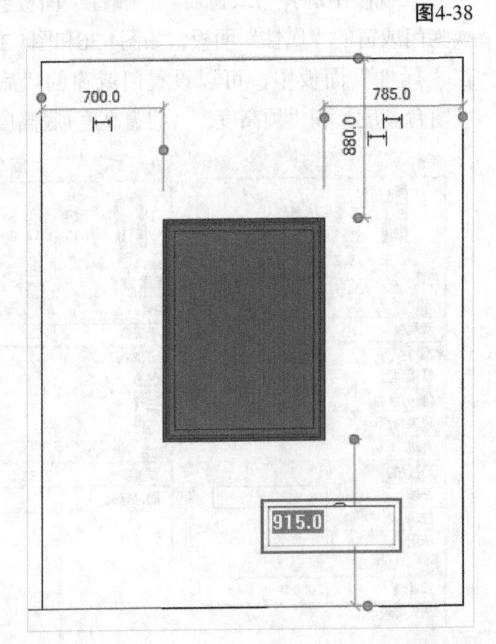

图4-39

4.2 楼板

楼板是分割竖向空间的构件。在Revit 2018中“楼板”命令除了可以创建建筑楼板外，还可创建坡道、屋面等。本节将会对楼板的创建和功能做详细的讲解。

本节内容介绍

名称	作用	重要程度
创建楼板	掌握楼板的创建方法	高
编辑楼板	掌握楼板的编辑方法	高

4.2.1 课堂案例：绘制小别墅一层的楼板

实例文件　实例文件>CH04>课堂案例：绘制小别墅一层的楼板.rvt
视频文件　课堂案例：绘制小别墅一层的楼板.mp4
学习目标　掌握建筑楼板的绘制方法

小别墅一层的楼板如图4-40所示。

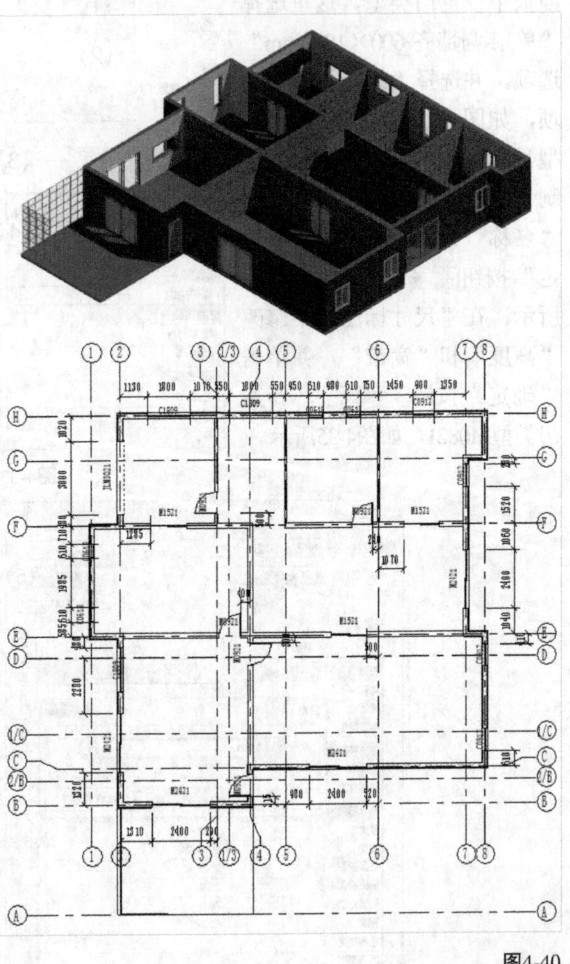

图4-40

01 打开“实例文件>CH04>课堂案例：绘制小别墅一层的门窗.rvt”文件，在“建筑”选项卡中执

行“楼板>楼板:建筑”命令（快捷键为S+B），激活楼板绘制功能；然后在“属性”面板中选择“楼板 楼板-200”选项，如图4-41所示；接着在“修改|楼板>编辑边界”选项卡中选择“线”工具，沿外墙面绘制边界线，绘制完成后单击“完成编辑模式”按钮，如图4-42所示。

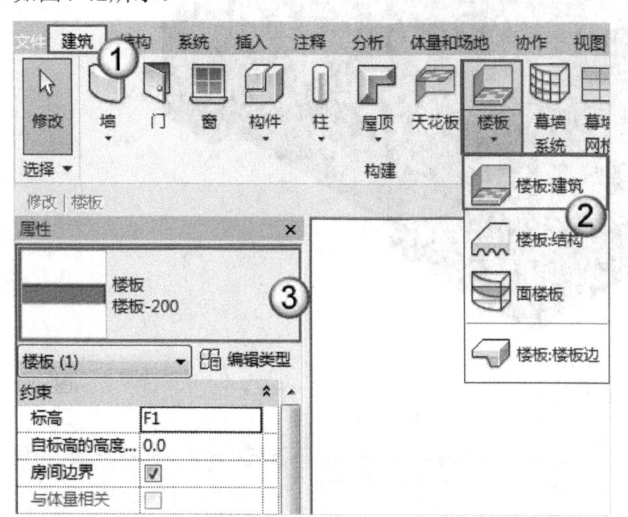

图4-41

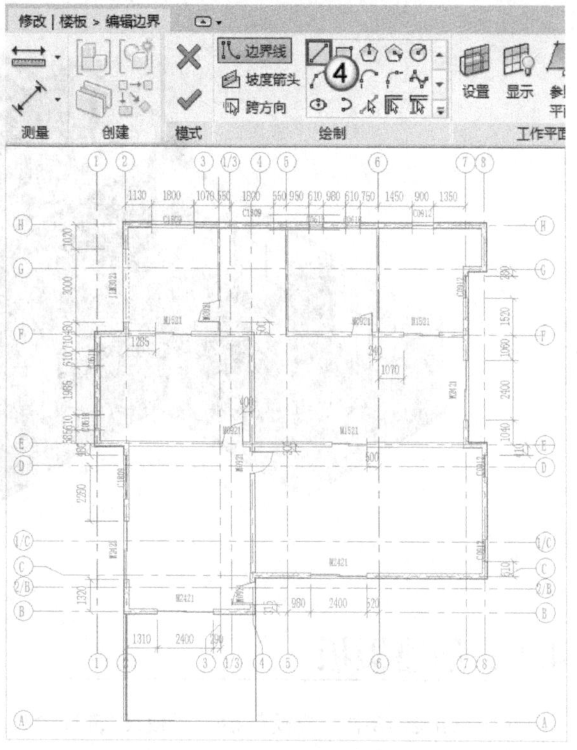

图4-42

02 绘制完成后的平面视图如图4-43所示。双击“属性”面板中的三维视图，可看到对应的三维视图，效果如图4-44所示。

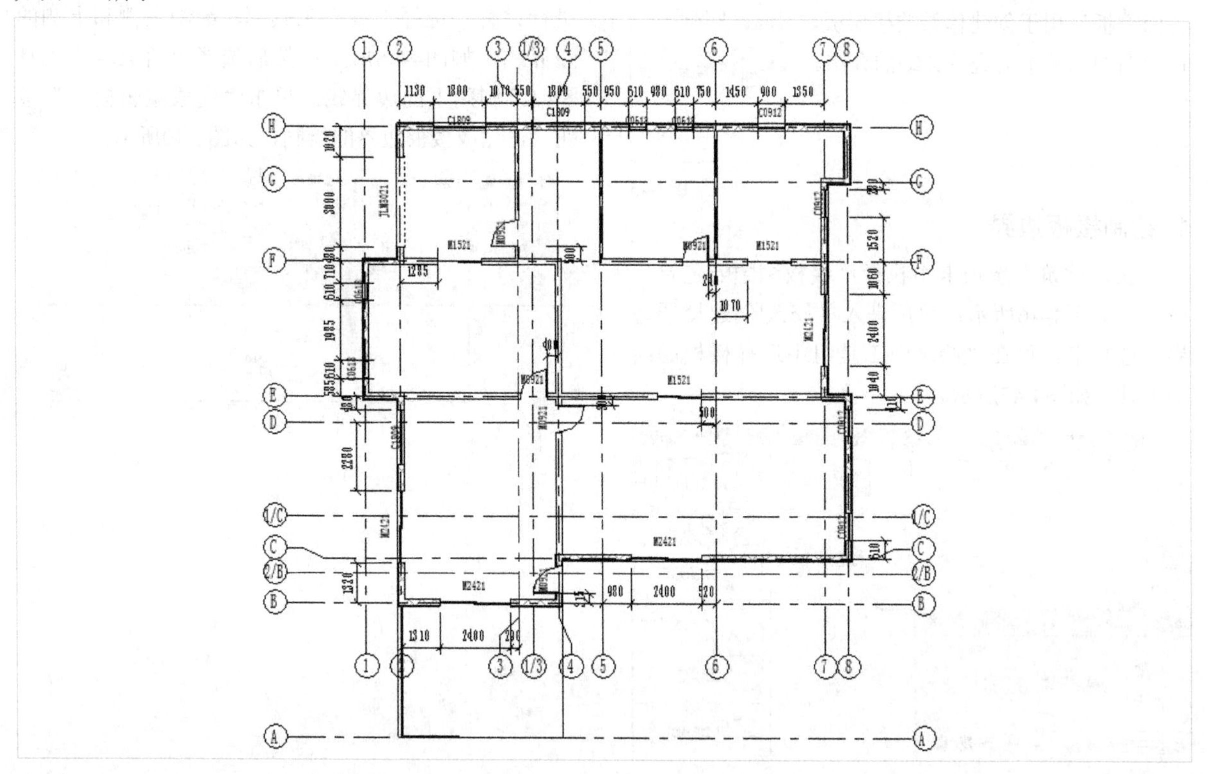

图4-43

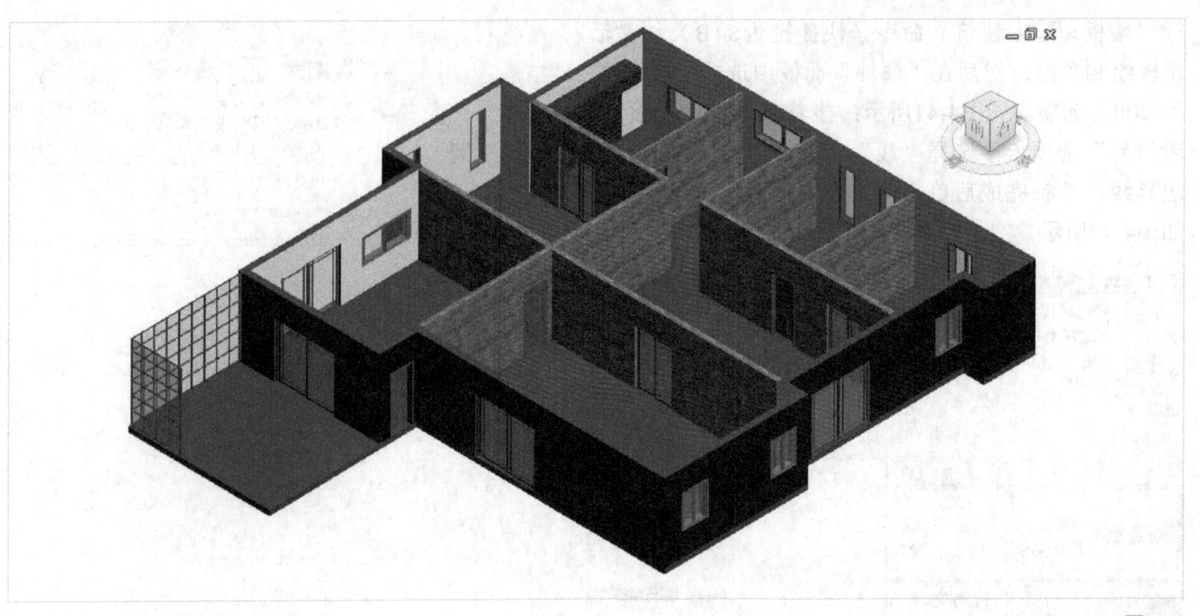

图4-44

4.2.2 创建楼板

在Revit 2018中，楼板包括“楼板:建筑”“楼板:结构”“面楼板”和“楼板:楼板边”4种类型，如图4-45所示。其中，“楼板:楼板边”多用于创建室外散水或台阶；“面楼板”用于创建体量的楼层板，在后面的章节中会进行详细的介绍。

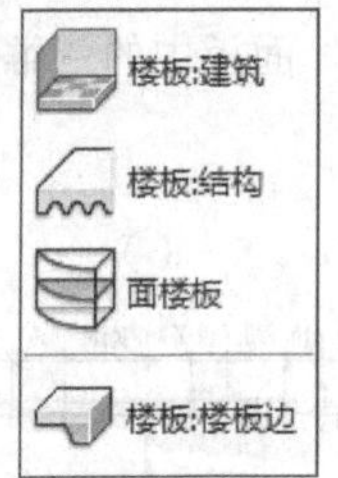

图4-45

1. 绘制楼板边界

在“建筑”选项卡中执行“楼板>楼板:建筑”命令，如图4-46所示；然后进入“修改|创建楼层边界”选项卡，可在“绘制”工具组中选择楼板的绘制工具，如图4-47所示。

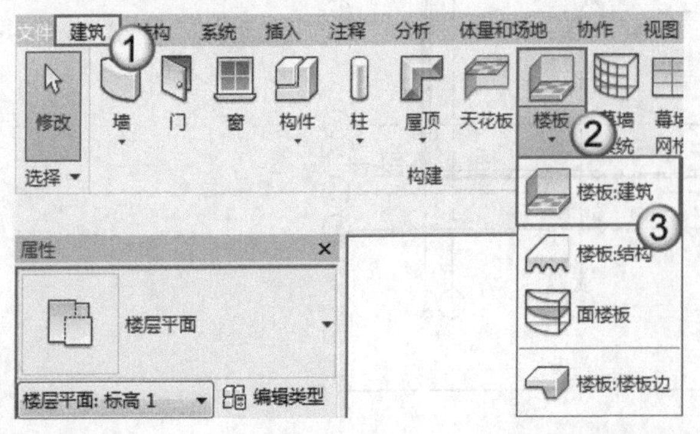

图4-46

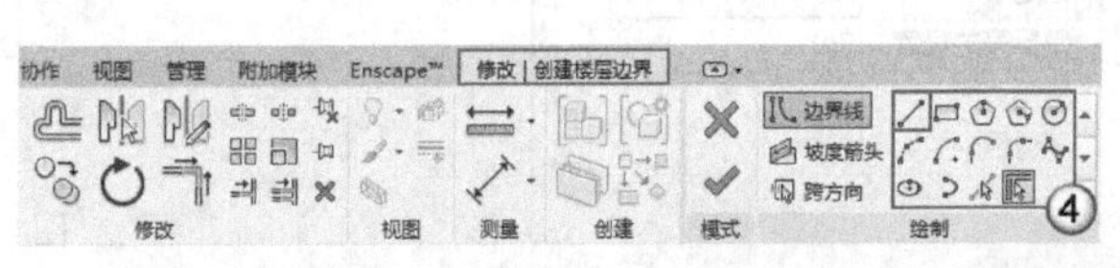

图4-47

这里以“线”工具和“拾取墙”工具为例进行讲解。选择“线”工具，绘制左侧和上侧的边界线，如图4-48所示；然后选择“拾取墙”工具，绘制剩下的边界线。单击“完成编辑模式”按钮✓，完成楼板边界的绘制，如图4-49所示。

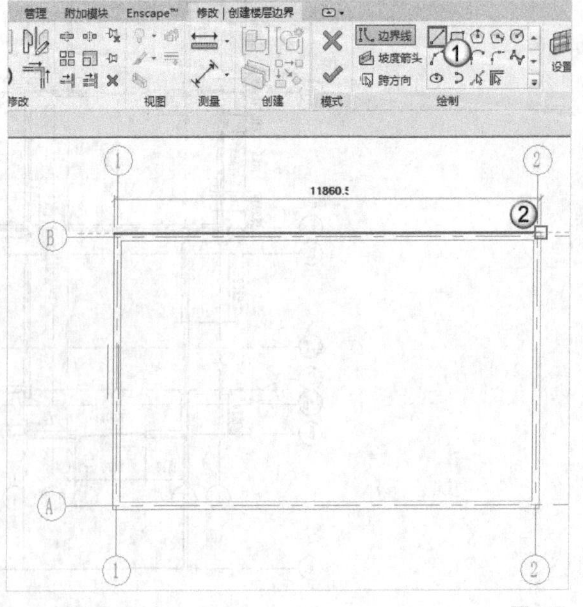

图4-48

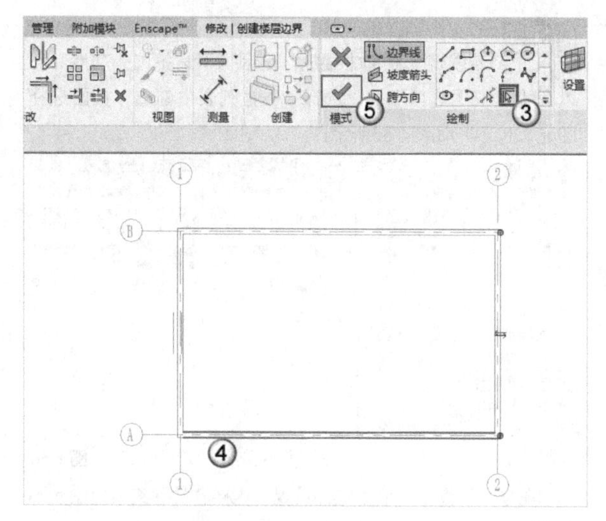

图4-49

2. 跨方向和坡度箭头

在平面视图中，“跨方向”表示楼板主要跨度的方向。楼板边界线绘制完成后，可通过“坡度箭头”工具来赋予楼板坡度。

在“修改|创建楼层边界”选项卡中选择“坡度箭头”工具，如图4-50所示；然后单击左侧边界线的中点，接着拾取右侧边界线的中点后单击，完成坡度箭头的创建，如图4-51所示。

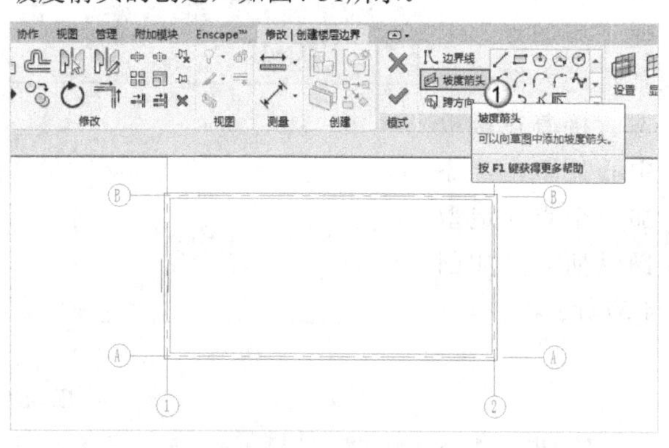

图4-50

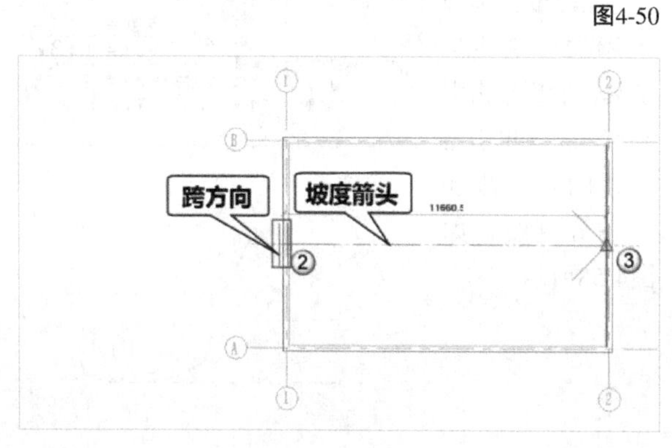

图4-51

通过设置坡度箭头的“属性”面板中的“尾高度偏移”“头高度偏移”或“坡度”来赋予楼板坡度，如图4-52所示。图4-52中“坡度”选项呈灰色显示，若想通过“坡度”选项设置楼板坡度，需要将“指定”中的“尾高”设置为“坡度”选项。

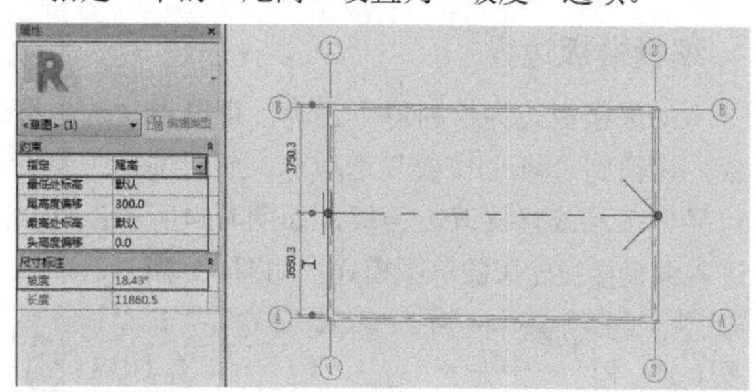

图4-52

一般在创建斜屋顶时才设置楼板的坡度。

3. 楼板属性

楼板属性位于楼板的“属性”面板（实例属性）和“类型属性”对话框中，在设置的过程中需要注意“标高”和结构中的材质设置，如图4-53所示。

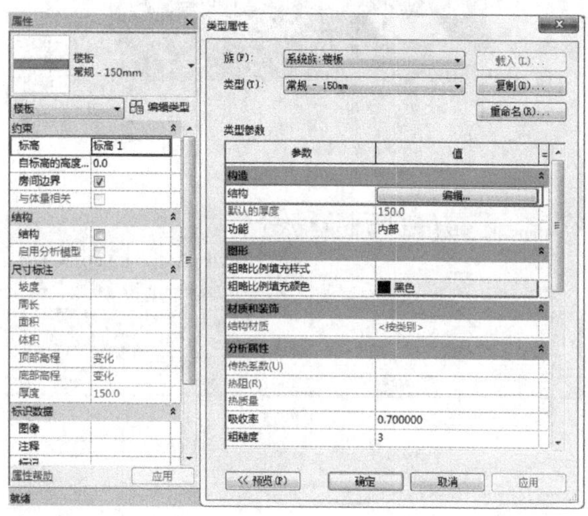

图4-53

提示

新建楼板类型的方法同前面的新建墙体类型的方法一样，这里就不再赘述了。

另外，用“拾取墙”工具绘制的楼板会与墙体产生约束关系，即墙体移动后，楼板会发生相应的变化。将鼠标指针移动到外墙上，按Tab键切换选择，可一次选中所有外墙，单击则生成楼板边界；如果出现交叉线条，可以使用“修剪”工具使其成为封闭的楼板轮廓。

4.2.3 编辑楼板

在绘制楼板的过程中，难免会出现一些误差或者错误，这个时候就可以通过编辑楼板来消除或弥补这些误差和错误。

1. 编辑楼板边界

如果楼板边界绘制得不正确，可以再次选中楼板，切换到“修改|楼板”选项卡，然后选择“编辑边界”工具或直接双击楼板，如图4-54所示；再次进入编辑楼板轮廓的草图模式，如图4-55所示。

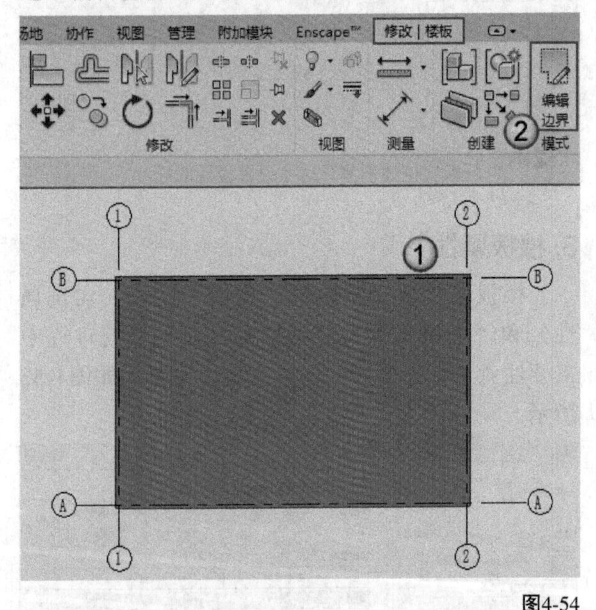

图4-54

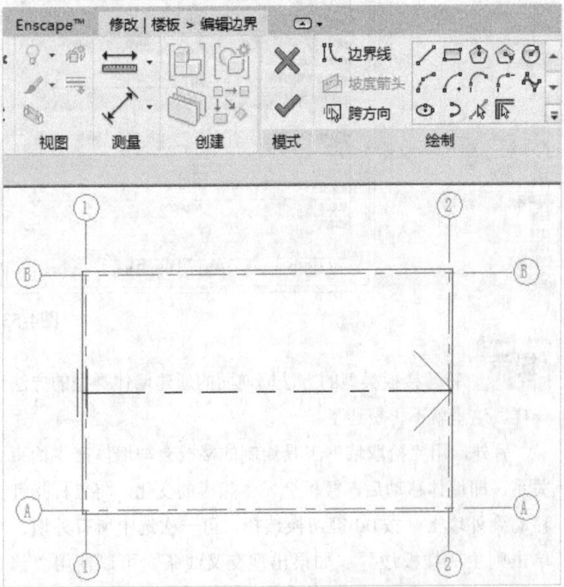

图4-55

> **提示** 若发现无法选中楼板，是因为不具备选择功能，可以在“建筑”选项卡的“选择”下拉列表中勾选“按面选择图元”选项，如图4-56所示。
>
> 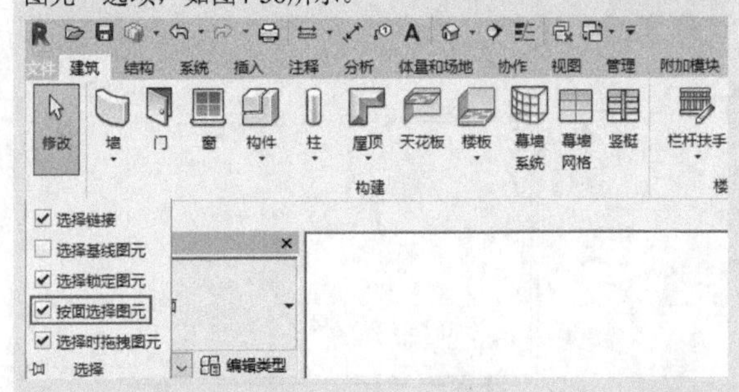
>
>
> 图4-56
>
> 在平面视图中一般不这样设置，这样容易导致其他图元不易被选中，一般在编辑楼板时勾选此选项。编辑楼板时也可在三维视图中先进行选择，再到相应的平面视图中进行编辑。

2. 编辑楼板形状

选择“形状编辑”工具组中的工具可以编辑楼板的形状，也可以绘制斜楼板。

第1步：选中楼板，然后在“修改|楼板”选项卡的“形状编辑”工具组中选择“添加点”工具，进入编辑状态；接着在楼板中心处单击，添加一个点（造型操纵柄），如图4-57所示。

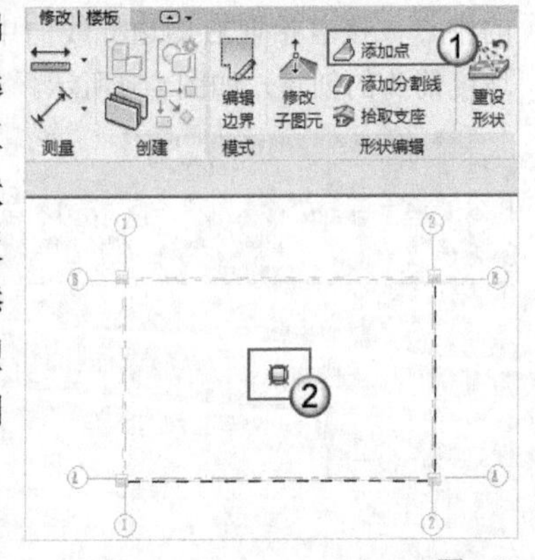

图4-57

第2步：选择“添加分割线”工具，然后单击中心点，接着单击左上角的点，添加一条分割线，如图4-58所示。

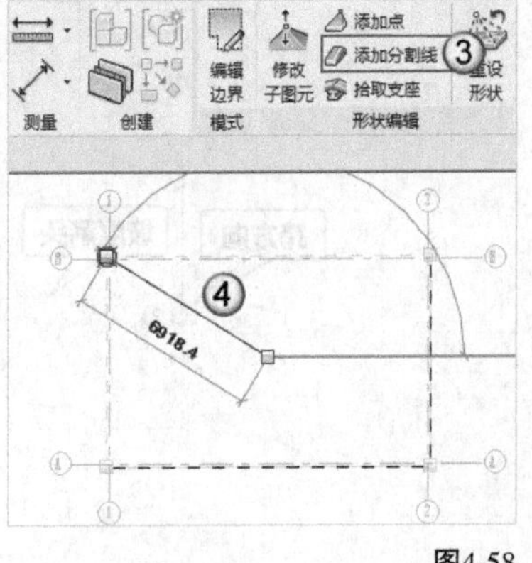

图4-58

第3步：同理，为另外3个角点添加分割线，然后选择“修改子图元”工具，接着单击中心点，并单击文本框，输入2500，按Enter键让楼板的此点向上抬升2500mm，如图4-59所示。效果如图4-60和图4-61所示。

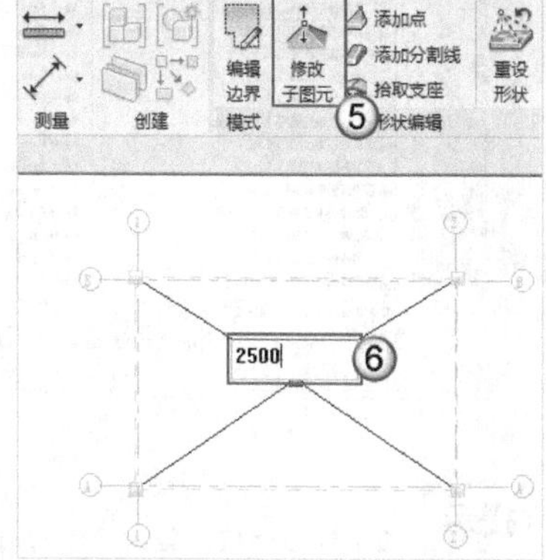

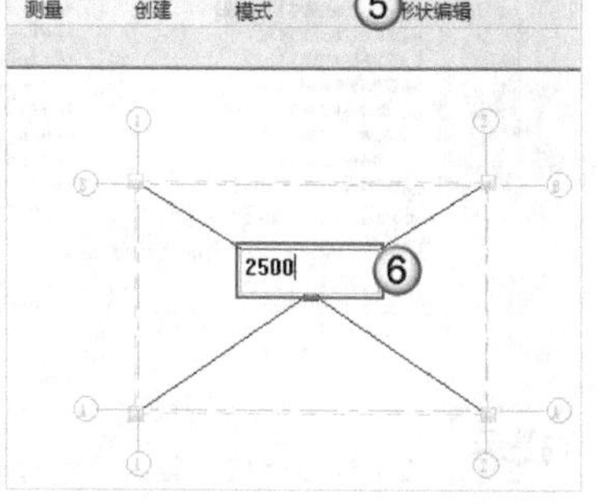

图4-59

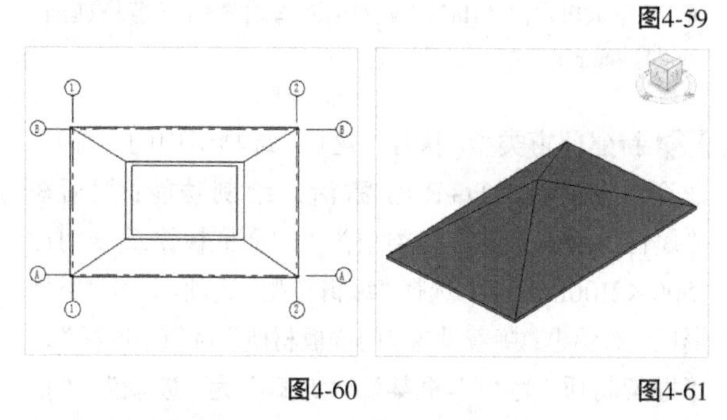

图4-60　　图4-61

3. 为楼板开洞

为楼板开洞的方法主要有以下两种。

第1种：双击楼板进入编辑楼板轮廓的草图模式，然后在楼板上绘制封闭的轮廓，为楼板开洞，如图4-62和图4-63所示。

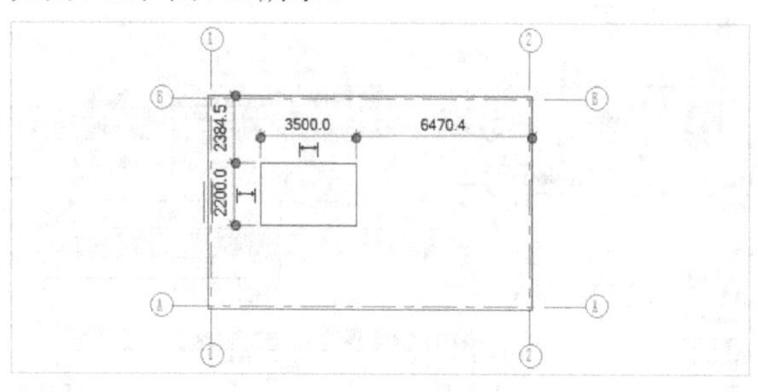

图4-62

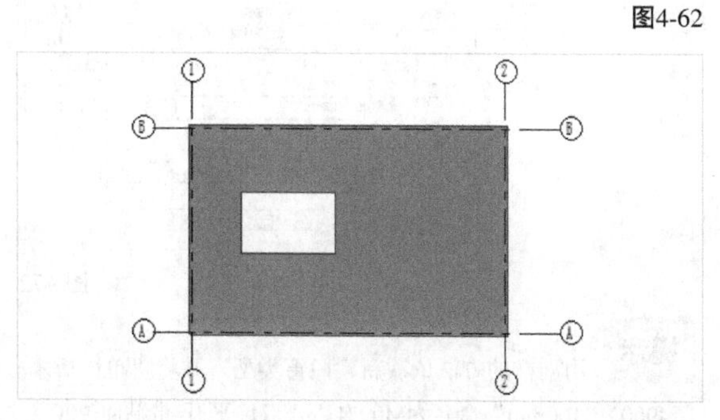

图4-63

第2种：在“建筑”选项卡的“洞口”命令栏中有“按面”“竖井”“墙”“垂直”和“老虎窗”5种开洞方式，如图4-64所示。可以根据不同的开洞主体，选择不同的开洞方式；然后在开洞处绘制封闭的洞口轮廓，单击“完成编辑模式”按钮✔，如图4-65和图4-66所示。效果如图4-67和图4-68所示。

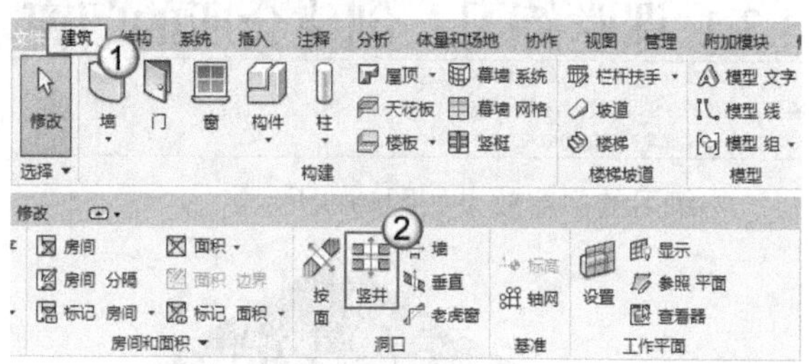

图4-64

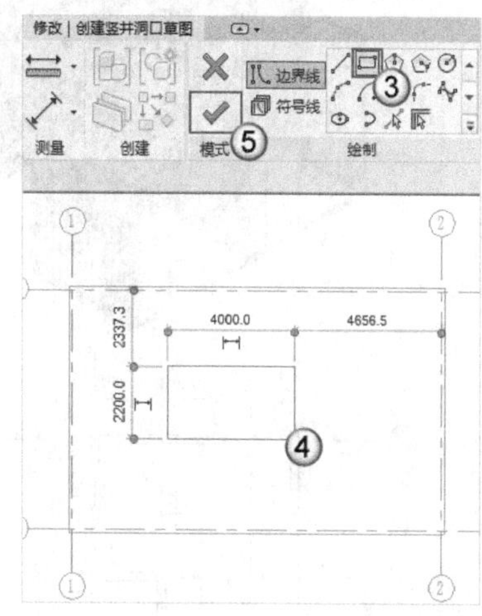

图4-65

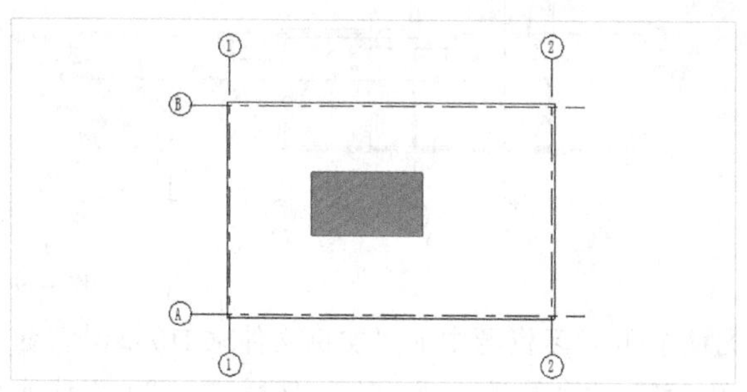

图4-66

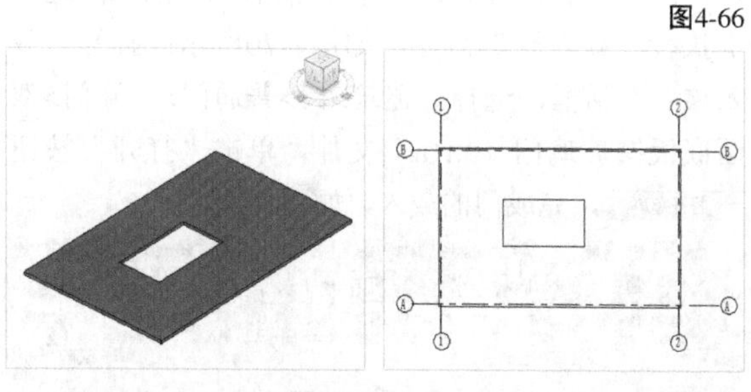

图4-67　　图4-68

4.3 课堂练习

为了让读者更加熟练地创建和编辑门窗、楼板，下面安排两个课堂练习，读者可根据步骤提示和教学视频进行练习。

4.3.1 课堂练习：创建会所的门窗

实例文件　实例文件>CH04>课堂练习：创建会所的门窗.rvt
视频文件　课堂练习：创建会所的门窗.mp4
学习目标　掌握建筑门窗的插入方法

本练习的门窗效果如图4-69所示。

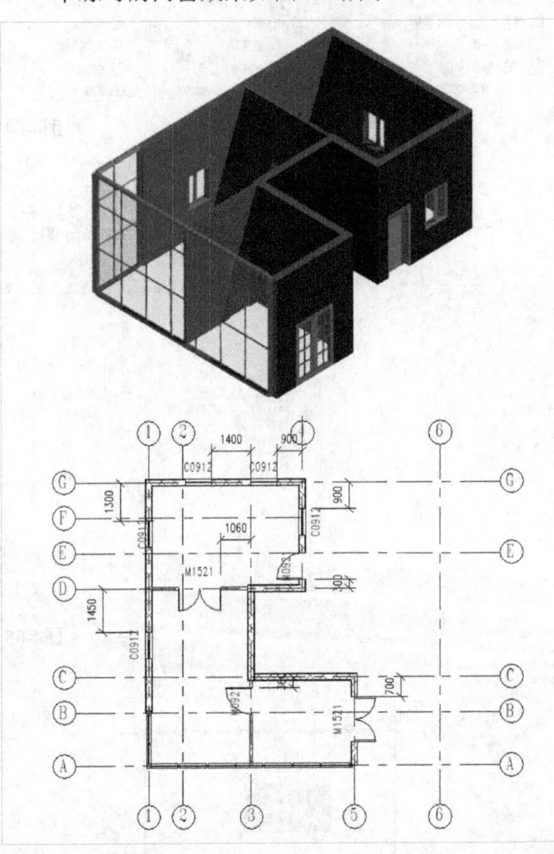

图4-69

01 打开学习资源中的“实例文件>CH03>课堂练习：绘制会所幕墙.rvt”文件，然后在“插入”选项卡执行“载入族”命令，如图4-70所示；打开“载入族”对话框，选择“建筑>门>普通门>平开门>双面嵌板镶玻璃门 12.rfa”文件，单击“打开”按钮 打开(O) ，完成门的载入，如图4-71所示。

图4-70

图4-71

提示
按上述步骤依次载入“建筑>门>普通门>平开门>单扇>单嵌板木门 4.rfa”“建筑>窗>普通窗>平开窗>双扇平开-带贴面.rfa”文件。

02 新建门窗类型。执行“建筑”选项卡中的“门”命令（快捷键为D+R），激活门绘制功能；然后在“属性”面板中设置门类型为“双面嵌板镶玻璃门12 1500×2100mm”，并选择“编辑类型”选项，打开“类型属性”对话框；接着设置“门嵌板材质”为“门-嵌板”、“框架材质”为“门-框架”、“玻璃”为“玻璃”、“把手材质”为“不锈钢”，单击“复制”按钮 复制(D)... ，并设置“名称”为M1521，依次单击“确定”按钮 确定 ，如图4-72所示。

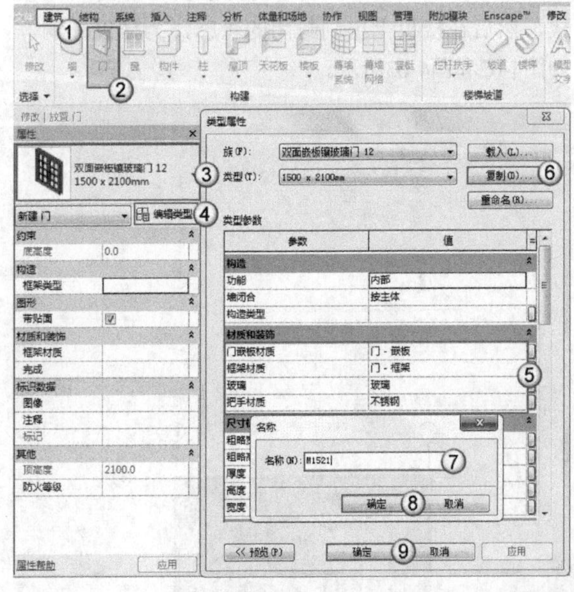

图4-72

提示
用同样的方法依次新建门窗类型，并将“单嵌板木门4900×2100mm”命名为M0921、“双扇平开-带贴面 900×1200mm”命名为C0912，设置窗C0912的“底高度”为900。

03 创建门和窗。按快捷键D+R激活门绘制功能，然后在“属性”面板中选择“单嵌板木门4 M0921”选项，并确认“在放置时进行标记”选项已勾选；接着将鼠标指针移动到“轴线3”上“轴线B”和“轴线C”之间的墙体上，此时会出现门与周围墙体距离的蓝色相对临时尺寸，通过该相对临时尺寸捕捉门的大致位置，单击相对临时尺寸，输入准确的数值240，以精准定位门，如图4-73所示。

提示 在平面视图中放置门之前，可以按空格键控制门的开启方向。

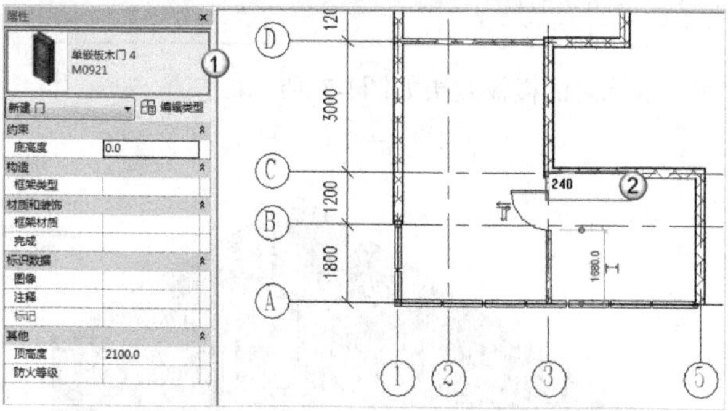

图4-73

04 按照前面的方法，选择合适的门窗类型，然后根据图4-74所示的标注位置完成门和窗的创建。其三维效果如图4-75所示。

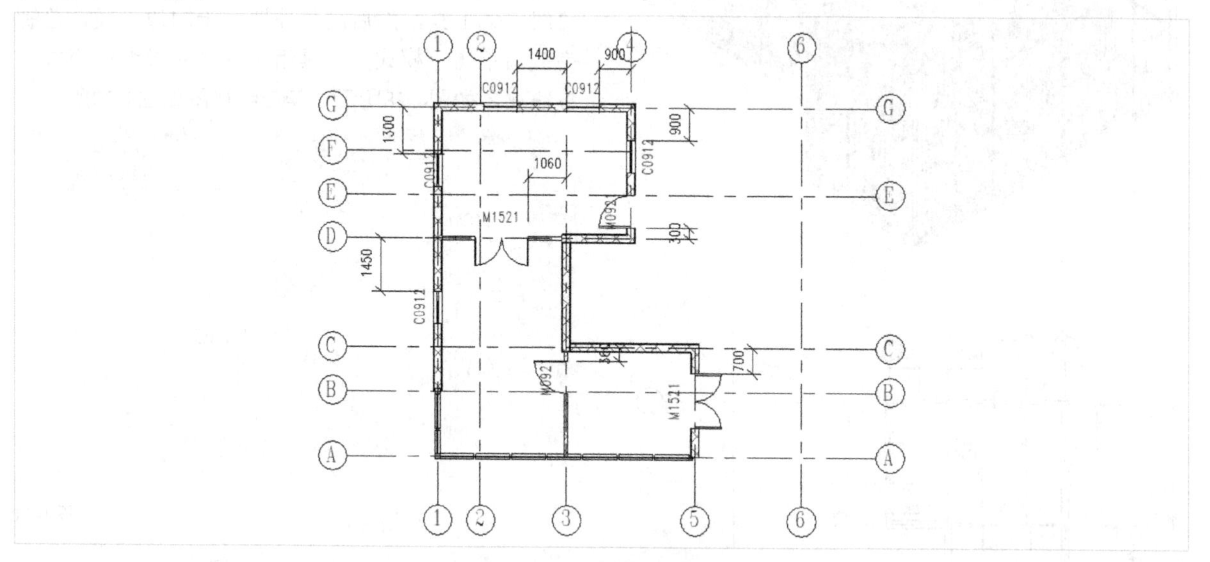

图4-74

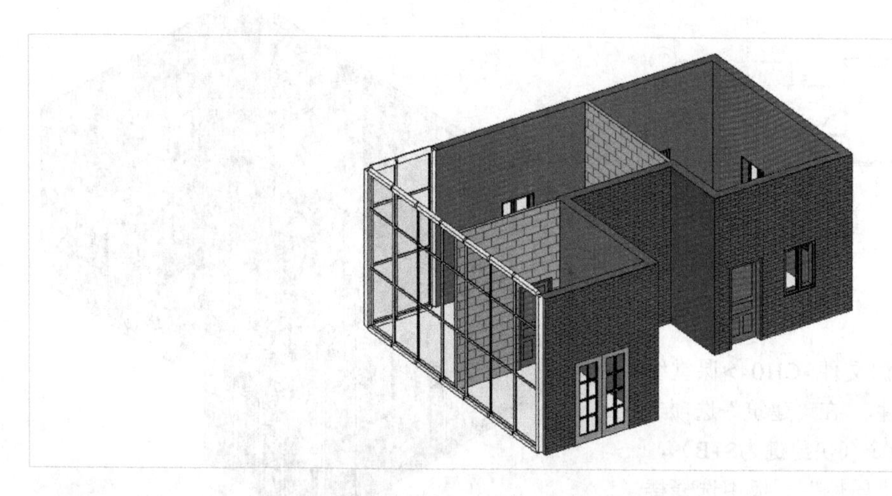

图4-75

提示 在创建过程中，如果有不清楚的地方，可以参考教学视频中的详细操作过程。

4.3.2 课堂练习：创建会所的楼板

实例文件　实例文件>CH04>课堂练习：创建会所的楼板.rvt
视频文件　课堂练习：创建会所的楼板.mp4
学习目标　掌握建筑楼板的绘制方法

本练习的楼板效果如图4-76所示。

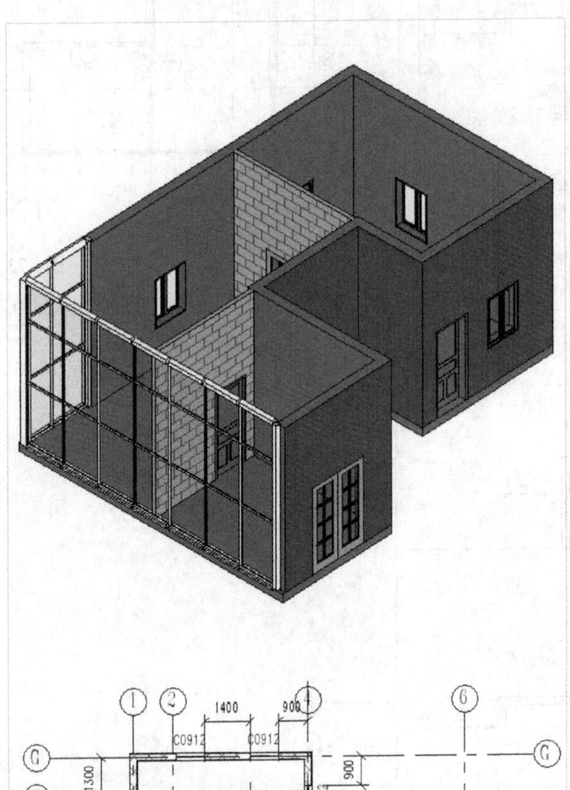

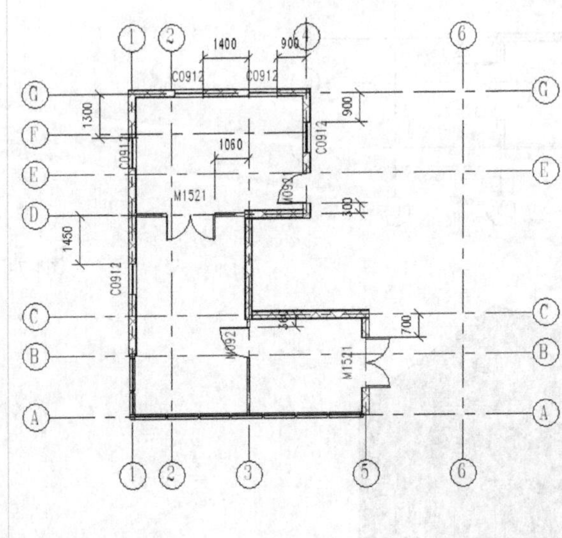

图4-76

01 打开学习资源中的“实例文件>CH04>课堂练习：创建会所的门窗.rvt”文件，在“建筑”选项卡中执行“楼板>楼板:建筑”命令（快捷键为S+B），激活楼板绘制功能；然后在“属性”面板中选择楼板类型为“楼板 楼板-200”，如图4-77所示。

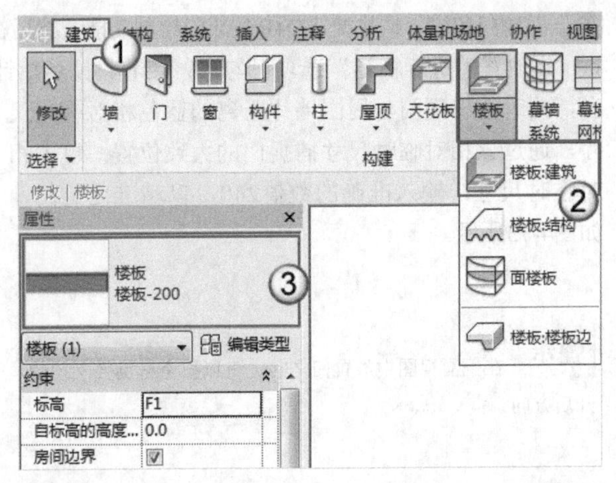

图4-77

02 在“修改|创建楼层边界”选项卡中选择“线”工具，然后沿着外墙面绘制边界线，绘制完成后单击“模式”工具组里的“完成编辑模式”按钮，如图4-78所示。其三维视图如图4-79所示。

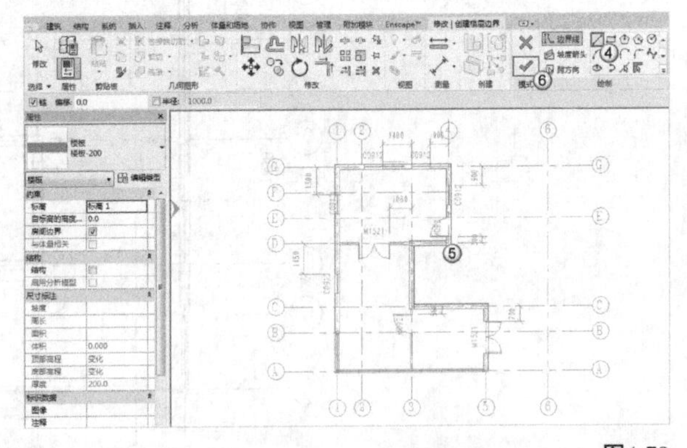

图4-78

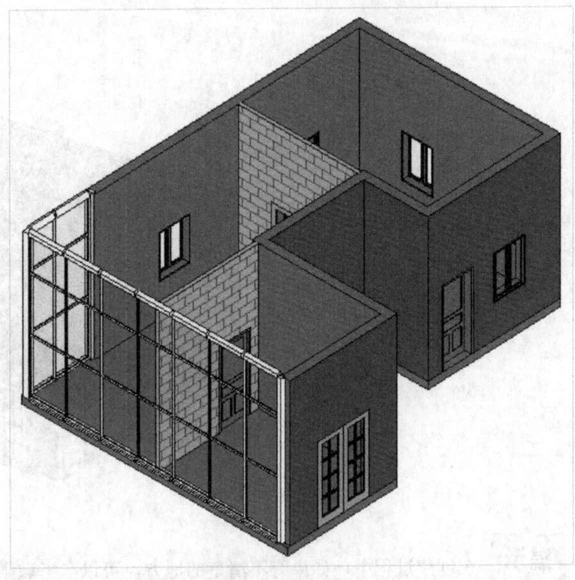

图4-79

4.4 课后习题

为了巩固前面学习的知识，这里准备了两个课后习题供读者练习。

4.4.1 课后习题：创建小洋房的门窗

实例文件　实例文件>CH04>课后习题：创建小洋房的门窗.rvt
视频文件　课后习题：创建小洋房的门窗.mp4
学习目标　掌握建筑门窗的创建和插入方法

本习题的门窗效果如图4-80所示。

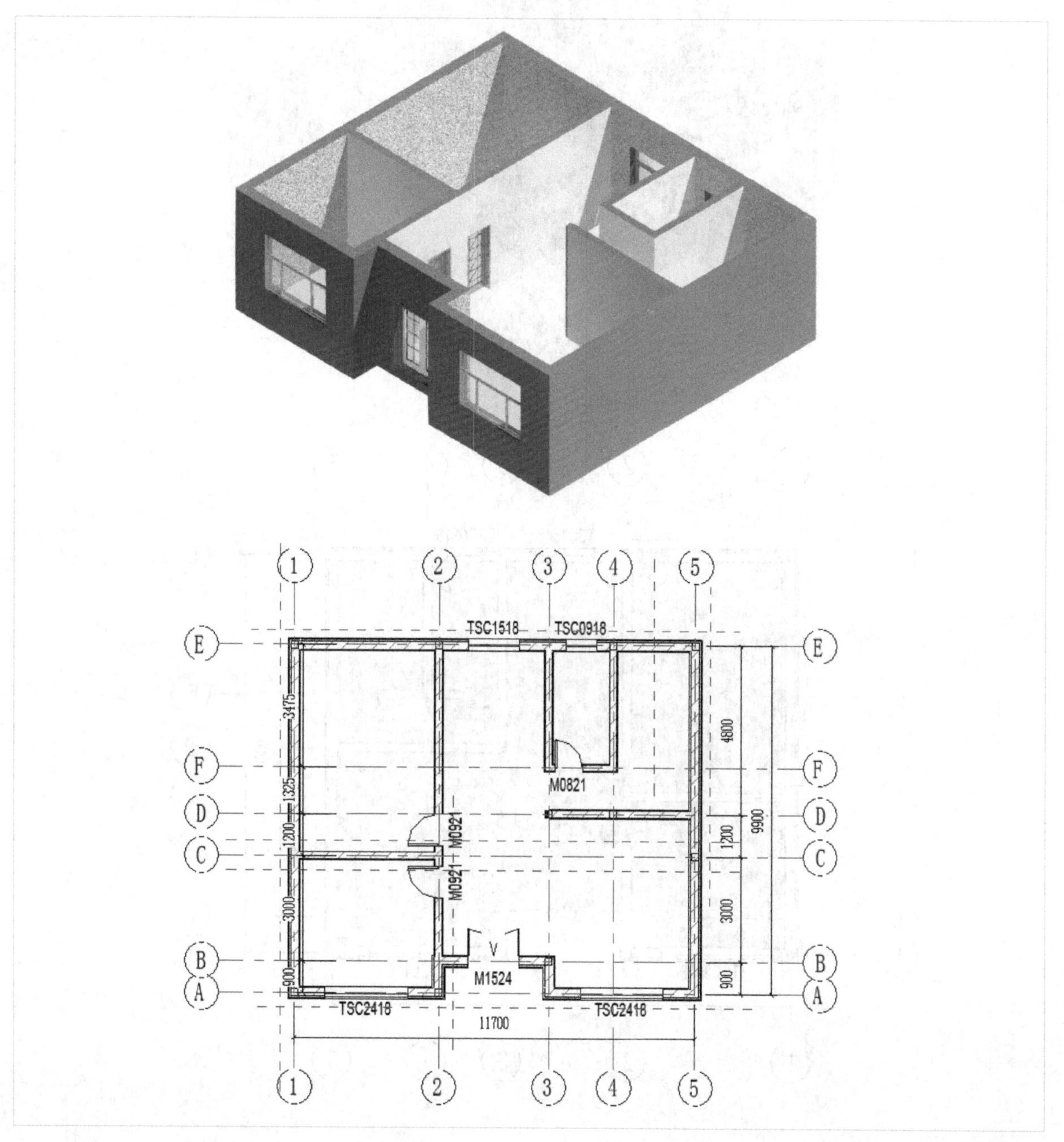

图4-80

4.4.2 课后习题：创建小洋房的楼板

实例文件　实例文件>CH04>课后习题：创建小洋房的楼板.rvt
视频文件　课后习题：创建小洋房的楼板.mp4
学习目标　掌握建筑楼板的绘制方法

本习题的楼板如图4-81所示。

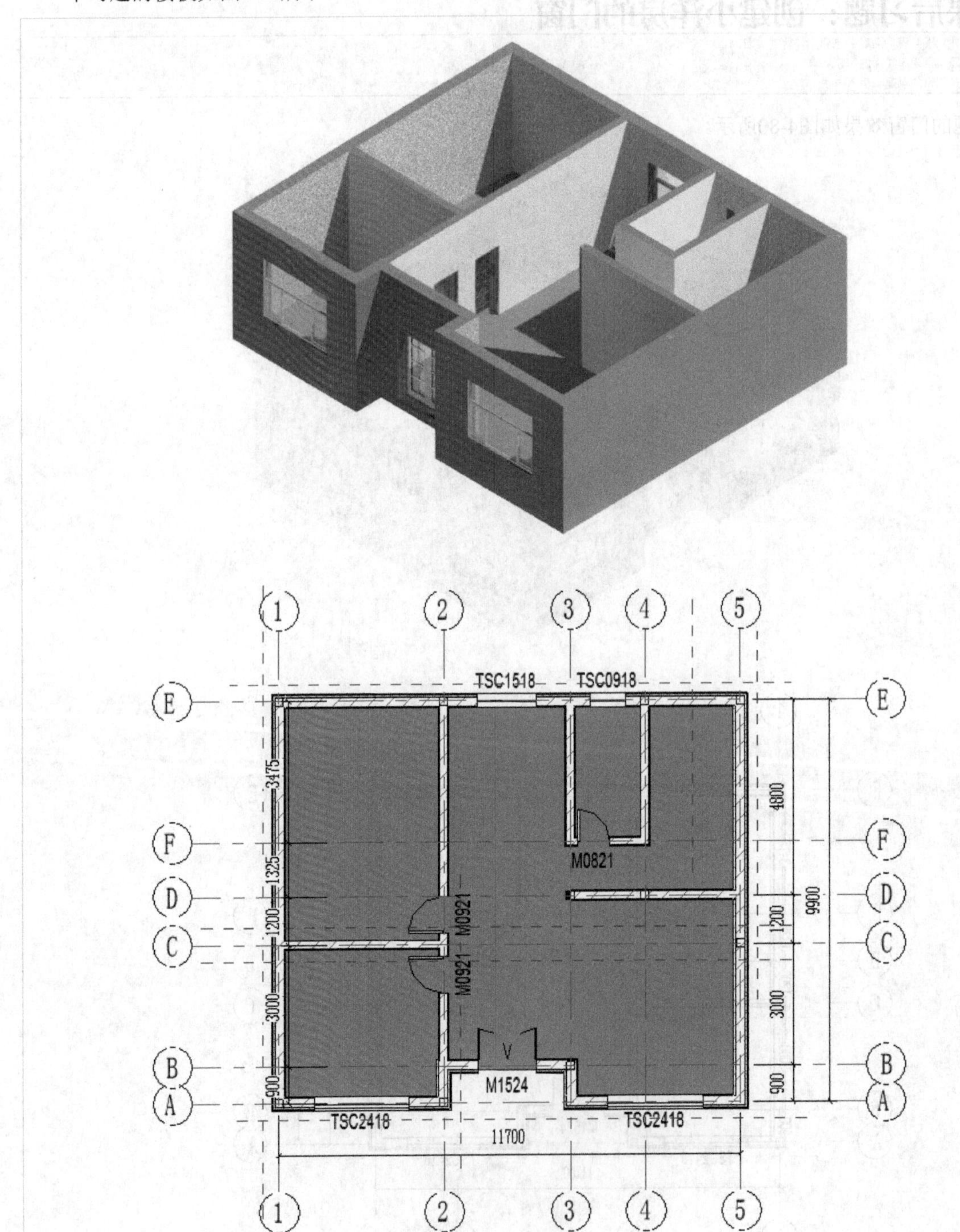

图4-81

第5章 天花板与柱

本章将介绍Revit 2018中天花板和柱的基本概念与创建方法。通过对本章的学习，读者可以掌握天花板和柱的创建与编辑方法。

学习目标

- 掌握天花板的创建方法
- 掌握天花板的编辑方法
- 掌握柱的创建方法
- 掌握柱的编辑方法

5.1 天花板

天花板为装饰构件，其创建方法与楼板类似。

本节内容介绍

名称	作用	重要程度
创建天花板	掌握天花板的创建方法	中
编辑天花板	掌握天花板的编辑方法	中

5.1.1 课堂案例：创建小别墅一层的天花板

实例文件　实例文件>CH05>课堂案例：创建小别墅一层的天花板.rvt
视频文件　课堂案例：创建小别墅一层的天花板.mp4
学习目标　掌握建筑天花板的绘制方法

小别墅的天花板效果如图5-1所示。

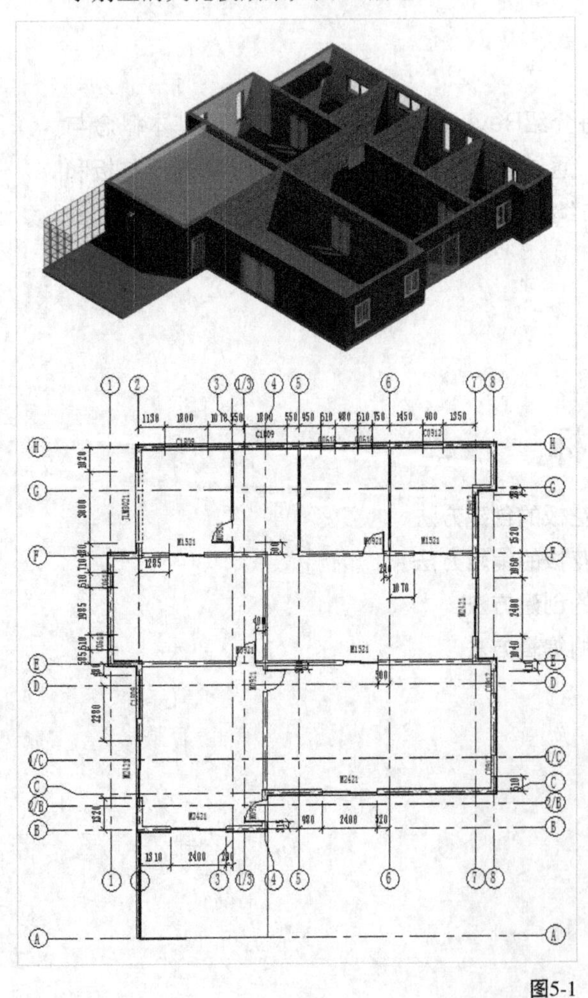

图5-1

01 打开“实例文件>CH04>课堂案例：绘制小别墅一层的楼板.rvt”文件，进入F1平面视图，执行“建筑”选项卡中的“天花板”命令，如图5-2所示。

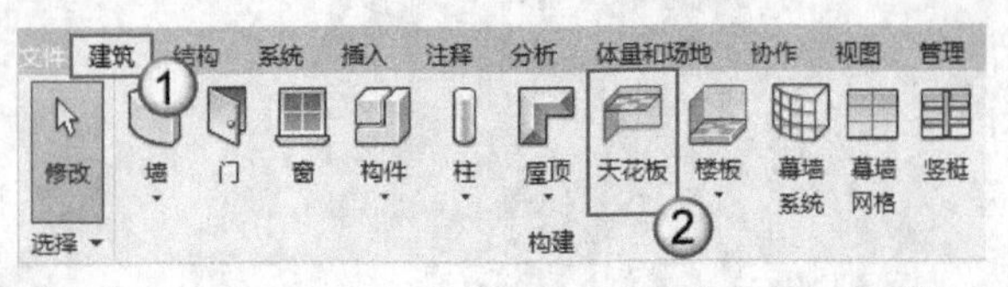

图5-2

02 进入“修改|放置 天花板”选项卡，选择“自动创建天花板”工具，然后在“属性”面板中设置“自标高的高度偏移”为2600，如图5-3所示。

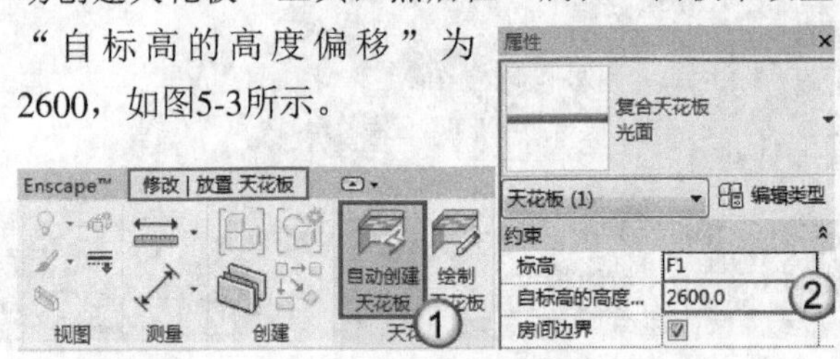

图5-3

03 将鼠标指针移动到需要创建天花板的房间，待房间周围显示红色框时，单击即可完成天花板的创建，如图5-4所示。

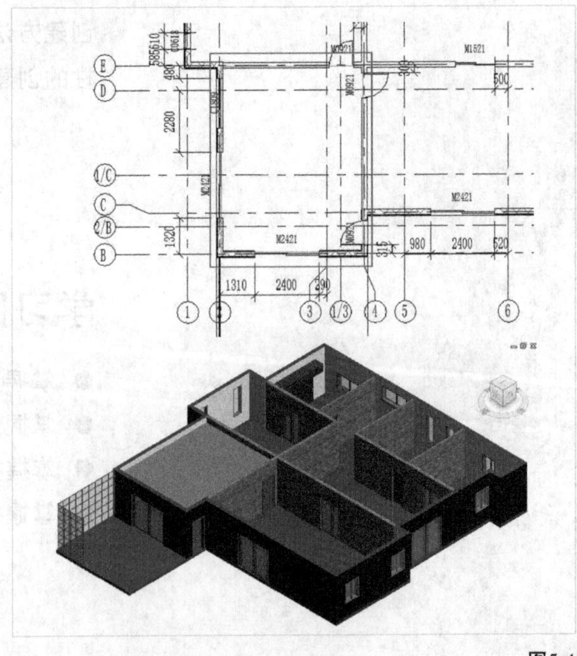

图5-4

5.1.2 创建天花板

在Revit 2018的三维模型中，天花板是基于标高创建的图元。天花板的创建需在其标高指定的范围内，例如需要在F1层创建天花板，F1层的标高为4m，则天花板可放置在3.5m处。在创建天花板时，可以通过墙定义的边界创建，也可通过绘制天花板的边界创建。

执行“建筑”选项卡中的“天花板”命令，如图5-5所示；进入“修改|放置天花板”选项卡，选择“自动创建天花板”工具；然后在“属性”面板中设置“自标高的高度偏移”为2600，如图5-6所示；单击需要创建天花板的房间，即可完成创建，如图5-7所示。

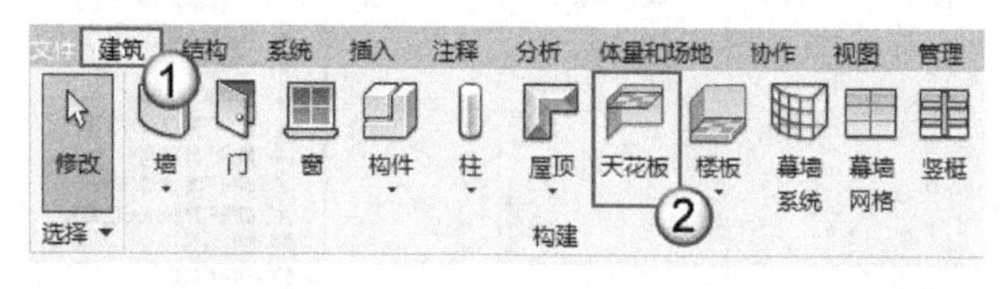

图5-5

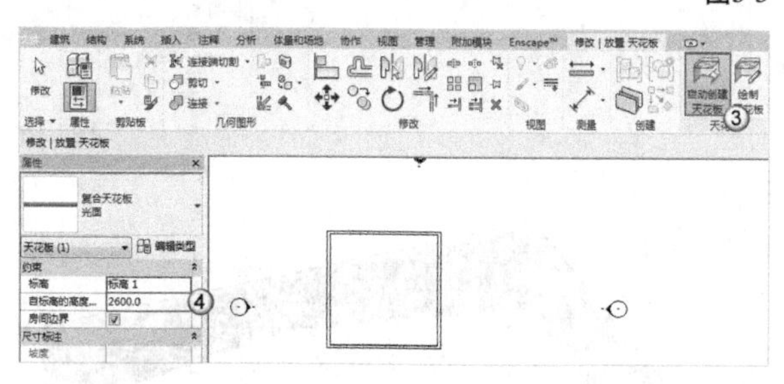

图5-6

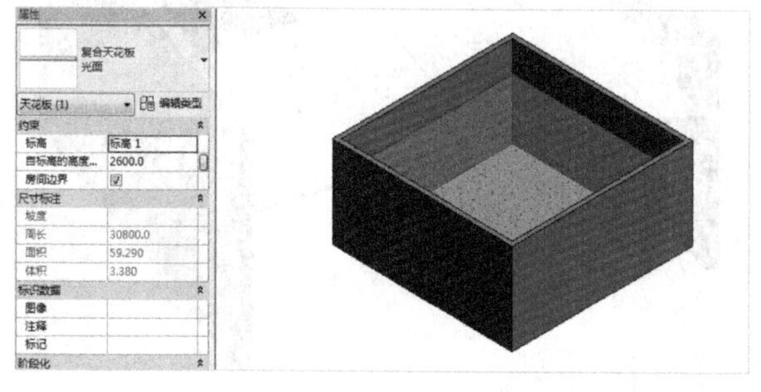

图5-7

普通天花板的创建是比较简单的，但创建斜天花板或异形天花板时，需要同时创建多个天花板，将多个天花板进行组合拼装才能得到需要的造型。

第1步：执行“建筑”选项卡中的“天花板”命令，如图5-8所示；进入“修改|放置天花板”选项卡，选择“绘制天花板”工具，然后在“属性”面板设置“自标高的高度偏移”为2600，如图5-9所示。

第2步：在“修改|创建天花板边界”选项卡中选择“矩形”工具▭，然后绘制图5-10所示的矩形，接着从墙右侧边开始向左绘制到墙中点处。

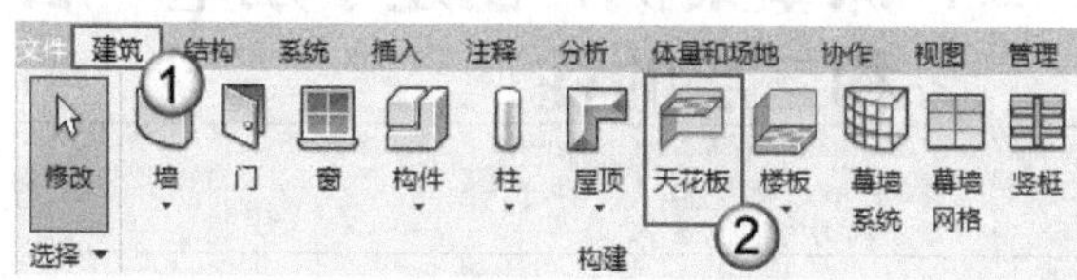

图5-8

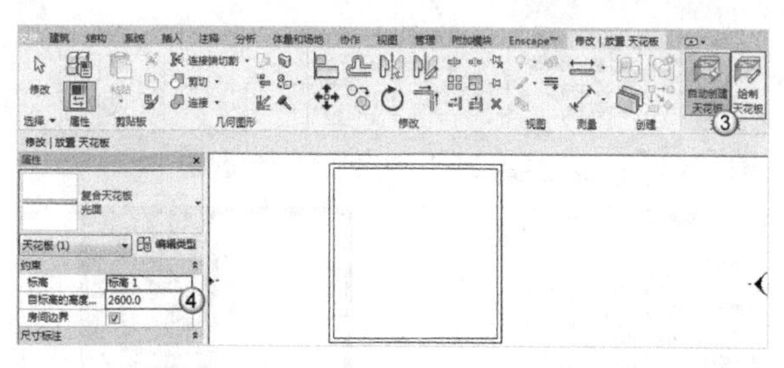

图5-9

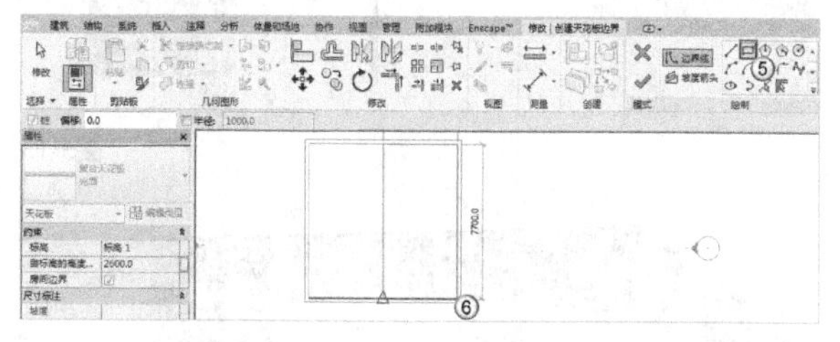

图5-10

第3步：选择“坡度箭头”工具，然后在“属性”面板中设置“尾高度偏移”为500、“头高度偏移”为0，接着绘制坡度箭头，并单击“完成编辑模式”按钮✔，如图5-11所示。

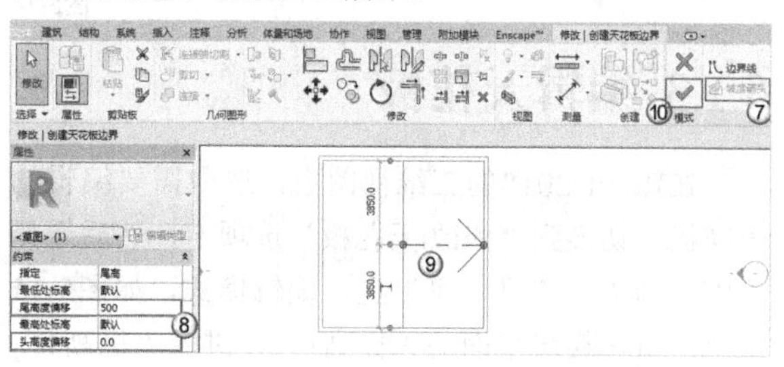

图5-11

第4步：切换到三维视图中的“俯视图”，选中绘制好的天花板；然后选择“修改|天花板”选项卡中的“镜像-绘制轴”工具，如图5-12所示；接着在中点处绘制一条镜像轴，如图5-13所示。绘制完成的天花板效果如图5-14所示。

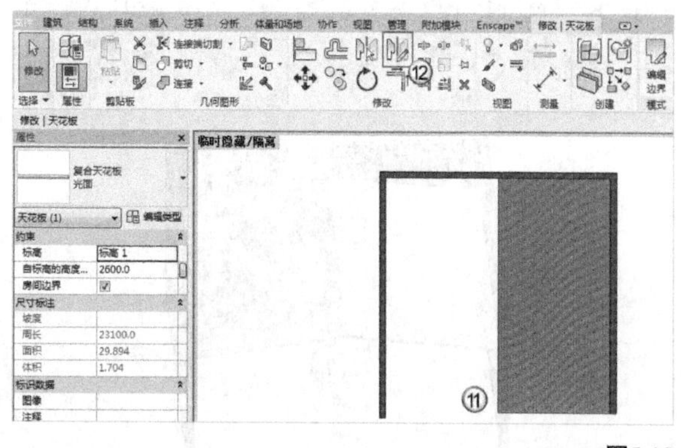

图5-12

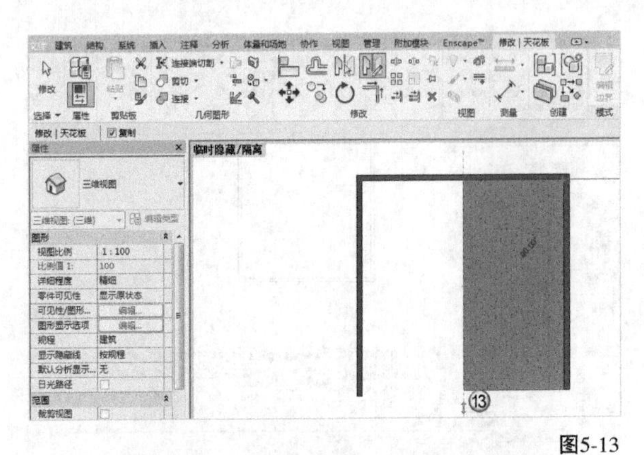

图5-13

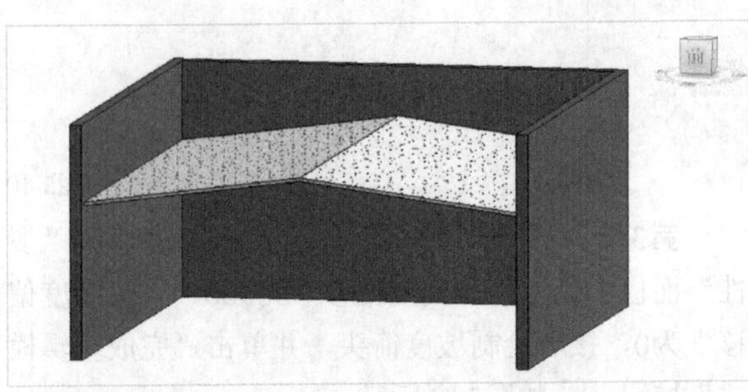
图5-14

5.1.3 编辑天花板

在Revit 2018的三维视图中，选中需要编辑的天花板，切换到“修改|天花板”选项卡，然后选择“编辑边界”工具，可以进入编辑模式，如图5-15所示。双击楼层平面的“标高1”，进入“标高1”平面视图，此时可以在编辑模式下更改天花板的边界，也可以对天花板进行开洞，这里选择“矩形”工具□，任意绘制一个矩形，对天花板进行开洞，单击“完成编辑模式”按钮✔如图5-16所示。效果如图5-17所示。

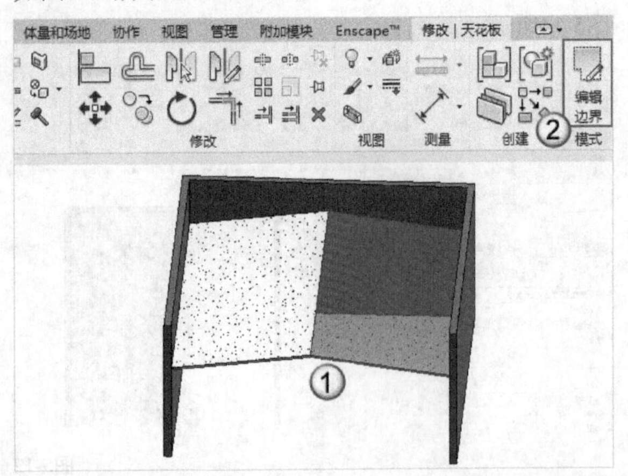

图5-15

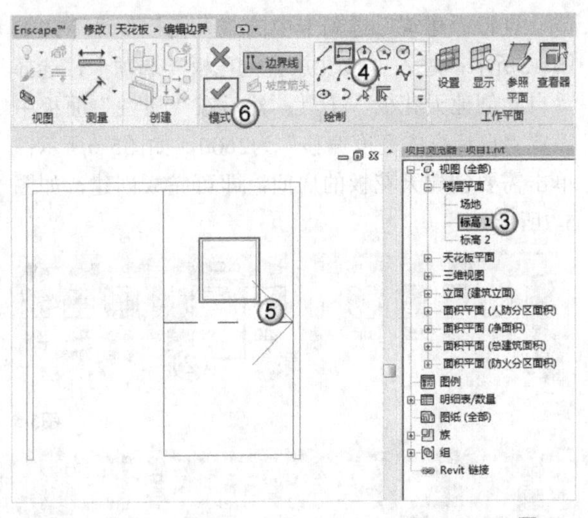

图5-16

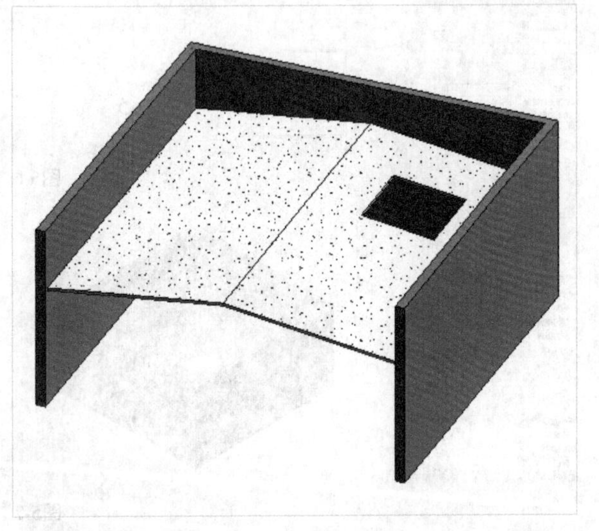
图5-17

5.2 柱

在Revit 2018中，柱分为结构柱和建筑柱。

本节内容介绍

名称	作用	重要程度
认识柱	了解柱的作用	中
柱的参数	掌握柱的创建和编辑方法	高

5.2.1 课堂案例：创建小别墅一层和二层的柱

实例文件	实例文件>CH05>课堂案例：创建小别墅一层和二层的柱.rvt
视频文件	课堂案例：创建小别墅一层和二层的柱.mp4
学习目标	掌握建筑柱的绘制方法

小别墅的柱效果如图5-18所示。

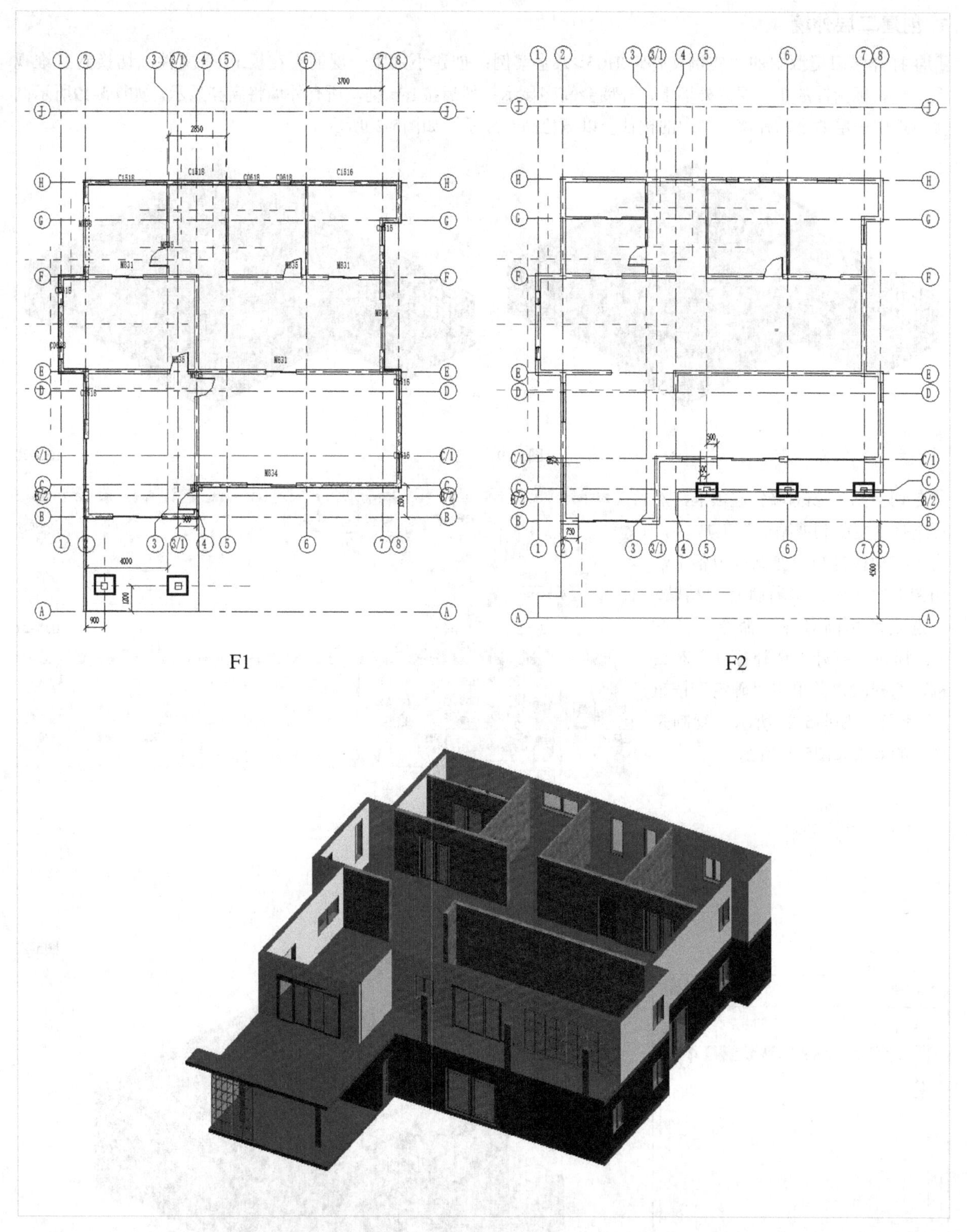

图5-18

提示

本案例的内容较多，包含了小别墅二层的创建，且涉及前面章节的内容，如有遗忘，可以翻阅前面章节查看相关知识。

1. 创建二层外墙

01 打开学习资源中的“实例文件>CH05>课堂案例：创建小别墅一层的天花板.rvt”文件，切换到三维视图，将鼠标指针放在一层的外墙上，外墙会高亮显示；然后按Tab 键，所有外墙将高亮显示，如图5-19所示；接着选中一层的全部外墙，其中的构件会以蓝色高亮显示，如图5-20所示。

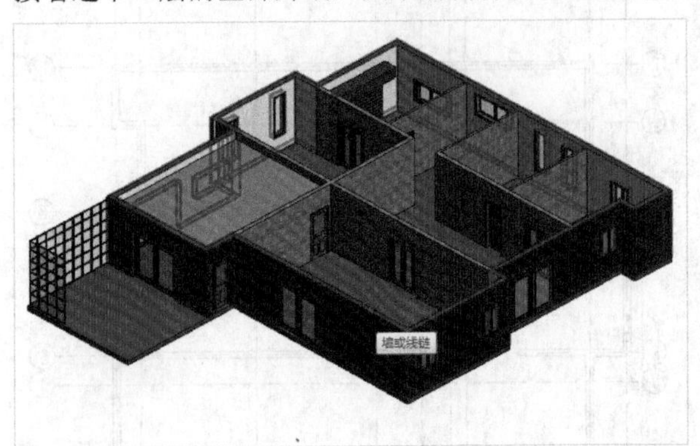

图5-19

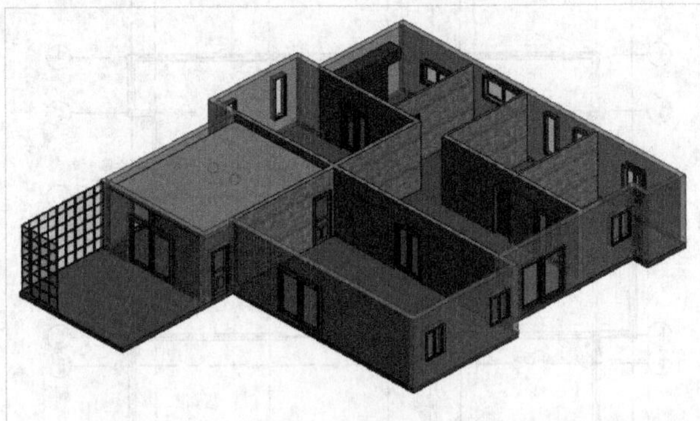

图5-20

02 切换到“修改|墙”选项卡，然后选择“复制到剪贴板”工具，将所有构件复制到剪贴板中备用，如图5-21所示；接着执行“粘贴>与选定的标高对齐”命令，如图5-22所示；打开“选择标高”对话框，选择F2，并单击“确定”按钮 确定 ，如图5-23所示。复制完成后的效果如图5-24所示。

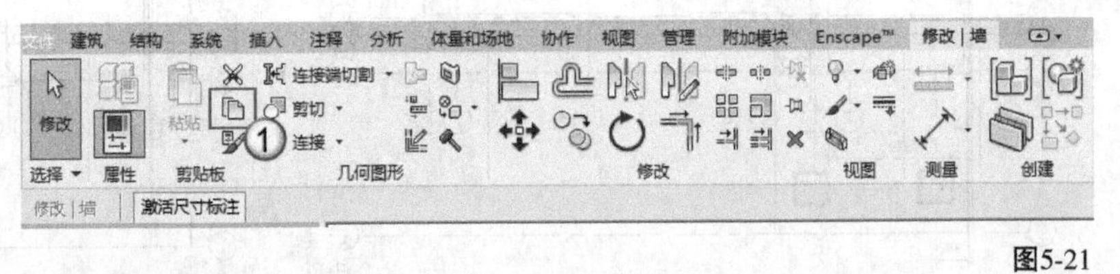

图5-21

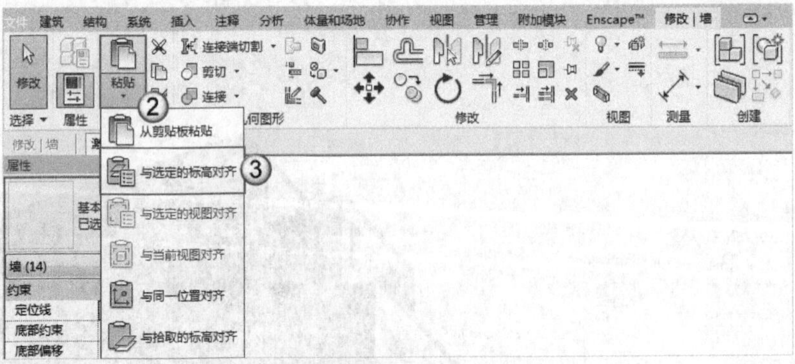

图5-22

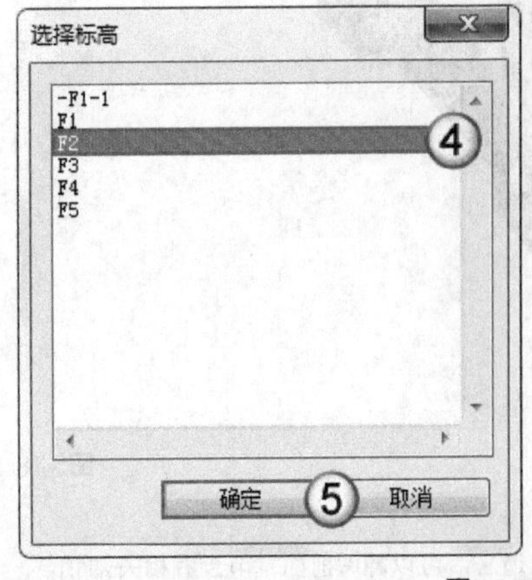

图5-23

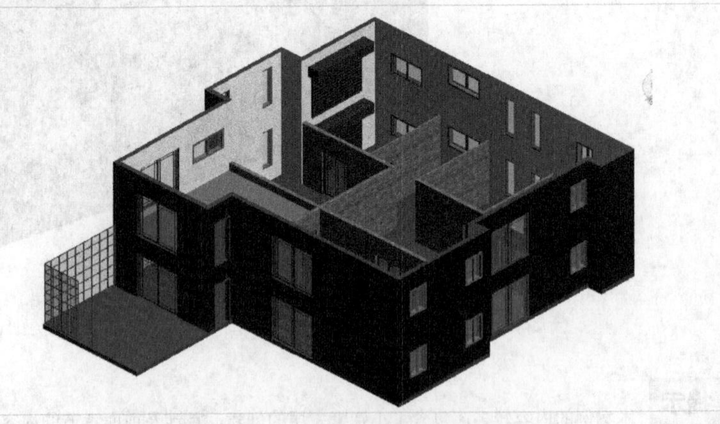

图5-24

2. 调整二层外墙

01 选中二层外墙，切换到三维视图，将鼠标指针放在二层的外墙上，待外墙高亮显示后按 Tab 键，将所有外墙高亮显示；然后选中二层的全部外墙，使构件以蓝色高亮显示；接着在“属性”面板中选择墙体类型为“基本墙 外墙-灰白色漆-240”，如图5-25所示。二层外墙类型修改后的效果如图5-26所示。

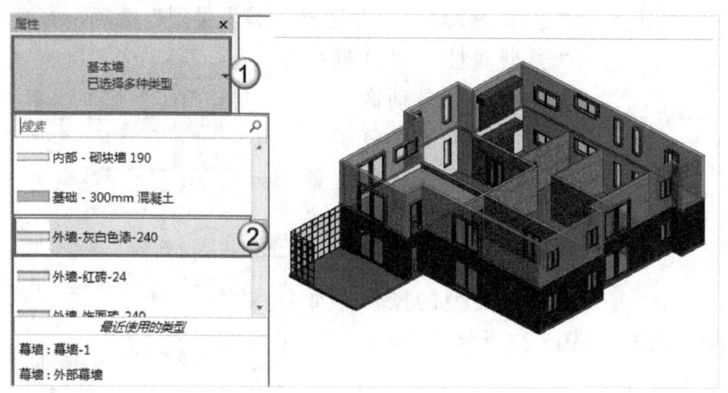

图5-25

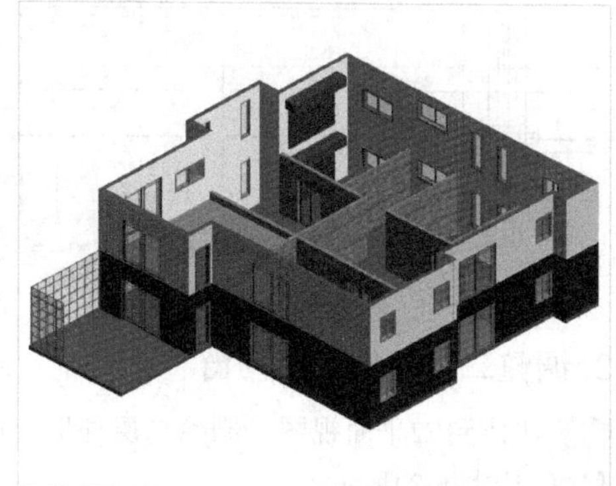

图5-26

02 切换到F2平面视图，选择图5-27所示的墙体，将它们删除。

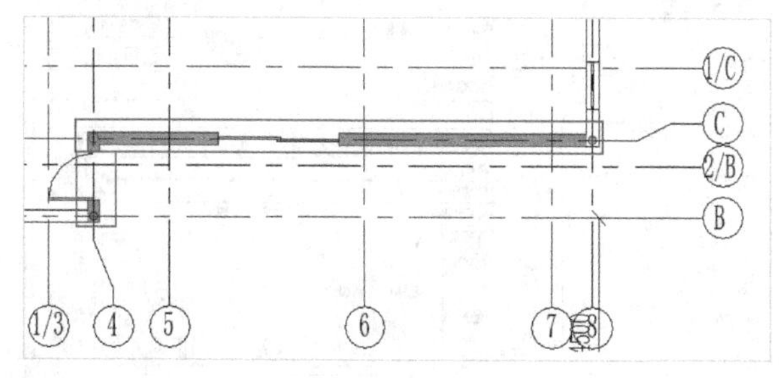

图5-27

03 在“建筑”选项卡中执行“墙>墙:建筑”命令，激活墙体绘制功能，如图5-28所示；然后在“属性”面板中设置墙体类型为“基本墙 外墙-灰白色漆-240”，具体的外墙实例属性参数如图5-29所示；接着在刚才删除墙体的位置绘制出外墙，如图5-30所示。

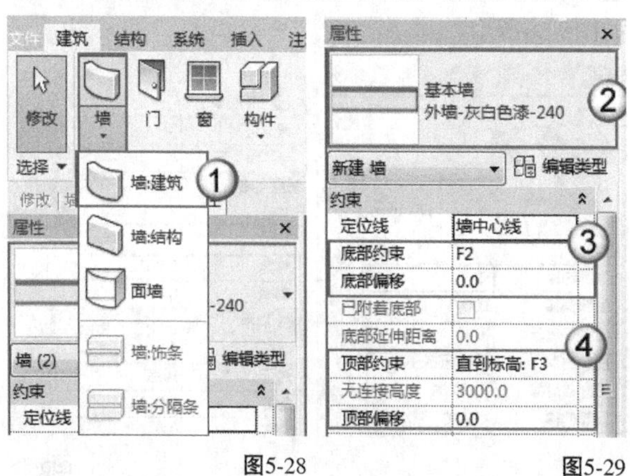

图5-28　图5-29

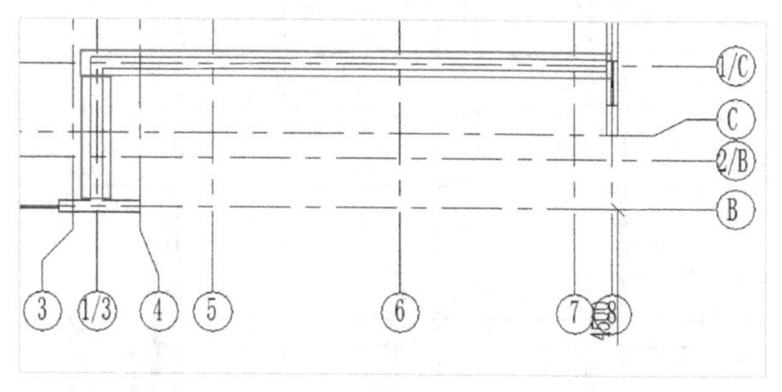

图5-30

04 按Delete键删除“轴线8”和“轴线 1/C ”相交处的窗，如图5-31所示；然后在“修改”选项卡下选择“修剪/延伸为角”工具，如图5-32所示；接着依次修剪前面新绘制的墙体，如图5-33所示。

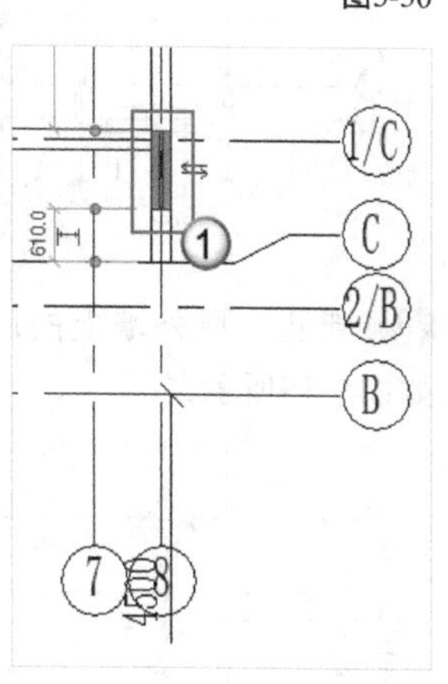

图5-31

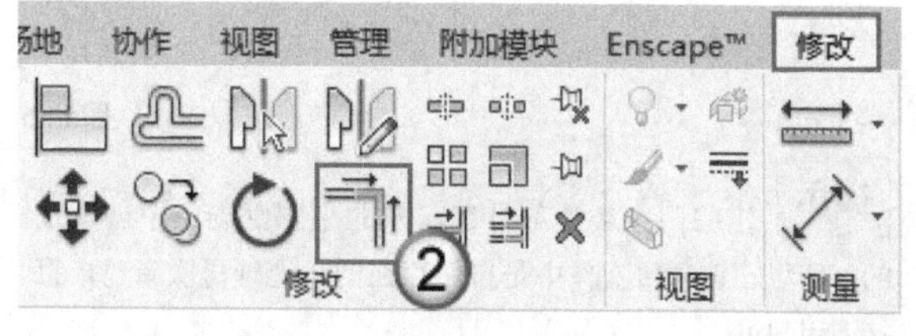

图5-32

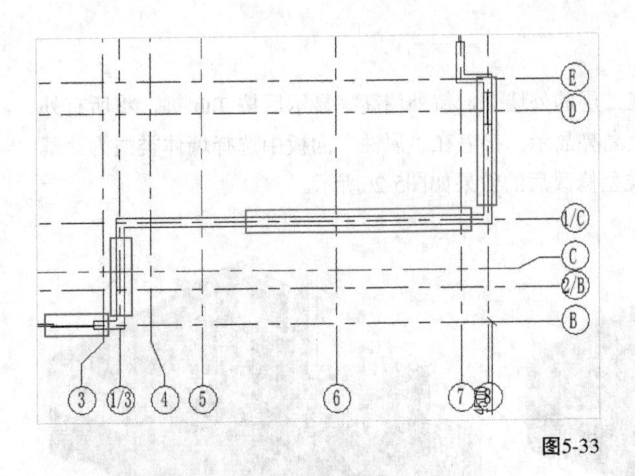

图5-33

3. 调整二层外墙上的门窗

01 切换到F2平面视图，删除二层外墙上的所有门和窗，如图5-34所示。

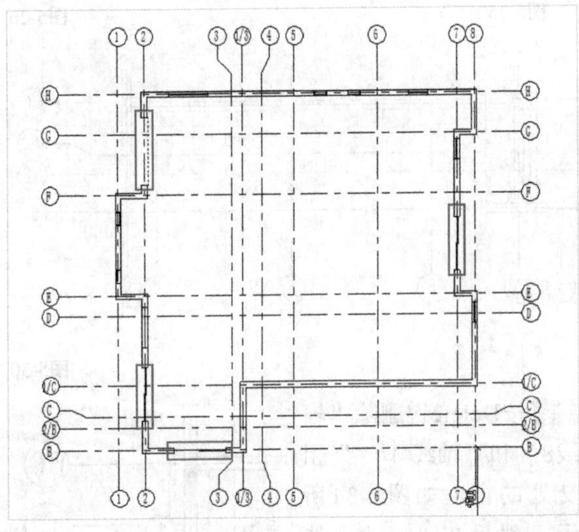

图5-34

02 新建二层外墙上的门和窗，门窗位置和类型如图5-35所示。

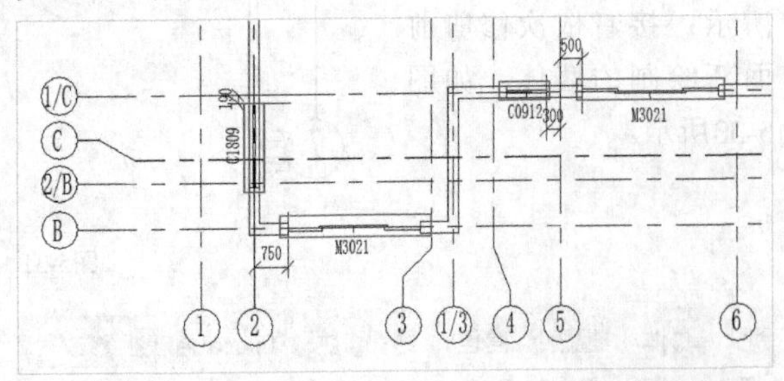

图5-35

提示 这些门窗类型都是在前面的小别墅场景中创建过的，所以在该项目文件中是自然存在的，无须再次新建，直接调用即可。

4. 创建二层玻璃幕墙

01 新建幕墙类型。在“建筑”选项卡下执行“墙>墙:建筑”命令，激活墙体绘制功能，如图5-36所示；然后在“属性”面板中设置墙体类型为“幕墙 幕墙1”，并选择“编辑类型”选项，打开“类型属性”对话框；接着勾选“自动嵌入”选项，并单击“复制”按钮 复制(D)... ，新建幕墙“幕墙-2”，单击“确定”按钮 确定 完成新建幕墙类型的操作，如图5-37所示。

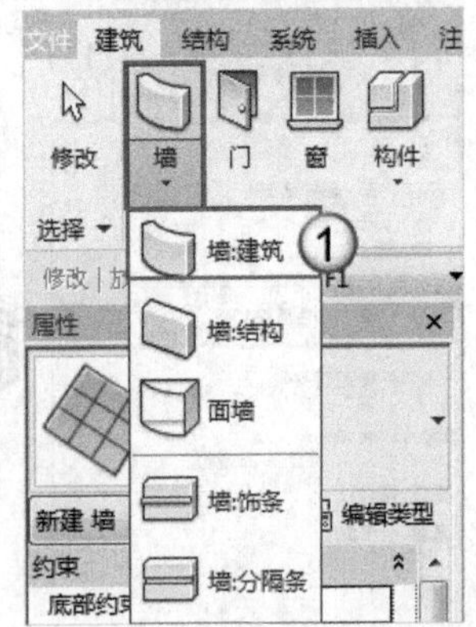

图5-36

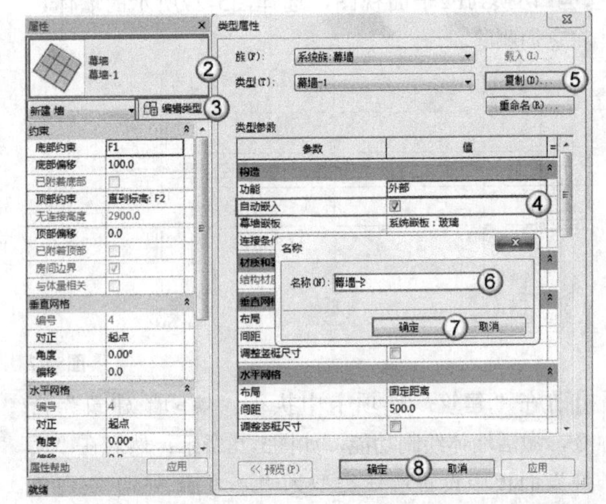

图5-37

02 返回“属性”面板，设置“幕墙-2”的参数，如图5-38所示。

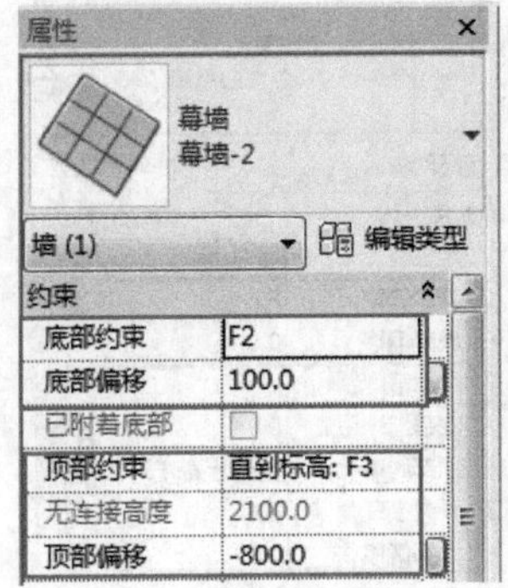

图5-38

03 在“轴线1/C”上的“轴线6”和“轴线7”之间的位置创建幕墙，如图5-39所示。其三维效果如图5-40所示。

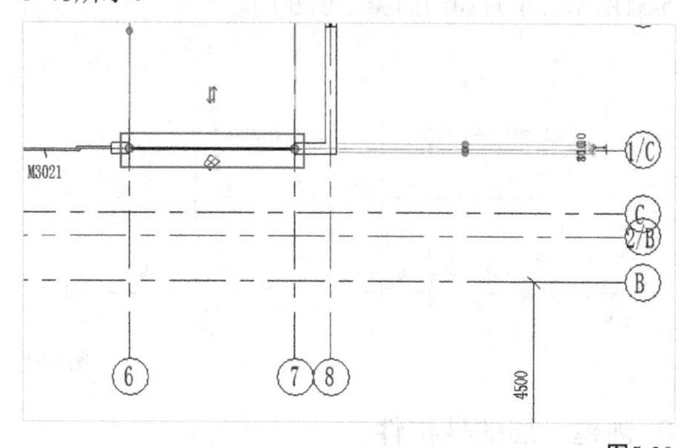

图5-39

图5-40

5. 创建二层楼板

01 切换到三维视图，将鼠标指针放在一层的楼板上，待楼板高亮显示后单击选中楼板；然后切换到“修改|楼板”选项卡，并选择“复制到剪贴板”工具，将楼板复制到剪贴板中备用，如图5-41所示；接着执行“粘贴>与选定的标高对齐”命令，如图5-42所示，打开“选择标高”对话框，选择F2并单击“确定”按钮，如图5-43所示。

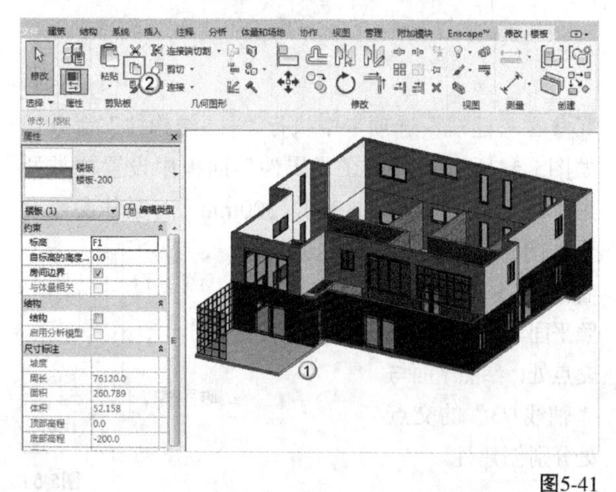

图5-41

图5-42

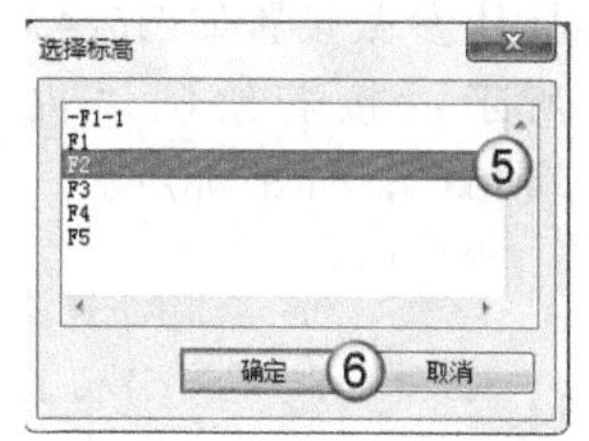

图5-43

02 在三维视图中双击二层楼板，进入楼板编辑模式，然后双击“项目浏览器”面板中的F2，如图5-44所示，进入F2平面视图，编辑楼板边界。

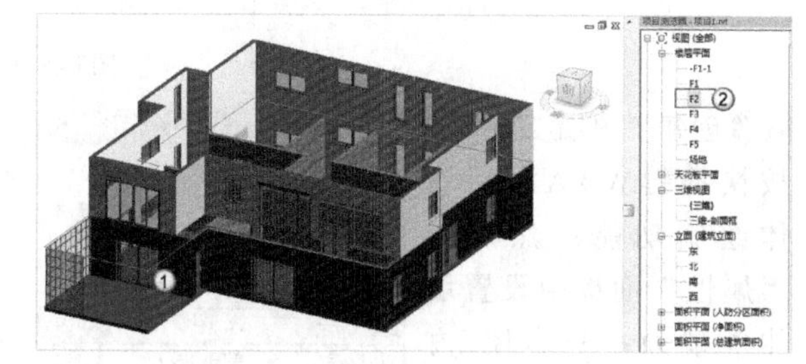

图5-44

03 更改“轴线A”上“轴线1”和“轴线2”相交处的楼板边界，如图5-45所示；然后单击“完成编辑模式”按钮✔。其三维效果如图5-46所示。

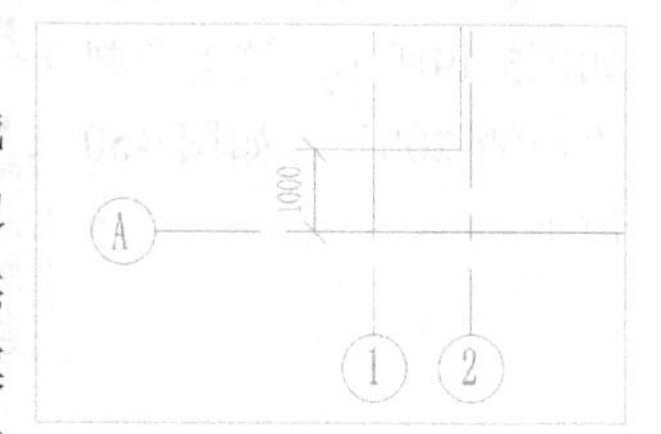

图5-45

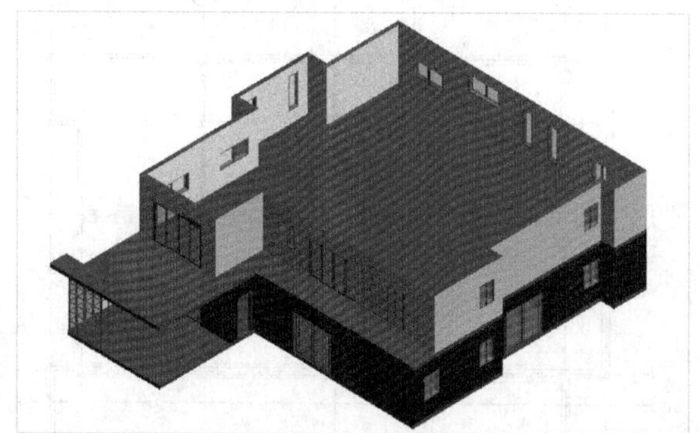

图5-46

6. 创建二层内墙

01 创建“内墙-100”。进入F2平面视图，按快捷键W+A激活墙体绘制功能；然后在“属性”面板中设置墙体类型为“基本墙 内墙-100”，具体参数设置如图5-47所示；接着绘制“内墙-100”，如图5-48所示。

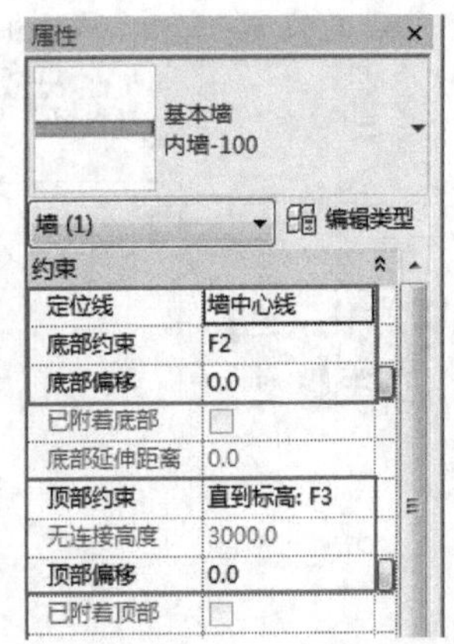

图5-47

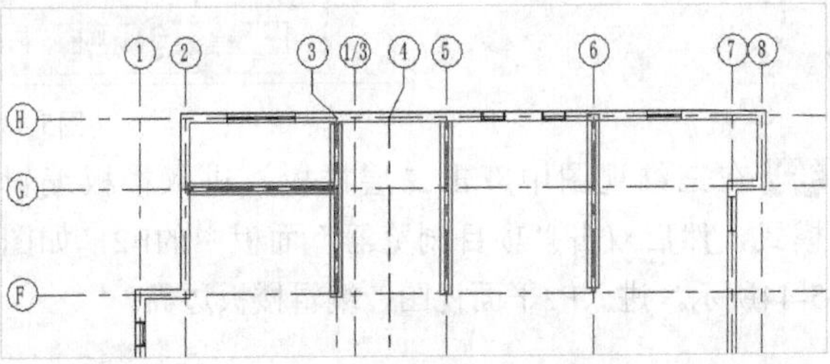

图5-48

02 创建“内墙-200”。按快捷键W+A激活墙体绘制功能；然后在“属性”面板中设置墙体类型为“基本墙 内墙-200”，具体参数设置如图5-49所示；接着绘制“内墙-200”，如图5-50所示。

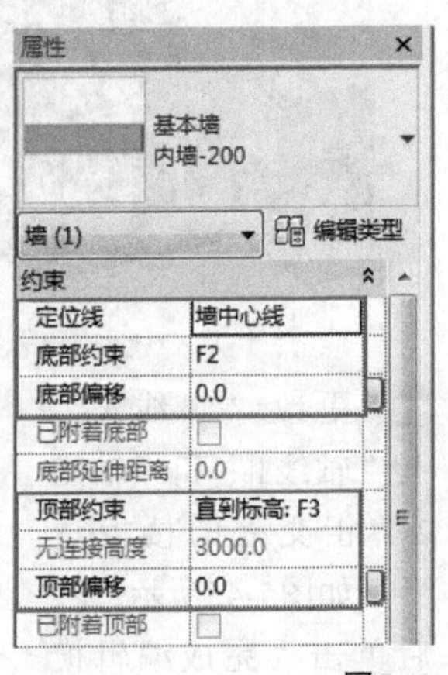

图5-49

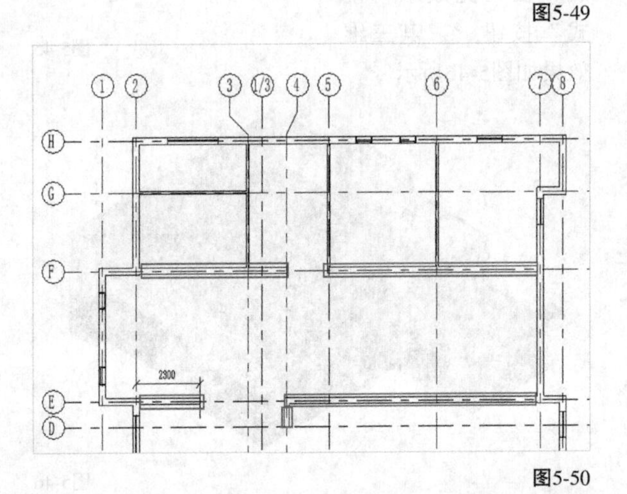

图5-50

7. 创建二层内墙门构件

按快捷键D+R激活门绘制功能，然后根据图5-51所示的位置和门的类型创建门。

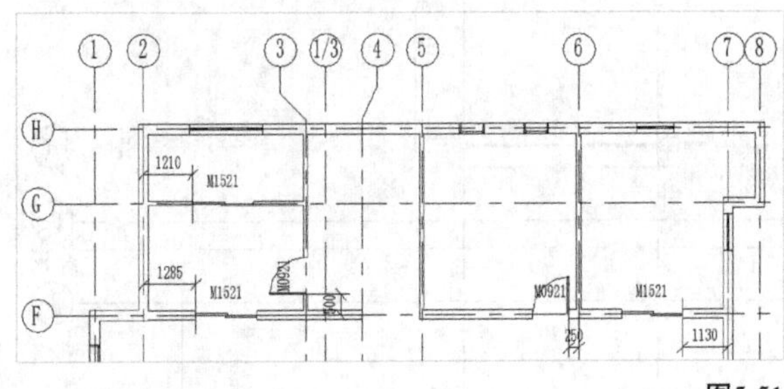

图5-51

8. 创建一层的柱构件

01 进入F1平面视图，在“建筑”选项卡中执行“参照 平面”命令，如图5-52所示；然后在距离“轴线2”900的右侧位置创建一个参照平面；接着在距离“轴线A”1200的上侧位置创建第二个参照平面，如图5-53所示。

图5-52

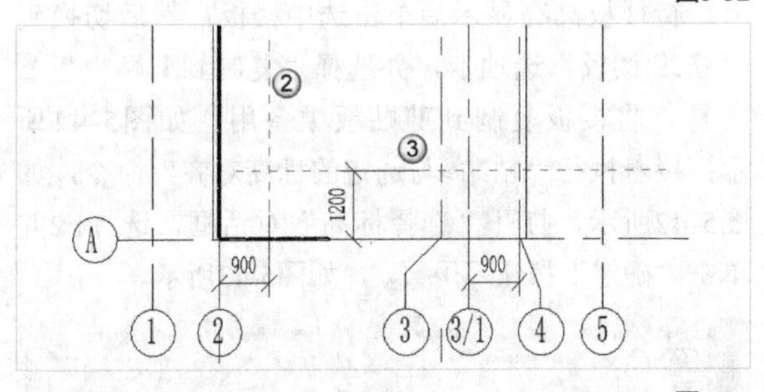

图5-53

02 在“建筑”选项卡中执行“柱>结构柱”命令，如图5-54所示；然后在“属性”面板中设置柱类型为“混凝土-正方形-柱 300×300mm”，具体参数设置如图5-55所示；接着在图5-56所示的参照平面与参照平面的交点处、参照平面与“轴线1/3”的交点处分别创建柱。

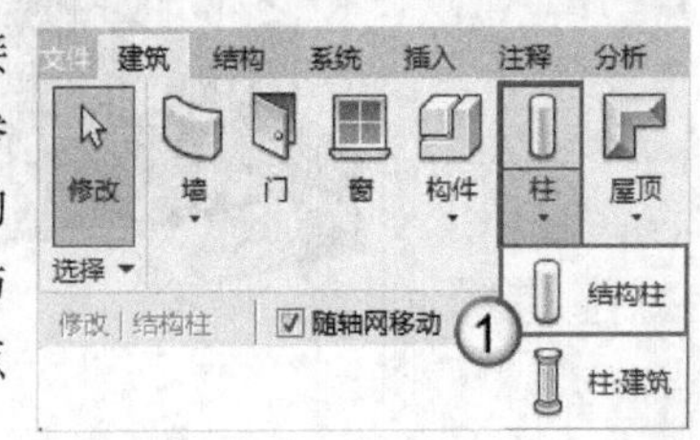

图5-54

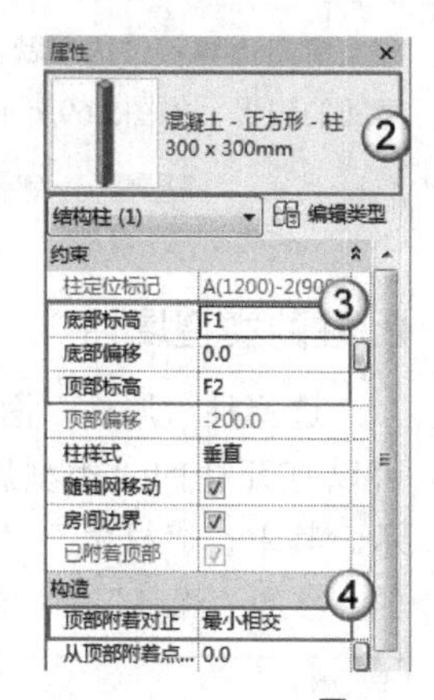

图5-55

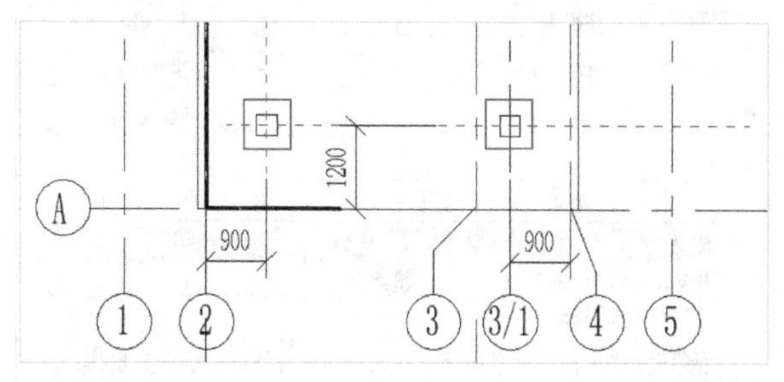

图5-56

9. 创建二层的柱构件

01 进入F2平面视图，在“建筑”选项卡中执行“柱>结构柱”命令，如图5-57所示；然后在“属性”面板中设置柱类型为“混凝土-正方形-柱300×200mm”，具体参数设置如图5-58所示；接着分别单击“轴线C”与“轴线5”、“轴线6”和“轴线7”的交点，完成二层柱的创建，如图5-59所示。

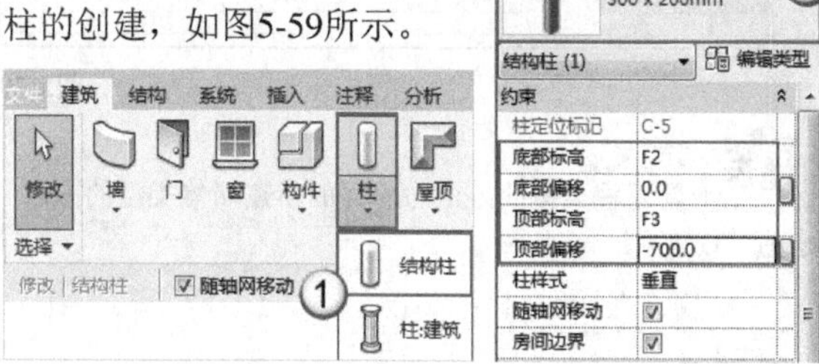

图5-57 图5-58

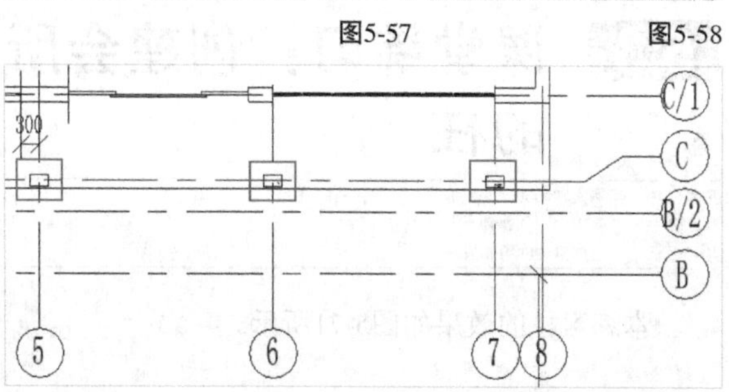

图5-59

02 切换到三维视图，小别墅一层和二层的效果如图5-60所示。

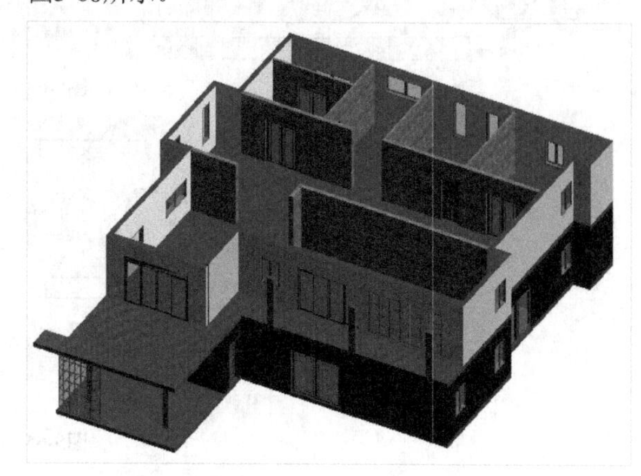

图5-60

5.2.2 认识柱

在“建筑”选项卡中，打开“柱”下拉列表，如图5-61所示。Revit 2018中的柱分为“结构柱”和“柱:建筑”两种类型，其中“结构柱”也存在于“结构”选项卡中，如图5-62所示。

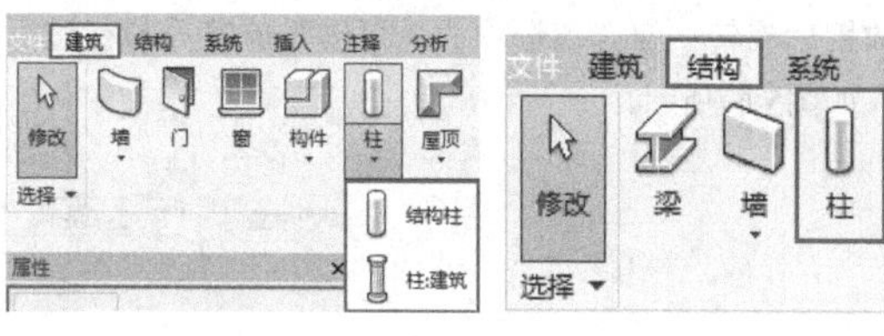

图5-61 图5-62

重要参数说明

结构柱： 为受力构件和结构图元，可以与其他结构图元连接，如梁、支撑和独立基础等构件。结构柱可用于数据交换的分析模型中。

柱:建筑： 不与结构图元连接，用于在建筑设计初期建模，无法用于结构分析。

5.2.3 柱的参数

下面以“柱:建筑”为例进行讲解。在“建筑”选项卡中执行“柱>柱:建筑”命令，如图5-63所示，激活柱的创建功能；在“修改|放置 柱”选项卡下会出现柱的选项栏，如图5-64所示；同时界面左侧也会出现柱的“属性”面板（实例属性），如图5-65所示。

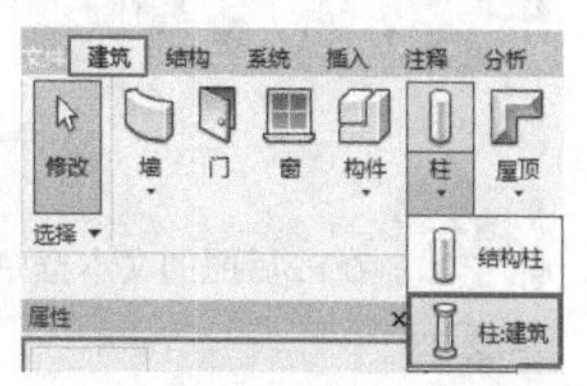

图5-63

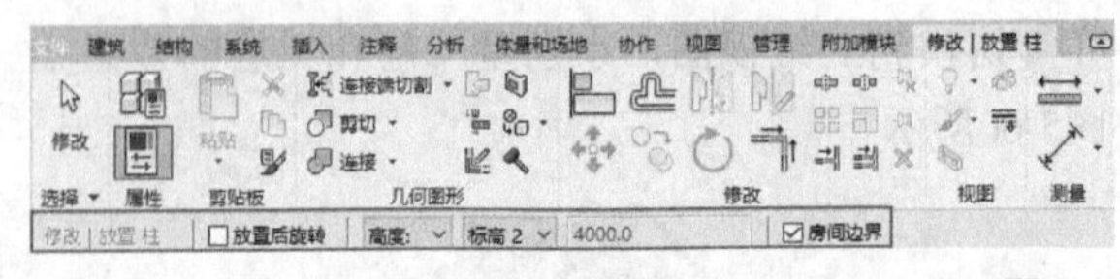

图5-64

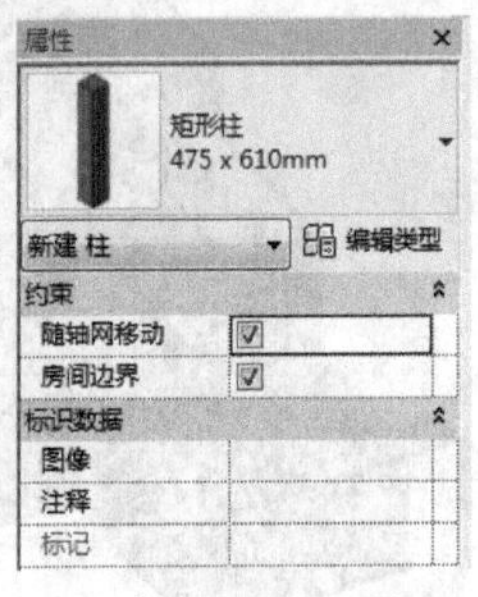

图5-65

1. 柱的选项栏

在创建柱之前，需要设置柱选项栏中的相关参数，如图5-66所示。

图5-66

重要参数介绍

放置后旋转：勾选该选项后，可以对放置后的柱进行旋转，如图5-67所示。

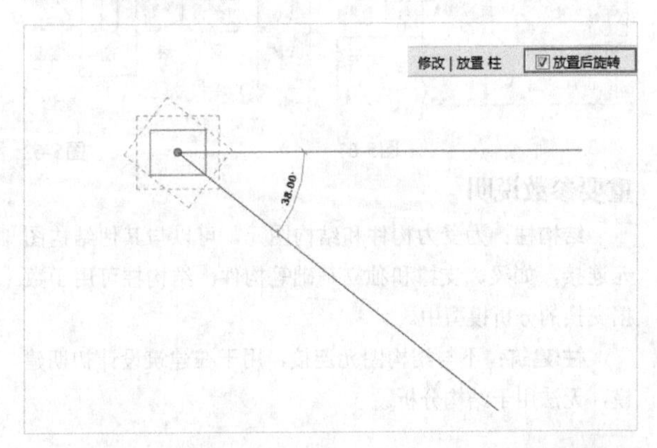

图5-67

高度/深度：分别指从当前视图向上或向下延伸柱。图5-68所示的“高度”结合“F2”选项表示将柱延伸到标高F2处。

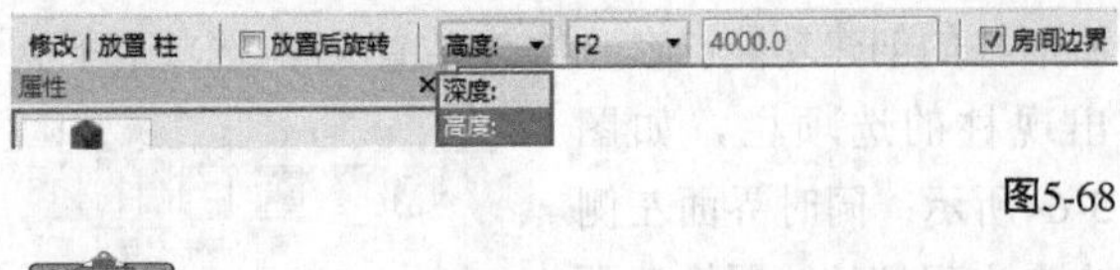

图5-68

提示 在F2后面的文本框中可以设置柱延伸的具体高度/深度。

房间边界：该选项默认处于勾选状态，表示柱可作为房间的边界，如图5-69所示。

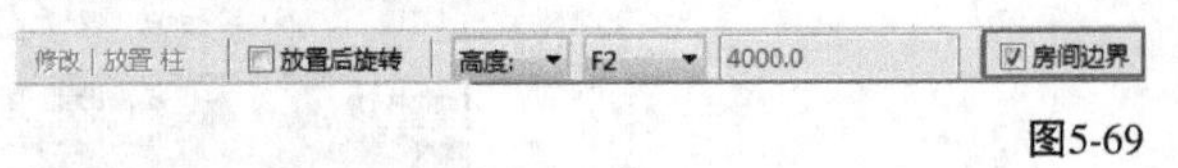

图5-69

2. 柱的类型属性

选择柱“属性”面板中的“类型属性”选项，可以打开柱的“类型属性”对话框，如图5-70所示。其中，“材质”“深度”和“宽度”是可编辑的，柱的“深度”即柱的h值。

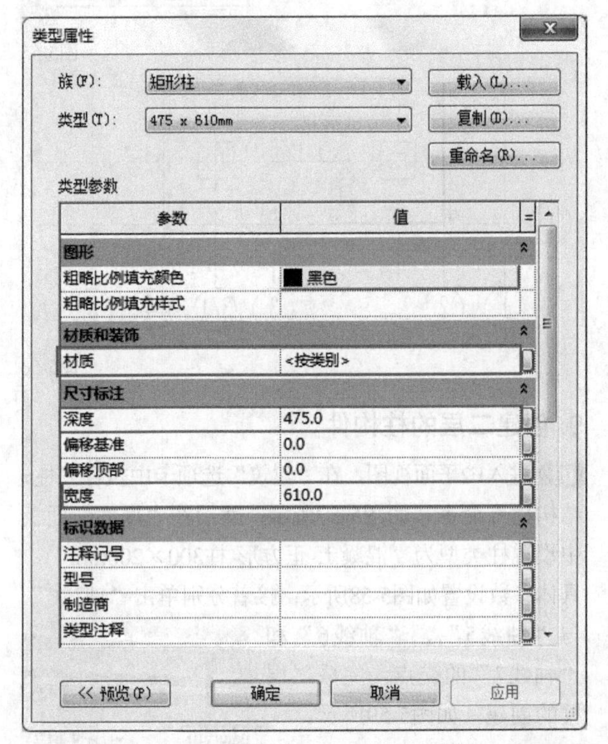

图5-70

提示 新建柱类型的方法与前面的新建墙体类型的方法类似，这里不再赘述。

5.3 课堂练习：创建会所的柱

实例文件	实例文件>CH05>课堂练习：创建会所的柱.rvt
视频文件	课堂练习：创建会所的柱.mp4
学习目标	掌握建筑柱的绘制方法

本练习柱的效果如图5-71所示。

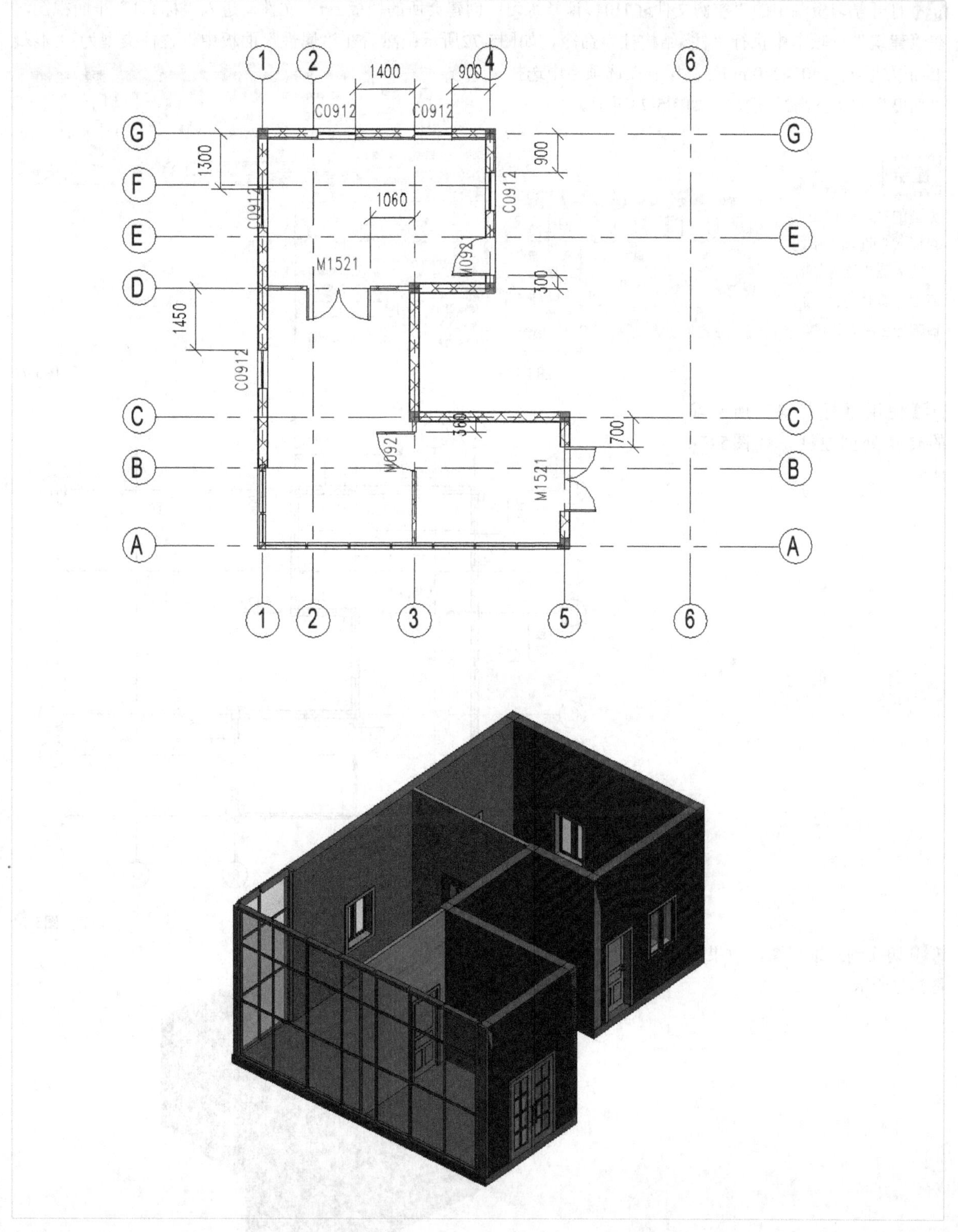
1
2
1400
900
4
6
C0912
C0912
G
1300
900
F
C0912
C0912
1060
E
M1521
M092
D
300
1450
C0912
C
360
700
M092
B
M1521
A
1
2
3
5
6

图5-71

01 打开学习资源中的“实例文件>CH04>课堂练习：创建会所的楼板.rvt”文件，进入“标高1”平面视图，在“建筑”选项卡中执行“柱>结构柱”命令，如图5-72所示；然后在“属性”面板中设置柱类型为“混凝土-正方形-柱 240×240mm”；接着在选项栏中选择“高度”和“标高2”选项，如图5-73所示。

提示 若需要其他类型的柱，可以通过“插入”选项卡中的“载入族”命令进行添加，具体方法在门窗部分已经介绍过。

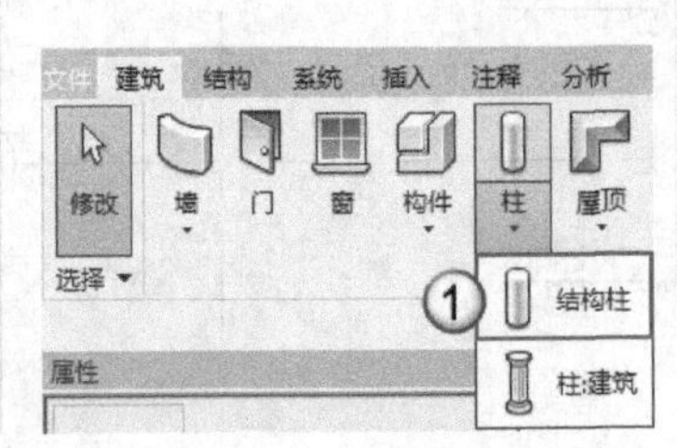

图5-72

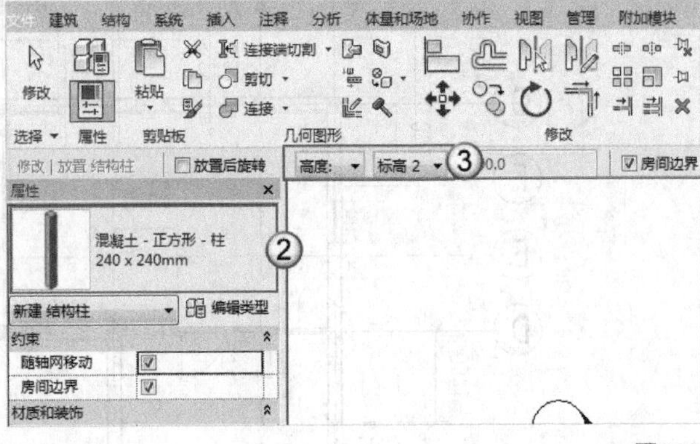

图5-73

02 使用鼠标左键在所有墙的转角处创建柱，如图5-74所示。

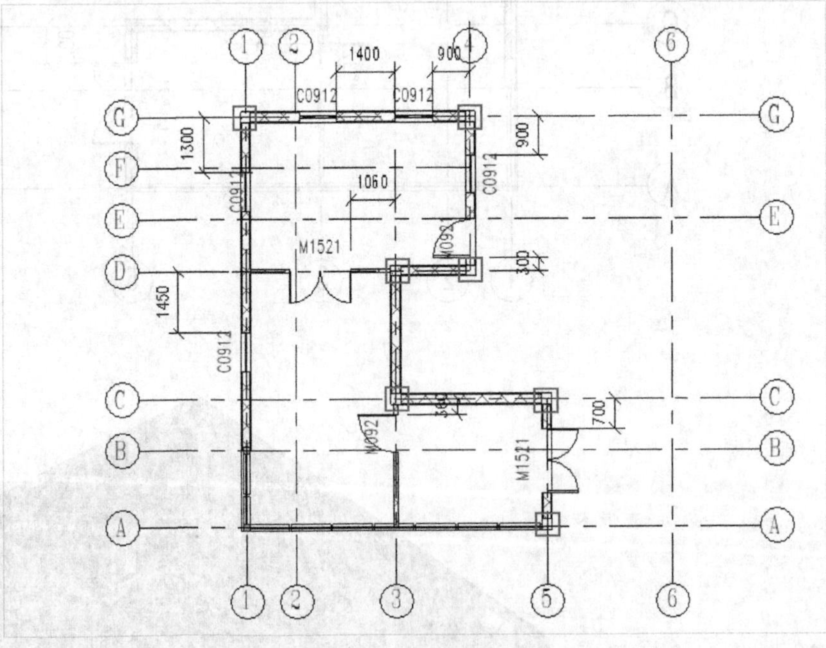

图5-74

03 切换到三维视图，效果如图5-75所示。

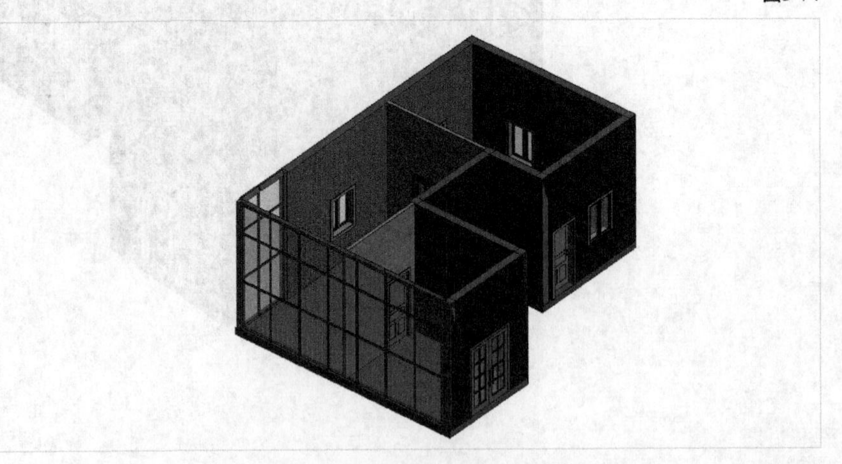

图5-75

5.4 课后习题

为了巩固前面学习的知识，这里提供了两个课后习题，通过对这两个课后习题的练习，读者能熟练掌握天花板和柱的绘制方法。

5.4.1 课后习题：创建小洋房的天花板

实例文件　实例文件>CH05>课后习题：创建小洋房的天花板.rvt
视频文件　课后习题：创建小洋房的天花板.mp4
学习目标　掌握天花板的绘制方法

本习题的天花板效果如图5-76所示。

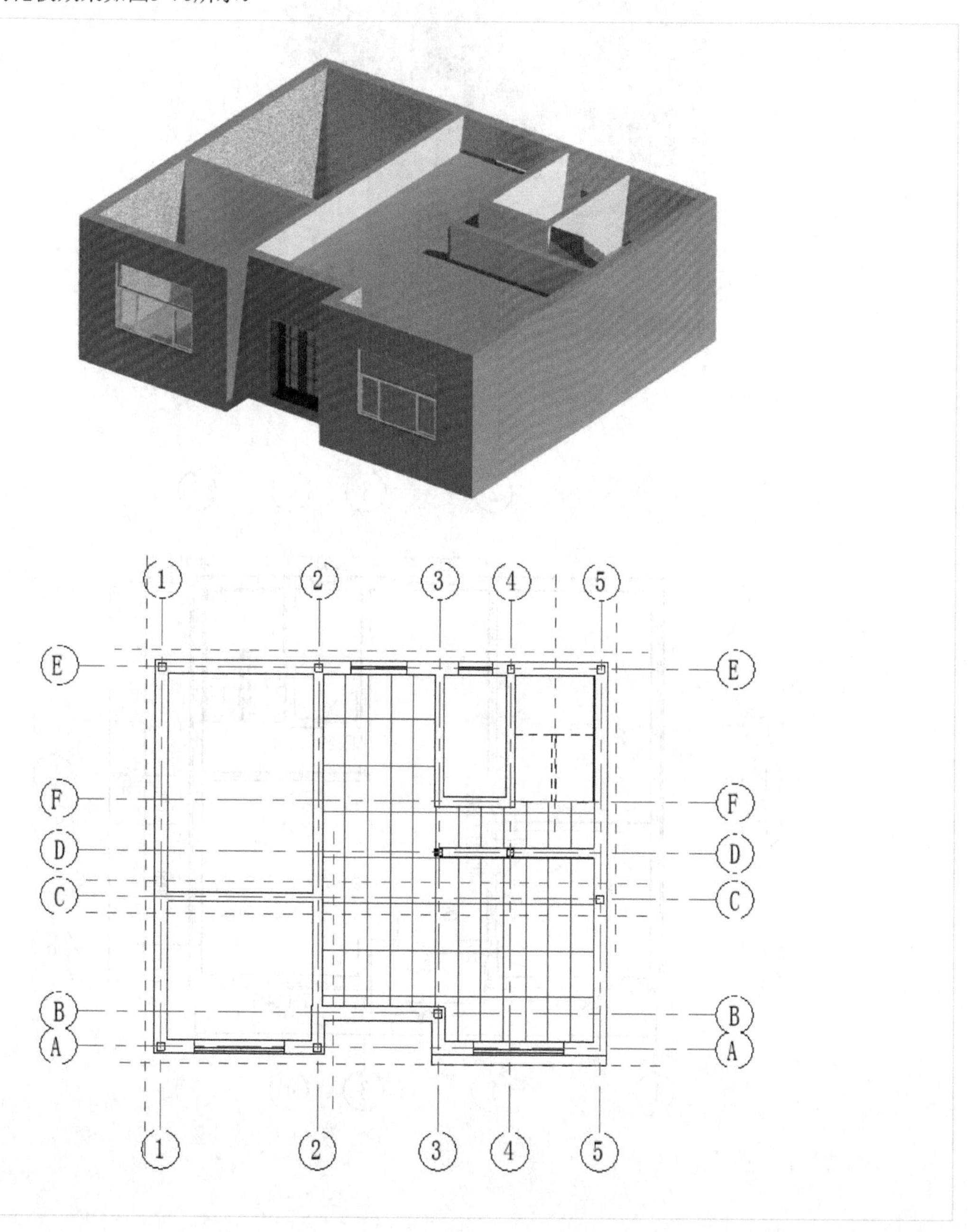

图5-76

5.4.2 课后习题：创建小洋房的柱

实例文件　实例文件>CH05>课后习题：创建小洋房的柱.rvt

视频文件　课后习题：创建小洋房的柱.mp4

学习目标　掌握柱的绘制方法

本习题的柱效果如图5-77所示。

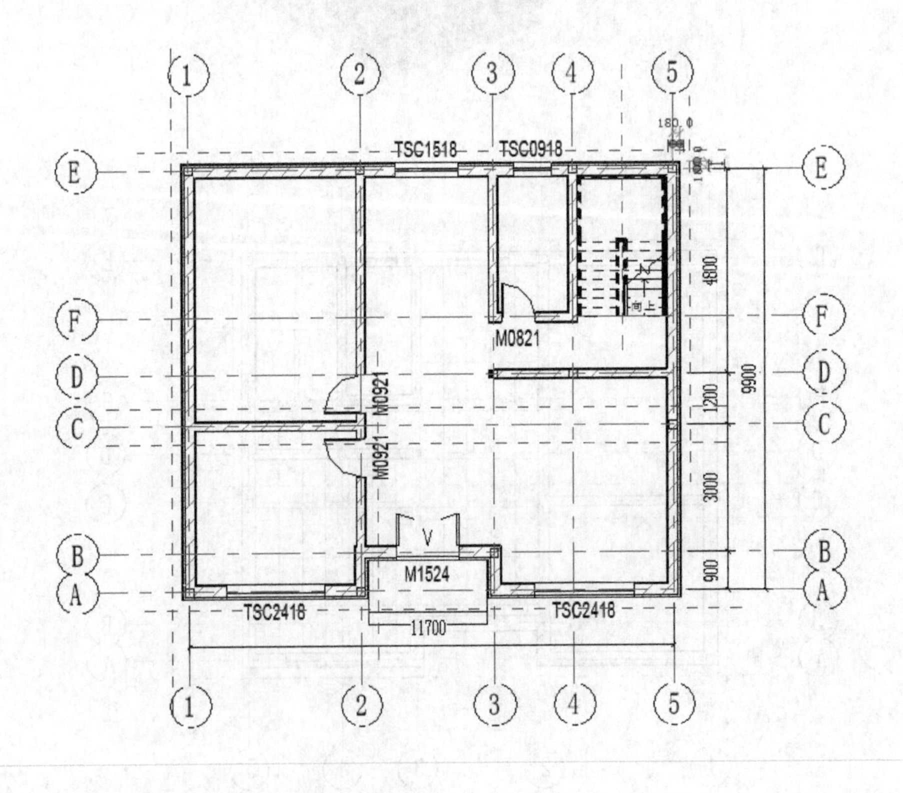

图5-77

第6章

楼梯/栏杆扶手/坡道/台阶

本章将介绍Revit 2018中楼梯、栏杆扶手、坡道和台阶的基本概念和创建方法。通过对本章的学习，读者可以掌握楼梯、栏杆扶手、坡道、台阶和散水的创建与编辑方法。

学习目标

- 掌握楼梯的创建方法
- 掌握坡道的创建方法
- 掌握栏杆扶手的创建方法
- 掌握台阶的创建方法
- 掌握散水的创建方法

6.1 楼梯

楼梯为连通垂直方向上各楼层的主要构件，也是建模过程中的难点之一。

本节内容介绍

名称	作用	重要程度
认识楼梯	了解楼梯的组成	中
楼梯的属性	掌握楼梯的创建命令和属性	中
按构件创建楼梯	掌握使用构件创建楼梯的方法	高
按草图创建楼梯	掌握使用草图创建楼梯的方法	高
使用草图编辑梯面形态	掌握使用草图编辑楼梯造型的方法	中

6.1.1 课堂案例：创建小别墅的楼梯

实例文件　实例文件>CH06>课堂案例：创建小别墅的楼梯.rvt
视频文件　课堂案例：创建小别墅的楼梯.mp4
学习目标　掌握建筑楼梯的创建方法

小别墅的楼梯视图效果如图6-1所示。

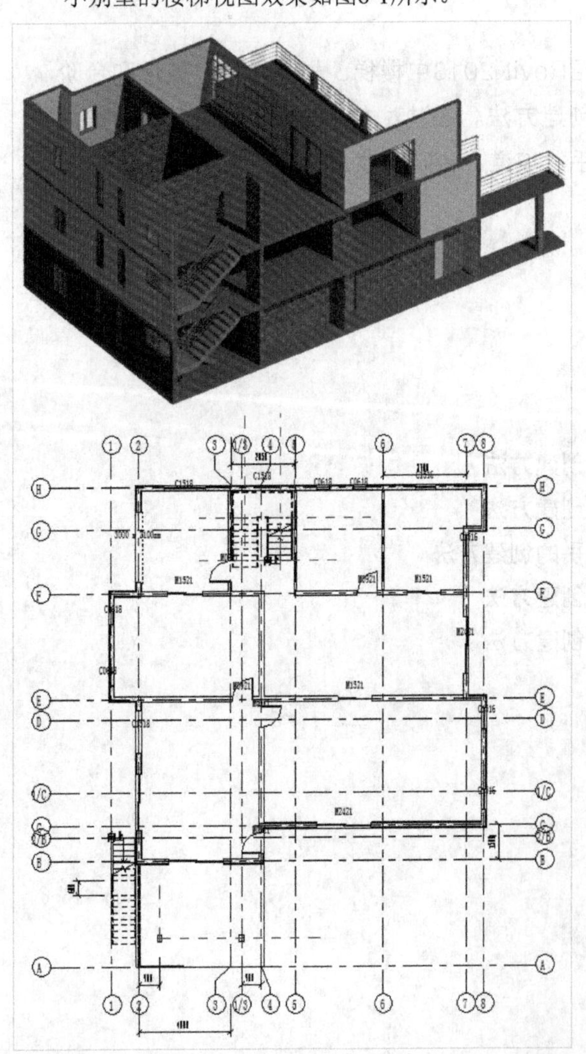

图6-1

1. 绘制小别墅的三层墙体

01 打开“实例文件>CH05>课堂案例：创建小别墅一层和二层的柱.rvt”文件，切换到三维视图中的“前”视图，框选图6-2所示的二层构件。

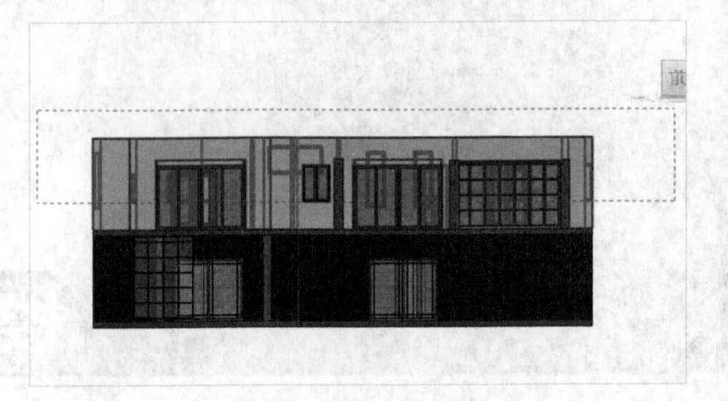

图6-2

> **提示** 这里框选了二层的所有构件，包括二层楼板。

02 切换到“修改|选择多个”选项卡，选择“过滤器”工具，打开“过滤器”对话框；然后取消勾选“结构柱”选项，单击“确定”按钮 确定 完成筛选，如图6-3所示。

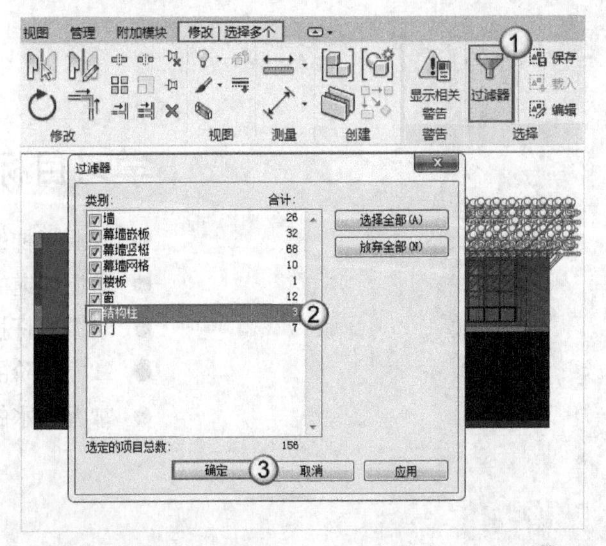

图6-3

03 在“修改|选择多个”选项卡中选择“复制到剪贴板”工具，将所有构件复制到剪贴板中备用，如图6-4所示；然后执行“粘贴>与选定的标高对齐”命令，如图6-5所示，打开“选择标高”对话框，选择F3并单击“确定”按钮 确定 ，如图6-6所示。复制后的三维视图效果如图6-7所示。

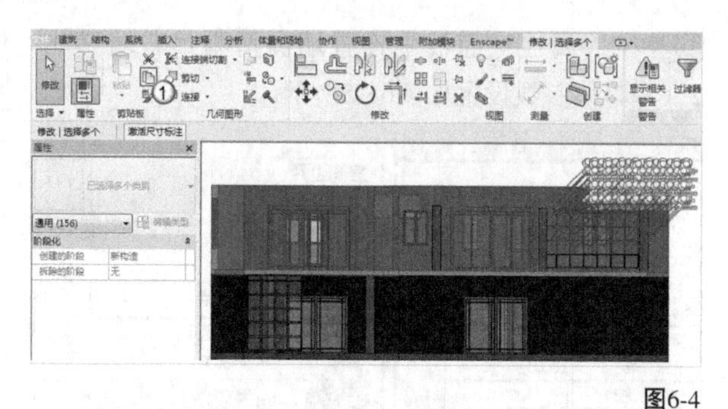

图6-4

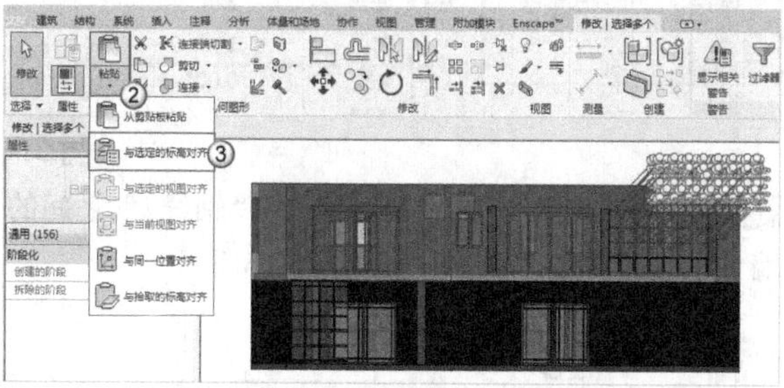

图6-5

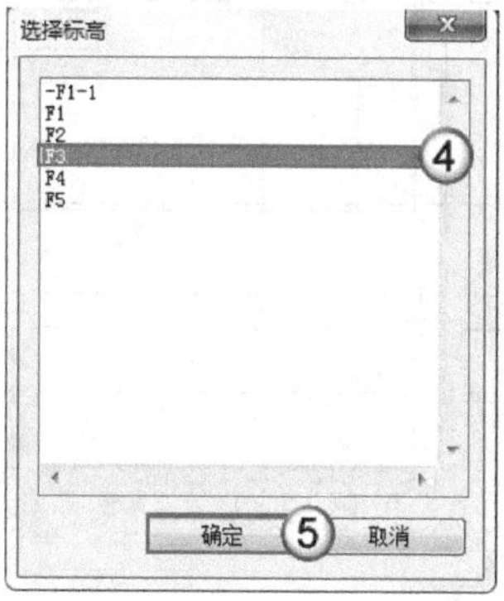

图6-6

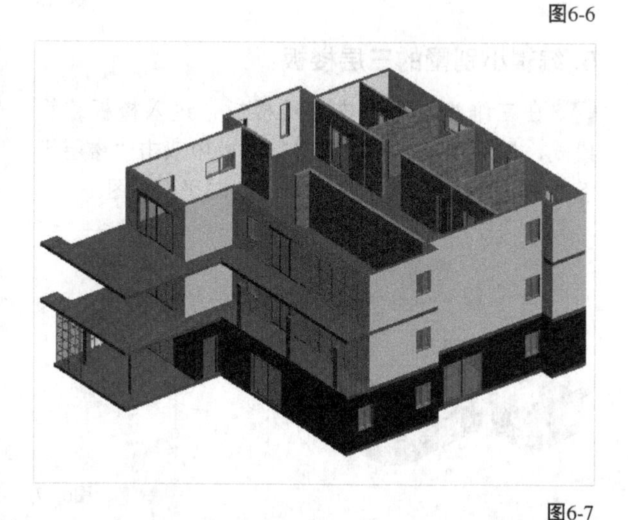

图6-7

2. 调整小别墅的三层外墙

01 进入F3平面视图，删除图6-8中框选的墙体。

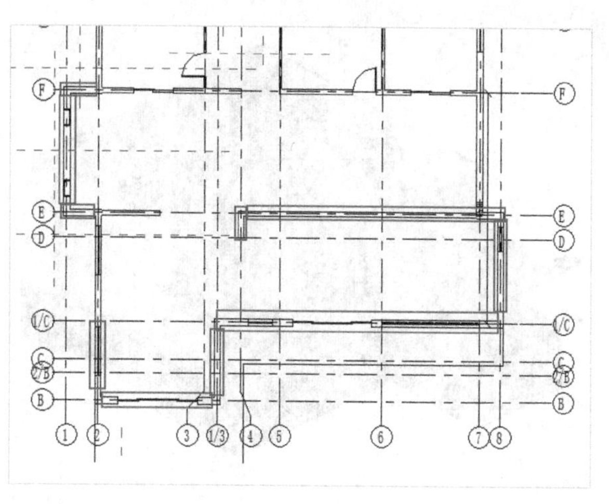

图6-8

02 在“建筑”选项卡中执行“墙>墙：建筑”命令，激活墙体绘制功能，如图6-9所示；然后在“属性”面板中设置墙体类型为“基本墙 外墙-灰白色漆-240”，具体参数设置如图6-10所示。

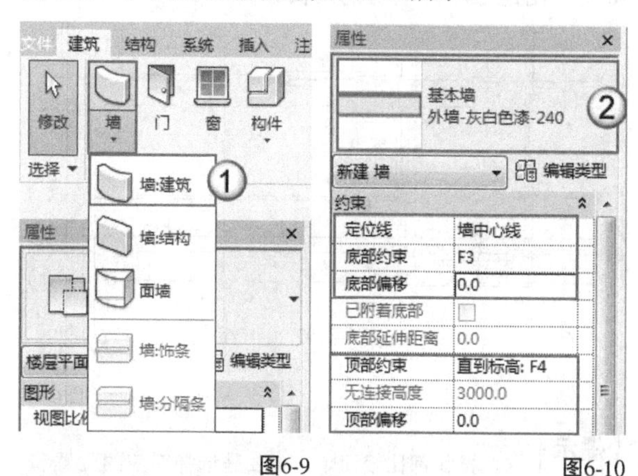

图6-9 图6-10

03 绘制图6-11所示的墙，将其作为三层外墙。其三维视图效果如图6-12所示。

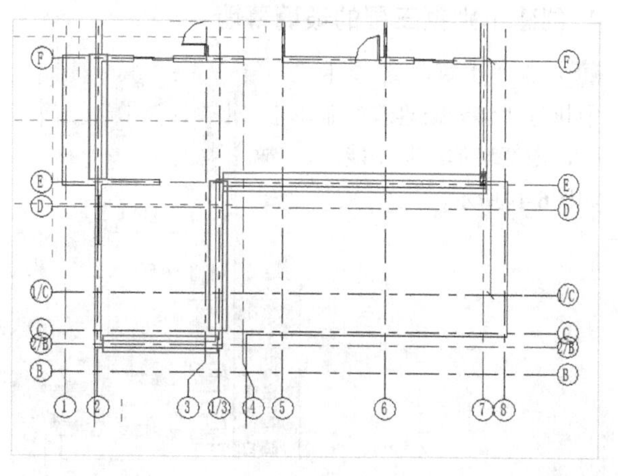

图6-11

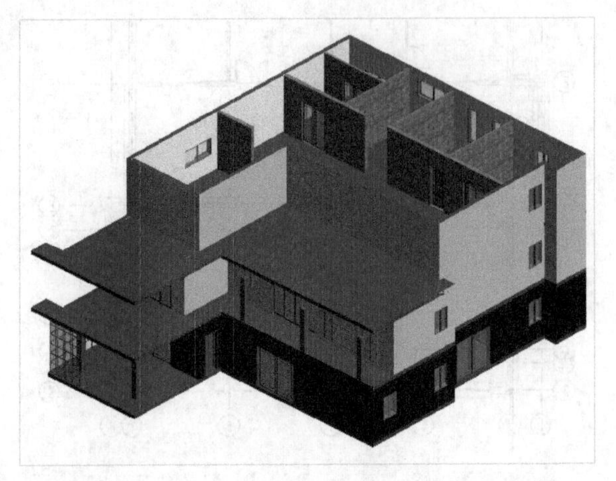

图6-12

3. 调整小别墅三层的外墙门窗

因为小别墅三层的外墙有一部分是新建的，所以要为它们新建门窗。根据图6-13所示的位置和门窗类型创建三层外墙上的门窗。

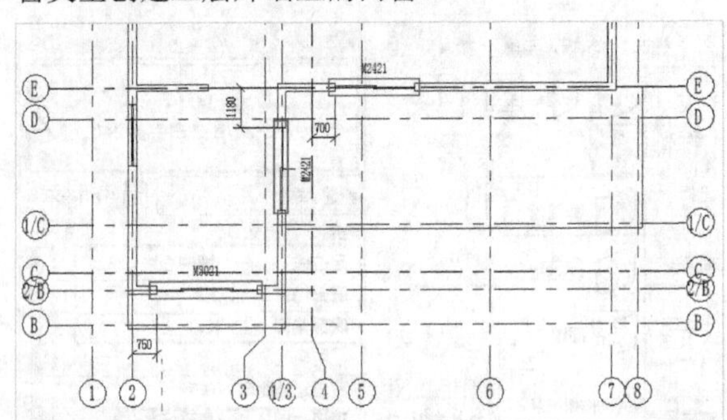

图6-13

提示 这些操作都比较简单，主要是选择对应的位置和门窗类型。

4. 创建小别墅三层的玻璃幕墙

01 在“建筑”选项卡中执行“墙>墙:建筑”命令，激活墙体绘制功能，如图6-14所示。

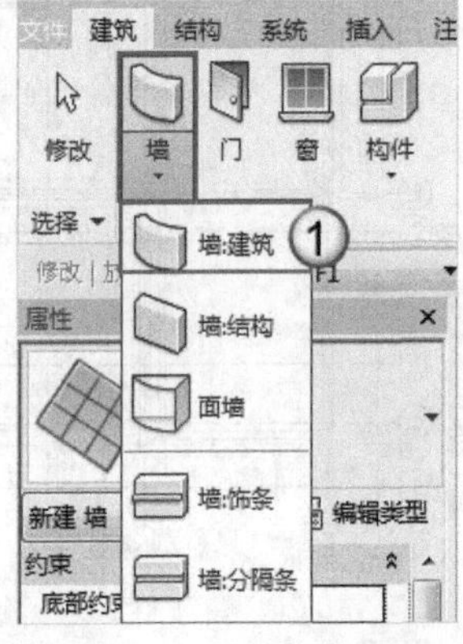

图6-14

02 在“属性”面板中设置墙类型为“幕墙 幕墙2”，具体参数设置如图6-15所示。

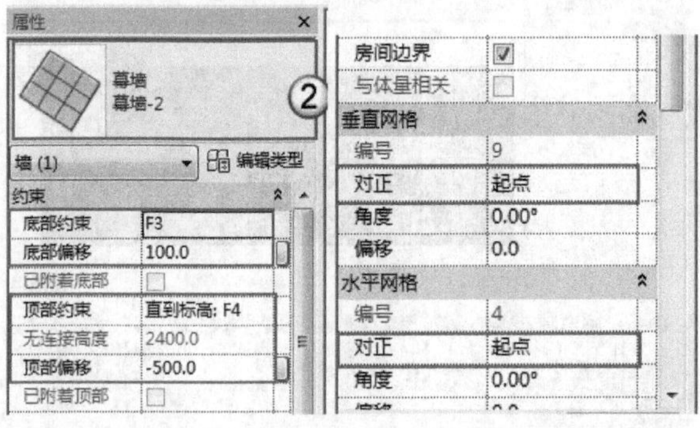

图6-15

03 在“轴线E”上的“轴线5”和“轴线7”之间的墙体上创建幕墙，具体位置如图6-16所示。

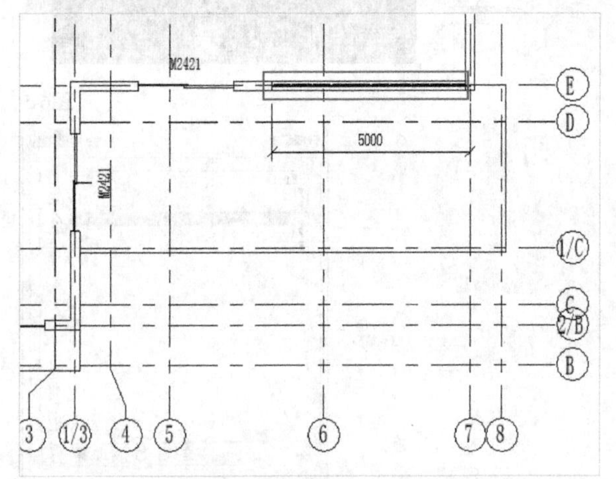

图6-16

5. 编辑小别墅的三层楼板

01 在三维视图中双击三层楼板，进入楼板编辑模式，然后在“项目浏览器”面板中双击“楼层平面”中的F3，如图6-17所示，进入F3平面视图。

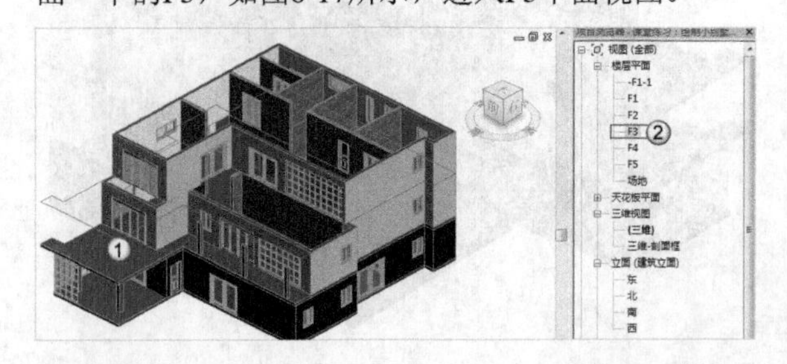

图6-17

02 删除图6-18所示的三层楼板的边界线，然后更改三层楼板的边界线，如图6-19所示。更改后的三维视图效果如图6-20所示。

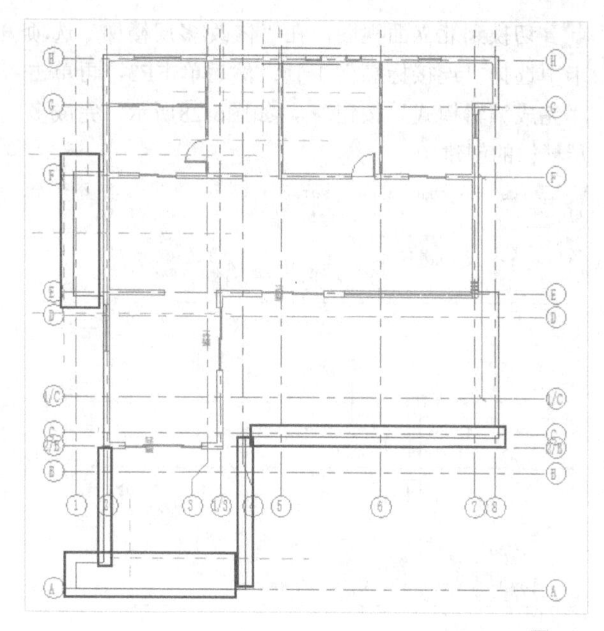

图6-18

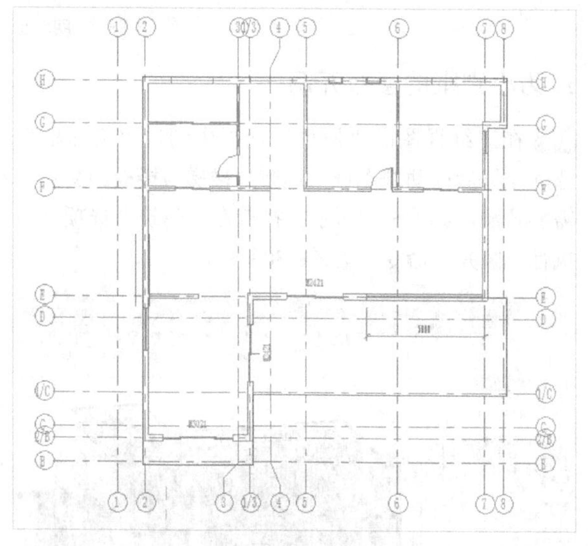

图6-19

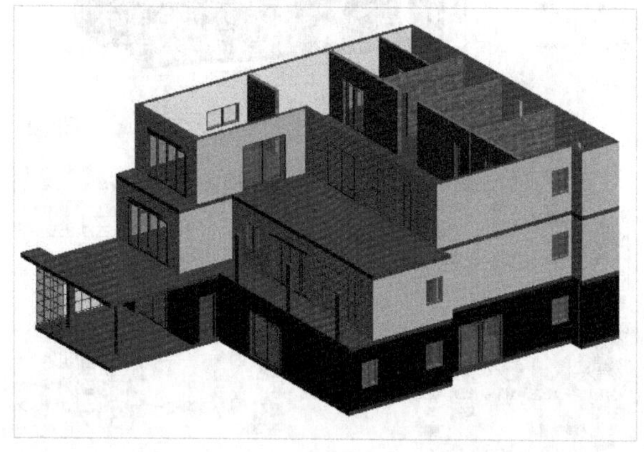

图6-20

6. 创建小别墅的室内楼梯

01 在“建筑”选项卡中执行“参照 平面”命令，如图6-21所示；然后在“轴线3”和“轴线5”之间创建两个参照平面，在“轴线F”和“轴线H”之间创建两个参照平面，用来辅助定位楼梯，如图6-22所示。

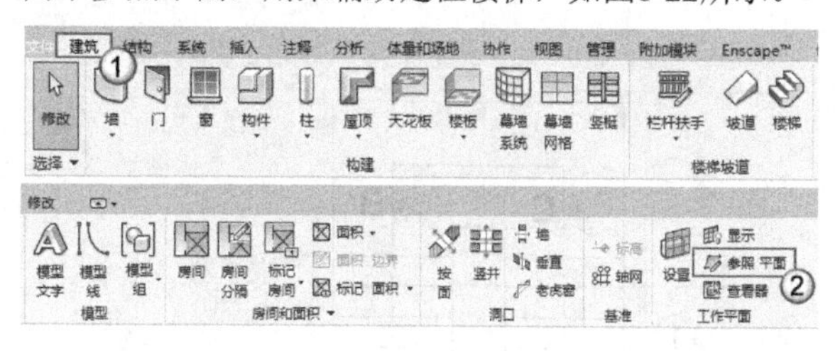

图6-21

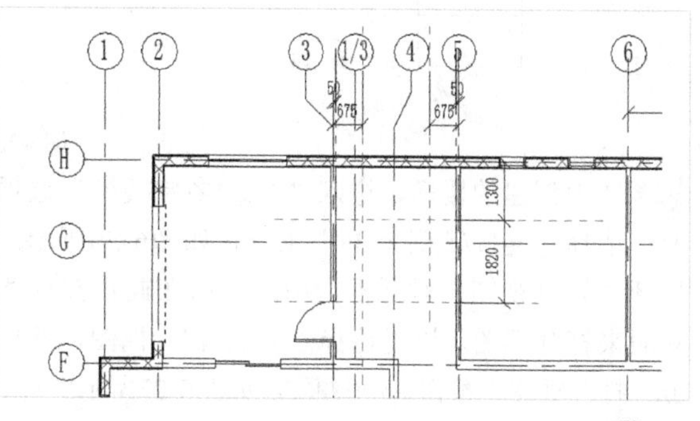

图6-22

02 在“建筑”选项卡中执行“楼梯”命令，如图6-23所示；然后在“属性”面板中设置楼梯类型为“现场浇筑楼梯 整体浇筑楼梯”，并设置相关参数；接着选择“修改|创建楼梯”选项卡中的“直梯”工具，如图6-24所示。

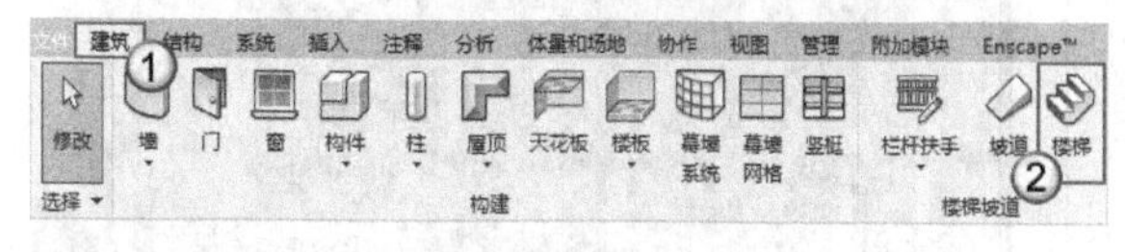

图6-23

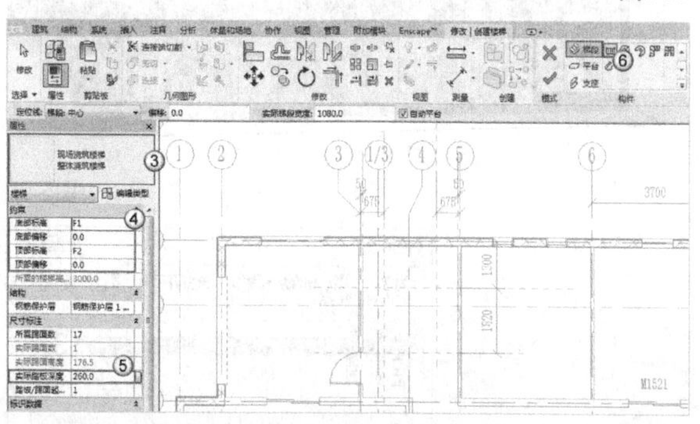

图6-24

03 依次单击参照平面的交点（点A~D），然后单击“完成编辑模式”按钮✔，完成楼梯的创建，如

图6-25所示。

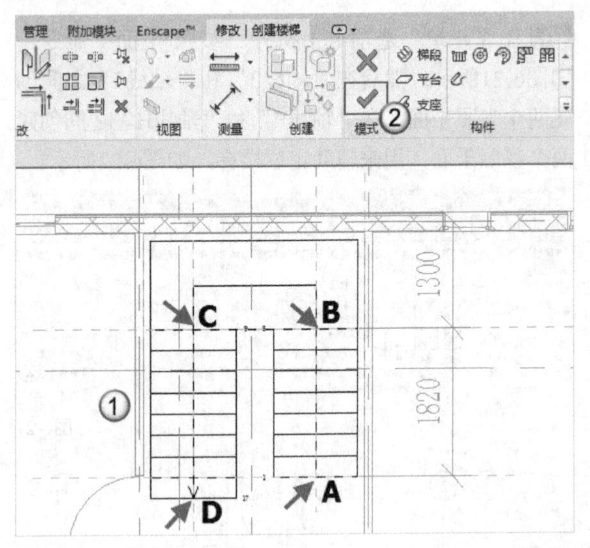

图6-25

04 选中创建的楼梯，进入“修改|多层楼梯”选项卡，选择“连接/断开标高”工具，如图6-26所示；打开“转到视图”对话框，用户可以在此选择任意立面来打开视图，这里选择“立面:北”视图，并单击“打开视图”按钮 打开视图 ，如图6-27所示。

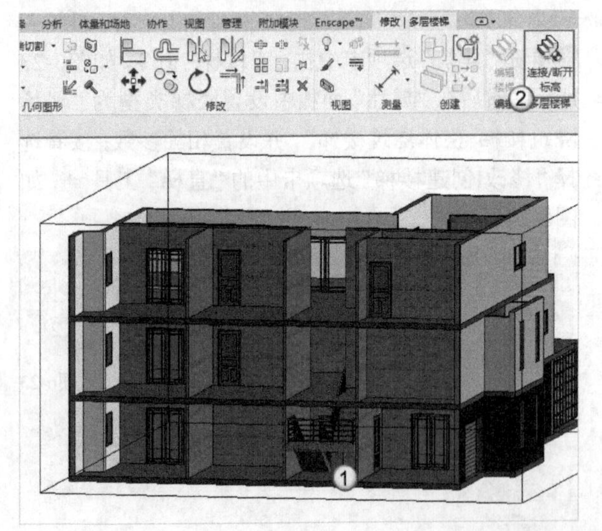

图6-26

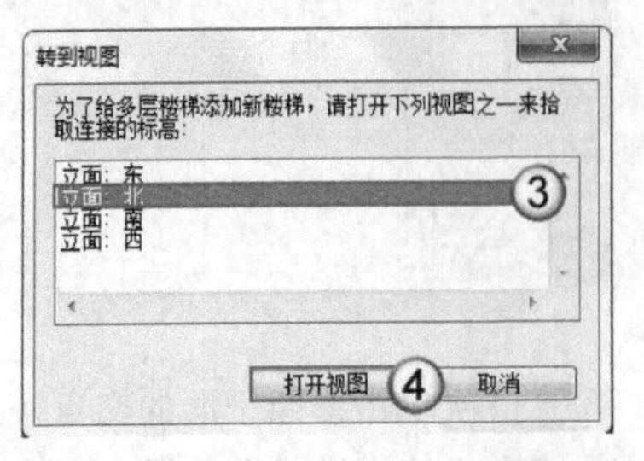

图6-27

05 切换到北立面视图，在“修改|多层楼梯”选项卡中选择“连接标高”工具；然后单击F3，再单击“完成编辑模式”按钮 ✔，如图6-28所示，完成多层楼梯的创建。

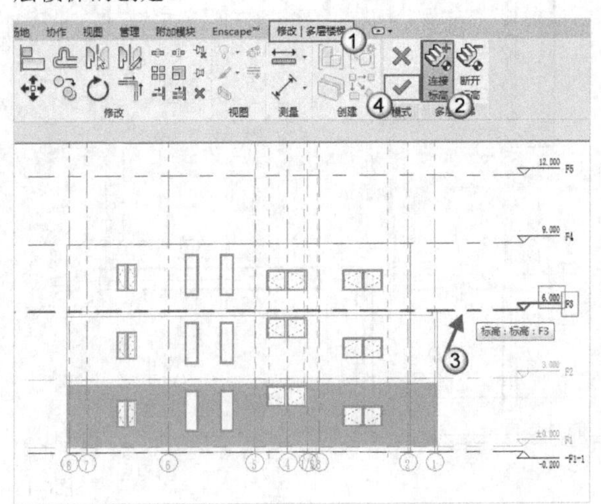

图6-28

7. 为小别墅的楼板开洞

01 在三维视图的“属性”面板中勾选“剖面框”选项；然后拖动剖面框，观察到楼梯与楼板的交界处需要开洞，如图6-29所示；接着在“建筑”选项卡中执行“竖井”命令，如图6-30所示。

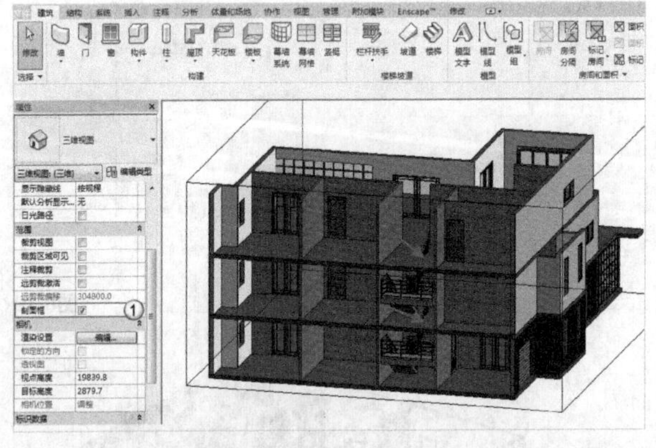

图6-29

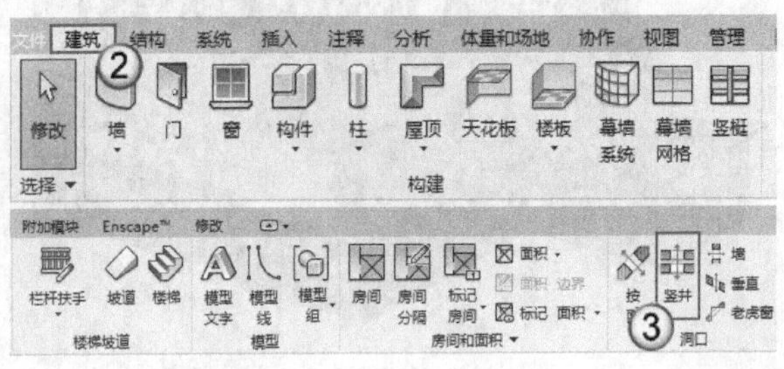

图6-30

02 进入F1平面视图，选择“修改|创建竖井洞口草图”选项卡中的“矩形”工具▭；然后在楼梯位置绘制图6-31所示的矩形轮廓，单击“完成编辑模式”按钮✔。

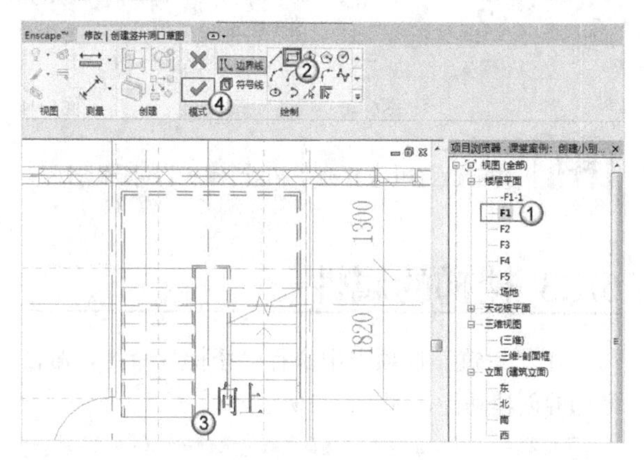

图6-31

03 进入三维视图，选中竖井，会出现拉伸控件，拖动控件使其剪切F2和F3的楼板，如图6-32所示。

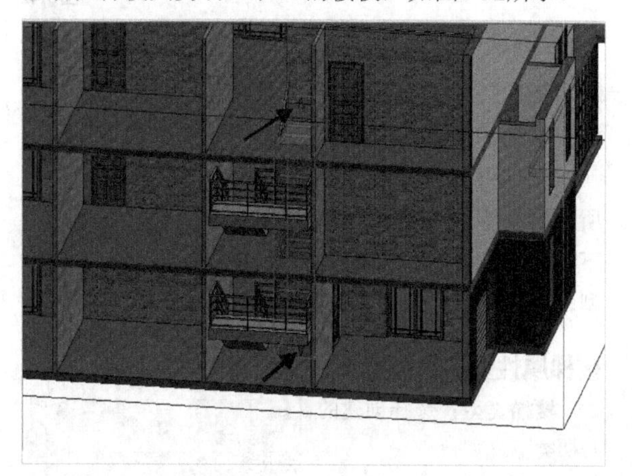

图6-32

8. 创建小别墅的室外楼梯

01 同理，在“建筑”选项卡中执行“参照 平面”命令，如图6-33所示；然后在“轴线1”和“轴线2”之间创建一个参照平面；接着在“轴线A”和“轴线2/B”之间创建3个参照平面，如图6-34所示。

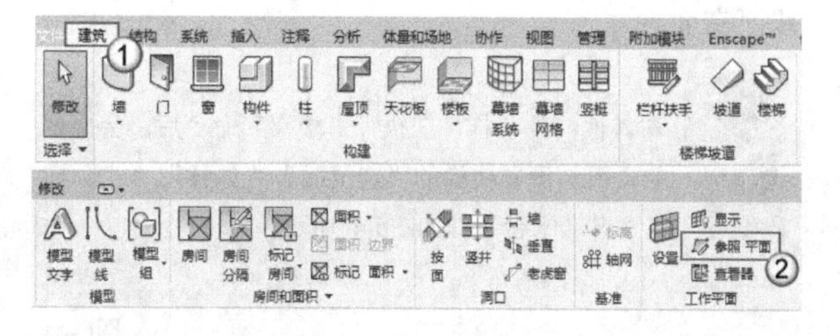

图6-33

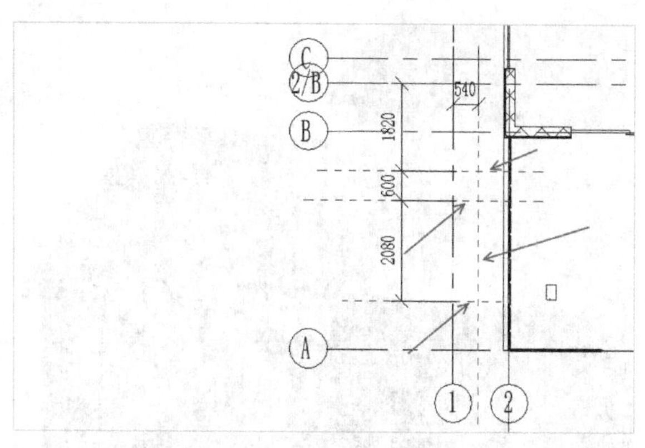

图6-34

02 执行“建筑”选项卡中的“楼梯”命令，如图6-35所示；然后在“属性”面板中设置楼梯类型为“现场浇筑楼梯 整体浇筑楼梯”，并设置具体参数；接着选择“修改|创建楼梯”选项卡中的“直梯”工具，如图6-36所示。

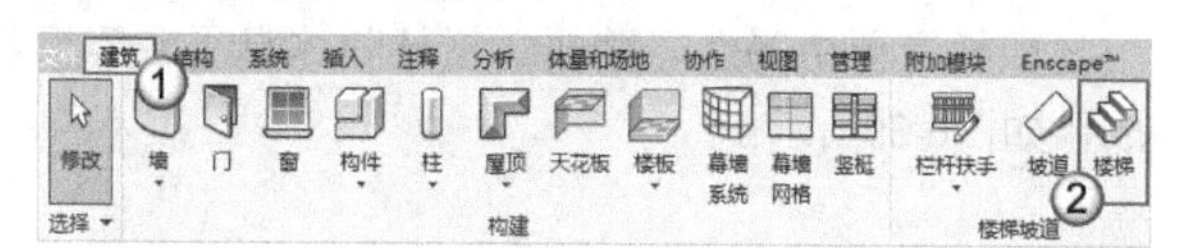

图6-35

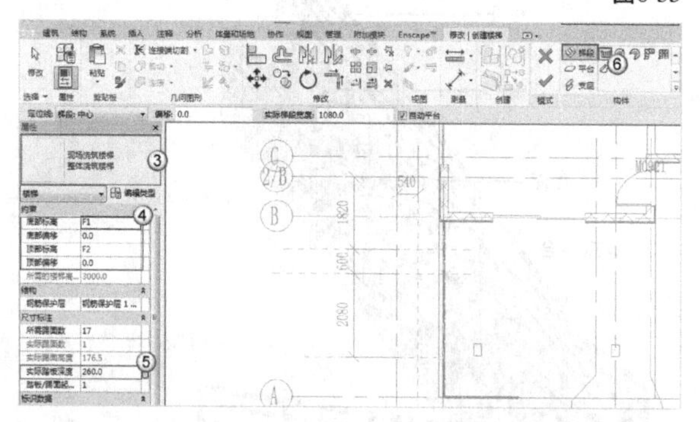

图6-36

03 依次单击参照平面的交点（点A~D），如图6-37所示；单击“完成编辑模式”按钮✔，完成室外楼梯的创建，如图6-38所示。

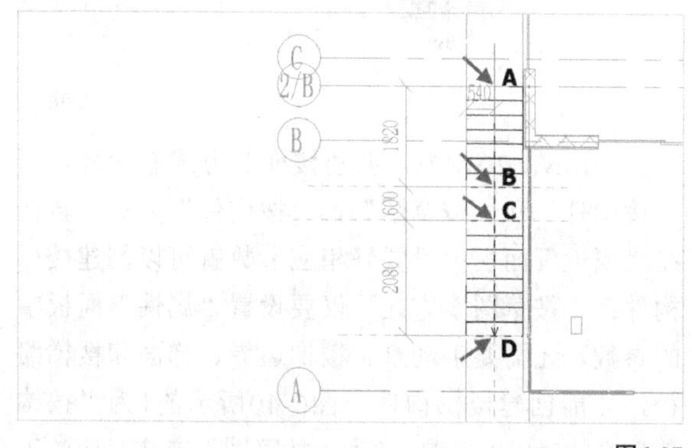

图6-37

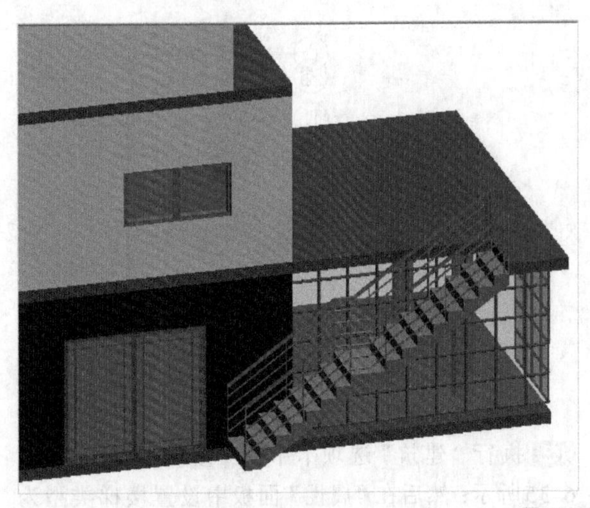

图6-38

6.1.2 认识楼梯

楼梯主要由踢面、踏面、栏杆和休息平台等组成，如图6-39所示。

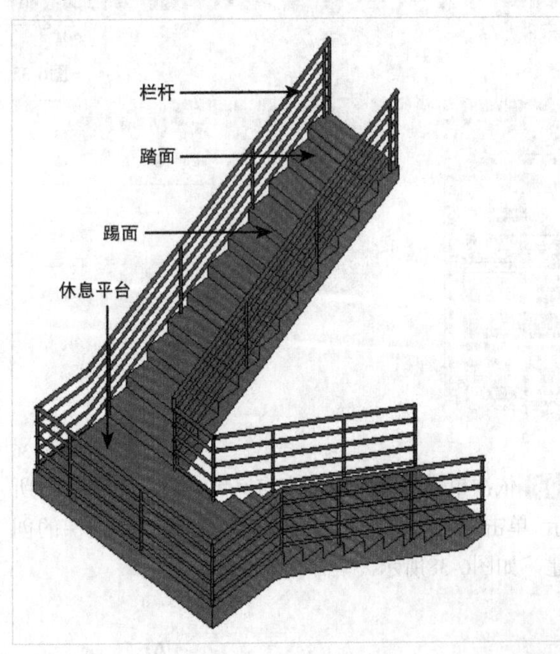

图6-39

在Revit 2018中，创建楼梯的方式有两种，即“按构件”和“按草图”。“按构件”方式是直接在“属性”面板中设置好相应参数就可以创建楼梯构件；“按草图”方式不仅要设置“属性”面板中的参数，还需要手动绘制楼梯边界、梯面和楼梯路径，才能创建楼梯构件。图6-40所示的1为“按构件”方式对应的工具，2为“按草图”方式对应的工具。选择“按草图”工具，会出现“绘制”工具组，如图6-41所示。

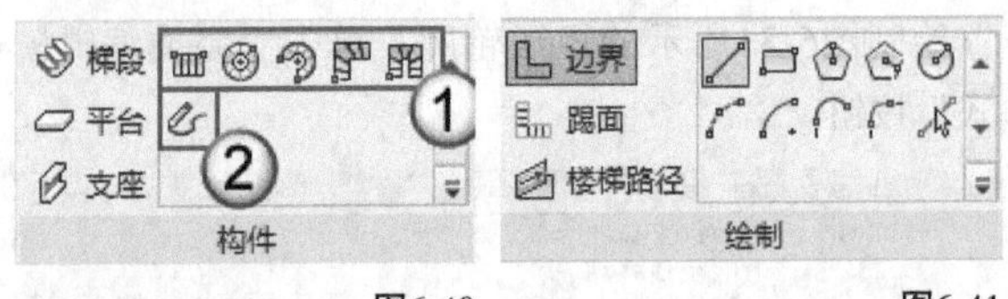

图6-40　图6-41

提示 在后续内容中会详细介绍这两种方式的操作方法。

6.1.3 楼梯的属性

在“建筑”选项卡中执行“楼梯”命令，激活楼梯的创建功能，如图6-42所示。

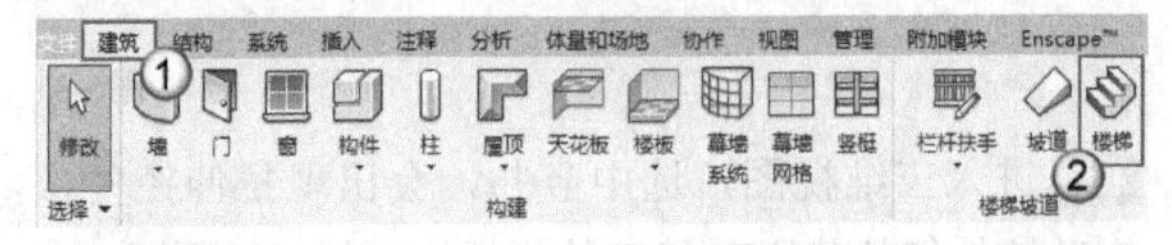

图6-42

1. 实例属性

此时工作界面左边会出现楼梯的“属性”面板（实例属性），如图6-43所示，其中的选项从上往下主要用于设置楼梯的类型、约束和尺寸标注。

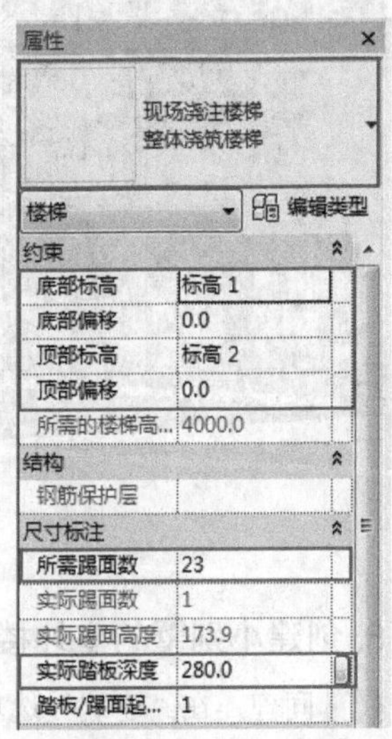

图6-43

楼梯属性重要参数介绍

楼梯类型：选择创建的楼梯类型。

约束：确定楼梯的“底部标高”和“顶部标高”，用于确认楼梯的起点和终点位置。

尺寸标注：确定楼梯的踢面数和实际的踏板深度，通过参数的设置，软件可自动计算出实际的踏步数和踢面高度。

提示 与其他构件一样，在执行“楼梯”命令后，会出现选项栏，主要用于设置楼梯的“定位线”“偏移”“实际梯段宽度”和“自动平台”，如图6-44所示。

定位线: 梯段: 中心　偏移: 0.0　实际梯段宽度: 1000.0　自动平台

图6-44

2. 类型属性

在“属性”面板中选择“编辑类型”选项，如图6-45所示，打开“类型属性”对话框，如图6-46所示。在“类型属性”对话框中，可以通过“计算规则”设置楼梯的基本参数。

图6-45

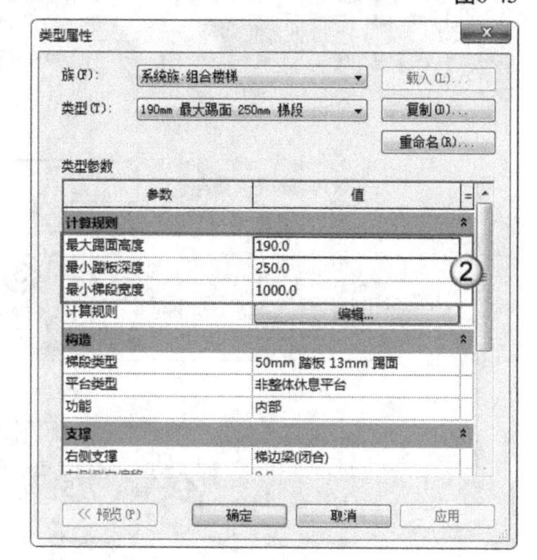

图6-46

6.1.4 按构件创建楼梯

前面介绍了创建楼梯的两种方式，本小节将介绍如何使用“按构件”方式创建楼梯。在创建过程中，希望读者理解各个参数的含义。

第1步：在“建筑”选项卡中执行“楼梯”命令，激活楼梯的创建功能，如图6-47所示；进入“修改|创建楼梯”选项卡，选择“梯段”右侧的“直梯”工具▥；然后在选项栏中设置“实际梯段宽度”为1000，如图6-48所示。

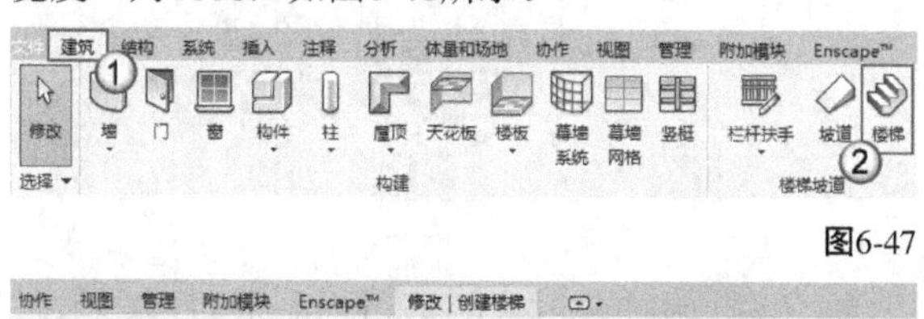

图6-47

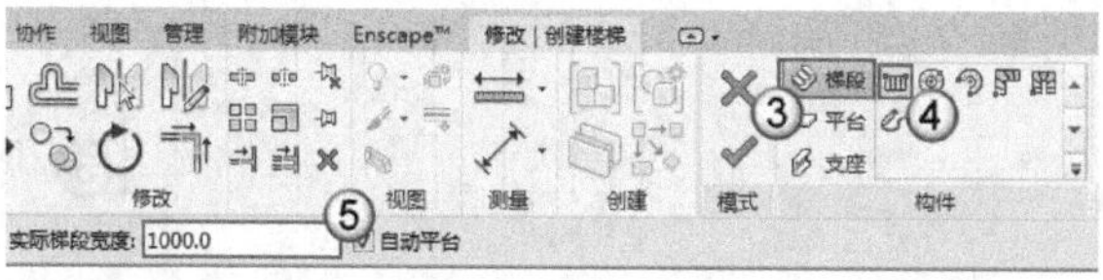

图6-48

第2步：在“属性”面板中选择需要的楼梯类型，并设置其参数，如图6-49所示。

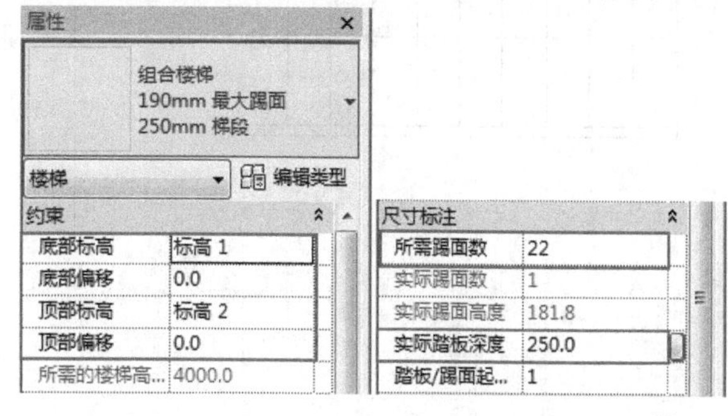

图6-49

第3步：单击“标高1”上的一点，然后向右移动鼠标指针，下方会显示“创建了××个梯面，还剩余××个”，如图6-50所示的“创建了11个梯面，剩余11个”；接着单击完成第1个梯段的创建。

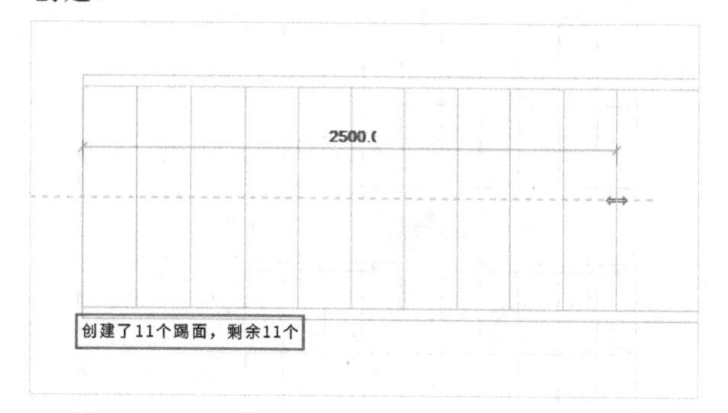

图6-50

> **提示**
> 这里总共有22个梯面，因为它是组合的两层楼梯，所以每一个梯段有11个梯面。

第4步：向下移动鼠标指针，移动一定距离（如2000）后确定第2梯段的起点，如图6-51所示；然后向左移动鼠标指针，将剩下的梯面绘制完后单击，如图6-52所示。

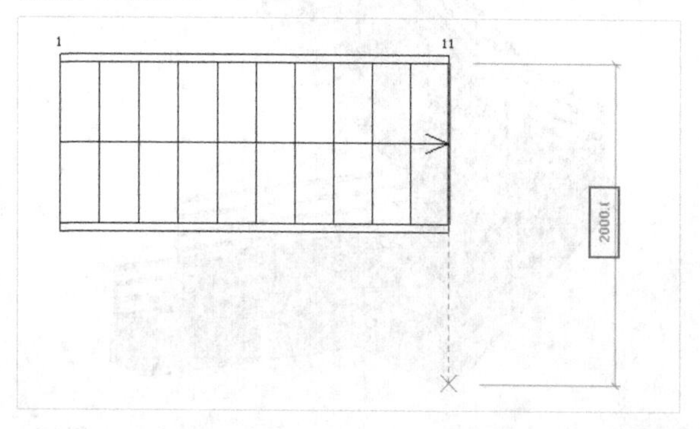

图6-51

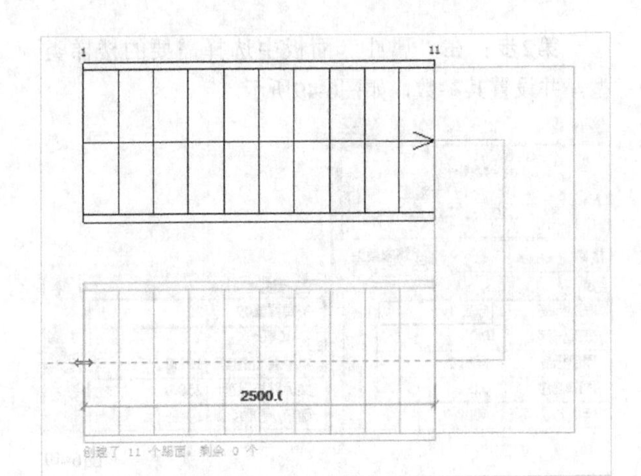

图6-52

第5步：单击“修改|创建楼梯”选项卡中的“完成编辑模式”按钮✔，完成组合楼梯的创建，如图6-53所示。其三维视图效果如图6-54所示。

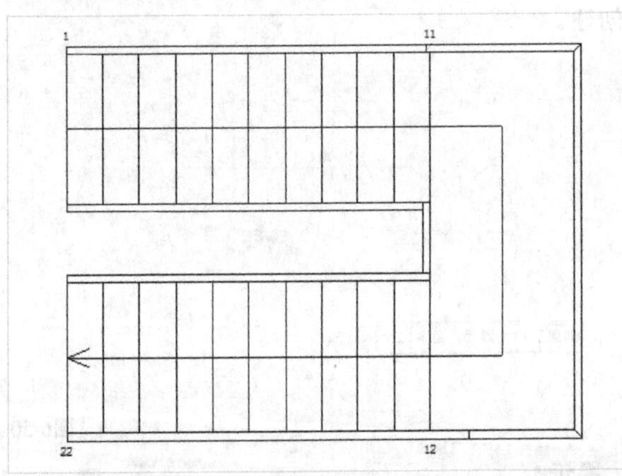

图6-53

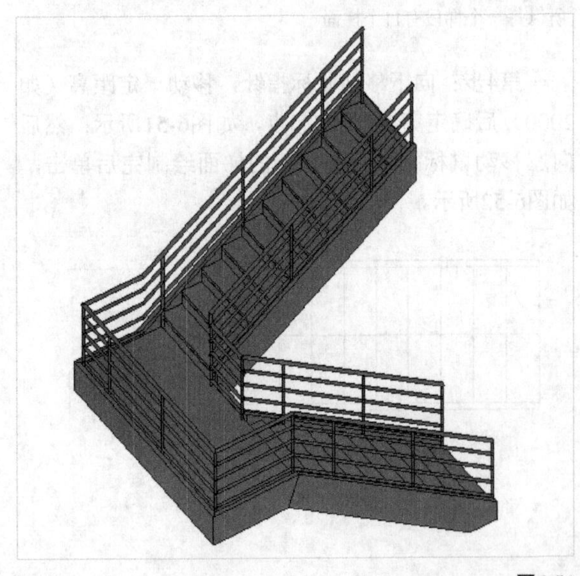

图6-54

6.1.5 按草图创建楼梯

第1步：同理，在“建筑”选项卡中选择“楼梯”命令，激活楼梯的创建功能，如图6-55所示；然后在“修改|创建楼梯”选项卡中选择“创建草图”工具，如图6-56所示，此时会出现“绘制”工具组；接着在“修改|创建楼梯>绘制梯段”选项卡中选择“边界”右侧的“线”工具，在视图中创建楼梯的两条边，如图6-57所示。

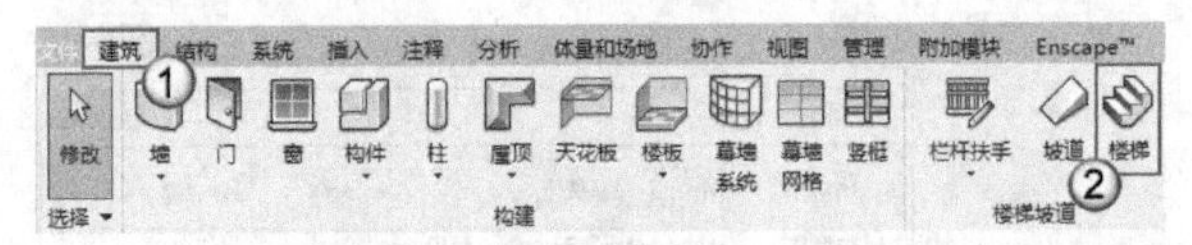

图6-55

图6-56

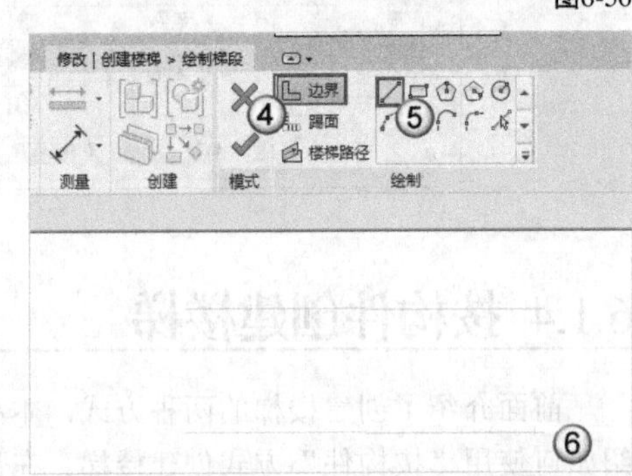

图6-57

第2步：选择“踢面”工具，然后选择“线”工具，接着在两条边之间任意创建踢面，并单击“完成编辑模式”按钮✔，如图6-58所示。完成后的效果如图6-59所示。

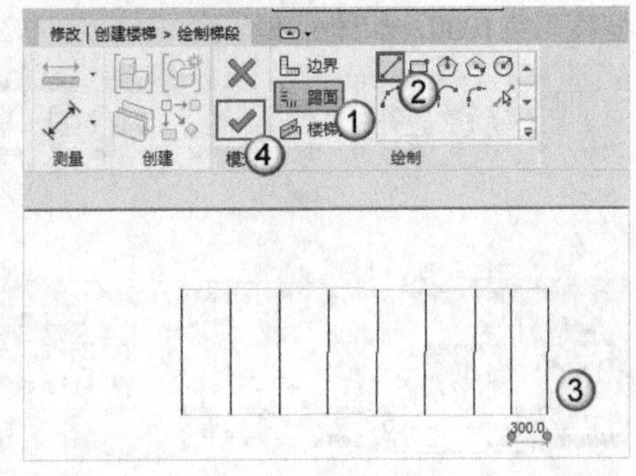

图6-58

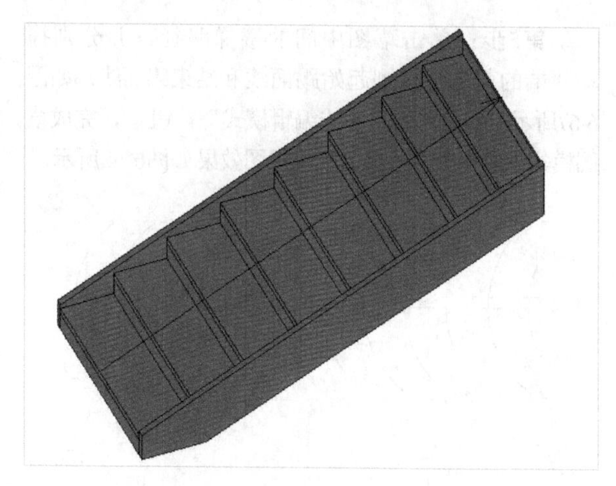

图6-59

6.1.6 使用草图编辑梯面形态

在草图模式中可以编辑楼梯的踢面形态，但需要注意，将使用“按构件”方式创建的楼梯转换为草图的过程是不可逆的。

第1步：选择创建好的楼梯，然后在“修改|楼梯”选项卡中选择“编辑楼梯”工具，进入楼梯编辑模式，如图6-60所示。

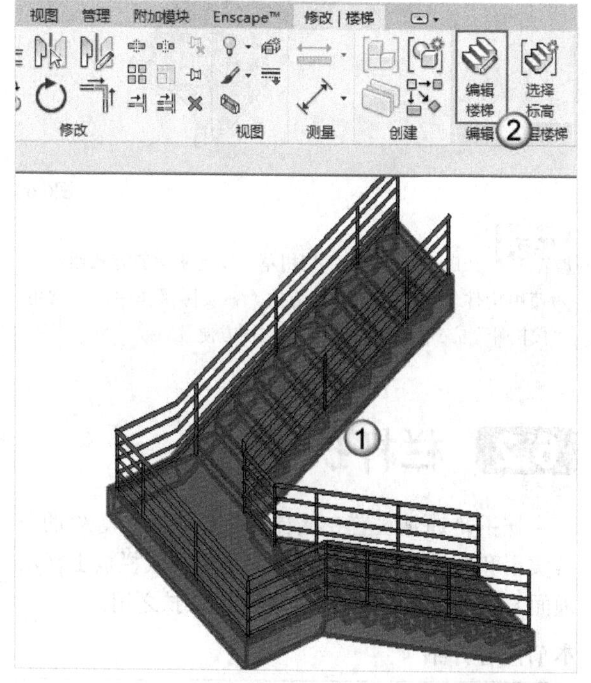

图6-60

第2步：选中第一个梯段，然后在“修改|创建楼梯”选项卡中选择“转换”工具，在打开的“楼梯-转换为自定义”对话框中单击“关闭”按钮关闭(C)，完成转换，如图6-61所示。此时，“修改|创建楼梯”选项卡中的“转换”工具会变为灰色，“编辑草图”工具会被激活，选择“编辑草图”工具，进入“标高1”视图编辑草图，如图6-62所示。

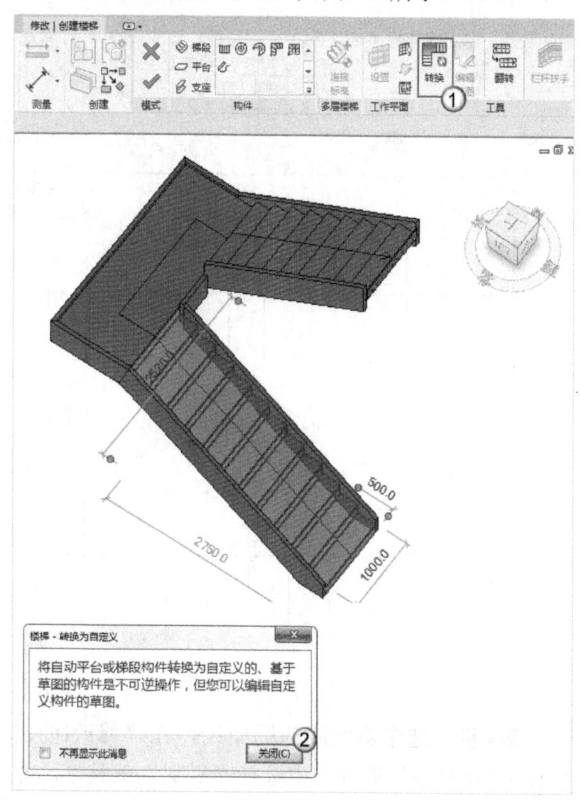

图6-61

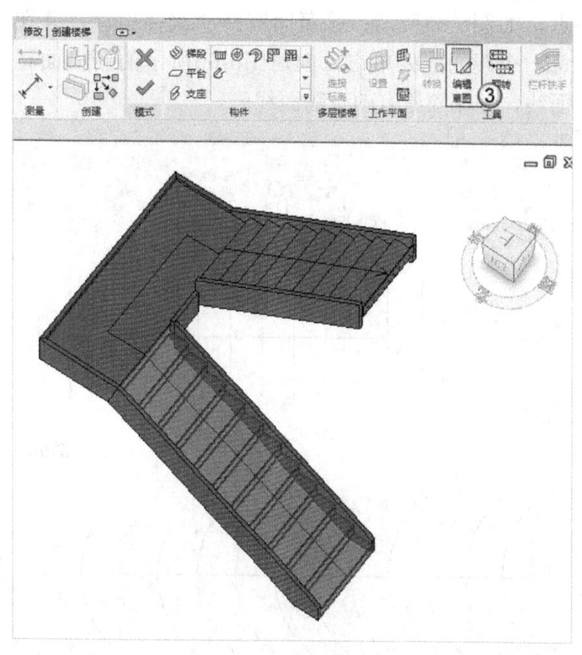

图6-62

第3步： 进入“修改|创建楼梯>绘制梯段”选项卡，选择“踢面”工具，然后选择“起点-终点-半径弧”工具，如图6-63所示，在视图中绘制图6-64所示的踢面线。

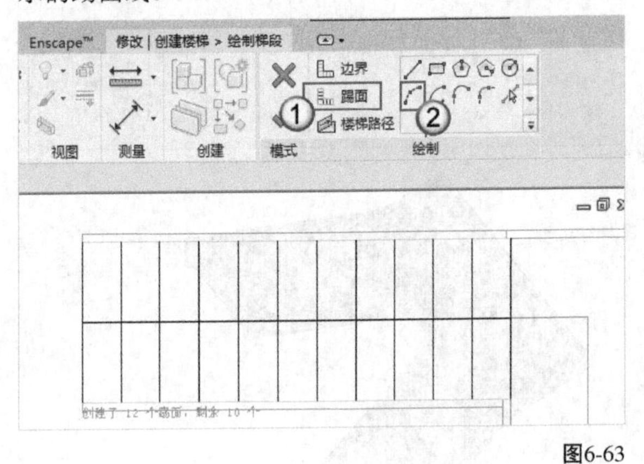

图6-63

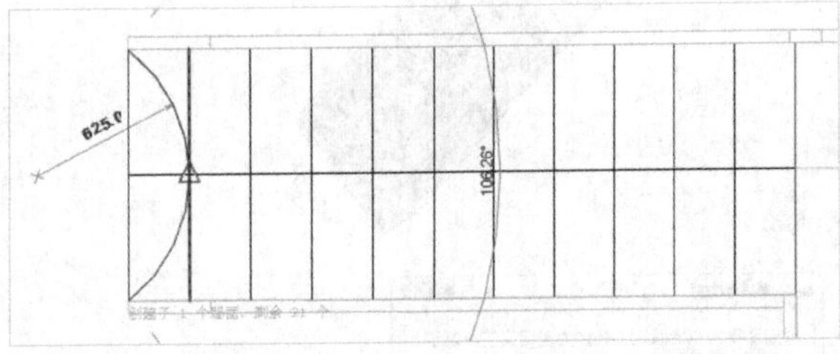

图6-64

第4步： 选中新绘制的踢面线，在“修改|创建楼梯>绘制梯段”选项卡中选择“复制”工具，并在选项栏中勾选“多个”选项；然后单击梯段的起点，如图6-65所示；接着向右移动鼠标指针，并在每一个踢面线处单击，创建图6-66所示的新曲面踢面线，并删除原有的直踢面线。

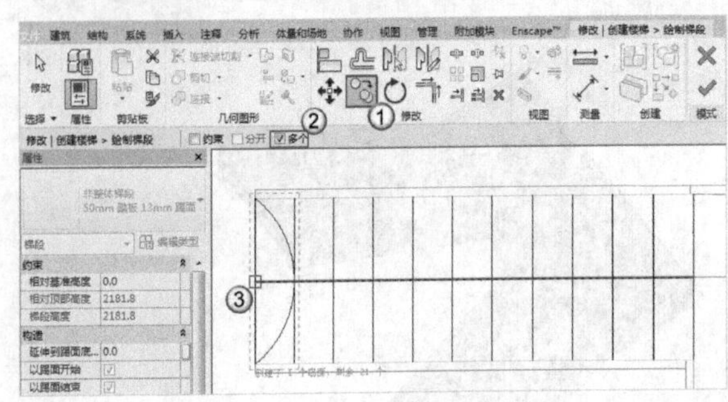

图6-65

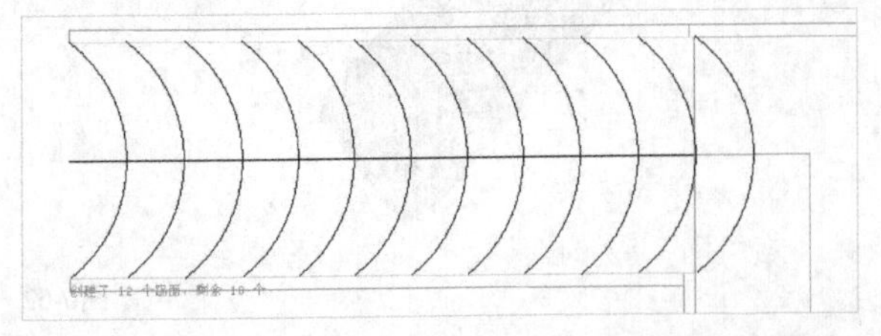

图6-66

第5步： 单击草图中间的楼梯路径，并分别拖动两端的蓝色小点到起始踢面线和结束踢面线，如图6-67所示；然后单击“完成编辑模式”按钮，完成草图模式中的修改。楼梯的三维视图效果如图6-68所示。

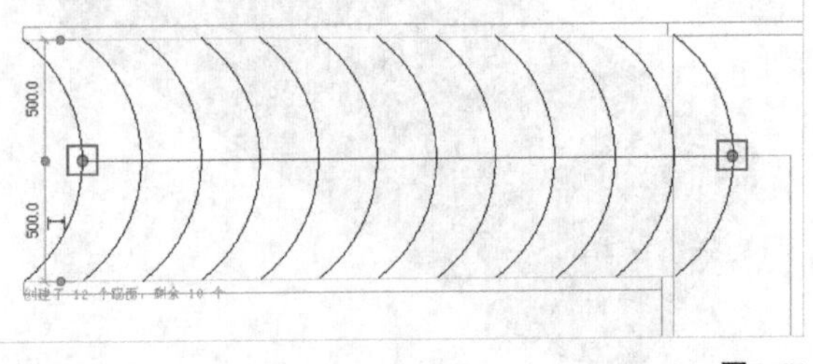

图6-67

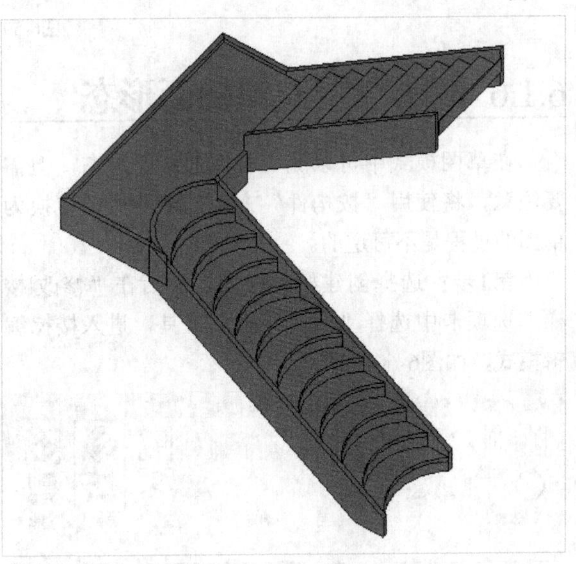

图6-68

提示 在Revit 2018中，使用草图创建楼梯的方式通常作为使用构件创建楼梯的补充方式。在实际操作中，通常用“按构件”方式创建楼梯，因为这样方便且高效。

6.2 栏杆扶手

扶手是通常设置在楼梯、栏板、阳台等处的兼具实用和装饰作用的凸起物，是栏杆或栏板上（沿顶面）供人手扶的构件，作行走时依扶之用。

本节内容介绍

名称	作用	重要程度
创建栏杆扶手	掌握栏杆扶手的创建方法	中
替换楼梯的栏杆扶手	掌握替换已有栏杆扶手的方法	中
栏杆扶手的类型属性	掌握编辑栏杆扶手类型的方法	高

6.2.1 课堂案例：创建小别墅的栏杆

实例文件 实例文件>CH06>课堂案例：创建小别墅的栏杆.rvt
视频文件 课堂案例：创建小别墅的栏杆.mp4
学习目标 掌握建筑栏杆的绘制方法

小别墅的栏杆如图6-69所示。

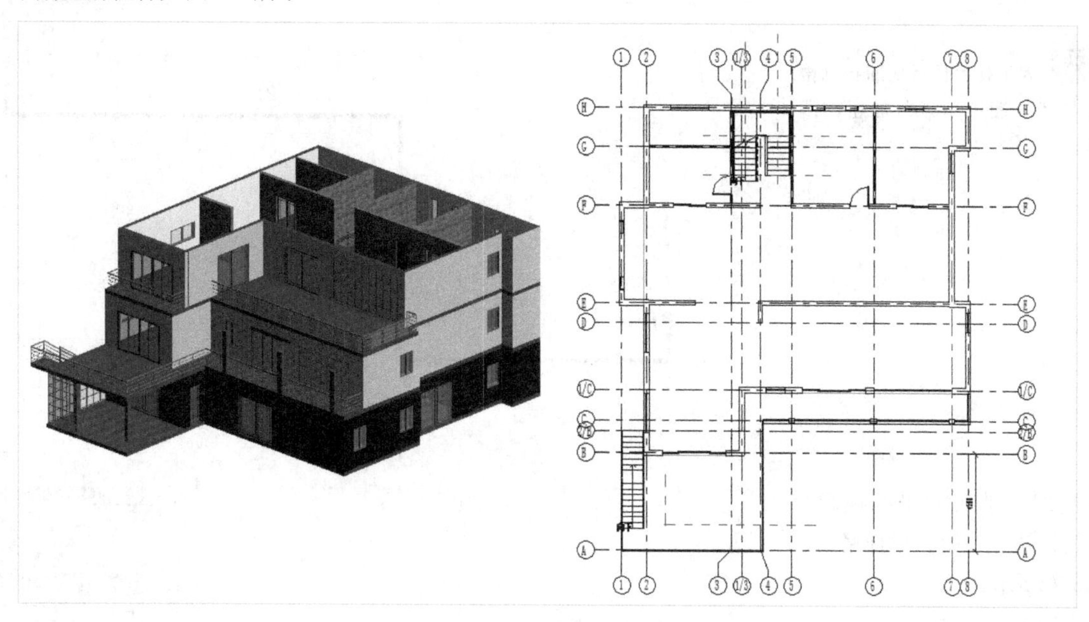

图6-69

01 打开学习资源中的“实例文件>CH06>课堂案例：创建小别墅的楼梯.rvt”文件，进入F2平面视图，然后在“建筑”选项卡中执行“栏杆扶手>绘制路径”命令，如图6-70所示。

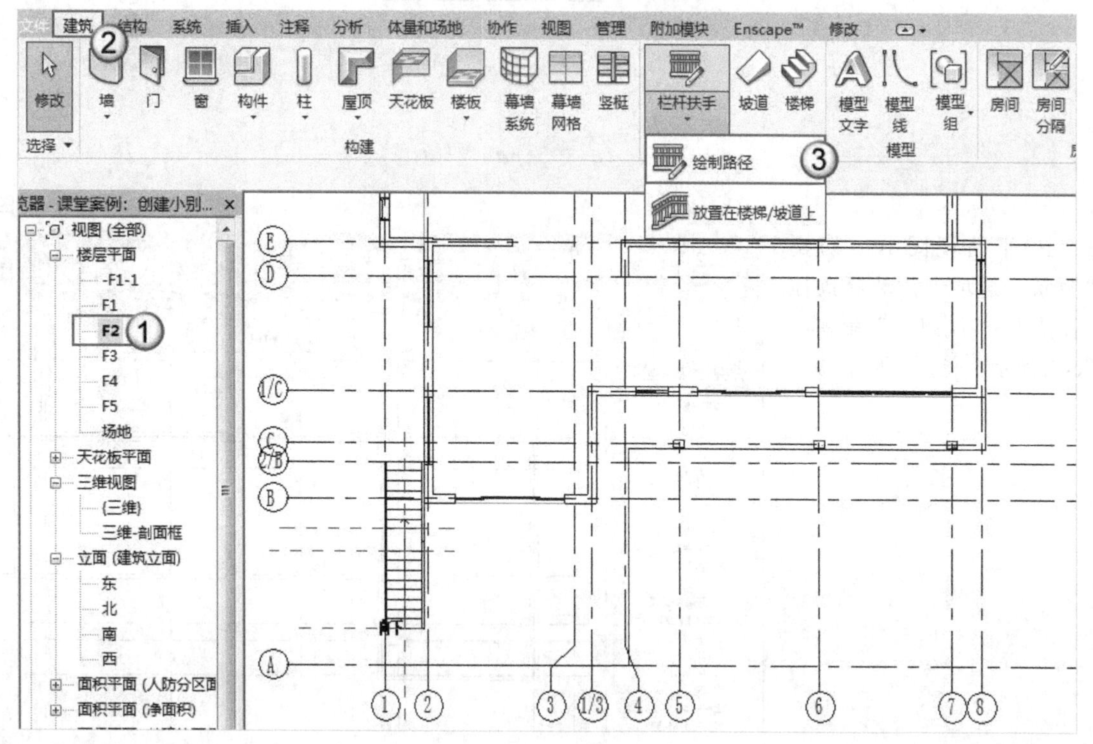

图6-70

02 选择“线”工具，然后沿着楼板边界线绘制栏杆路径，接着单击“完成编辑模式”按钮✔，如图6-71所示。

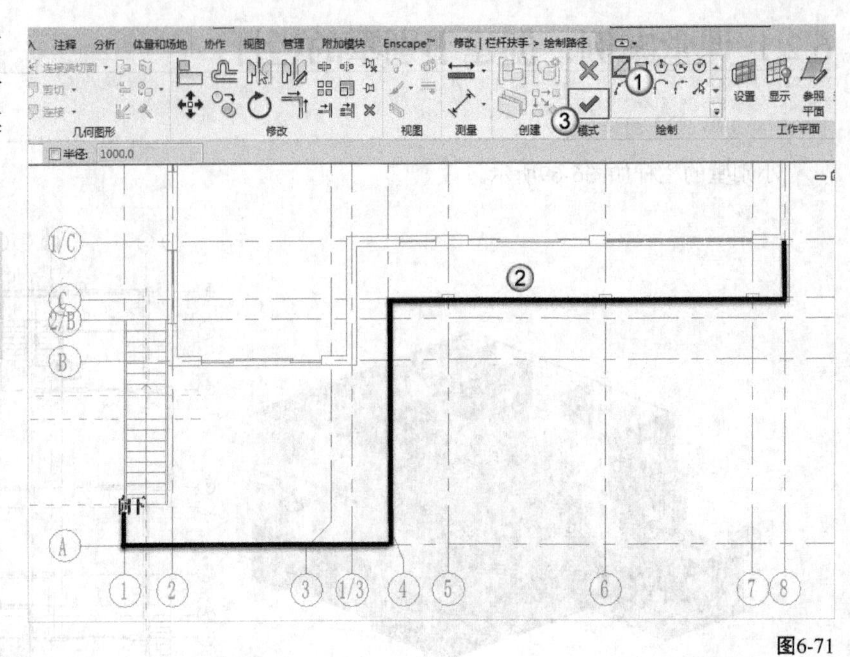

图6-71

提示 为了帮助读者快速找到楼板边界线，图中用黑色加粗的线表示。

03 同理，进入F3平面视图，沿着楼板边界线绘制栏杆路径，如图6-72所示。

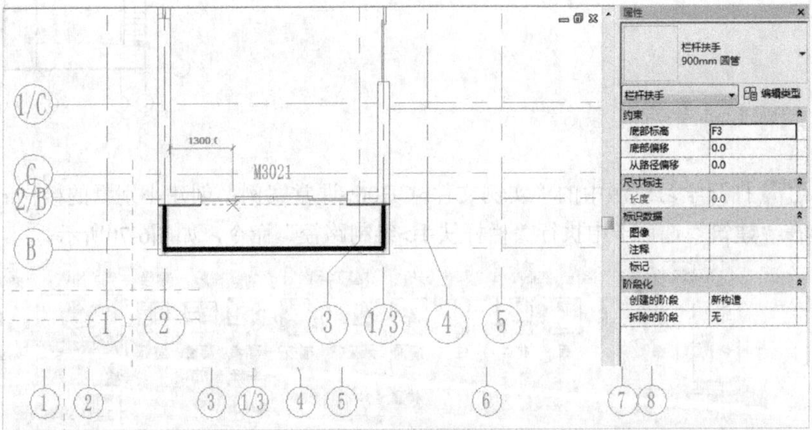

图6-72

04 在F3平面视图中，切换到“建筑”选项卡，然后执行“栏杆扶手>绘制路径”命令，如图6-73所示。

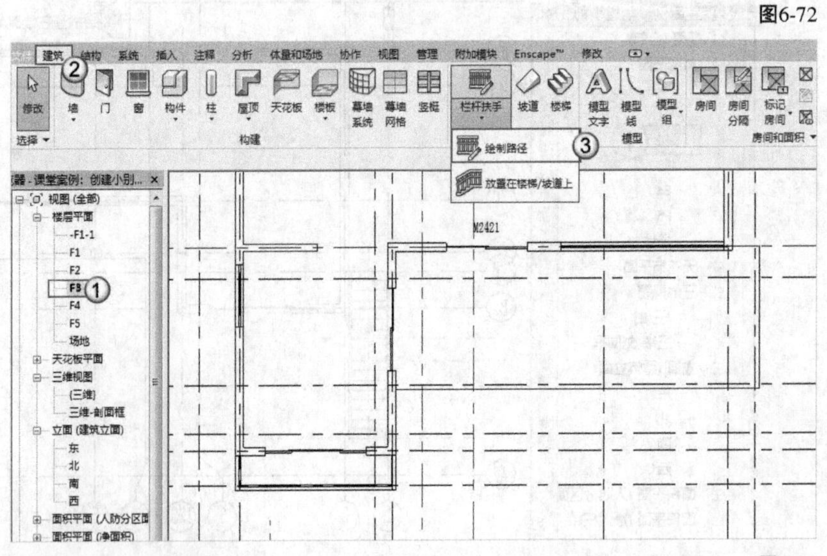

图6-73

05 在“属性”面板中选择“编辑类型”选项，打开“类型属性”对话框；然后单击“复制”按钮[复制(D)...]，设置“名称”为“玻璃栏杆”，并单击“确定”按钮[确定]，如图6-74所示。

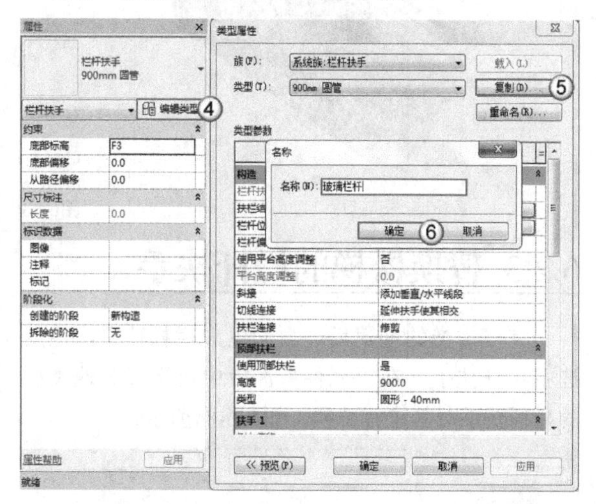

图6-74

06 单击“栏杆位置”右侧的“编辑”按钮[编辑...]，如图6-75所示；打开“编辑栏杆位置”对话框，设置“常规栏杆”为“嵌板-玻璃：800mm”，并单击“确定”按钮[确定]，如图6-76所示。

类型属性

族(F): 系统族:栏杆扶手 载入(L)...

类型(T): 玻璃栏杆 复制(D)...

重命名(R)...

类型参数

参数	值
构造	
栏杆扶手高度	900.0
扶栏结构(非连续)	编辑...
栏杆位置	编辑... ①
栏杆偏移	0.0
使用平台高度调整	否
平台高度调整	0.0
斜接	添加垂直/水平线段
切线连接	延伸扶手使其相交
扶栏连接	修剪
顶部扶栏	
使用顶部扶栏	是
高度	900.0
类型	圆形 - 40mm
扶手 1	

<< 预览(P) 确定 取消 应用

图6-75

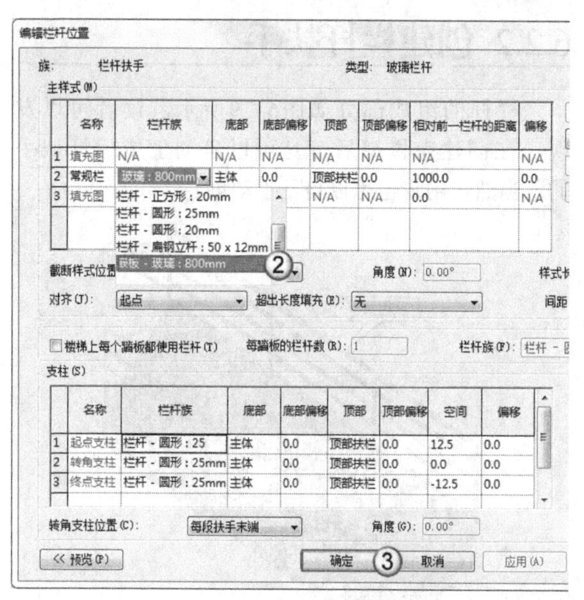

图6-76

07 在“属性”面板中选择栏杆类型为“栏杆扶手 玻璃栏杆”；然后在“修改|创建栏杆扶手路径”选项卡中选择“线”工具，沿着楼板边界线绘制栏杆路径；接着单击“完成编辑模式”按钮✔，如图6-77所示。创建完成后的栏杆如图6-78所示。

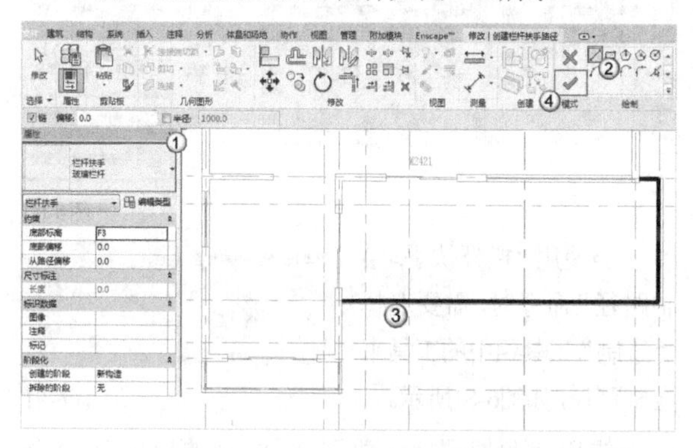

图6-77

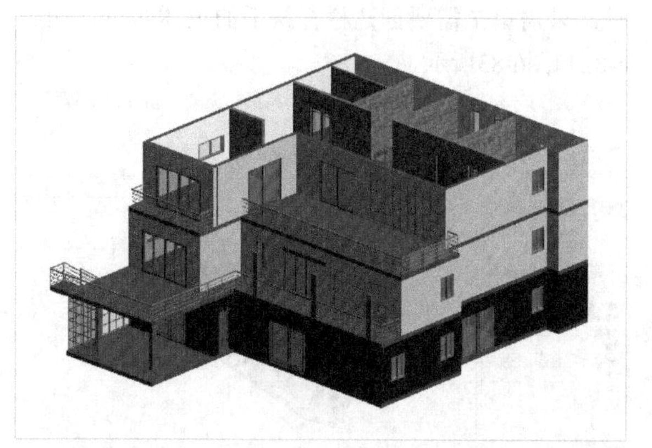

图6-78

6.2.2 创建栏杆扶手

栏杆的组成部分如图6-79所示。读者可以发现，在创建完楼梯后，是可以自动生成栏杆扶手的。当然，用户也可以自己手动创建。

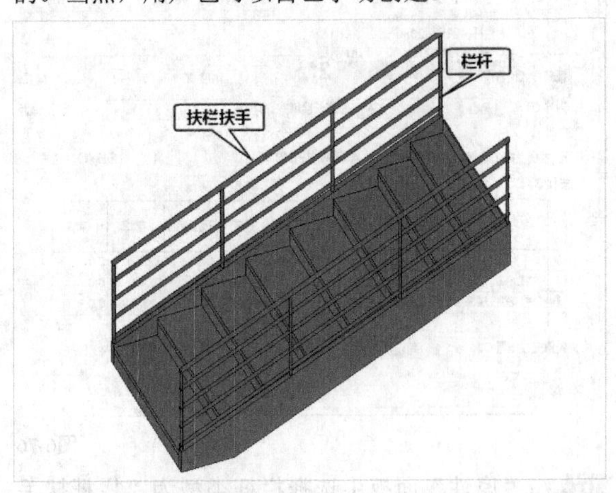

图6-79

在“建筑”选项卡中有两种创建栏杆扶手的方法，分别是“栏杆扶手>绘制路径”和“栏杆扶手>放置在楼梯/坡道上”命令，如图6-80所示。

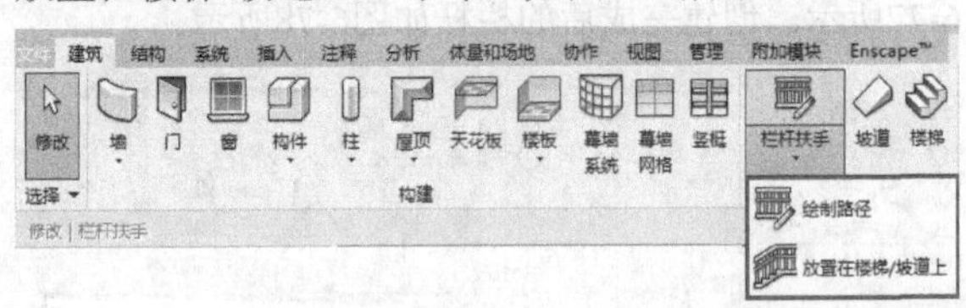

图6-80

当使用“栏杆扶手>绘制路径”命令时，需要选择“绘制”工具组中的工具来绘制路径，如图6-81所示。

图6-81

使用“栏杆扶手>放置在楼梯/坡道上”命令时，只需单击需要创建栏杆扶手的主体即可，如图6-82和图6-83所示。

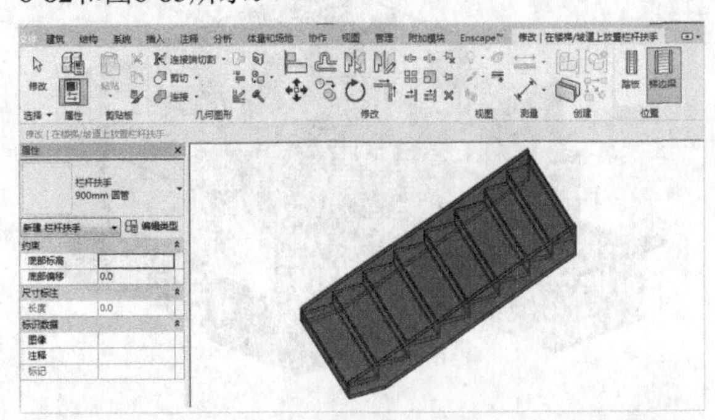

图6-82

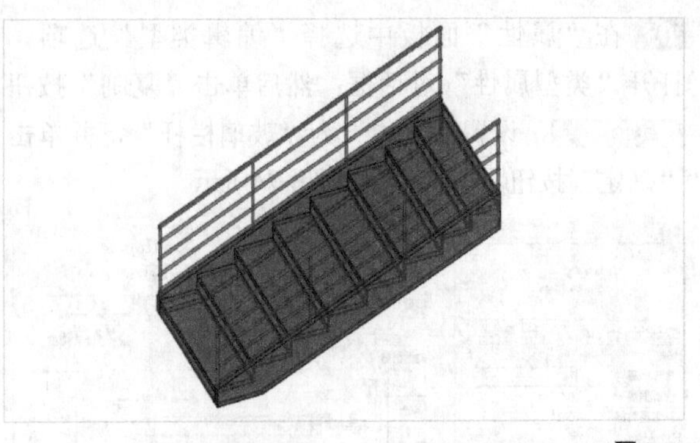

图6-83

6.2.3 替换楼梯的栏杆扶手

完成楼梯的创建后，自动生成栏杆扶手，然后选中栏杆扶手，在“属性”面板中可选择其他类型的栏杆扶手对其进行替换，如图6-84所示。

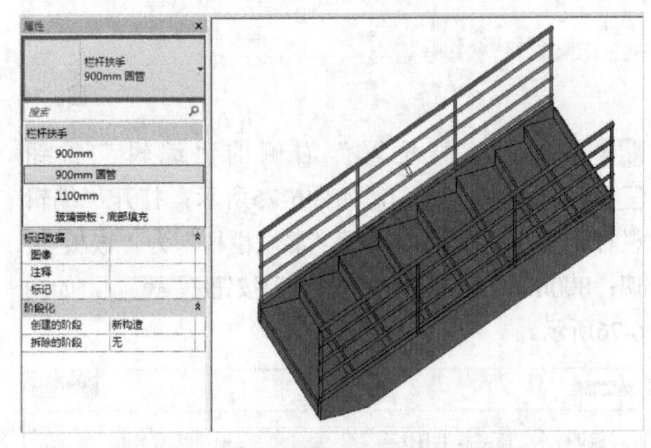

图6-84

如果“属性”面板中没有所需的栏杆扶手类型，可通过“载入族”的方式载入栏杆。在“载入族”对话框中根据路径“建筑>栏杆扶手>栏杆”载入即可，如图6-85所示。

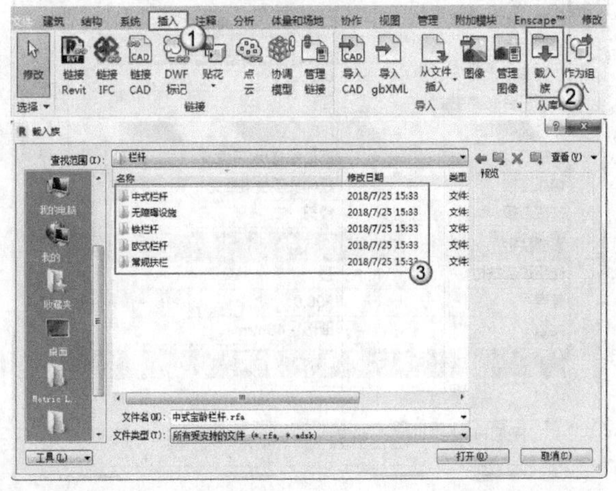

图6-85

6.2.4 栏杆扶手的类型属性

在栏杆扶手的“属性”面板中选择“编辑类型”选项，如图6-86所示，打开“类型属性”对话框，如图6-87所示。

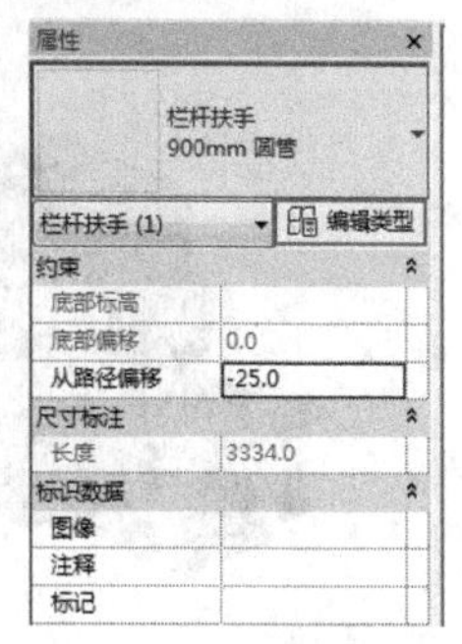

图6-86

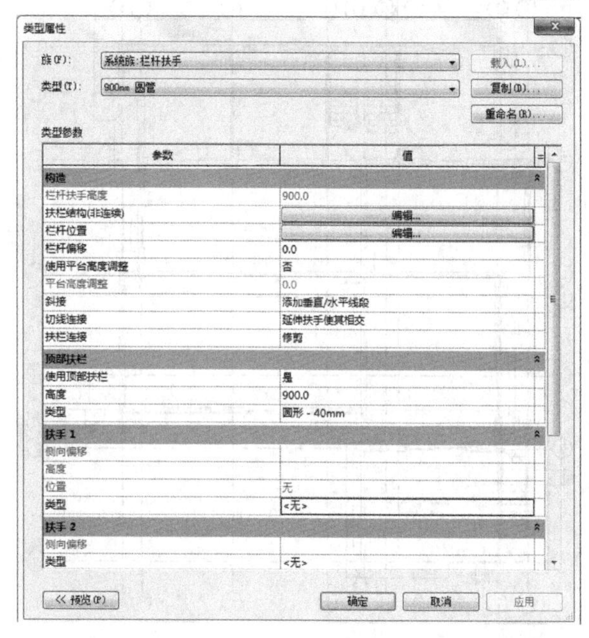

图6-87

重要参数介绍

扶栏结构（非连续）：单击其右侧的“编辑”按钮 编辑... ，打开“编辑扶手（非连续）”对话框，如图6-88所示。用户在其中可以插入新的扶手，可载入轮廓族后设置“轮廓”，还可以设置各扶手的“名称”“高度”“偏移”和“材质”。

	名称	高度	偏移	轮廓	材质
1	扶栏 1	700.0	0.0	圆形扶手 : 30mm	<按类别>
2	扶栏 2	500.0	0.0	圆形扶手 : 30mm	<按类别>
3	扶栏 3	300.0	0.0	圆形扶手 : 30mm	<按类别>
4	扶栏 4	100.0	0.0	圆形扶手 : 30mm	<按类别>

图6-88

栏杆位置：单击其右侧的“编辑”按钮 编辑... ，打开“编辑栏杆位置”对话框，如图6-89所示，该对话框主要用于编辑栏杆类型、栏杆轮廓族和设置支柱栏杆。

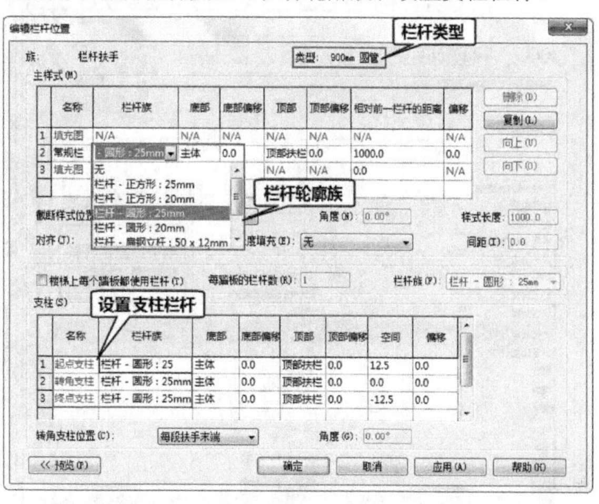

图6-89

栏杆偏移：用于设置栏杆相对于扶手内侧或外侧的距离，如果设置为100，则生成的栏杆距离扶手100mm，其方向可通过翻转箭头来控制，如图6-90和图6-91所示。

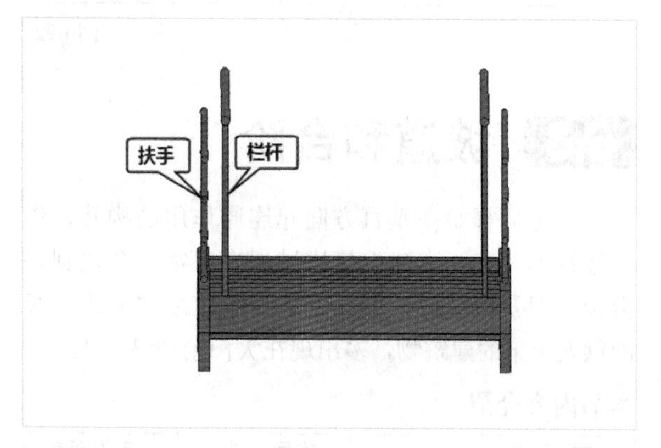

图6-90

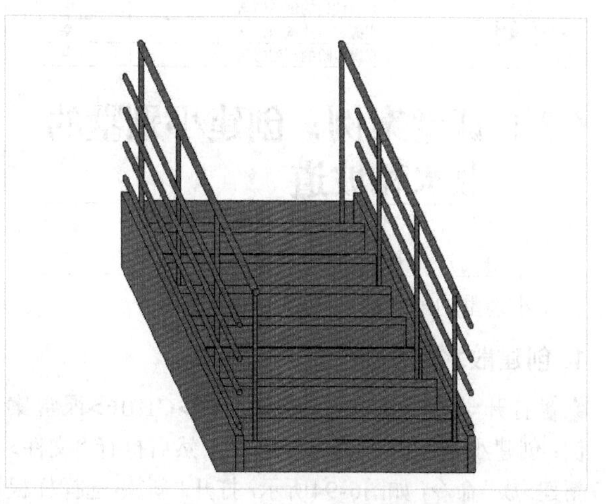

图6-91

提示

“顶部扶栏”“扶手1”和“扶手2”中的参数主要用于设置栏杆扶手和增加扶手，如图6-92所示。

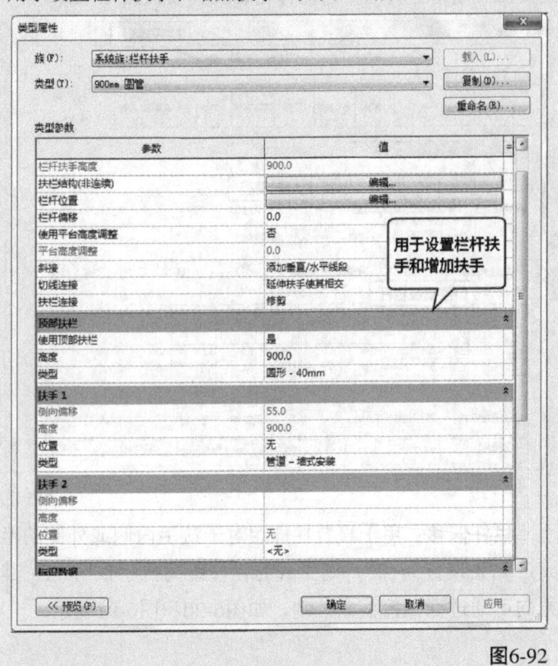

图6-92

6.3 坡道和台阶

坡道同样是在垂直方向起连通作用的构件，作为楼梯的补充，在建筑建模过程中也常常会遇到。台阶一般是指用砖、石、混凝土等筑成的一级一级的供人上下的建筑物，多出现在大门前或坡道上。

本节内容介绍

名称	作用	重要程度
创建坡道	掌握坡道的创建方法	中
坡道的属性	掌握坡道的编辑方法	高
创建台阶	掌握台阶的创建方法	中

6.3.1 课堂案例：创建小别墅的散水和坡道

实例文件　实例文件>CH06>课堂案例：创建小别墅的散水和坡道.rvt
视频文件　课堂案例：创建小别墅的散水和坡道.mp4
学习目标　掌握建筑散水和坡道的绘制方法

小别墅的散水和坡道如图6-93所示。

1. 创建散水轮廓族

01 打开学习资源中的“实例文件>CH06>课堂案例：创建小别墅的栏杆.rvt”文件，然后执行“文件>新建>族”命令，如图6-94所示，打开“新族-选择样板文件”对话框，选择“公制轮廓.rft”文件，并单击“打开”按钮 打开(O) ，如图6-95所示。

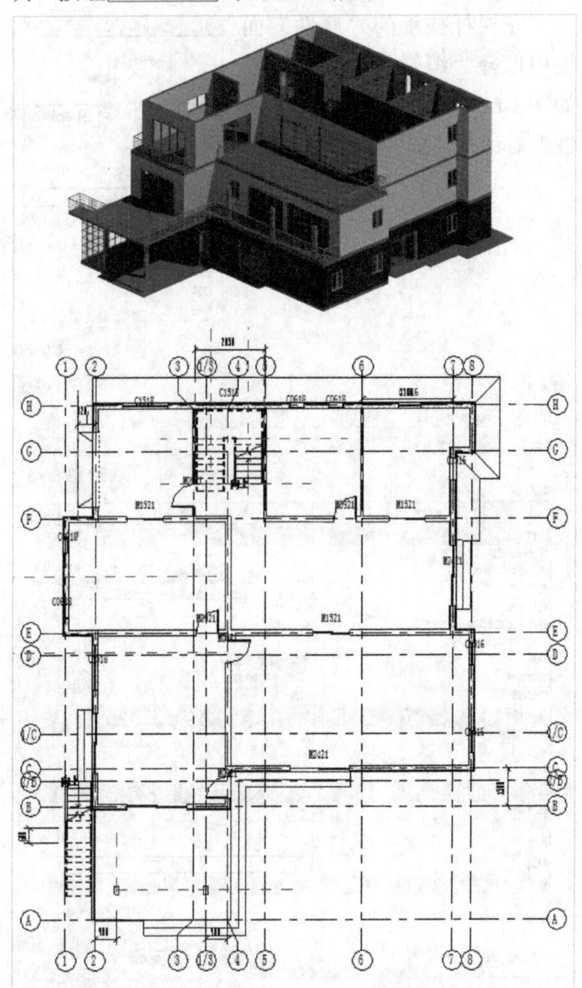

图6-93

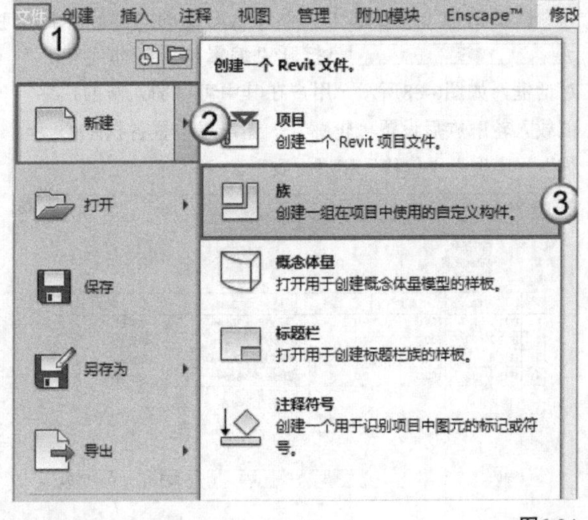

图6-94

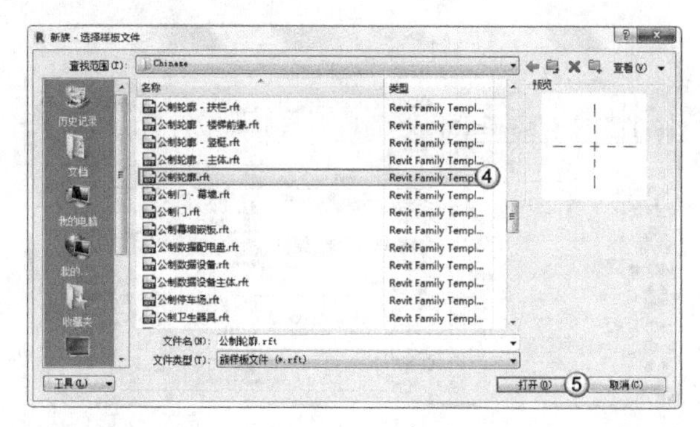

图6-95

02 打开轮廓族的创建窗口，执行“创建”选项卡中的“线”命令，如图6-96所示；然后选择“线”工具，按图6-97所示的尺寸创建散水轮廓。

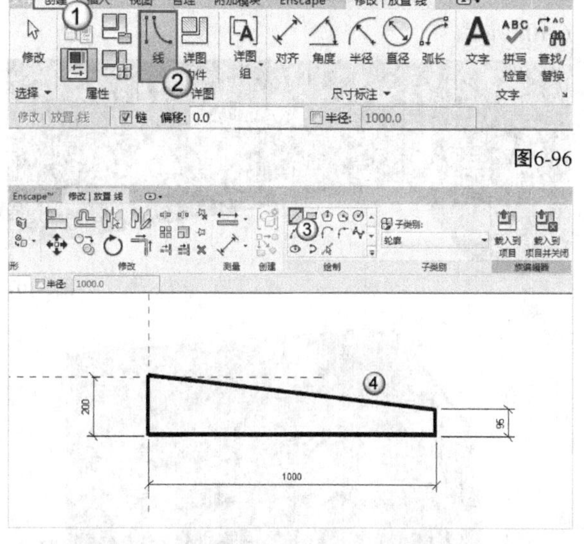

图6-96

图6-97

03 将创建好的散水轮廓保存为族文件，如图6-98所示。

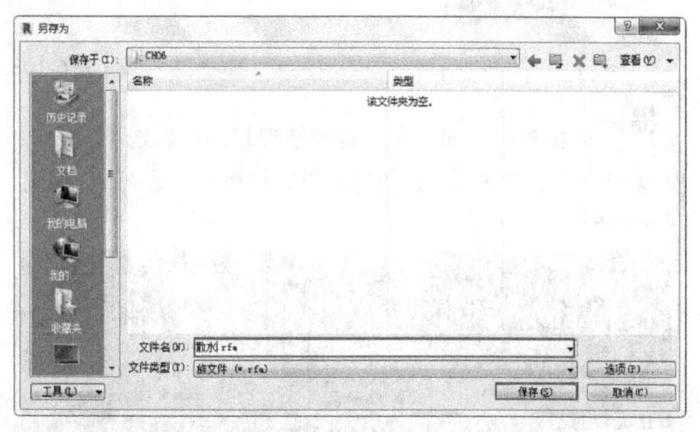

图6-98

04 在“修改|放置 线”选项卡中选择“载入到项目”工具，如图6-99所示。

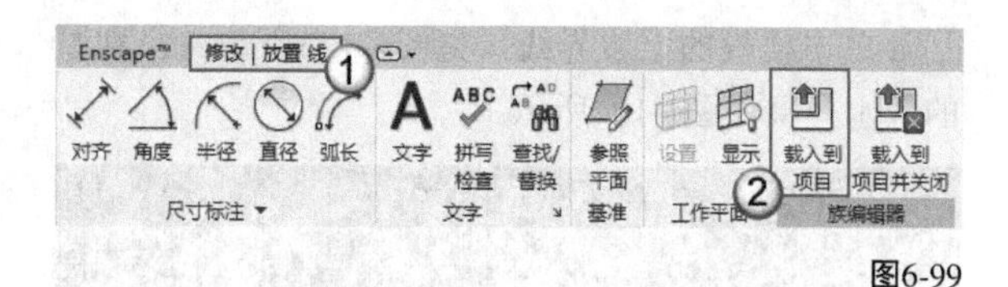

图6-99

2. 创建台阶轮廓族

切换到“散水”轮廓族的创建窗口，删除散水的所有线条，然后用同样的方法创建台阶的轮廓，如图6-100所示。此时，使用图6-98中的方式保存台阶轮廓族文件，并载入项目。

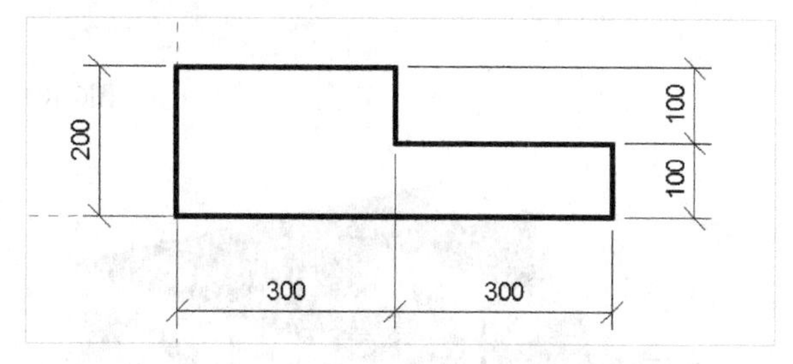

图6-100

3. 创建小别墅的散水

01 在“建筑”选项卡中执行“楼板>楼板:楼板边”命令，如图6-101所示；然后选择“属性”面板中的“编辑类型”选项，打开“编辑类型”对话框；接着设置“轮廓”为“散水:散水”，并单击“确定”按钮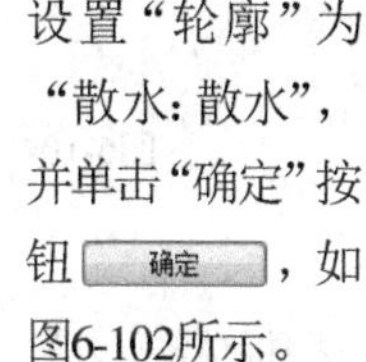，如图6-102所示。

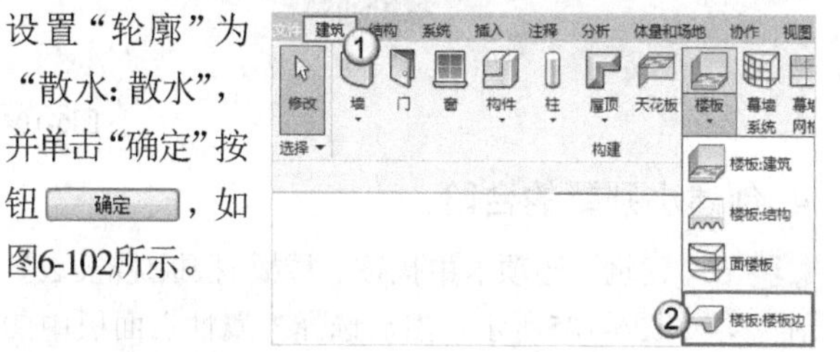

图6-101

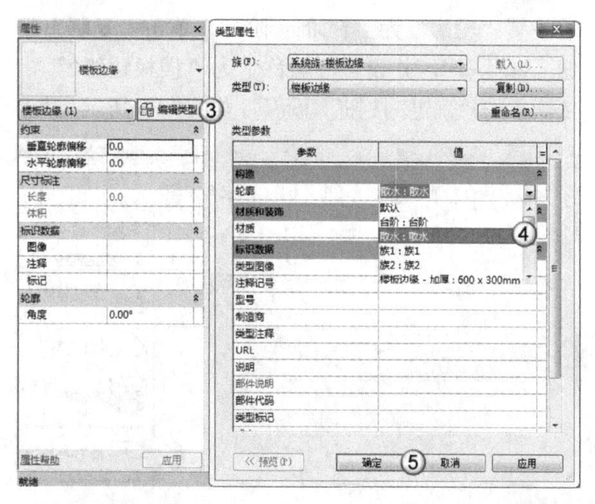

图6-102

02 单击楼板的上边界线，如图6-103所示。小别墅的散水效果如图6-104所示。

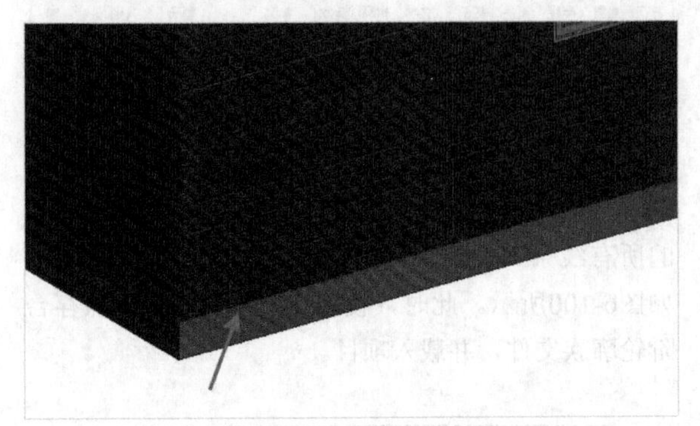

图6-103

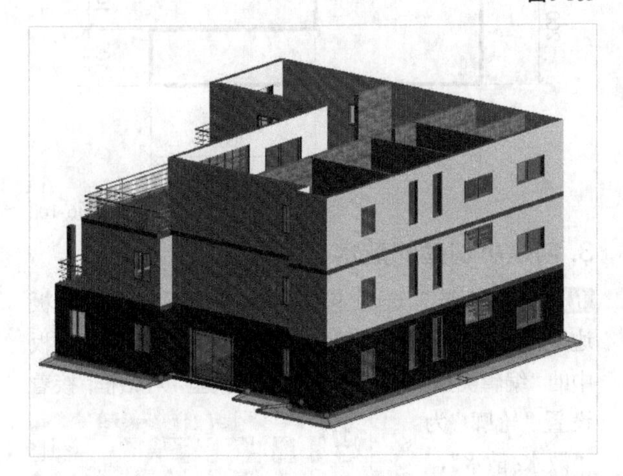

图6-104

4. 创建小别墅的台阶

01 在“建筑”选项卡中执行“楼板>楼板:楼板边”命令，如图6-105所示；然后选择“属性”面板中的“编辑类型”选项，打开“类型属性”对话框；接着设置“轮廓”为“台阶:台阶”，单击“复制”按钮【复制(D)...】，并设置“名称”为“楼板边缘2”，依次单击“确定”按钮【确定】，如图6-106所示。

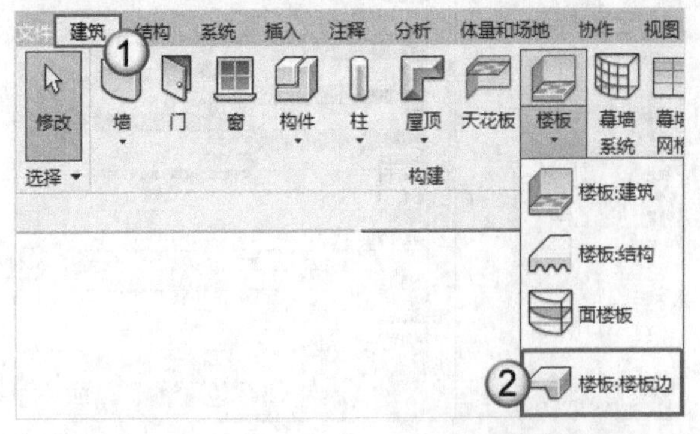

图6-105

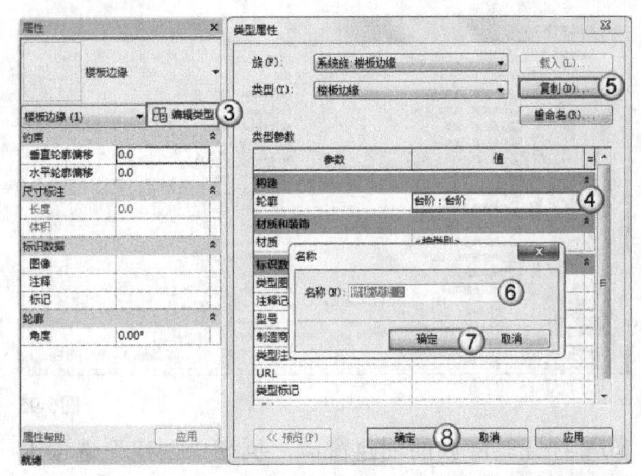

图6-106

02 单击小别墅一层中所有入口处楼板的下边边线，完成台阶的创建，如图6-107所示，效果如图6-108所示。

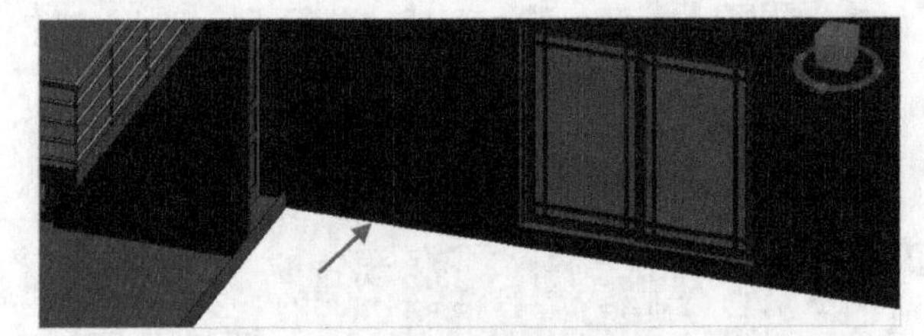

图6-107

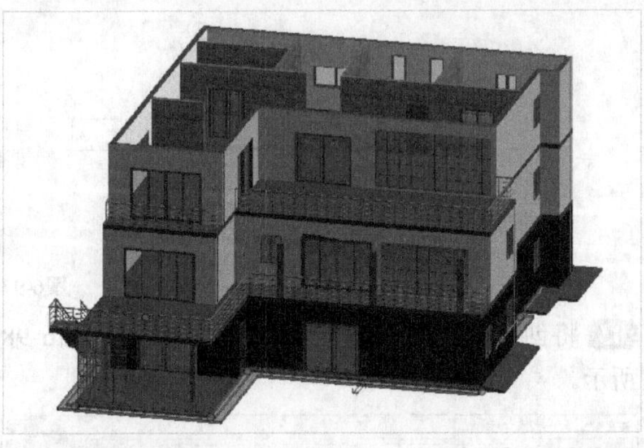

图6-108

提示 如果台阶的位置不是特别理想，可以选中台阶，台阶两边会出现可拖动的控件，将其拖动到合适位置，如图6-109所示。

图6-109

5. 创建坡道

01 在“建筑”选项卡中执行“参照 平面”命令，如图6-110所示；然后在“轴线2”外侧720的位置创建一个参照平面，如图6-111所示。

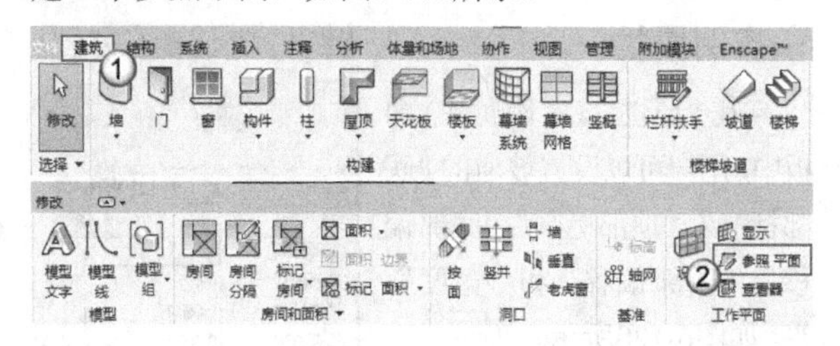

图6-110

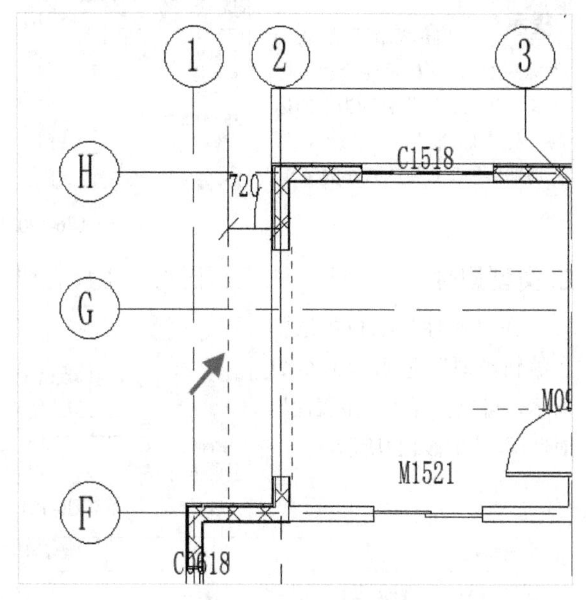

图6-111

02 在“建筑”选项卡中执行“楼板>楼板:建筑”命令，如图6-112所示；然后在“属性”面板中设置楼板类型为“楼板 常规-10mm”；接着使用“矩形”工具绘制图6-113所示的矩形轮廓，并单击“完成编辑模式”按钮✔。

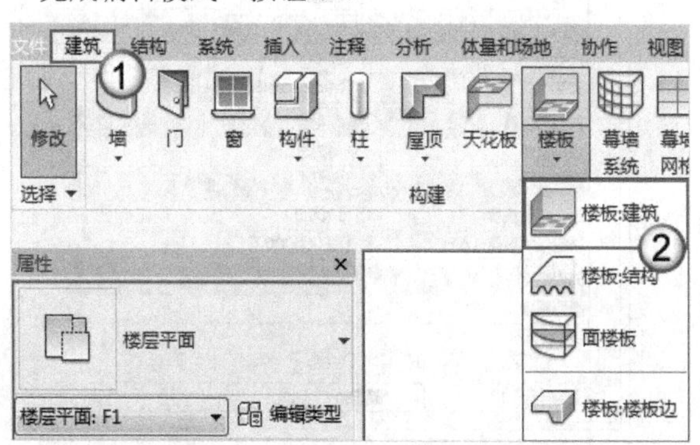

图6-112

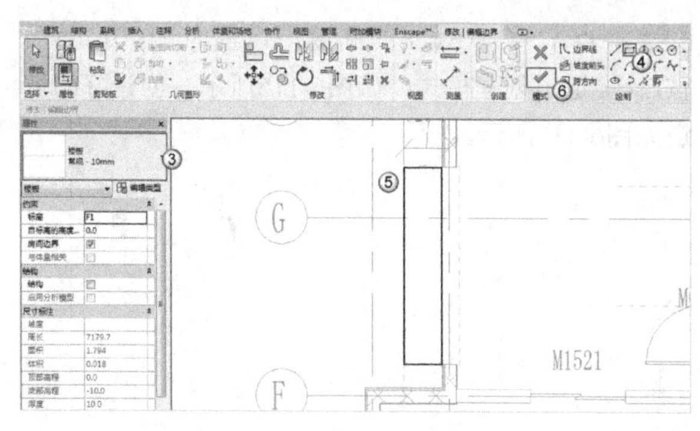

图6-113

03 选中楼板，进入“修改|楼板”选项卡，选择“添加点”工具，添加图6-114所示的两个点。

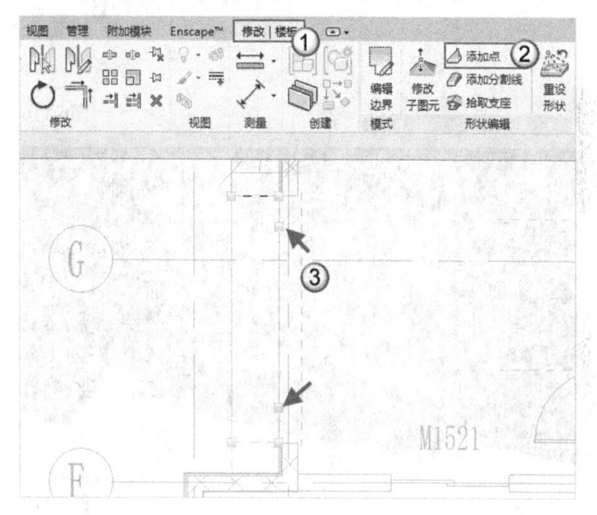

图6-114

04 选择“添加分割线”工具，单击图6-115所示的点C，然后单击点D，创建第1条分割线；接着单击点A与点B，创建第2条分割线。

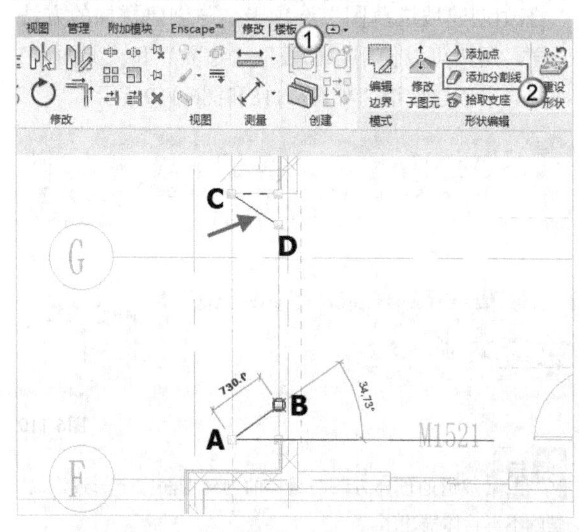

图6-115

05 将点A、C、E、F的高度均设置为-140，然后按Esc键退出创建模式，如图6-116所示。创建好的坡道如图6-117所示。

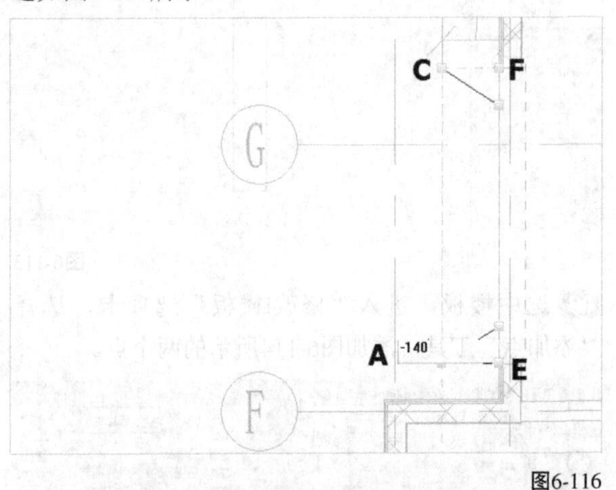

图6-116

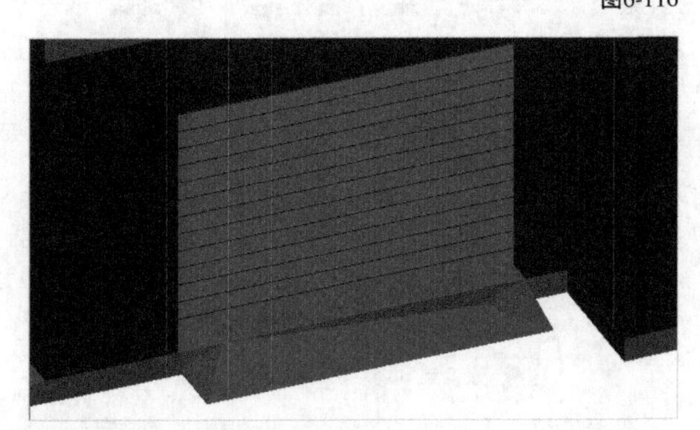

图6-117

6.3.2 创建坡道

在“建筑”选项卡中执行“坡道”命令，进入“修改|创建坡道草图”选项卡，与创建楼梯的方法一样，用户可以使用“梯段”“边界”和“踢面”3种方式来创建坡道，如图6-118和图6-119所示。

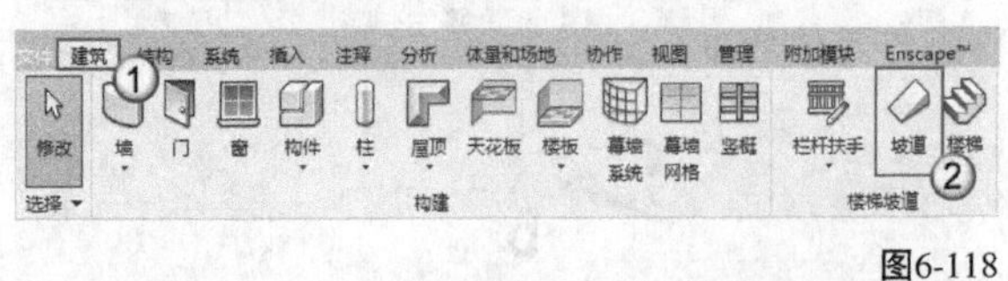

图6-118

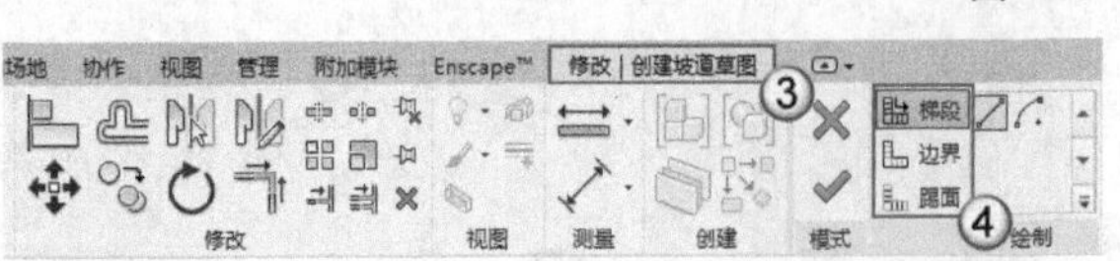

图6-119

提示 坡道的创建方法与楼梯的创建方法完全一致，这里就不再具体描述了。

6.3.3 坡道的属性

同样，坡道也包含实例属性和类型属性两种属性，下面分别进行说明。

1. 实例属性

在“属性”（实例属性）面板中，用户可以设置坡道的“底部标高”“顶部标高”“底部偏移”“顶部偏移”和“宽度”等，如图6-120所示。

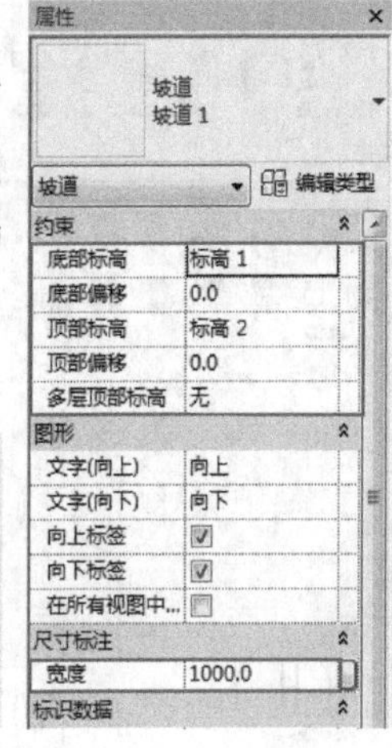

图6-120

提示 “顶部标高”默认为“标高2”，这样可能会使坡道太长，建议将它设置为当前的标高（如“标高1”）；另外，将“顶部偏移”设置为较小的值。

2. 类型属性

在“属性”面板中选择“编辑类型”选项，如图6-121所示，可以打开“类型属性”对话框，如图6-122所示。

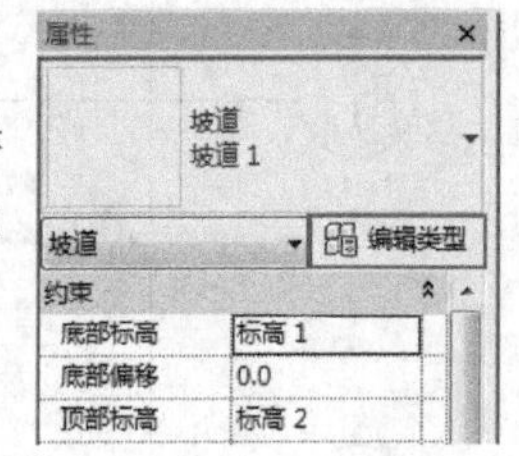

图6-121

图6-122

坡道类型属性重要参数介绍

厚度：用于设置坡道的厚度，只有设置“造型”为“结构板”时，该选项才会被激活；若“造型”为“实体”，则该选项处于灰色显示状态。“造型”为“结构板”和“实体”的区别如图6-123所示。

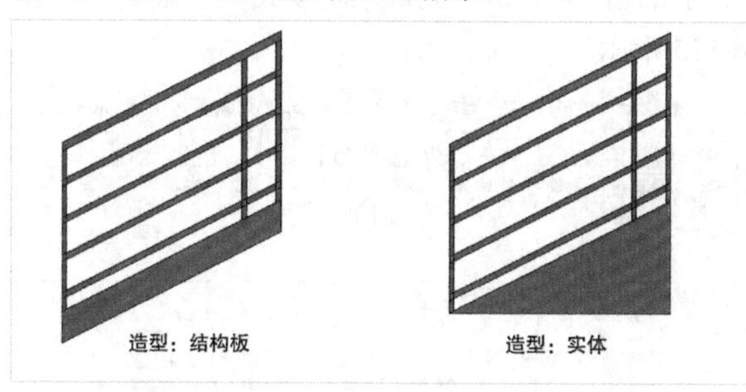

图6-123

坡道材质：用于设置坡道的材质信息。

最大斜坡长度：表示指定目标平台前，坡道中连续踢面高度的最大长度。例如，设置“最大斜坡长度”为50，则坡道只能绘制出50mm的长度，如图6-124和图6-125所示。因此，一般在绘制坡道时会将此值设置得很大，当然保持默认数值也可以。

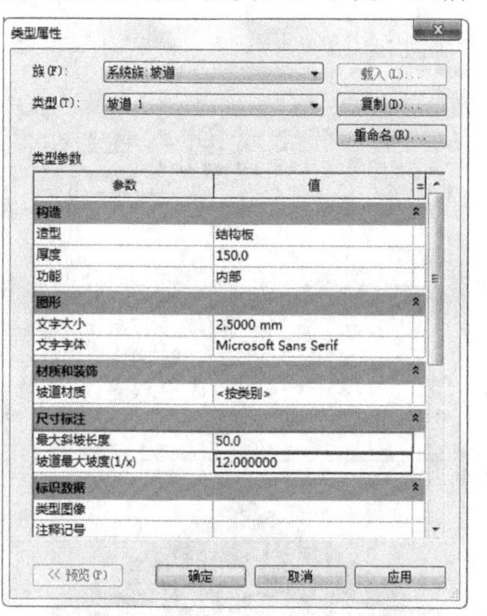

图6-124

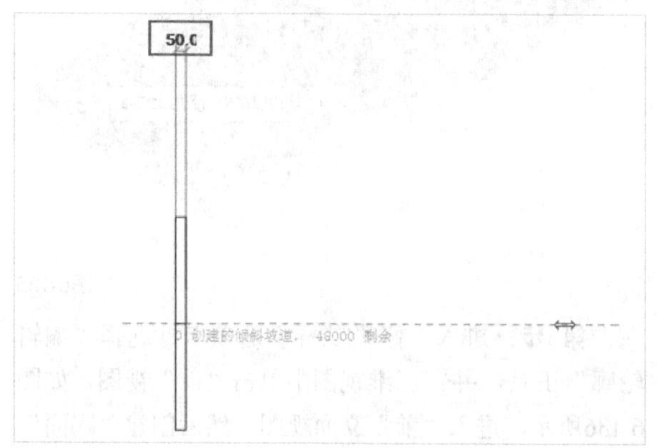

图6-125

坡道最大坡度（1/x）：设置坡道的最大坡度，1/x指坡道的高度与长度的比值。在类型属性中，只需要填写x值即可，值越小，坡道的坡度越大，反之坡度越小。

6.3.4 创建台阶

Revit 2018中没有专门的“台阶”命令，因此可以采用创建内建模型、外部构件族、楼板边缘甚至创建楼梯等方式来创建各种台阶模型。本小节将讲解用内建模型和楼板边缘方式创建台阶的方法。台阶是基于楼板的，所以先创建楼板。

第1步：在“建筑”选项卡中执行“楼板>楼板:建筑”命令，如图6-126所示；然后在“属性”面板中设置楼板类型为“楼板 常规-300mm”，如图6-127所示。

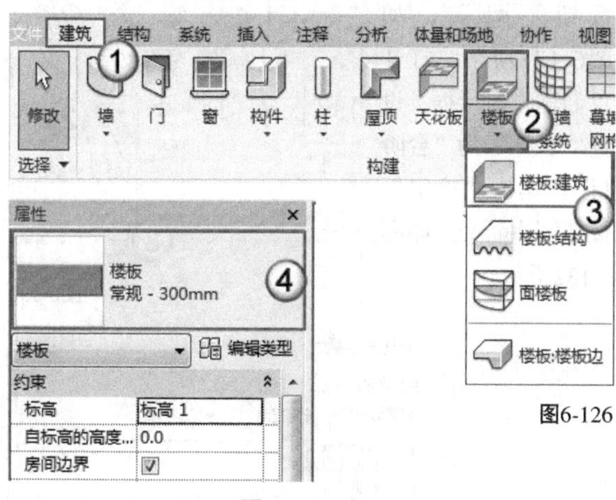

图6-126

图6-127

第2步：进入“修改|创建楼层边界”选项卡，选择“矩形”工具▭，在视图中绘制一个2000×4000的矩形楼板，如图6-128所示。创建完成后的效果如图6-129所示。

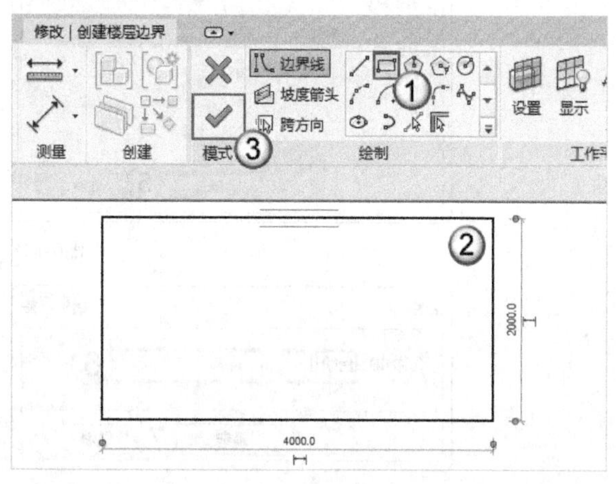

图6-128

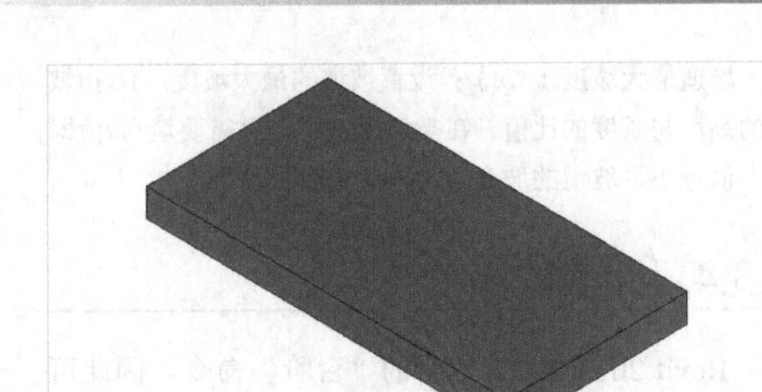

图6-129

1. 使用内建模型创建台阶

第1步： 在“建筑”选项卡中执行“构件>内建模型”命令，如图6-130所示；打开“族类别和族参数”对话框，选择“楼板”选项，单击“确定”按钮 确定 ，如图6-131所示。打开“名称”对话框，设置“名称”为“台阶1”，单击“确定”按钮 确定 ，如图6-132所示。

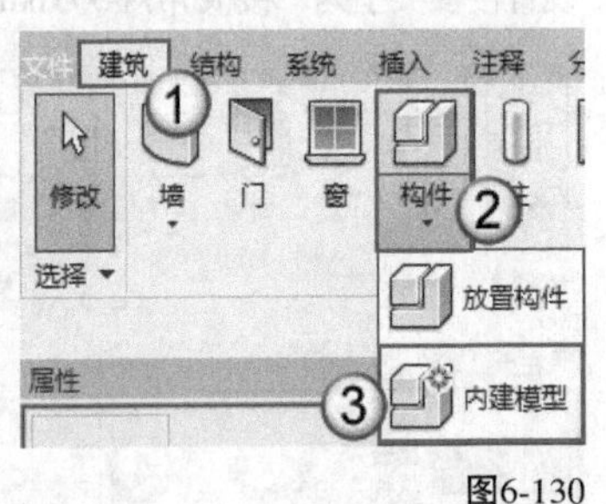

图6-130

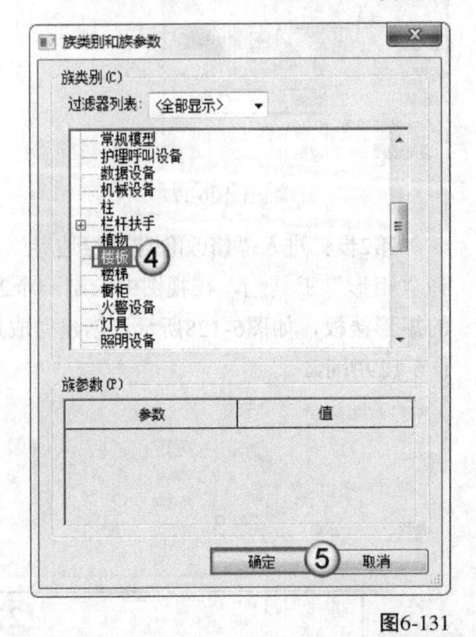

图6-131

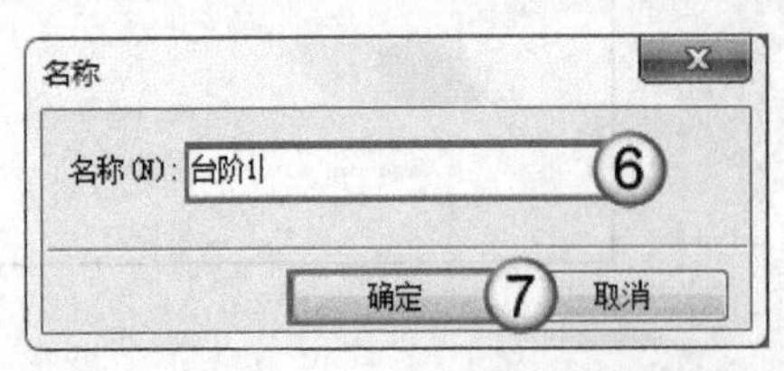

图6-132

第2步： 打开“内建模型”界面，在“创建”选项卡中执行“放样”命令，如图6-133所示；然后进入“修改|放样”选项卡，选择“拾取路径”工具，如图6-134所示；接着拾取楼板右侧的上边缘作为放样的路径，并单击“完成编辑模式”按钮✔，如图6-135所示。

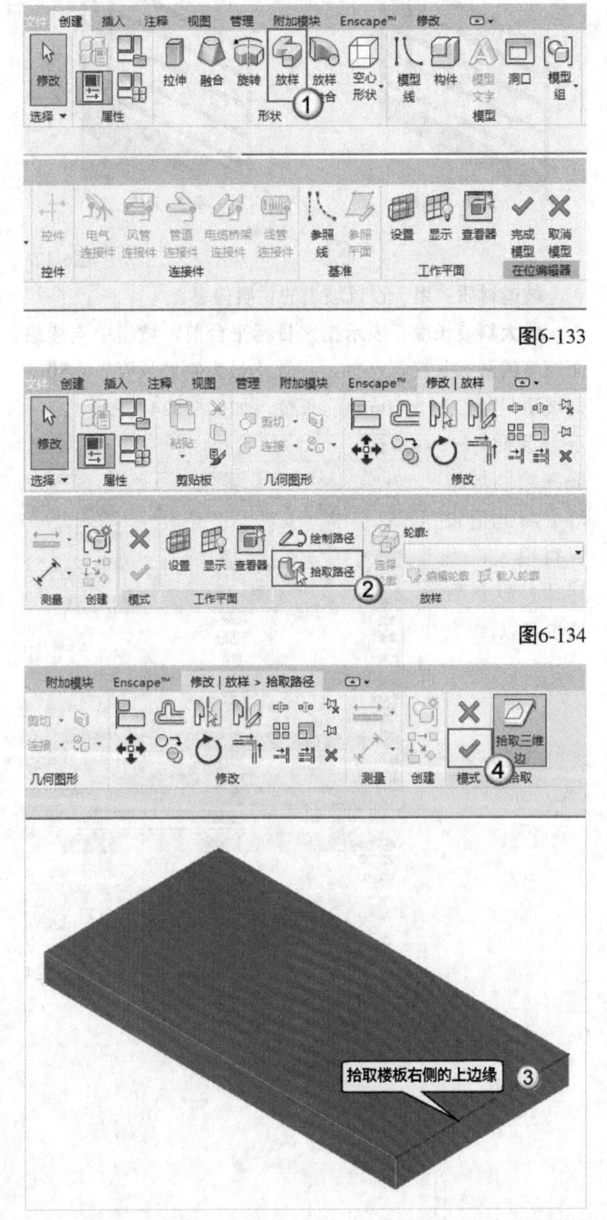

图6-133

图6-134

图6-135

第3步： 进入“修改|放样”选项卡，选择“编辑轮廓”工具，并在三维视图中单击“前”视图，如图6-136所示，进入“前”立面视图；然后创建“踢面”为100、“踏步”为200的轮廓图，如图6-137所示。

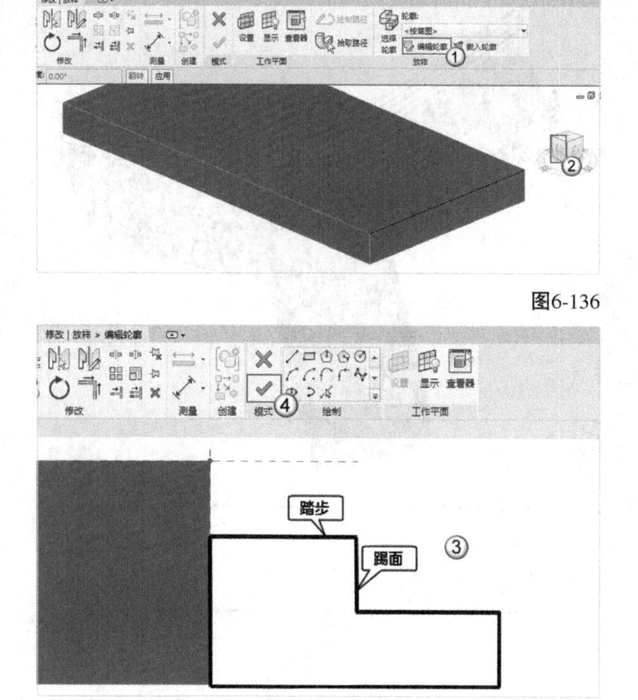

图6-136

图6-137

第4步：单击“完成编辑模式”按钮✔，如图6-138所示；然后单击“完成模型”按钮✔，如图6-139所示。台阶右侧的效果如图6-140所示。

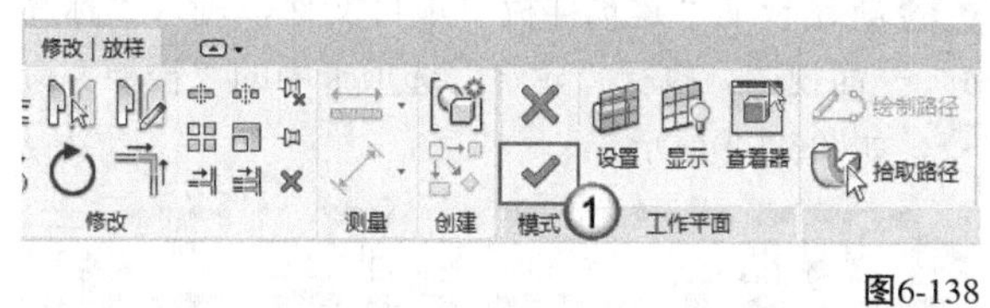

图6-138

图6-139

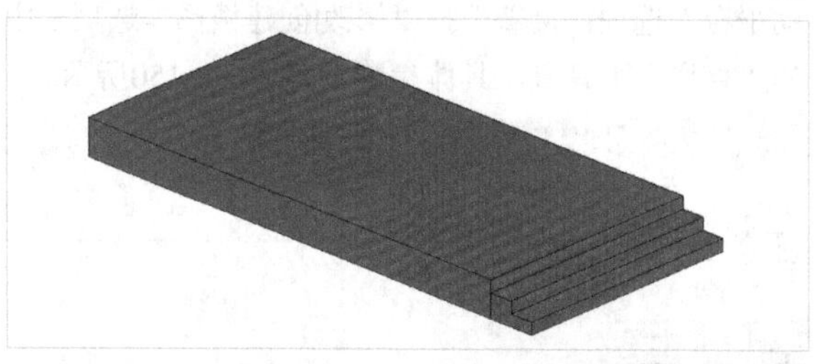

图6-140

提示 这里用“内建模型”创建的是台阶的右侧造型，其实也可以用它来创建整个阶梯造型的台阶。

2. 使用楼板边缘创建台阶

第1步：创建台阶的轮廓族。执行“文件>新建>族”命令，如图6-141所示，打开“新族-选择样板文件”对话框；然后选择“公制轮廓.rft”文件，单击“打开”按钮 打开(O) ，如图6-142所示；接着进入“创建”选项卡，执行“线”命令，绘制图6-143所示的轮廓，并选择“载入到项目”工具将其载入项目。

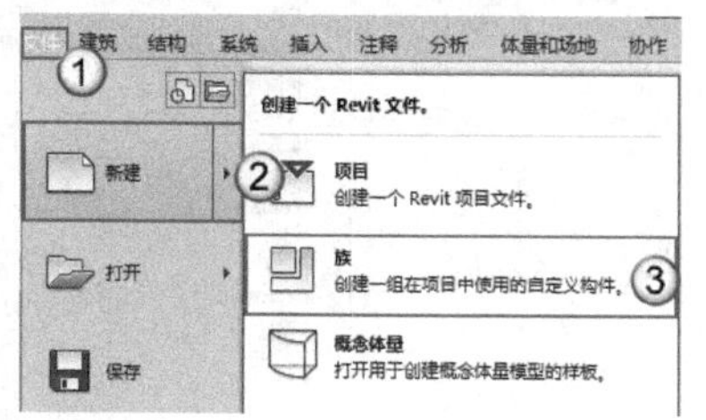

图6-141

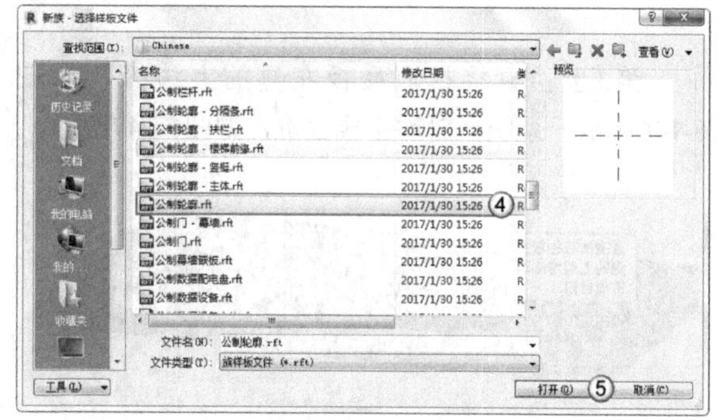

图6-142

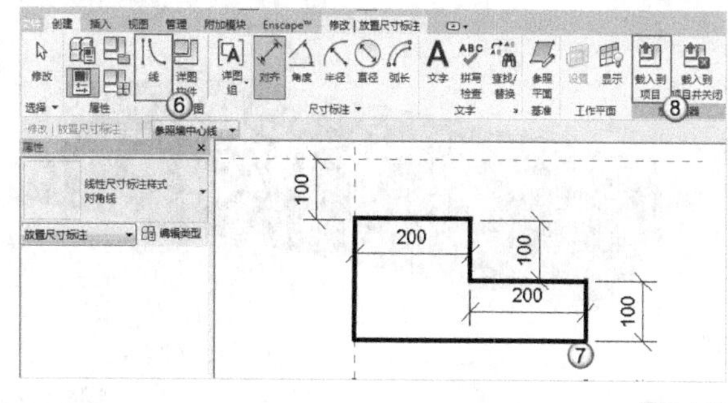

图6-143

第2步：使用楼板边缘在楼板左侧的短边处创建台阶。在“建筑”选项卡中执行“楼板>楼板:楼板边”命令，如图6-144所示；然后选择“属性”面板中的“编辑类型”选项，打开 “类型属性”对话框，如图6-145所示；接着设置“轮廓”为“族1:族1”，即上一步创建的轮廓族，单击“确定”按钮 确定 。如图6-145所示。

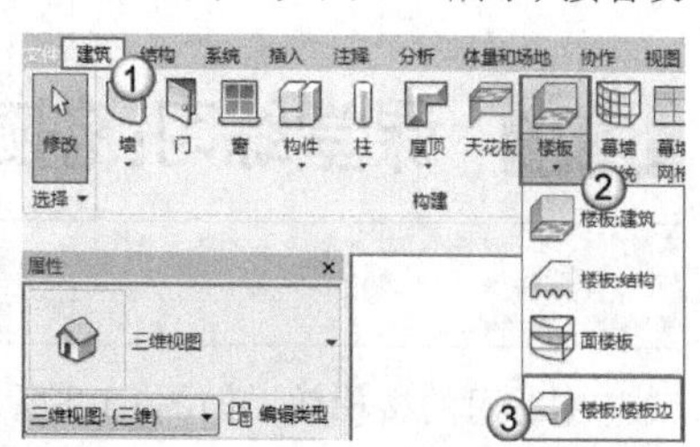

图6-144

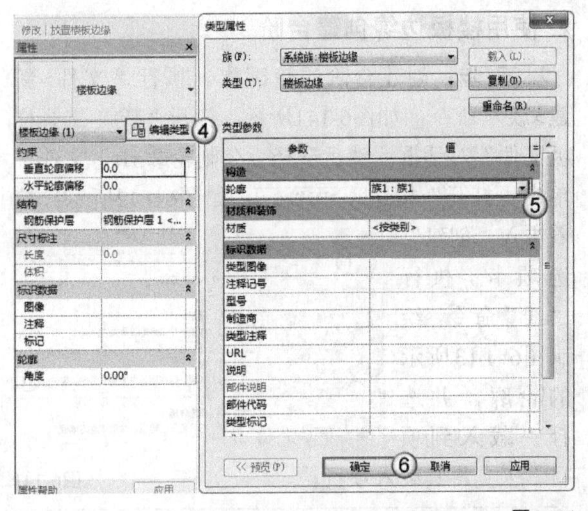

图6-145

第3步：直接拾取楼板左侧的上边缘，如图6-146所示，系统会自动生成台阶，如图6-147所示。

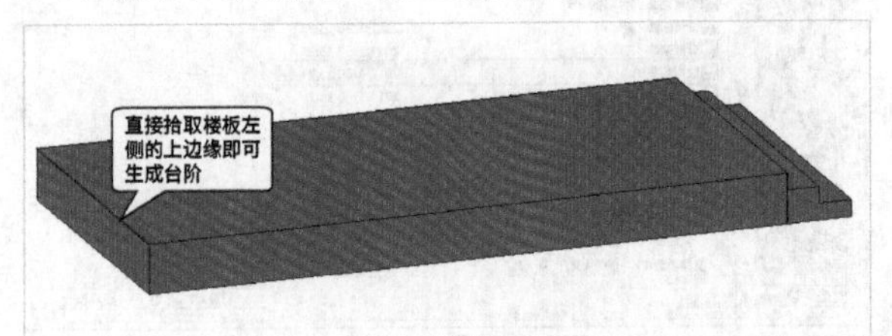

图6-146

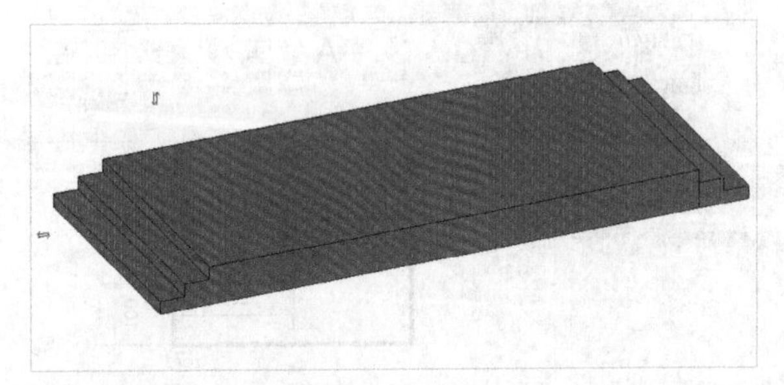

图6-147

提示 在Revit 2018中，除了台阶可以按本小节的方法创建外，建筑周围的散水等构件也可通过“楼板边缘”和“内建模型”方式创建。

6.4 课堂练习：创建T形楼梯

实例文件　实例文件>CH06>课堂练习：创建T形楼梯.rvt
视频文件　课堂练习：创建T形楼梯.mp4
学习目标　掌握楼梯的绘制方法

本练习的楼梯效果如图6-148所示。

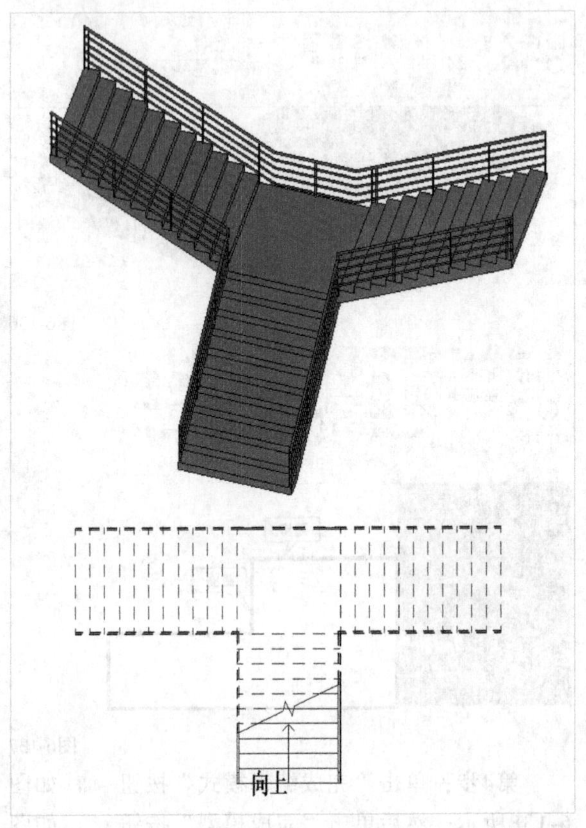

图6-148

01 新建一个“建筑样板”项目文件，进入“标高1”平面视图，执行“建筑”选项卡中的“楼梯”命令，如图6-149所示。

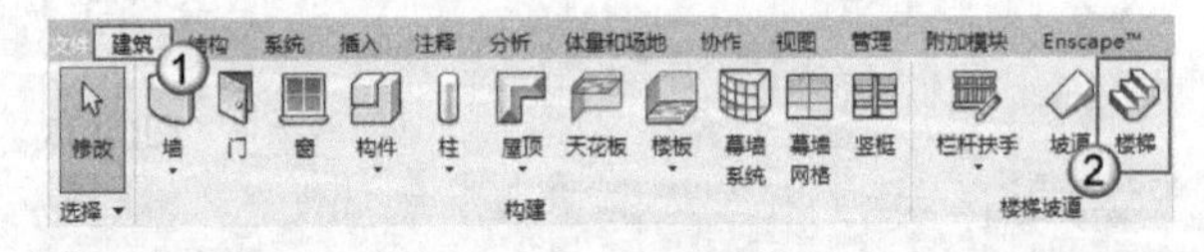

图6-149

02 在“属性”面板中设置楼梯类型为“现场浇筑楼梯 整体浇筑楼梯”，并设置具体的参数；然后在选项栏中设置“实际梯段宽度”为2000，并勾选“自动平台”选项；接着选择“修改|创建楼梯”选项卡中的“直梯”工具，具体参数设置如图6-150所示。

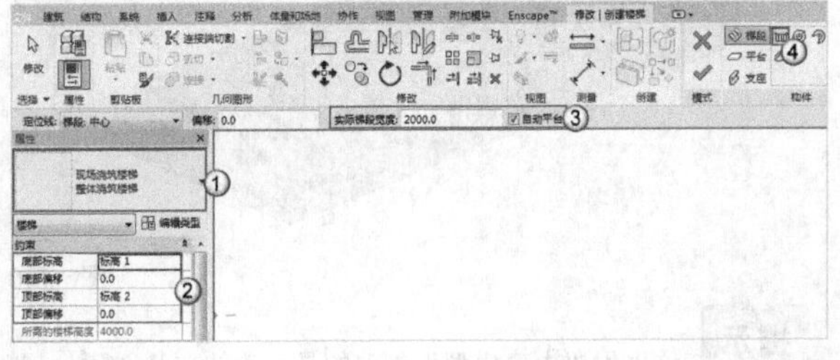

图6-150

03 垂直创建11个踢面，然后向左水平创建12个踢面，具体尺寸如图6-151所示。

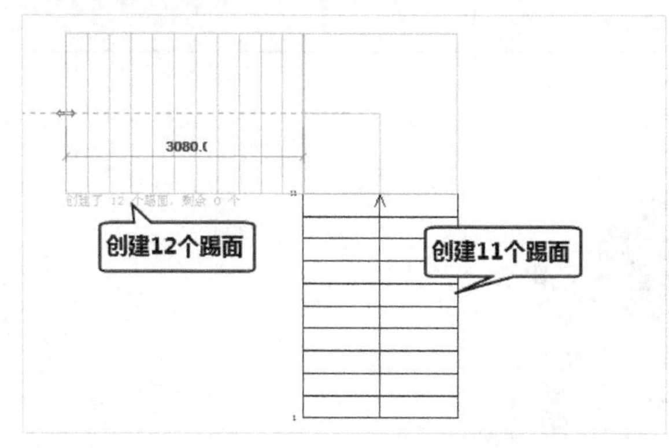

图6-151

04 选中左侧梯段，然后选择“镜像-拾取轴”工具，接着单击中间的梯段线，完成右侧梯段的创建，单击“完成编辑模式”按钮✔，如图6-152所示。最终效果如图6-153所示。

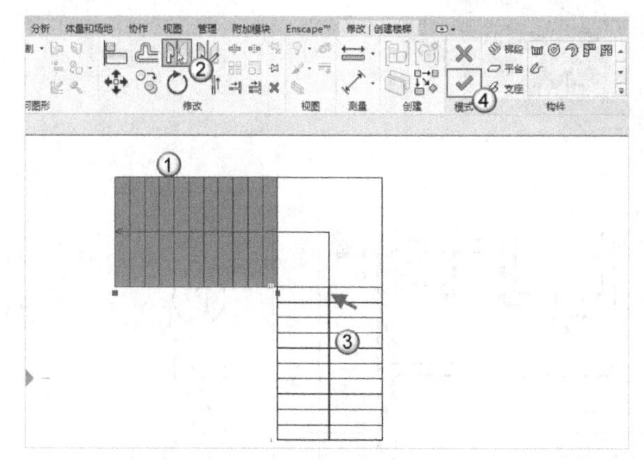

图6-152

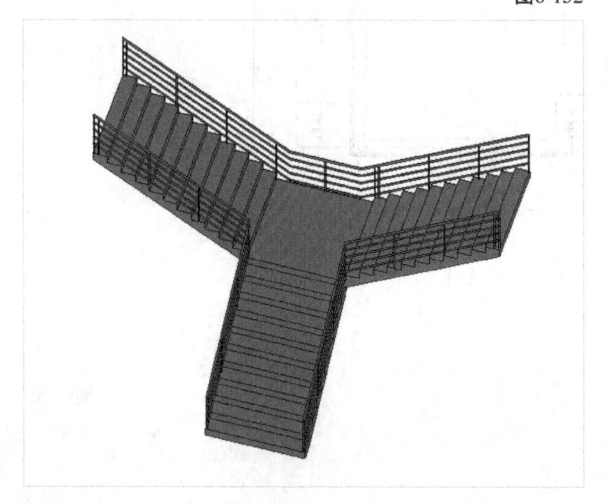

图6-153

6.5 课后习题

为了巩固前面学习的知识，下面安排两个课后习题供读者练习。

6.5.1 课后习题：创建小洋房的楼梯和栏杆

实例文件	实例文件>CH06>课后习题：创建小洋房的楼梯和栏杆.rvt
视频文件	课后习题：创建小洋房的楼梯和栏杆.mp4
学习目标	掌握建筑楼梯和栏杆的绘制方法

本习题的楼梯和栏杆的视图效果如图6-154所示。

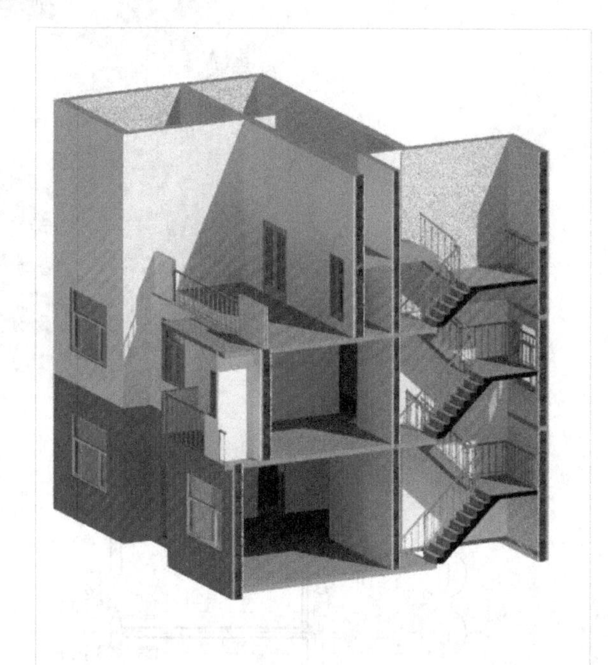

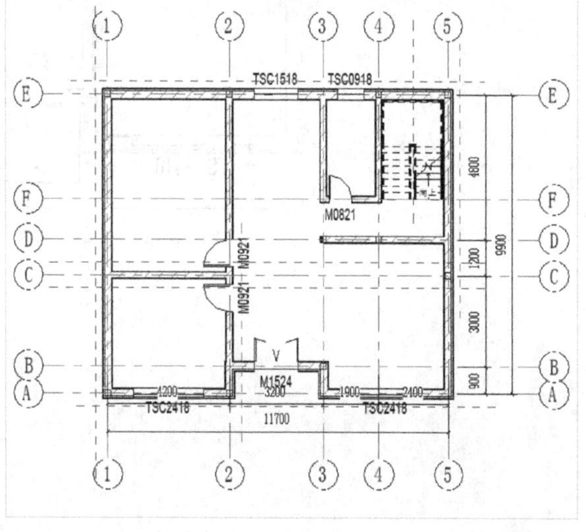

图6-154

6.5.2 课后习题：创建小洋房的台阶

实例文件 实例文件>CH06>课后习题：创建小洋房的台阶.rvt
视频文件 课后习题：创建小洋房的台阶.mp4
学习目标 掌握建台阶的绘制方法

本习题的台阶视图效果如图6-155所示。

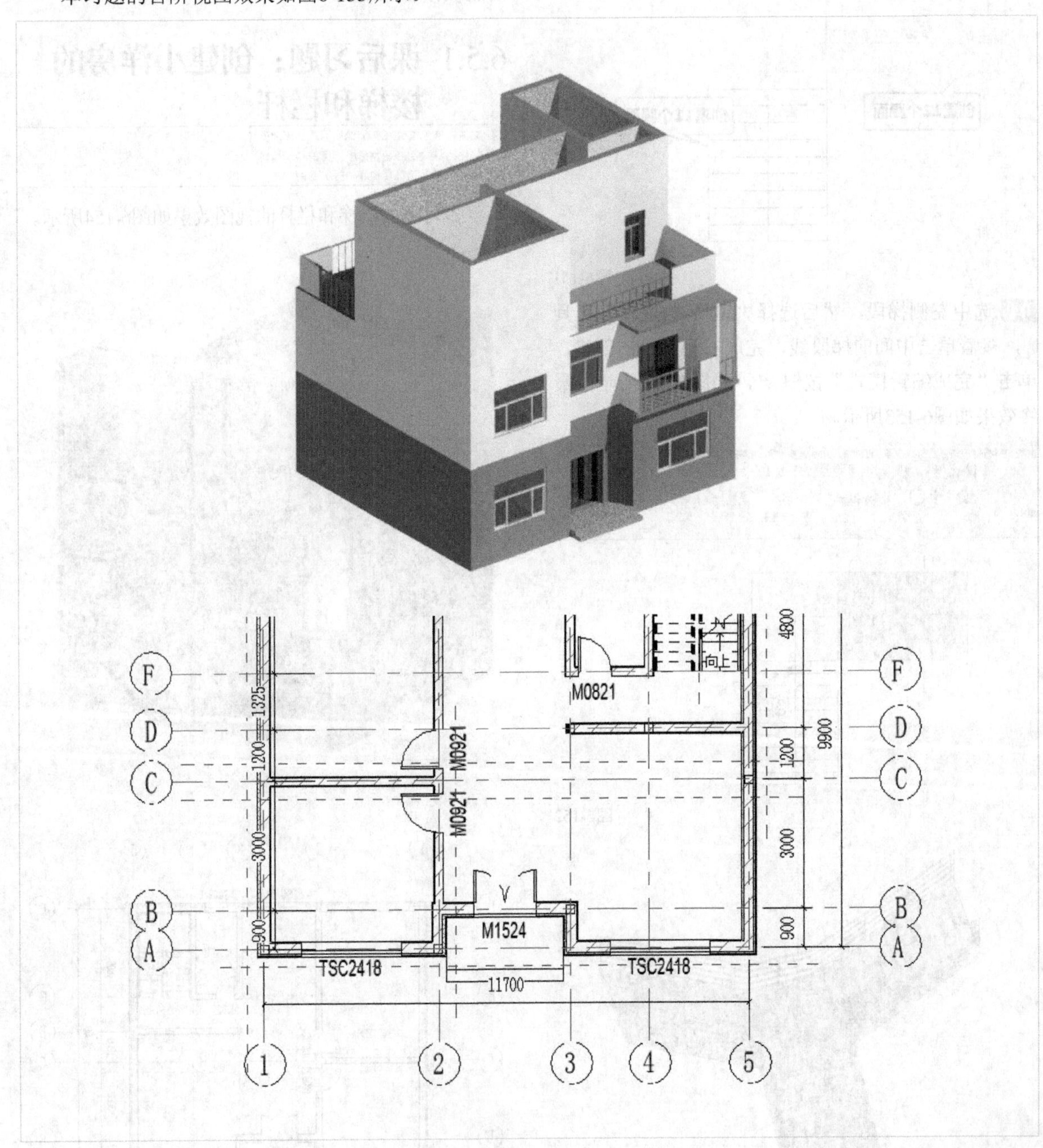

图6-155

第7章 屋顶

本章将介绍Revit 2018中屋顶的基本概念和创建方法。通过对本章的学习，读者可以了解创建屋顶的知识，掌握屋顶的建模思路和编辑方法。

学习目标

- 了解屋顶的类型
- 掌握屋顶的创建方法
- 掌握屋顶的编辑方法
- 掌握将墙体附着到屋顶的方法

7.1 认识屋顶

Revit 2018中的屋顶主要分为3类，即迹线屋顶、拉伸屋顶和面屋顶。屋顶的建模是建模过程中的难点之一。

本节内容介绍

名称	作用	重要程度
屋顶的分类	了解屋顶的类型	中
创建迹线屋顶	掌握迹线屋顶的创建方法	高
创建拉伸屋顶	掌握拉伸屋顶的创建方法	高

7.1.1 课堂案例：创建小别墅的屋顶

实例文件　实例文件>CH07>课堂案例：创建小别墅的屋顶.rvt
视频文件　课堂案例：创建小别墅的屋顶.mp4
学习目标　掌握建筑屋顶的绘制方法

小别墅屋顶的效果如图7-1所示。

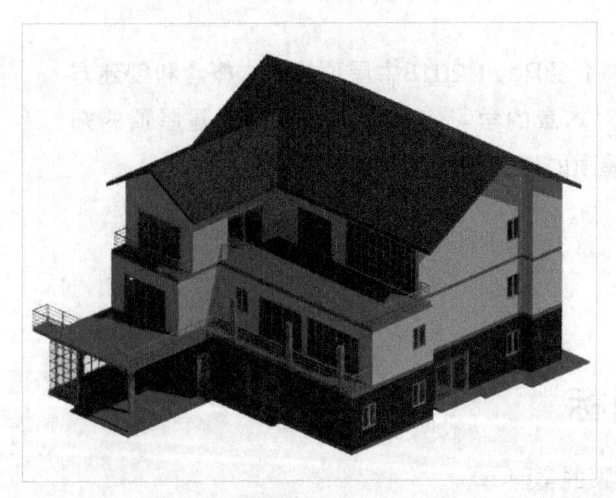

图7-1

1. 使用拉伸屋顶创建侧屋顶

01 打开学习资源中的“实例文件>CH06>课堂案例：创建小别墅的散水和坡道.rvt”文件；然后在“建筑”选项卡中执行“参照 平面”命令，如图7-2所示；接着在“轴线2”左侧创建一个参照平面，在“轴线D”和“轴线G”之间创建3个参照平面，如图7-3所示。

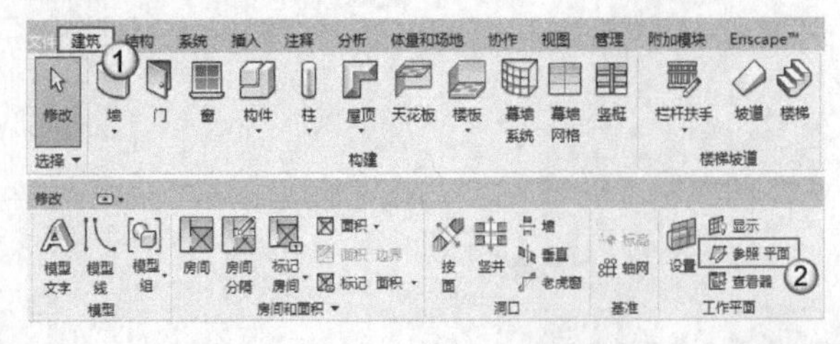

图7-2

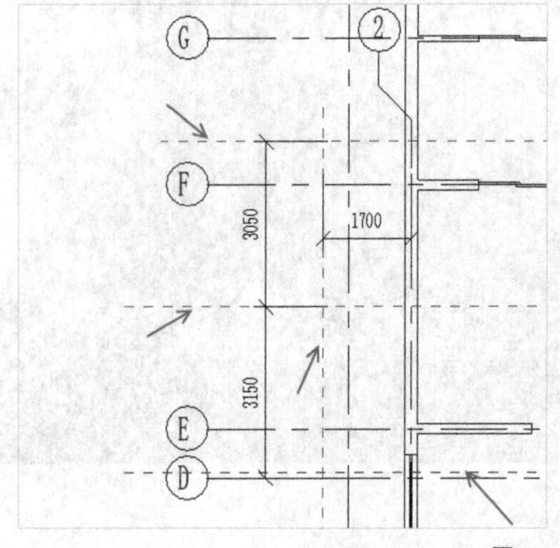

图7-3

02 在“建筑”选项卡中执行“屋顶>拉伸屋顶”命令，如图7-4所示；打开“工作平面”对话框，选择“拾取一个平面”选项，然后单击“确定”按钮 确定 ，如图7-5所示。

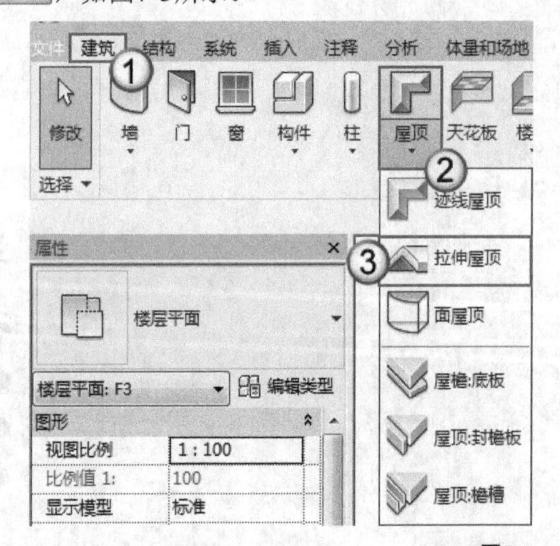

图7-4

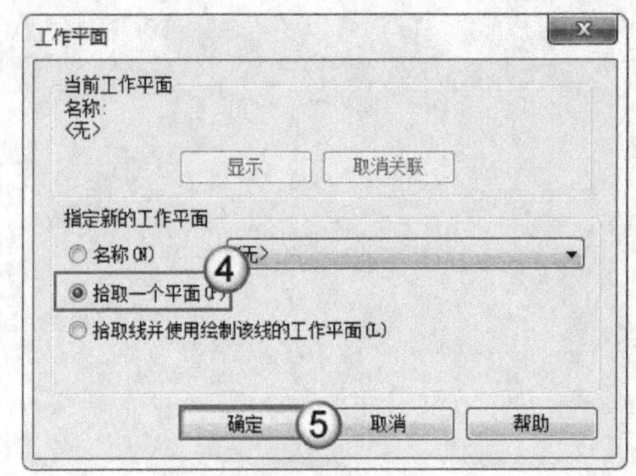

图7-5

03 单击参照平面，打开“转到视图”对话框，选择“立面:西”选项，然后单击“打开视图”按钮 打开视图 ，如图7-6所示。打开“屋顶参照标高和偏移”对话框，设置“标高”为F3，单击“确定”按钮 确定 ，如图7-7所示。

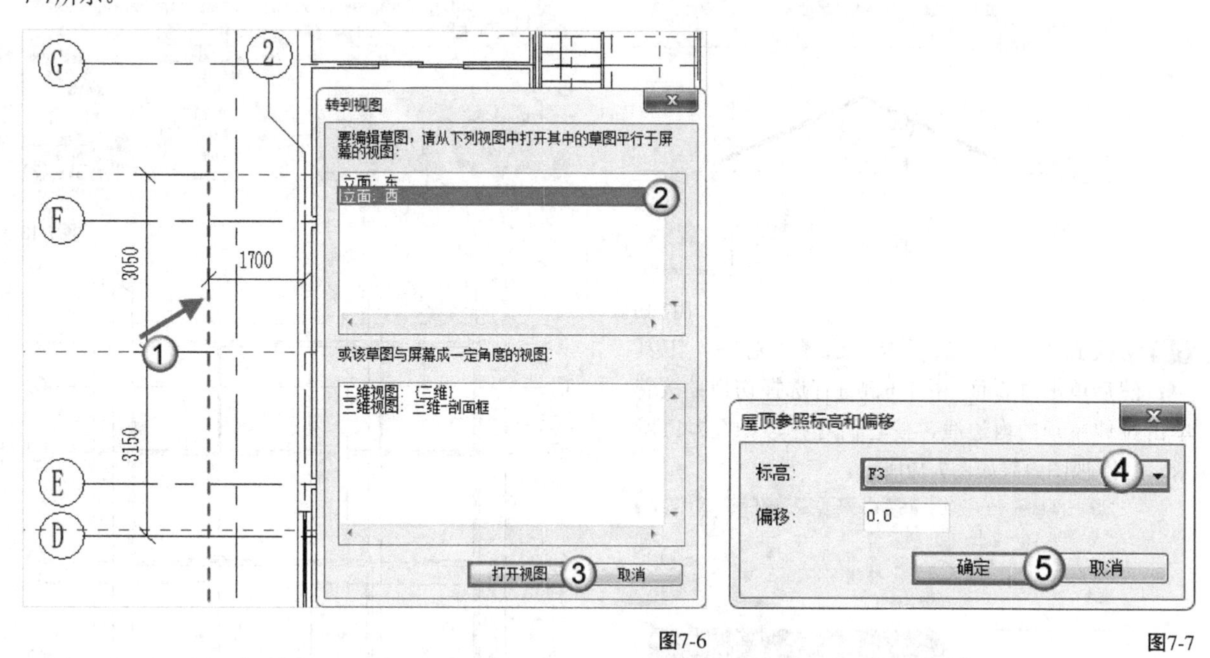

图7-6

图7-7

04 在“属性”面板中选择“编辑类型”选项，打开“类型属性”对话框；然后单击“编辑”按钮 编辑... ，如图7-8所示；接着设置“结构[1]”的“材质”为“瓦片-筒瓦”，并单击“确定”按钮 确定 ，如图7-9所示。

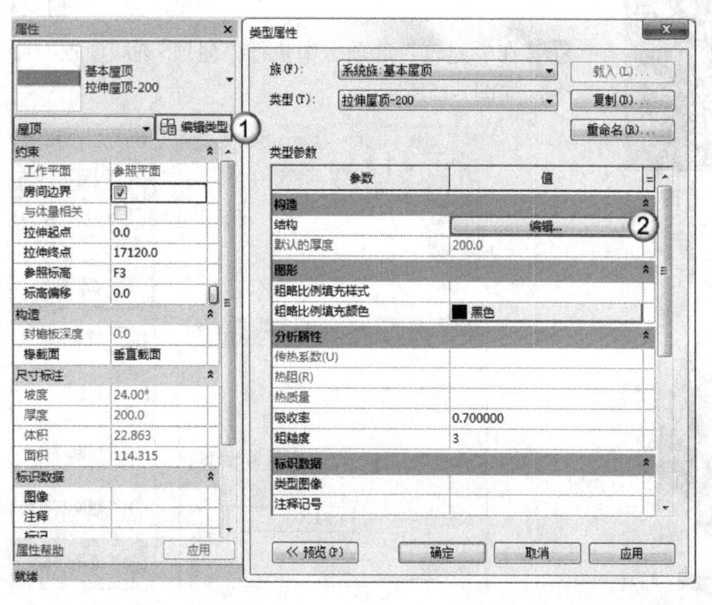

图7-8

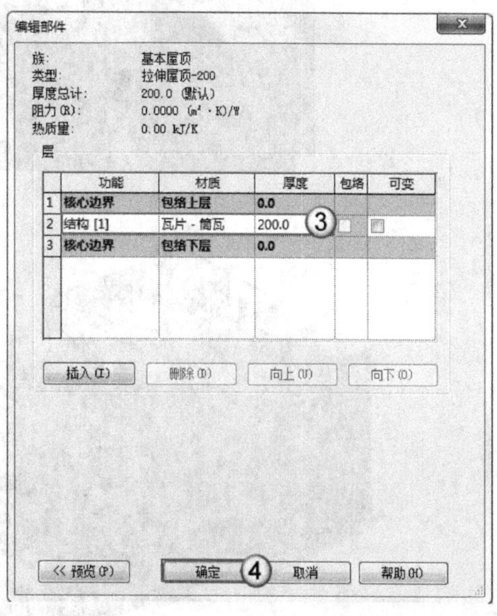

图7-9

05 选择“线”工具，绘制图7-10所示的轮廓，然后单击“完成编辑模式”按钮。

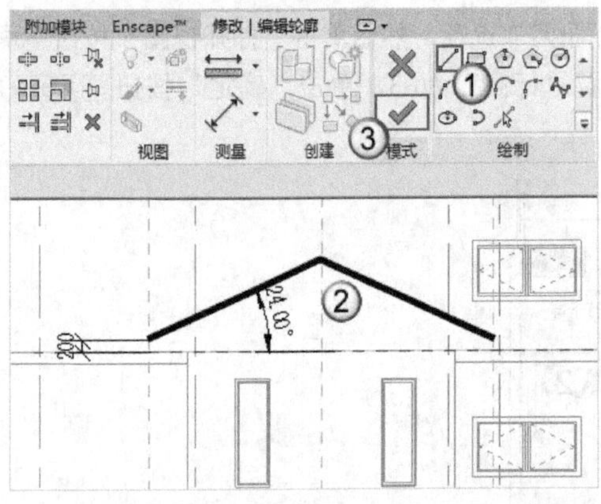

图7-10

06 切换到“修改”选项卡，选择“对齐”工具；然后单击内墙面，按Tab键进行选择切换；接着单击拉伸屋顶的内边线，使它们对齐，如图7-11所示，三维视图效果如图7-12所示。

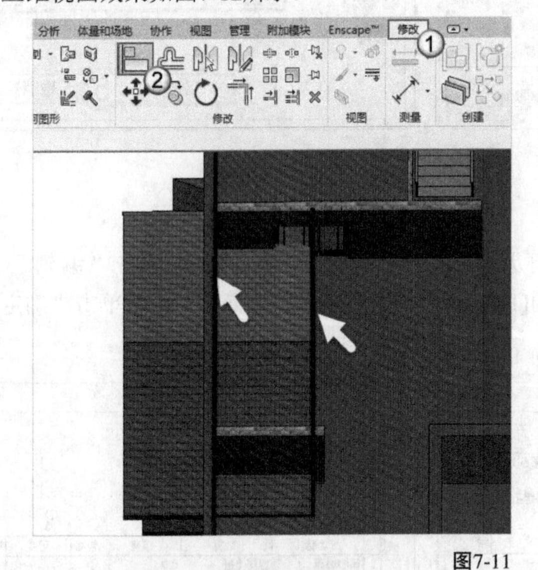

图7-11

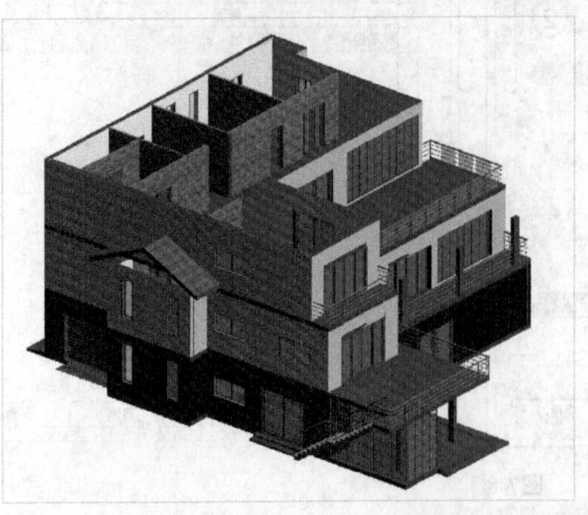

图7-12

2. 使用迹线屋顶创建主屋顶

01 在“建筑”选项卡中执行“参照 平面”命令，如图7-13所示；进入F4平面视图，在距离外墙轴线800处分别创建参照平面，如图7-14所示。

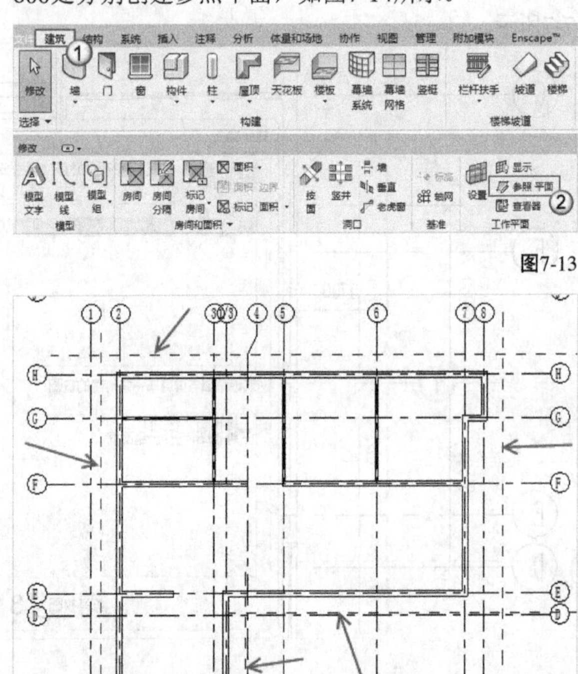

图7-13

图7-14

02 在“建筑”选项卡中执行“屋顶>迹线屋顶”命令，如图7-15所示。

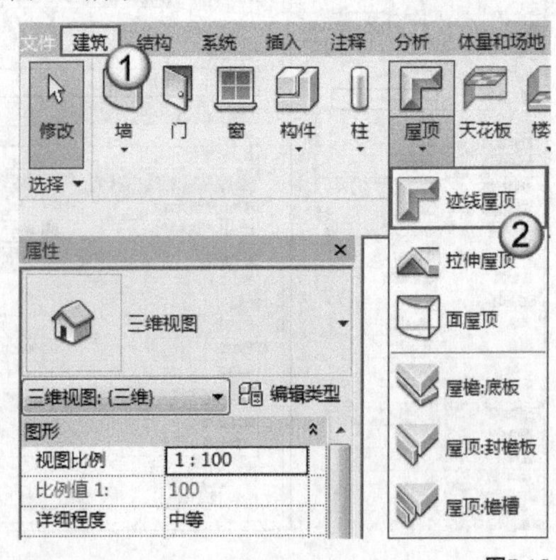

图7-15

03 在"属性"面板中设置屋顶类型为"基本屋顶 迹线屋顶-200"，并设置相关参数；然后在选项栏中勾选"定义坡度"选项，并在"修改|编辑迹线"选项卡中选择"矩形"工具▭，绘制图7-16所示的矩形。

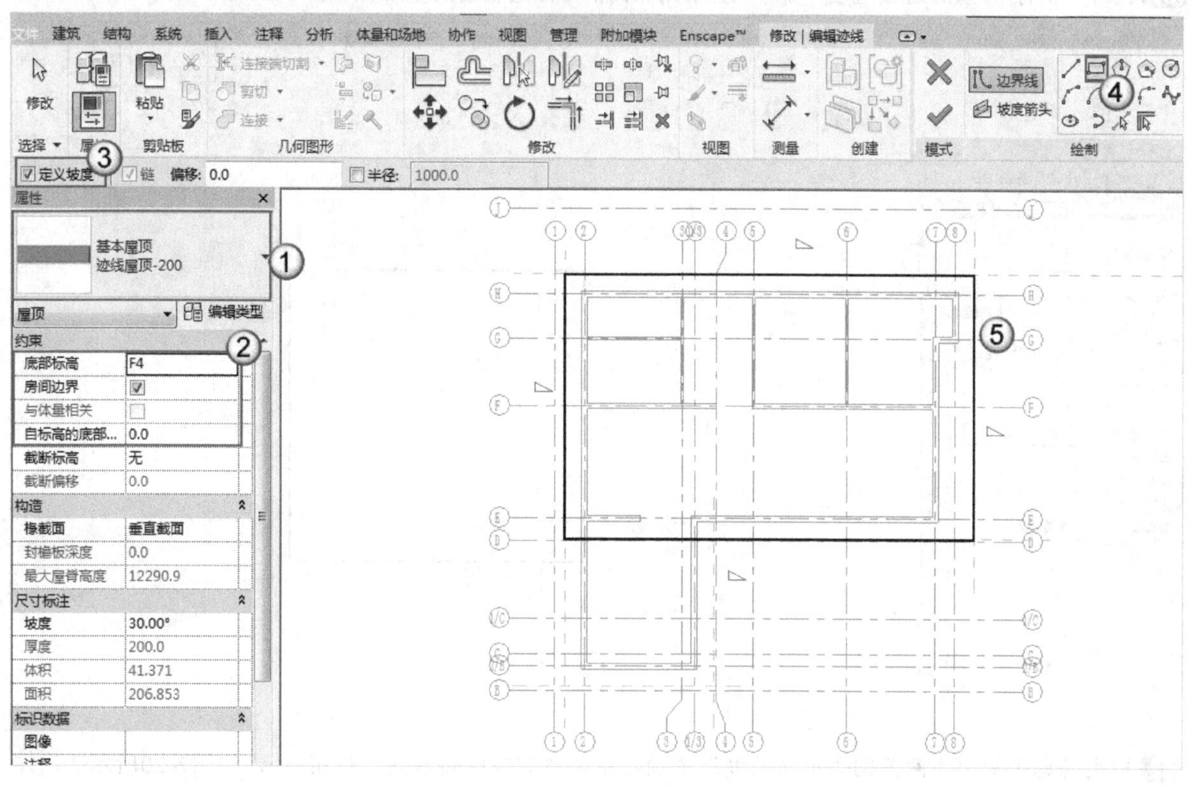

图7-16

04 取消勾选矩形左右两侧的"定义坡度"选项，然后单击"完成编辑模式"按钮✔，如图7-17所示。主屋顶三维视图效果如图7-18所示。

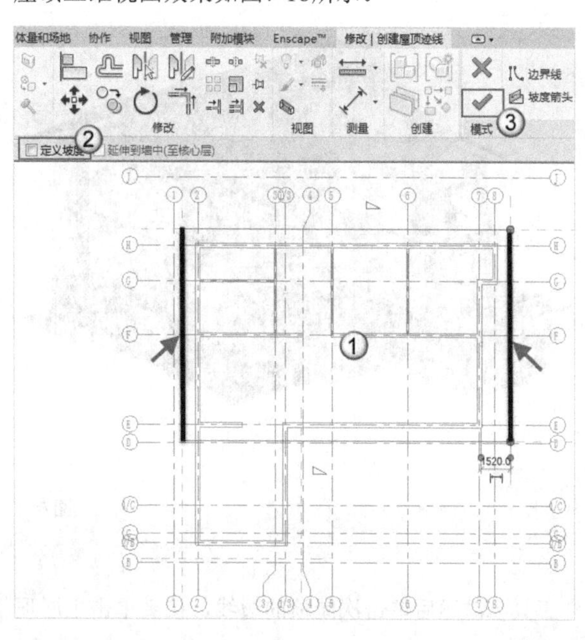

图7-17

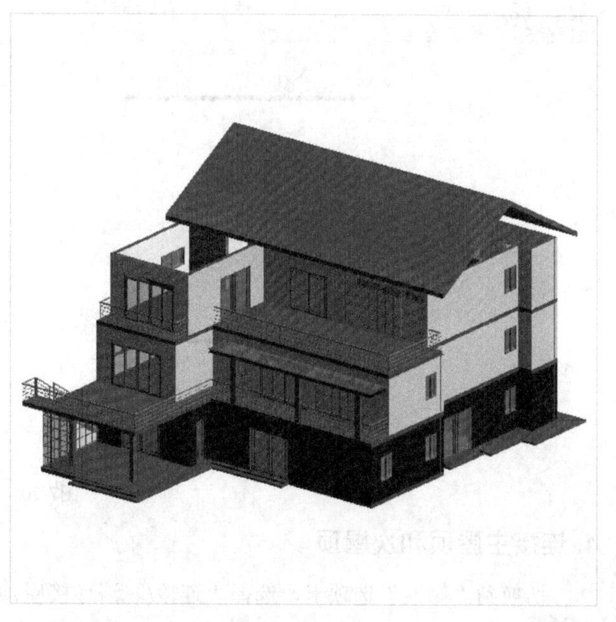

图7-18

3. 使用迹线屋顶创建次屋顶

01 同理，执行“屋顶>迹线屋顶”命令，然后用相同的方法绘制出次屋顶的矩形，如图7-19所示。

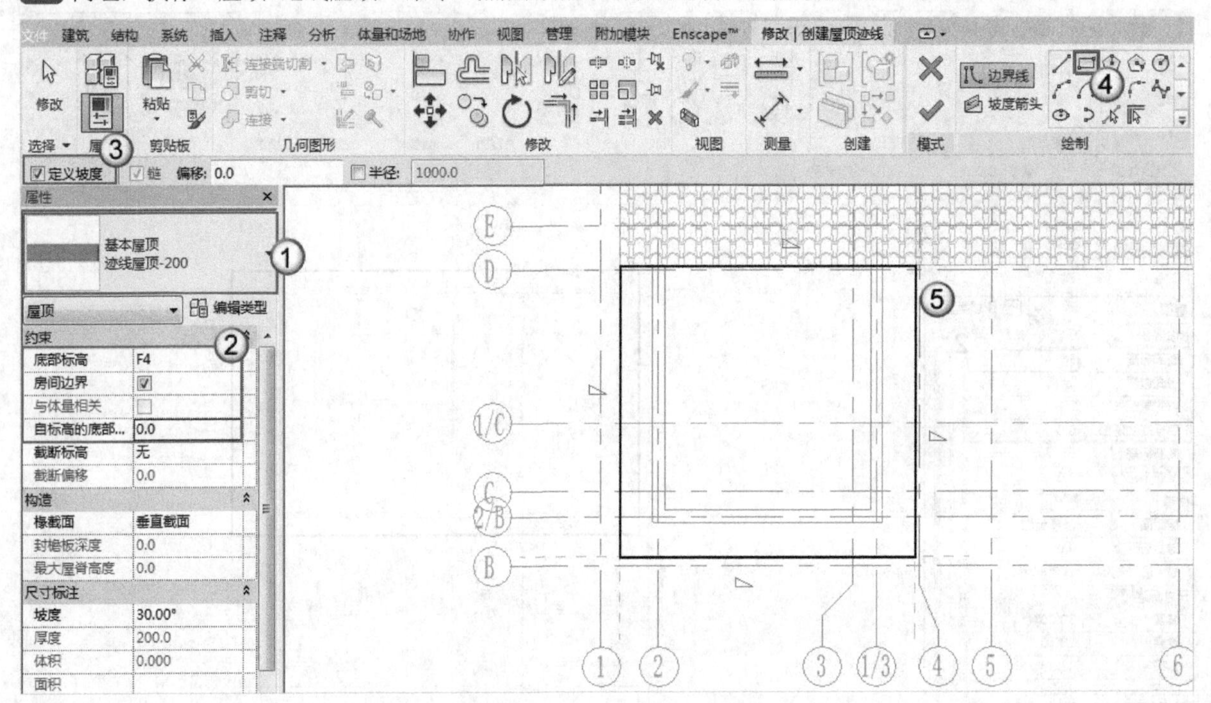

图7-19

02 取消勾选矩形上下两侧的“定义坡度”选项，单击“完成编辑模式”按钮 ✔，如图7-20所示。次屋顶三维视图效果如图7-21所示。

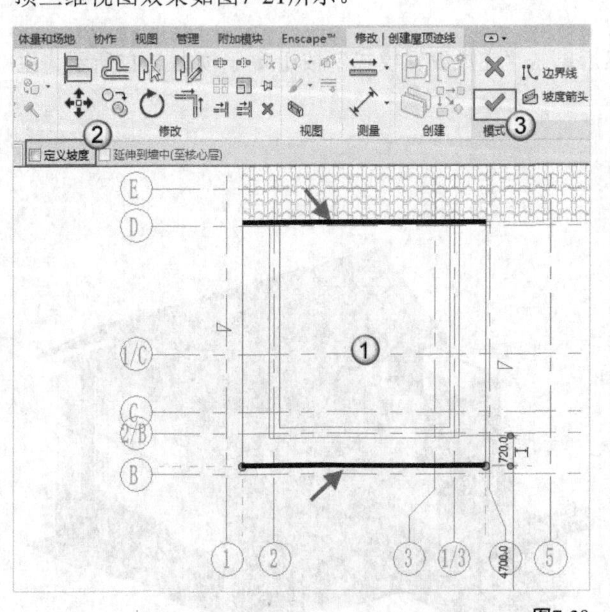

图7-20

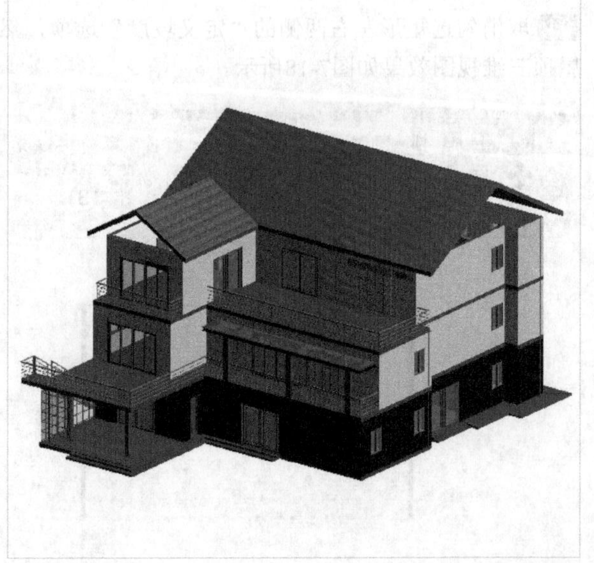

图7-21

4. 连接主屋顶和次屋顶

切换到“修改”选项卡，选择“连接/取消连接屋顶”工具，然后单击次屋顶的边线，接着单击主屋顶的附着面，如图7-22所示，三维视图效果如图7-23所示。

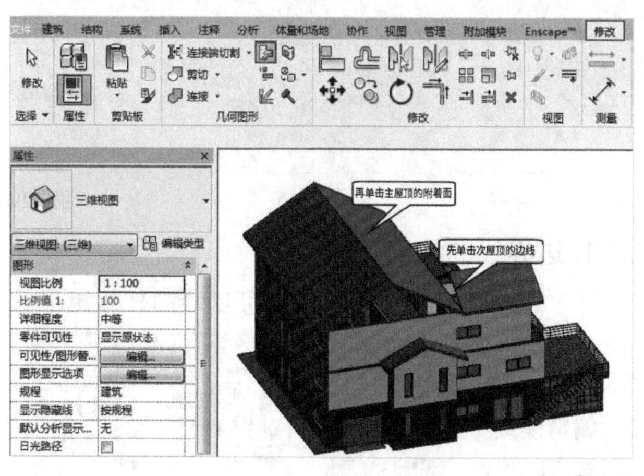

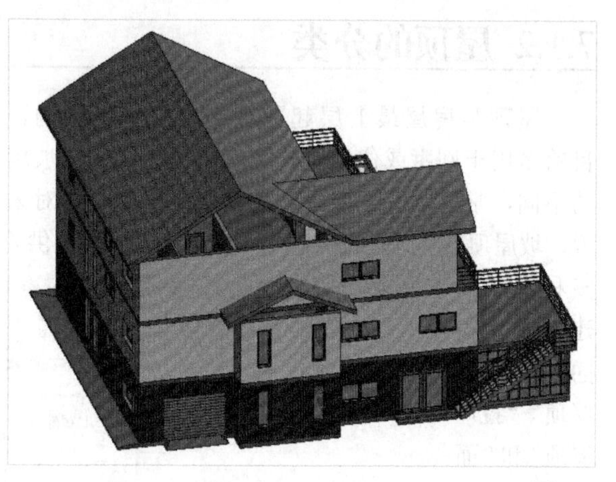

图7-22

图7-23

5. 将外墙附着到屋顶上

01 选中需要附着的墙体，然后切换到“修改|墙”选项卡，选择“附着顶部/底部”工具，如图7-24所示。

图7-24

02 单击目标附着屋顶，如图7-25所示。用同样的方法将其他外墙附着到屋顶，三维视图效果如图7-26所示。

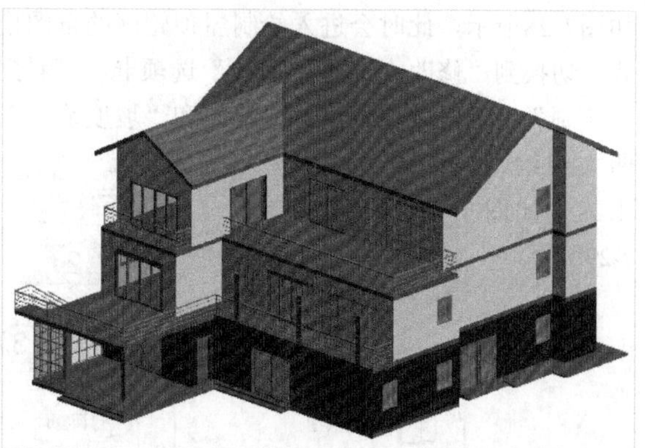

图7-25

图7-26

7.1.2 屋顶的分类

屋顶是房屋最上层起覆盖作用的围护结构，目前多用于别墅或住宅建筑中。根据屋顶排水坡度的不同，常见的有平屋顶和坡屋顶两大类，相对来说，坡屋顶具有更好的排水效果。Revit 2018中提供了多种屋顶创建命令，常用的有“迹线屋顶”“拉伸屋顶”和“面屋顶”，如图7-27所示。

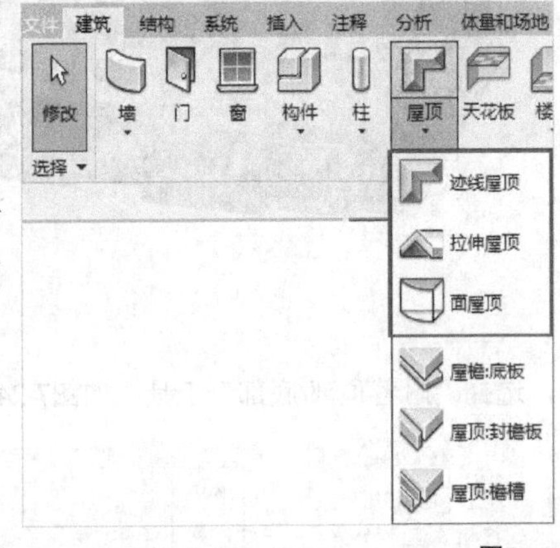

图7-27

屋顶重要命令介绍

迹线屋顶：通过绘制屋顶的各条边界线，再为各边界线定义坡度来创建屋顶的方法。

拉伸屋顶：先绘制屋顶轮廓线，然后调整拉伸长度来创建屋顶的方法。

面屋顶：在体量模型中快速创建体量屋顶的方法。

提示 还可以使用“玻璃斜窗”工具等创建屋顶。一些特殊造型的屋顶也可以通过内建模型的方式来创建。

7.1.3 创建迹线屋顶

“迹线屋顶”命令多用于创建有坡度的屋顶。在“建筑”选项卡中执行“屋顶>迹线屋顶”命令，如图7-28所示，此时会进入绘制屋顶轮廓的草图模式。切换到“修改|创建屋顶迹线”选项卡，可看到“绘制”工具组中包含“边界线”和“坡度箭头”两大类绘制工具，如图7-29所示。

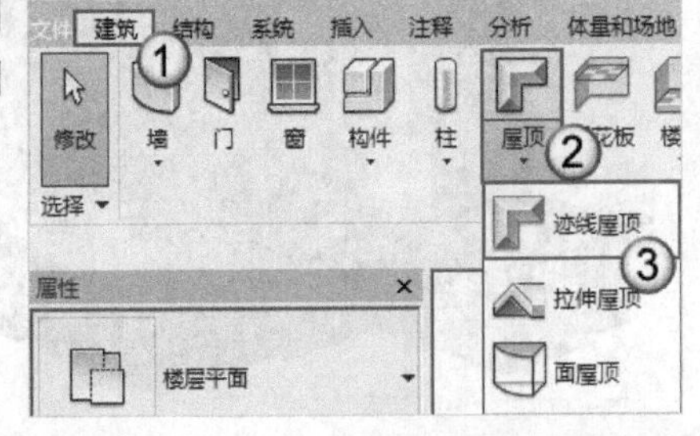

图7-28

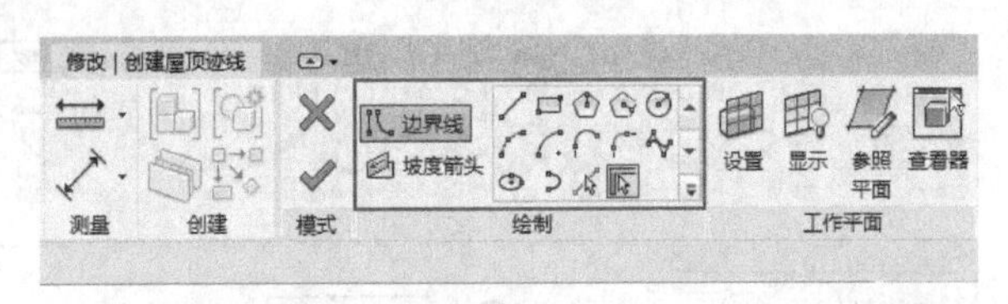

图7-29

1. 边界线的绘制

选择“矩形”工具，可以绘制任意矩形轮廓，然后单击“完成编辑模式”按钮✔，如图7-30所示，完成迹线屋顶的创建，如图7-31所示。

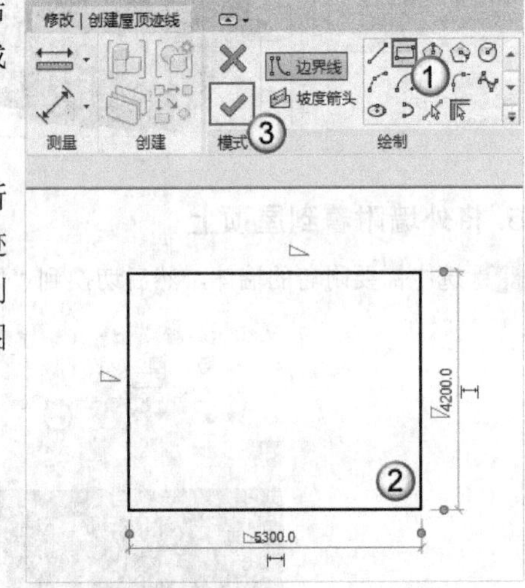

图7-30

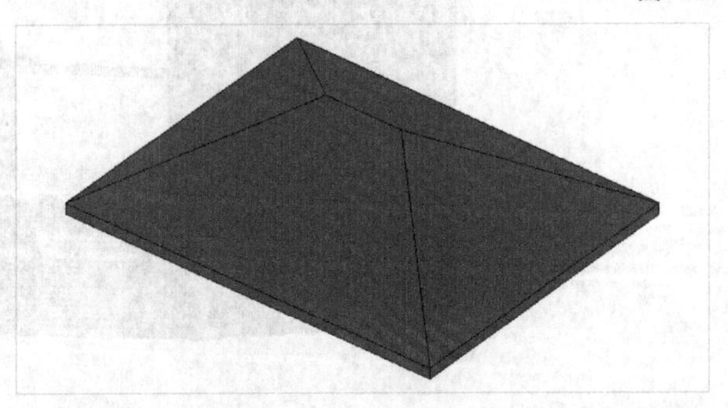

图7-31

提示 当选择“拾取线”工具时，选项栏中的“偏移”表示相对于拾取线的偏移值，如图7-32所示。

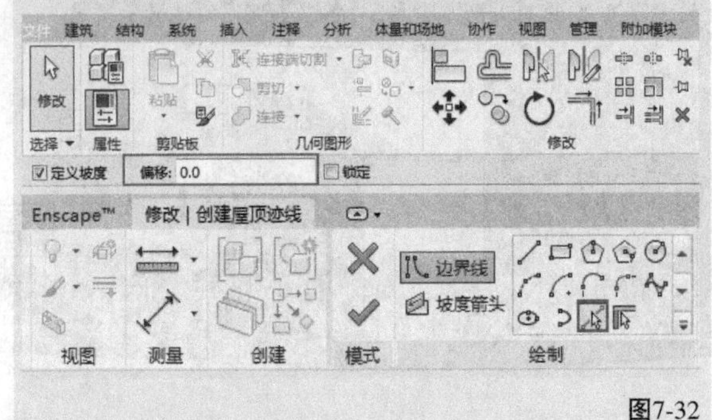

图7-32

当选择“拾取墙”工具时，选项栏中的“悬挑”表示相对于拾取的墙线的偏移值，如图7-33所示。

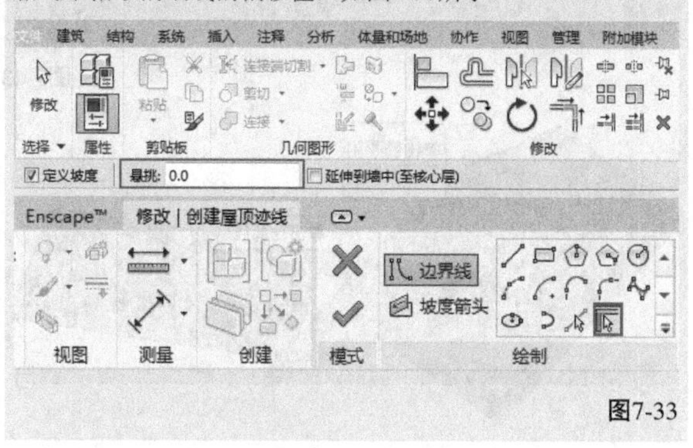

图7-33

在创建迹线屋顶时，如果在选项栏中勾选了“定义坡度”选项，那么绘制的每条边界线都会有坡度值，如图7-34所示。

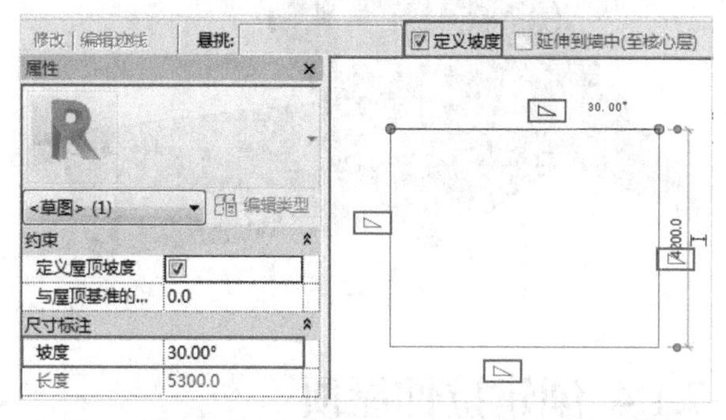

图7-34

用户可以选中迹线屋顶的边界线，取消勾选“定义坡度”选项，如图7-35和图7-36所示。另外，用户也可以选择屋顶的边界线，然后在图7-34所示的“属性”面板中调整对应边界线的坡度。

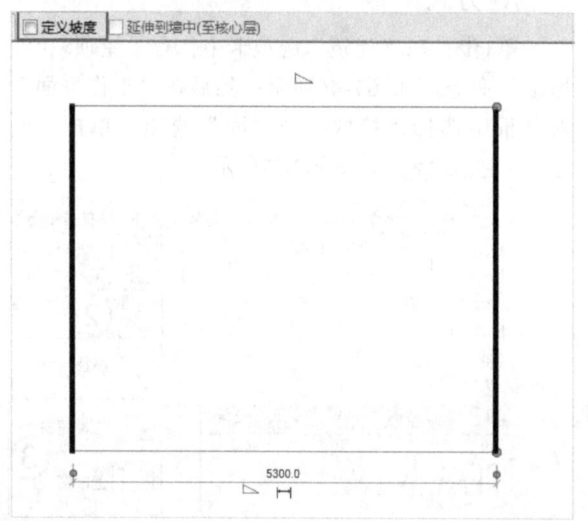

图7-35

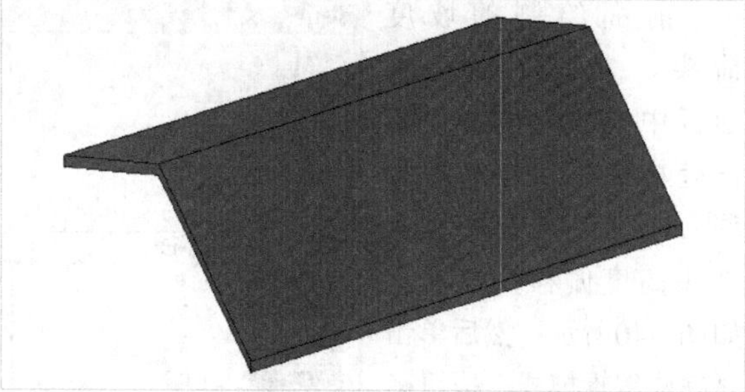

图7-36

2. 边界线的实例属性

对于用“边界线”方式绘制的屋顶，其“属性”面板与其他构件的“属性”面板略有不同，多了“截断标高”“截断偏移”“椽截面”和“坡度”4个选项，如图7-37所示。

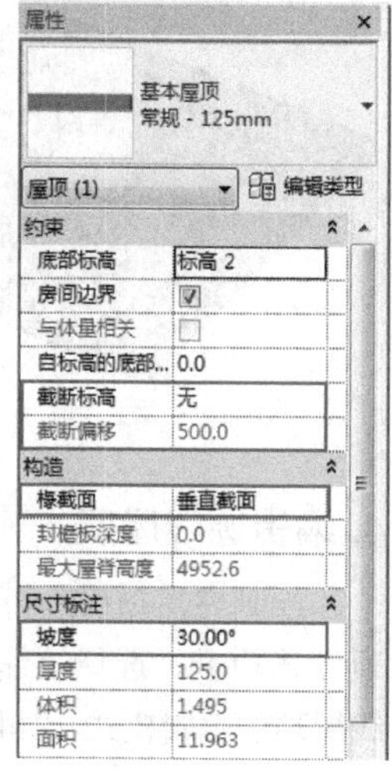

图7-37

“属性”面板中重要参数介绍

截断标高：屋顶标高到达该截断标高的截面时，屋顶会被该截面剪切出洞口，如在F2标高处被截断。

截断偏移：屋顶截断面在该标高处向上或向下的偏移值，如500mm。

椽截面：屋顶边界的处理方式，包括“垂直截面”“垂直双截面”与“正方形双截面”。

坡度：设置各带坡度边界线的坡度值。

3. 坡度箭头的绘制

使用坡度箭头绘制屋顶时，其边界线的绘制方式和前面的边界线绘制方式一致，但用坡度箭头绘制屋顶前需取消勾选“定义坡度”选项，然后通过坡度箭头来指定屋顶的坡度，效果分别如图7-38和图7-39所示。

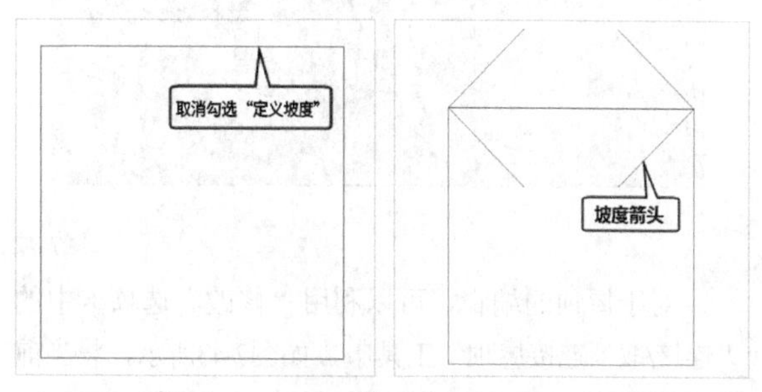

图7-38　图7-39

前面绘制的坡度箭头，需在“属性”面板中设置坡度的“最低处标高”“尾高度偏移”“最高处标高”和“头高度偏移”选项，如图7-40所示；然后单击“完成编辑模式”按钮✔即可。绘制完成后的屋顶如图7-41所示。

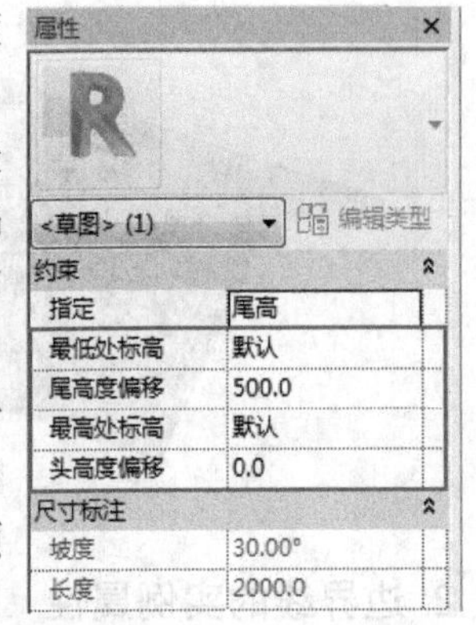
属性

<草图> (1)　编辑类型

约束	
指定	尾高
最低处标高	默认
尾高度偏移	500.0
最高处标高	默认
头高度偏移	0.0
尺寸标注	
坡度	30.00°
长度	2000.0

图7-40

图7-41

4. 编辑迹线屋顶

绘制完屋顶后，可选中屋顶，切换到“修改|屋顶”选项卡，选择“编辑迹线”工具，再次进入迹线屋顶的编辑模式，如图7-42所示。

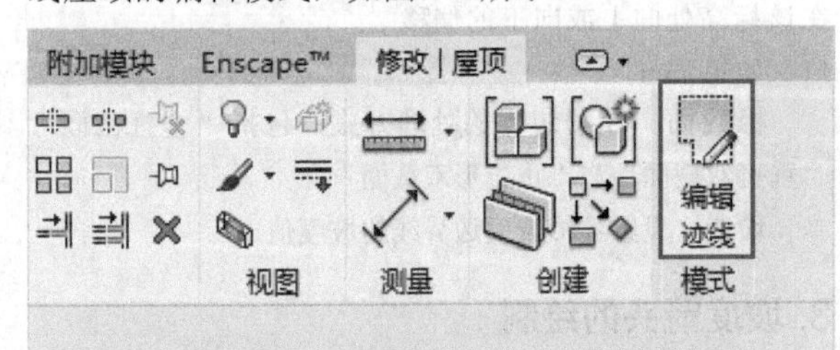

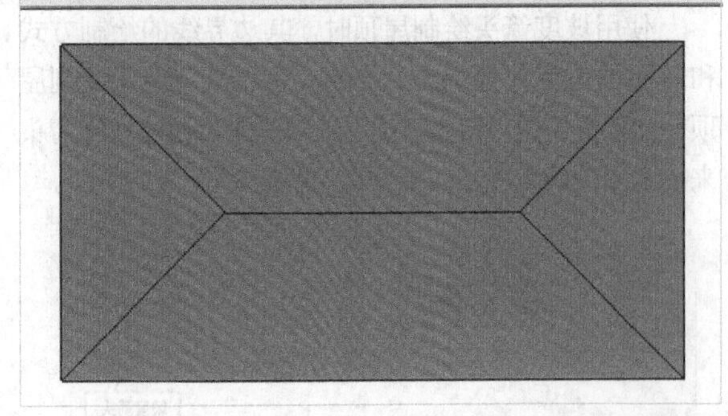

图7-42

对于屋顶的编辑，可以利用“修改”选项卡中的“连接/取消连接屋顶”工具，如图7-43所示，将当前屋顶连接到另一个屋顶或墙上，如图7-44和图7-45所示。

图7-43

图7-44

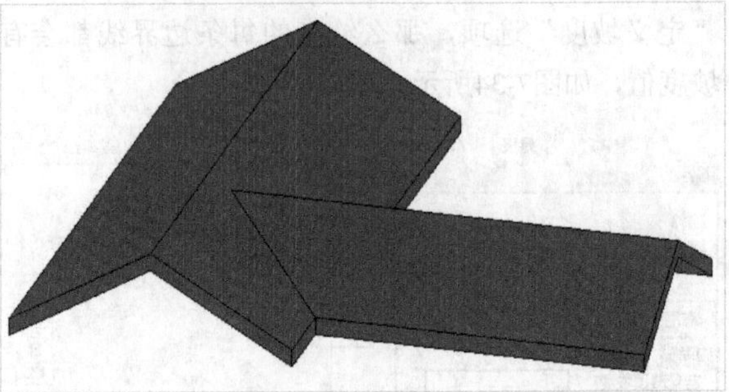

图7-45

7.1.4 创建拉伸屋顶

相对于迹线屋顶的创建，拉伸屋顶的创建就简单许多了。在创建前，需要先拾取一个面，再进入所拾取面的立面视图中进行创建。

1. 创建方式

第1步：在“建筑”选项卡中执行“屋顶>拉伸屋顶”命令，如图7-46所示；然后在“工作平面”对话框中选择“拾取一个平面”选项，单击“确定”按钮，如图7-47所示。

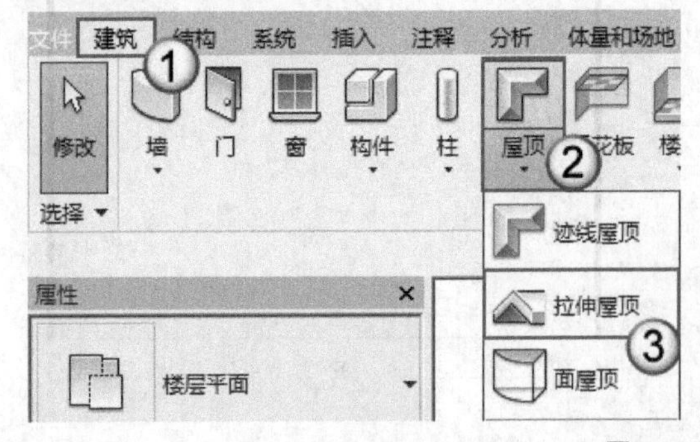

图7-46

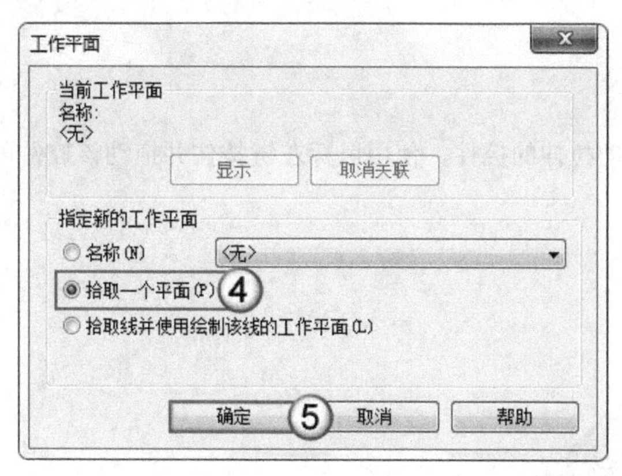

图7-47

第2步：单击平面视图中已创建好的参照平面，然后在打开的“转到视图”对话框中选择“立面:南”选项，并单击“打开视图”按钮，进入南立面视图，如图7-48所示。打开“屋顶参照标高和偏移”对话框，选择屋顶标高，如“标高2”，单击“确定”按钮，如图7-49所示。

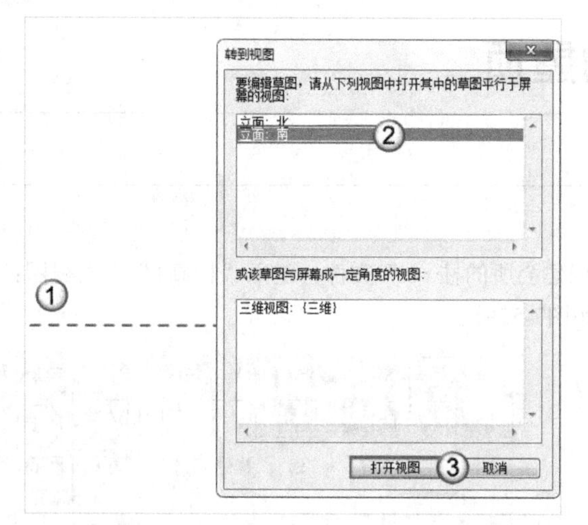

图7-48

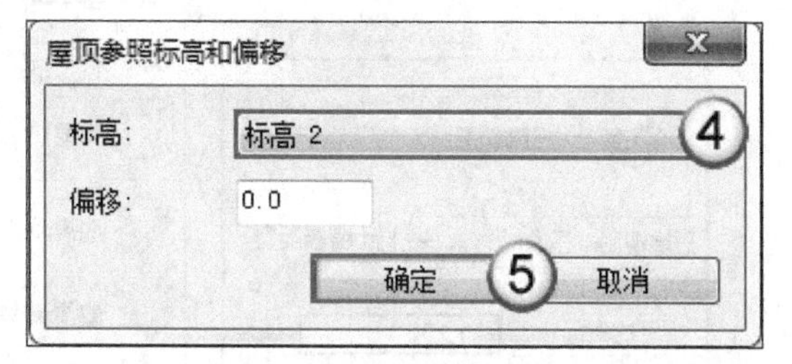

图7-49

第3步：选择“线”工具，绘制任意坡度的屋顶轮廓，然后单击“完成编辑模式”按钮，如图7-50所示，三维视图效果如图7-51所示。

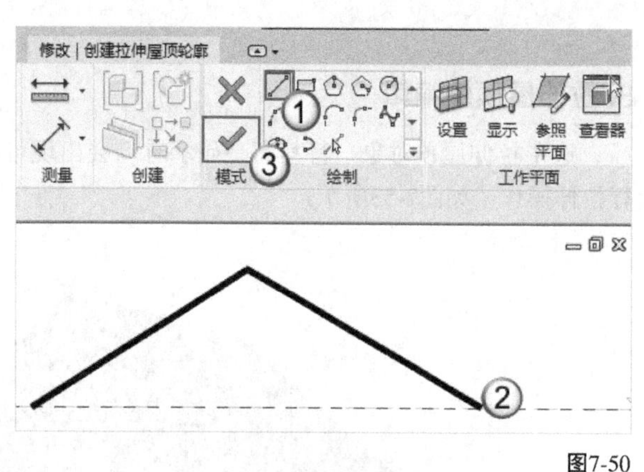

图7-50

图7-51

2. 实例属性

“拉伸屋顶”的“属性”面板（实例属性）如图7-52所示。

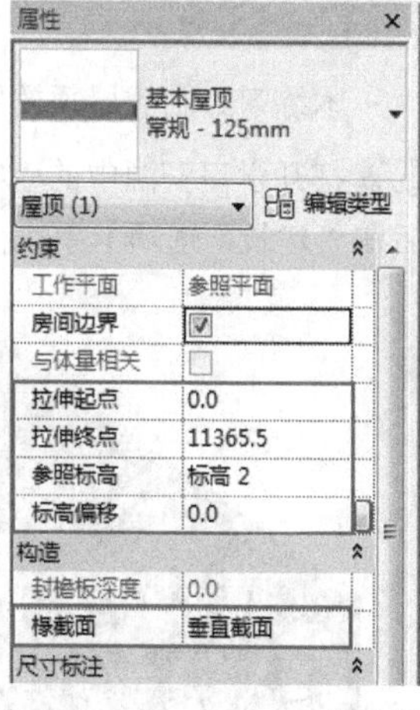

图7-52

拉伸屋顶属性重要参数介绍

拉伸起点/拉伸终点：拉伸屋顶的拉伸起点和终点。

参照标高：拉伸屋顶的标高位置，如“标高2”指拉伸屋顶的标高在“标高2”上。

标高偏移：在参照标高的基础上向上或向下偏移。

椽截面：屋顶边界的处理方式，包括“垂直截面”“垂直双截面”与“正方形双截面”。

3. 拉伸屋顶的编辑

选中拉伸屋顶对象，待其高亮显示时，会出现可拖动拉伸的控件，使用鼠标左键按住并拖动该控件可进行拉伸操作，如图7-53所示。

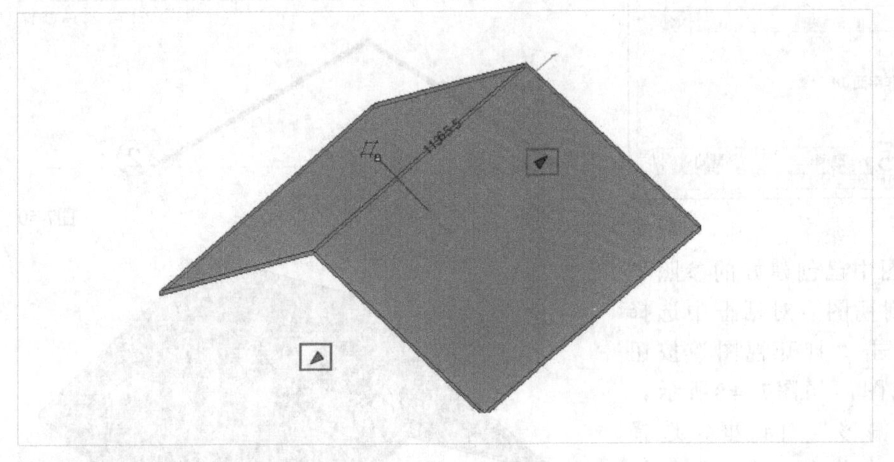

图7-53

提示 在Revit 2018中，使用“拾取墙”工具时，通过Tab键能切换选择，可一次选中所有外墙来绘制屋顶的边界线。

7.2 课堂练习：创建会所的屋顶

实例文件　实例文件>CH07>课堂练习：创建会所的屋顶.rvt
视频文件　课堂练习：创建会所的屋顶.mp4
学习目标　掌握建筑屋顶的绘制方法

本练习绘制的屋顶效果如图7-54所示。

01 打开学习资源中的“实例文件>CH05>课堂练习：创建会所的柱.rvt”文件，进入“标高1”平面视图；然后在“建筑”选项卡中执行“屋顶>迹线屋顶”命令，如图7-55所示。

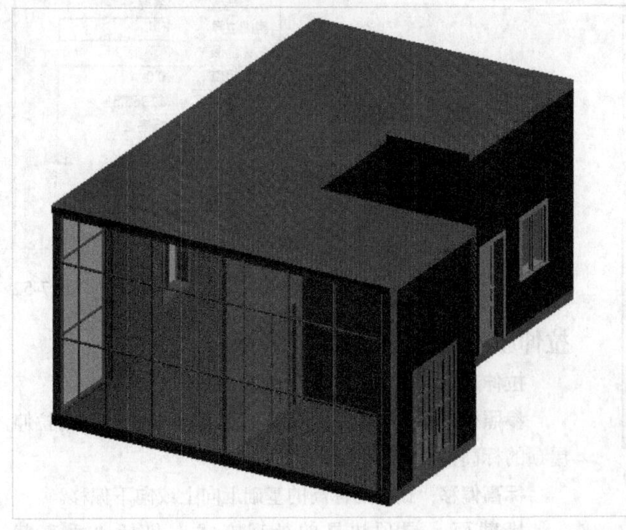

图7-54

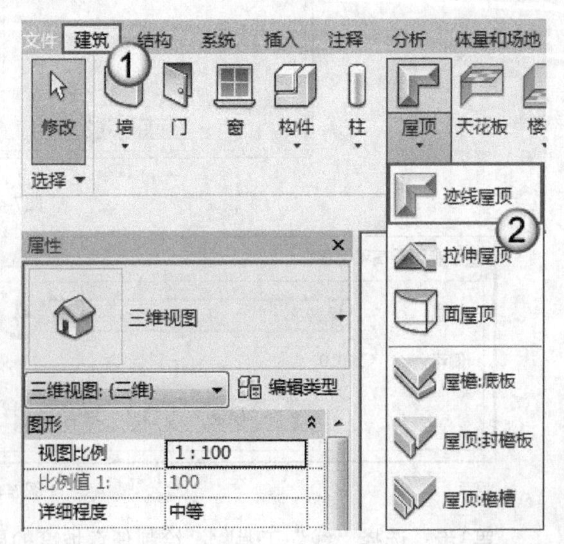

图7-55

02 在“属性”面板中设置屋顶的类型为“基本屋顶 常规-150”，并设置其参数；然后在选项栏中取消勾选“定义坡度”选项，并设置“偏移”为0；接着使用“拾取线”工具绘制图7-56所示的轮廓，单击“完成编辑模式”按钮✔。三维视图效果如图7-57所示。

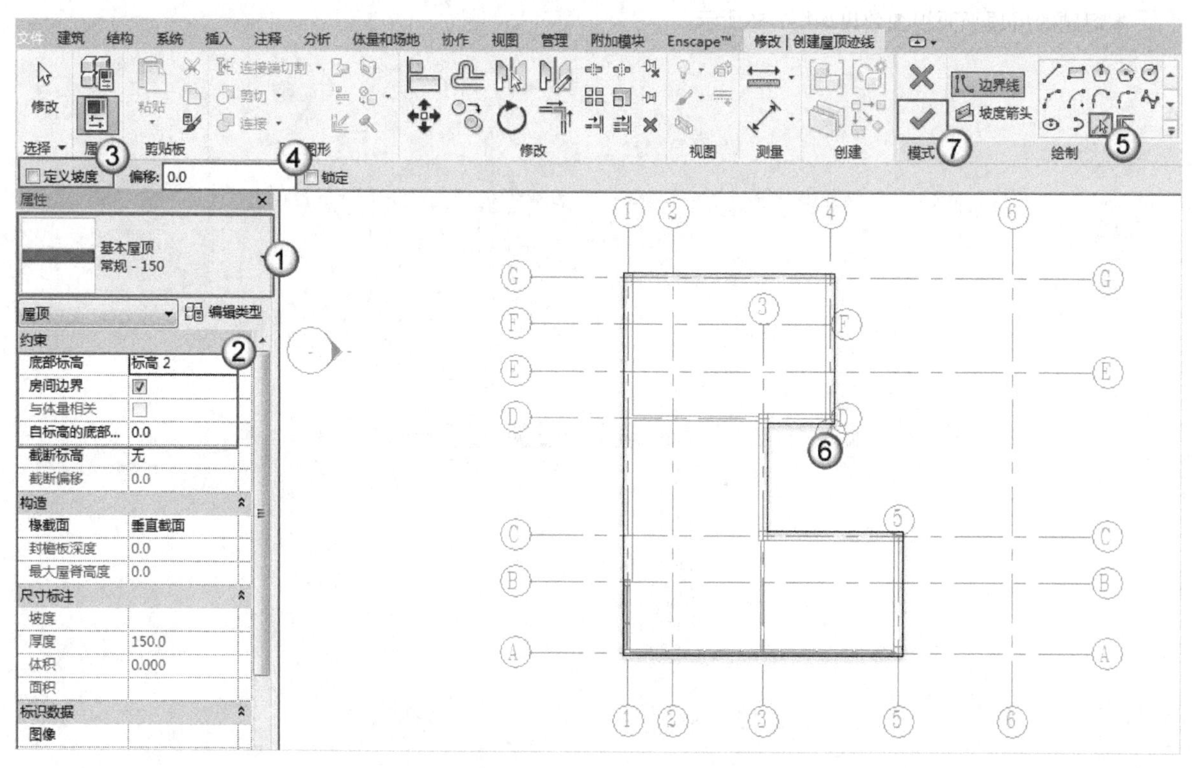

图7-56

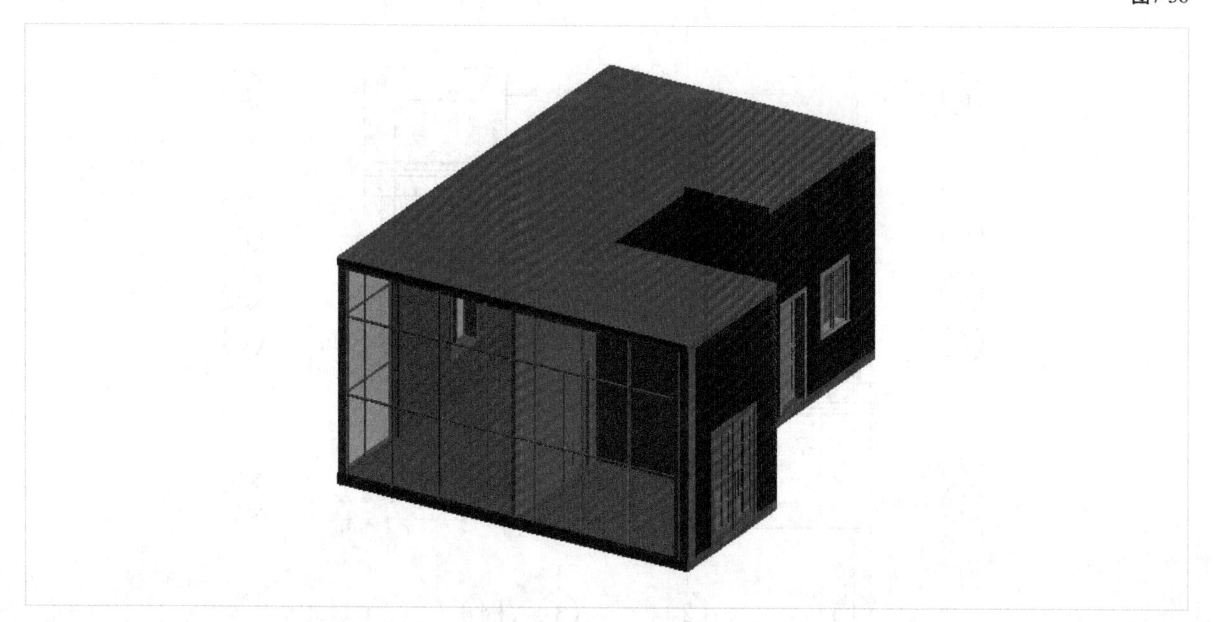

图7-57

7.3 课后习题：创建小洋房的屋顶

实例文件　实例文件>CH07>课后习题：创建小洋房的屋顶.rvt
视频文件　课后习题：创建小洋房的屋顶.mp4
学习目标　掌握建筑屋顶的绘制方法

本习题的屋顶平面视图效果如图7-58所示。

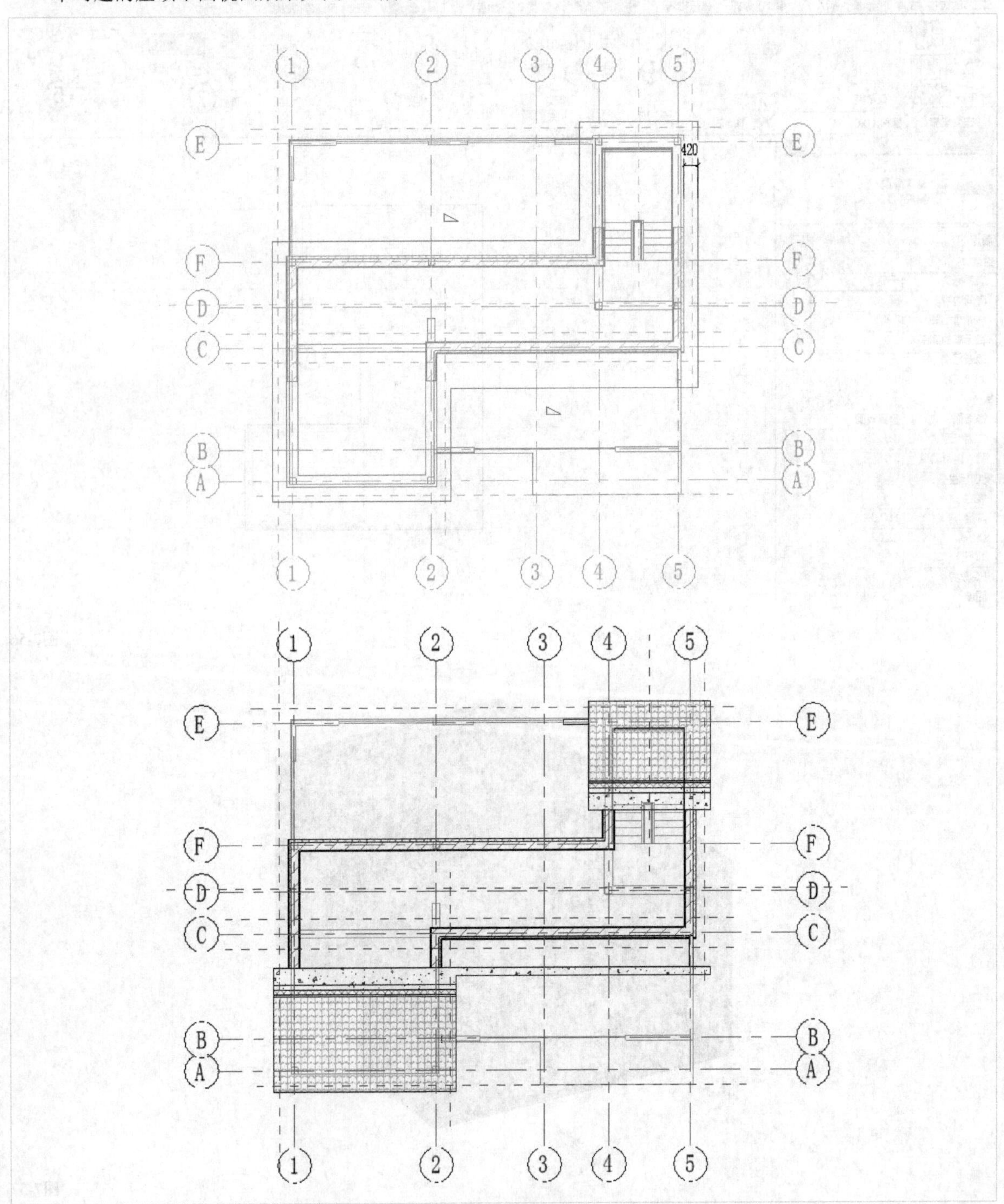

图7-58

第8章 内建模型和场地建模

本章将介绍Revit 2018中内建模型和场地的基本概念和创建方法。通过对本章的学习，读者可以了解创建各类内建模型和场地的知识。

学习目标

- 掌握内建模型的基本概念
- 掌握内建模型的创建方法
- 掌握场地的创建方法
- 掌握场地的编辑方法

8.1 内建模型

内建模型在建模项目中较为常用，其创建过程和族模型的创建过程类似，但只能在所建项目中使用。本节将对内建模型进行详细的讲解。

本节内容介绍

名称	作用	重要程度
创建内建模型	掌握内建模型的创建方式	中
拉伸	掌握拉伸的使用方法	高
融合	掌握使用融合创建模型的方法	高
旋转	掌握使用旋转创建模型的方法	高
放样	掌握使用放样创建模型的方法	高
放样融合	掌握使用放样融合创建模型的方法	中
空心形状	掌握使用空心形状创建模型的方法	中

8.1.1 课堂案例：创建小别墅的工字钢玻璃雨棚

实例文件　实例文件>CH08>课堂案例：创建小别墅的工字钢玻璃雨棚.rvt
视频文件　课堂案例：创建小别墅的工字钢玻璃雨棚.mp4
学习目标　掌握建筑玻璃雨棚的绘制方法

小别墅的工字钢玻璃雨棚效果如图8-1所示。

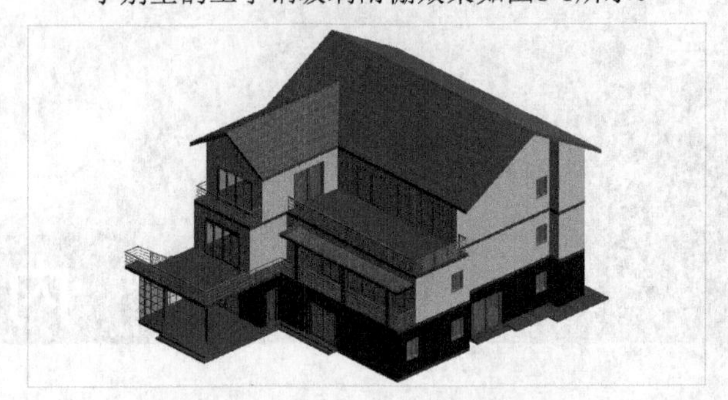

图8-1

1. 创建主龙骨工字钢

01 打开学习资源中的“实例文件>CH07>课堂案例：创建小别墅的屋顶.rvt”文件， 进入F2平面视图，执行“建筑>迹线屋顶”命令，如图8-2所示；然后在“属性”面板中设置屋顶类型为“玻璃斜窗”，并设置其参数，同时取消勾选“定义坡度”选项；接着使用“矩形”工具绘制图8-3所示的矩形轮廓，单击“完成编辑模式”按钮。

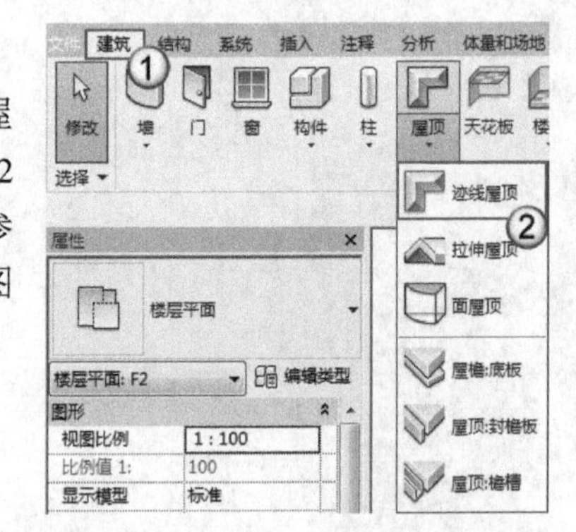

图8-2

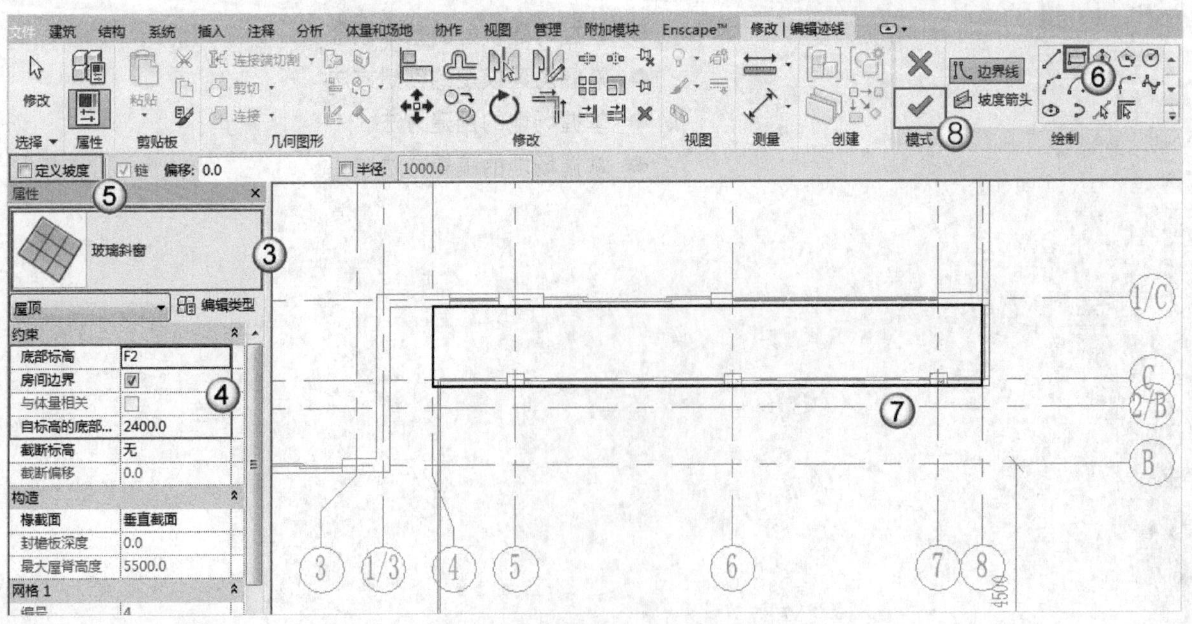

图8-3

02 进入三维视图，在“建筑”选项卡中执行“构件>内建模型”命令，如图8-4所示，打开“族类别和族参数”对话框；然后选择“屋顶”选项，并单击“确定”按钮 确定，如图8-5所示；接着在“名称”对话框中设置“名称”为“工字钢1”，并单击“确定”按钮 确定，如图8-6所示。

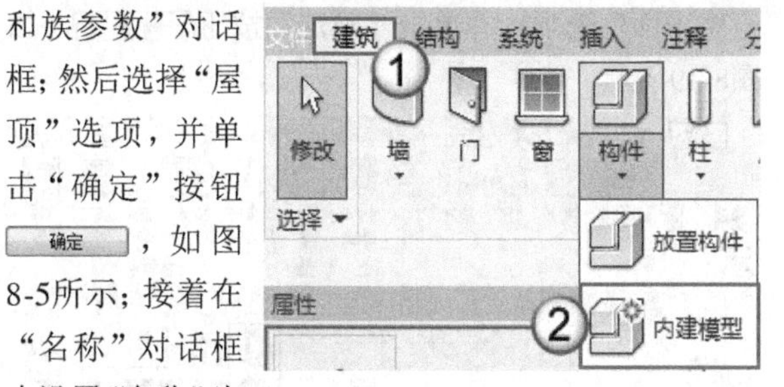

图8-4

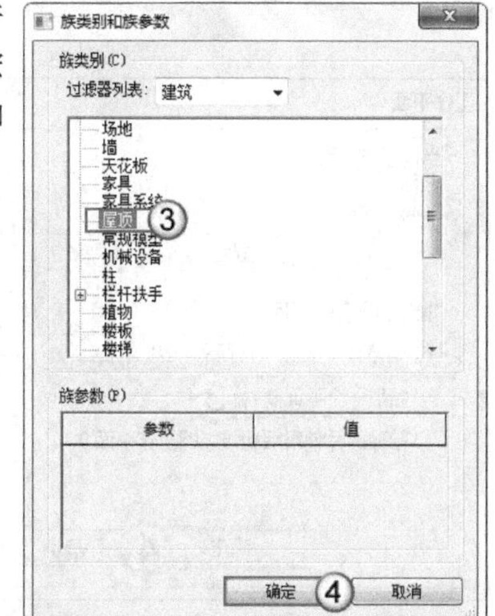

图8-5

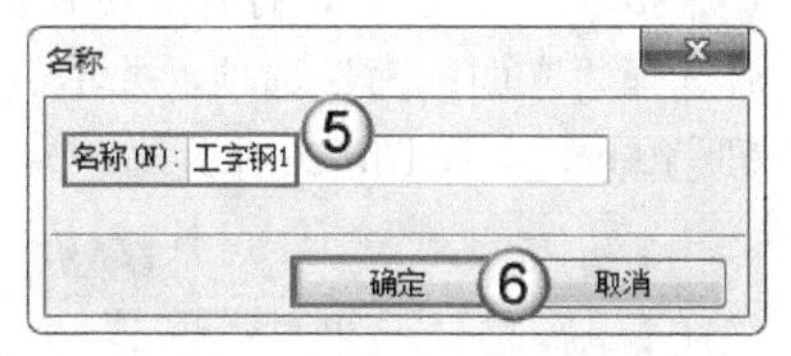

图8-6

03 在“创建”选项卡中执行“放样”命令，如图8-7所示；进入“修改|放样”选项卡，选择“拾取路径”工具，如图8-8所示；然后拾取玻璃斜窗的边缘线，并单击“完成编辑模式”按钮✔，如图8-9所示。

图8-7

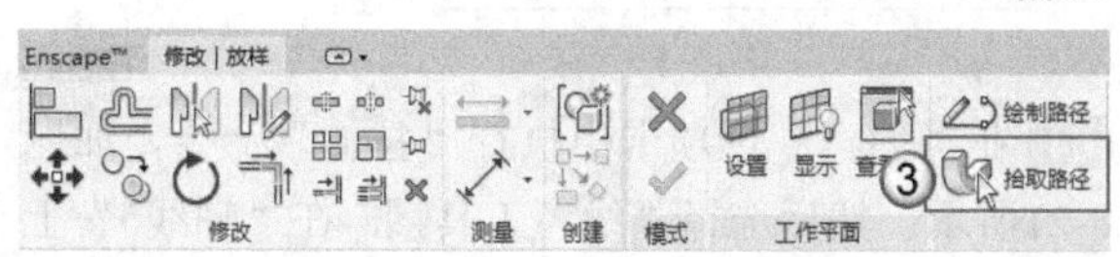

图8-8

图8-9

04 单击“前”视图，进入“前”立面视图，切换到“修改|放样”选项卡，选择“编辑轮廓”工具，如图8-10所示；然后选择“线”工具，创建图8-11所示的尺寸轮廓，并单击“完成编辑模式”按钮✔。

图8-10

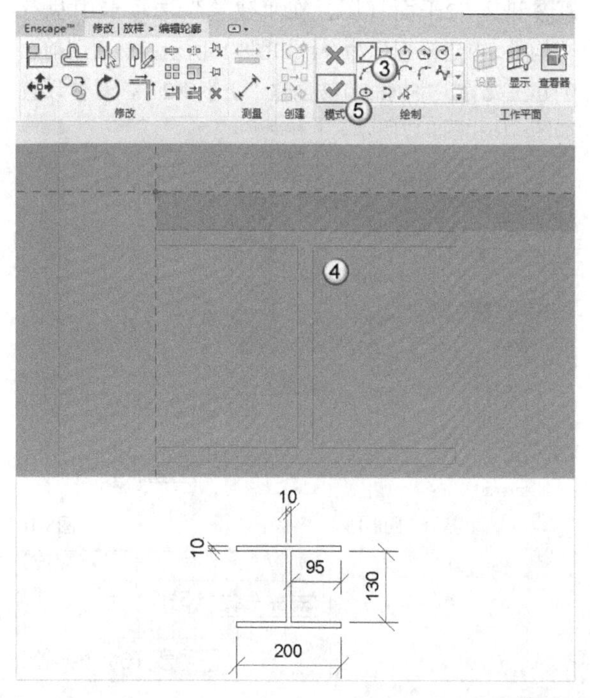

图8-11

05 单击“完成编辑模式”按钮✔，再单击“完成模型”按钮✔，如图8-12和图8-13所示，效果如图8-14所示。

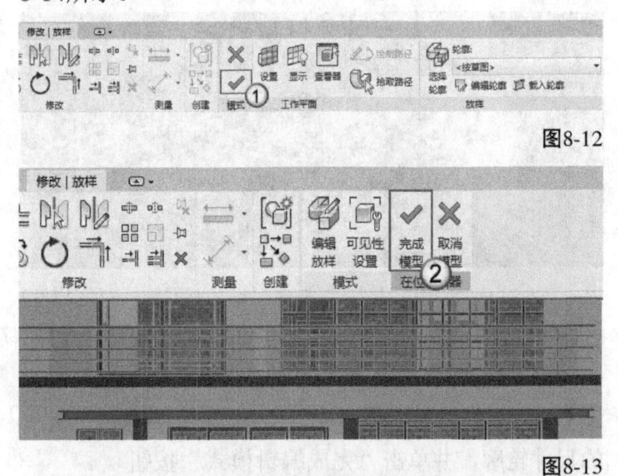

图8-12

图8-13

图8-14

2. 创建次龙骨工字钢

01 进入F2平面视图，在“建筑”选项卡中执行“构件>内建模型”命令，如图8-15所示；然后用前面创建主龙骨工字钢的方法创建“工字钢2”，具体设置如图8-16和图8-17所示。

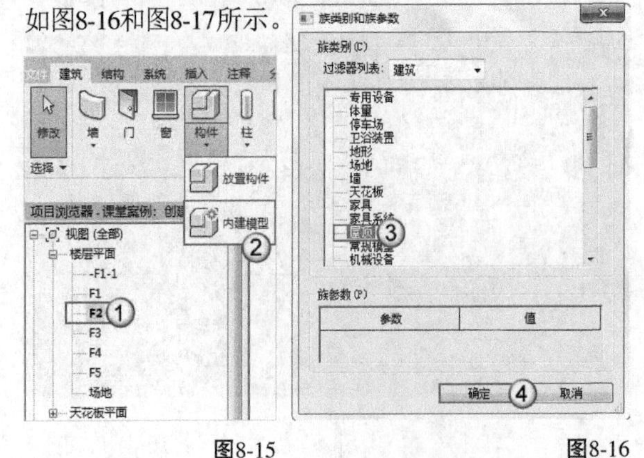

图8-15

图8-16

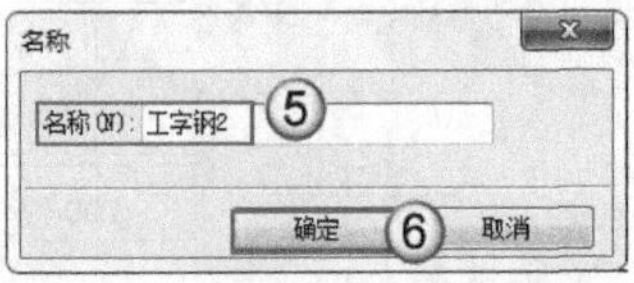

图8-17

02 在“创建”选项卡中执行“设置”命令，如图8-18所示；打开“工作平面”对话框，选择“拾取一个平面”选项，并单击“确定”按钮 确定 ，如图8-19所示。

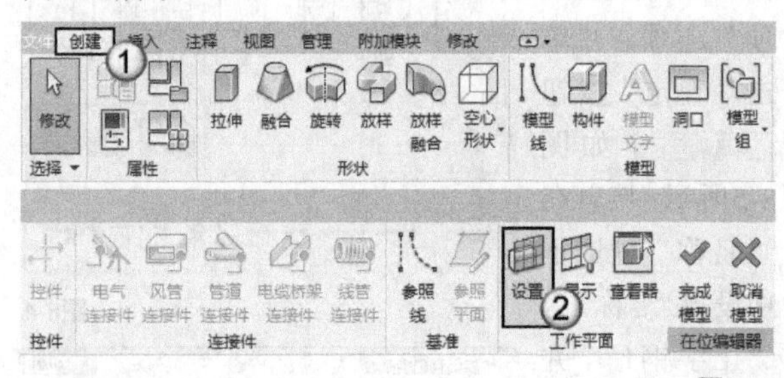

图8-18

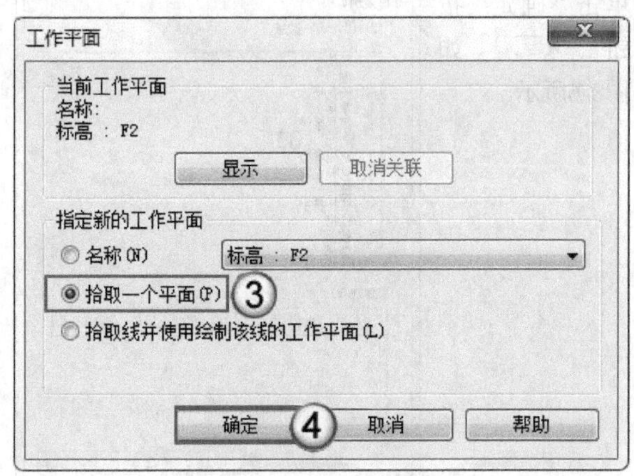

图8-19

03 拾取“轴线C”，打开“转到视图”对话框；然后选择“立面：南”选项，并单击“打开视图”按钮 打开视图 ，如图8-20所示。

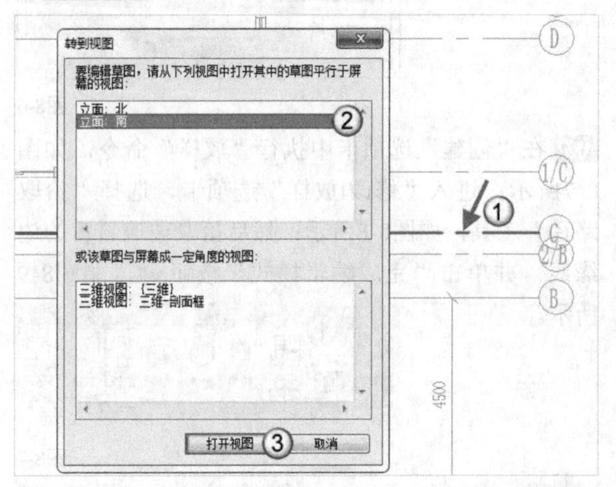

图8-20

04 在“创建”选项卡中执行“拉伸”命令，如图8-21所示；然后选择“线”工具，在“轴线5”上绘制图8-22所示的工字钢轮廓，并单击“完成编辑模式”按钮✔，完成次龙骨工字钢的创建。

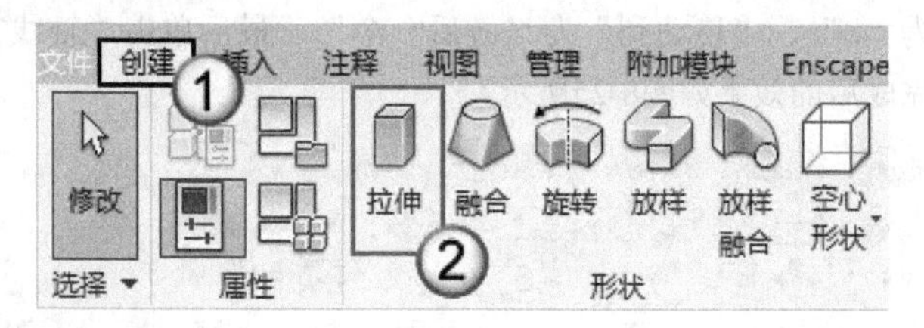

图8-21

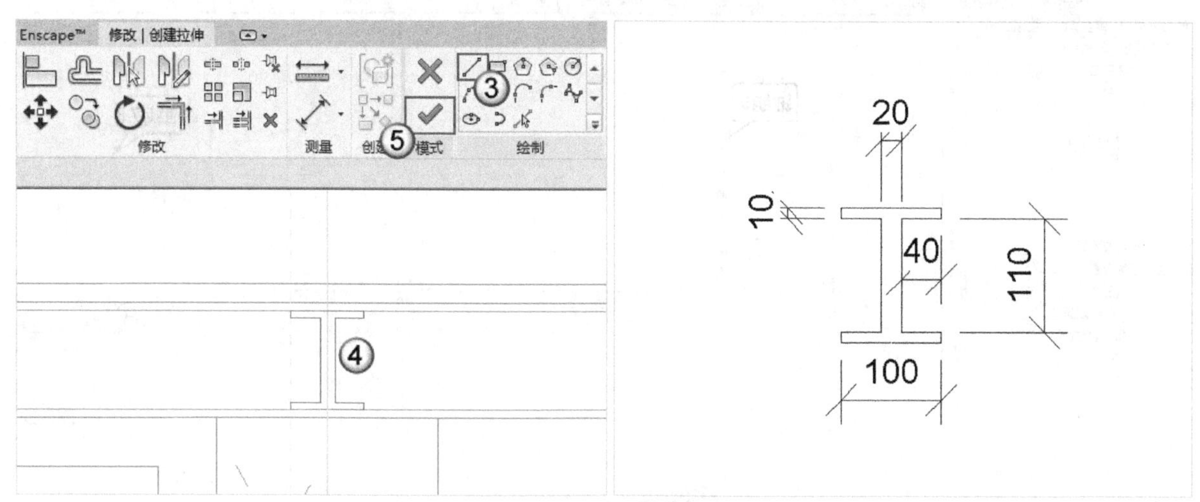

图8-22

3. 编辑次龙骨工字钢

01 单击“属性”面板中“材质”选项右侧的▯按钮，打开“材质浏览器-钢”对话框；然后选择“钢”材质，并单击“确定”按钮 确定 ，为工字钢添加材质，如图8-23所示。

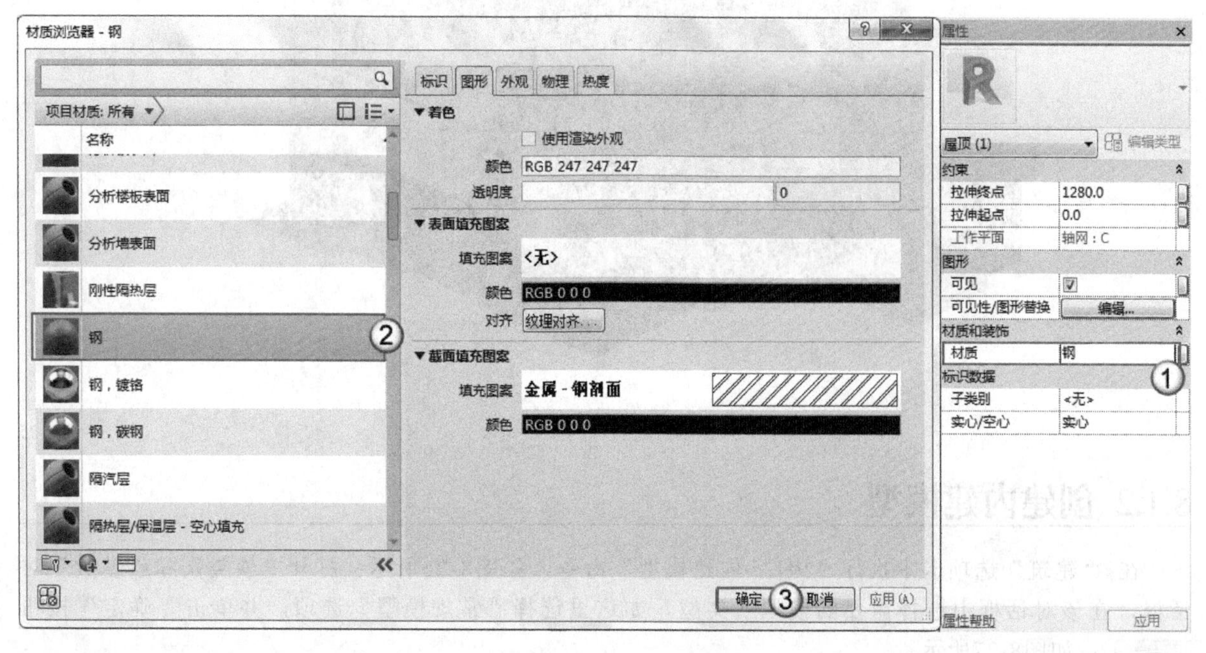

图8-23

02 进入F2平面视图，选择次龙骨工字钢；然后切换到“修改|拉伸”选项卡，单击“阵列”工具；接着在选项栏中设置“项目数”为“8”、“移动到”为“最后一个”；最后单击“轴线7”，并单击“完成模型”按钮，如图8-24所示。完成后的效果如图8-25所示。

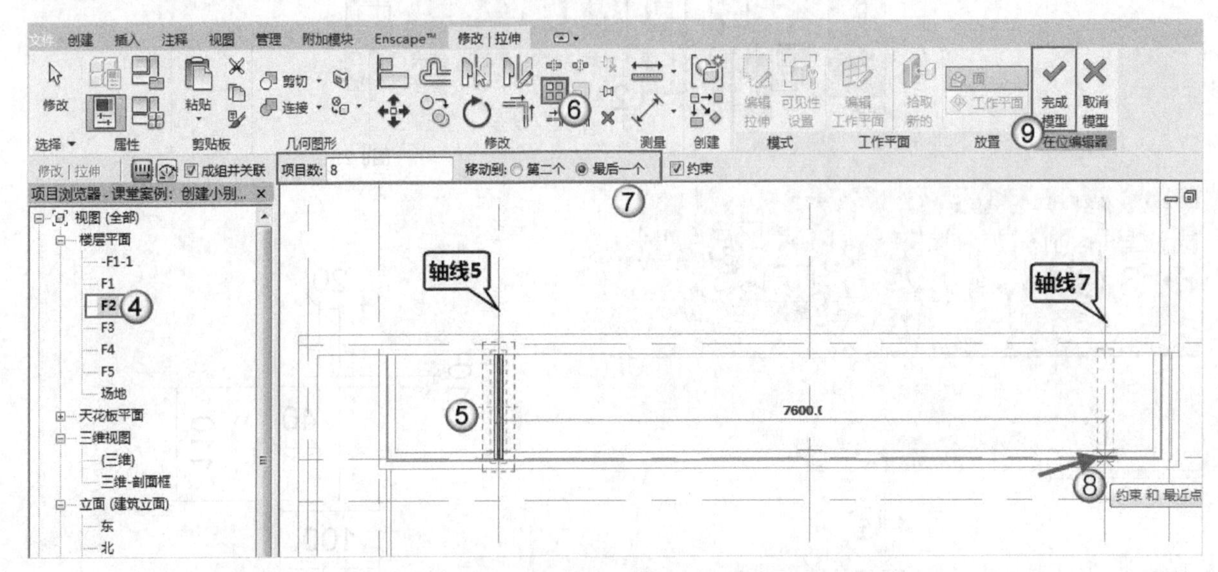

图8-24

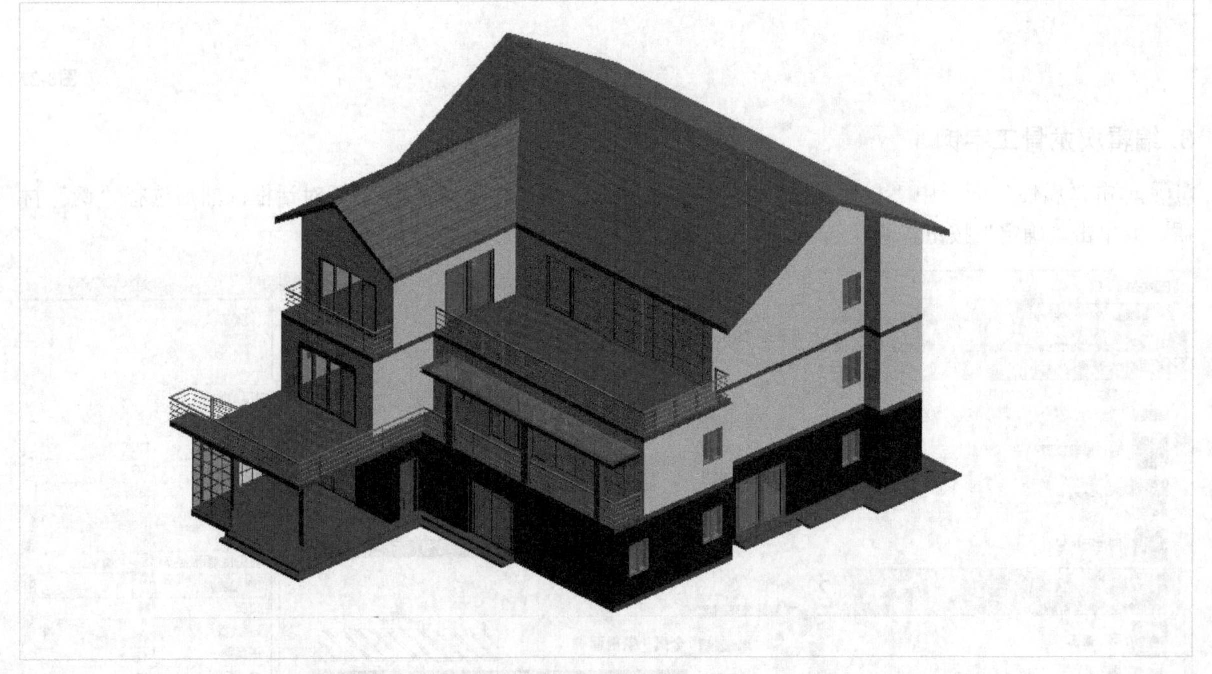

图8-25

8.1.2 创建内建模型

在“建筑”选项卡中执行“构件>内建模型”命令，如图8-26所示；打开“族类别和族参数”对话框，在该对话框中选择需要的模型族类型，如这里选择“常规模型”选项，并单击“确定”按钮 确定 ，如图8-27所示。

此时会进入“创建”选项卡，内建模型的基本创建方式包含“拉伸”“融合”“旋转”“放样”“放样融合”和“空心形状”，如图8-28所示。

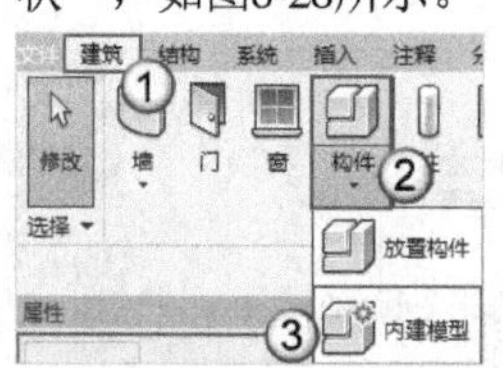

图8-26

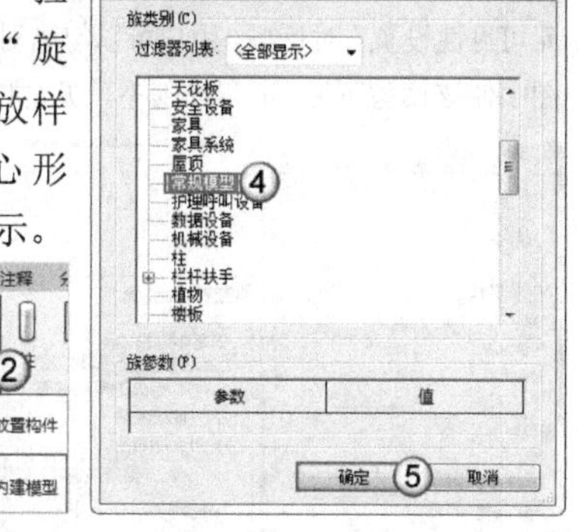

图8-27

图8-28

下面分别对重要的创建方式进行讲解。

8.1.3 拉伸

“拉伸”通过创建任意轮廓，并定义拉伸的起点和终点，来创建模型。下面介绍其具体的创建方法和属性参数。

1. 拉伸的使用方法

执行“拉伸”命令，然后在平面视图（如“标高1”）中绘制任意轮廓，接着单击“修改|创建拉伸”选项卡中的“完成编辑模式”按钮✔，完成拉伸模型的创建，如图8-29和图8-30所示。

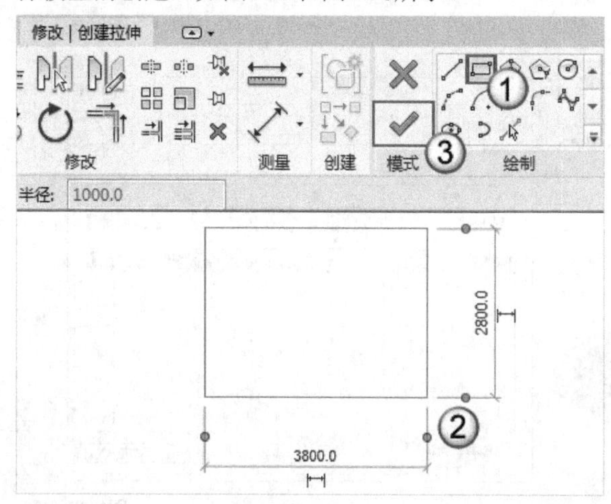

图8-29

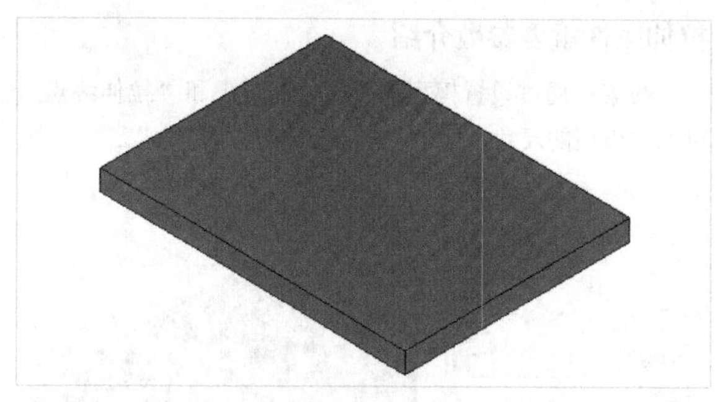

图8-30

选中模型，模型的6个面上均出现拉伸控件，如图8-31所示；使用鼠标左键按住并拖动拉伸控件可对模型进行拉伸操作，如图8-32所示。

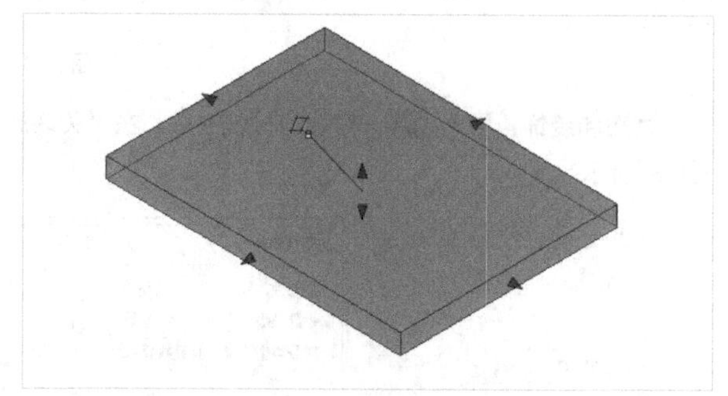

图8-31

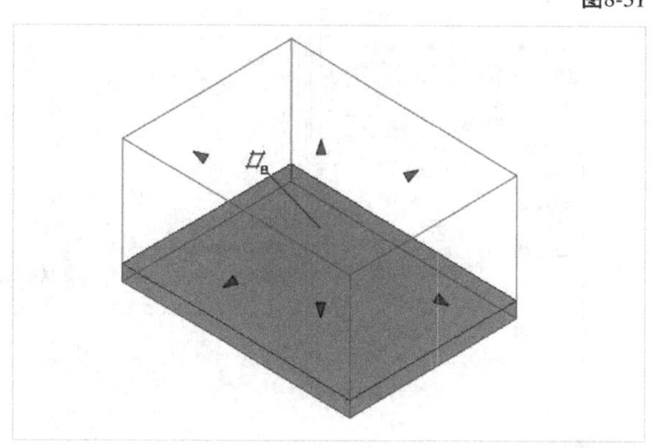

图8-32

2. 拉伸的实例属性

在使用“拉伸”命令创建模型时，“属性”面板中会显示所创建模型的实例属性，如图8-33所示。

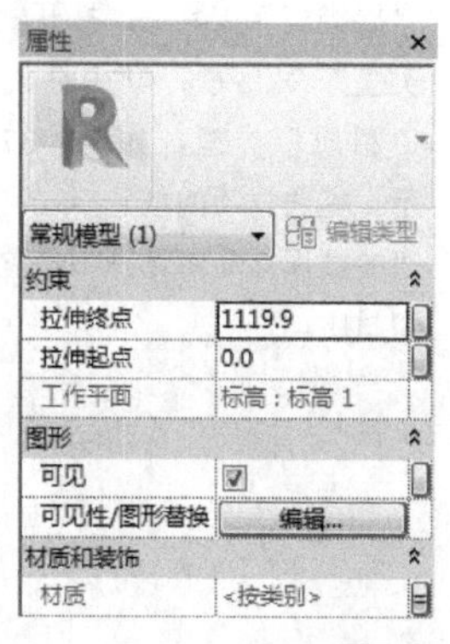

图8-33

拉伸属性重要参数介绍

约束：通过设置模型的“拉伸起点”和“拉伸终点”可调整模型的尺寸，如图8-34所示。

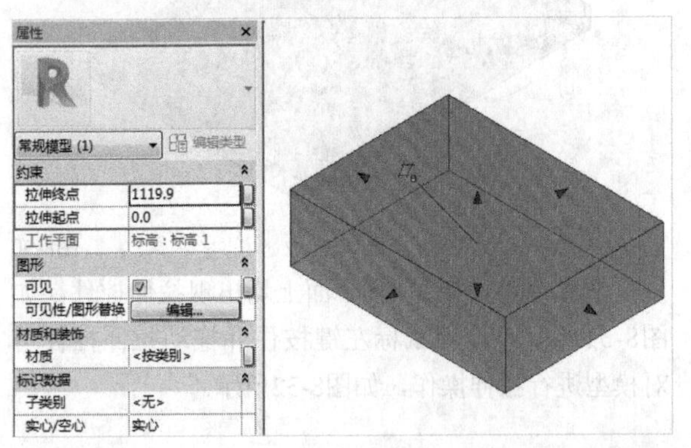

图8-34

图形：设置所创建模型在项目中的显示条件。单击“可见性/图形替换”右侧的“编辑”按钮 编辑... ，打开“族图元可见性设置”对话框，用户可以勾选对应的选项，在相应视图中使该模型可见，不勾选则不可见，如图8-35所示。

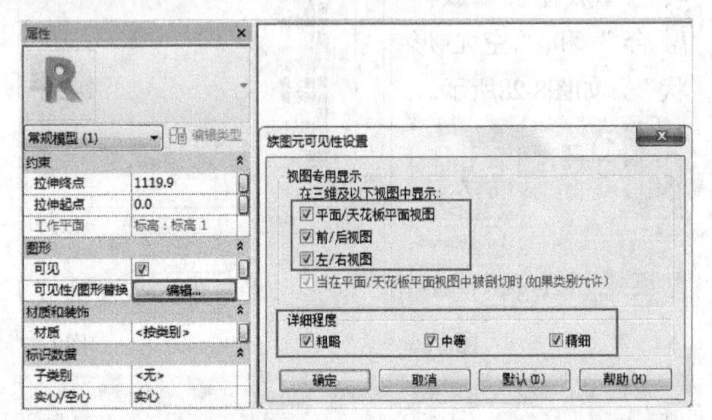

图8-35

材质和装饰：用于设置该模型的材质信息，在“关联族参数”对话框中可将族参数关联到“参数属性”对话框中，如图8-36所示。

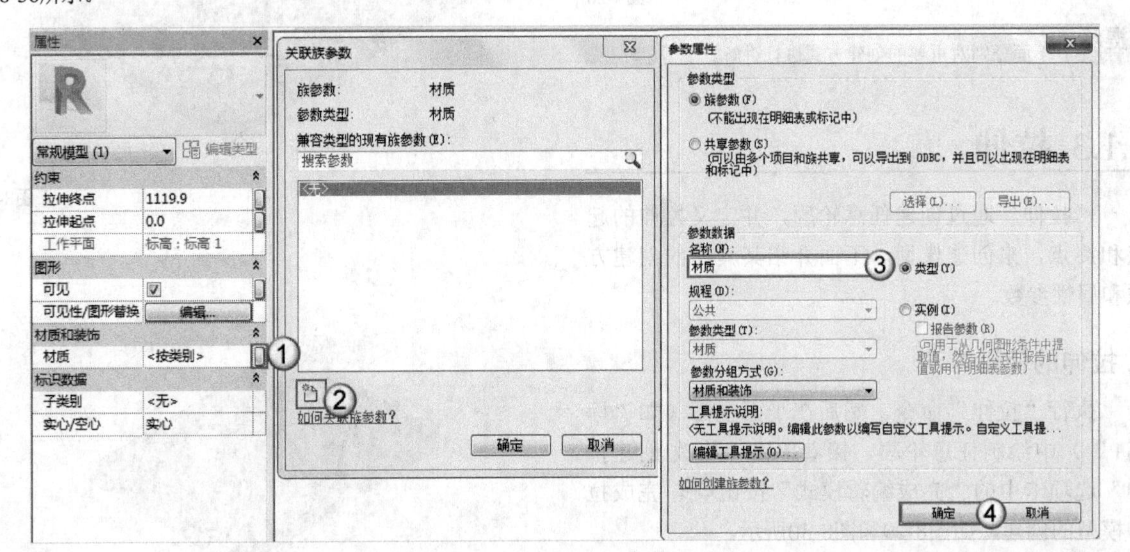

图8-36

提示 完成关联后，选择“族类型”工具，打开“族类型”对话框，其中会出现“材质”类型，如图8-37所示。完成材质的创建后，可在“参数属性”对话框中设置模型材质。

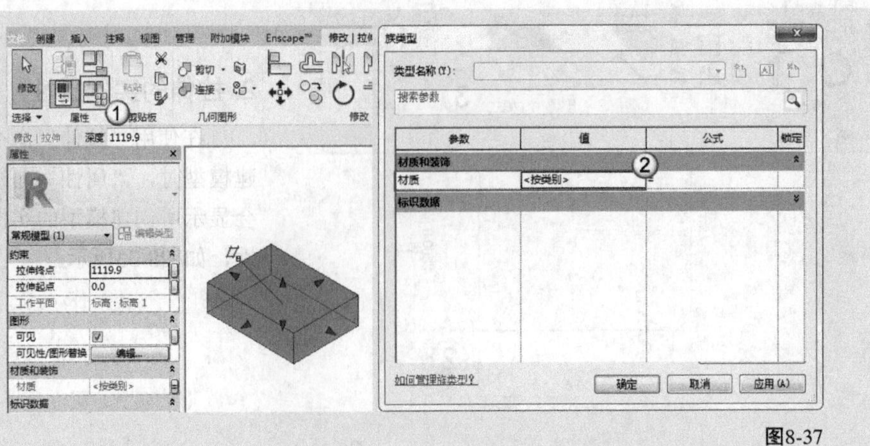

图8-37

标识数据：使用“实心”“空心”来设置创建的模型为实心或空心，“实心”对象在项目中可见，“空心”对象在项目中不可见，如图8-38所示。“空心”一般用于剪切实心模型。

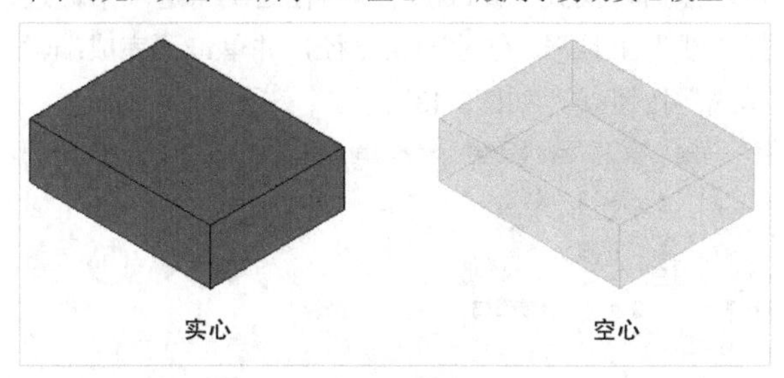

图8-38

8.1.4 融合

“融合”通过创建任意两个轮廓，并将两个轮廓融合来形成模型。下面介绍“融合”的创建方法和实例属性。

1. 融合的使用方法

第1步：执行“融合”命令，然后使用“绘制”工具组中的任意工具在平面视图（如“标高1”）中绘制一个图形，如这里绘制一个六边形，并选择“编辑顶部”工具，如图8-39所示。

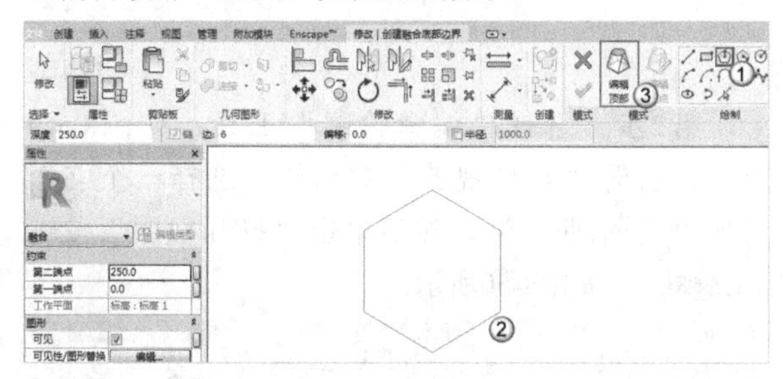

图8-39

提示 第1次绘制的图形作为底面图形。注意，选择“编辑顶部”工具表示确认当前绘制的是底面图形，接下来绘制的是顶面图形。

第2步：使用“绘制”工具组中的工具绘制顶面图形，单击“完成编辑模式”按钮✔，如图8-40所示。

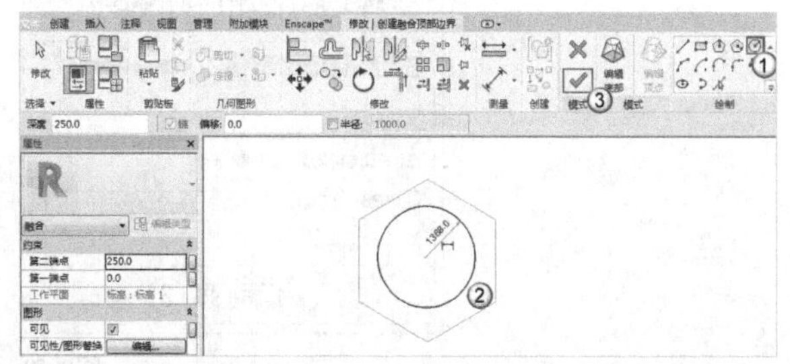

图8-40

第3步：切换到三维视图，效果如图8-41所示。

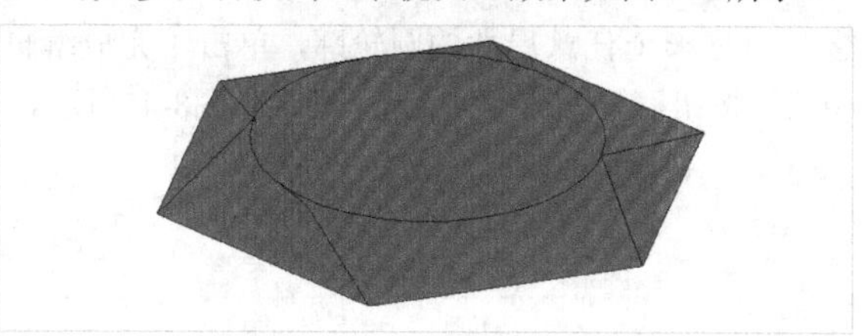

图8-41

2. 融合的实例属性

与“拉伸”模型一样，选中“融合”模型后也会出现控件，其“属性”面板中的相关参数也变为“融合”的相关参数，如图8-42所示。

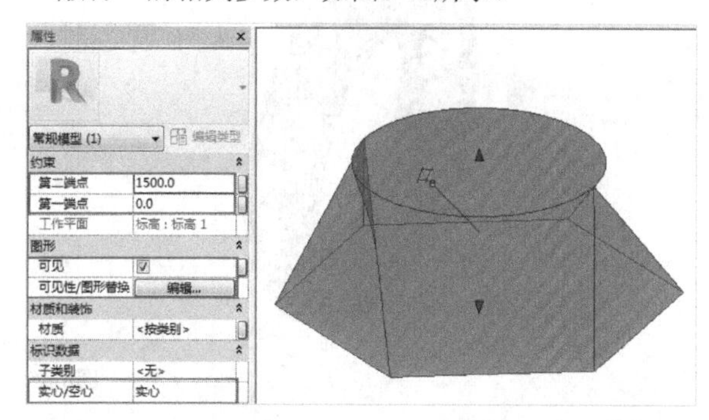

图8-42

融合属性重要参数介绍

第二端点：控制顶面的高度。

第一端点：控制底面的高度。

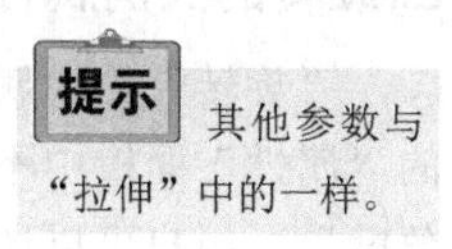

提示 其他参数与“拉伸”中的一样。

8.1.5 旋转

执行“旋转”命令时，可以先创建任意轴线，然后在轴线所在平面内创建任意轮廓，使轮廓绕轴线旋转一圈即可创建模型。下面介绍其具体的创建方法和实例属性。

1. 旋转的使用方法

第1步：执行“旋转”命令，进入“标高1”视图，然后选择“轴线”右侧的“线”工具▨，创建一条轴线，具体参数设置如图8-43所示。

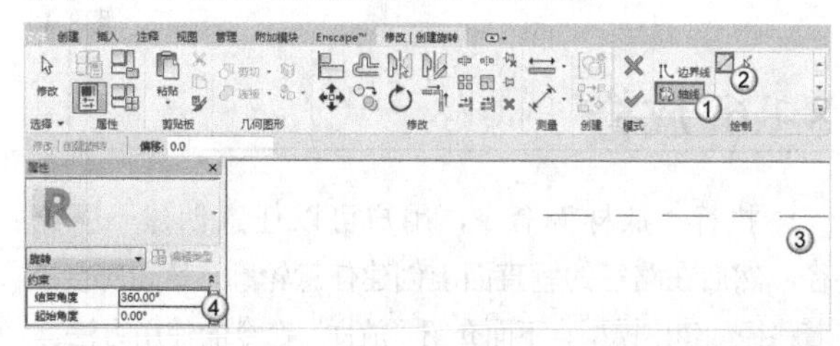

图8-43

第2步：选择“边界线”右侧的“圆形”工具⊙，创建一个任意尺寸的圆轮廓，单击“完成编辑模式”按钮✔，如图8-44所示，效果如图8-45所示。

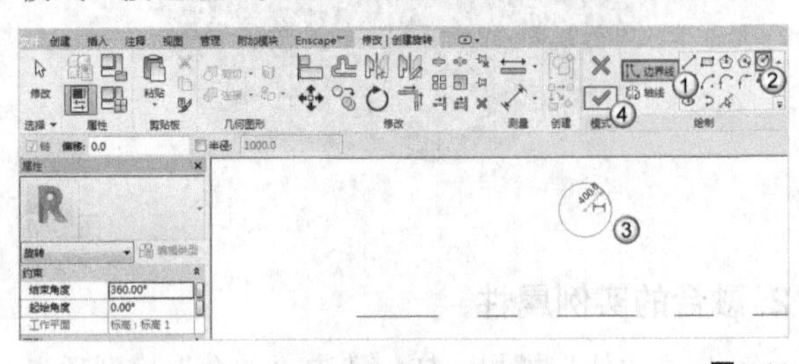

图8-44

图8-45

2. 旋转的实例属性

“旋转”的“属性”面板与“拉伸”“融合”的“属性”面板中不同的是“起始角度”和“结束角度”，用户可以通过它们调整模型的切片角度，如图8-46所示。

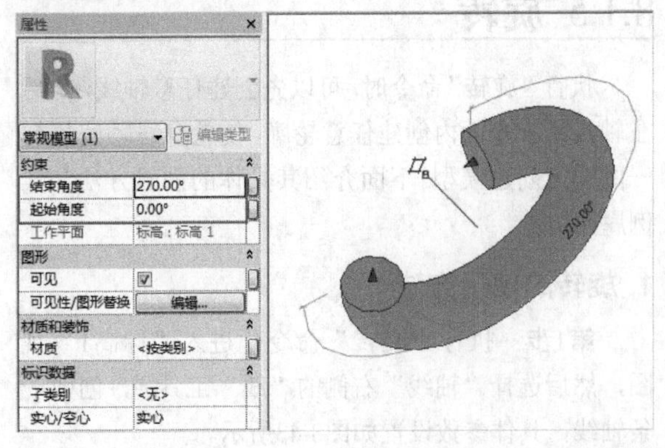

图8-46

8.1.6 放样

执行“放样”命令，用户可以任意创建一条路径，然后在路径的垂直面上创建任意轮廓，该轮廓会沿着路径创建出模型。下面介绍“放样”命令的使用方法。

第1步：执行“放样”命令，进入平面视图（如“标高1”），选择“绘制路径”工具，如图8-47所示；然后切换到“修改|放样>路径绘制”选项卡，选择“线”工具▱，创建一条路径，并单击“完成编辑模式”按钮✔，如图8-48所示。

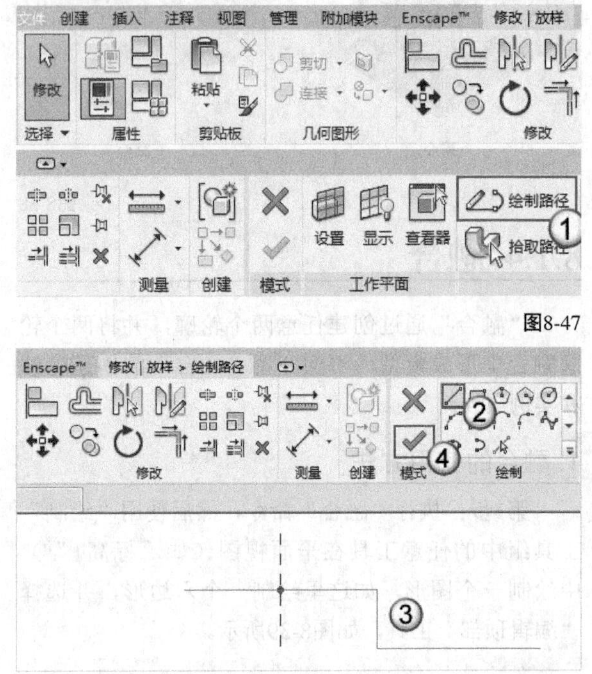

图8-47

图8-48

第2步：选择“编辑轮廓”工具，如图8-49所示；打开“转到视图”对话框，选择一个立面（如“立面:西”），然后单击“打开视图”按钮[打开视图]，如图8-50所示。

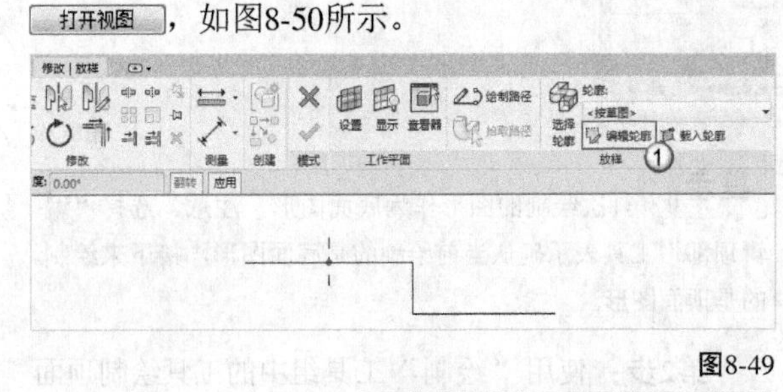

图8-49

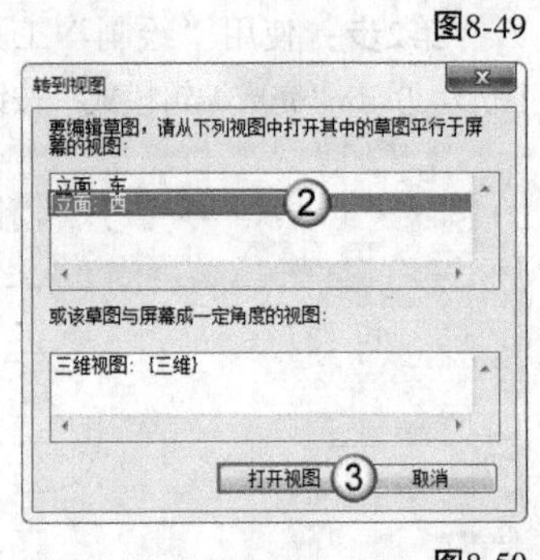

图8-50

第3步：选择“绘制”工具组中的工具（如“圆形”工具⊙），然后创建一个任意尺寸的圆形轮廓，接着单击“完成编辑模式”按钮✔两次，如图8-51所示。放样模型如图8-52所示。

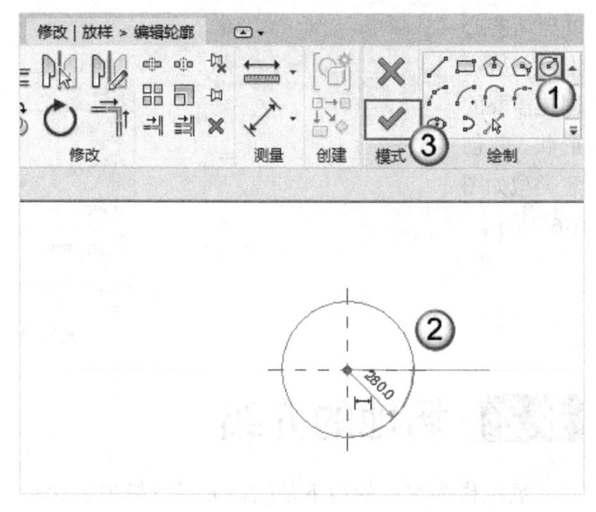

图8-51

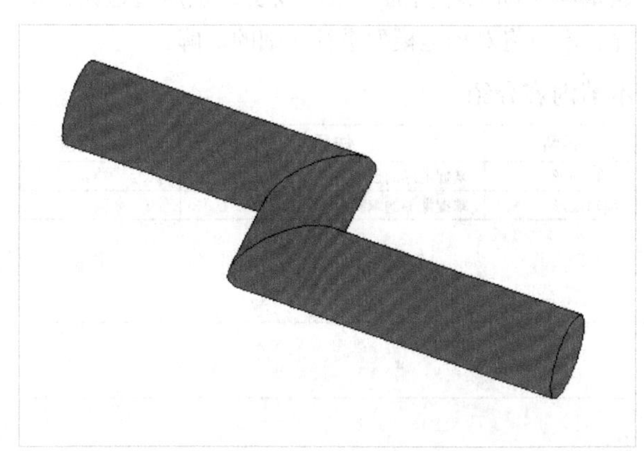

图8-52

8.1.7 放样融合

执行“放样融合”命令，可以先任意创建一条路径，在路径垂直面的两端分别创建任意轮廓，这两个轮廓会沿着路径融合创建出模型。

第1步：执行“放样融合”命令，进入“标高1”视图，选择“绘制路径”工具，如图8-53所示。选择 “线”工具▱，创建任意路径，并单击“完成编辑模式”按钮✔，如图8-54所示。

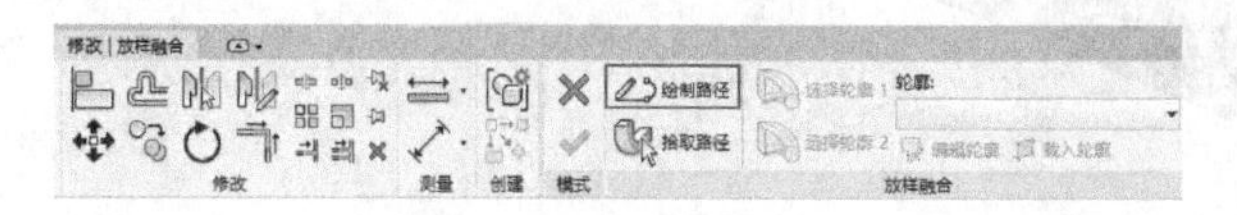

图8-53

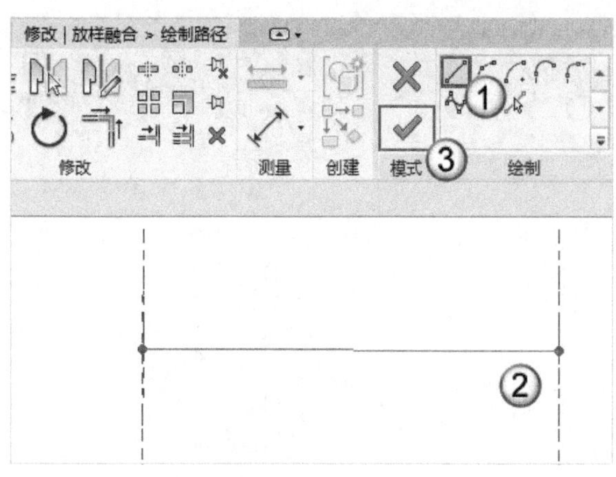

图8-54

第2步：选择“选择轮廓1”工具，并选择“编辑轮廓”工具，如图8-55所示；然后选择“内接多边形” 工具⏣，创建一个任意尺寸的多边形，单击“完成编辑模式”按钮✔，如图8-56所示。

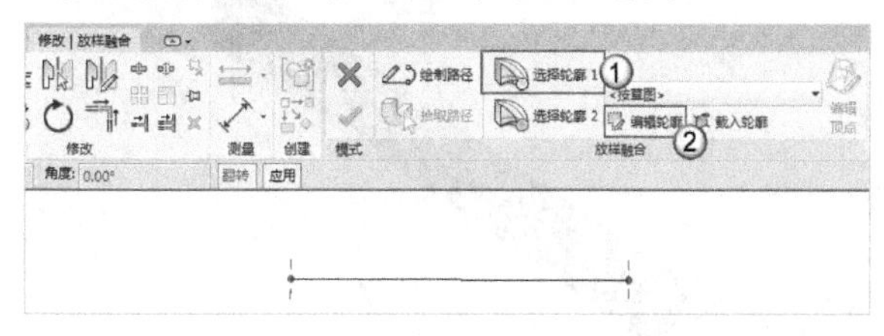

图8-55

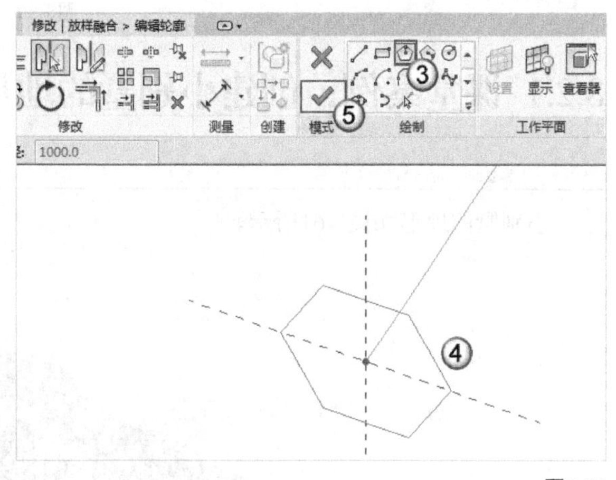

图8-56

第3步：选择“选择轮廓2”工具，并选择“编辑轮廓”工具，如图8-57所示；然后选择“圆形”工具⊙，创建一个任意尺寸的圆形，单击“完成编辑模式”按钮✔，如图8-58所示。

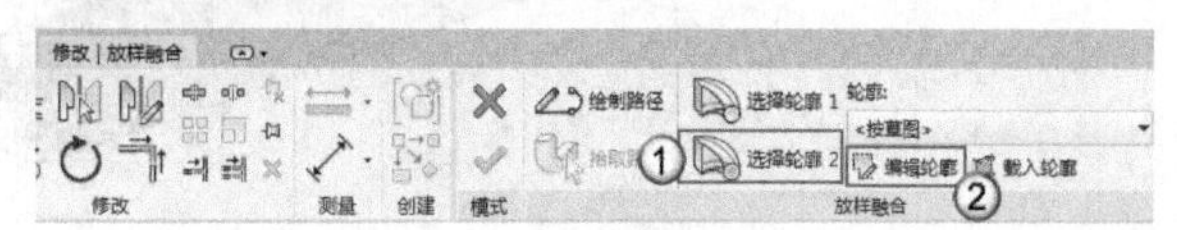

图8-57

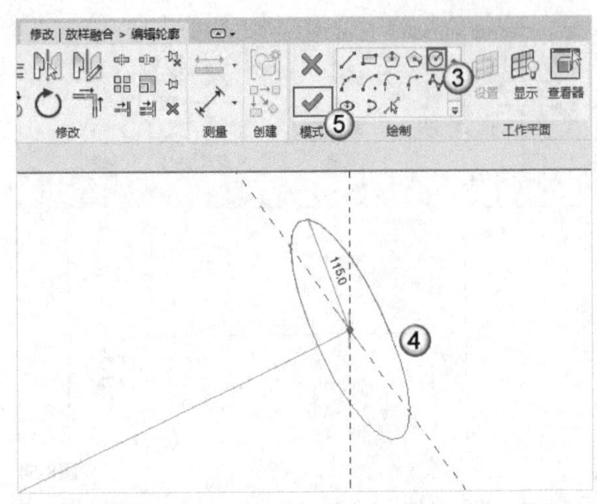

图8-58

第4步：单击“完成编辑模式”按钮✔，完成“放样融合”模型的创建，如图8-59所示。

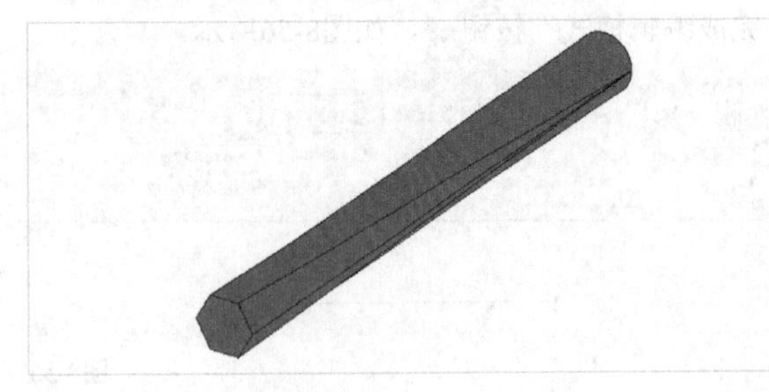

图8-59

8.1.8 空心形状

空心形状的创建方式和前面实心形状的创建方式一样，这里不再赘述。空心形状的主要作用是辅助剪切实心形状，从而创建需要的形状，其创建类型如图8-60所示。

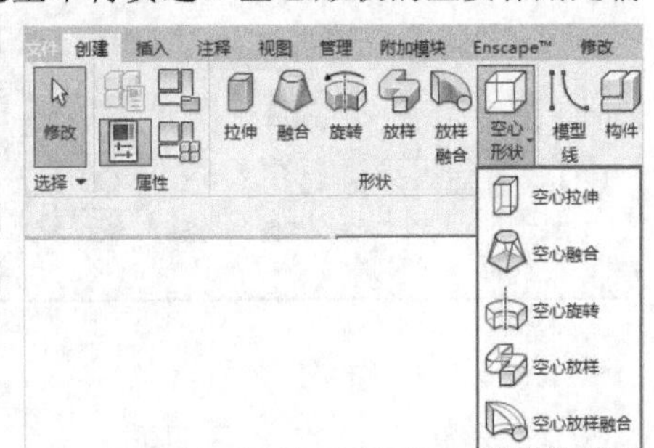

图8-60

8.2 场地的介绍

场地作为房屋的地下基础，要通过模型表达出建筑与实际地坪间的关系，以及建筑周边道路的情况。本节将对场地模型进行详细的讲解。

本节内容介绍

名称	作用	重要程度
创建地形	掌握地形的创建方式	中
编辑地形	掌握地形的编辑方法	高

8.2.1 课堂案例：创建小别墅的地形

实例文件　实例文件>CH08>课堂案例：创建小别墅的地形.rvt
视频文件　创建小别墅的地形.mp4
学习目标　掌握建筑地形的绘制方法

小别墅的地形如图8-61所示。

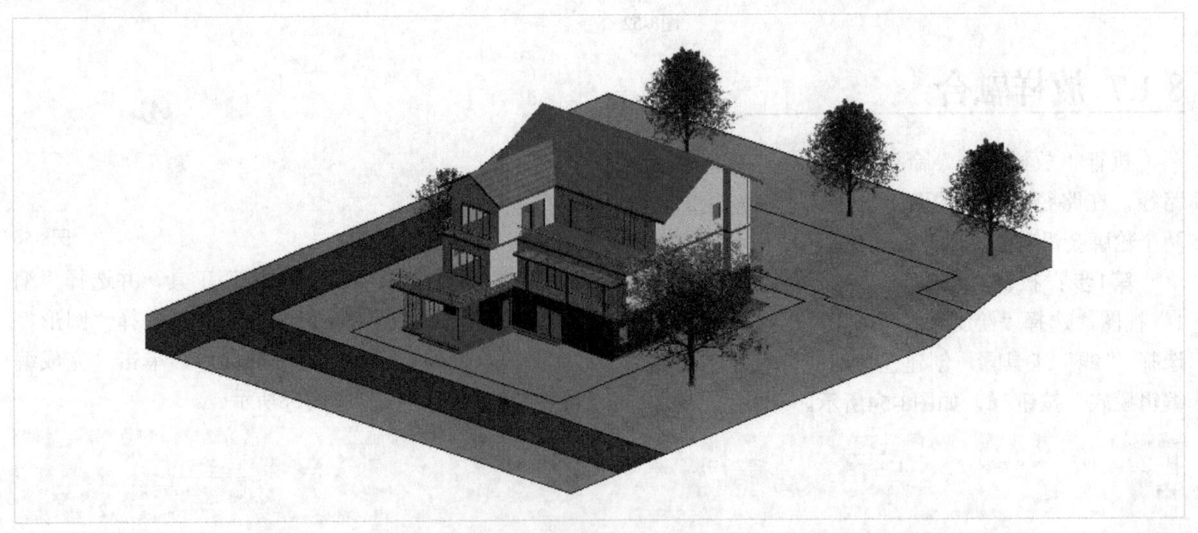

图8-61

1. 创建地形的参照平面

打学习资源中的“实例文件>CH08>课堂案例：创建小别墅的工字钢玻璃雨棚.rvt”文件，然后进入“场地”平面视图，执行“建筑”选项卡中的“参照 平面”命令，创建图8-62所示尺寸与位置的参照平面。

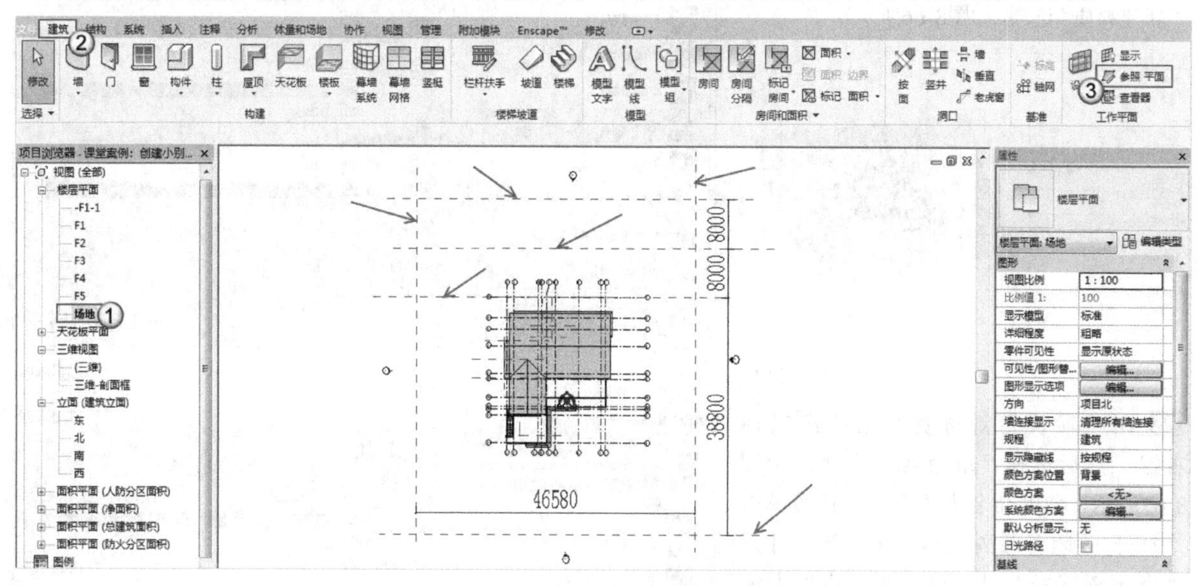

图8-62

2. 创建地形

01 切换到“体量和场地”选项卡，执行“地形表面”命令，如图8-63所示；然后选择“放置点”工具，并设置“高程”值；接着创建高程点，并单击“完成编辑模式”按钮✔，具体的“高程”参数如图8-64所示。

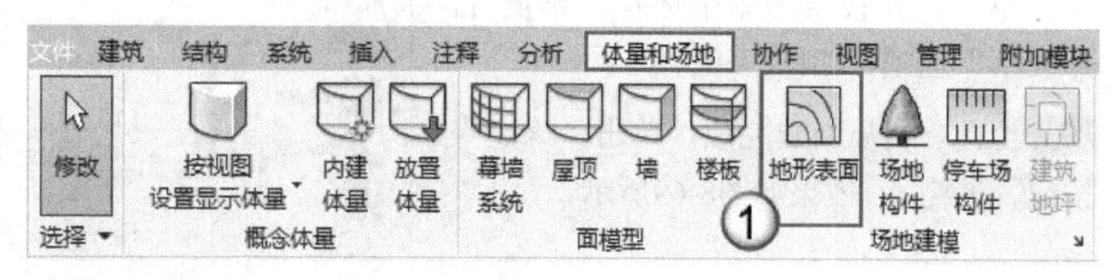

图8-63

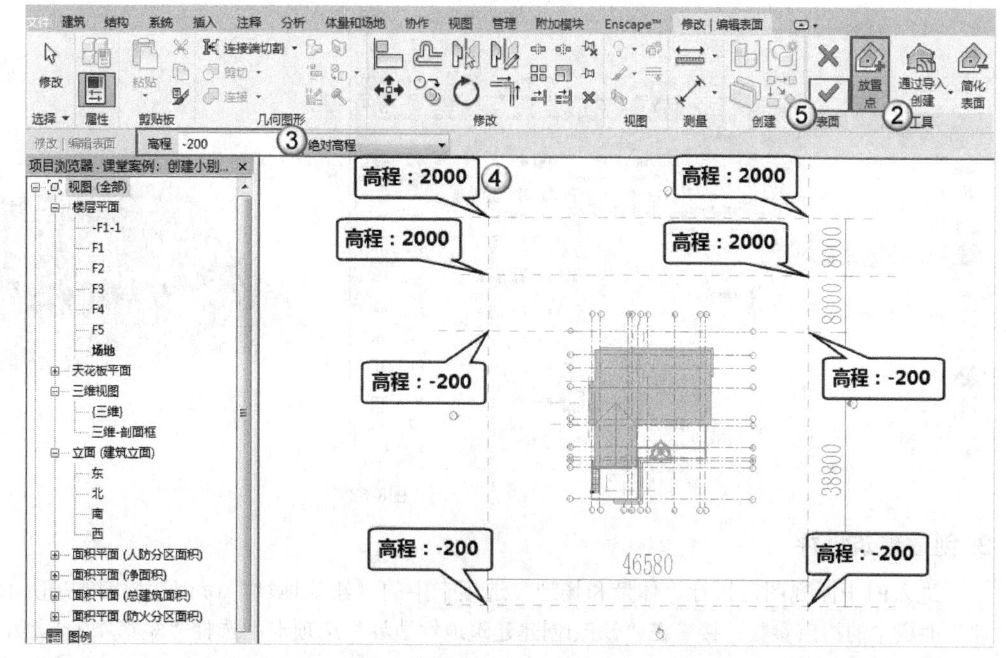

图8-64

02 为场地添加材质。选中场地，在“属性”面板中单击“材质”右侧的按钮，如图8-65所示；打开“材质浏览器”对话框，选择“新建材质”选项，如图8-66所示。

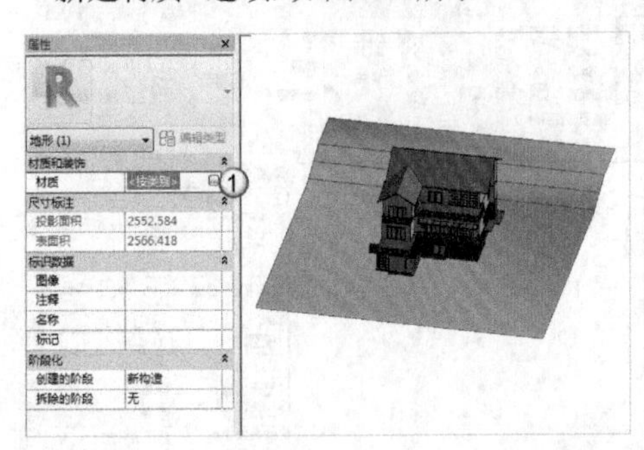

图8-65

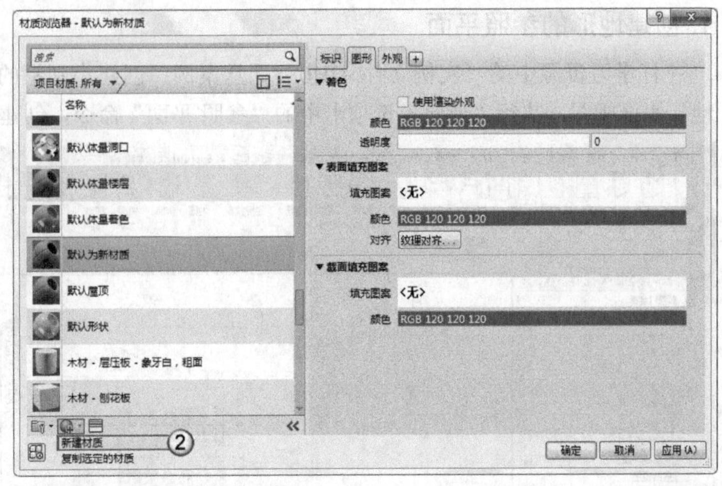

图8-66

03 在“默认为新材质”上单击鼠标右键，然后选择“重命名”选项，如图8-67所示，将其命名为“草”；接着单击“打开/关闭资源浏览器”按钮，打开“资源浏览器”对话框，在搜索框中输入“草”，在搜索结果中选择“草皮-百慕大草”选项，如图8-68所示。

04 至此，材质新建完成，单击“确定”按钮 确定 ，效果如图8-69所示。

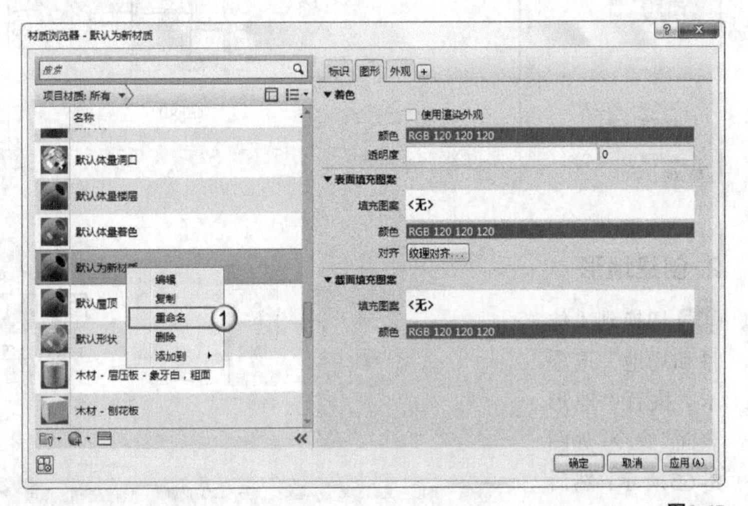

图8-67

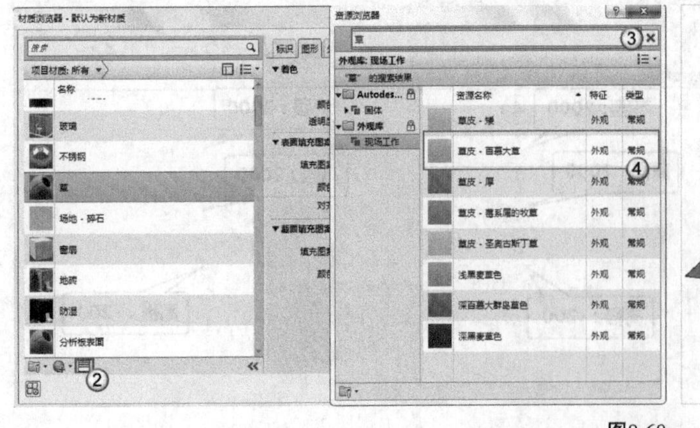

图8-68

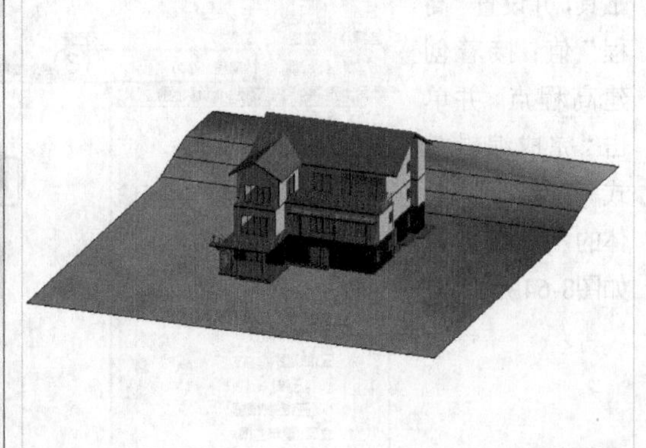

图8-69

3. 创建建筑地坪

进入F1平面视图，执行“体量和场地”选项卡中的“建筑地坪”命令，如图8-70所示；然后设置“属性”面板中的约束参数；接着在“修改|创建建筑地坪边界”选项卡中选择“矩形”工具，绘制图8-71所示的矩形，单击“完成编辑模式”按钮。完成后的效果如图8-72所示。

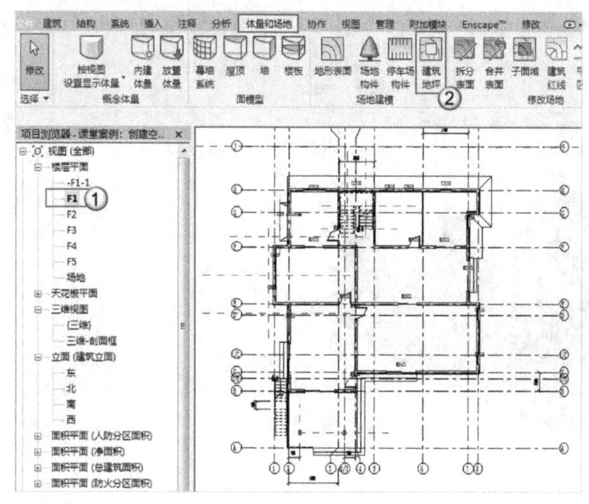

图8-70

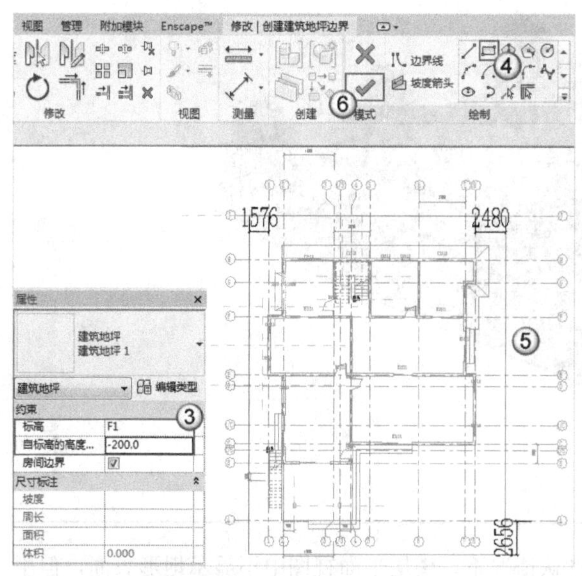

图8-71

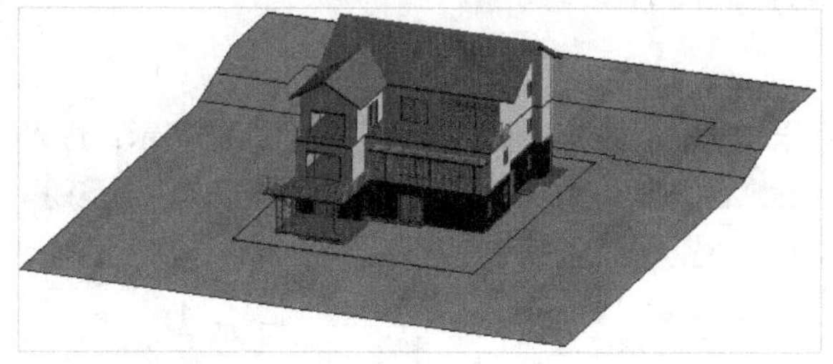

图8-72

4. 创建道路

执行“体量和场地”选项卡中的“子面域”命令，如图8-73所示；然后在“修改|创建子面域边界”选项卡中选择“线”工具，如图8-74所示，绘制图8-75所示的轮廓，并单击“完成编辑模式”按钮。完成后的效果如图8-76所示。

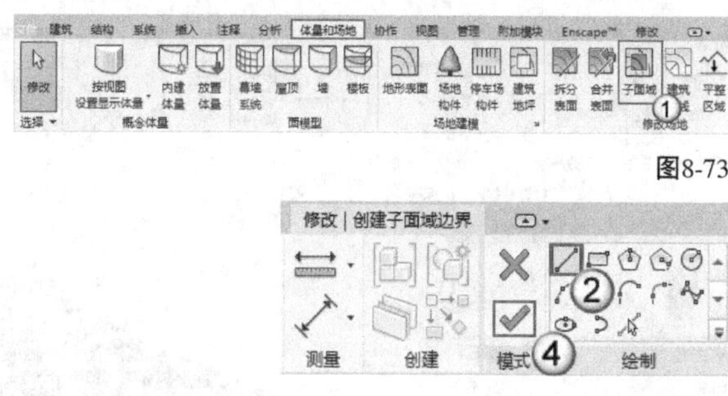

图8-73

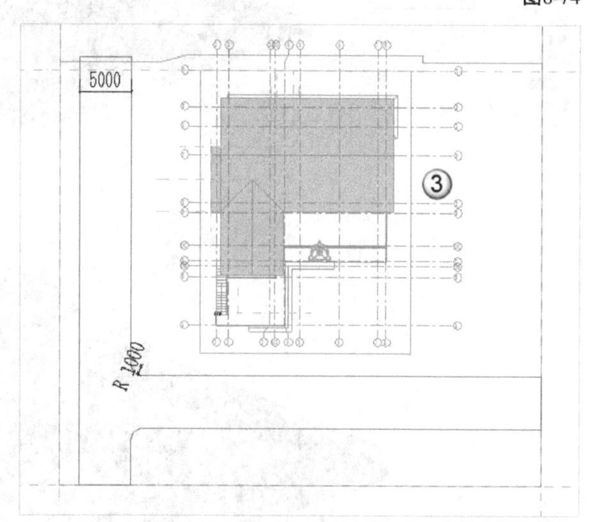

图8-74

图8-75

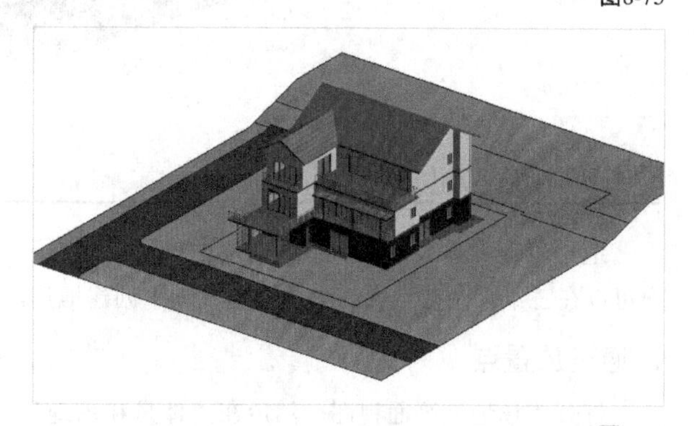

图8-76

5. 添加场地构件

执行“体量和场地”选项卡中的“场地构件”命令，如图8-77所示；然后在“属性”面板中设置图8-78所示的树类型，并将其放置在场景中。放置后的效果如图8-79所示。

图8-77

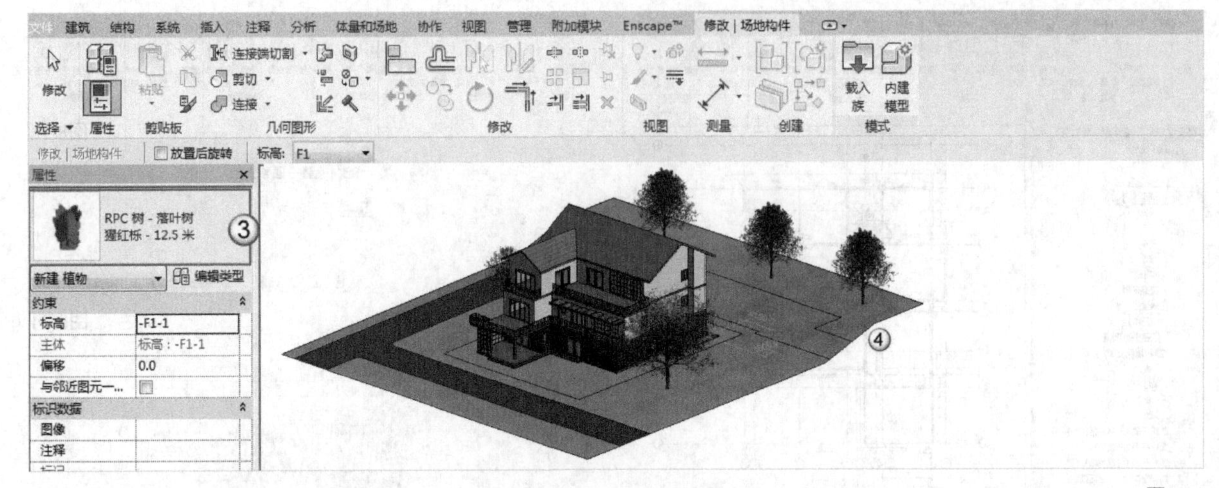

图8-78

图8-79

8.2.2 创建地形

地形表面是建筑场地地形或地块地形的图形表示。默认情况下，楼层平面视图中不显示地形表面，但用户可以在三维视图或专用的“场地”视图中创建地形，主要有以下两种方式。

1. 通过放置点

打开“场地”平面视图，然后在“体量和场地”选项卡中执行“地形表面”命令，如图8-80所示；进入地形表面的绘制模式，选择“放置点”工具，在选项栏中设置“高程”值；然后在视图中单击放置点，并修改“高程”值；接着连续放置其他点，通过连续放置的点生成等高线，如图8-81所示。

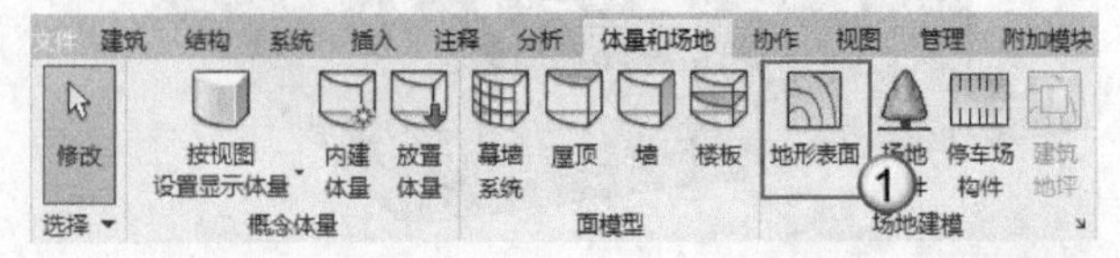

图8-80

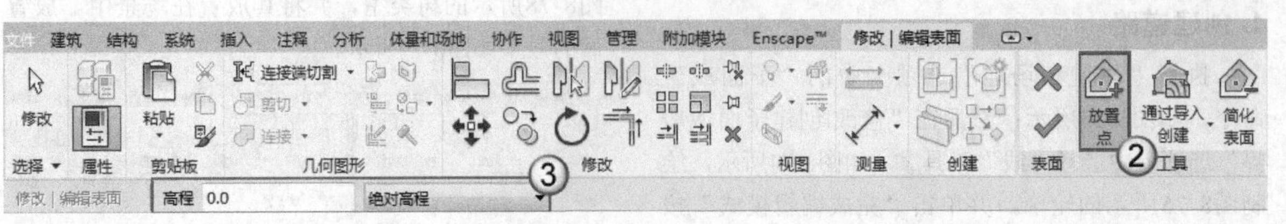

图8-81

图8-82所示是在平面视图上任意放置4个点形成的简单地形。

图8-82

2. 直接生成

直接将CAD地形图等导入Revit 2018，Revit 2018会自动生成地形。

8.2.3 编辑地形

地形的编辑内容较多，下面分别介绍相关方法和步骤。

1. 场地的设置

切换到“体量和场地”选项卡，单击“场地建模”命令栏中的↘按钮，如图8-83所示；打开“场地设置”对话框，用户可以在其中设置等高线的“间隔”值和“经过高程”等，也可以添加自定义的等高线、剖面填充样式，并进行基础土层高程和角度显示等项目的全局场地设置，如图8-84所示。

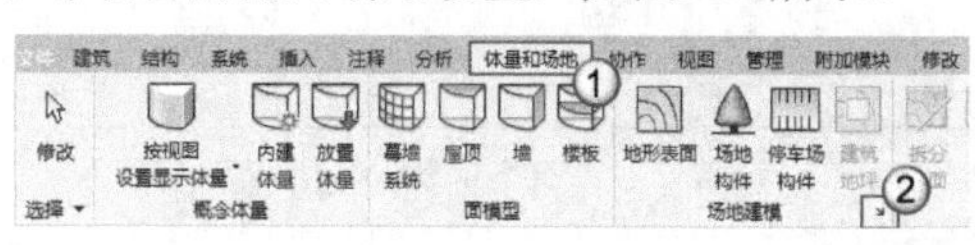

图8-83

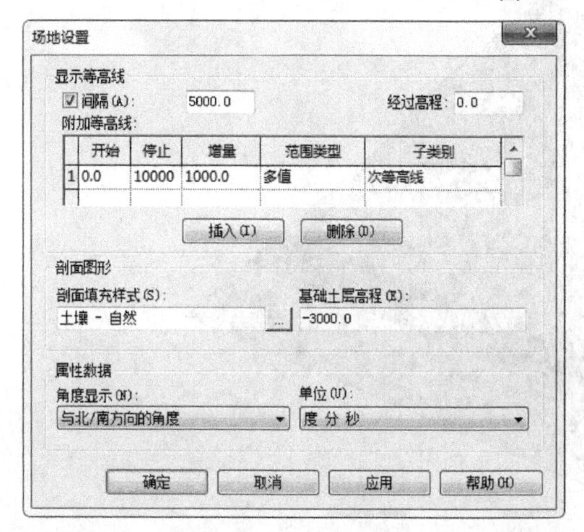

图8-84

2. 编辑地形表面

选中绘制好的地形表面，切换到“修改|地形”选项卡，选择“编辑表面”工具，如图8-85所示；然后切换到“修改|编辑表面”选项卡，其“工具”工具组中包含“放置点”“通过导入创建”和“简化表面”3种修改地形表面高程点的工具，如图8-86所示。

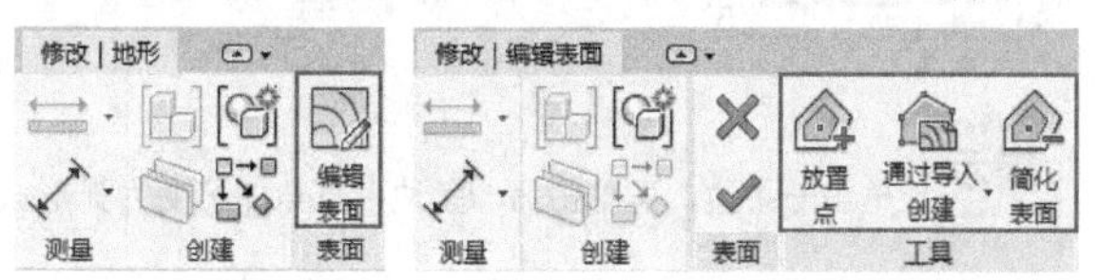

图8-85 图8-86

重要参数介绍

放置点：增加高程点。

通过导入创建：通过导入外部文件来创建地形表面。

简化表面：减少地形表面中的高程点数。

3. 创建子面域

使用“子面域”命令在现有地形表面中绘制某个区域时，Revit 2018不会剪切现有的地形表面。“子面域”命令通常用于在地形表面中绘制道路或停车场区域等。

第1步：切换到“体量和场地”选项卡，执行“子面域”命令，如图8-87所示；进入绘制模式，选择“线”工具▨，绘制子面域的边界轮廓线，如图8-88所示。

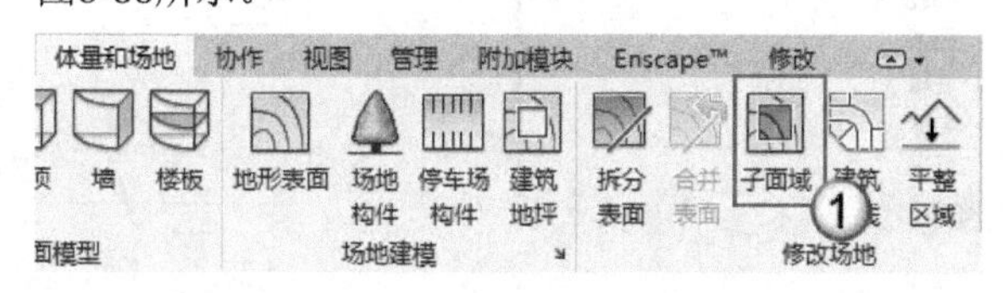

图8-87

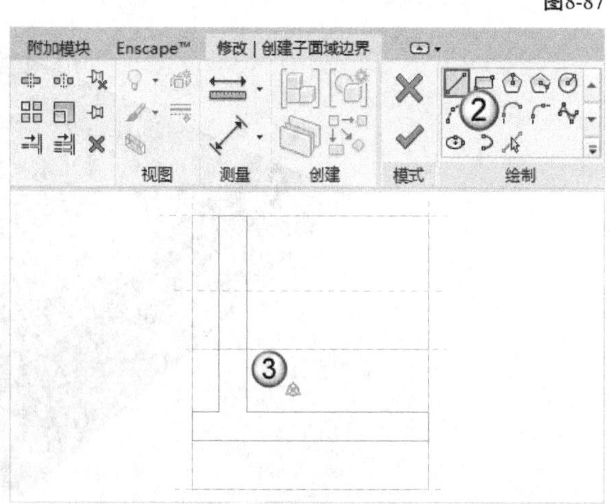

图8-88

第2步：选择“圆角弧”工具，然后在选项栏中设置“半径”为1000，如图8-89所示；接着将路转角处的直角编辑成弧形，如图8-90所示。

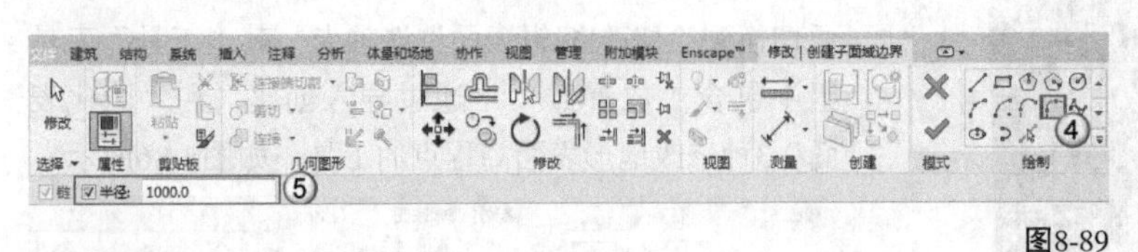

图8-89

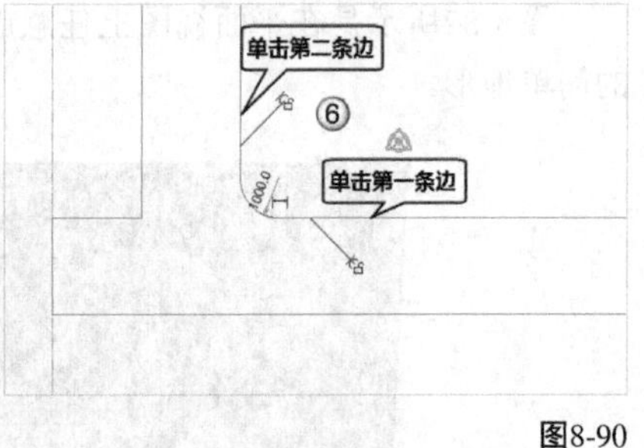

图8-90

提示

单击一条边，再单击另一条边，直角即可变为弧形。

第3步：单击“属性”面板中“材质”右侧的按钮，然后设置子面域的材质，接着单击“完成编辑模式”按钮，完成子面域的创建，如图8-91所示，效果如图8-92所示。

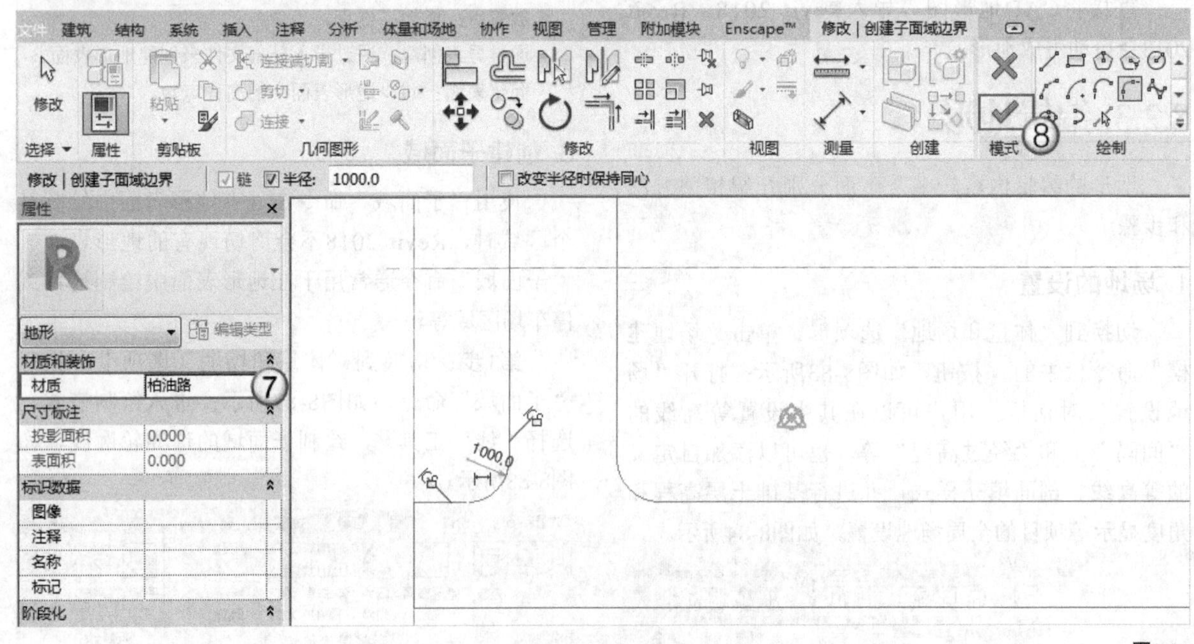

图8-91

图8-92

4. 拆分/合并表面

“拆分表面”命令可以将原地形表面拆分成多个地形表面；同理，“合并表面”命令可以合并多个地形表面。下面分别介绍二者的操作方法。

在“体量和场地”选项卡中执行“拆分表面”命令，如图8-93所示；进入绘制模式，选择“绘制”工具组中的任意绘制工具（如“矩形”工具▭）；然后在地形表面上绘制任意轮廓，单击“完成编辑模式”按钮✔，完成地形表面的拆分，如图8-94所示。完成后的效果如图8-95所示。

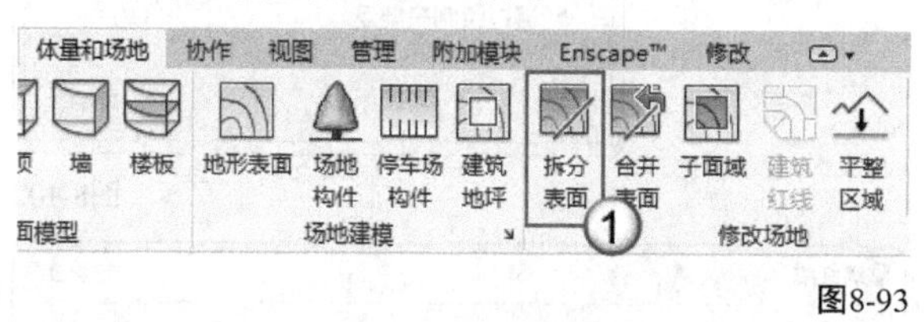

图8-93

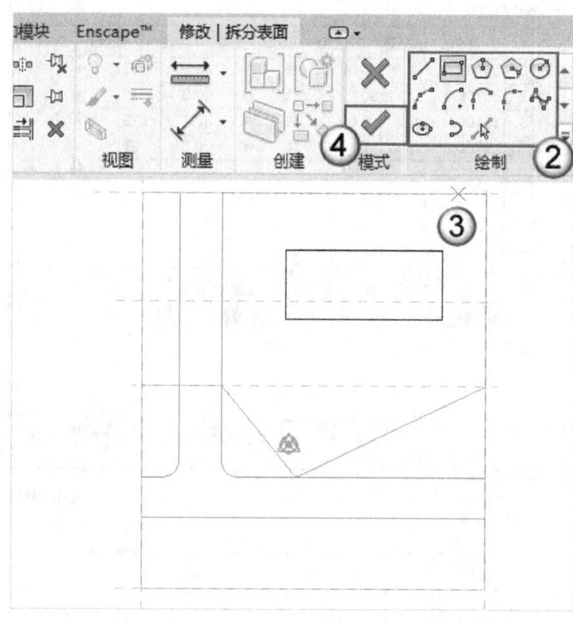

图8-94

图8-95

相对来说，合并地形表面的操作简单一些。执行“合并表面”命令，然后分别单击需要合并的两个地形表面，即可完成合并。注意，合并后的地形表面材质与先选择的主地形表面的材质相同。

5. 创建建筑红线

建筑红线一般是指各种用地的边界线，有时也把沿街建筑处的一条建筑线称为红线，即建筑红线。它可以与道路红线重合，也可退于道路红线之后，但绝不允许超过道路红线，且在建筑红线以外不允许创建任何建筑。创建建筑红线主要有两种方式，如图8-96所示。

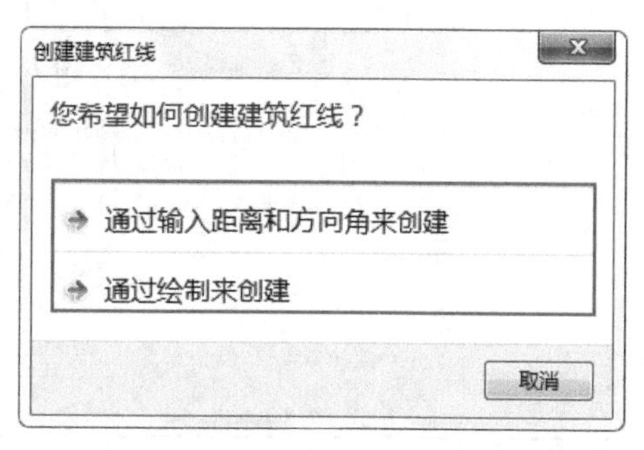

图8-96

第1种：切换到“体量和场地”选项卡，执行“建筑红线”命令，如图8-97所示；然后在“创建建筑红线”对话框中选择“通过绘制来创建”选项，如图8-98所示。进入绘制模式，选择“矩形”工具▭，绘制封闭的建筑红线；接着单击“完成编辑模式”按钮✔，完成绘制，如图8-99所示。完成后的效果如图8-100所示。

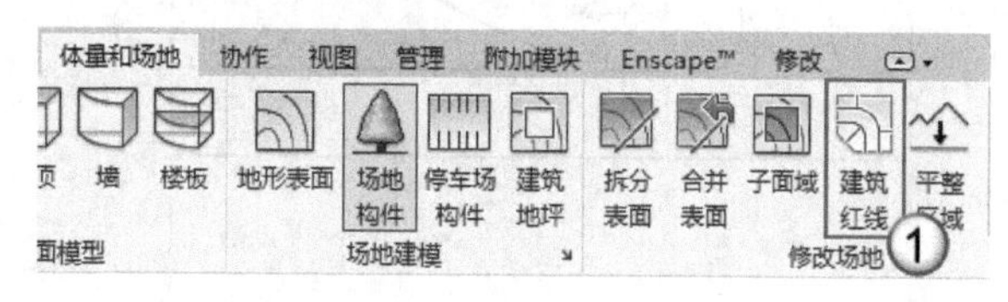

图8-97

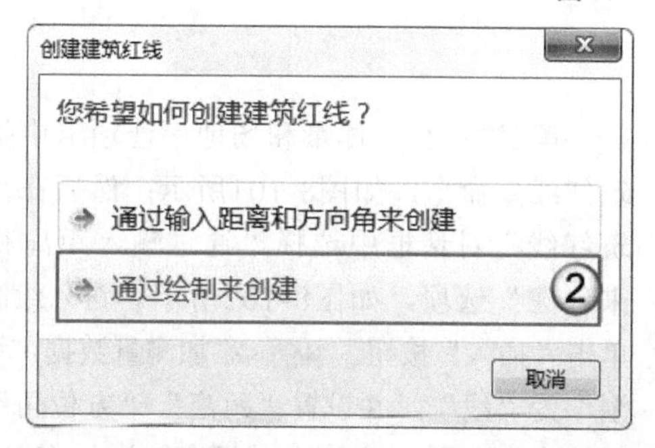

图8-98

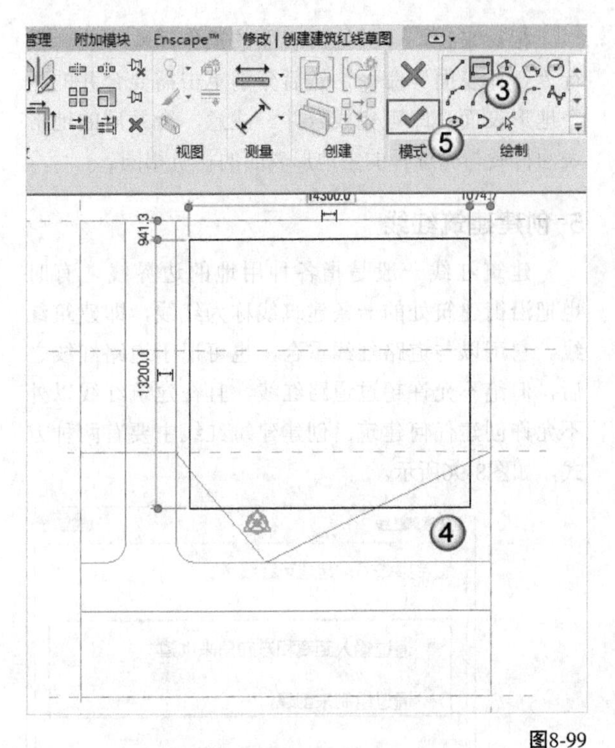

图8-99

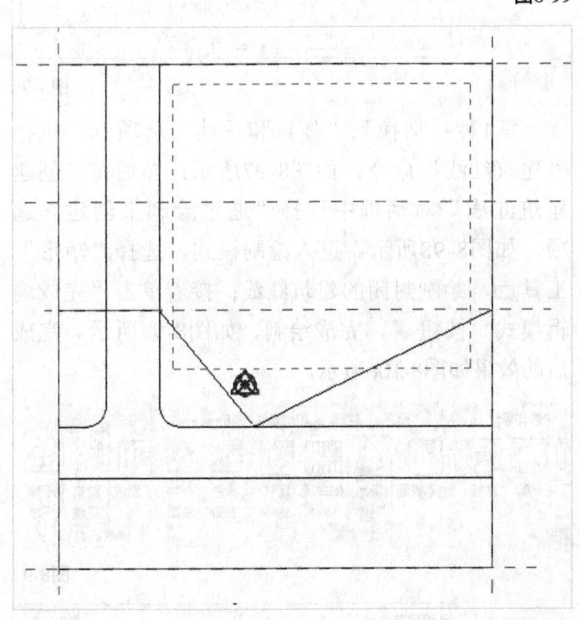

图8-100

第2种：在“体量和场地”选项卡中执行“建筑红线”命令，如图8-101所示；然后在“创建建筑红线”对话框中选择“通过输入距离和方向角来创建”选项，如图8-102所示。进入绘制模式，单击“插入”按钮 插入 添加测量数据，设置“类型”为“线”，并设置“距离”“方位角”和“半径”等参数；接着调整红线顺序，单击“确定”按钮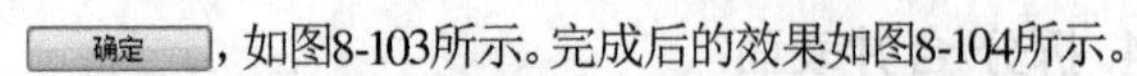，如图8-103所示。完成后的效果如图8-104所示。

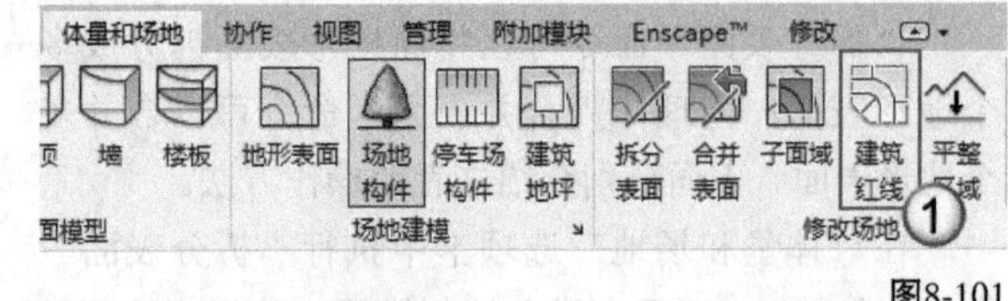

图8-101

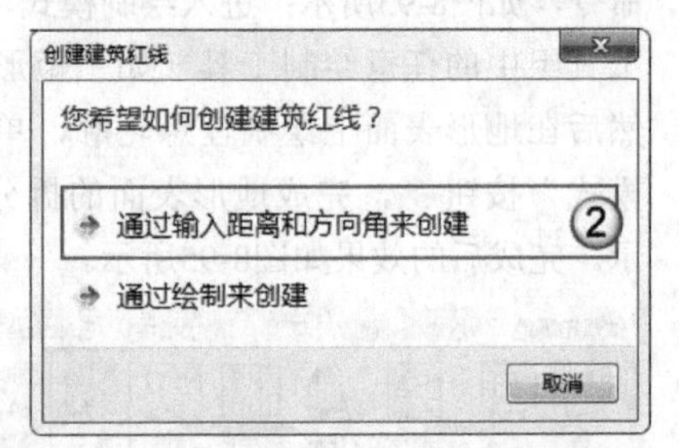

图8-102

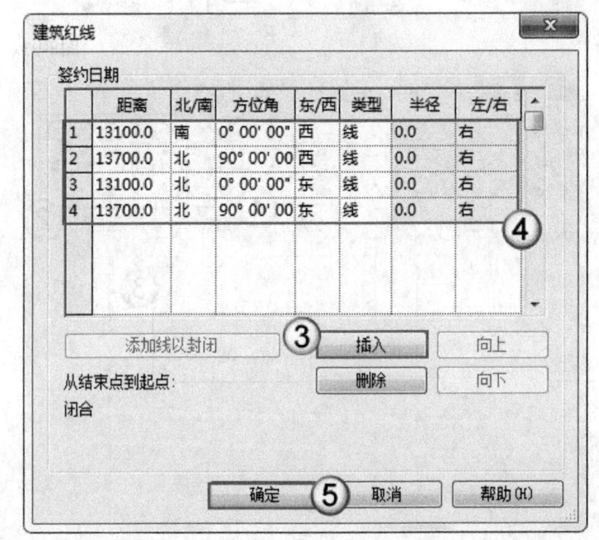

	距离	北/南	方位角	东/西	类型	半径	左/右
1	13100.0	南	0° 00' 00"	西	线	0.0	右
2	13700.0	北	90° 00' 00	西	线	0.0	右
3	13100.0	北	0° 00' 00"	东	线	0.0	右
4	13700.0	北	90° 00' 00	东	线	0.0	右

图8-103

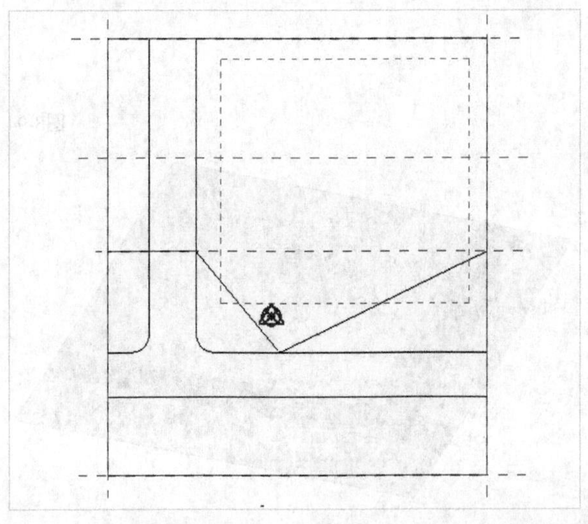

图8-104

6. 创建建筑地坪

“建筑地坪”命令和“子面域”命令不同：使用“建筑地坪”命令会创建出单独的水平表面，并剪切地形；使用“子面域”命令不会创建出单独的水平表面，而会在地形表面上圈定某块可以定义不同属性集（如材质）的区域。下面介绍建筑地坪创建方法。

在“体量和场地”选项卡中执行“建筑地坪”命令，如图8-105所示；进入绘制模式，选择“矩形”工具，并在“属性”面板中设置图8-106所示的参数；然后绘制建筑地坪的边界轮廓线，单击“完成编辑模式”按钮✔，完成创建。完成后的效果如图8-107所示。

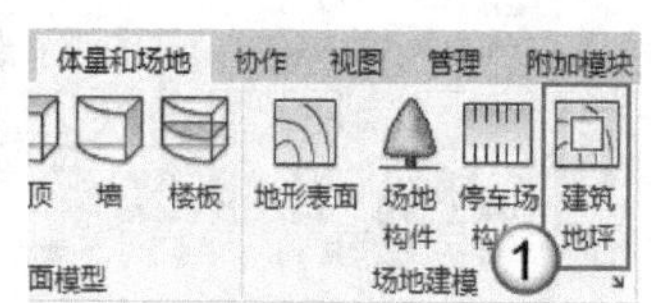

图8-105

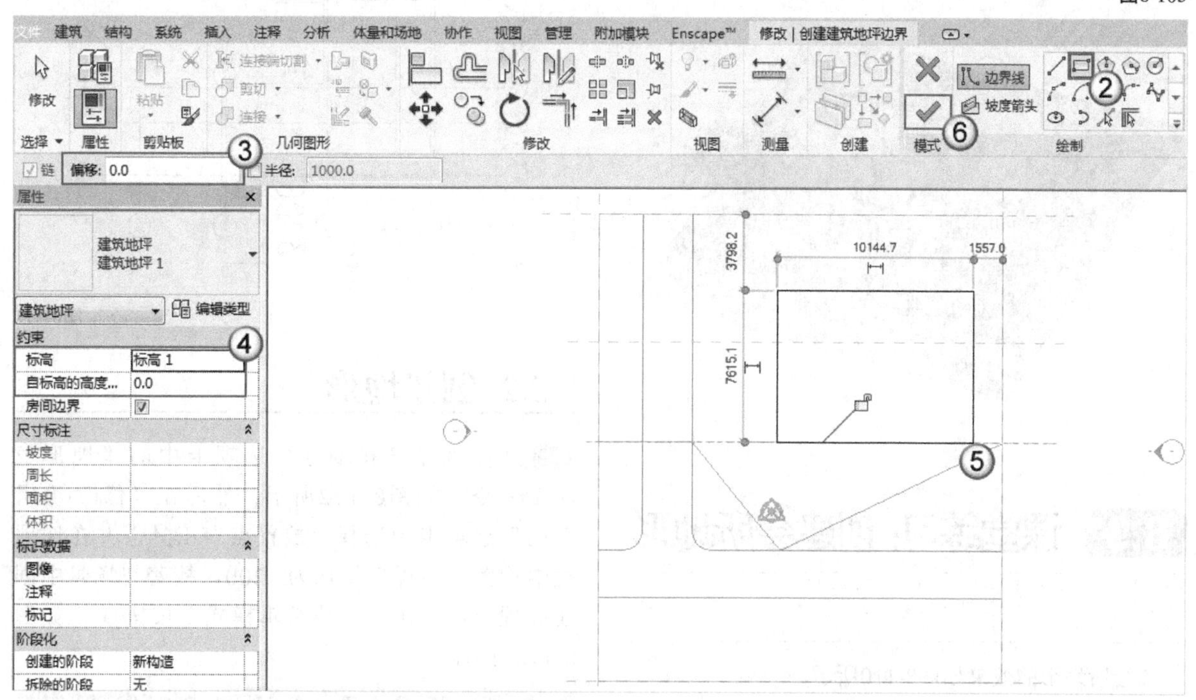

图8-106

图8-107

提示 在建筑地坪的“属性”面板中，可以调整该地坪的“标高”和“偏移值”；在“类型属性”对话框中可以设置建筑地坪的材质。

7. 添加场地构件和停车场构件

创建了建筑和地形后，可以在场地中放置一些构件模型，如场地构件、停车场构件等，如图8-108和图8-109所示。

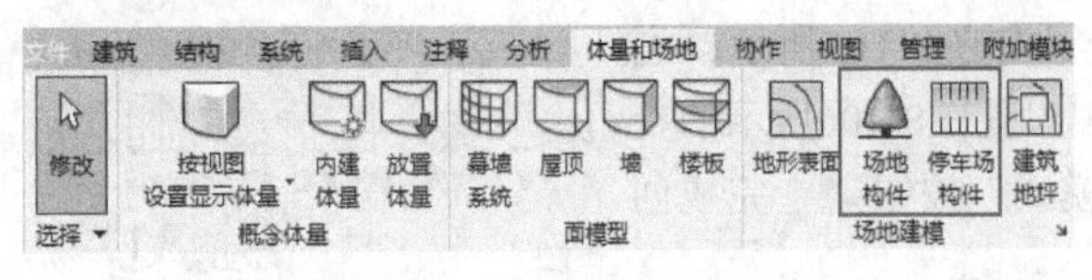

图8-108

图8-109

8.3 课堂练习：创建会所地形

实例文件　实例文件>CH08>课堂练习：创建会所地形.rvt
视频文件　课堂练习：创建会所地形.mp4
学习目标　掌握建筑地形的创建方法

会所地形的效果如图8-110所示。

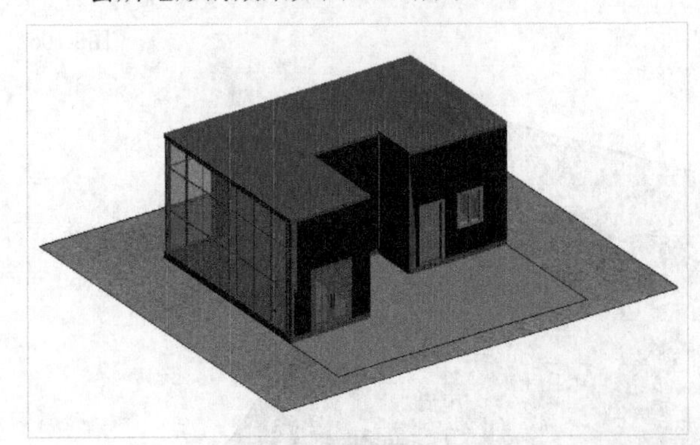

图8-110

8.3.1 创建地形的参照平面

打开学习资源中的“实例文件>CH07>课堂练习：绘制会所屋顶.rvt”文件，进入“场地”平面视图，使用“建筑”选项卡中的“参照 平面”命令创建图8-111所示的尺寸与位置的参照平面。

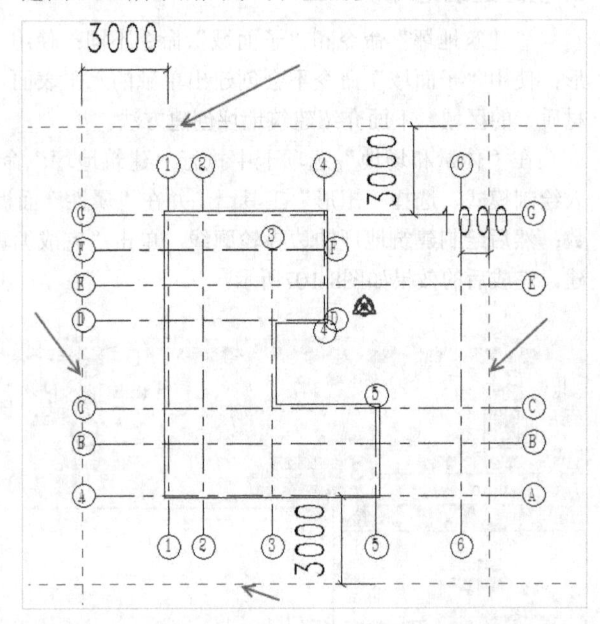

图8-111

8.3.2 创建地形

01 执行“体量和场地”选项卡中的“地形表面”命令，如图8-112所示；然后在“修改|编辑表面”选项卡中选择“放置点”工具，并在选项栏中设置“高程”值均为-200，接着在场景中创建高程点，单击“完成编辑模式”按钮✔，如图8-113所示。

图8-112

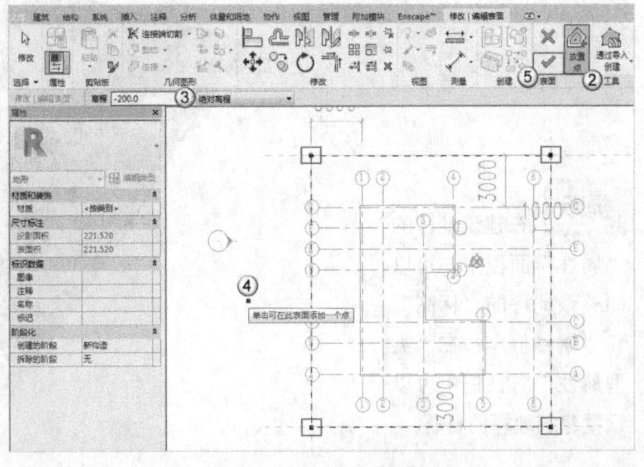

图8-113

02 为场地添加材质。选中场地，单击“属性”面板中“材质”右侧的▭按钮，如图8-114所示；打开“材质浏览器”对话框，选择“新建材质”选项，如图8-115所示；然后在“默认为新材质”选项上单击鼠标右键，选择“重命名”选项，如图8-116所示，将其命名为“草”。

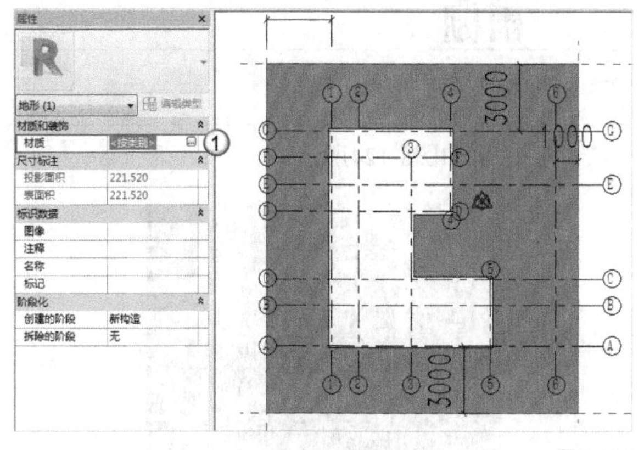

图8-114

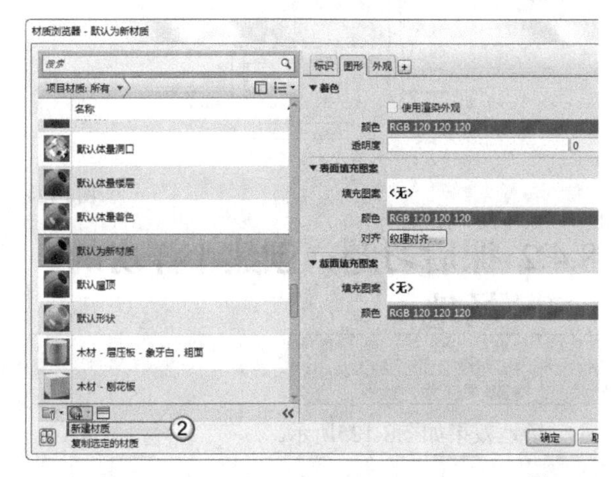

图8-115

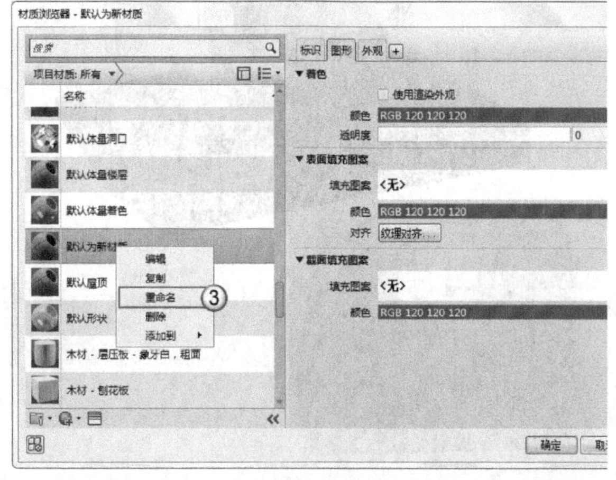

图8-116

03 单击“打开/关闭资源浏览器”按钮▤，打开“资源浏览器”对话框；在搜索框中输入“草”，在搜索结果中选择“草皮-百慕大草”选项并双击，如图8-117所示，完成材质的新建；单击“确定”按钮［确定］，为场地添加材质，如图8-118所示。完成后的效果如图8-119所示。

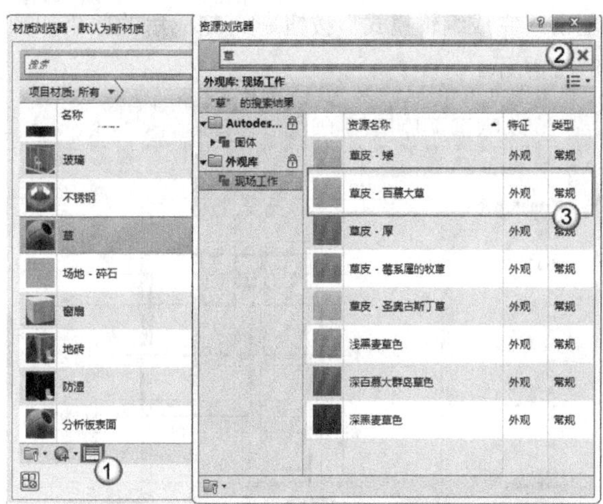

图8-117

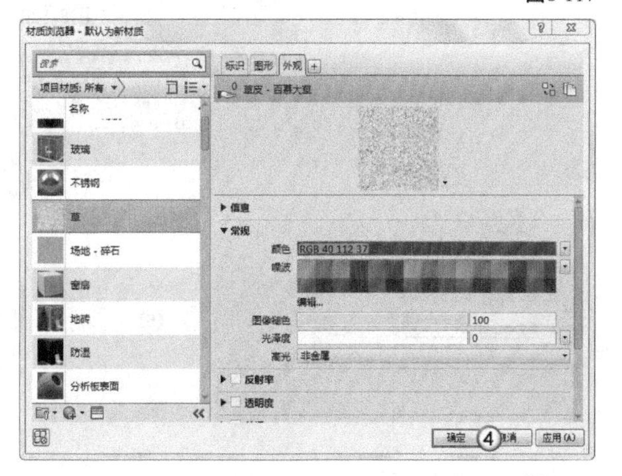

图8-118

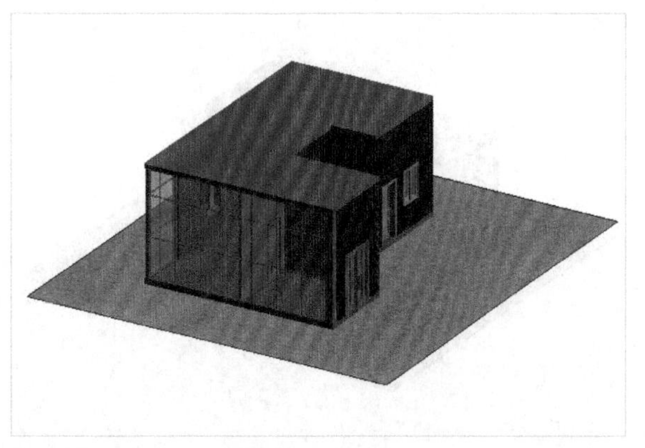

图8-119

8.3.3 创建建筑地坪

进入“标高1”平面视图，执行“体量和场地”选项卡中的“建筑地坪”命令，如图8-120所示；然后选择“矩形”工具，在“属性”面板中设置图8-121所示的参数；接着绘制图8-122所示的矩形，并单击“完成编辑模式”按钮✔。完成后的效果如图8-123所示。

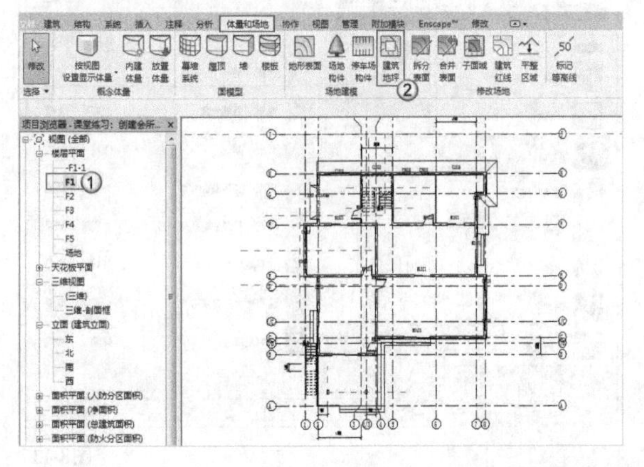

图8-120

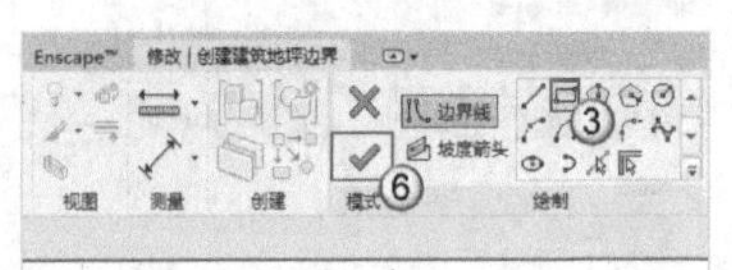

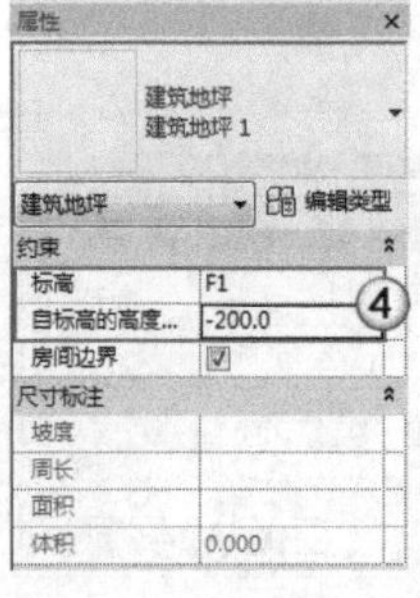

图8-121

图8-122

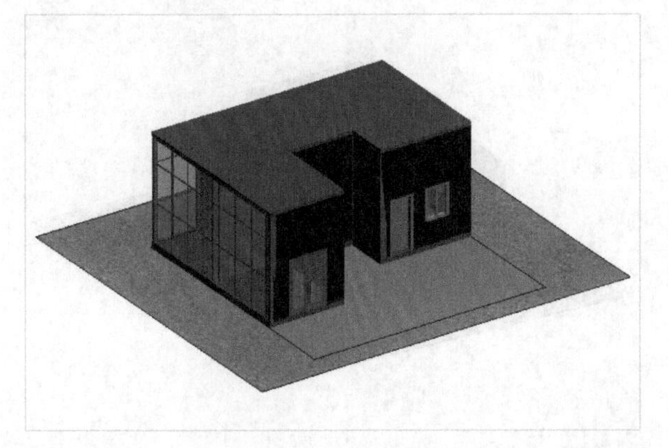

图8-123

8.4 课后习题

为了帮助读者巩固前面学习的知识，本节提供了以下两个课后习题。

8.4.1 课后习题：创建小洋房的雨棚

实例文件	实例文件>CH08>课后习题：创建小洋房的雨棚.rvt
视频文件	课后习题：创建小洋房的雨棚.mp4
学习目标	掌握建筑雨棚的绘制方法

雨棚效果如图8-124所示。

图8-124

8.4.2 课后习题：创建小洋房的场地

实例文件	实例文件>CH08>课后习题：创建小洋房的场地.rvt
视频文件	课后习题：创建小洋房的场地.mp4
学习目标	掌握建筑地形的绘制方法

场地效果如图8-125所示。

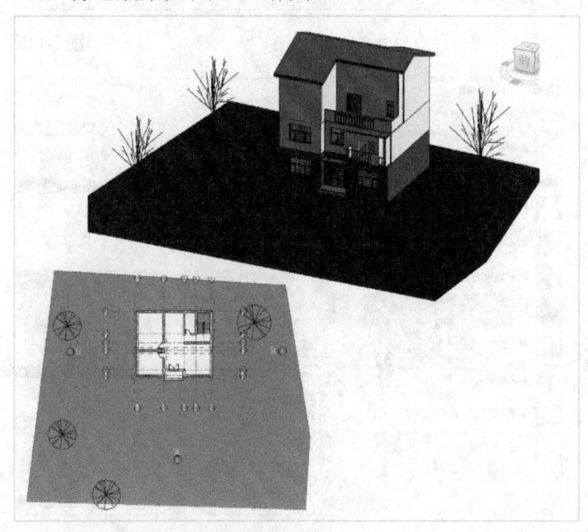

图8-125

第9章

图表生成/渲染/漫游

本章将介绍Revit 2018中建筑模型的相关处理方法，可分为图表部分和渲染部分。其中，图表部分包括房间面积和颜色、明细表、图纸的创建，渲染部分包括日光的分析、渲染和漫游。

学习目标

- 掌握房间的创建方法
- 掌握颜色方案的创建方法
- 掌握明细表的创建方法
- 掌握图纸的创建方法
- 掌握渲染的设置方法
- 掌握漫游的制作方法

9.1 房间和颜色方案

本节主要讲解Revit 2018中房间的创建、房间面积的创建和房间颜色方案的创建。

本节内容介绍

名称	作用	重要程度
房间和面积概述	了解Revit 2018中的房间和面积功能	中
创建房间	掌握房间的创建方法和重要工具	中
编辑房间属性	掌握房间的属性类型	中
创建房间面积	掌握房间面积的创建方法	中
创建与编辑颜色方案	掌握颜色方案的编辑和加载方法	中

9.1.1 课堂案例：创建一层房间的颜色方案

实例文件　实例文件>CH09>课堂案例：创建一层房间的颜色方案.rvt
视频文件　课堂案例：创建一层房间的颜色方案.mp4
学习目标　掌握房间颜色方案的创建方法

一层房间的颜色方案如图9-1所示。

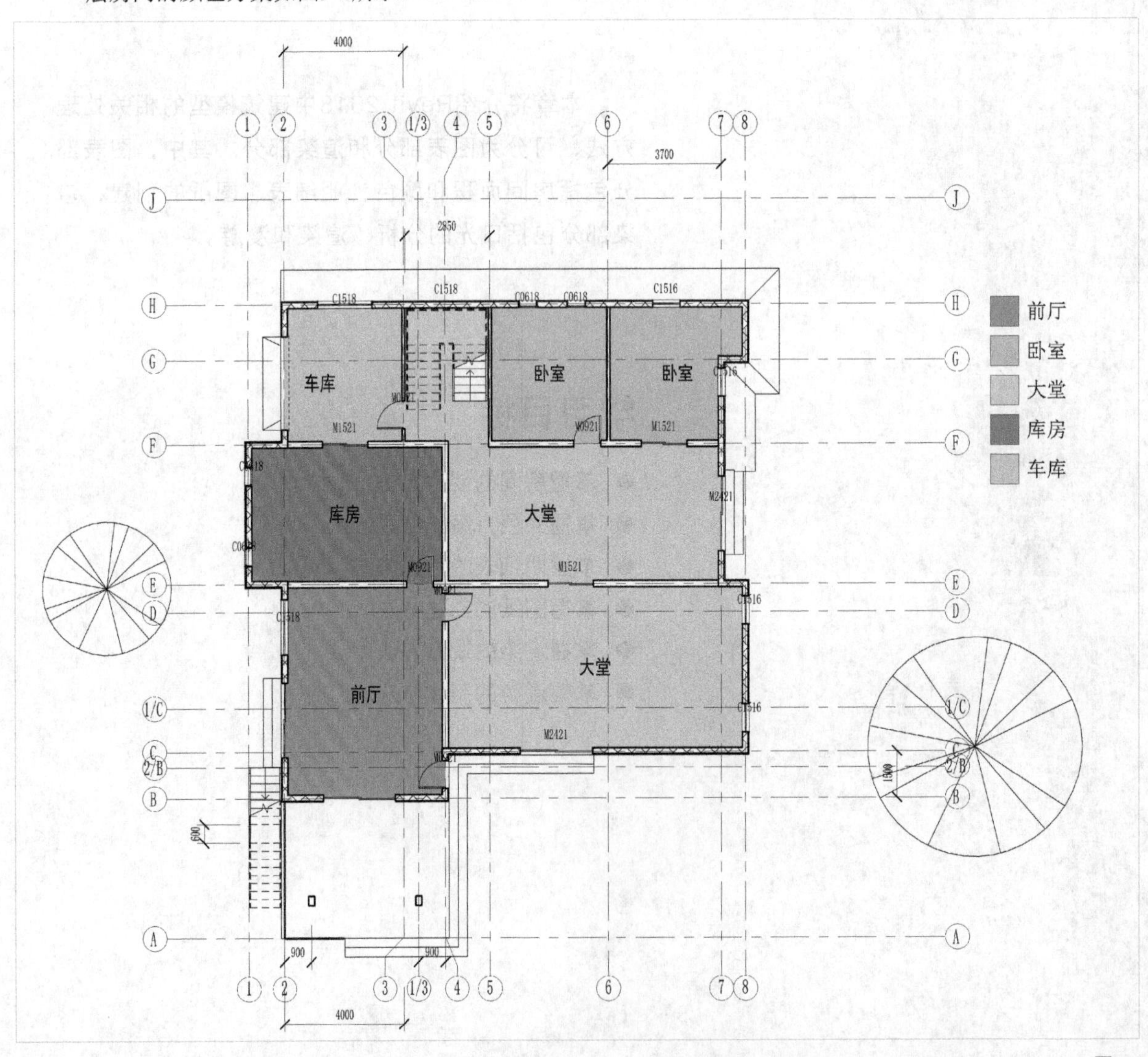

图9-1

1. 创建房间

01 打开学习资源中的“实例文件>CH08>课堂案例：创建小别墅的地形.rvt”文件，切换到F1平面视图，然后在“建筑”选项卡中执行“房间”命令，如图9-2所示。

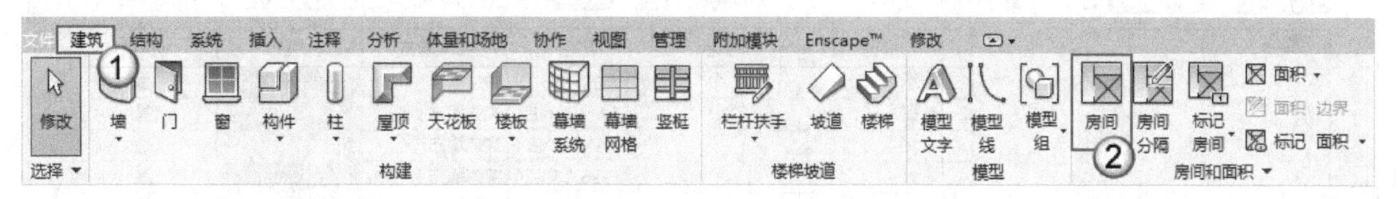

图9-2

02 切换到“修改|放置 房间”选项卡，选择“在放置时进行标记”工具，再选择“自动放置房间”工具，如图9-3所示。此时会自动创建7个房间，在打开的提示对话框中单击“关闭”按钮 关闭(C) ，如图9-4所示。

03 在平面视图中重新调整各房间的标签名，如图9-5所示。

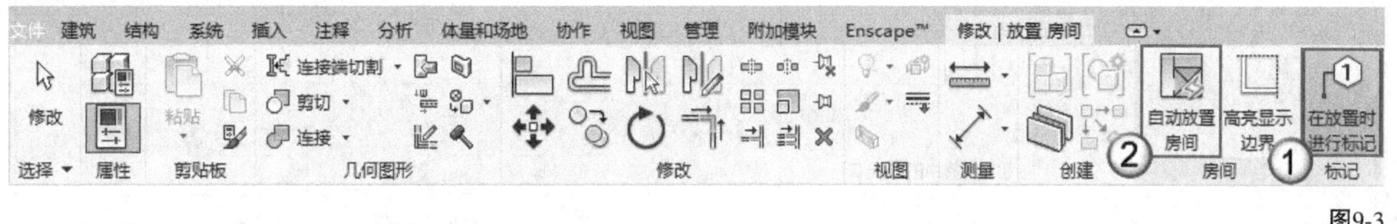

图9-3

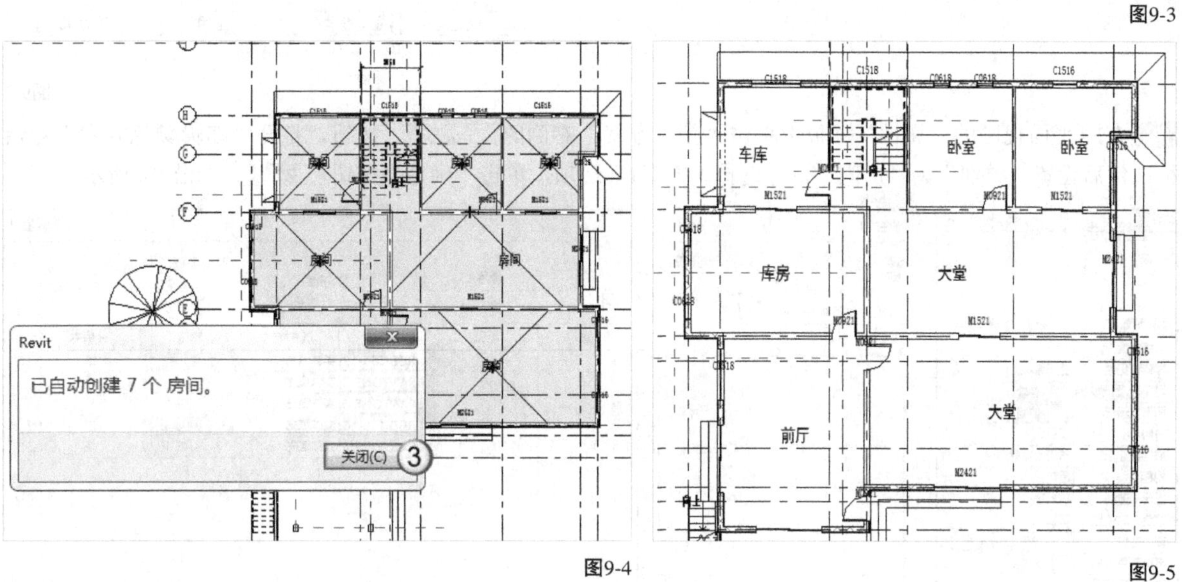

图9-4 图9-5

2. 创建颜色方案

01 在“建筑”选项卡的“房间和面积”下拉列表中选择“颜色方案”选项，如图9-6所示；打开“编辑颜色方案”对话框，设置“类别”为“房间”、“颜色”为“名称”，单击“确定”按钮 确定 ，如图9-7所示。

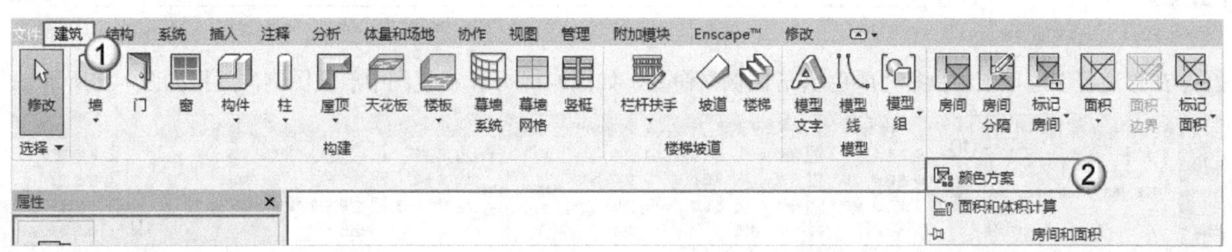

图9-6

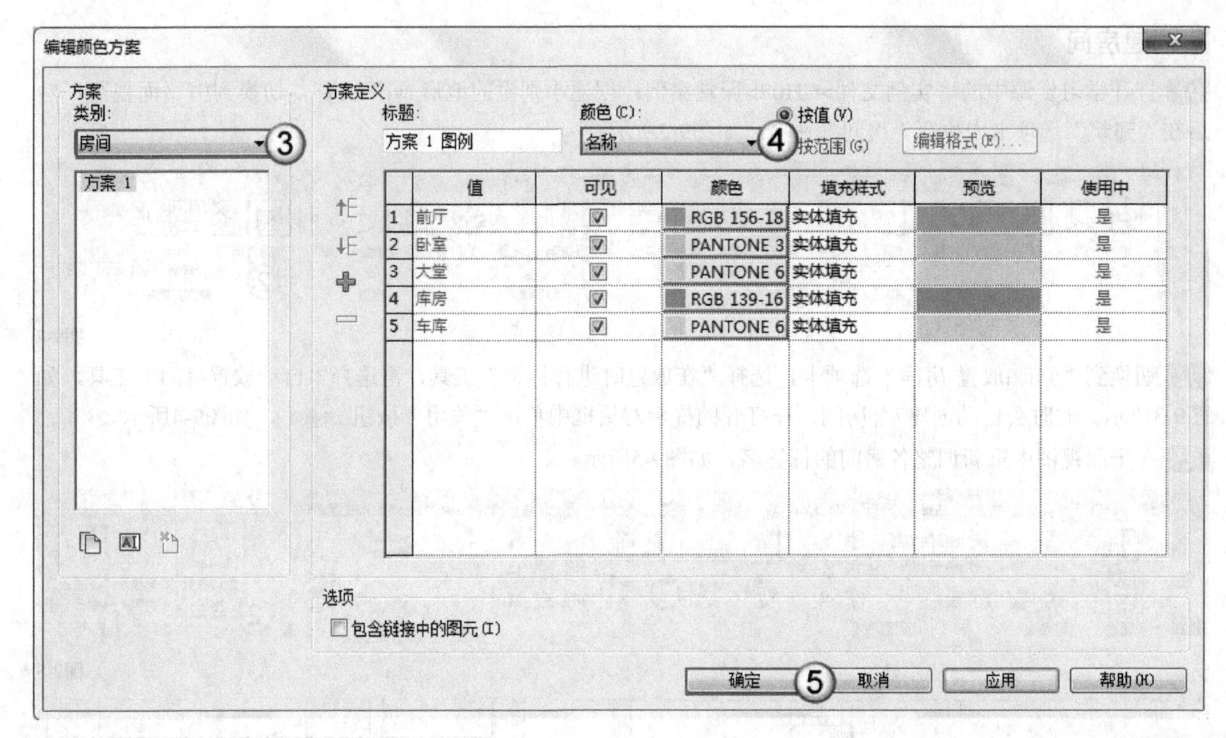

图9-7

02 在F1平面视图的“属性”面板中单击“颜色方案”右侧的 <无> 按钮，打开“编辑颜色方案”对话框；然后设置“类别”为“房间”，并选择“方案1”选项，单击“确定”按钮 确定 ，如图9-8所示。

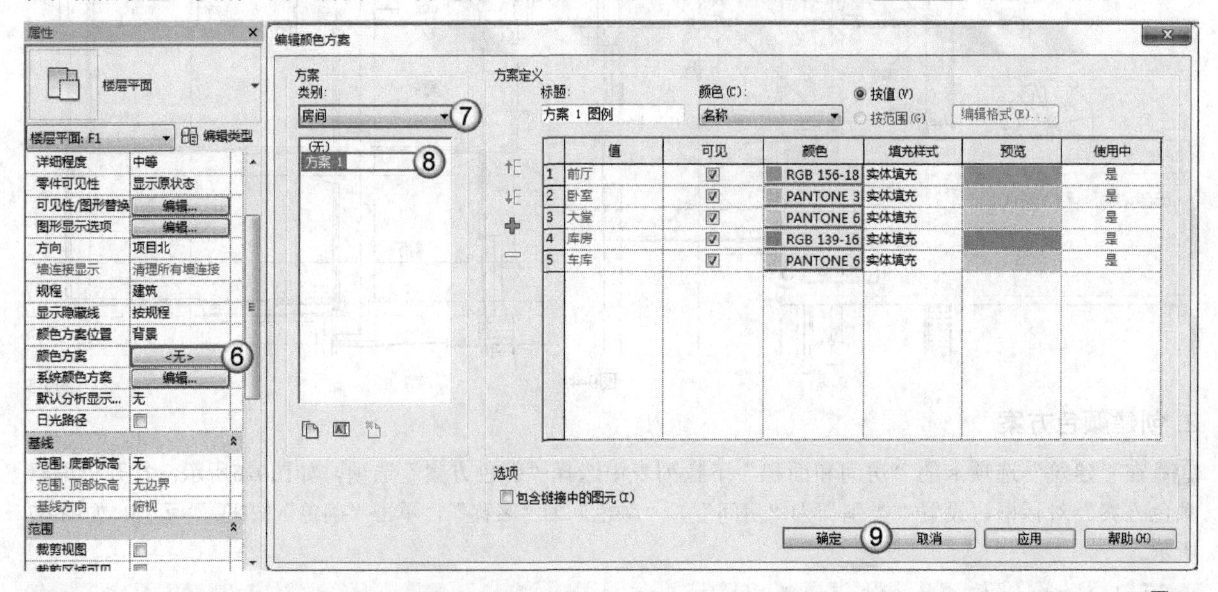

图9-8

03 在“注释”选项卡中执行“颜色填充 图例”命令，如图9-9所示；在视图中放置图例，效果如图9-10所示。

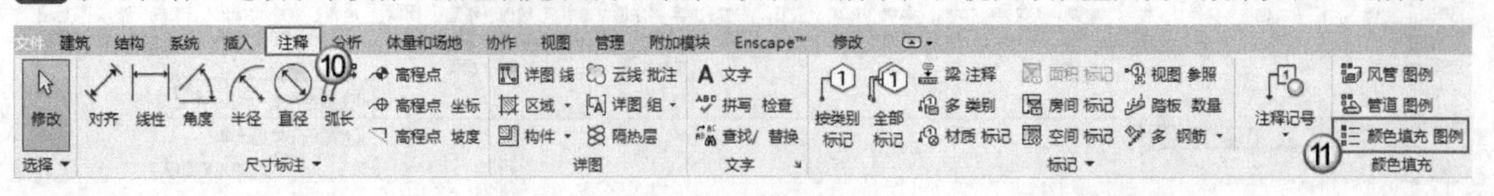

图9-9

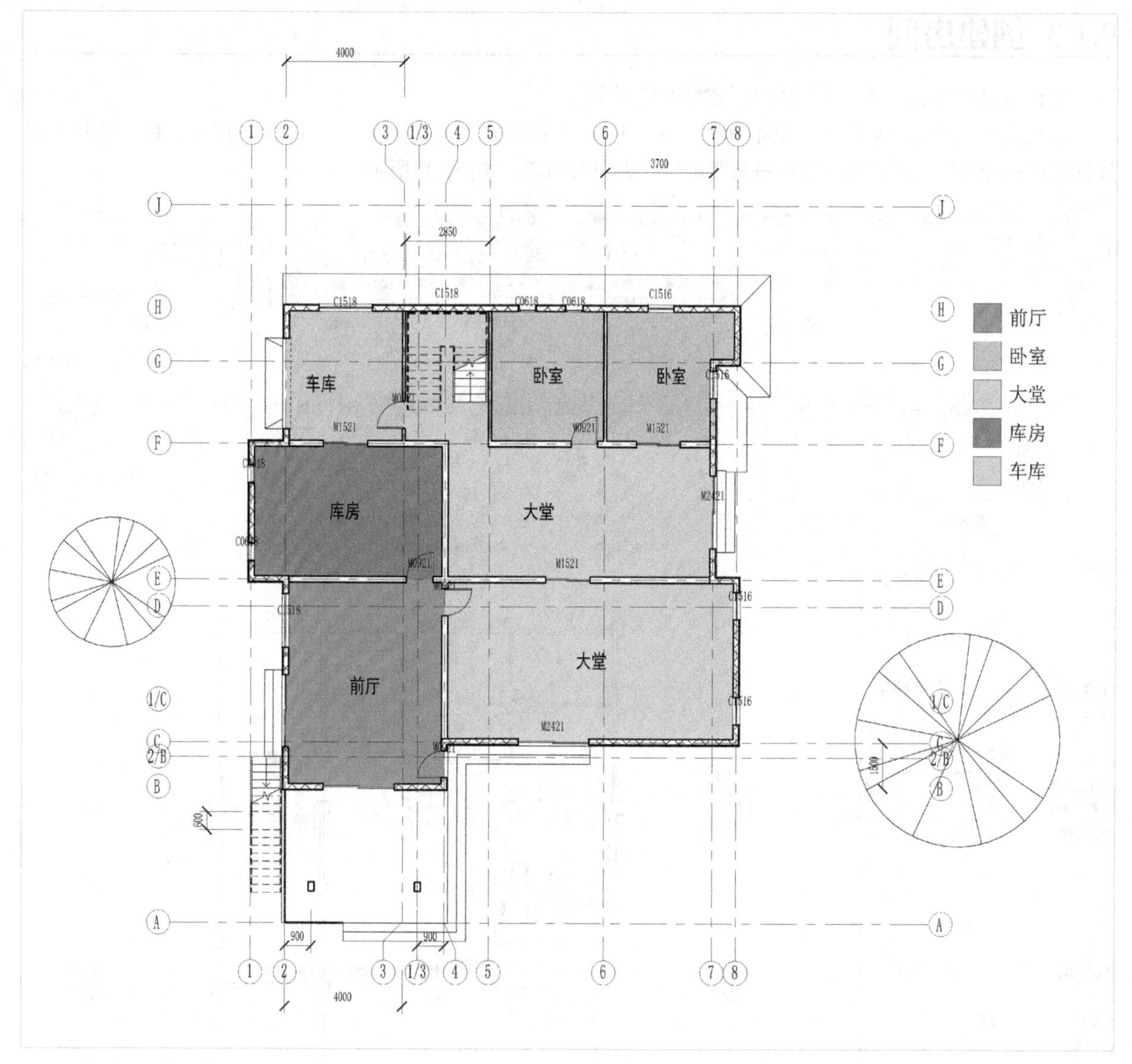

图9-10

9.1.2 房间和面积概述

“建筑”选项卡的“房间和面积”命令栏中包含“房间”“房间分隔”“标记房间”“面积”“标记 面积”等命令，如图9-11所示。

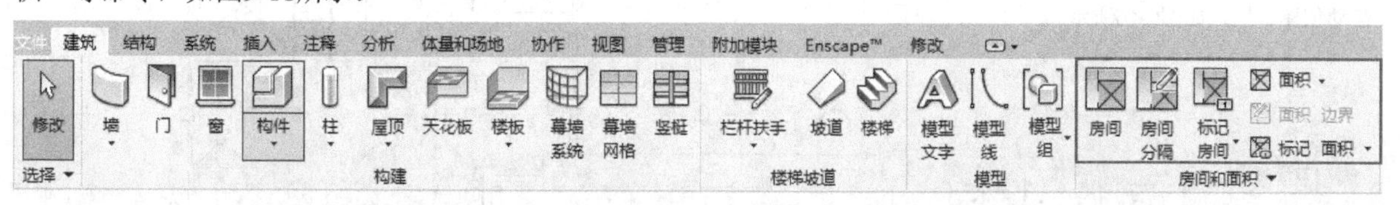

图9-11

另外，“房间和面积”下拉列表 房间和面积 ▾ 中包含“颜色方案”与“面积和体积计算”选项，如图9-12所示。

颜色方案
面积和体积计算

图9-12

9.1.3 创建房间

在创建房间之前，必须先打开已创建好的模型文件。

切换到平面视图（如F1），然后在“建筑”选项卡中执行“房间”命令，如图9-13所示；接着选择“在放置时进行标记”工具，单击目标房间即可完成房间的创建，如图9-14所示。

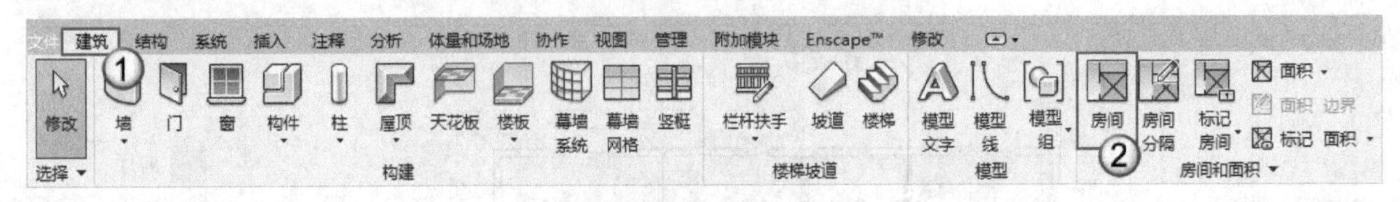

图9-13

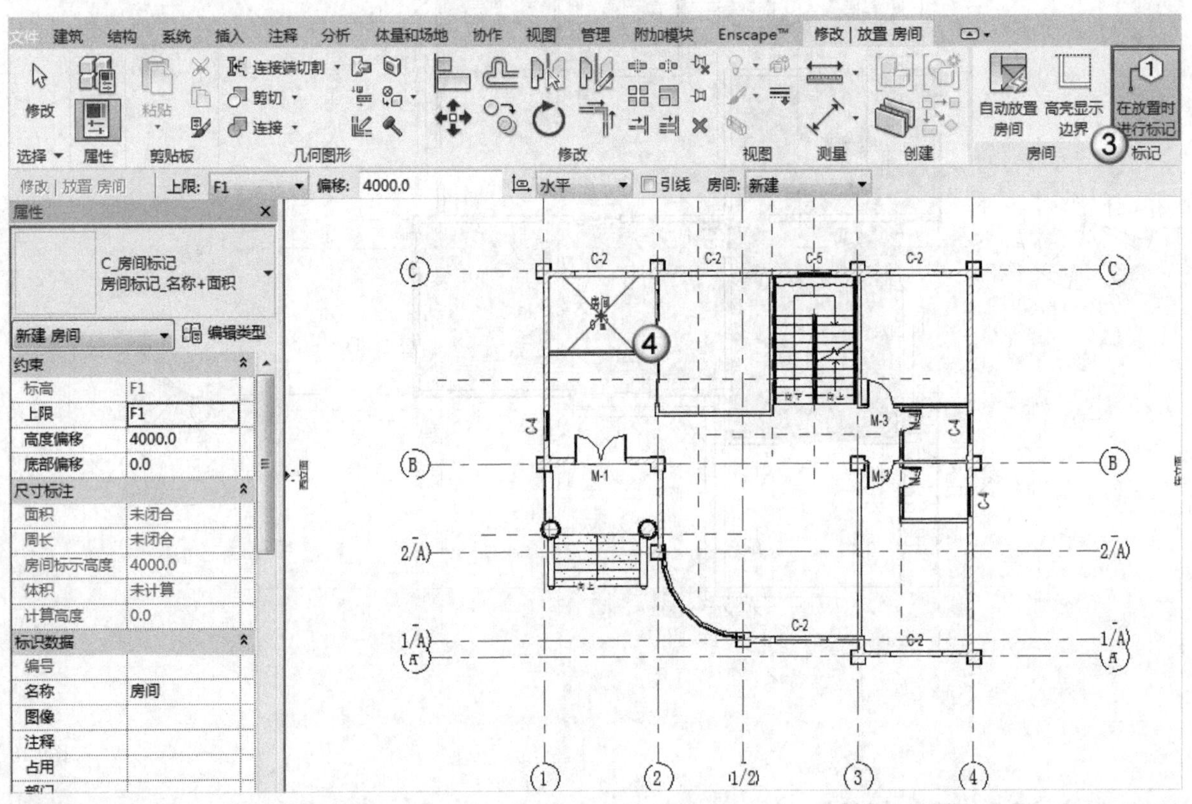

图9-14

提示 用户还可以选择“自动放置房间”工具，如图9-15所示；Revit 2018会自动创建房间，如图9-16所示。

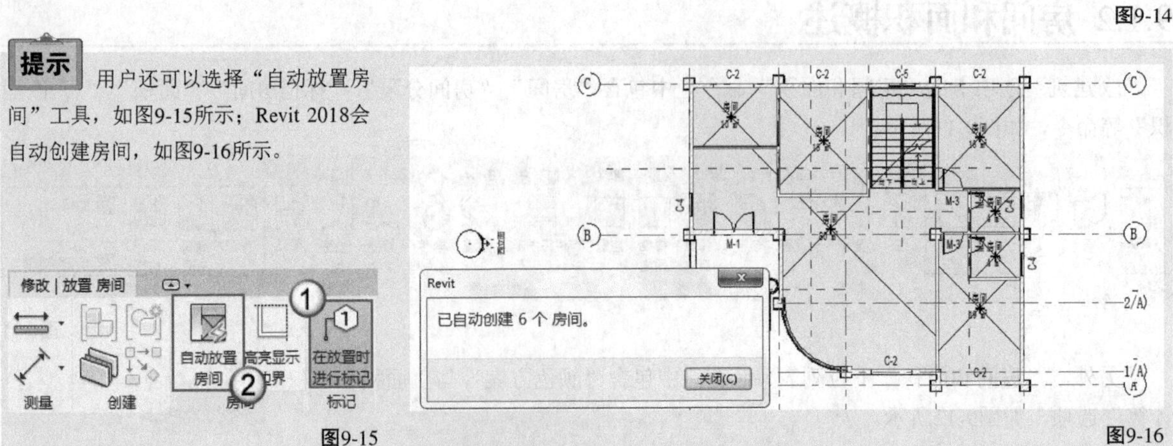

图9-15

图9-16

选择“高亮显示边界”工具，可让房间的所有边界高亮显示，如图9-17所示。

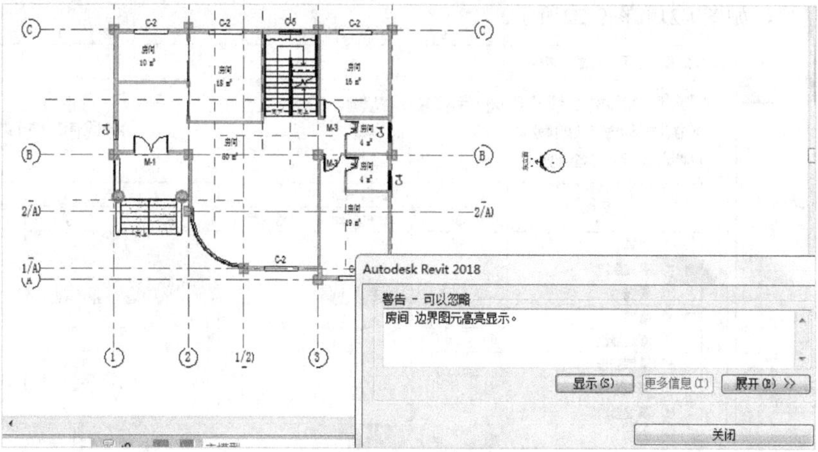

图9-17

9.1.4 编辑房间属性

下面介绍房间的各种属性，这些属性都是建模时经常设置的，请读者务必掌握。

1. 房间的可见性

房间的可见性即房间在各个视图中显示的详细程度。例如，切换到F1平面视图，然后在F1平面视图的“属性”面板中单击“可见性/图形替换”右侧的“编辑”按钮 编辑... ，如图9-18所示。

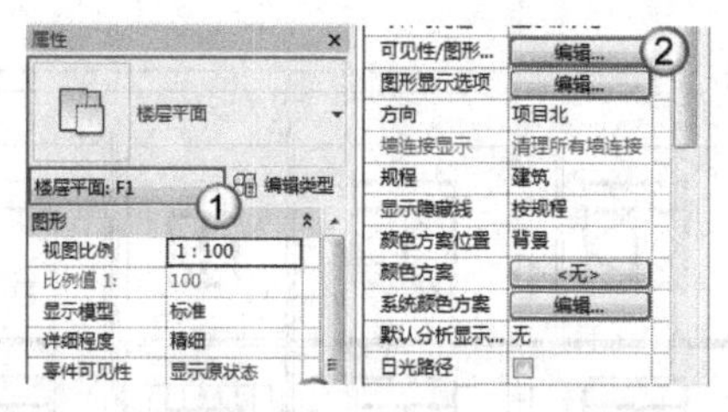

图9-18

此时会打开“楼层平面:F1的可见性/图形替换”对话框，找到房间的可见性设置，勾选“内部填充”和“参照”选项；然后单击“确定”按钮 确定 ，完成可见性的设置，如图9-19所示。完成后的效果如图9-20所示。此时，平面视图中设置了可见性的房间会高亮显示。

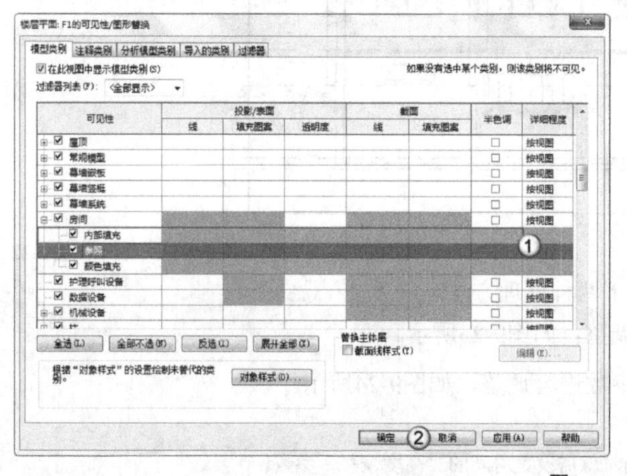

图9-19

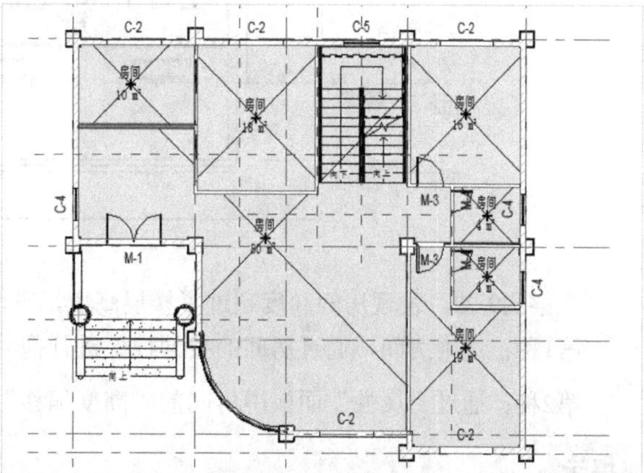

图9-20

在Revit 2018中，房间属于三维的概念，即房间有长、宽和高。因此，为了能在剖面视图中看到房间，同样需要设置其可见性，如图9-21和图9-22所示。

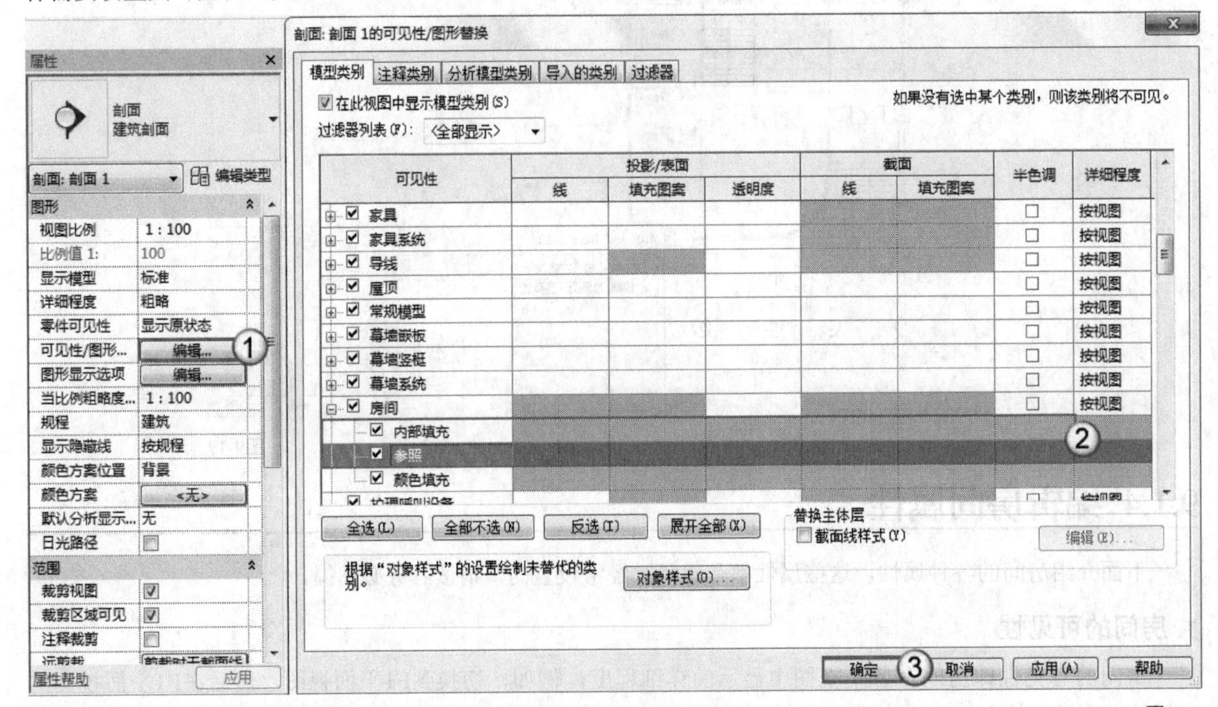

图9-21

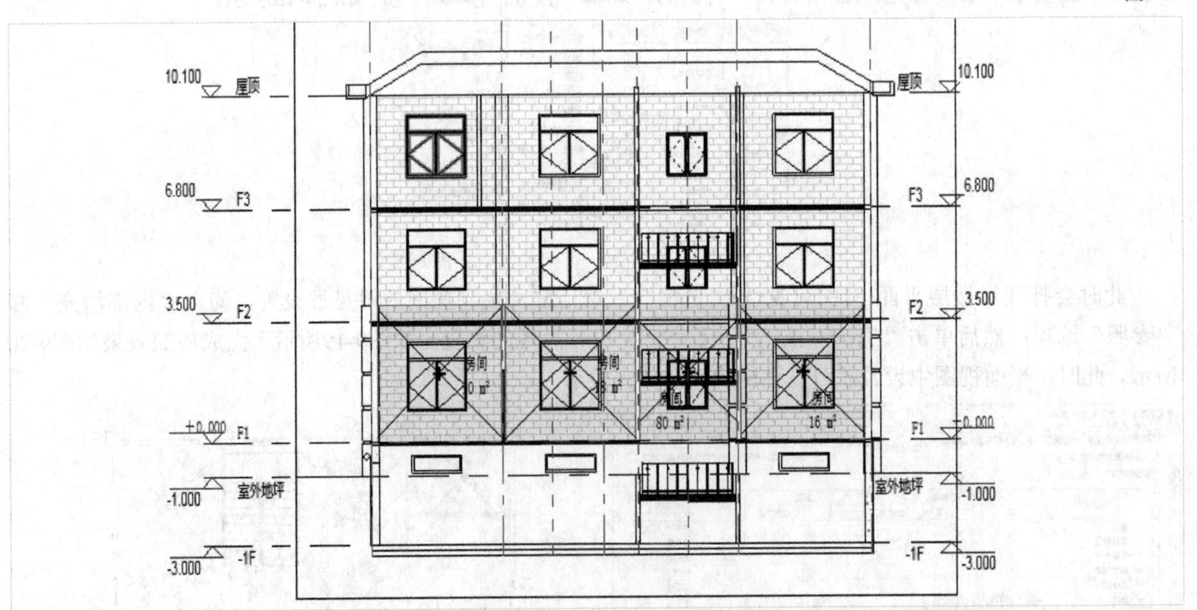

图9-22

观察图9-22，发现房间高度超过了楼层高度，有以下两种处理方法。

第1种：选中房间，通过房间的拉伸控件进行拖动调整，如图9-23所示。

第2种：通过“属性”面板中房间的“高度偏移”参数进行调整，如图9-24所示。

提示 为了避免房间的高度超过楼层的高度，一般在创建房间时就需设置房间的“高度偏移”参数。

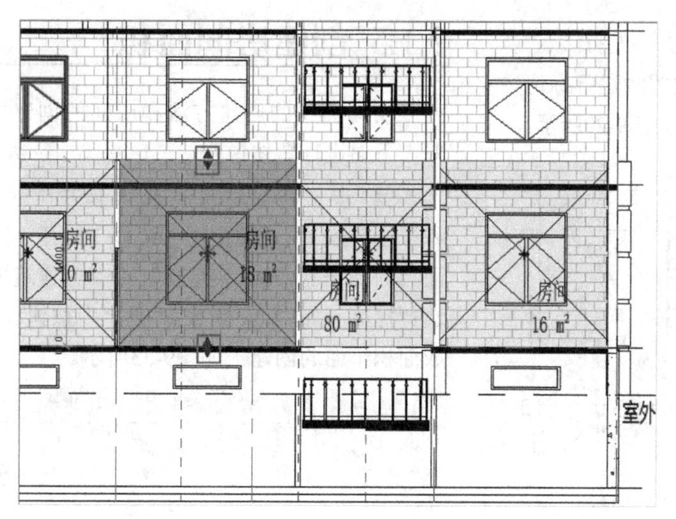

图9-23

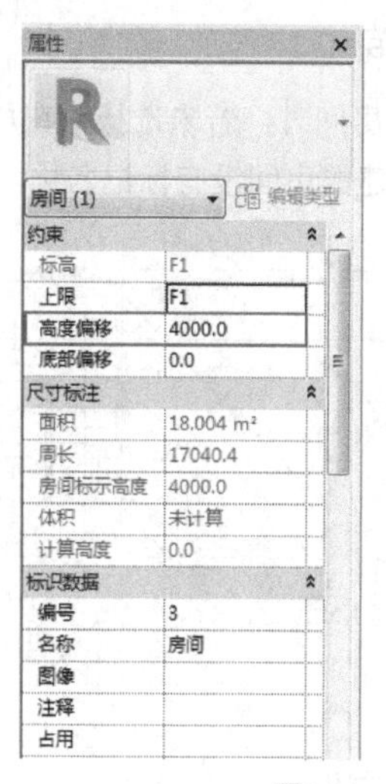

图9-24

2. 修改房间标签

房间的标签可以理解为房间的名称，双击房间标签即可进行修改，如图9-25所示。

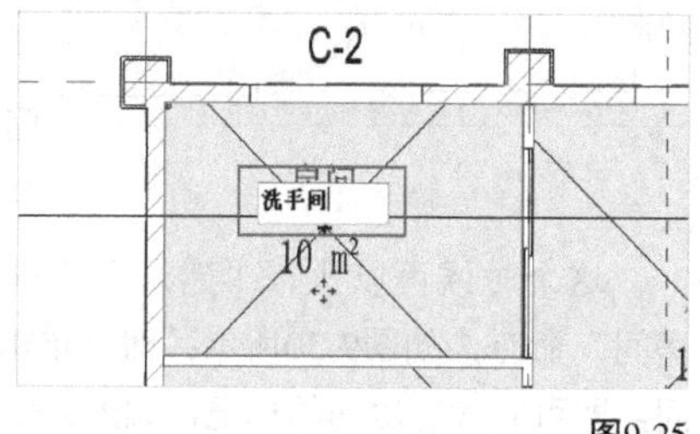

图9-25

3. 分隔房间

使用“房间分隔”命令可以将大的房间分隔成若干个小的房间。在“建筑”选项卡中执行“房间分隔”命令，如图9-26所示；然后进入平面视图（如F1），选择“线”工具▨，在房间中绘制一条分隔线，即可将房间一分为二，如图9-27所示。分隔完成后，平面视图中会出现一个新房间，如图9-28所示。

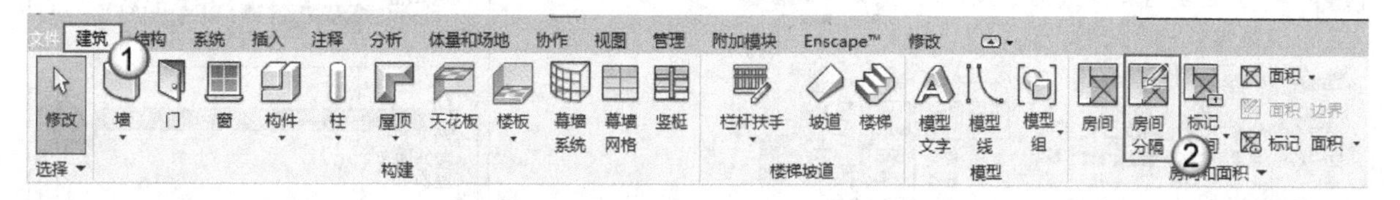

图9-26

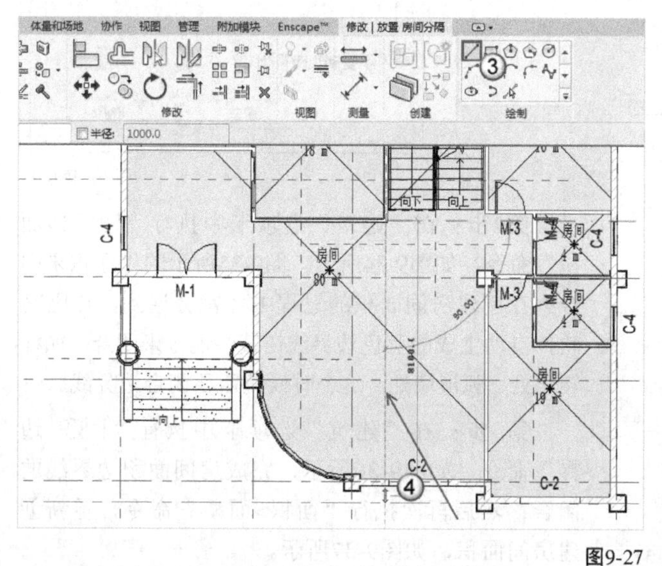

图9-27

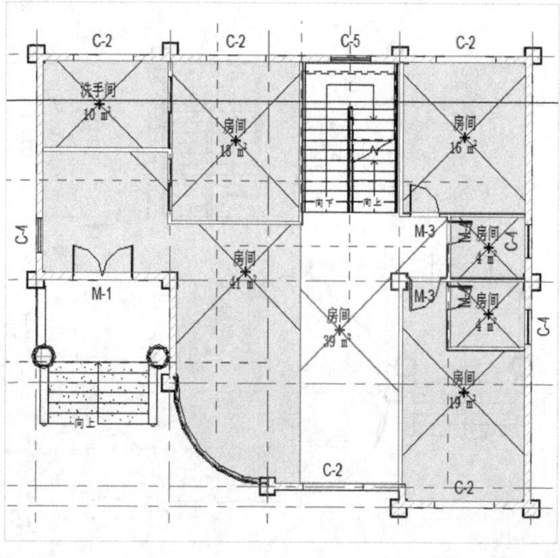

图9-28

4. 标记房间

在创建房间时，若未选择“在放置时进行标记”工具，则创建的房间没有标记名称，如图9-29所示。

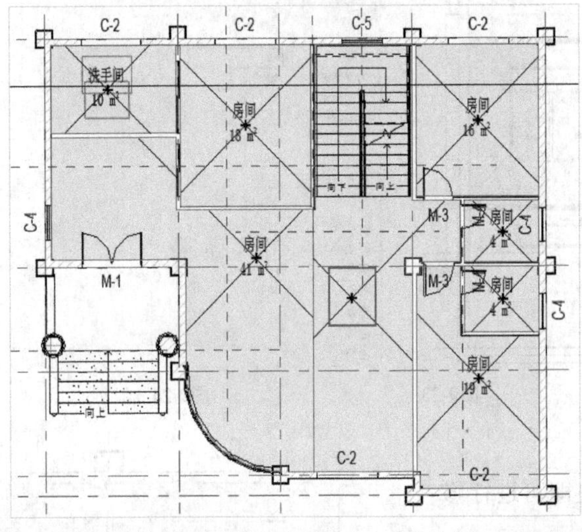

图9-29

这个时候可以执行“建筑”选项卡中的“标记房间”命令，如图9-30所示；然后单击需要标记的房间，即可完成对房间的标记，如图9-31所示。

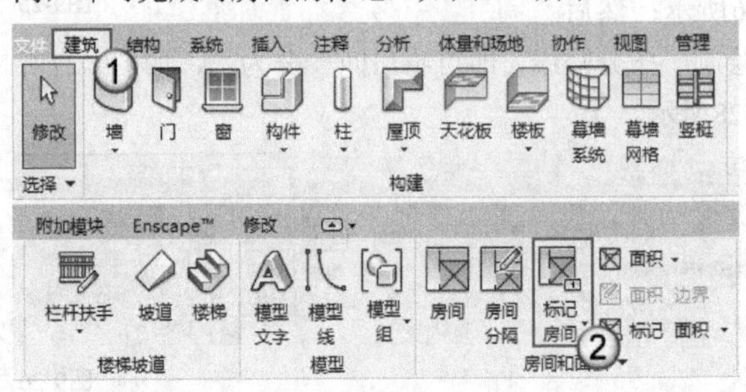

图9-30

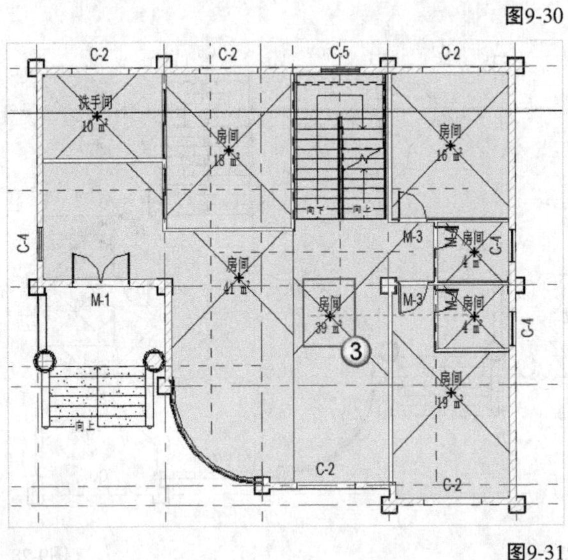

图9-31

9.1.5 创建房间面积

房间面积的创建方法和房间的创建方法基本类似，下面进行具体说明。

第1步： 在“建筑”选项卡中执行“面积>面积平面”命令，如图9-32所示；打开“新建面积平面”对话框，设置“类型”为“总建筑面积”，并选择标高（如F2）；单击“确定”按钮，完成面积平面的创建，如图9-33所示。

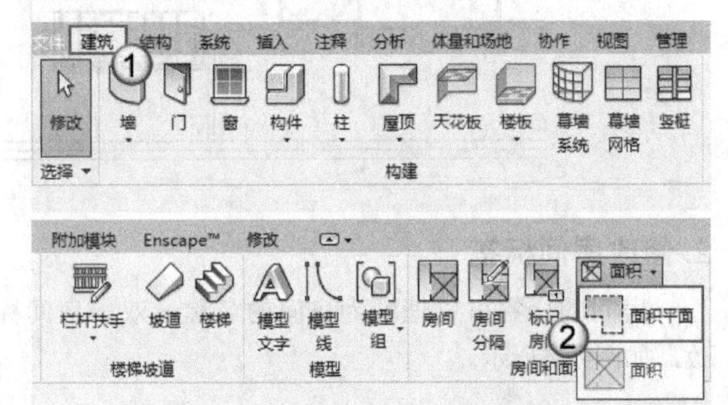

图9-32

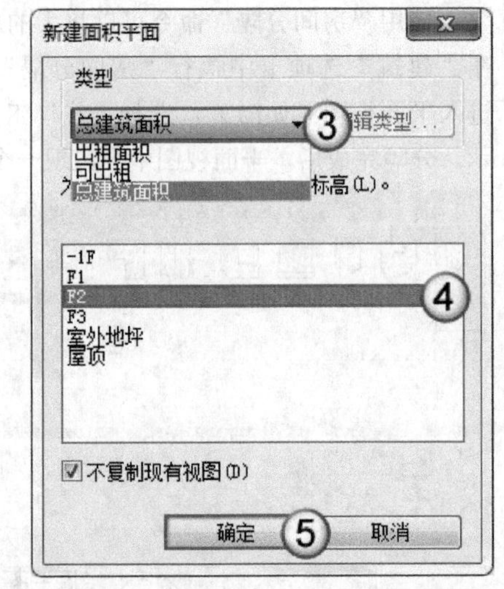

图9-33

第2步： 在“建筑”选项卡中执行 “面积>面积”命令，如图9-34所示。图9-35所示的“面积未闭合”在创建房间面积的过程中经常会遇到，原因是软件自动生成的蓝色边界线在某些地方未闭合，如柱转角处、弧形墙处，这个时候就需要闭合边界线。

第3步： 在“建筑”选项卡中执行“面积 边界”命令，如图9-36所示，完成房间面积边界线的闭合；然后再次执行“面积>面积”命令，重新创建房间面积，如图9-37所示。

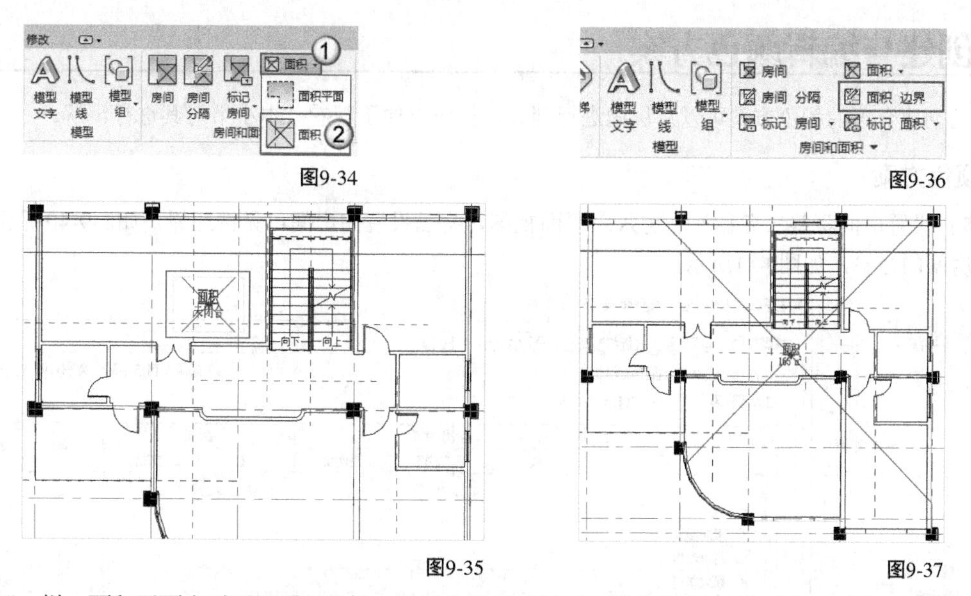

图9-34

图9-35

图9-36

图9-37

同房间一样，面积平面也需要设置可见性，设置方法和房间可见性的设置方法一样，如图9-38和图9-39所示。

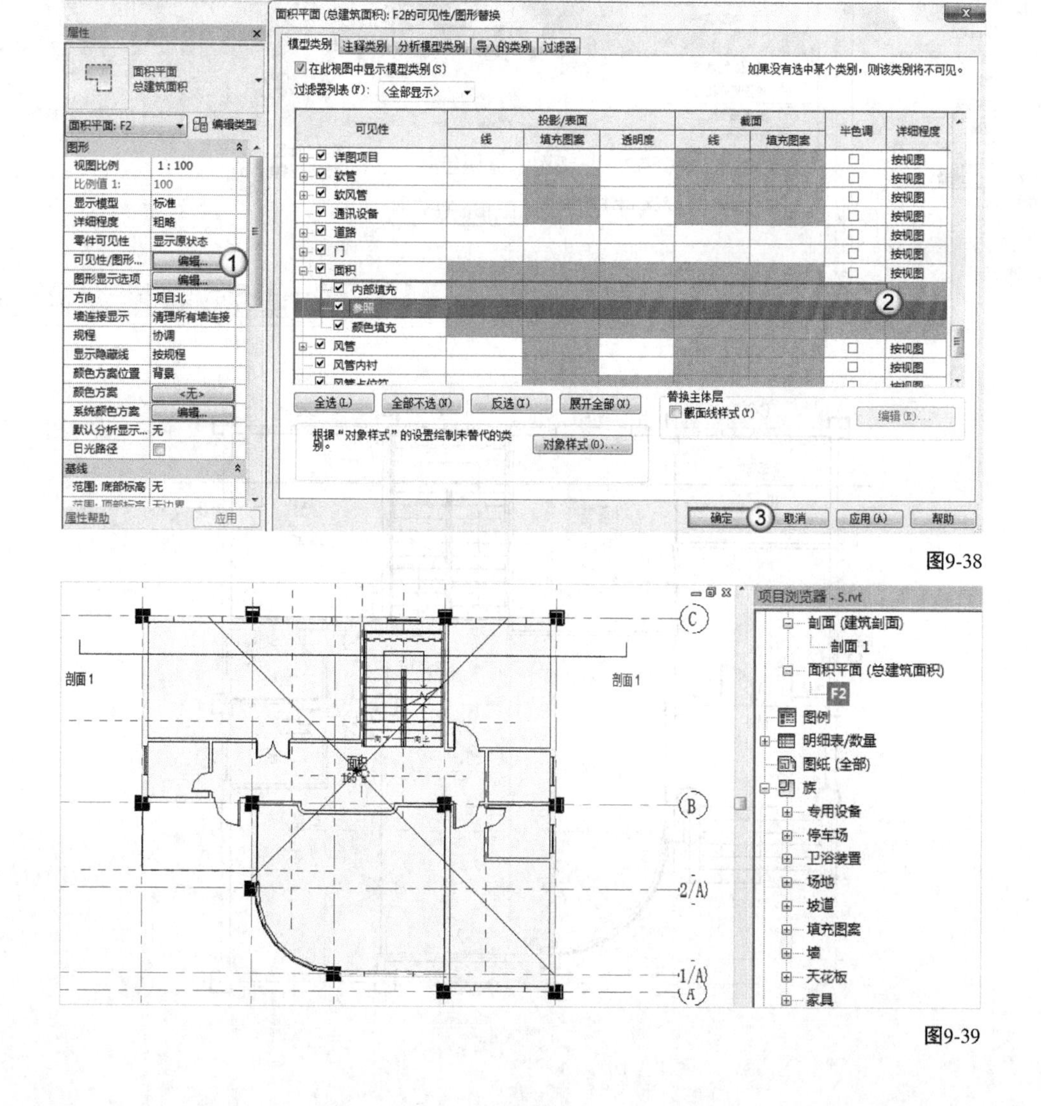

图9-38

图9-39

9.1.6 创建与编辑颜色方案

为房间创建合理的颜色方案可以将房间进行划分，从而更便于观看。本小节对其进行讲解。

1. 创建颜色方案

第1步： 设置房间标签（名称）。进入F1平面视图，将已设置的房间可见性还原，如图9-40所示；然后重新调整各房间的标签，如图9-41所示。

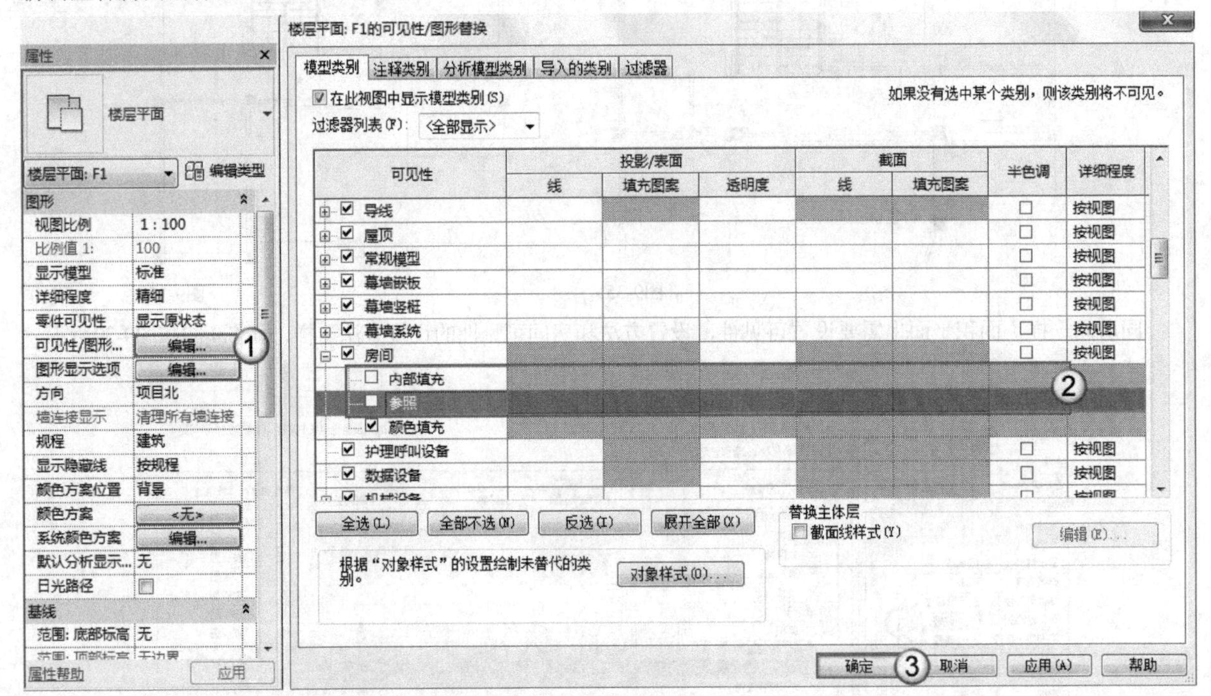

图9-40

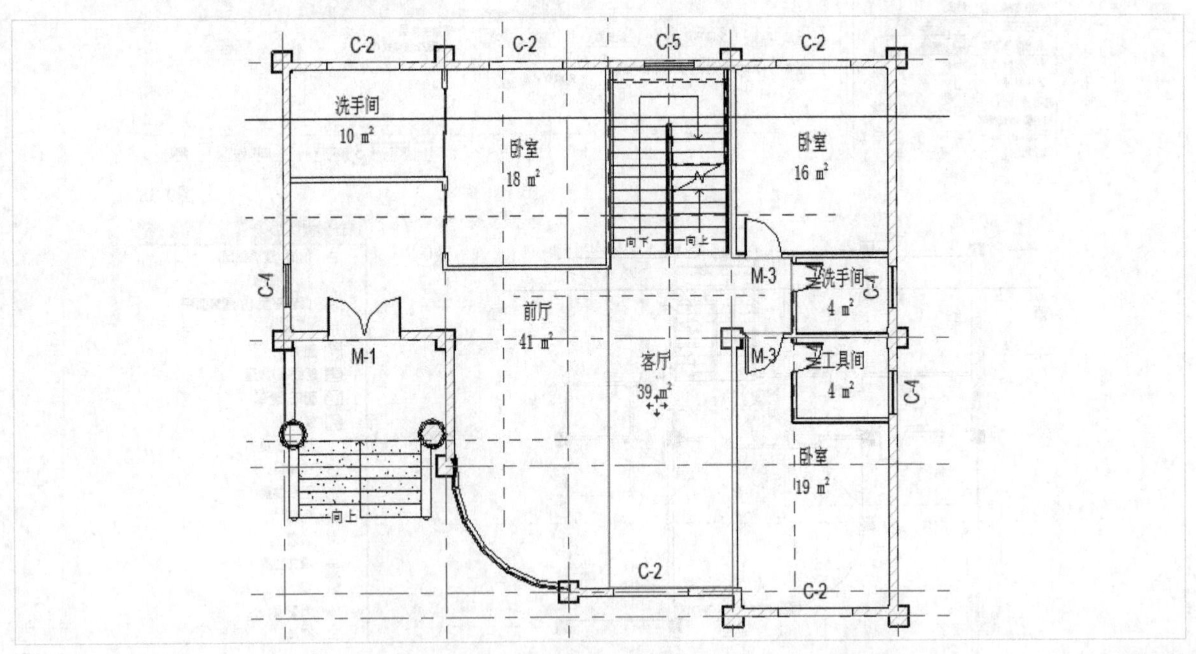

图9-41

第2步：创建颜色方案。在“建筑”选项卡的“房间和面积”下拉列表 房间和面积▾ 中选择“颜色方案”选项，如图9-42所示，打开“编辑颜色方案”对话框；然后设置“类别”为“房间”、“颜色”为“名称”，并单击“确定”按钮 确定 ，如图9-43所示。

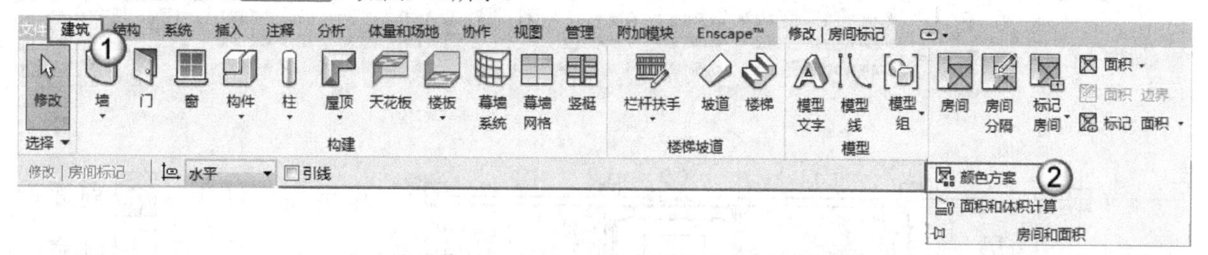

图9-42

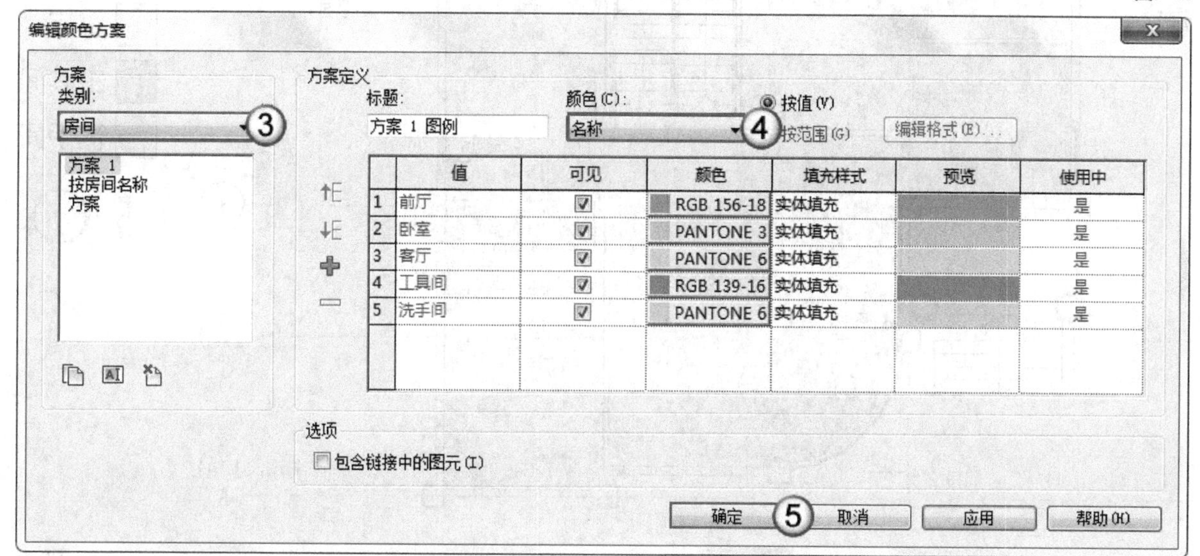

图9-43

第3步：使用颜色方案。在对应平面视图（F1）的“属性”面板中单击“颜色方案”右侧的 <无> 按钮，打开“编辑颜色方案”对话框；然后设置“类别”为“房间”，并选择“方案1”选项，单击“确定”按钮 确定 ，如图9-44所示。

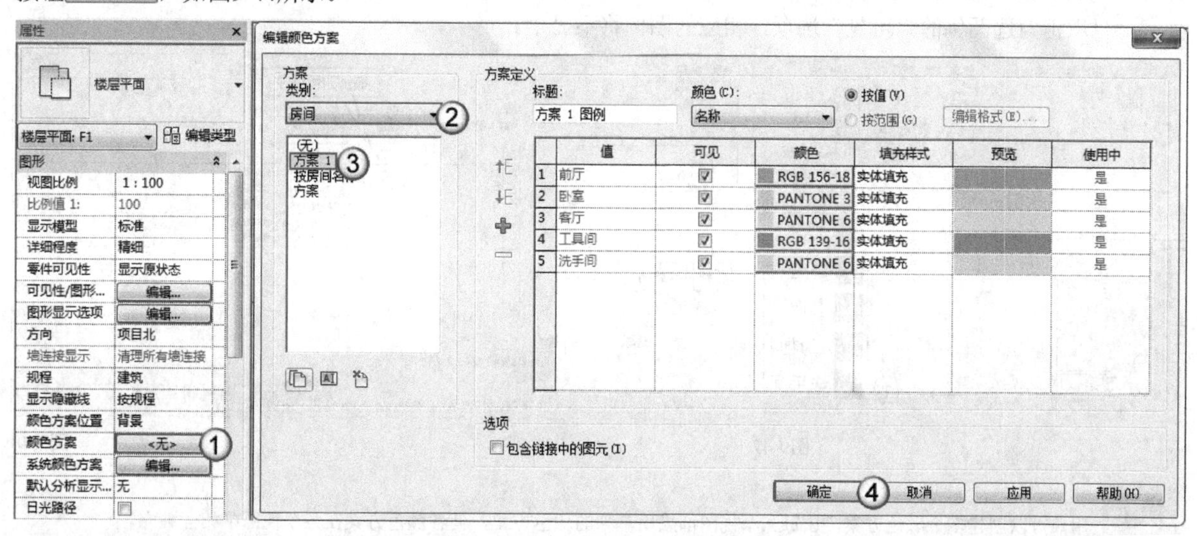

图9-44

第4步：填充颜色。在“注释”选项卡中执行“颜色填充 图例”命令，如图9-45所示；在房间中放置图例，效果如图9-46所示。

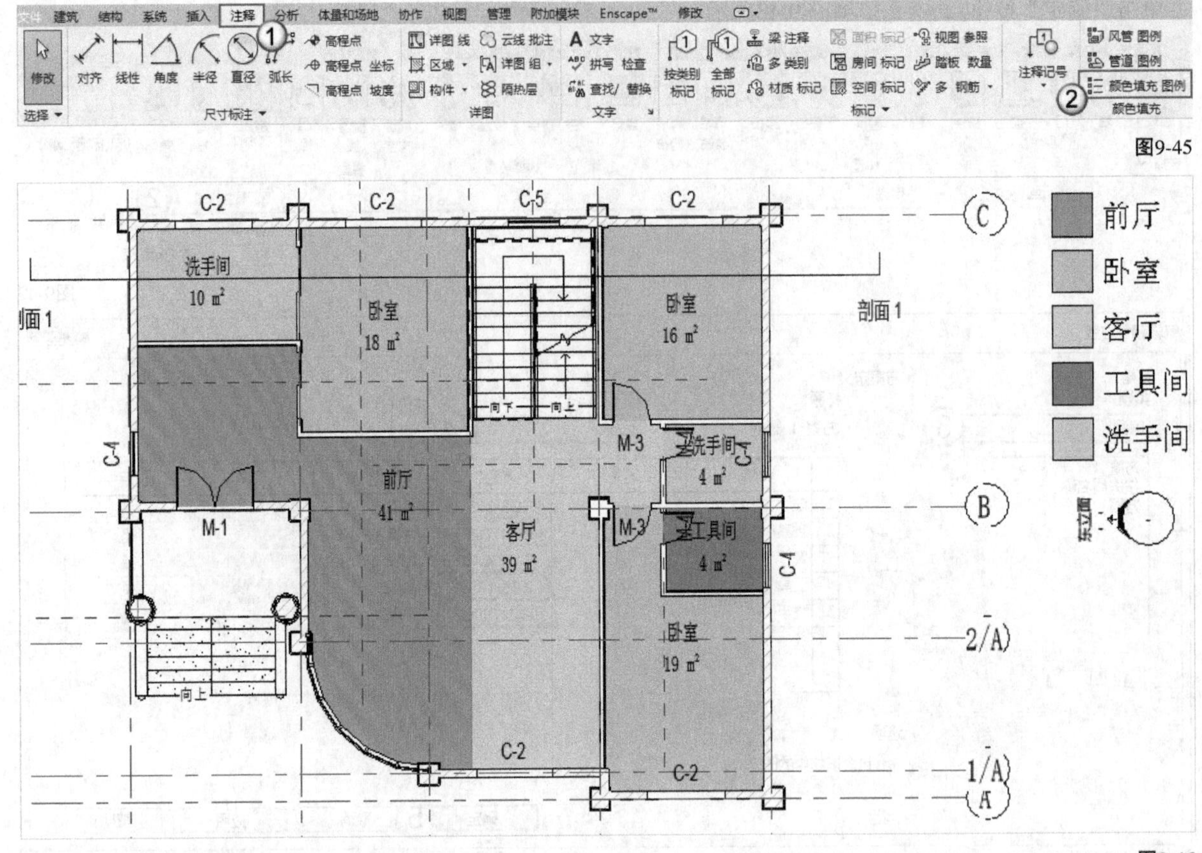

图9-45

图9-46

2. 颜色方案的编辑

创建颜色方案后选中图例，在“修改|颜色填充图例”选项卡中选择“编辑方案”工具，如图9-47所示；打开“编辑颜色方案”对话框，如图9-48所示，用户可以在此复制颜色方案，也可以重命名颜色方案等。另外，一旦取消勾选图例的“可见”选项，相应的图例将不显示。

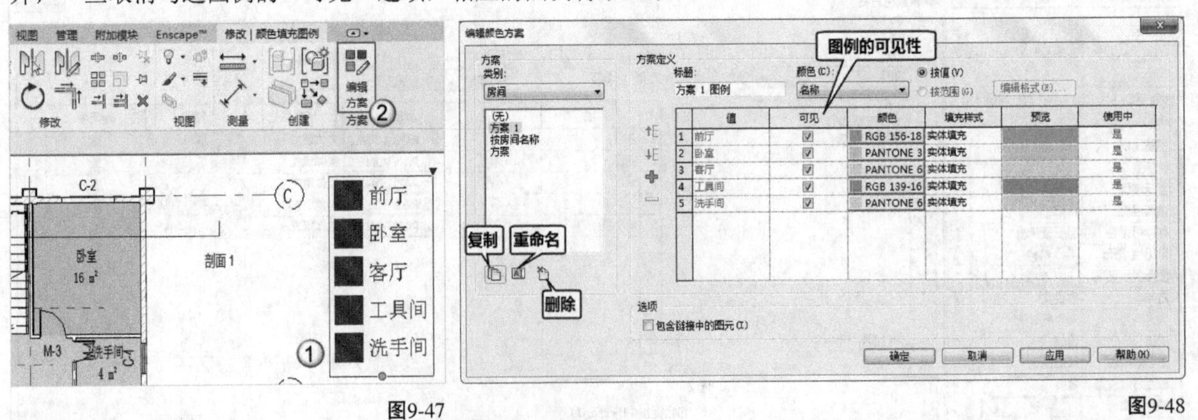

图9-47

图9-48

提示 用户可以创建多个颜色方案，让每一个视图都采用单独的颜色方案，使各颜色方案在各个视图中相互独立。

9.2 明细表

本节主要讲解Revit 2018中明细表的创建和设置方法，通过本节的学习，读者可以快速创建各类明细表。本节内容均是根据实际需要操作的，读者在学习本节内容的同时，可以打开本书的实例文件进行跟随操作。

本节内容介绍

名称	作用	重要程度
创建明细表	掌握明细表的创建方法	高
明细表的高级设置	掌握明细表的编辑方法和编辑类型	高
创建带有图像的明细表	掌握如何在明细表中显示图像	中

9.2.1 创建明细表

Revit 2018中的明细表主要用于统计建筑和构件的数据。在“建筑”选项卡中打开“明细表”下拉列表，其中包括“明细表/数量”“图形柱明细表”“材质提取”“图纸列表”“注释块”和“视图列表”选项，如图9-49所示。

明细表类型介绍

明细表/数量：创建与数量相关的明细表。

图形柱明细表：在项目中创建柱的图形明细表。

材质提取：创建包含更多材质信息的明细表。

图纸列表：创建包含图纸信息的明细表。

注释块：创建包含注释块信息的明细表。

视图列表：创建包含项目视图信息的明细表。

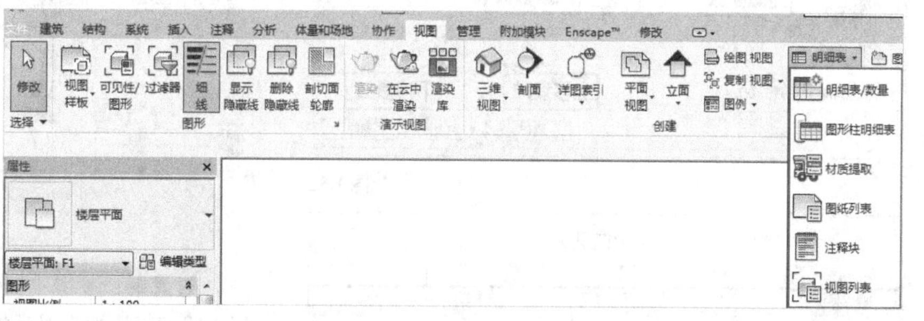

图9-49

1. 创建明细表

明细表是模型的另外一种表现形式。这里以创建门的明细表为例进行介绍。

第1步：在“视图”选项卡中执行“明细表>明细表/数量”命令，如图9-50所示；打开“新建明细表”对话框，选择需要创建明细表的对象（门），单击“确定”按钮 确定，如图9-51所示。

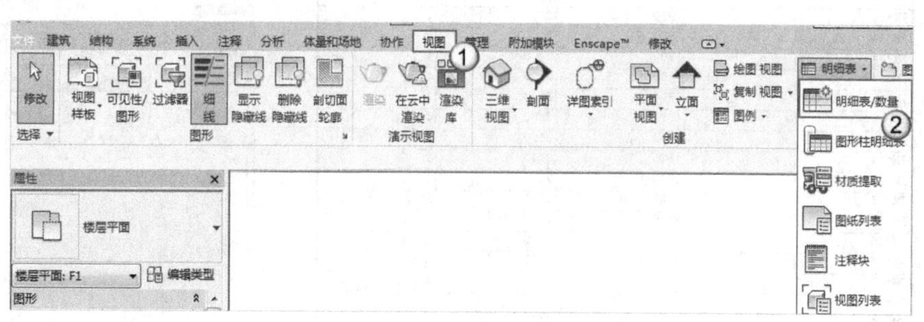

图9-50

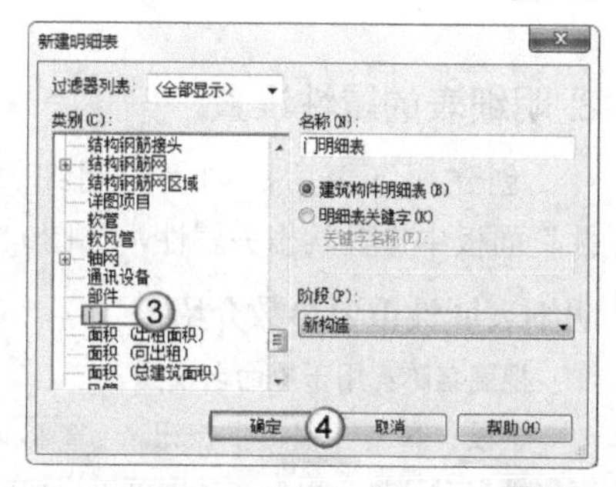

图9-51

第2步：打开“明细表属性”对话框，在左侧“可用的字段”列表框中选择需要的字段；然后单击“添加参数”按钮，将其添加到右侧“明细表字段”列表框中；接着用“上移参数”按钮和“下移参数”按钮调整字段的顺序，调整完成后，单击“确定”按钮 确定 ，如图9-52所示。创建好的“门明细表”如图9-53所示。

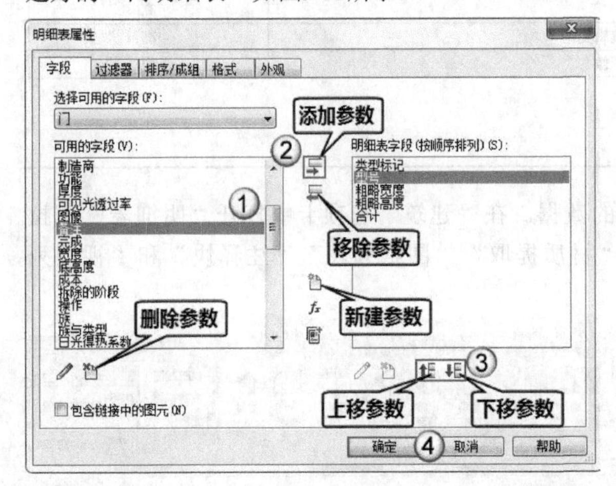

图9-52

〈门明细表〉				
A	B	C	D	E
类型标记	型号	粗略宽度	粗略高度	合计
JM-1		3680	2400	1
JM-3		1500	2100	1
JM-5		1500	2100	1
JM-10		1800	2100	1
JM-14		900	2100	1
JM-14		900	2100	1
JM-14		900	2100	1
JM-14		900	2100	1
JM-14		900	2100	1
JM-14		900	2100	1
JM-14		900	2100	1
JM-14		900	2100	1
JM-14		900	2100	1
JM-14		900	2100	1
JM-15		700	2100	1
JM-15		700	2100	1
JM-15		700	2100	1
JM-15		700	2100	1
JM-15		700	2100	1
JM-15		700	2100	1
JM-15		700	2100	1
JM-16		1200	2100	1

图9-53

2. 明细表的属性设置

创建明细表后，如“门明细表”，可在“属性”面板中设置其相关属性，如图9-54所示。

明细表属性重要参数介绍

视图名称：用于重命名视图。

字段：单击“编辑”按钮 编辑... ，打开“明细表属性”对话框，用户在其中可以添加或移除相关参数，如图9-55所示。

图9-54

图9-55

过滤器：单击“编辑”按钮 编辑... ，可以切换到“明细表属性”对话框中的“过滤器”选项卡，其功能如同Excel中的筛选功能，设置过滤条件后将需要查看的信息显示出来，如图9-56和图9-57所示。

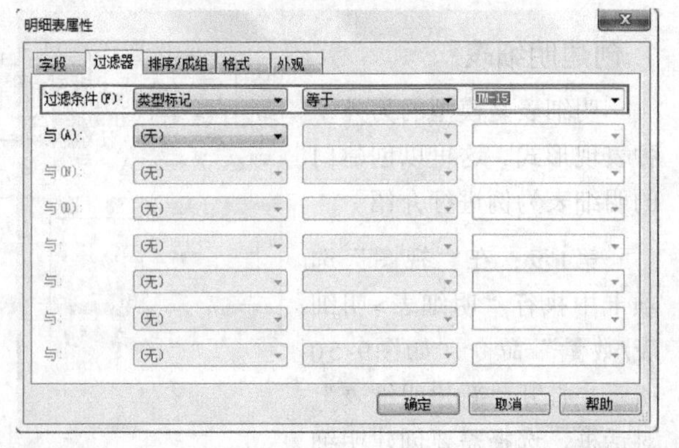

图9-56

〈门明细表〉					
A	B	C	D	E	F
类型标记	型号	粗略宽度	粗略高度	合计	制造商
JM-15		700	2100	1	
JM-15		700	2100	1	
JM-15		700	2100	1	
JM-15		700	2100	1	
JM-15		700	2100	1	
JM-15		700	2100	1	
JM-15		700	2100	1	

图9-57

排序/成组：如同Excel中的排序功能，设置排序方式后可将明细表中的内容按设置进行排序，如图9-58和图9-59所示。

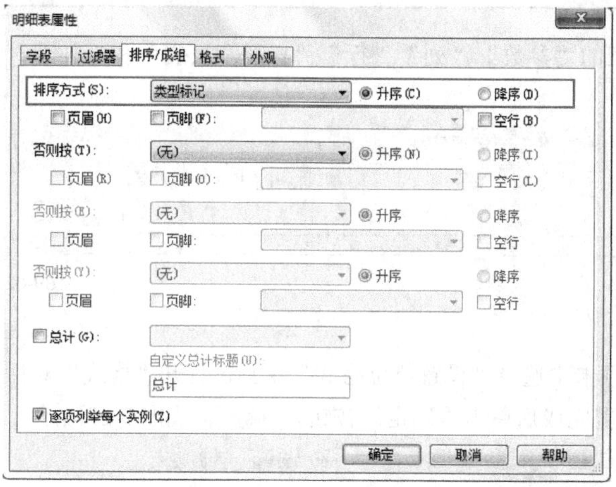

明细表属性

字段 | 过滤器 | 排序/成组 | 格式 | 外观

排序方式(S)： 类型标记 ◉升序(C) ○降序(D)
☐页眉(H) ☐页脚(F)： ☐空行(B)
否则按(T)： (无) ◉升序(N) ○降序(I)
☐页眉(R) ☐页脚(O)： ☐空行(L)
否则按(E)： (无) ◉升序 ○降序
☐页眉 ☐页脚： ☐空行
否则按(Y)： (无) ◉升序 ○降序
☐页眉 ☐页脚： ☐空行
☐总计(G)：
自定义总计标题(U)：
总计
☑逐项列举每个实例(Z)

确定 取消 帮助

图9-58

<门明细表>

A	B	C	D	E	F
类型标记	型号	粗略宽度	粗略高度	合计	制造商
JM-1		3680	2400	1	
JM-3		1500	2100	1	
JM-5		1500	2100	1	
JM-10		1800	2100	1	
JM-14		900	2100	1	
JM-14		900	2100	1	
JM-14		900	2100	1	
JM-14		900	2100	1	
JM-14		900	2100	1	
JM-14		900	2100	1	
JM-14		900	2100	1	
JM-14		900	2100	1	
JM-14		900	2100	1	
JM-14		900	2100	1	
JM-15		700	2100	1	
JM-15		700	2100	1	
JM-15		700	2100	1	
JM-15		700	2100	1	
JM-15		700	2100	1	
JM-15		700	2100	1	
JM-15		700	2100	1	
JM-16		1200	2100	1	

图9-59

提示

在“门明细表”中，相同的门类型单独为一列，且会列举出同类的对象。用户可以在“排序/成组”选项卡中取消勾选“逐项列举每个实例”选项，并勾选“总计”选项，如图9-60所示；此时明细表会把同类对象合并在一起，并计算出总数量，如图9-61所示。

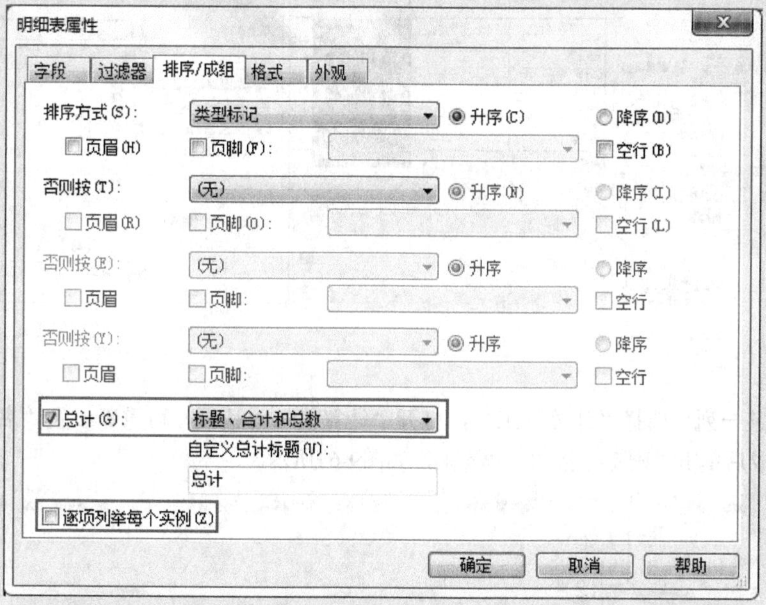

明细表属性

字段 | 过滤器 | 排序/成组 | 格式 | 外观

排序方式(S)： 类型标记 ◉升序(C) ○降序(D)
☐页眉(H) ☐页脚(F)： ☐空行(B)
否则按(T)： (无) ◉升序(N) ○降序(I)
☐页眉(R) ☐页脚(O)： ☐空行(L)
否则按(E)： (无) ◉升序 ○降序
☐页眉 ☐页脚： ☐空行
否则按(Y)： (无) ◉升序 ○降序
☐页眉 ☐页脚： ☐空行
☑总计(G)： 标题、合计和总数
自定义总计标题(U)：
总计
☐逐项列举每个实例(Z)

确定 取消 帮助

图9-60

<门明细表>

A	B	C	D	E	F
类型标记	型号	粗略宽度	粗略高度	合计	制造商
JM-1		3680	2400	1	
JM-3		1500	2100	1	
JM-5		1500	2100	1	
JM-10		1800	2100	1	
JM-14		900	2100	10	
JM-15		700	2100	7	
JM-16		1200	2100	1	
总计：22					

图9-61

9.2.2 明细表的高级设置

明细表的“修改明细表/数量”选项卡中包含明细表的“参数”“列”“行”“标题和页眉”和“外观”等工具组，如图9-62所示。

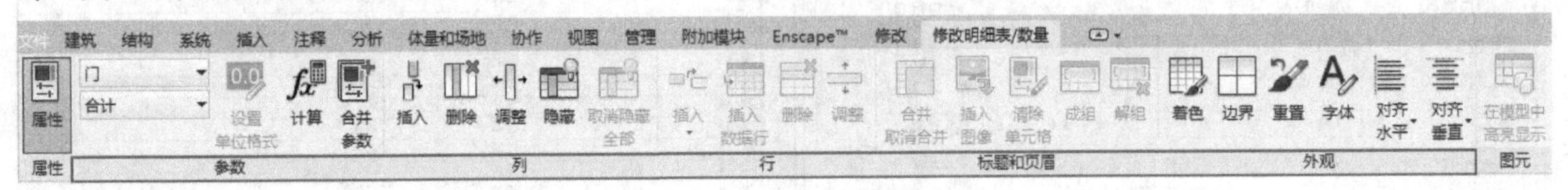

图9-62

1. 设置单位格式

选中明细表的某一列，在“修改明细表/数量”选项卡中选择“设置单位格式”工具，打开“格式”对话框，可设置“单位”“舍入”和“单位符号”等参数，设置完成后单击“确定”按钮 确定 ，如图9-63所示。

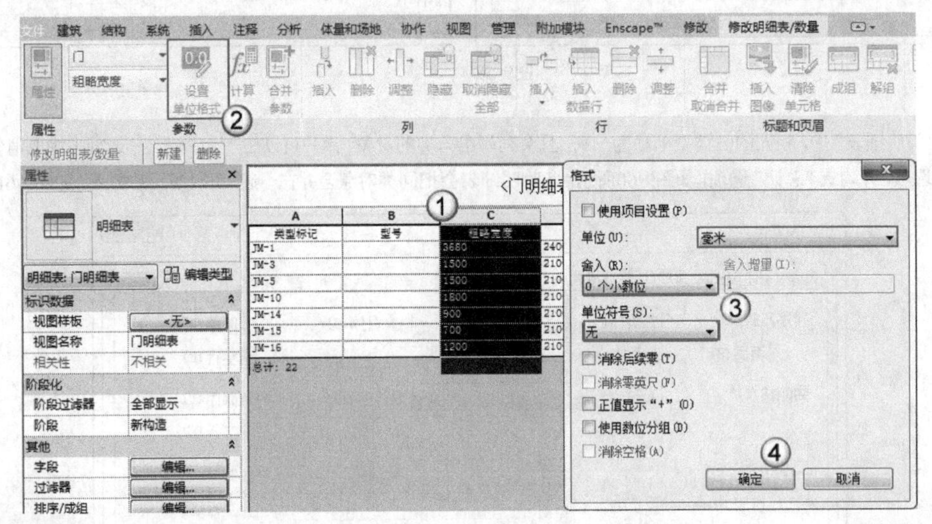

图9-63

2. 重置计算公式

选中明细表的某一列，选择“计算”工具，打开“计算值”对话框，可重新设置“名称”和选中列中值的公式等，设置完成后单击“确定”按钮 确定 ，如图9-64所示。

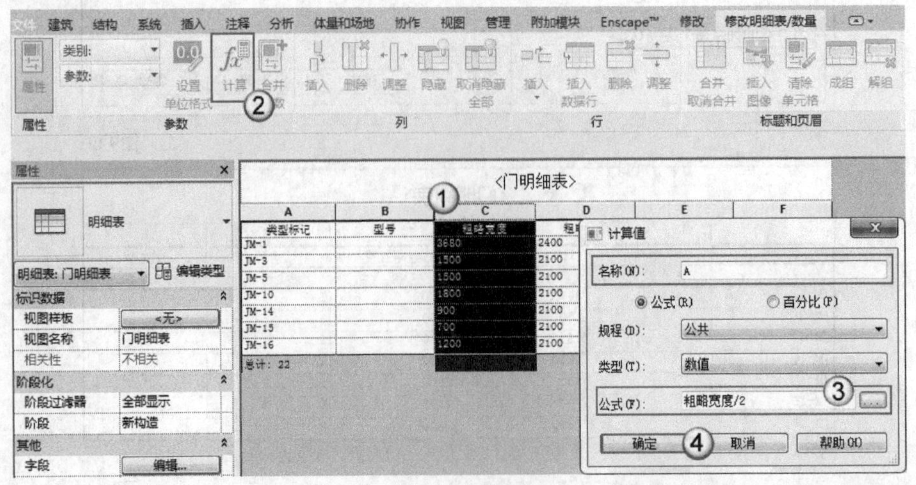

图9-64

3. 合并参数

使用“合并参数”工具可以将多个参数合并到一列中显示。选中明细表的某一列，选择“合并参数”工具，打开“合并参数”对话框；用户可以在左侧的“明细表参数”列表框中选择相应的参数，右侧的“合并的参数”列表框中会显示当前选择的参数；接着可以在“合并参数名称”文本框中重新命名参数。例如，这里添加左侧的“粗略宽度”和“粗略高度”参数到右侧的“合并的参数”列表框中，并将它们重命名为“宽度和高度”，单击“确定”按钮 确定 即可合并参数，如图9-65和图9-66所示。

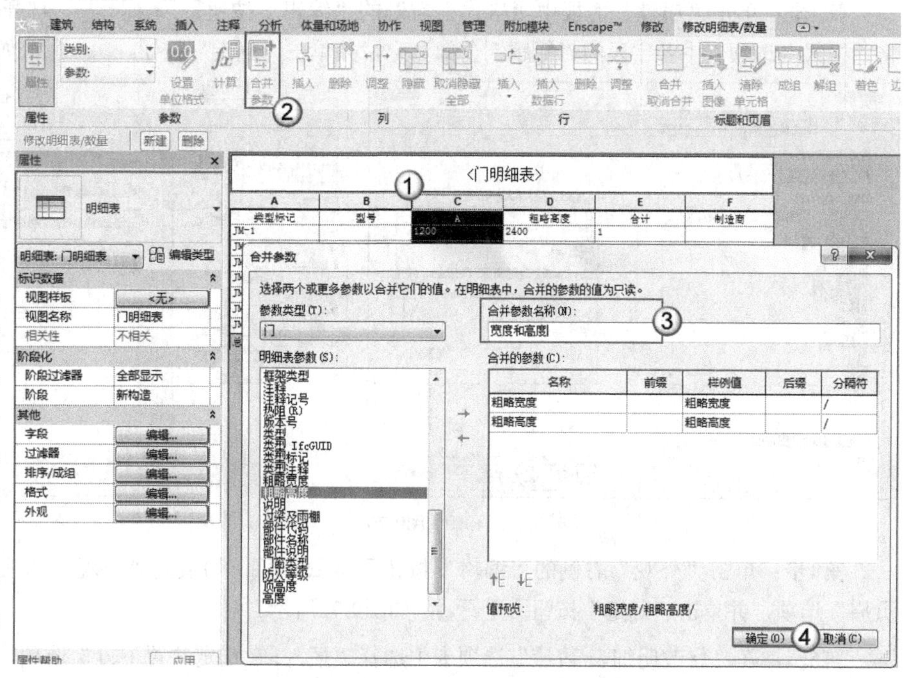

图9-65

4. “列”工具组

“列”工具组中的工具如图9-67所示。

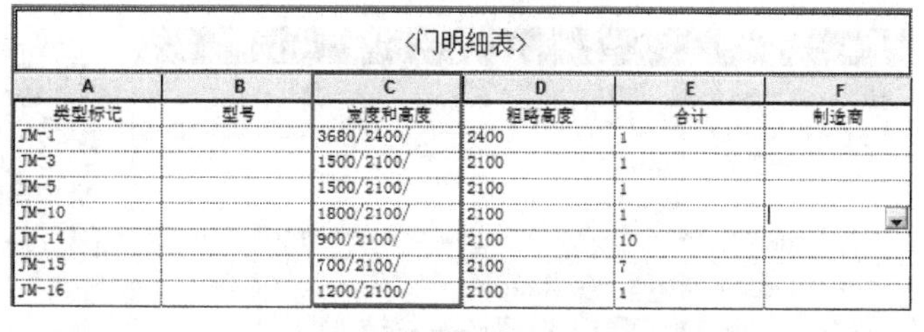

<门明细表>

A	B	C	D	E	F
类型标记	型号	宽度和高度	粗略高度	合计	制造商
JM-1		3680/2400/	2400	1	
JM-3		1500/2100/	2100	1	
JM-5		1500/2100/	2100	1	
JM-10		1800/2100/	2100	1	
JM-14		900/2100/	2100	10	
JM-15		700/2100/	2100	7	
JM-16		1200/2100/	2100	1	

图9-66

“列”工具组中的工具介绍

插入：在表格中插入一列，即添加一列参数。

删除：在表格中删除一列，即删除一列参数。

调整：调整表格某一列的宽度。

隐藏：选中某一列，选择“隐藏”工具即可隐藏该列。

取消隐藏全部：取消全部隐藏的列。

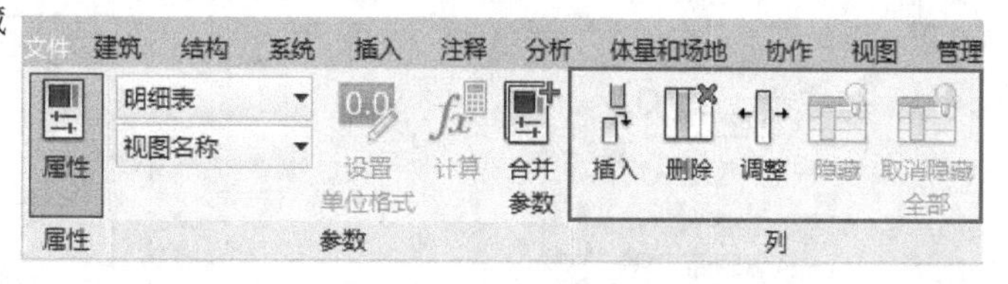

图9-67

5. “行”工具组

“行”工具组和“列”工具组中的工具基本类似，这里介绍如何使用“行”工具组中的工具创建空白表格。

第1步：在“项目浏览器”面板中找到“明细表/数量”选项，然后单击鼠标右键，并选择“新建明细表/数量”选项，如图9-68所示；打开“新建明细表”对话框，选择项目中没有明细表的模型类型，如“MEP预制保护层”，并单击“确定”按钮 确定 ，如图9-69所示。

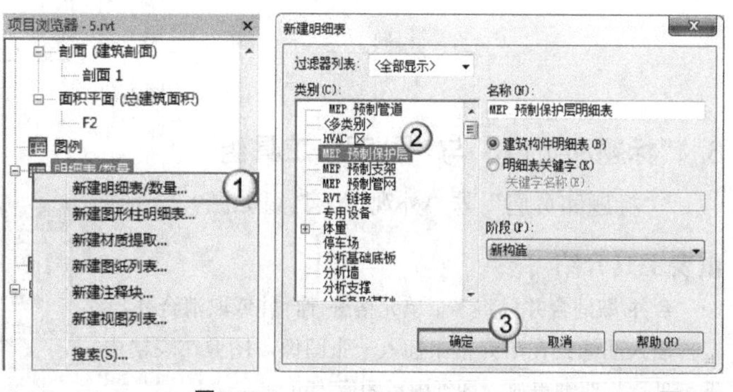

图9-68　图9-69

第2步：打开“明细表属性”对话框，在“字段”选项卡的“明细表字段”列表框中选择需要的字段，单击“确定”按钮，如图9-70所示。

第3步：单击“属性”面板中“格式”右侧的“编辑”按钮，打开“明细表属性”对话框，将“格式”选项卡中各字段的“标题”全部清空，并单击“确定”按钮，如图9-71所示。

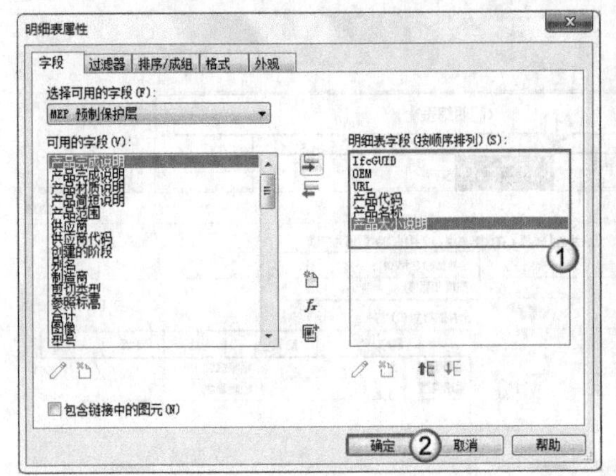

图9-70

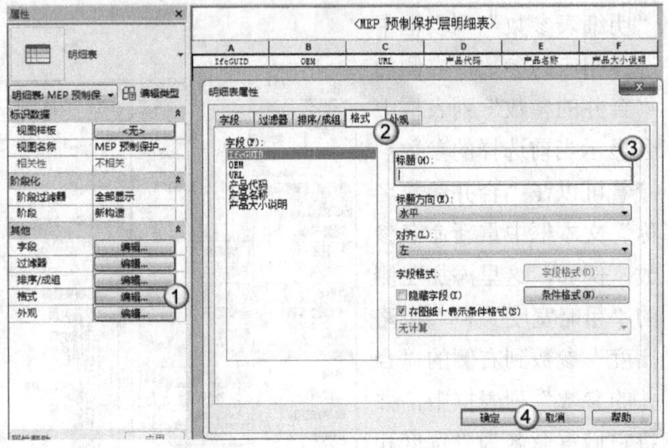

图9-71

第4步：单击“外观”右侧的“编辑”按钮，切换到“外观”选项卡，然后取消勾选“显示页眉”选项，并单击“确定”按钮，如图9-72所示。

第5步：在“修改明细表/数量”选项卡中选择“插入>在选定位置下方”选项，插入5行（选择5次），如图9-73所示，效果如图9-74所示。

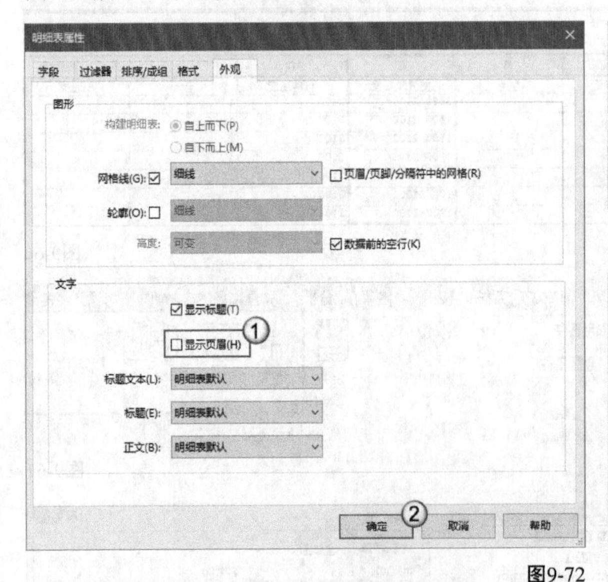

图9-72

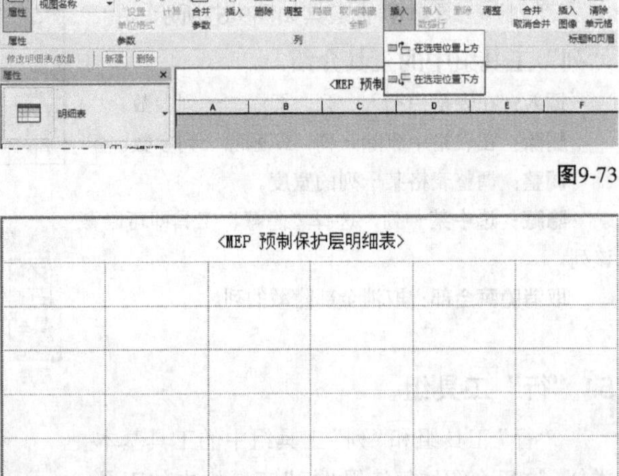

图9-73

图9-74

6. “标题和页眉”与“外观”工具组

“标题和页眉”与“外观”工具组如图9-75所示。

图9-75

重要工具介绍

合并/取消合并：将多个单元格进行合并或取消合并。

插入图像：在单元格中插入一张图像，图像在表格中不可见，将明细表放入图纸中后图像才可见。

清除单元格：清除单元格中的内容。

上述4个工具主要用于操作前面讲到的空白表格，对于一般软件生成的明细表，这4个工具不可用。

着色：为单元格添加颜色

边界：设置单元格边界的样式。

字体：设置单元格中文字的样式。

对齐水平/对齐垂直：对单元格的样式进行整体设置。

重置：将所有操作归零，表格变为初始样式。

7. 在模型中高亮显示

选择明细表中的任意参数，然后选择“在模型中高亮显示”工具，即可在模型中找到对应的构件，如图9-76所示。

提示 明细表中的参数与模型构件是关联的，若删除明细表中的某行参数，则对应模型中的构件也会被删除。

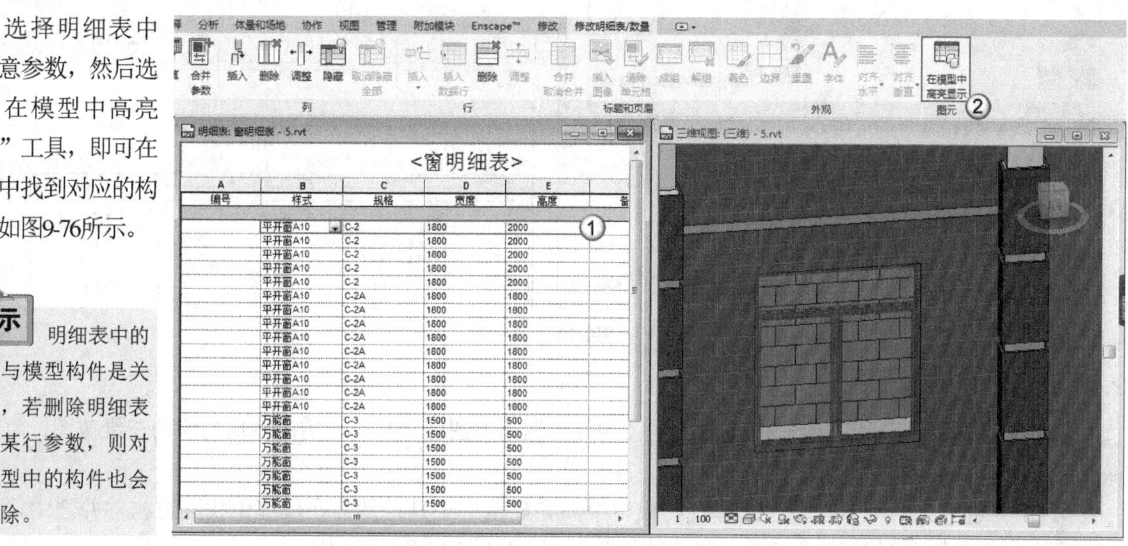

图9-76

9.2.3 创建带有图像的明细表

在Revit 2018中，可以创建带有图像的明细表，这里以“窗明细表”为例进行介绍。读者可以用小别墅的“课堂案例”文件跟着下面的步骤进行操作。

1. 创建窗材质并提取明细表

第1步：在“视图”选项卡中执行“明细表>材质提取”命令，如图9-77所示；打开“新建材质提取”对话框，选择“窗”选项，并单击“确定”按钮 确定 ，如图9-78所示。

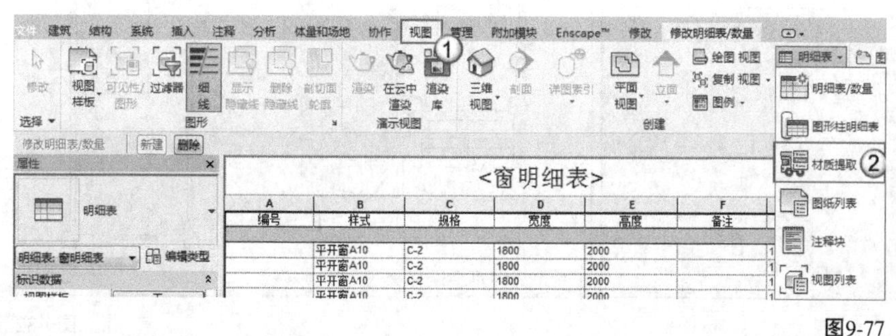

图9-77

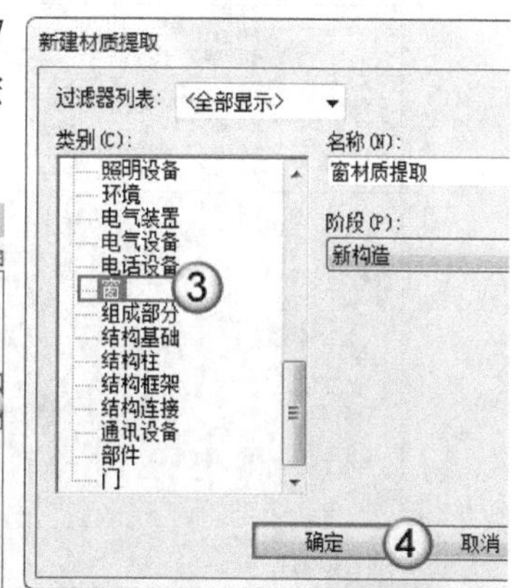

图9-78

第2步：打开“材质提取属性”对话框，具体设置如图9-79所示；然后切换到“排序/成组”选项卡，设置图9-80所示的排序方式，并取消勾选“逐项列举每个实例”选项，单击“确定”按钮 确定 ，此时“类型图像”列为空，如图9-81所示。接下来需要在各构件的族文件中添加图像信息。

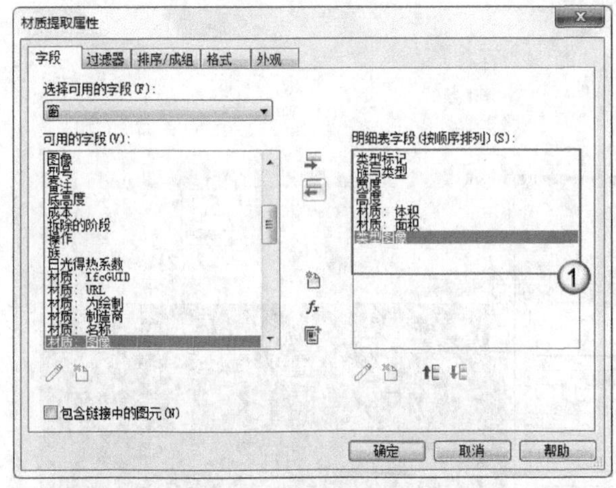

图9-79

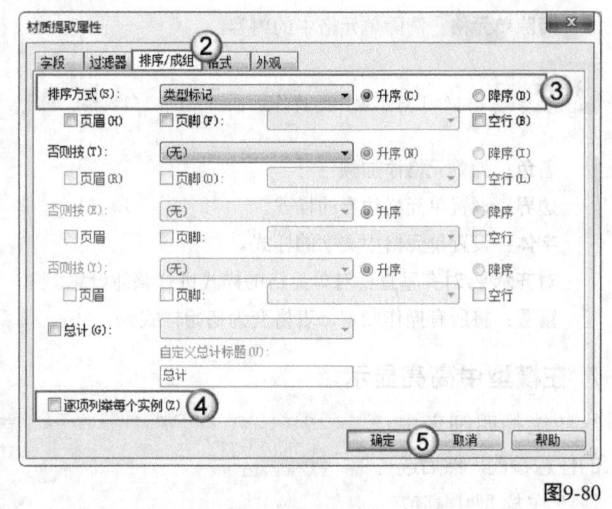

图9-80

<窗材质提取>

A	B	C	D	E	F	G
类型标记	族与类型	宽度	高度	材质：体积	材质：面积	类型图像
C-3	万能窗：C-3	1500	500			
C-6	平开窗A10：C-2	1800	2000	0.08 m³	6 m²	
C-11	双扇平开 - 带贴面：C-5	1200	1437	0.08 m³	3 m²	
C-12	单扇平开窗1 - 带贴面：C	1000	1500	0.07 m³	2 m²	
C-13	单扇平开窗1 - 带贴面：C	1000	1700	0.07 m³	3 m²	
C-14	平开窗A10：C-2A	1800	1800	0.07 m³	5 m²	
C-15	双扇平开 - 带贴面：C-5	1200	1250	0.07 m³	2 m²	
C-17	固定窗-尖顶：固定窗-尖	1000	1500	0.04 m³	2 m²	

图9-81

2. 为窗族添加图像信息

这里以“窗材质提取”明细表中第2行的窗构件为例添加图像。另外，窗的图像为族的三维截图，将截图保存到方便找到的文件夹中。

第1步：选中第2行的窗C-2，选择“在模型中高亮显示”工具；然后在模型中找到窗构件并选中，如图9-82所示；接着选择“编辑族”工具，进入族编辑视图，如图9-83和图9-84所示。

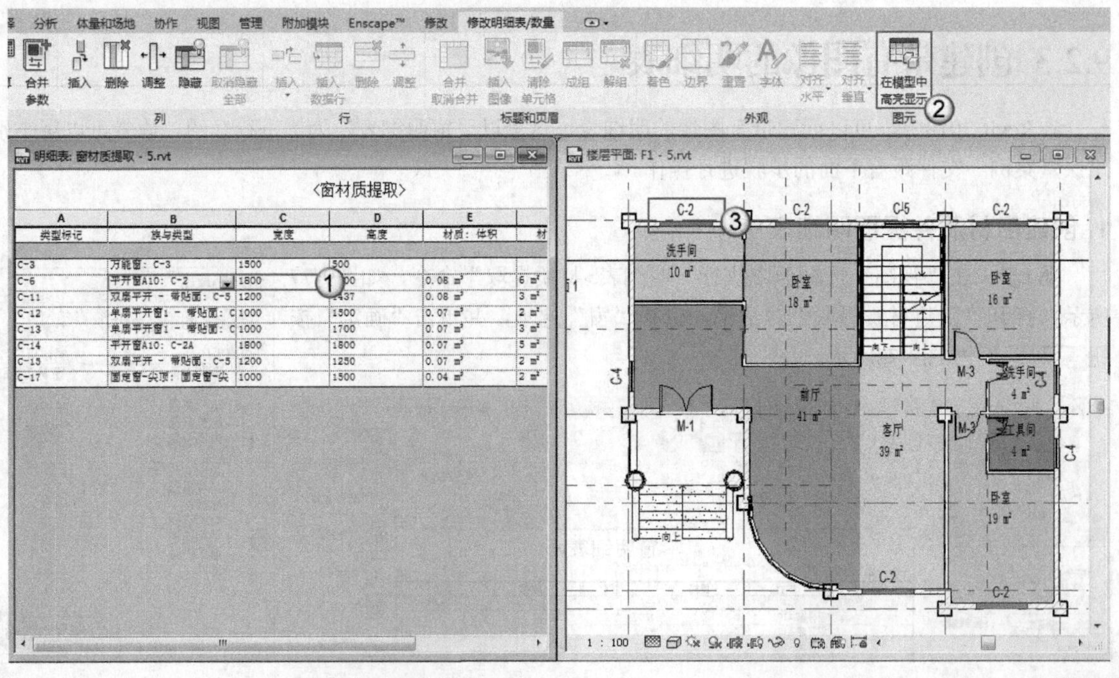

图9-82

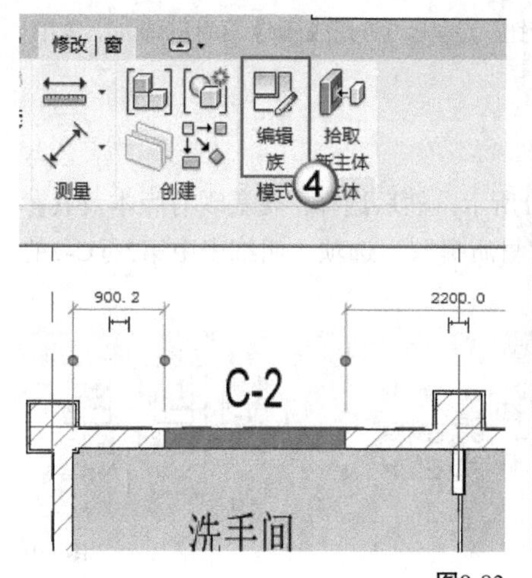

图9-83

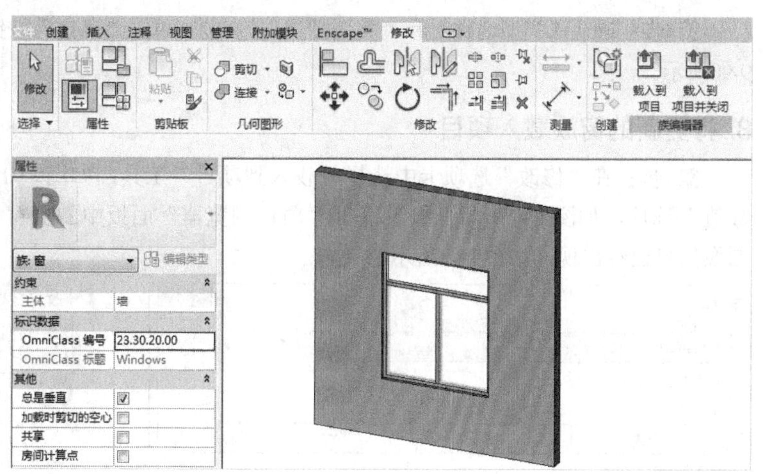

图9-84

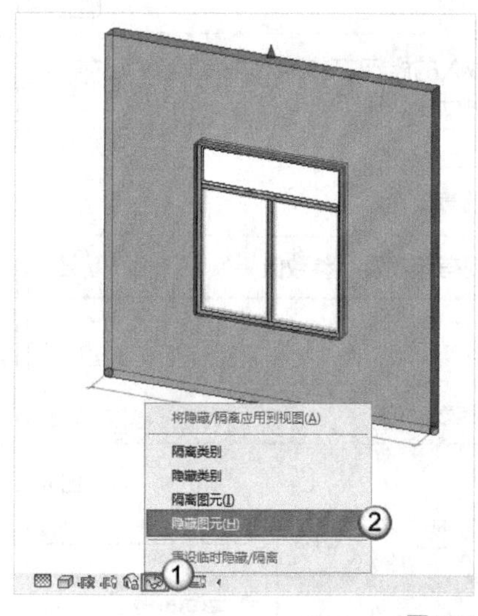

图9-85

第2步：选中窗周围的墙，然后选择“隐藏图元”选项（快捷键为H+H），如图9-85所示；隐藏后截图，如图9-86所示，并将截图保存到方便找到的文件夹中；接着选择“重设临时隐藏/隔离”选项，如图9-87所示，取消隐藏墙。

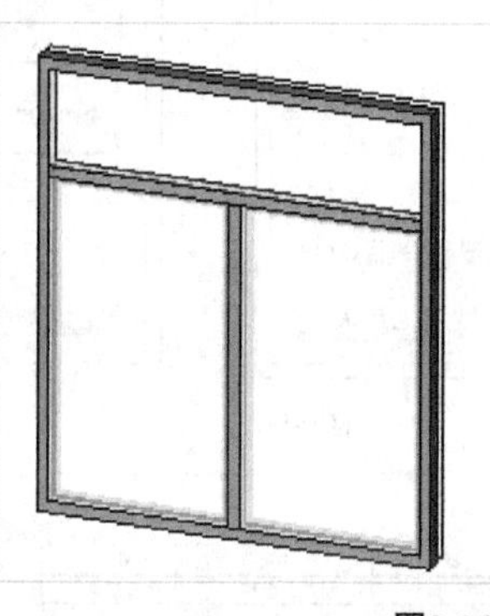

图9-86

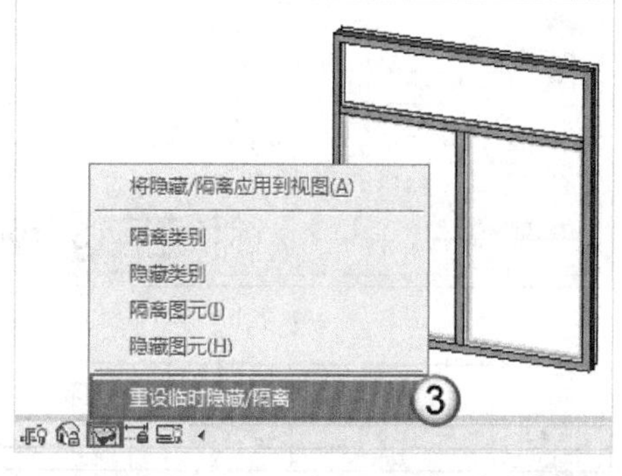

图9-87

第3步：选择“族类型”工具，打开“族类型”对话框；然后单击“类型图像”右侧的按钮，如图9-88所示，打开“管理图像”对话框；接着单击“添加”按钮，并在文件夹中找到前面截取的图片，单击“确定”按钮，关闭“管理图像”对话框，如图9-89所示。

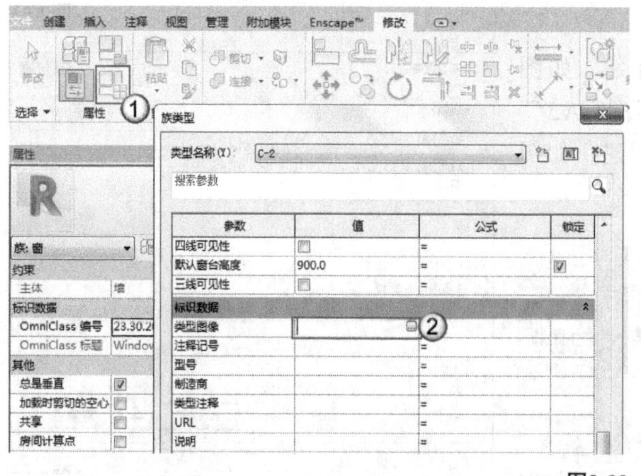

图9-88

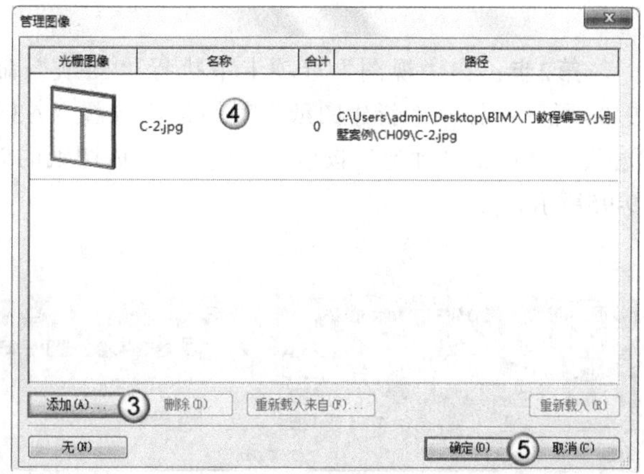

图9-89

第4步：确认“类型名称”和“类型图像”为C-2，单击“确定”按钮 确定 ，完成图像信息的添加，如图9-90所示。

3. 将更新的窗族载入项目

第1步：在“修改”选项卡中选择“载入到项目”工具，如图9-91所示；然后选择“覆盖现有版本及其参数值”选项，如图9-92所示；接着双击“项目浏览器”面板中的“窗材质提取”选项，明细表中第2行C-2的图像信息已经出现，如图9-93所示。

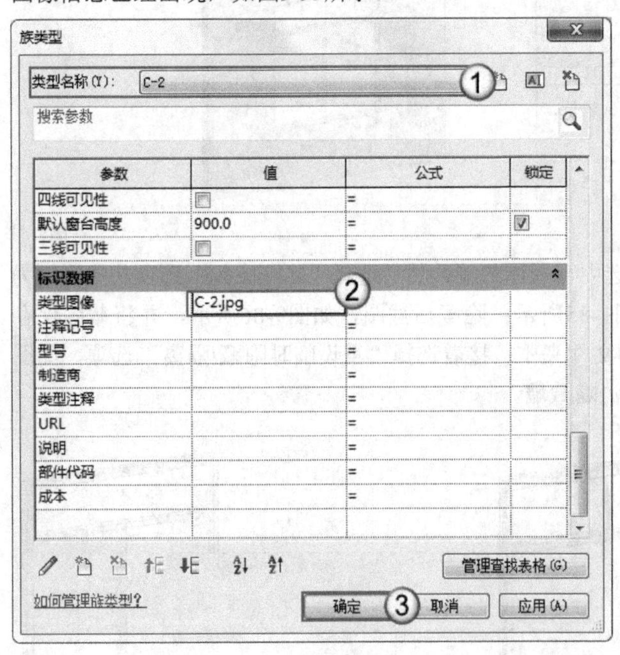

图9-90

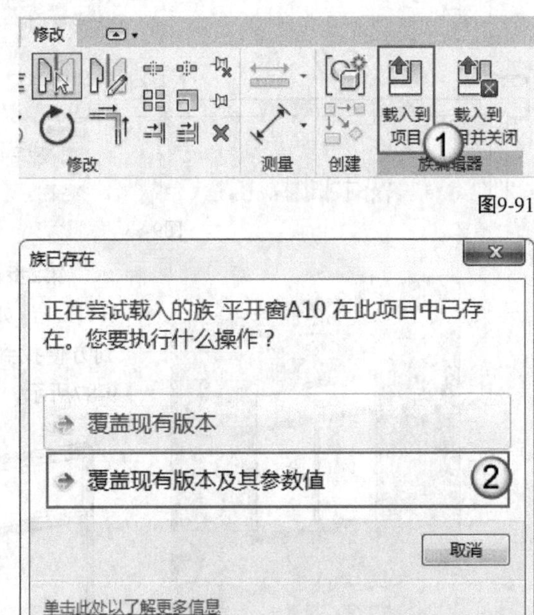

图9-91

图9-92

<窗材质提取>

A	B	C	D	E	F	G
类型标记	族与类型	宽度	高度	材质：体积	材质：面积	类型图像
C-3	万能窗：C-3	1500	500			
C-6	平开窗A10：C-2	1800	2000	0.08 m³	6 m²	C-2.jpg
C-11	双扇平开 - 带贴面：C-5	1200	1437	0.08 m³	3 m²	
C-12	单扇平开窗1 - 带贴面：C	1000	1500	0.07 m³	2 m²	
C-13	单扇平开窗1 - 带贴面：C	1000	1700	0.07 m³	3 m²	
C-14	平开窗A10：C-2A	1800	1800	0.07 m³	5 m²	<无>
C-15	双扇平开 - 带贴面：C-5	1200	1250	0.07 m³	2 m²	
C-17	固定窗-尖顶：固定窗-尖	1000	1500	0.04 m³	2 m²	

项目浏览器 - 5.rvt
明细表/数量
MEP 预制保护层明细表
图纸列表
窗明细表
窗材质提取
门明细表
图纸（全部）
族
专用设备
停车场

图9-93

第2步：在“视图”选项卡中执行“图纸”命令，如图9-94所示；打开“新建图纸”对话框，选择“A3公制:A3”选项，并单击“确定”按钮 确定 ，完成图纸的创建，如图9-95所示。

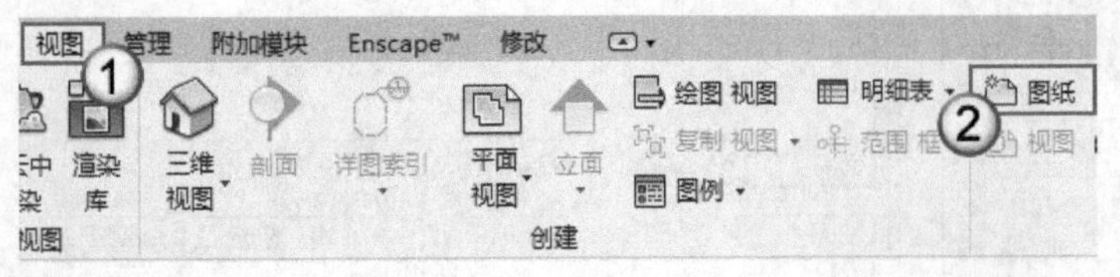

图9-94

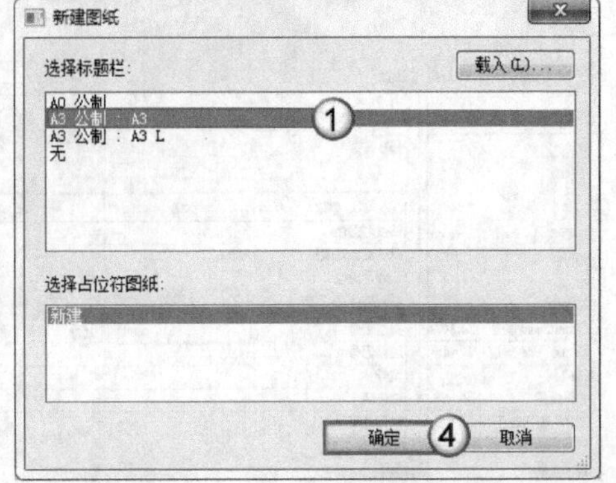

图9-95

第3步：在“项目浏览器”面板中使用鼠标左键按住“窗材质提取”选项，然后将其拖曳到新建图纸上，如图9-96所示；此时，带有图像的明细表中就会显示图像，如图9-97所示。

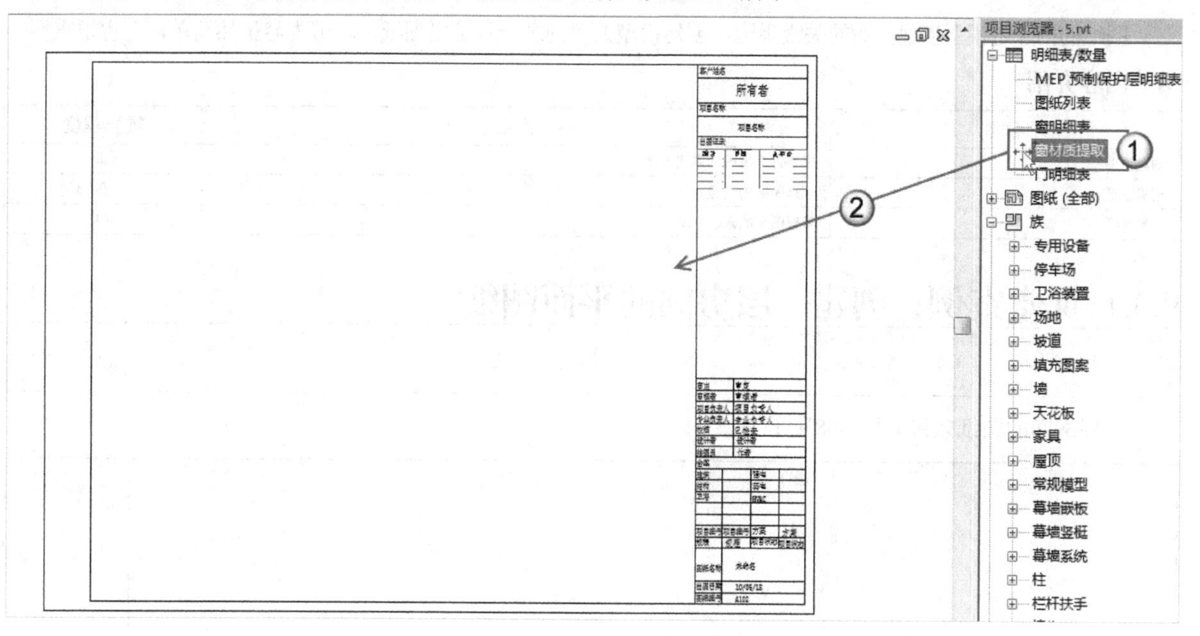

图9-96

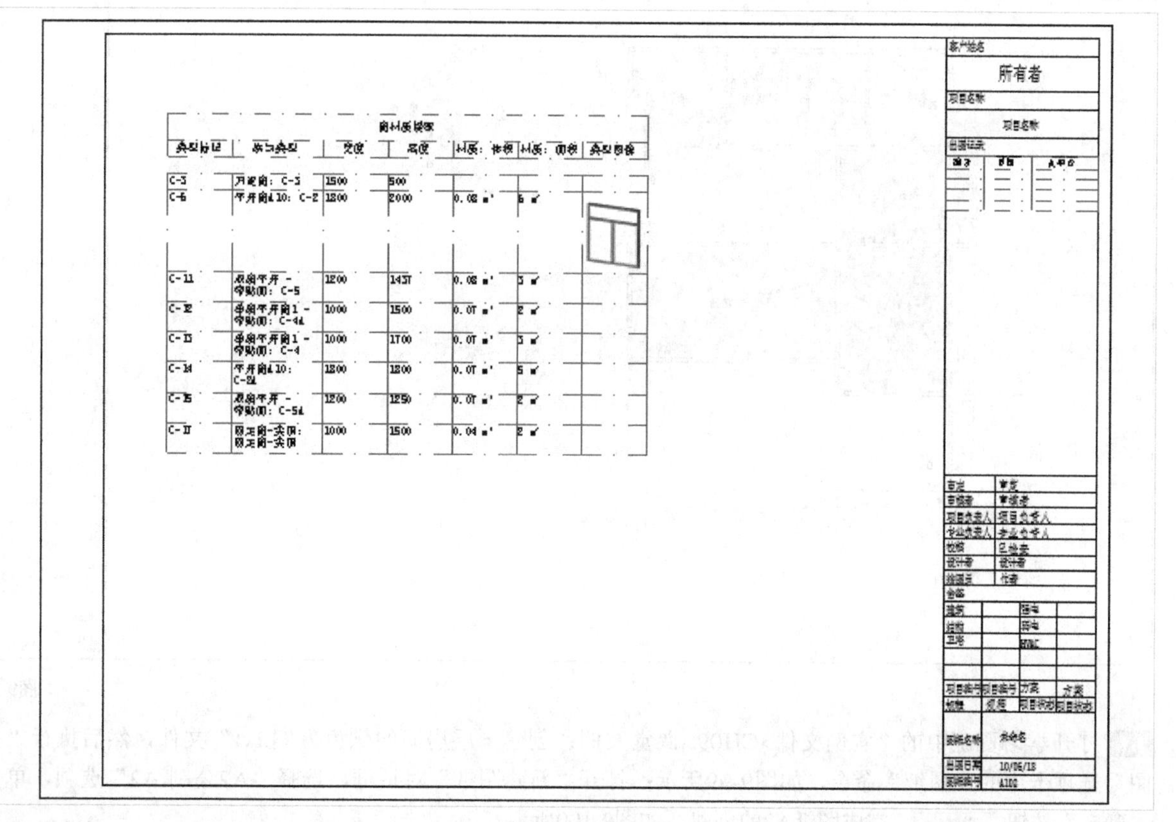

图9-97

明细表中只会显示图像文件的名称，如果要显示图像，就需要将明细表放到图纸上。

9.3 图纸

图纸的创建是模型创建完后的关键步骤，创建模型的目的之一就是出图纸，本节内容虽然简单，但也很重要。

本节内容介绍

名称	作用	重要程度
创建视图	掌握各个视图的创建方法	高
创建图纸	掌握图纸的创建方法	高
编辑图纸	掌握图纸的修改方法	中

9.3.1 课堂案例：创建一层房间的平面图纸

实例文件　实例文件>CH09>课堂案例：创建一层房间的平面图纸.rvt
视频文件　课堂案例：创建一层房间的平面图纸.mp4
学习目标　掌握平面图纸的生成方法

一层房间的图纸效果如图9-98所示。

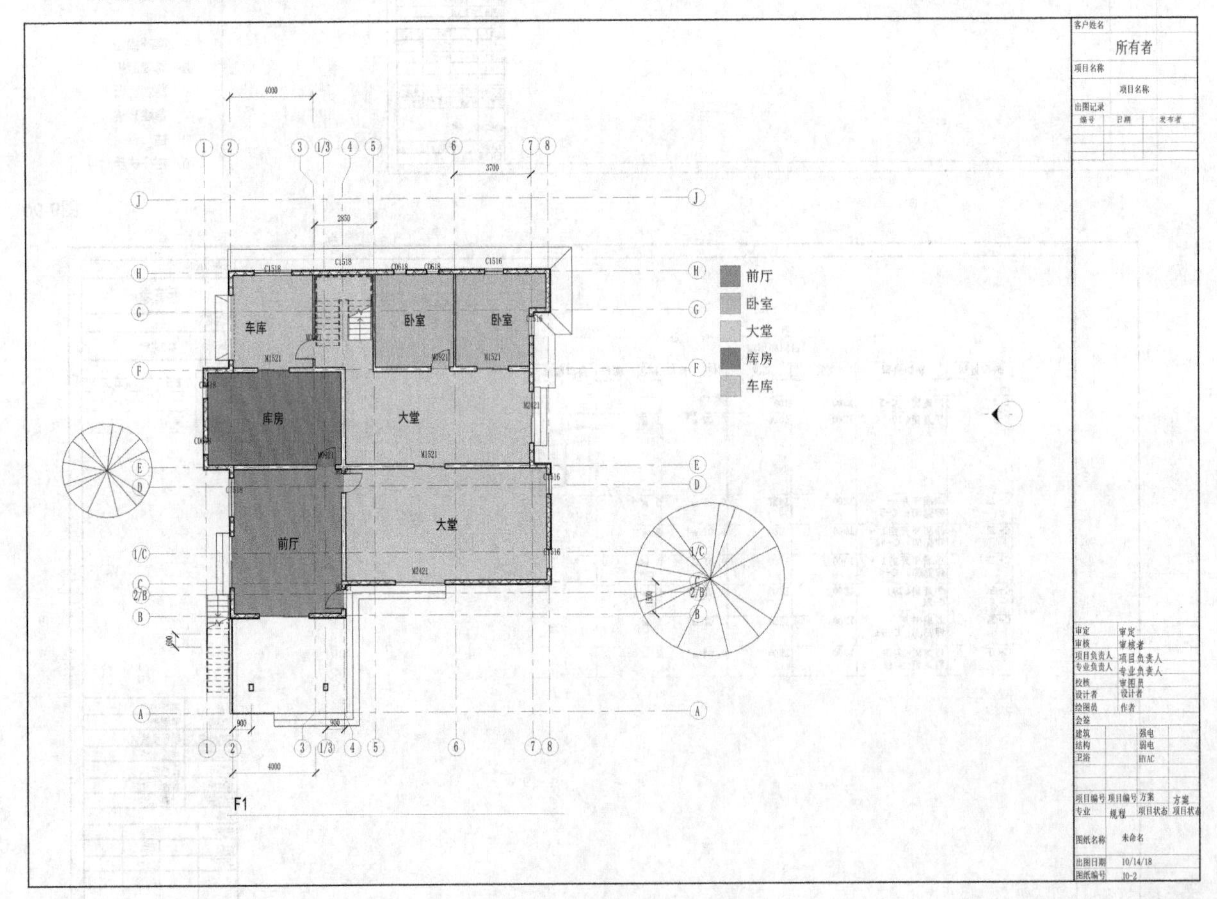

图9-98

01 打开学习资源中的“实例文件>CH09>课堂案例：创建一层房间的颜色方案.rvt”文件，然后执行“视图”选项卡中的“图纸”命令，如图9-99所示；打开“新建图纸”对话框，选择“A2公制:A2”选项，单击“确定”按钮［确定］，完成图纸A2的创建，如图9-100所示。

02 在“项目浏览器”面板中使用鼠标左键按住“F1”选项，然后将其拖曳到图框中，如图9-101所示。图纸效果如图9-102所示。

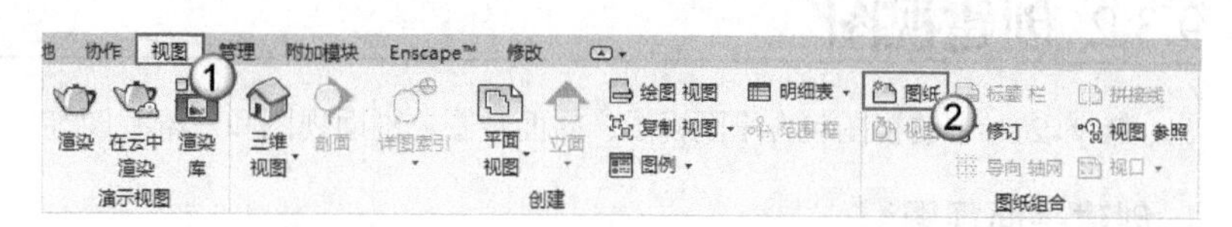

图9-99

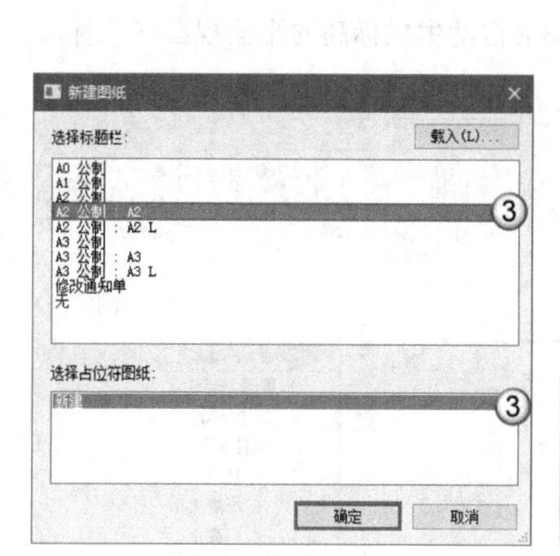

图9-100

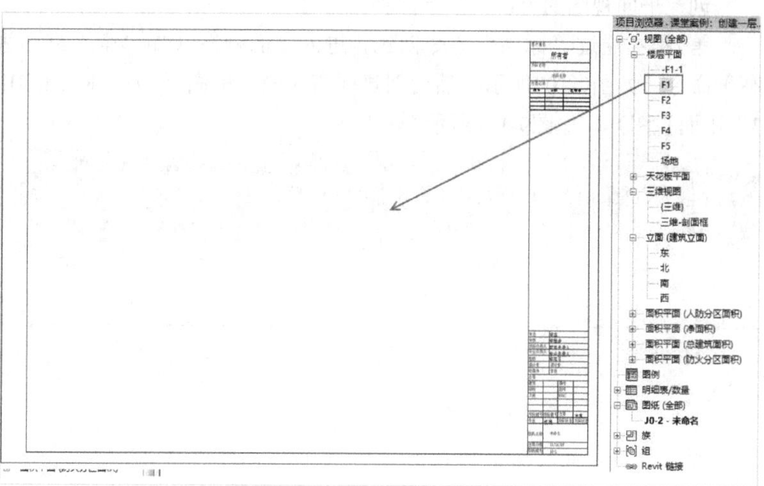

图9-101

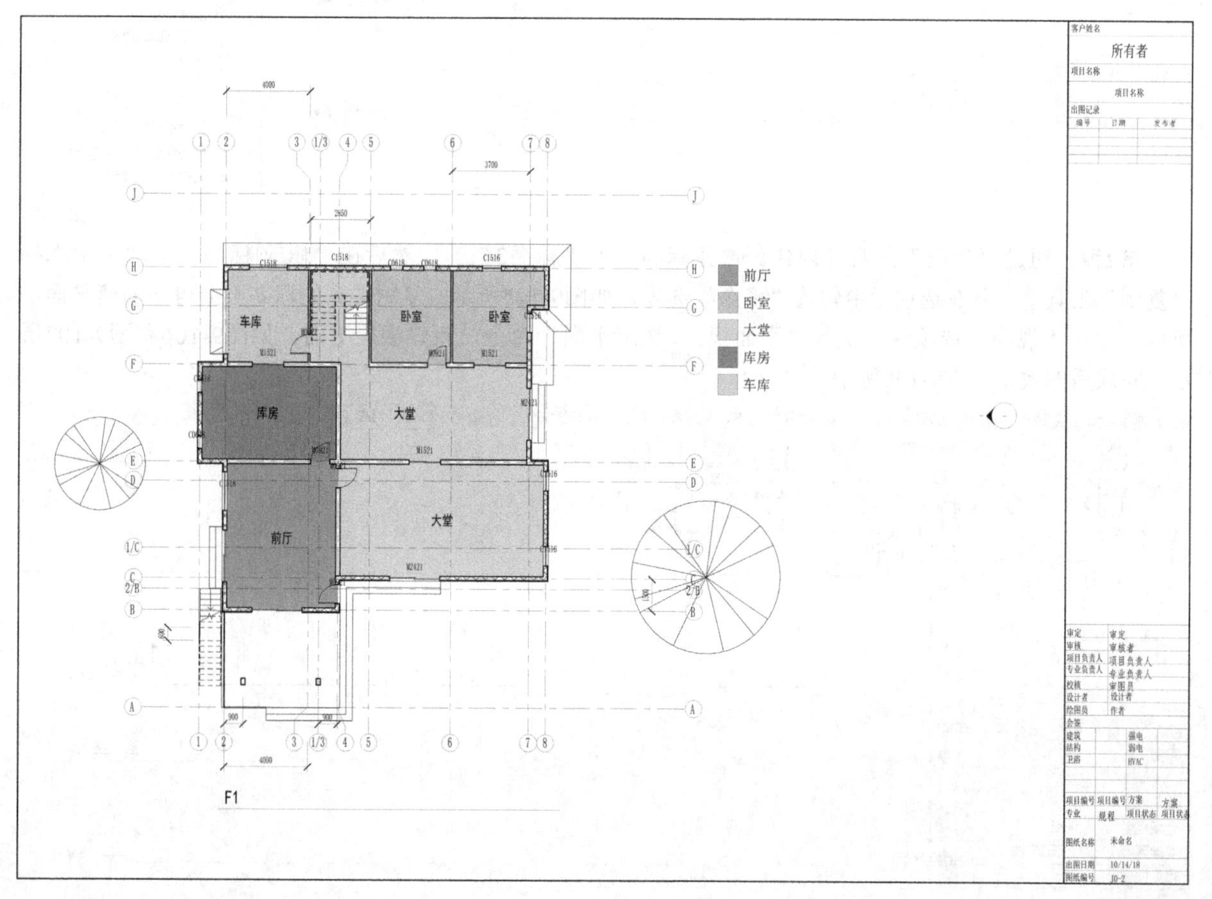

图9-102

9.3.2 创建视图

Revit 2018中的视图包含平面视图、立面视图、剖面视图和三维视图等，下面依次讲解各个视图的创建方法。

1. 创建平面视图

创建平面视图的方法有以下两种。

第1种： 通过“标高”命令创建。进入立面视图（如“南”立面视图），执行“建筑”选项卡中的“标高”命令，如图9-103所示；然后创建标高（如“标高3”），Revit 2018会自动生成标高的平面视图（“标高3”平面视图），如图9-104所示。

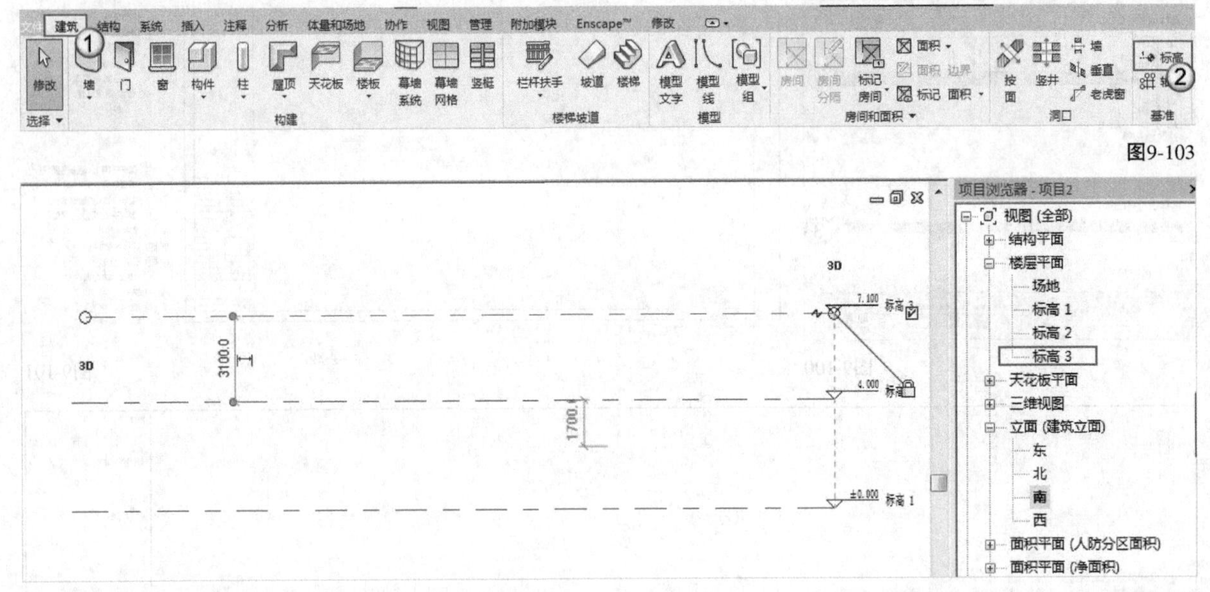

图9-103

图9-104

第2种： 通过“复制”工具创建。选择标高（如“标高3”），然后在“修改|标高”选项卡中选择“复制”工具，并在选项栏中勾选“多个”选项，如图9-105所示；复制得到的标高不会自动创建平面，所以需要在“视图”选项卡中执行“平面视图>楼层平面”命令，新建楼层平面，如图9-106和图9-107所示。完成后的效果如图9-108所示。

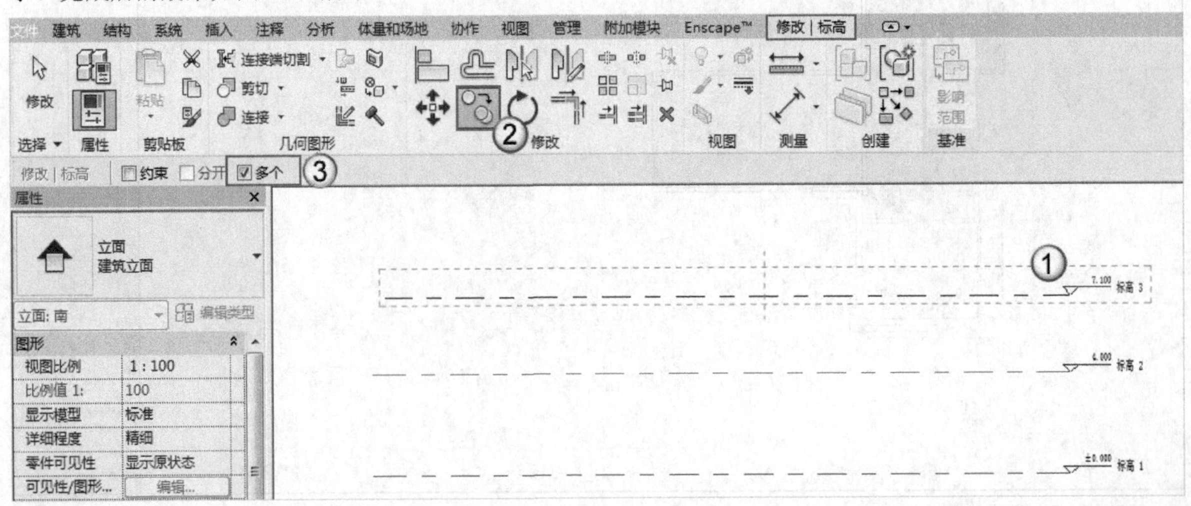

图9-105

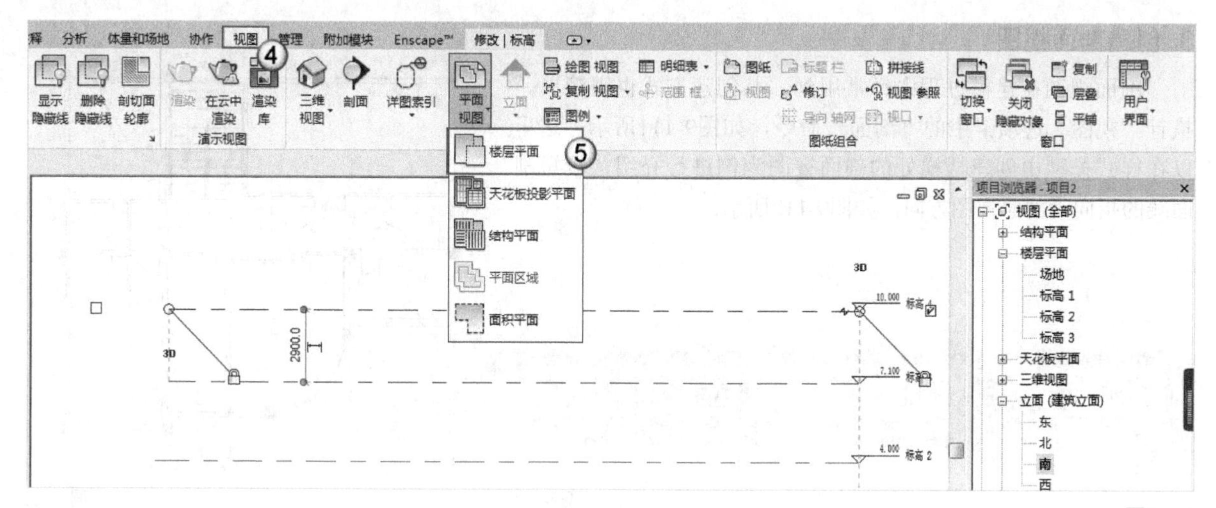

图9-106

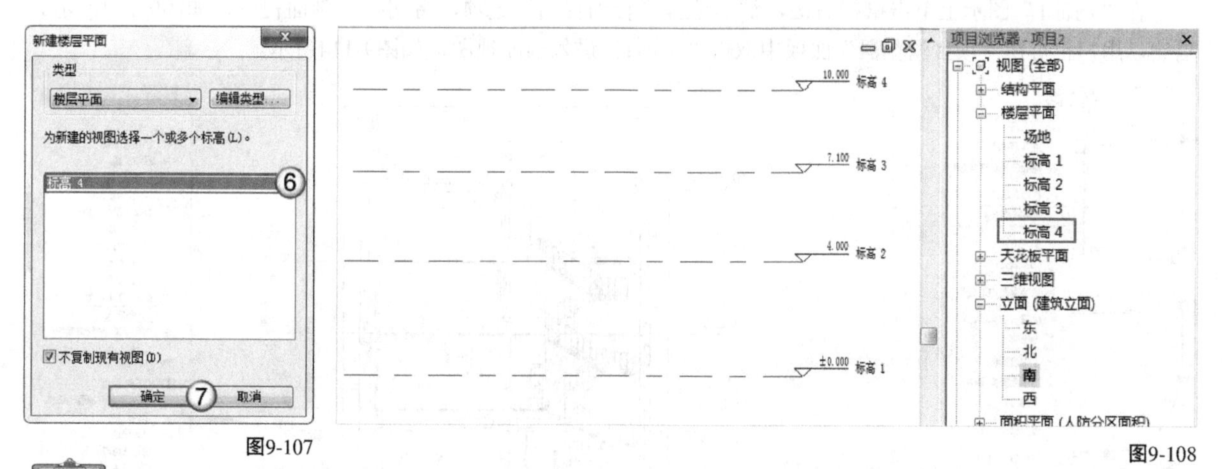

图9-107

图9-108

提示 标高与平面视图的关系，在第2章的“标高”中就已介绍，这里仅做回顾，读者可以返回进行查阅。

2. 创建立面视图

Revit 2018自带4个方向（“东”“北”“南”“西”）的立面视图，如果觉得立面视图不够，用户可以新建立面视图来满足项目需求。在“视图”选项卡中执行“立面>立面”命令，如图9-109所示；然后在相应的标高（如“标高1”）视图中单击，即可创建任意的立面视图，如图9-110所示。

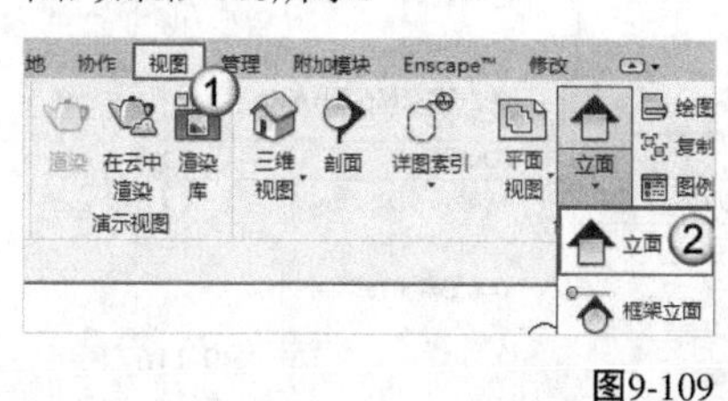

图9-109

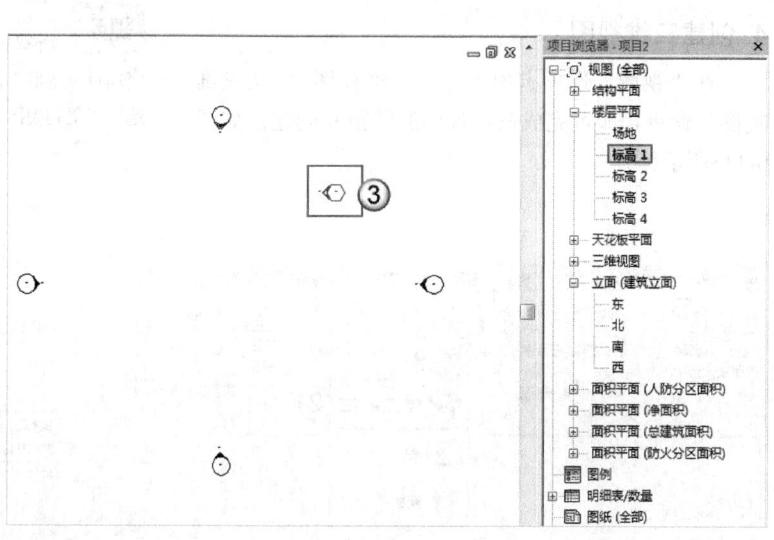

图9-110

3. 创建剖面视图

剖面视图在建模过程中经常用到，其创建方式也很简单。执行“视图”选项卡中的“剖面”命令，如图9-111所示；这里以在样式模型中创建楼梯处的剖面视图为例进行介绍，较短剖面线的指向为剖面视图方向，如图9-112所示。

图9-111

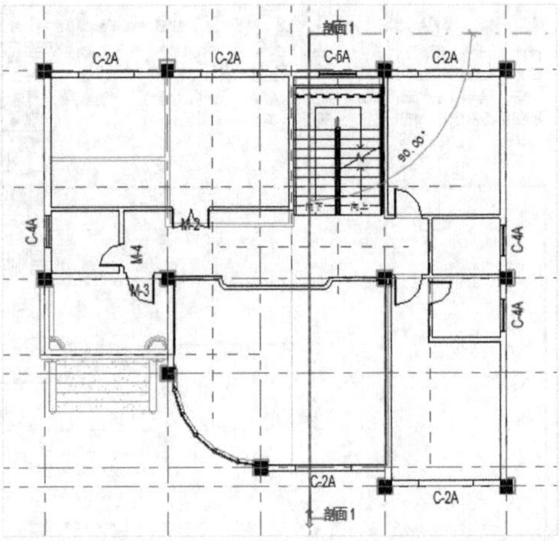

图9-112

在“剖面1”图示上单击鼠标右键，然后选择“转到视图”选项，将切换到剖面视图，如图9-113所示。当然，用户也可在“项目浏览器”面板中双击“剖面1”进入剖面视图，如图9-114所示。

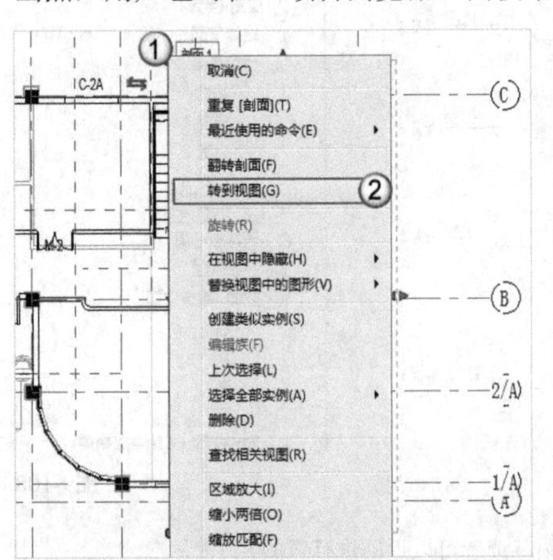

图9-113

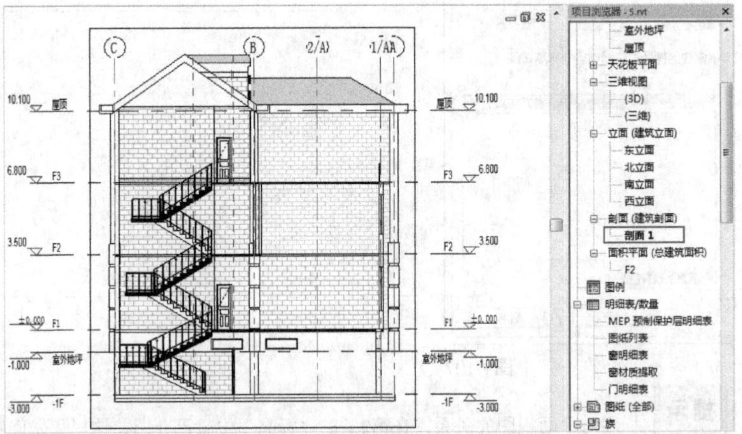

图9-114

4. 创建三维视图

在“视图”选项卡中执行“三维视图>默认三维视图”命令，即可完成三维视图的转换和创建，如图9-115所示。

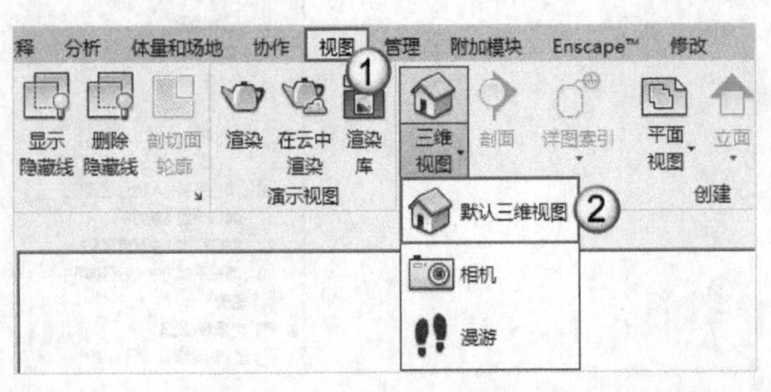

图9-115

提示

所有视图均可在“项目浏览器”面板中复制。在“项目浏览器”面板中需要复制的视图上单击鼠标右键，然后选择“复制视图>复制/带细节复制”选项，如图9-116所示。

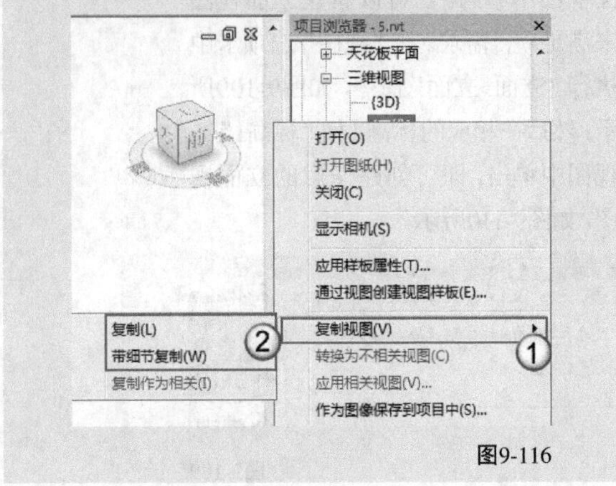

图9-116

9.3.3 创建图纸

创建图纸就是将模型的各个视图和明细表合理地放置于图框中，下面介绍具体操作方法。

第1步：在“视图”选项卡中执行“图纸”命令，如图9-117所示；打开“新建图纸”对话框，单击“载入”按钮 载入(L)... ，打开“载入族”对话框，选择“A2公制.rfa”和“A1公制.rfa”选项，单击“打开”按钮 打开(O) ，完成图纸模板的载入，如图9-118所示。

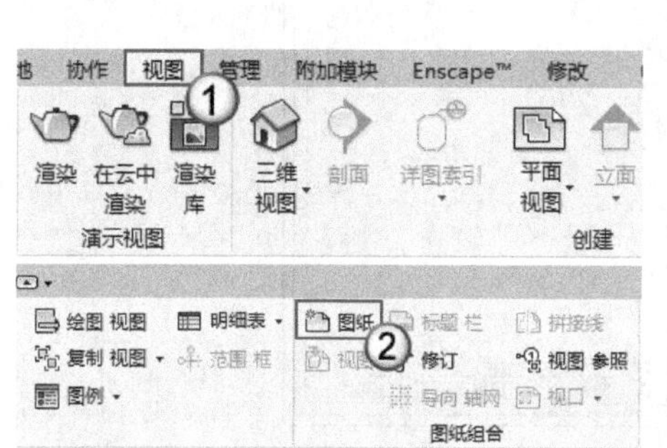

图9-117

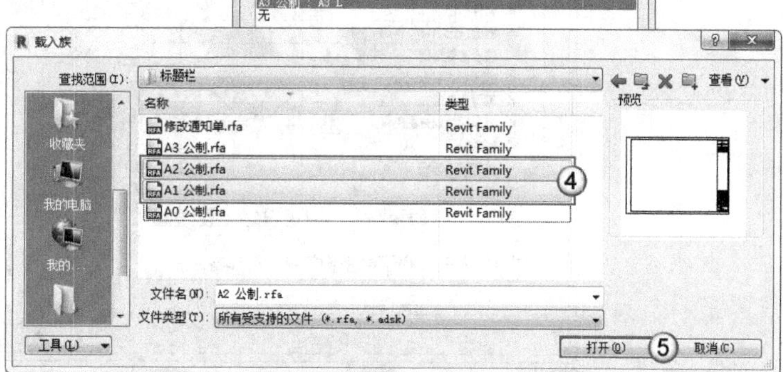

图9-118

第2步：在“新建图纸”对话框中选择“A2公制:A2”选项，单击“确定”按钮 确定 ，如图9-119所示，完成图纸A2的创建；然后在“项目浏览器”面板中使用鼠标左键按住“F1”选项，将其拖曳到图框中，如图9-120所示。

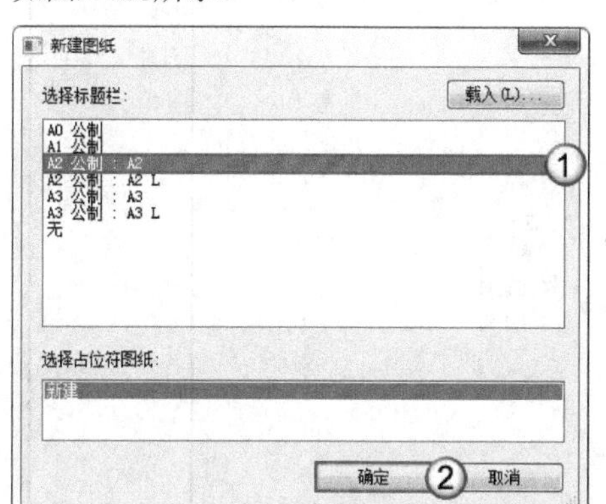

图9-119

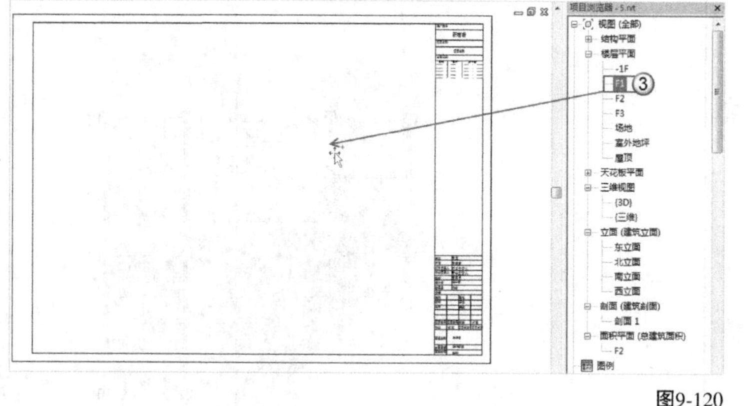

图9-120

第3步：隐藏不需要的内容，这里以立面标示为例进行讲解。在“属性”面板中单击“可见性/图形替换”右侧的“编辑”按钮 编辑... ，如图9-121所示；打开“楼层平面:F1的可见性/图形替换”对话框，在“注释类别”选项卡中取消勾选“立面”选项，并单击“确定”按钮 确定 ，如图9-122所示。完成后的效果如图9-123所示。

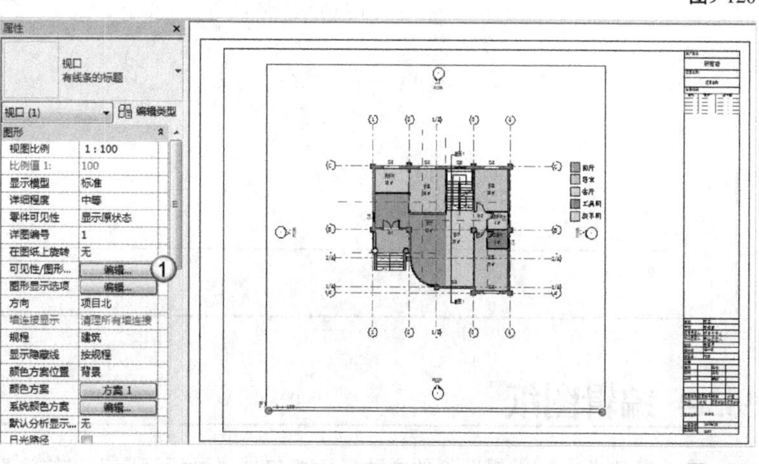

图9-121

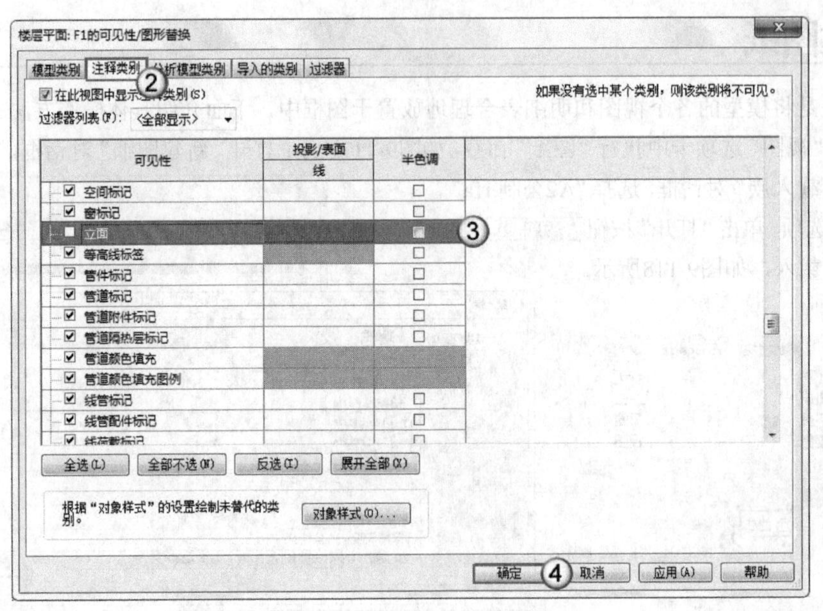

图9-122

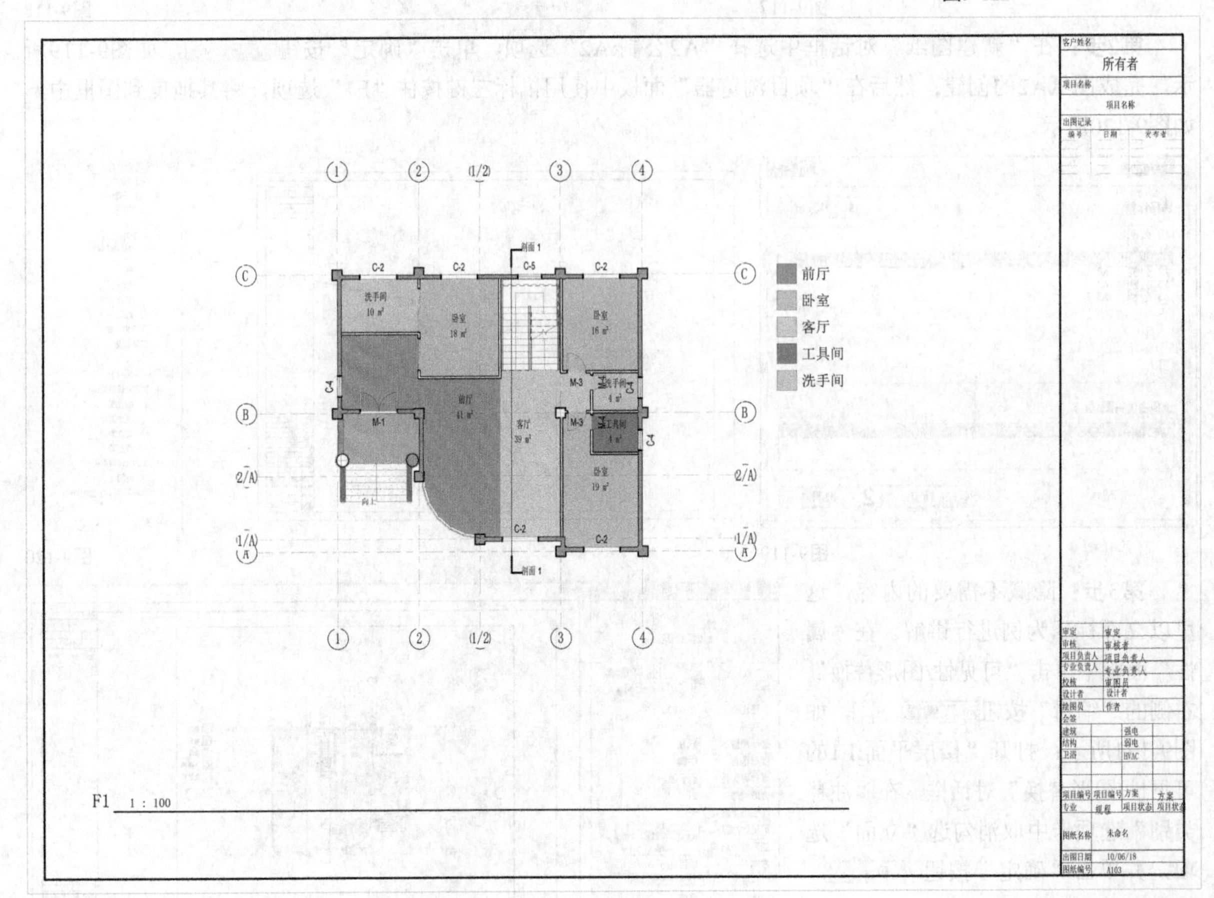

图9-123

9.3.4 编辑图纸

本小节主要介绍编辑图纸的方法，主要包括“激活视图”“修订”和“调整明细表”。

1. 激活视图

在图纸中激活某个视图后，用户可以对模型进行编辑，下面以三维视图为例进行讲解。

第1步：选中三维视图的视口，然后选择“修改|视口”选项卡中的“激活视图”工具，如图9-124所示。

第2步：激活三维视图后，其他视图的视口会以灰色显示；然后选择屋顶部分，按Delete键将其删除，如图9-125所示；此时，图纸中的模型屋顶被删除，项目中的模型屋顶同样也被删除了，如图9-126所示。

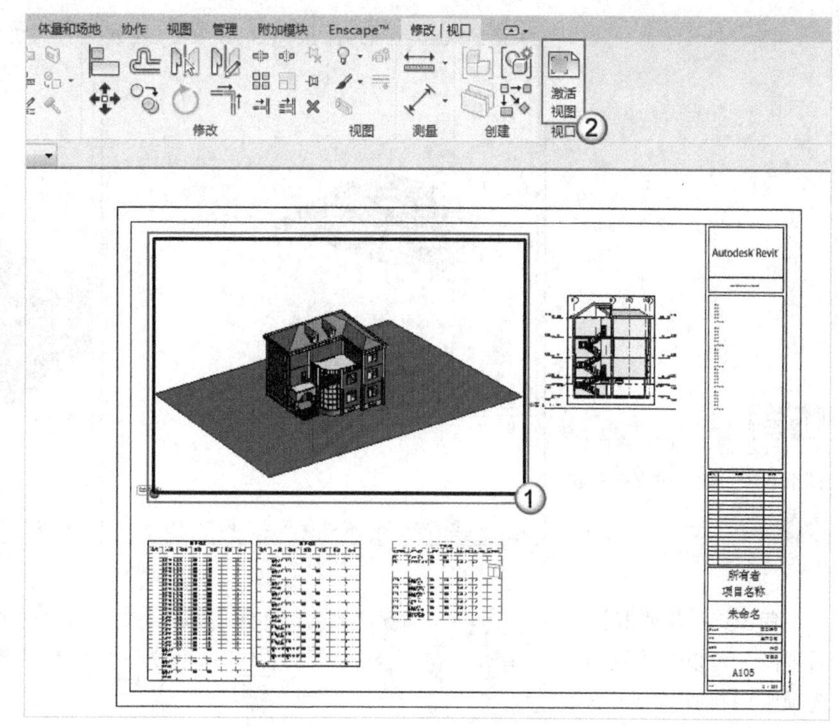

图9-124

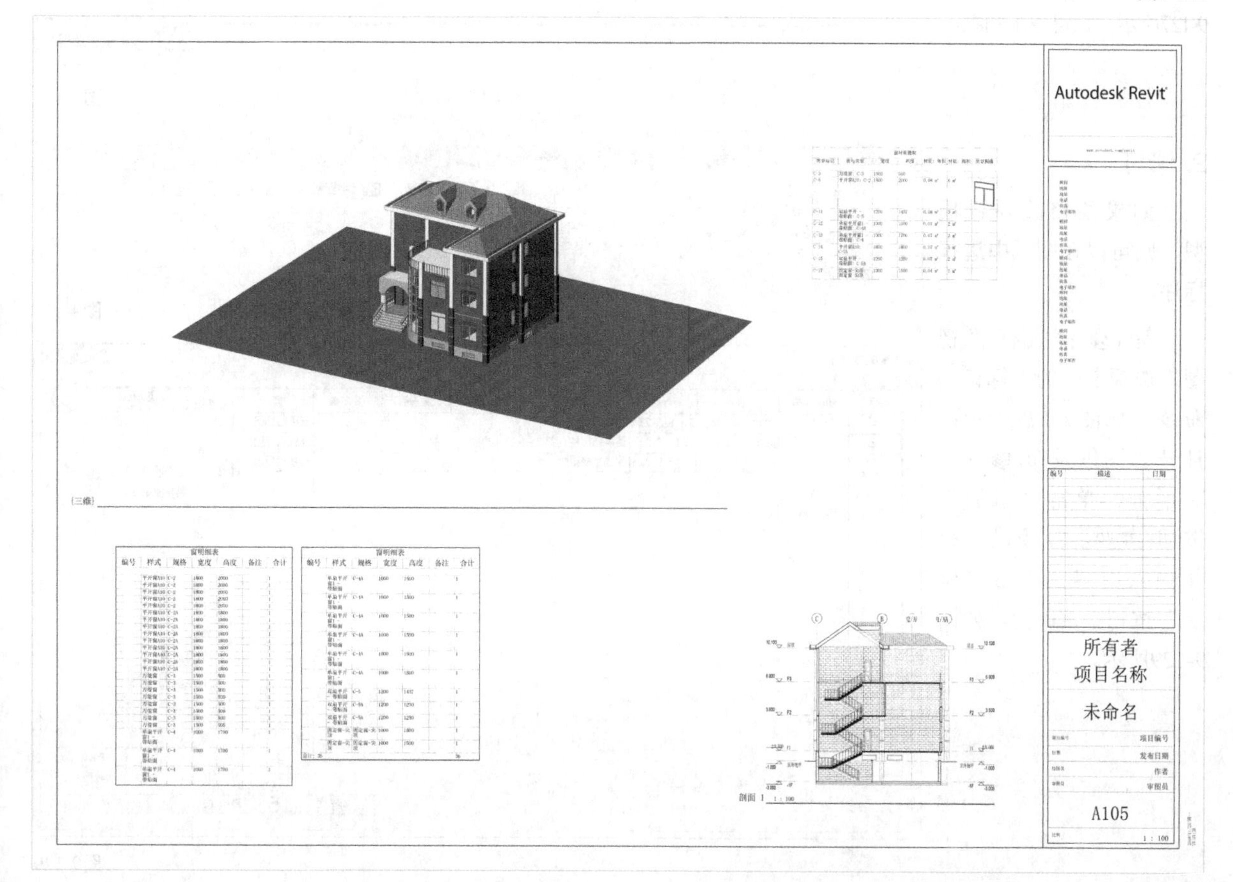

图9-125

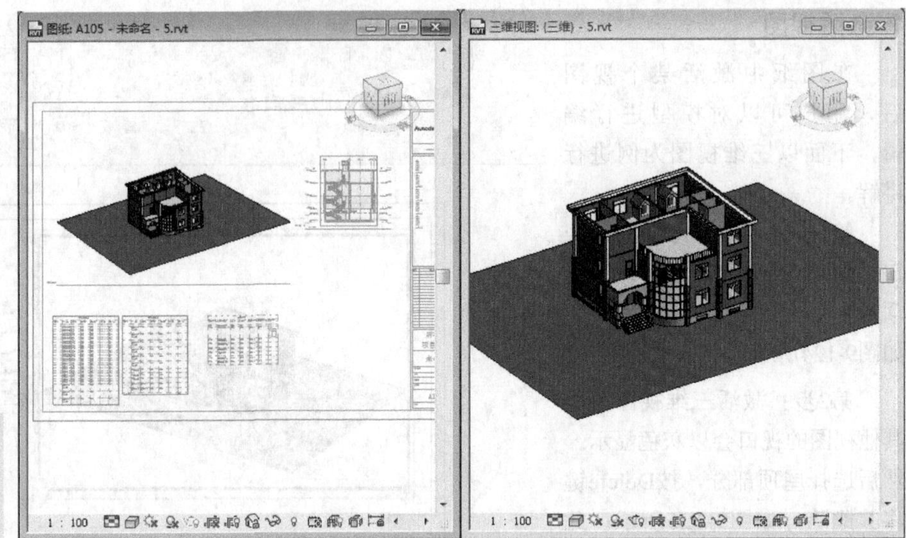

图9-126

提示 同明细表一样，图纸和项目模型也存在关联关系。

第3步：若要取消激活视图，可以在“视图”选项卡中执行“视口>取消激活视图”命令，如图9-127所示；也可双击图纸。

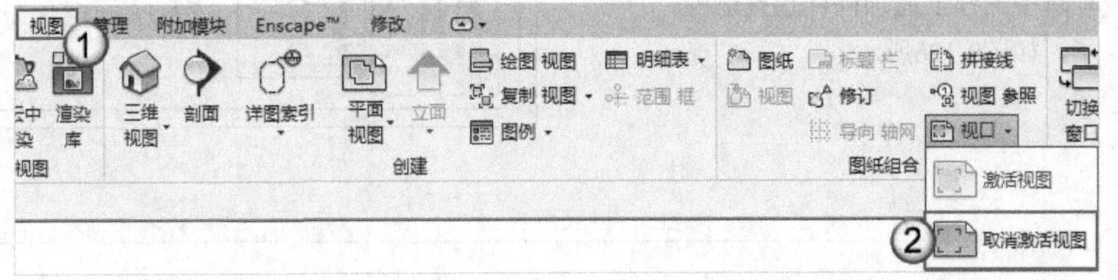

图9-127

2. 修订

如果要修改项目模型，则可以在图纸中进行标注。

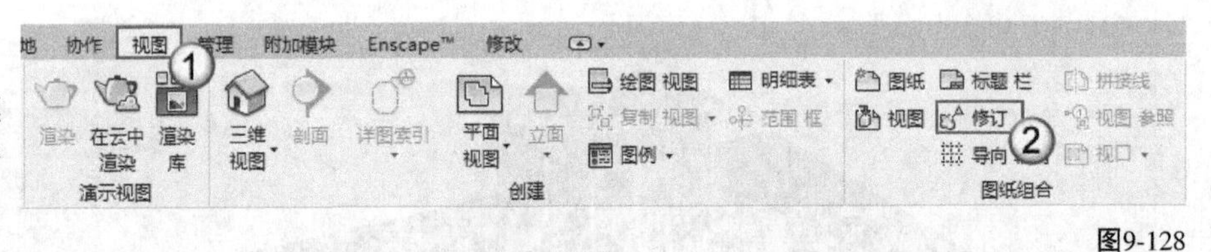

图9-128

第1步：执行“视图”选项卡中的“修订”命令，如图9-128所示；打开“图纸发布/修订”对话框，单击“添加”按钮 添加(A)... ，添加3行并输入内容，单击“确定”按钮 确定 ，如图9-129所示。

图纸发布/修订

序列	修订编号	编号	日期	说明	已发布	发布到	发布者	显示
1	1	数字	2018-8-21	移动墙体				云线和标记
2	2	数字	2018-9-21	更换结构柱				云线和标记
3	3	数字	2018-9-22	保温材料更改				云线和标记

添加(A)
删除(L)
编号
每个项目(R)
每张图纸(H)
行
上移(U)
下移(V)
向上合并(U)
向下合并(D)
编号选项
数字(N)...
字母数字(P)...
弧长(N)
20.0
确定(O)
取消(C)
应用(P)

图9-129

第2步：切换到“注释”选项卡，然后执行“云线 批注”命令，如图9-130所示；接着绘制云图，绘制完成后在选项栏中选择修订序列，如图9-131所示。

第3步：在“注释”选项卡中执行“文字”命令，然后标注云图为“移动墙体”，如图9-132所示。

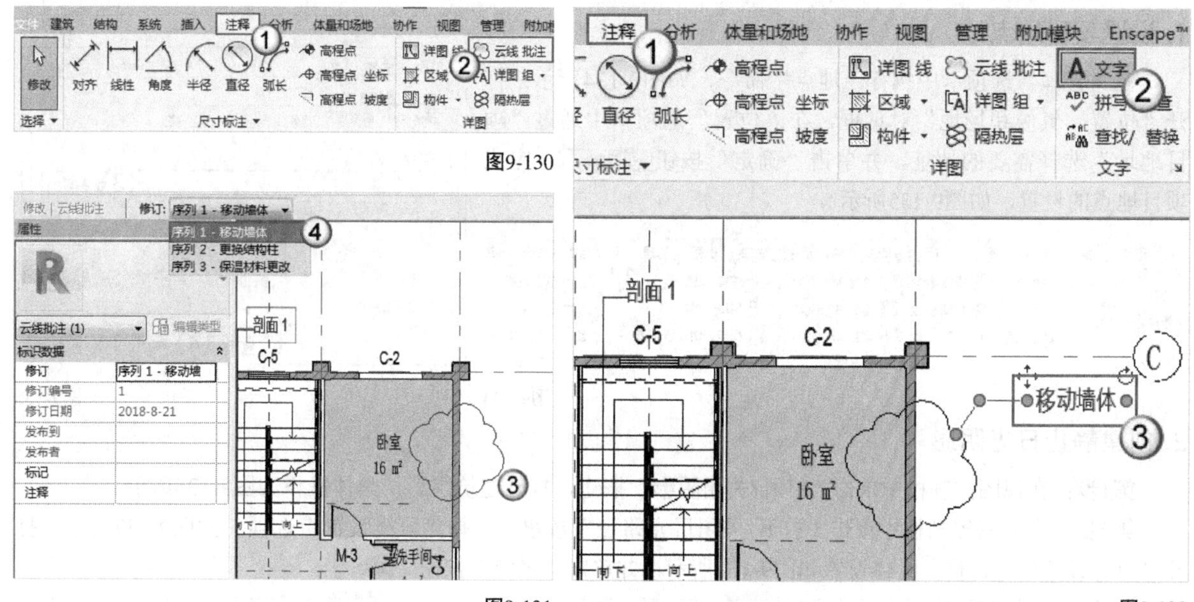

图9-130

图9-131

图9-132

3. 调整明细表

使用鼠标左键按住明细表的控制柄，可对其进行移动、合并或拆分操作，如图9-133所示。

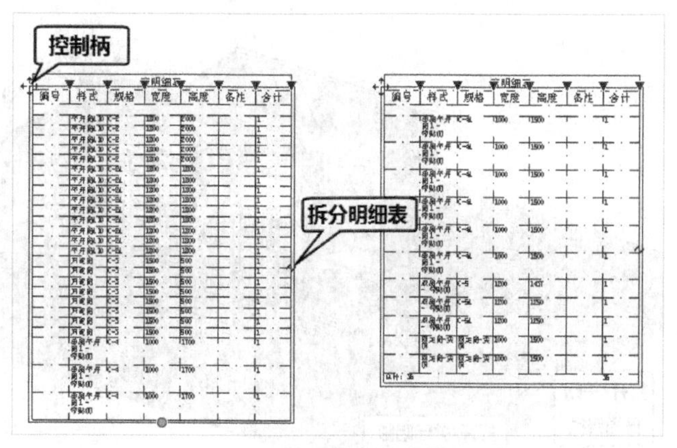

图9-133

9.4 日光和阴影分析

在Revit 2018中用户可以对建筑做简单的日光和阴影分析，本节将进行详细说明。

本节内容介绍

名称	作用	重要程度
静止日光研究	掌握静止日光研究的方法	中
动态日光研究	掌握动态日光研究的方法	中

对于本节内容，读者可以使用学习资源中的“示例文件.rvt”进行学习。

9.4.1 静止日光研究

静止日光的研究比较简单，主要是设置项目地点和创建静止日光阴影。下面介绍具体的步骤。

1. 设置项目地点

在“管理”选项卡中执行“地点”命令，如图9-134所示；打开“位置、气候和场地”对话框，在“位置”选项卡中通过“项目地址”选择需要的地址，并单击“确定”按钮 确定 ，完成项目地点的设置，如图9-135所示。

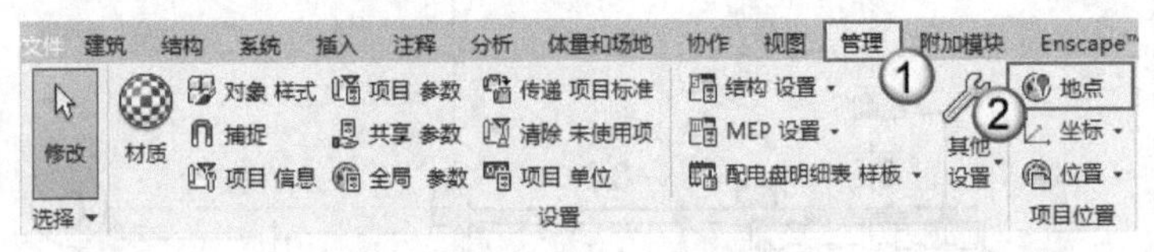

图9-134

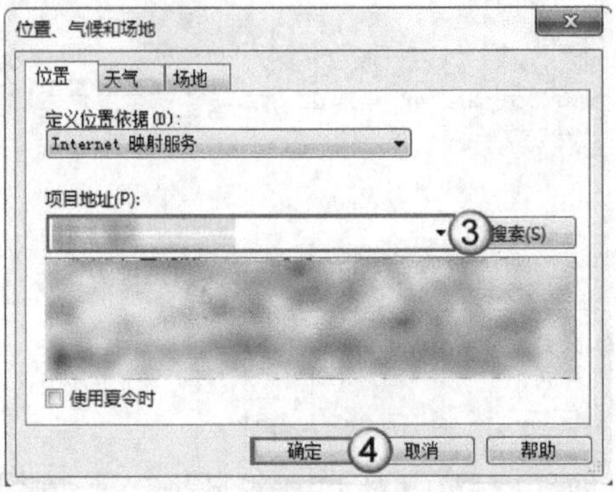

图9-135

2. 创建静止日光阴影

第1步：在视图控制栏中单击“打开/关闭阴影”按钮，打开建筑阴影，具体操作如图9-136所示。

第2步：在视图控制栏中单击“打开/关闭日光路径”按钮，选择“日光设置”选项，如图9-137所示；打开“日光设置”对话框，具体设置如图9-138所示，并单击“确定”按钮 确定 。

图9-136

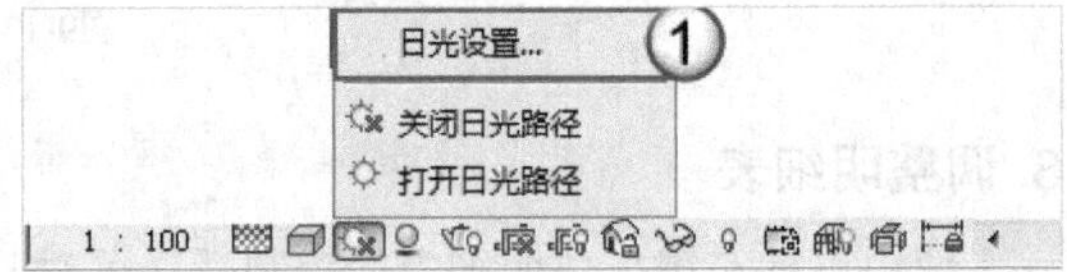

图9-137

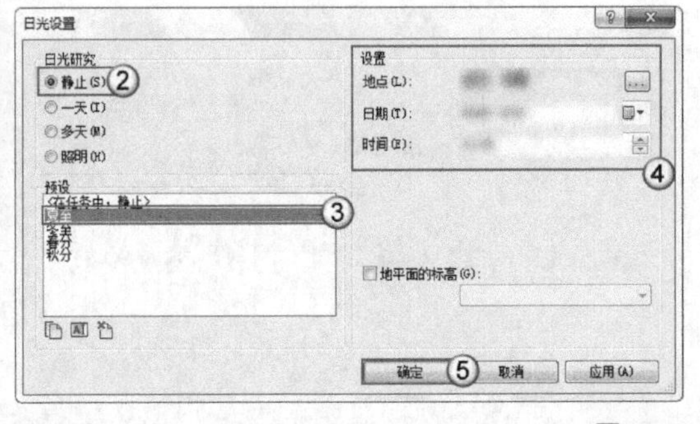

图9-138

提示 “日光设置”对话框中的“照明”选项用于人为地为建筑设置一个点光源，从而进行阴影的研究；右侧“设置”栏中的“方位角”和“仰角”即为点光源的位置依据，如图9-139所示。注意，“照明”和“静止”选项一样，均用于静态的日光阴影研究。

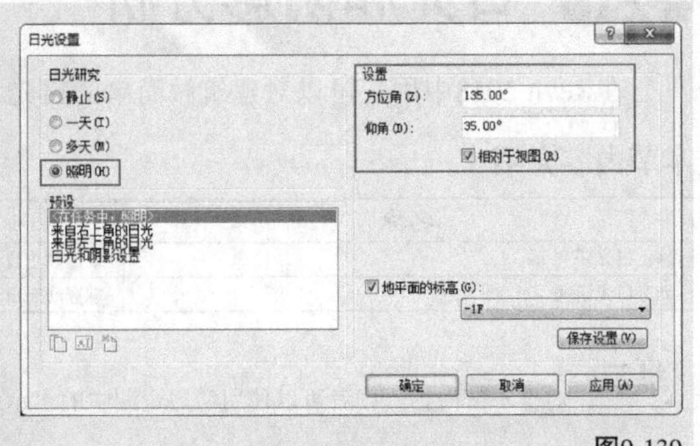

图9-139

第3步：在“项目浏览器”面板中的三维视图上单击鼠标右键，然后选择“作为图像保存到项目中”选项，如图9-140所示；打开“作为图像保存到项目中”对话框，具体设置如图9-141所示（名称、大小和质量），并单击“确定”按钮［确定］；在“项目浏览器”面板中双击“静止日光阴影研究”选项，就可以进入该视图观察静止日光效果，如图9-142所示。

图9-140

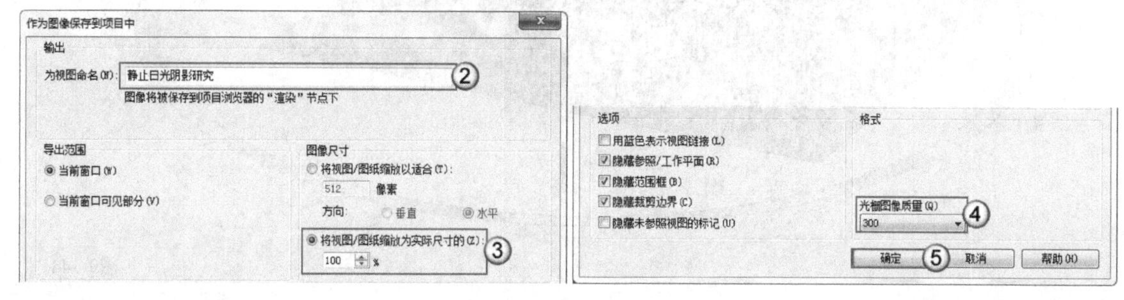

图9-141

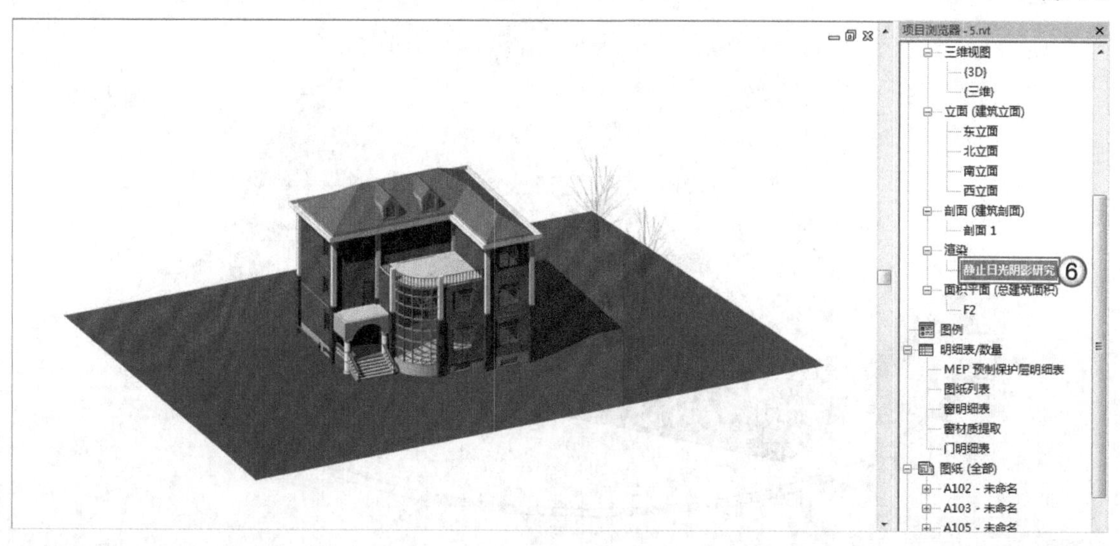

图9-142

9.4.2 动态日光研究

本小节将介绍动态日光的研究方法，具体如下。

1. 打开日光路径

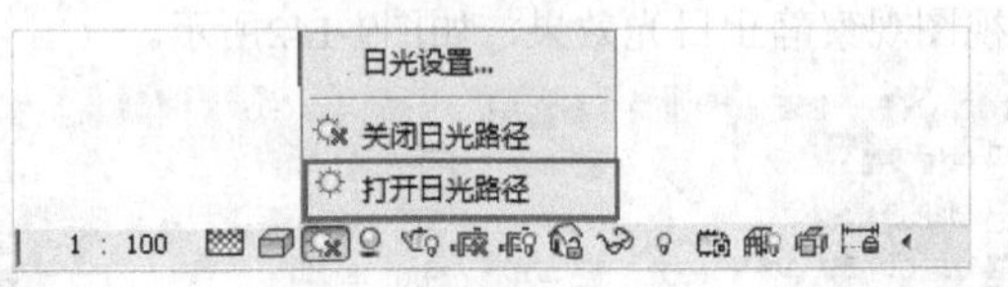

图9-143

第1步：在视图控制栏中单击“打开/关闭日光路径”按钮，选择“打开日光路径”选项，如图9-143所示。

第2步：此时，视口中会出现方位盘和虚拟太阳；对于图中的日期和时间，用户均可单击进入其编辑模式，输入项目需要的时间来进行动态日光的研究，如图9-144所示。用户也可以使用鼠标左键按住虚拟太阳，然后通过移动虚拟太阳来设置大概的时间，如图9-145所示。

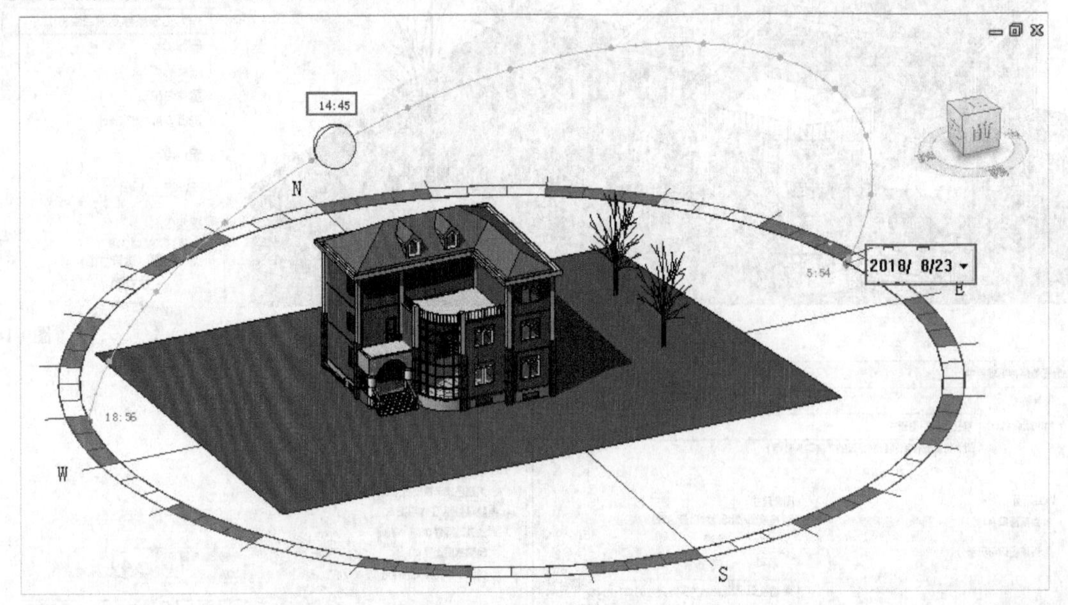

图9-144

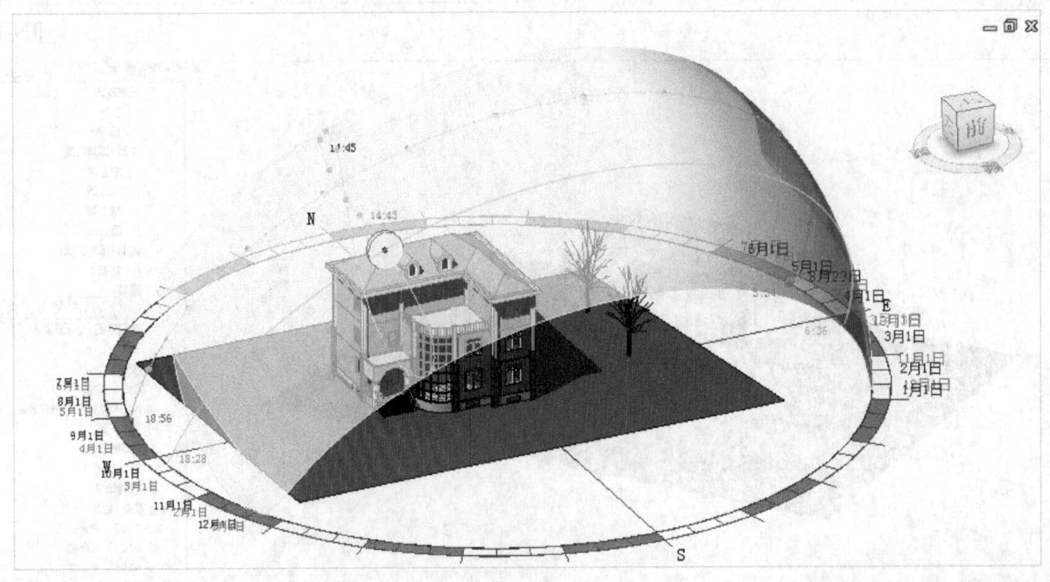

图9-145

2. 创建动态日光阴影

这里以一天的动态日光阴影研究为例进行讲解。

第1步：在视图控制栏中单击“打开/关闭日光路径”按钮，选择“日光设置”选项，如图9-146所示；打开“日光设置”对话框，设置时间和地点等参数，并单击“确定”按钮 确定 ，如图9-147所示。

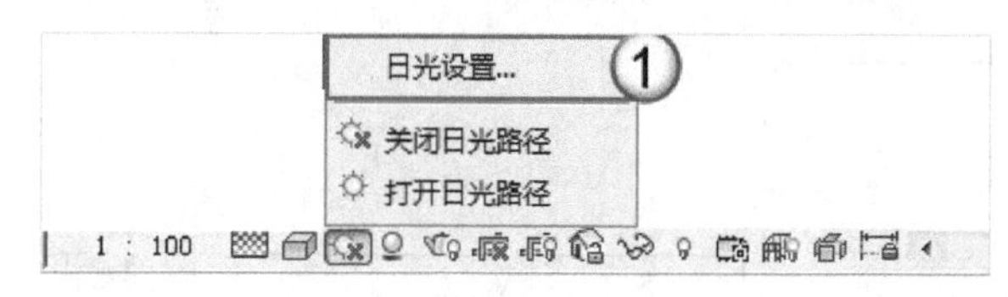

图9-146

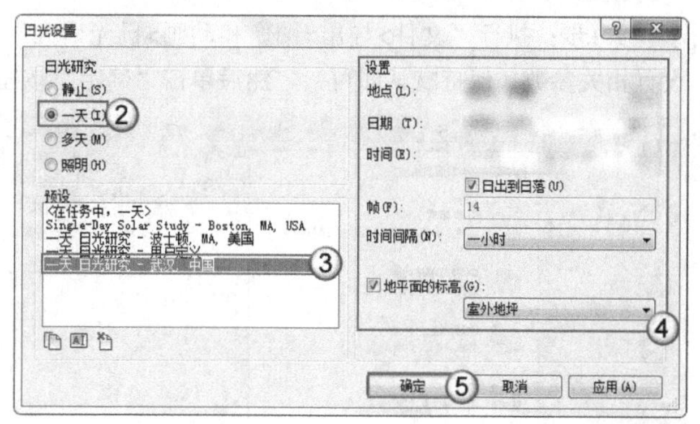

图9-147

第2步：在视图控制栏中单击“打开/关闭日光路径”按钮，选择“日光研究预览”选项，如图9-148所示；此时选项栏将变为播放控制器，单击“播放”按钮 ▶，可以预览动态日光阴影研究的效果，如图9-149所示。

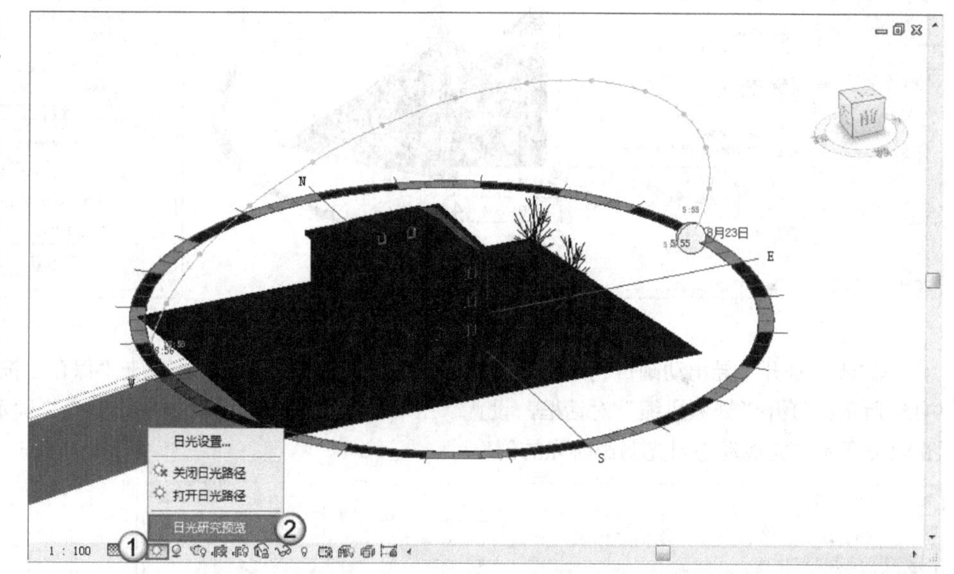

图9-148

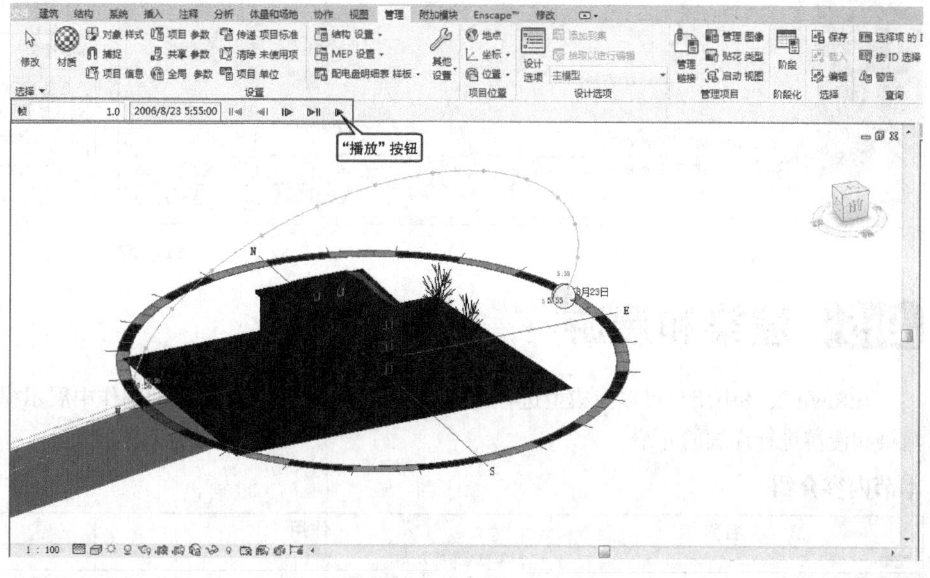

图9-149

3. 导出动态日光阴影

第1步：执行“文件>导出>图像和动画>日光研究”命令，如图9-150所示；打开“长度/格式”对话框，设置相关参数（保持默认即可），然后单击“确定”按钮，如图9-151所示。

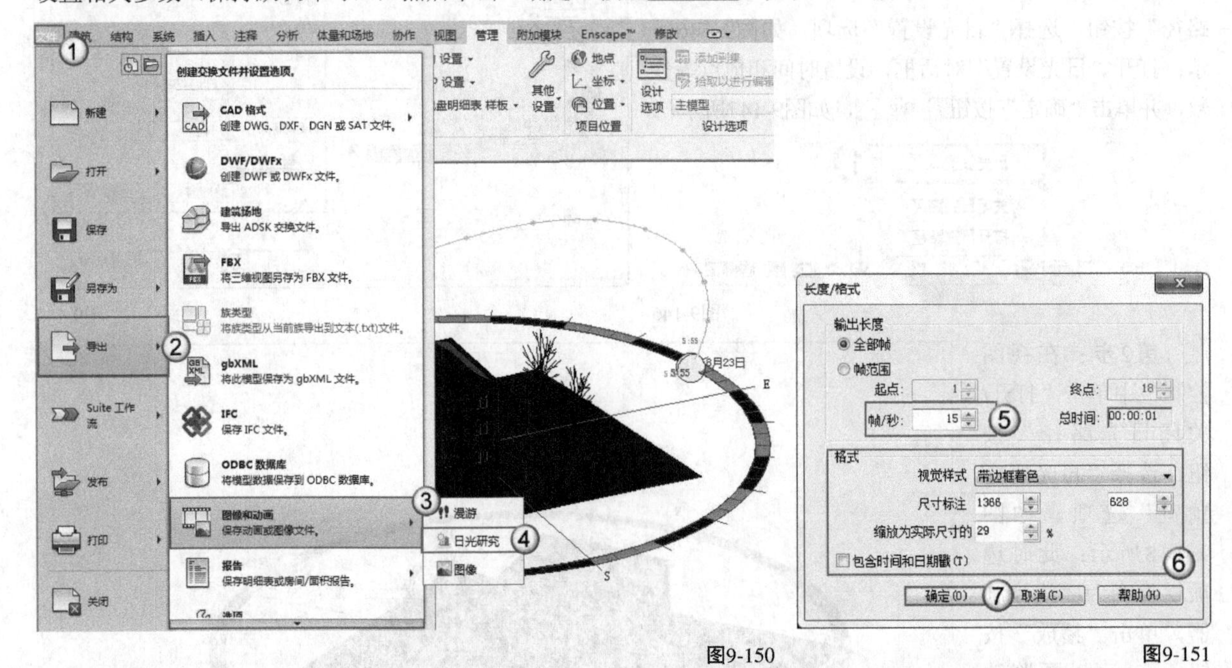

图9-150 图9-151

第2步：打开“导出动画日光研究”对话框，然后设置“文件名”，单击“保存”按钮，如图9-152所示；打开“视频压缩”对话框，设置“压缩程序”和“压缩质量”，单击“确定”按钮，如图9-153所示，完成动态日光阴影研究的创建。

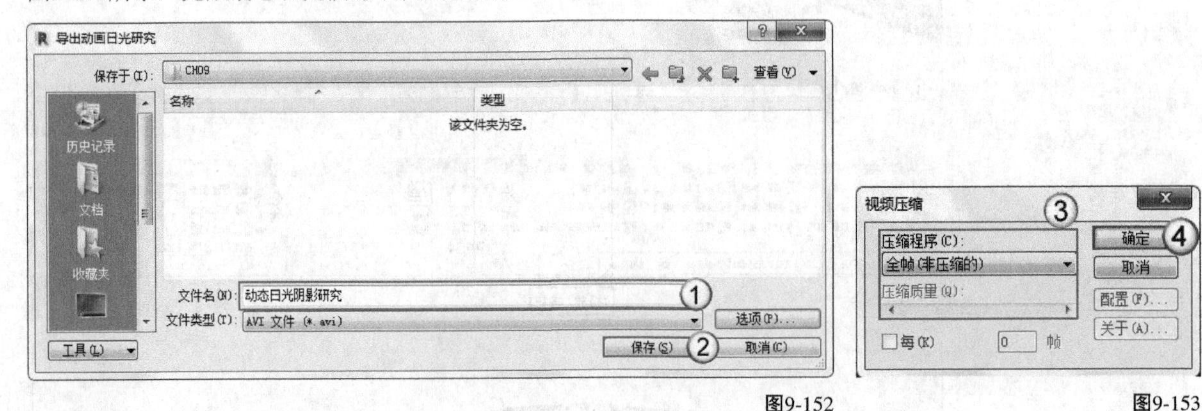

图9-152 图9-153

9.5 渲染和漫游

在Revit 2018中用户可以对模型进行渲染和漫游，以备在模型的后期制作中展示模型整体效果，本节将对渲染和漫游进行详细的介绍。

本节内容介绍

名称	作用	重要程度
渲染	掌握渲染的方法	中
漫游	掌握漫游动画的制作方法	中

9.5.1 渲染

相对于3ds Max和VRay这类三维效果表现软件，Revit的渲染设置要简单许多，在三维视图中，调整好视口，然后设置简单的参数即可渲染出效果图。

1. 设置步骤

本小节以Revit 2018自带的项目为例进行介绍，读者可以使用小别墅的课堂案例文件进行练习。

第1步：切换到三维视图，然后执行“视图”选项卡中的“渲染”命令，如图9-154所示。

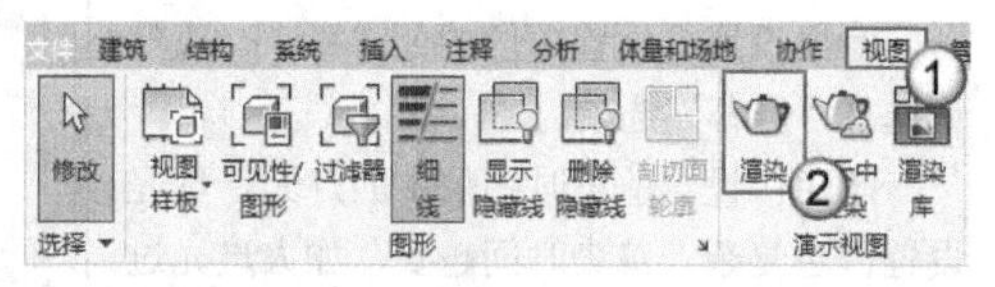

图9-154

第2步：打开“渲染”对话框，然后设置相关参数，并单击“渲染”按钮 渲染(R) ，如图9-155所示；渲染完成后，可将图像保存到项目中或者导出到文件夹中，如图9-156所示，这里单击“保存到项目中”按钮 保存到项目中(V)... ；接着设置保存名称即可，如图9-157所示。

图9-155

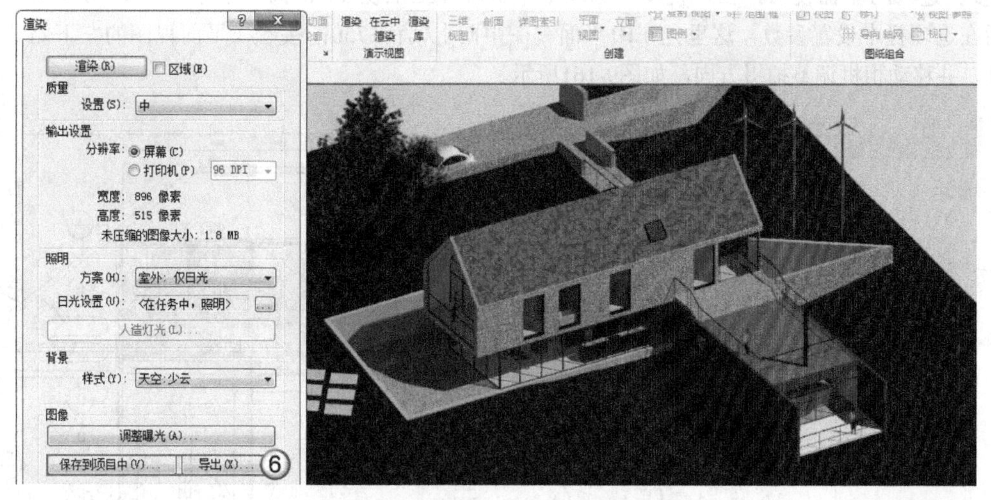

图9-156

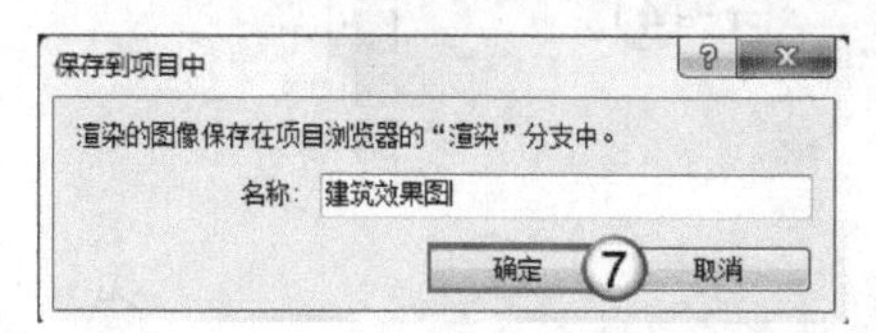

图9-157

2. 渲染参数

Revit 2018的内置渲染参数如图9-158所示。

渲染参数介绍

质量：设置图像的质量，质量越高，渲染所需的时间就越长。

输出设置：设置图像的分辨率，一般默认选择“屏幕”选项。

照明：设置渲染时图像中的灯光，灯光设置得越复杂，渲染时间越长，如人造光过多且布置复杂。

背景：设置渲染时图像的背景，如“天空:少云”。

调整曝光：调整图像的亮度、阴影等，如图9-159所示。

显示模型：在渲染前，其为灰色；开始渲染后视口变为渲染图像，该按钮被激活。用户通过“显示模型”按钮可进行模型与图像之间的切换。

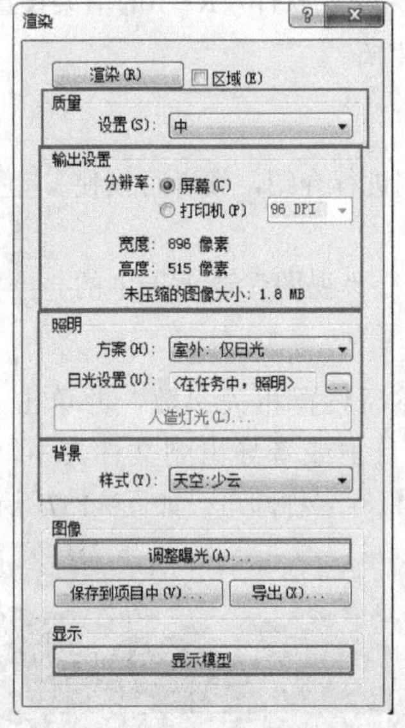

图9-158

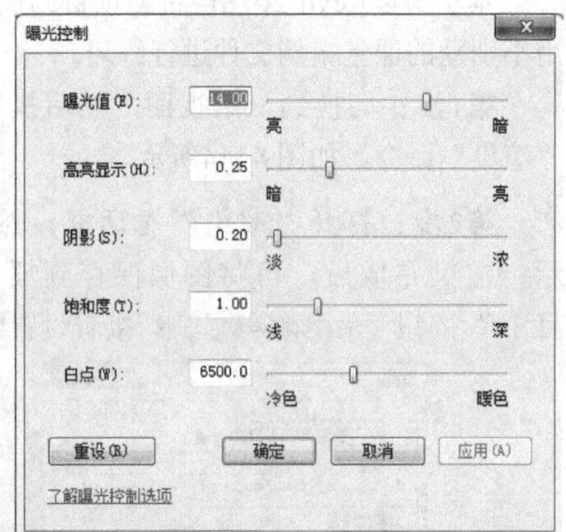

图9-159

9.5.2 漫游

漫游的原理很简单，可以理解为在三维视图中创建一条路径，让相机沿着该路径移动并拍摄模型效果。下面介绍具体的操作方法。

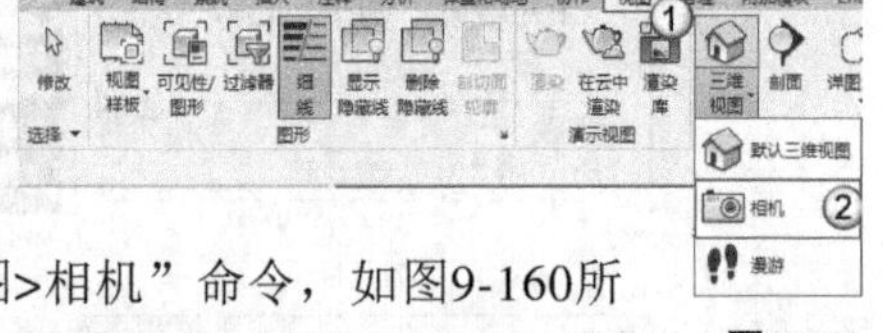

图9-160

1. 创建相机

第1步：进入F1平面视图，在“视图”选项卡中执行“三维视图>相机”命令，如图9-160所示；然后在选项栏中设置参数，这里先在F1平面视图中向上偏移1750；接着在平面视图的左下侧放置相机，并移动相机调整拍摄方向，如图9-161所示。

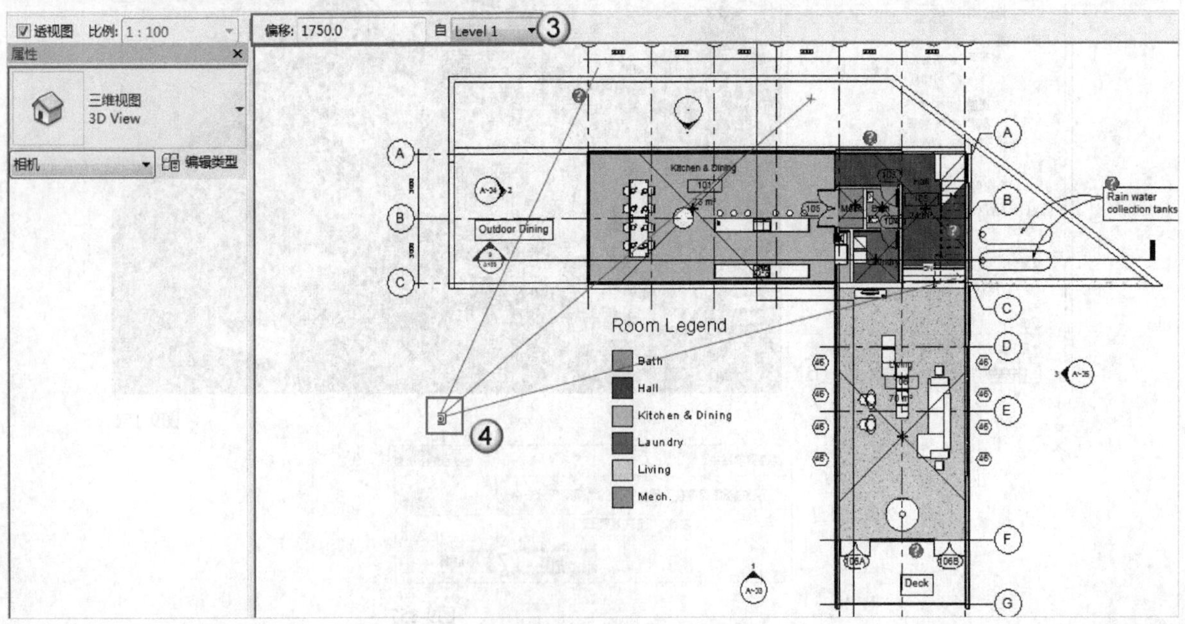

图9-161

第2步：切换到相机的视口，然后在视图控制栏中选择“视觉样式>真实”选项，如图9-162所示。视图效果如图9-163所示。

图9-162

图9-163

2. 创建漫游动画

漫游动画是由多个相机沿着创建的路径移动并拍摄模型形成的动画，每一个节点即为一个相机。

第1步：进入F1平面视图，在“视图”选项卡中执行“三维视图>漫游”命令，如图9-164所示；然后在选项栏中设置相关的漫游参数，如图9-165所示；接着单击平面视图，创建图9-166所示的路径。

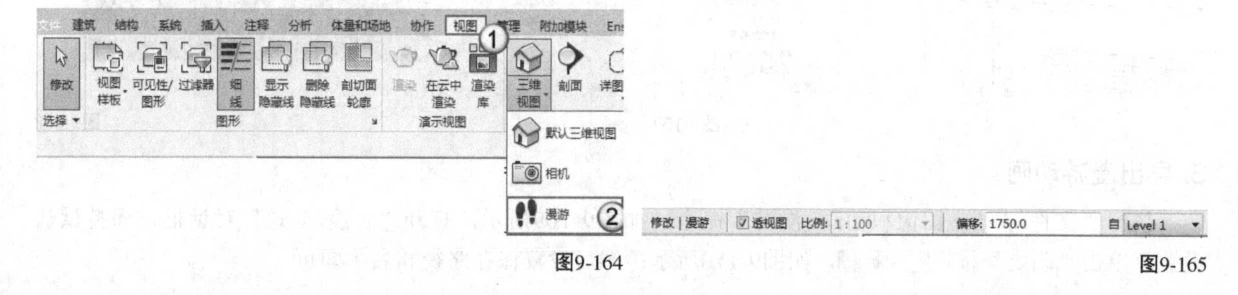

图9-164　　图9-165

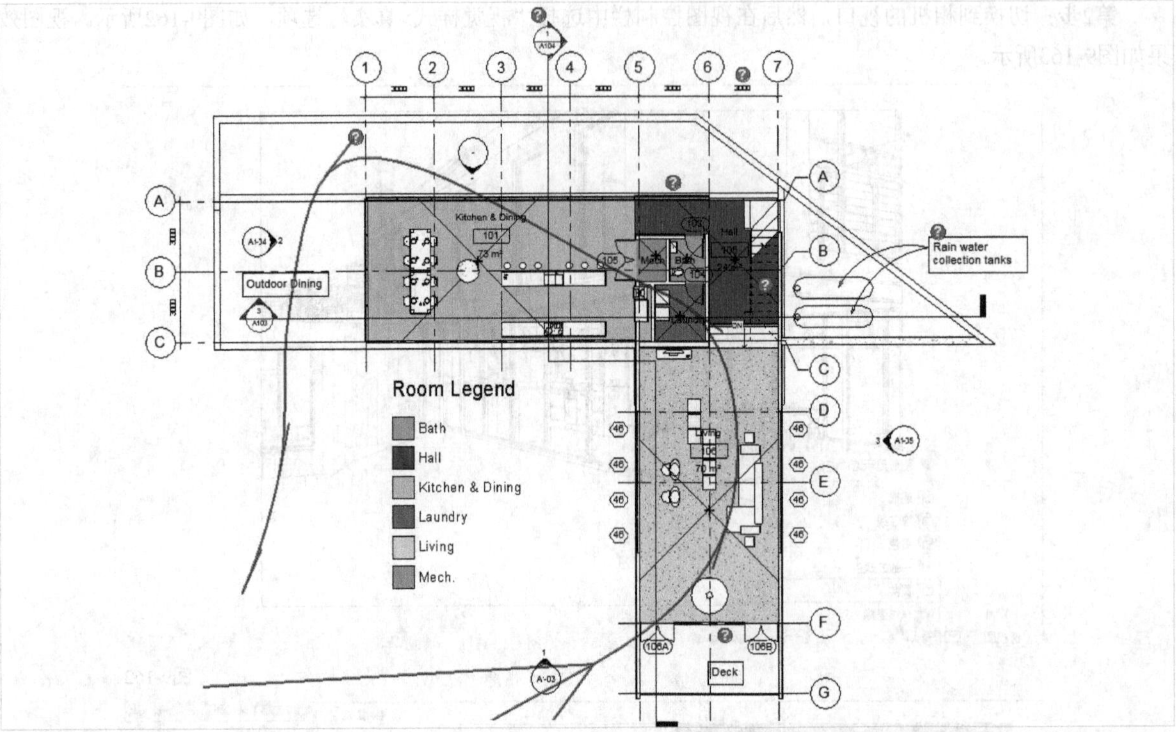

图9-166

提示 创建完成后按Esc键退出即可。

第2步：双击“项目浏览器”面板中的“漫游1”选项，进入漫游视口，选择“修改|相机”选项卡中的“编辑漫游”工具，如图9-167所示。

第3步：在视图控制栏中选择“视觉样式>真实”选项，然后不断选择“上一关键帧”工具，直到返回第1帧；接着选择“播放”工具，预览漫游效果，如图9-168所示。

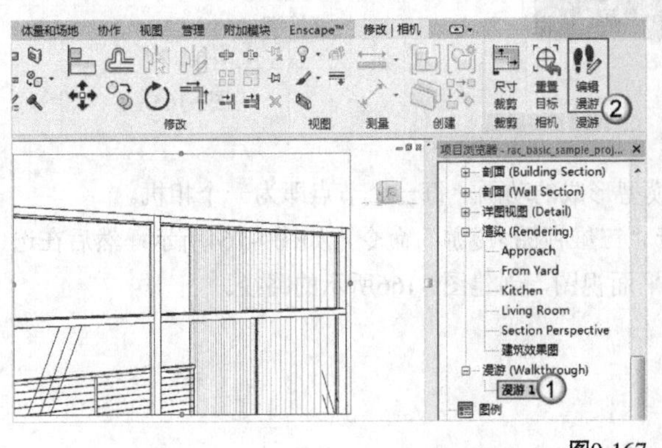

图9-167

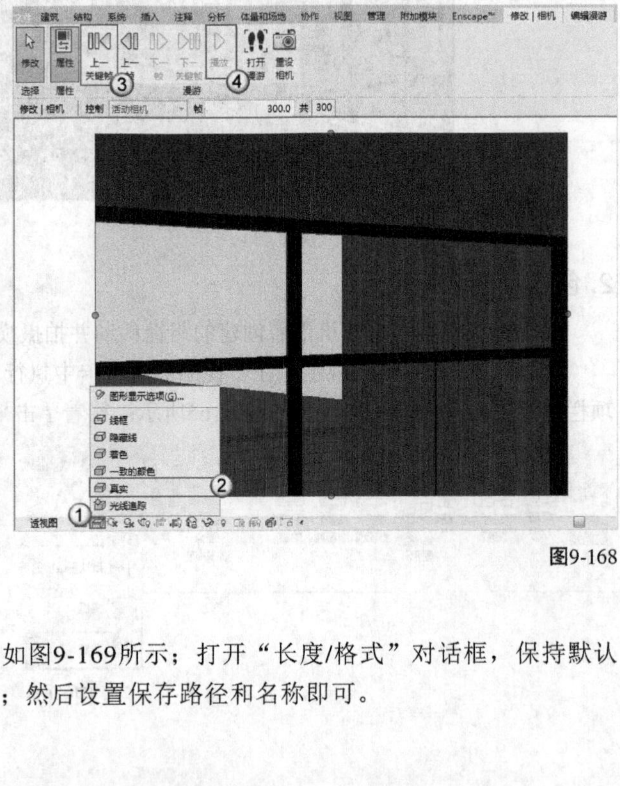

图9-168

3. 导出漫游动画

执行“文件>导出>图像和动画>漫游”命令，如图9-169所示；打开“长度/格式”对话框，保持默认设置，单击“确定”按钮，如图9-170所示；然后设置保存路径和名称即可。

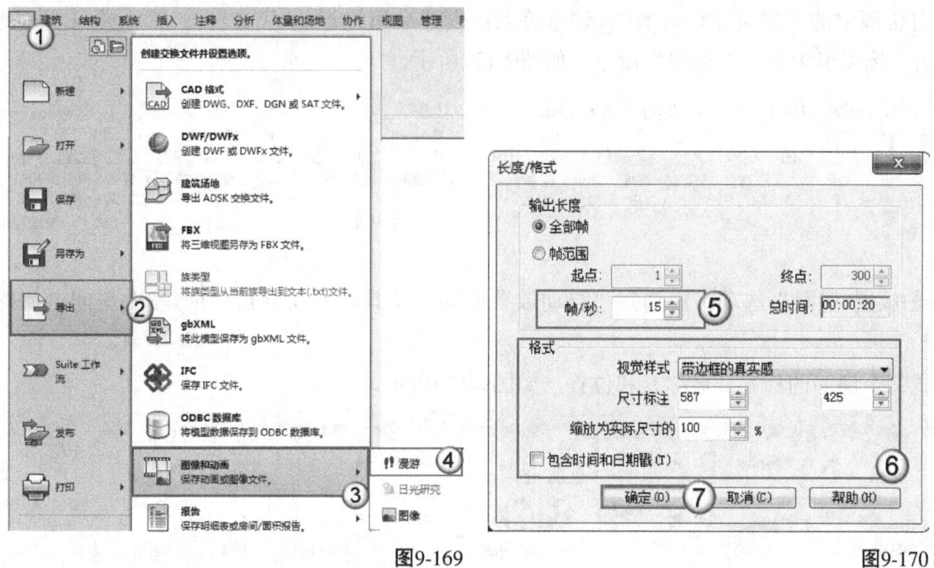

图9-169 图9-170

9.6 课堂练习：创建会所的图纸

实例文件 实例文件>CH09>课堂练习：创建会所的图纸.rvt
视频文件 课堂练习：创建会所的图纸.mp4
学习目标 掌握平面图纸的生成方法

会所的图纸如图9-171所示。

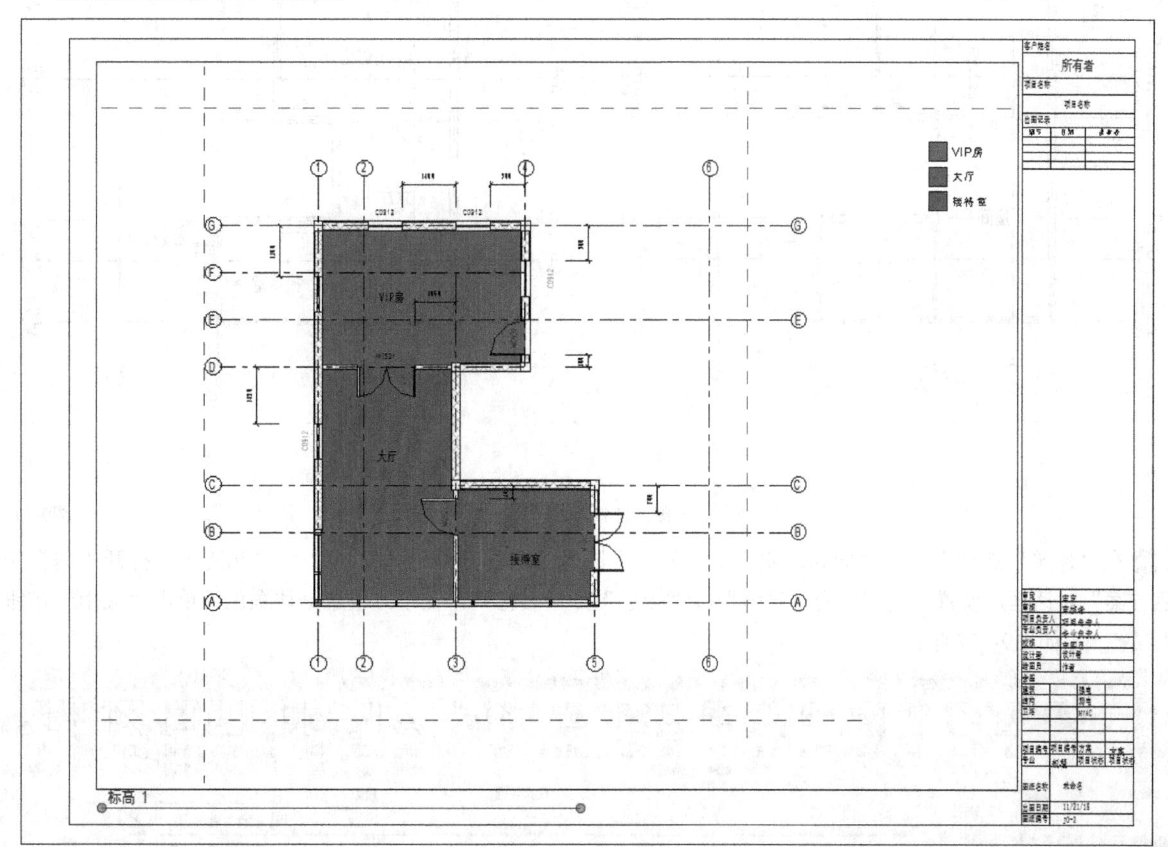

图9-171

01 打开学习资源中的“实例文件>CH08>课堂练习：创建会所地形.rvt”文件，然后进入“标高1”平面视图，在“建筑”选项卡中执行“房间”命令，如图9-172所示。

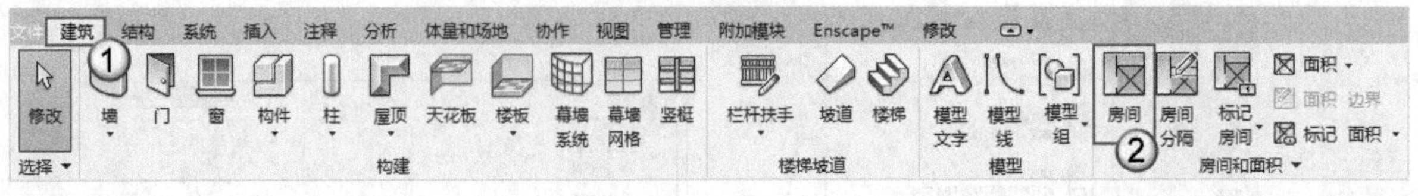

图9-172

02 在“修改|放置 房间”选项卡中选择“自动放置房间”工具，系统会自动创建3个房间，如图9-173和图9-174所示。

03 分别设置每个房间的标签（名称）和位置，如图9-175所示。

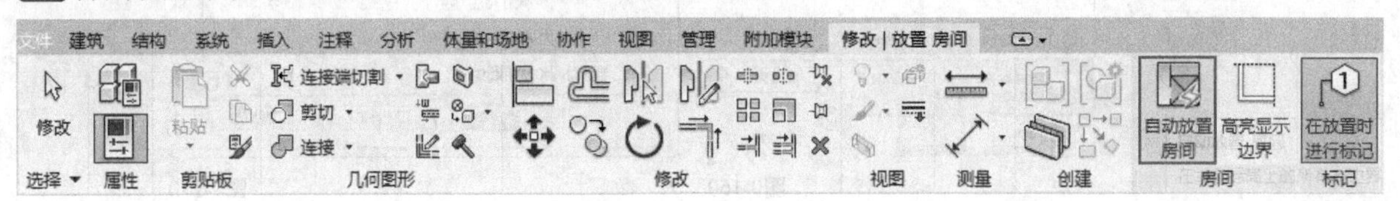

图9-173

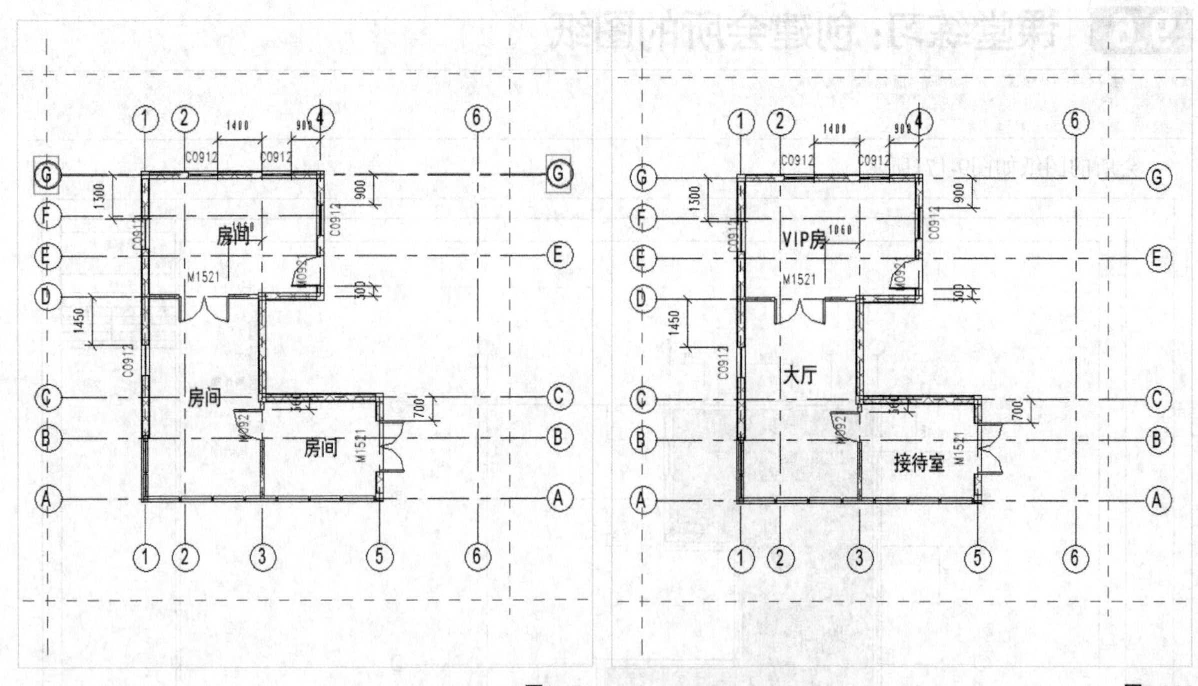

图9-174　图9-175

04 在“建筑”选项卡的“房间和面积”下拉列表中选择“颜色方案”选项，如图9-176所示；打开“编辑颜色方案”对话框，设置“类别”为“房间”、“颜色”为“名称”，在下方设置具体颜色；单击“应用”按钮 应用 ，如图9-177所示。

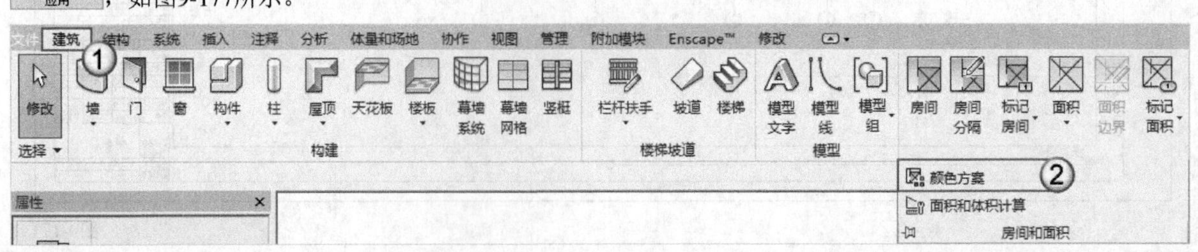

图9-176

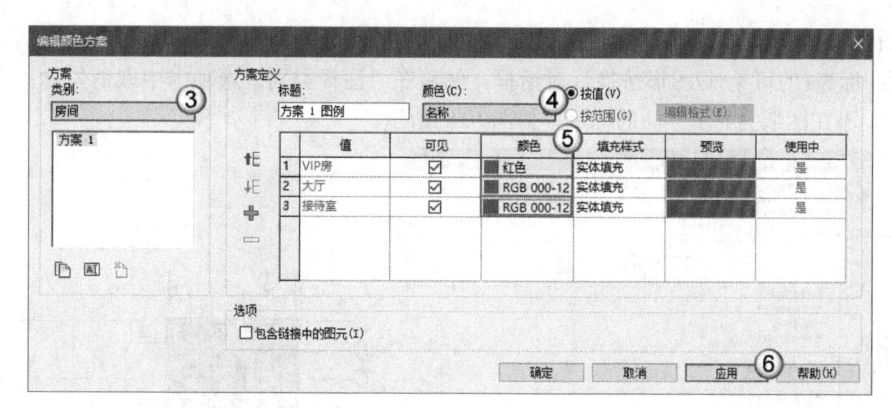

图9-177

05 在“标高1”平面视图的“属性”面板中单击“颜色方案”右侧的 <无> 按钮，打开“编辑颜色方案”对话框；然后设置“类别”为“房间”，选择“方案1”选项，并单击“确定”按钮 确定 ，如图9-178所示。

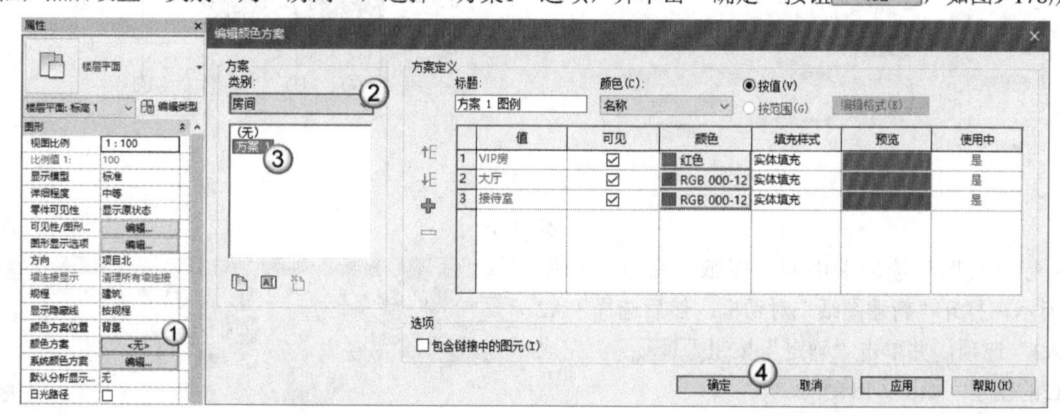

图9-178

06 在“注释”选项卡中执行“颜色填充图例”命令，如图9-179所示；然后在图纸中放置图例，效果如图9-180所示。

图9-179

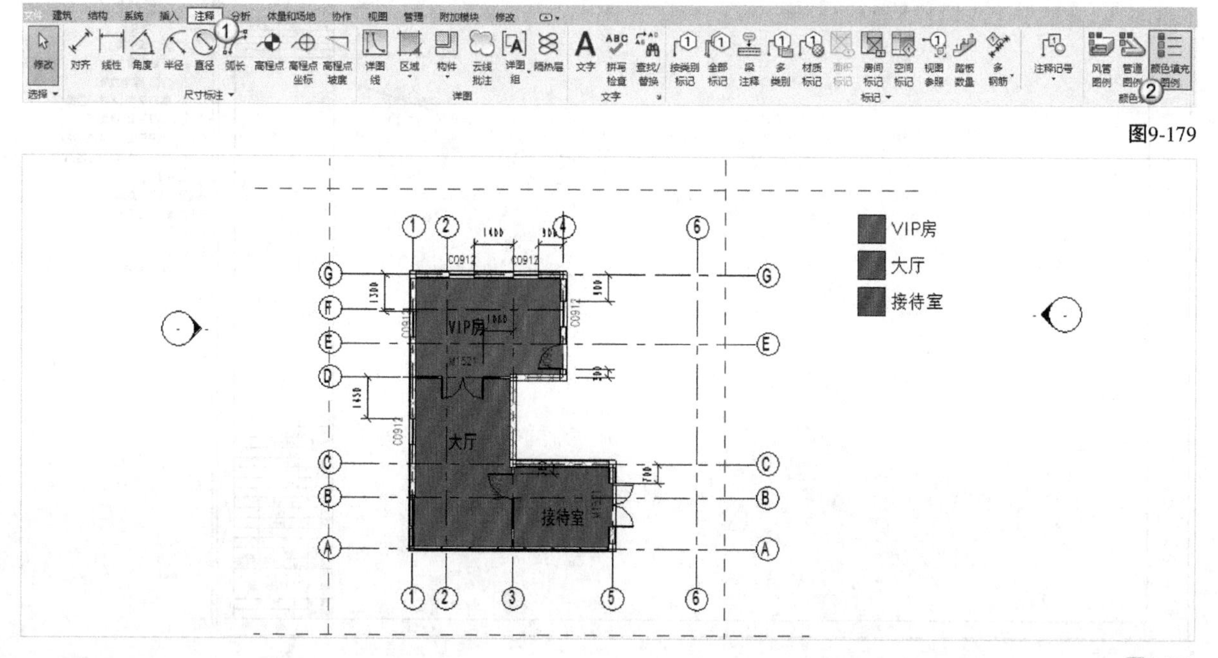

图9-180

07 在“标高1”平面视图的“属性”面板中单击“可见性/图形替换”右侧的“编辑”按钮 编辑... ，打开“楼层平面：标高1的可见性/图形替换”对话框；然后在“注释类别”选项卡中取消勾选“立面”选项，如图9-181所示，不在图纸上显示立面的标示，如图9-182所示。

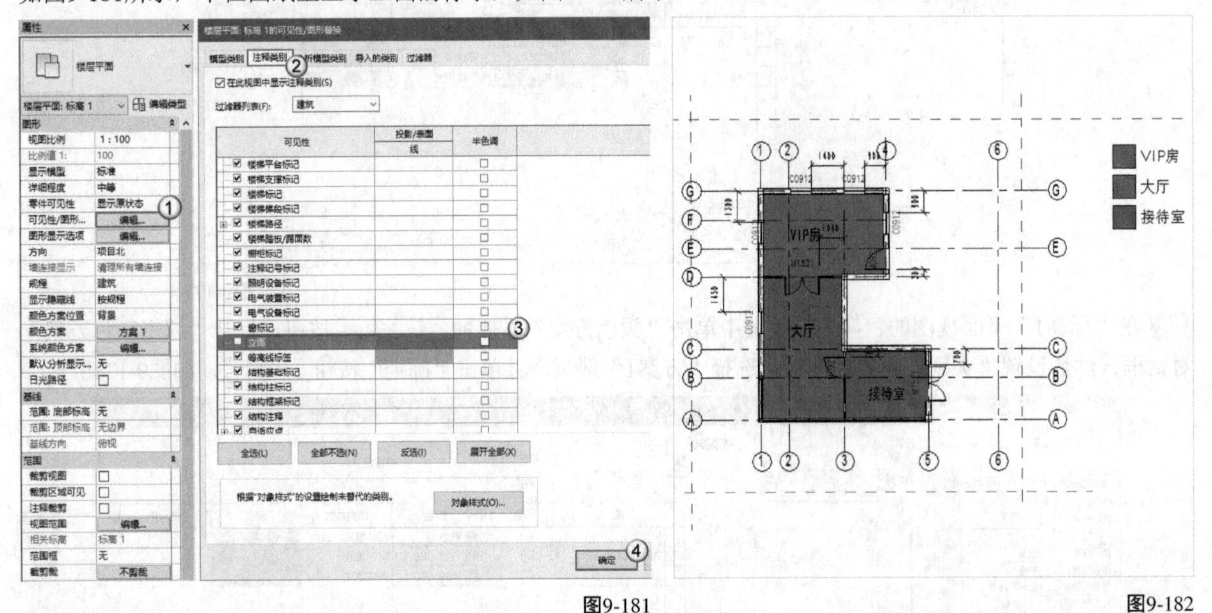

图9-181　　图9-182

08 执行“视图”选项卡中的“图纸”命令，如图9-183所示，打开“新建图纸”对话框；然后选择“A2 公制:A2”选项，并单击“确定”按钮 确定 ，完成图纸A2的创建，如图9-184所示。

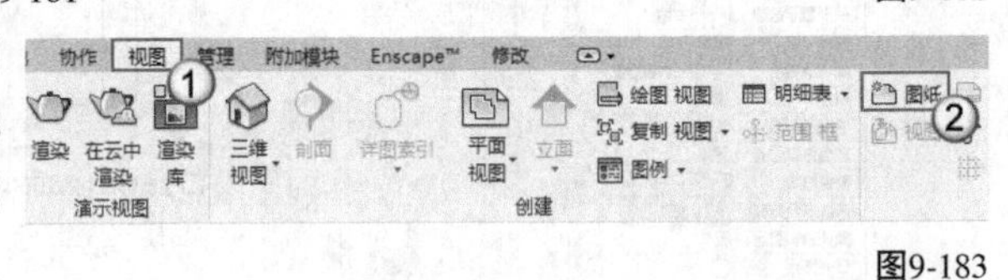

图9-183

图9-184

09 选择“颜色方案”视口，然后在“属性”面板中设置“视图比例”为1：50，将颜色方案的显示比例调大一点，如图9-185所示。

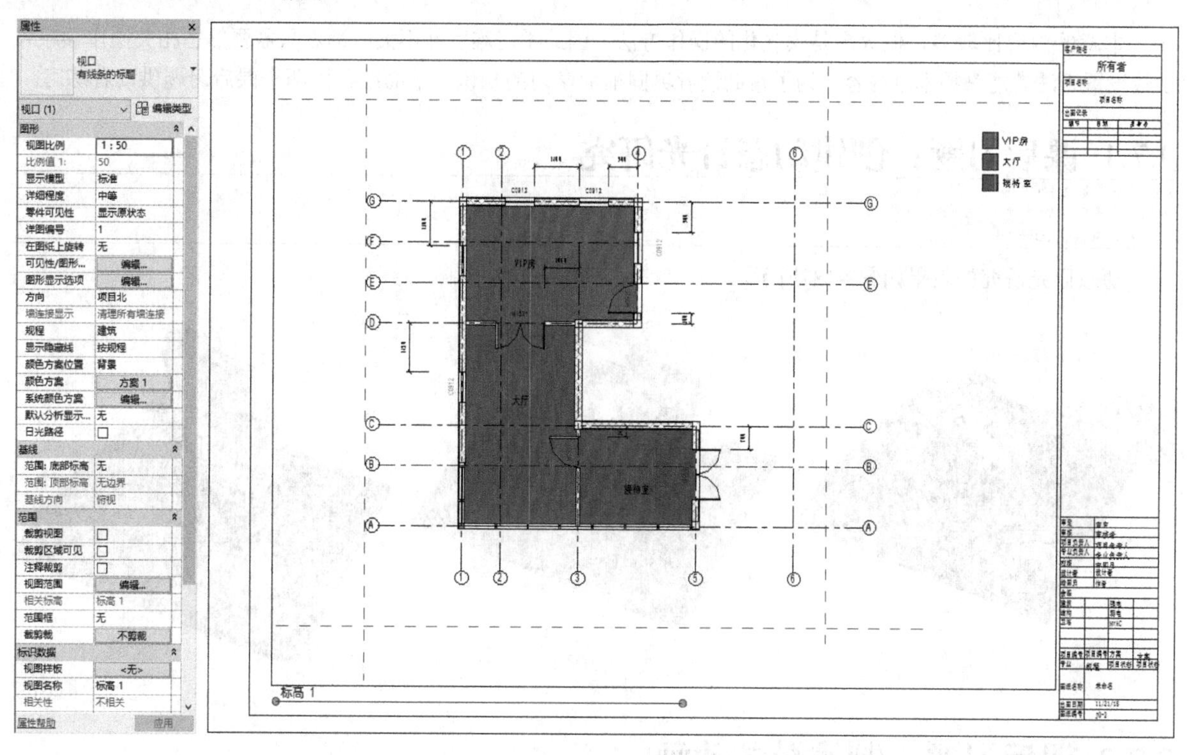

图9-185

读者可以参考渲染中的导出方法将图纸以图像的形式导出，如图9-186所示。

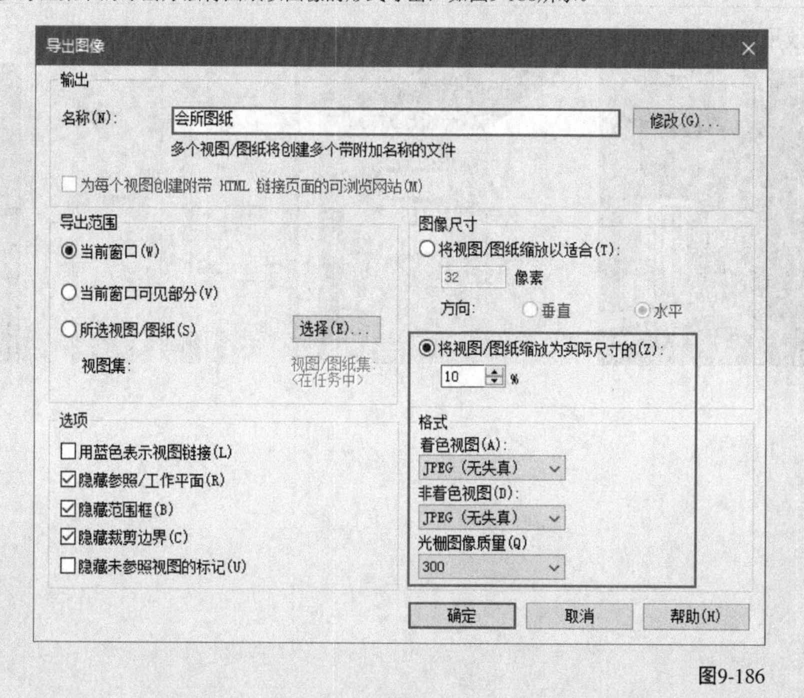

图9-186

9.7 课后习题

本章的内容比较多，但大多是模式化的操作方法，因此学习难度并不大，读者只需要熟悉相关操作顺序和参数设置方法就能掌握本章内容。为了帮助读者巩固前面学习的知识，下面准备了两个课后习题供读者练习。

9.7.1 课后习题：创建动态日光研究

实例文件　实例文件>CH09>课后习题：创建动态日光研究.rvt
视频文件　课后习题：创建动态日光研究.mp4
学习目标　掌握动态日光的研究方法

动态日光研究的效果如图9-187所示。

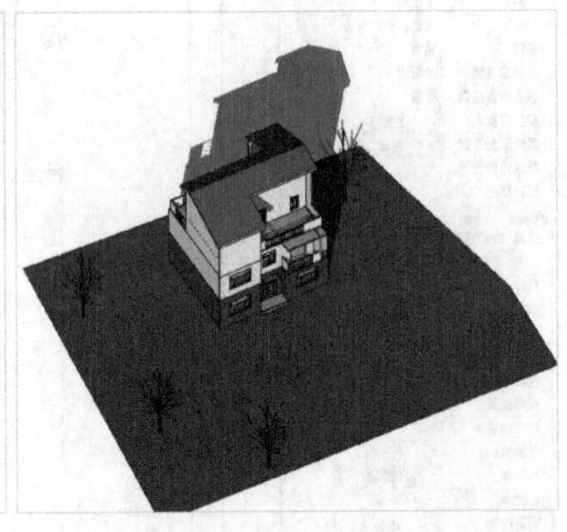

图9-187

9.7.2 课后习题：制作漫游动画

实例文件　实例文件>CH09>课后习题：制作漫游动画.rvt
视频文件　课后习题：制作漫游动画.mp4
学习目标　掌握漫游动画的制作方法

漫游动画的效果如图9-188所示。

图9-188

第10章 部件/零件/体量

本章将介绍Revit 2018中部件、零件和体量的创建方法，并介绍它们各自的作用。通过对本章的学习，读者可以清晰地理解部件、零件和体量的作用。另外，本章还将介绍Revit 2018内建体量的创建方法。

学习目标

- 掌握部件的创建方法
- 掌握零件的创建方法
- 掌握内建体量的创建方法
- 掌握体量的编辑方法

10.1 部件

“创建部件”和“创建零件”工具皆是辅助建模的工具，合理使用这些工具可以提高建模效率。“创建部件”工具可以将多个建筑图元合并为一个建筑部件，进而快速为该部件创建平面图、立面图、剖面图和各类明细表。

本节内容介绍

名称	作用	重要程度
创建部件	掌握部件的创建方法	中
为部件创建平/立/剖面图和各类明细表	掌握生成部件图表的方法	中
移除和添加部件图元	掌握部件图元的移除和添加方法	高
分解部件	掌握将部件分解为单个图元的方法	高
获取视图	掌握从同类部件中获取视图信息的方法	中
成组	理解组与部件之间的区别	中

10.1.1 创建部件

框选一个由基础墩、钢筋网、基础柱和工字钢组成的多图元柱模型，切换到“修改|选择多个”选项卡，然后选择“创建部件”工具，如图10-1所示；打开“新建部件”对话框，设置“类型名称”，如“柱 001”，并单击“确定”按钮 确定，如图10-2所示。此时一个部件就创建完成了，单击部件，整个柱模型都会被选中，也就是说由多个构件组成的模型现在成了一个部件模型，如图10-3所示。

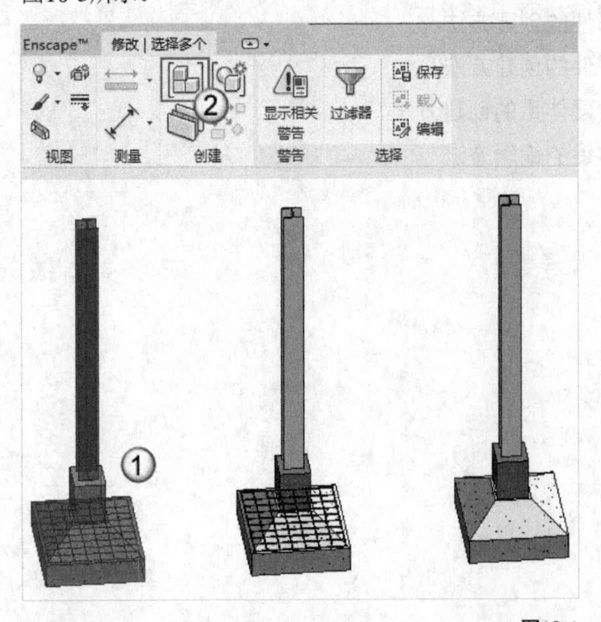

图10-1

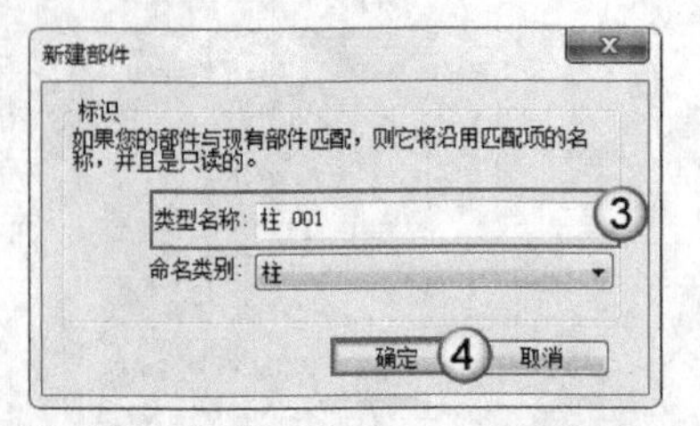

图10-2

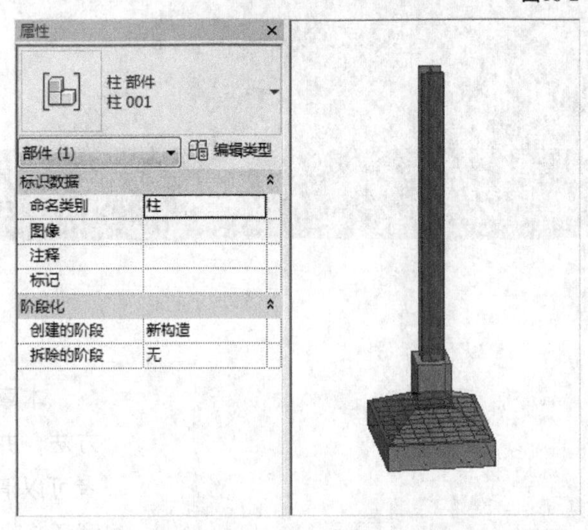

图10-3

10.1.2 为部件创建平/立/剖面图和各类明细表

为部件创建各个视图和明细表，可以对部件信息进行整理，方便用户获取相关信息。

选中柱部件，切换到“修改|部件”选项卡，选择“创建视图”工具，如图10-4所示，打开“创建部件视图”对话框；然后设置比值，如1：20，勾选需要创建的视图，并设置“图纸”为“A2公制”；接着单击“确定”按钮 确定，如图10-5所示。完成后的效果如图10-6所示。

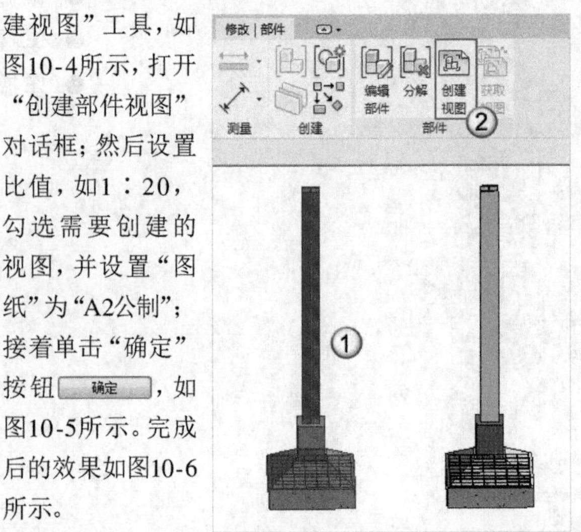

图10-4

图10-5

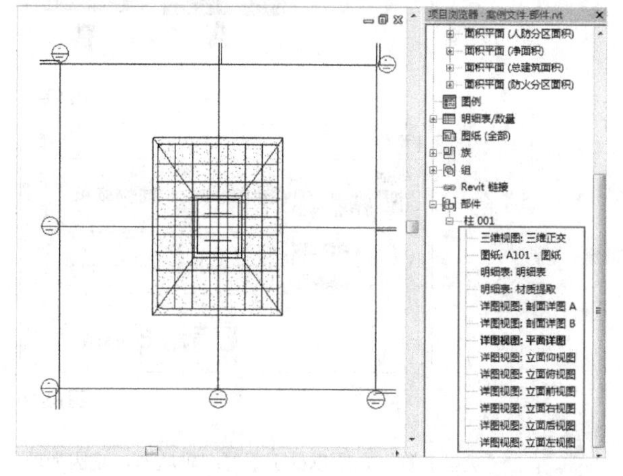

图10-6

10.1.3 移除和添加部件图元

选中柱部件，进入“修改|部件”选项卡，选择“编辑部件”工具，如图10-7所示，将视图窗口切换到部件编辑窗口；然后执行“删除”命令，在视图中选中对应图元，如工字钢图元，并执行“完成”命令，工字钢图元将会从部件中移除，如图10-8所示。完成后的效果如图10-9所示。

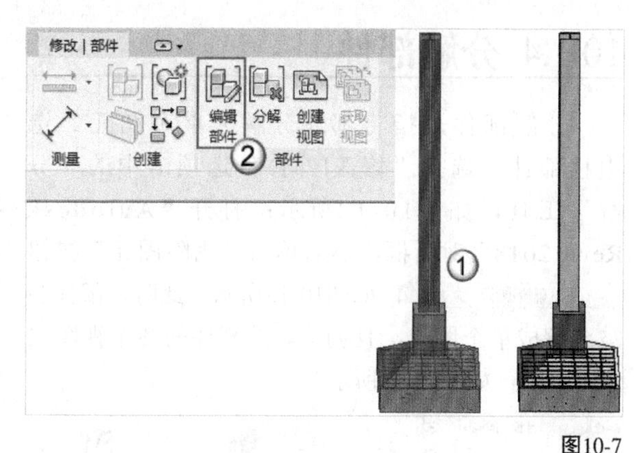

图10-7

图10-8　　图10-9

提示

注意，移除不是删除，移除后工字钢图元依然存在，但是不再属于此部件。

再次进入部件编辑窗口，执行“添加”命令，然后选中工字钢图元，并执行“完成”命令，如图10-10所示；此时工字钢图元又被添加进柱部件中，如图10-11所示。

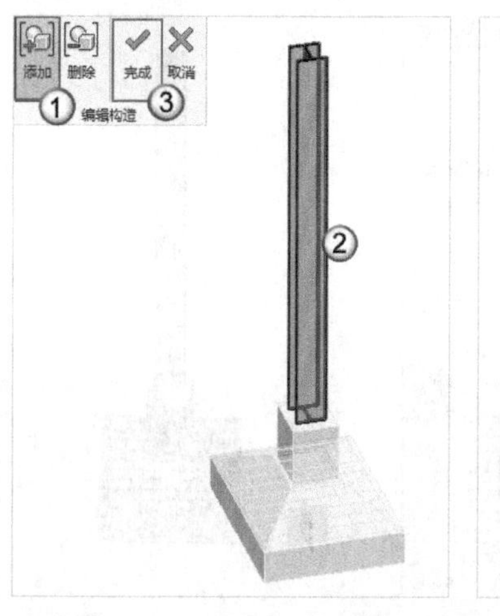

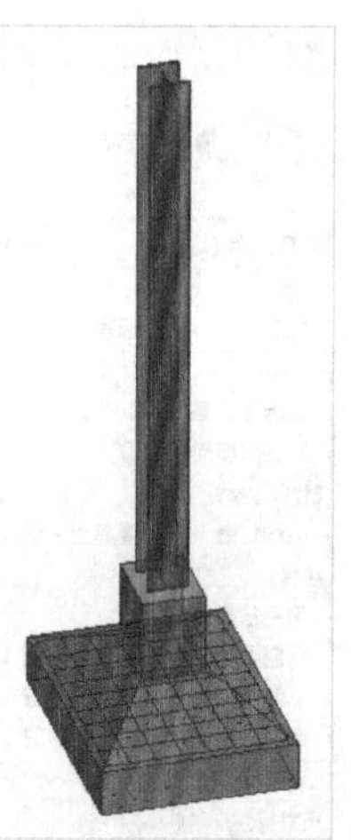

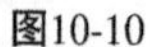

图10-10　　图10-11

10.1.4 分解部件

分解部件是指将部件分解为单个图元。选中柱部件，选择“修改|部件”选项卡中的“分解”工具，如图10-12所示；打开“Autodesk Revit 2018”对话框，然后单击“删除图元”按钮 删除图元 ，如图10-13所示。此时，部件会被分解成单个图元，且创建好的部件的各个视图也会被删除，如图10-14所示。

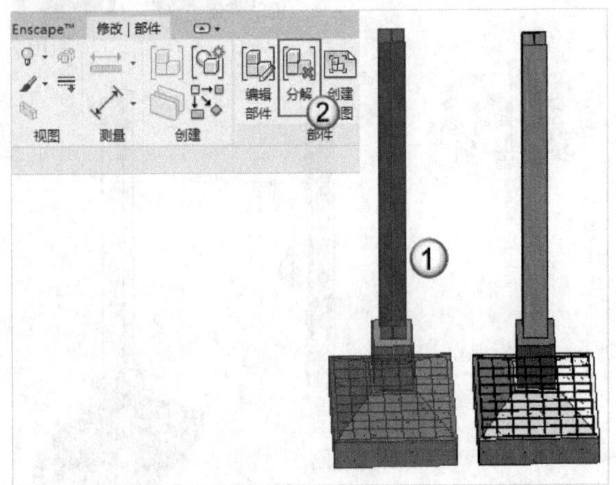

图10-12

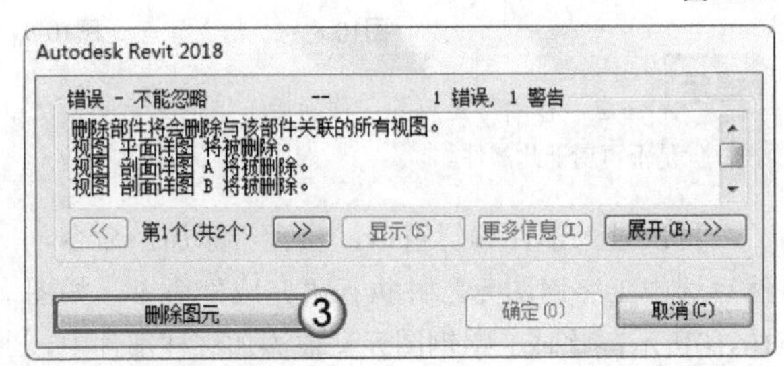

图10-13

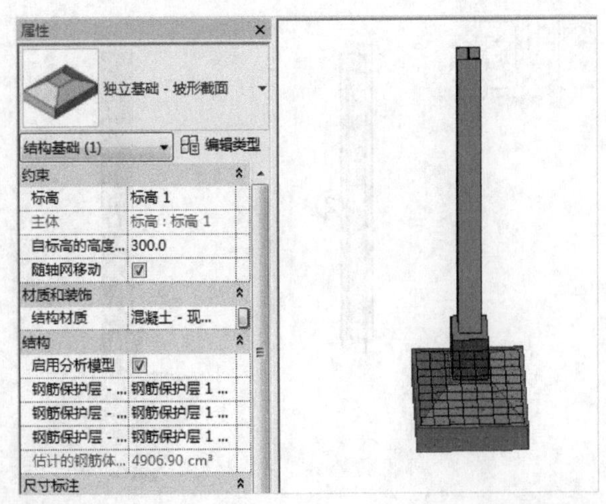

图10-14

10.1.5 获取视图

获取视图是指当项目中有多个相同的部件时，为某一个指定的部件创建了视图，那么它的同类部件会获取该指定部件的视图。

在图10-15中，A柱和B柱的图元相同，现在将B柱创建为部件。框选B柱的所有图元，然后在“修改|选择多个”选项卡中选择“创建部件”工具，弹出“新建部件”对话框，此时“类型名称”处于不可编辑状态，单击“确定”按钮 确定 ，完成B柱部件的创建，如图10-16所示。

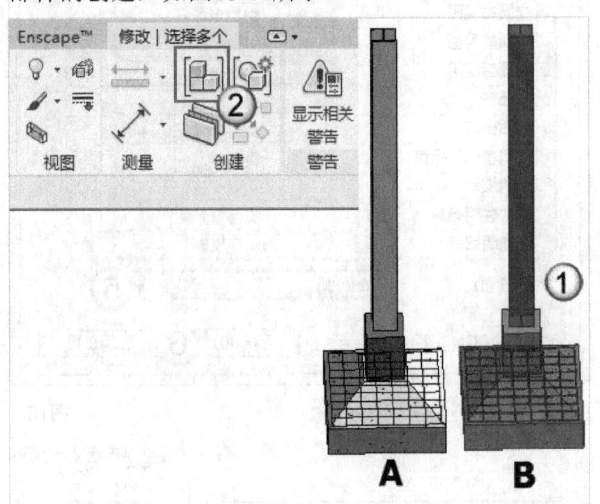

图10-15

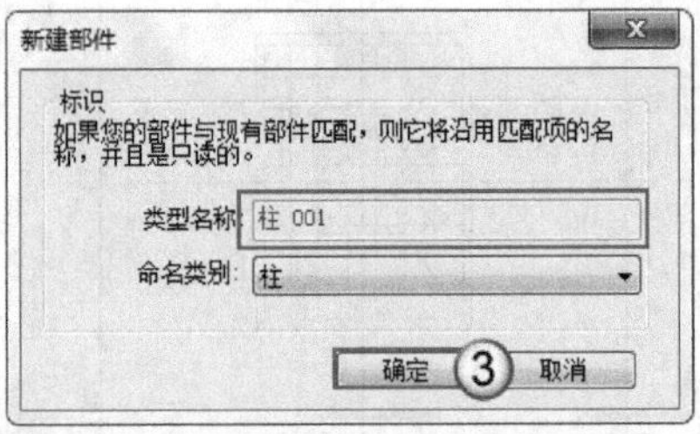

新建部件

标识

如果您的部件与现有部件匹配，则它将沿用匹配项的名称，并且是只读的。

类型名称：柱 001

命名类别：柱

确定 ③ 取消

图10-16

提示

“类型名称”之所以处于不可编辑状态，是因为项目中图元组成相同的部件不允许有多个类型名称。

选中B柱部件，然后选择“修改|部件”选项卡中的“获取视图”工具，如图10-17所示。这时可以发现，为A柱部件创建的视图均转移给了B柱部件。

提示

此时若删除A柱部件，系统不会打开删除部件视图的对话框。

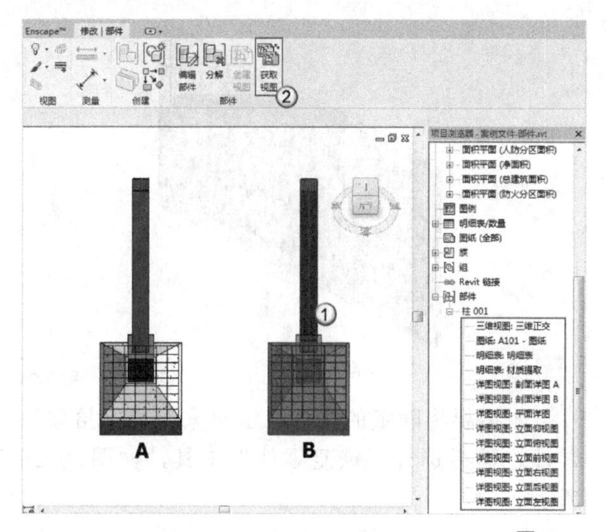

图10-17

10.1.6 成组

在图10-18中，框选C、D柱，此时C、D柱为未创建为部件的普通柱模型，切换到“修改|选择多个”选项卡，选择“创建组”工具，打开“创建模型组”对话框，然后设置“名称”，并单击“确定”按钮，如图10-19所示。

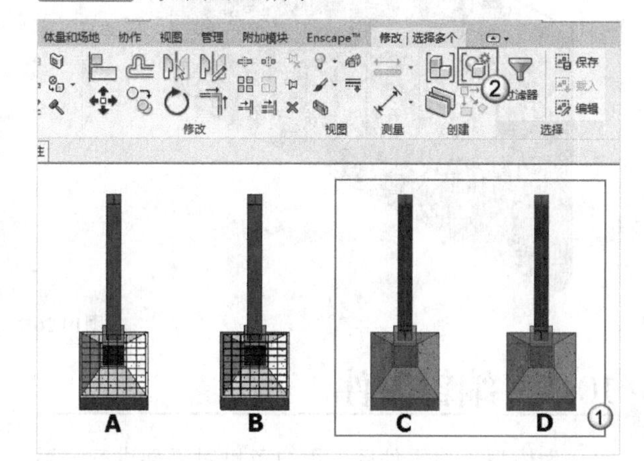

图10-18

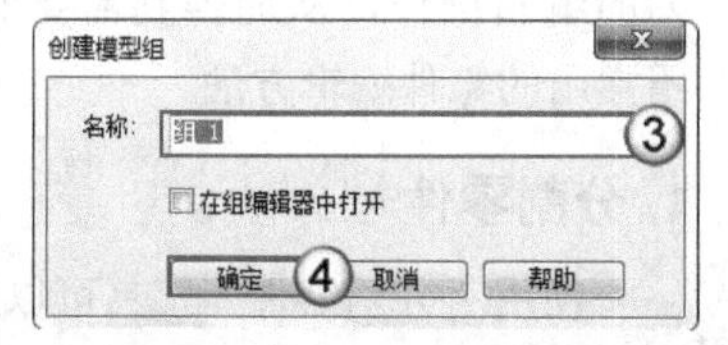

图10-19

完成组的创建后，选中“组 1”，“修改|模型组”选择卡的“成组”工具组中包含“编辑组”和“解组”等工具，如图10-20所示。用户可以根据需求选择对应的工具进行操作。

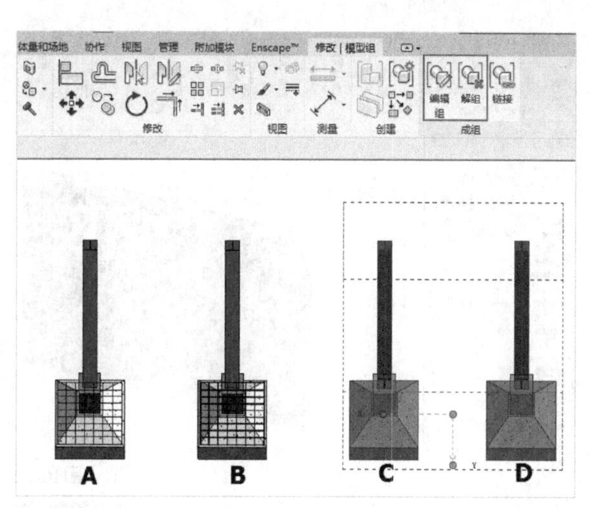

图10-20

提示 组和部件是有区别的，具体如下，请读者不要混淆二者。

部件：相同部件是相互独立的，编辑其中的一个部件，其他部件不会受到影响。另外，部件还可以创建部件明细表。

组：组中的各个相同图元是相互关联的，编辑组中的任意图元，其他相同图元会发生相应变化。另外，组不可以创建组明细表。

10.2 零件的创建

对于个别构件，我们可以为其创建零件，并对零件进行编辑，从而将零件用于构建模型。

本节内容介绍

名称	作用	重要程度
创建零件	掌握零件的创建方法	中
排除零件	掌握隐藏零件的方法	中
编辑零件	掌握零件的分割、造型和合并方法	高

10.2.1 创建零件

选中模型，这里以图10-21所示的复合墙体为例进行介绍，进入“修改|墙”选项卡，选择“创建零件”工具，如图10-22所示，完成复合墙体零件的创建，如图10-23所示。创建零件后，复合墙体的各个墙层被分解为零件。

图10-21

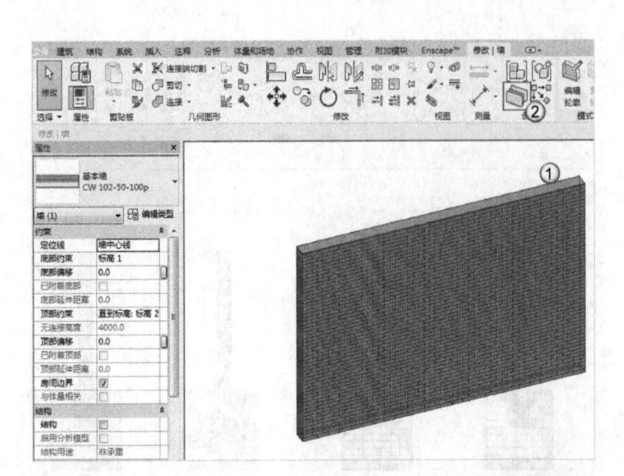

图10-22

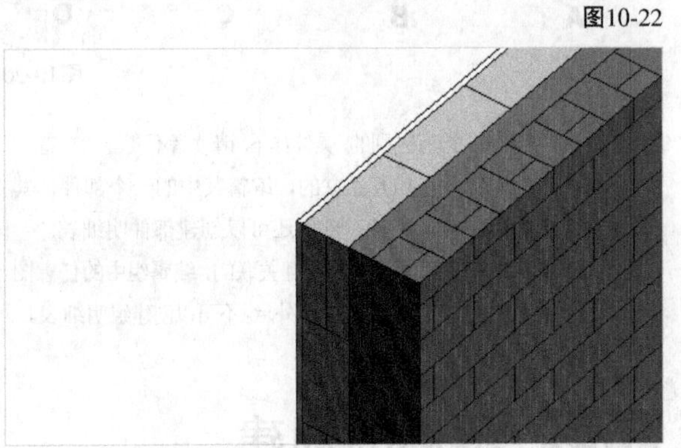

图10-23

10.2.2 排除零件

使用“排除零件”工具可以对零件进行隐藏。注意，隐藏不是删除，也就是说图元仍然存在于项目中。

选中复合墙体外侧的饰面砖零件，然后选择“排除零件”工具，如图10-24所示。此时，复合墙体外侧的饰面砖零件不再显示，效果如图10-25所示。

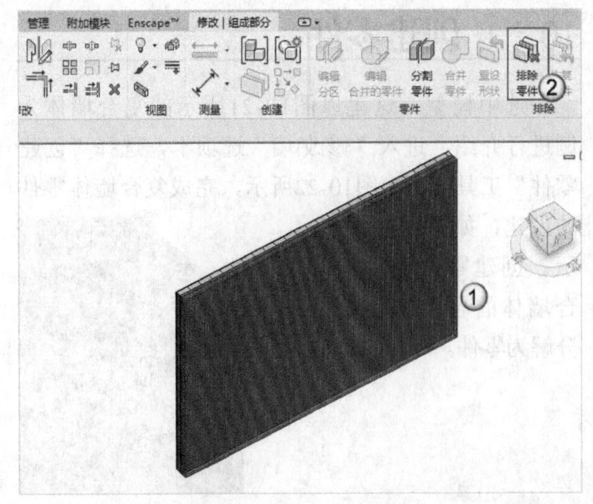

图10-24

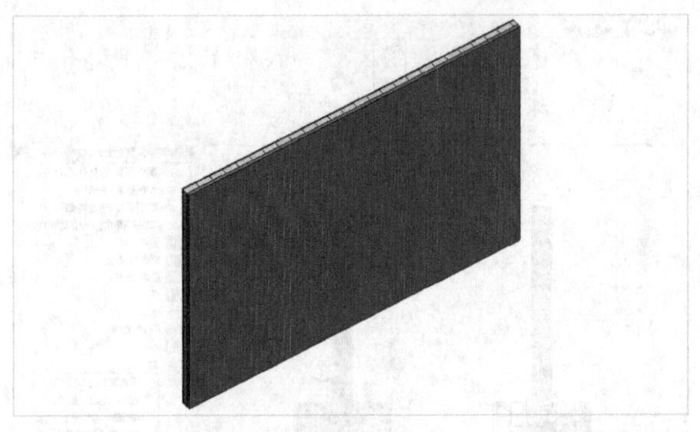

图10-25

如果要将隐藏的零件显示出来，可以拾取该零件，然后选择“恢复零件”工具，如图10-26所示。

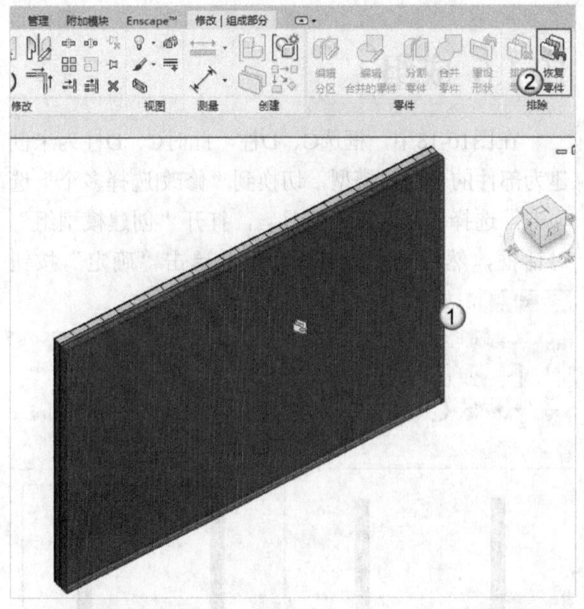

图10-26

10.2.3 编辑零件

为模型创建零件后，用户可以对零件进行一系列的编辑操作，从而得到需要的零件。下面具体介绍常用的零件编辑方法。

1. 分割零件

使用“分割零件”工具可以对零件进行分割。

第1步：选中复合墙体外侧的饰面砖零件，然后选择“分割零件”工具，如图10-27所示；进入编辑模式，在“修改|分区”选项卡中选择“编辑草图”工具，如图10-28所示，复合墙体下侧的蓝色线框为工作平面。现在需要将工作平面转移到外侧的饰面

砖零件上，选择“设置”工具，如图10-29所示。

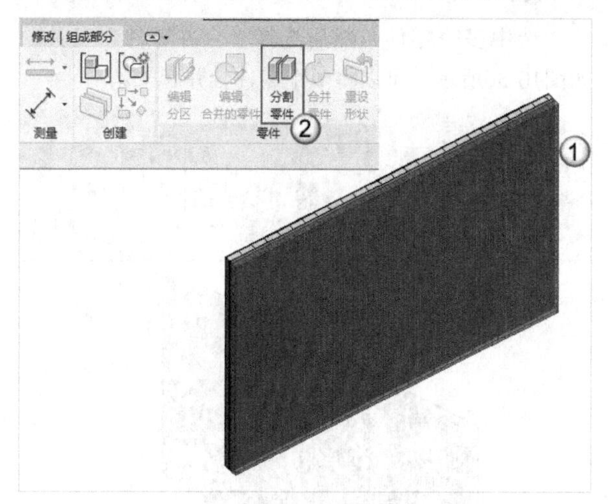

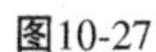

图10-27

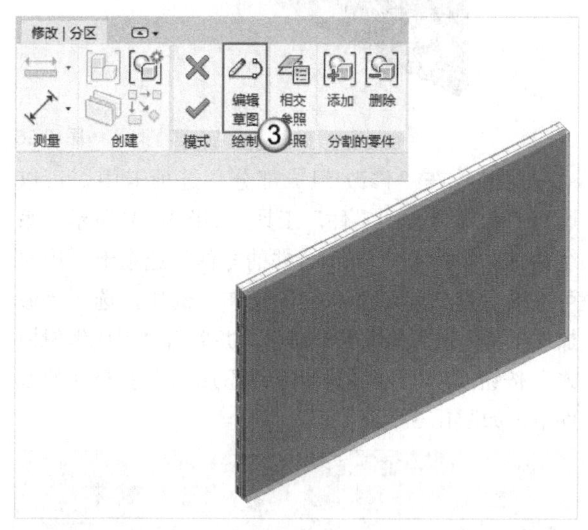

图10-28

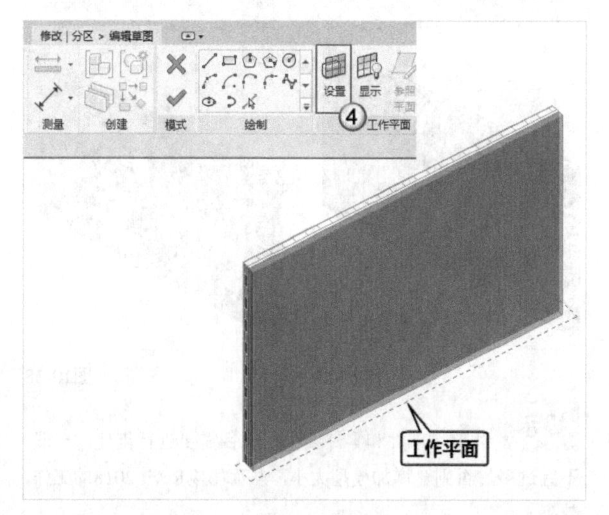

图10-29

第2步：打开“工作平面”对话框，选择“拾取一个平面”选项，单击“确定”按钮，如图10-30所示；然后拾取外侧的饰面砖零件，将蓝色线框转移到外侧的饰面砖零件上；接着选择“线”工具，如图10-31所示。

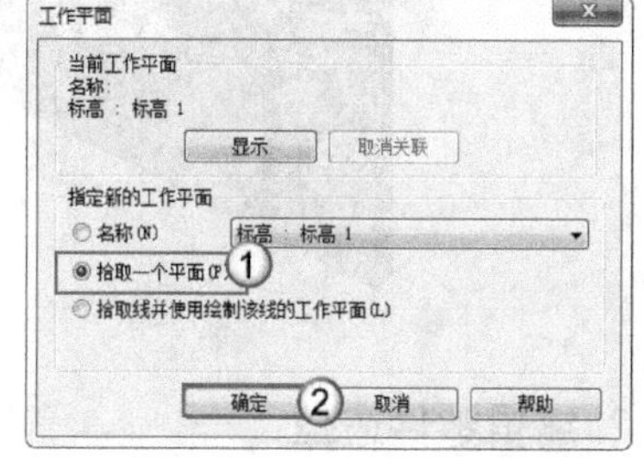

图10-30

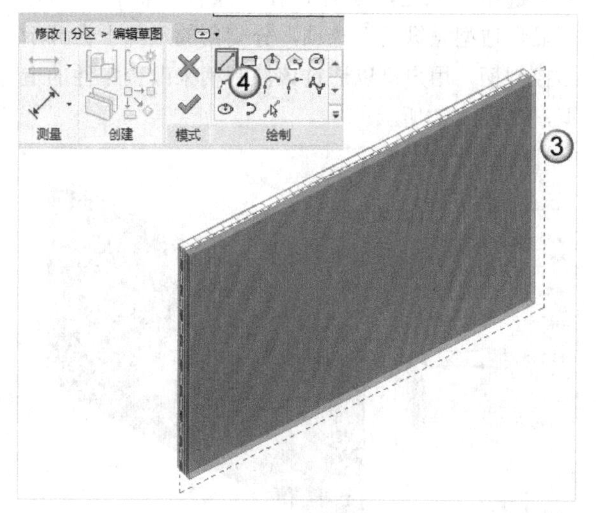

图10-31

第3步：为零件绘制分割线。绘制图10-32所示的分割线，必须让分割线与蓝色线框相交，绘制完成后单击“完成编辑模式”按钮✔。完成后的效果如图10-33所示。

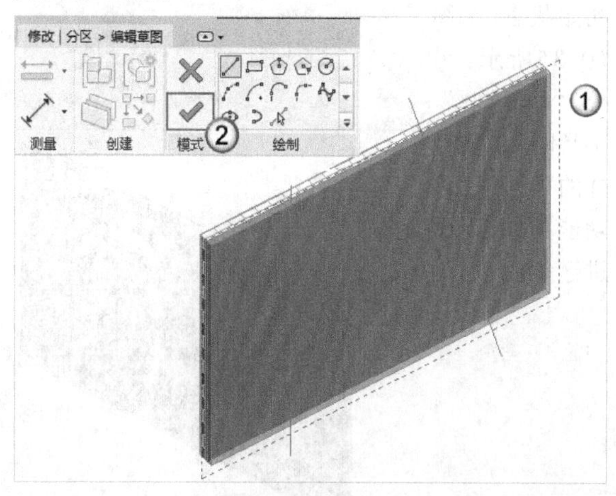

图10-32

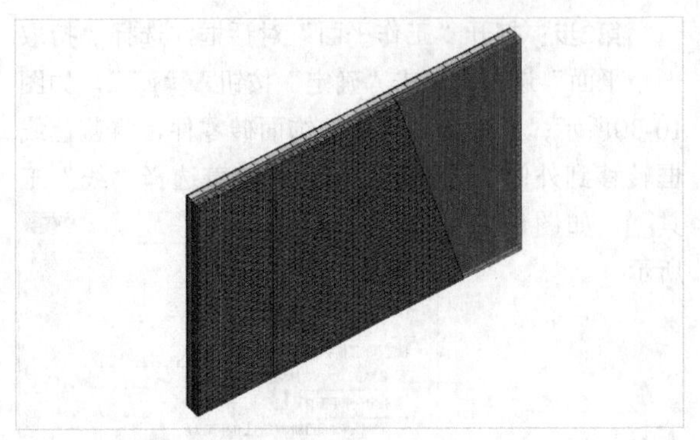

图10-33

2. 编辑零件造型

选中分割出的零件，在“属性”面板中勾选“显示造型操纵柄”选项，分割出的零件上会显示出控制柄，用户可以通过该控制柄来改变零件的造型，如图10-34所示。

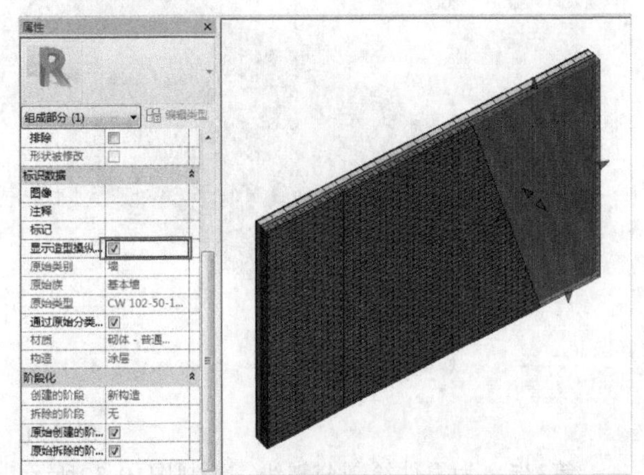

图10-34

用控制柄改变了零件造型后，如果对零件造型不满意，可以选择“重设形状”工具，让零件恢复为初始状态，如图10-35所示。另外，“编辑分区”工具同“编辑合并的零件”工具功能类似，下面进行介绍。

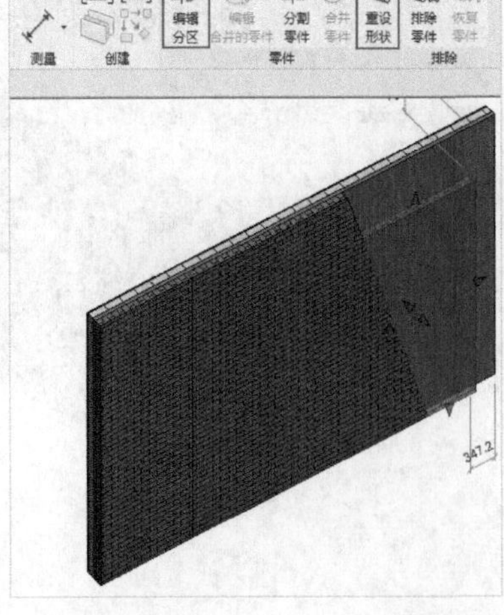

图10-35

3. 合并零件

选中多个零件，然后选择“合并零件”工具，如图10-36所示，可以将多个零件合并起来。

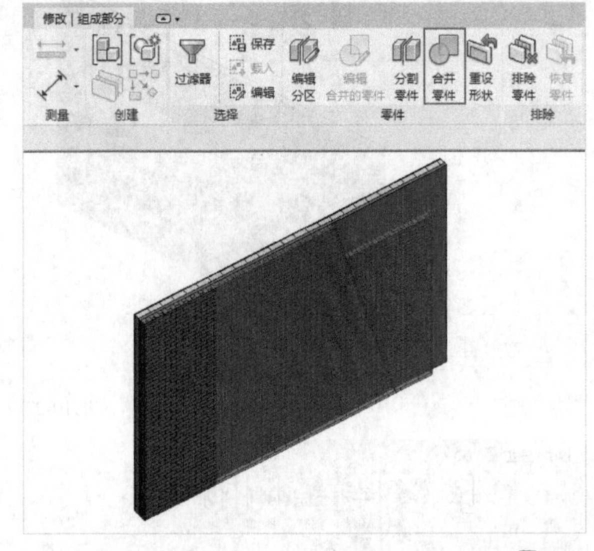

图10-36

此时，在“修改|组成部分”选项卡中，可以选择“编辑合并的零件”工具，如图10-37所示；系统会自动切换到“修改|合并的零件”选项卡，用户可以对零件进行添加和删除操作。例如，选择“添加”工具，然后拾取其他零件，并单击“完成编辑模式”按钮✔，即可将其他零件添加到当前合并的零件中，如图10-38所示。

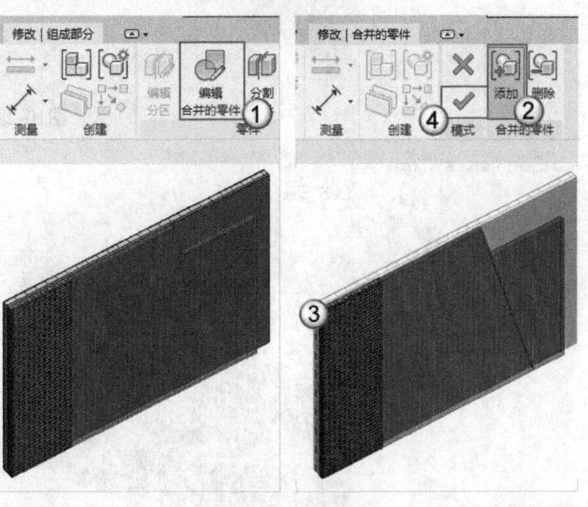

图10-37　　图10-38

提示 注意，部件和零件要根据项目需要进行创建，一般不宜过多，否则会增加模型大小，从而影响Revit 2018的工作效率。

10.3 体量的介绍

体量是对建筑模型的补充。设计师在建筑设计初期常常通过体量来快速创建建筑形体。

本节内容介绍

名称	作用	重要程度
体量的分类	了解体量的分类	中
创建体量模型	掌握使用图形工具创建体量的方法	高
编辑体量的形状图元	掌握编辑形状图元的常用工具	中
体量的面模型	掌握体量的常用面模型	高

10.3.1 课堂案例：创建水塔

实例文件 实例文件>CH10>课堂案例：创建水塔.rfa
视频文件 课堂案例：创建水塔.mp4
学习目标 掌握体量的创建方法

水塔模型效果如图10-39所示。

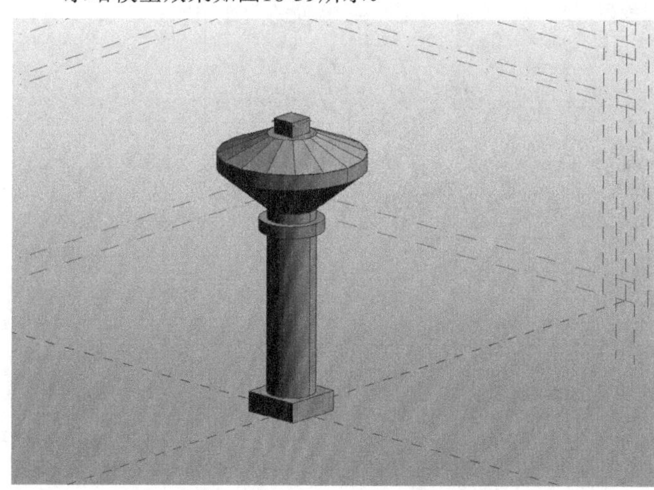

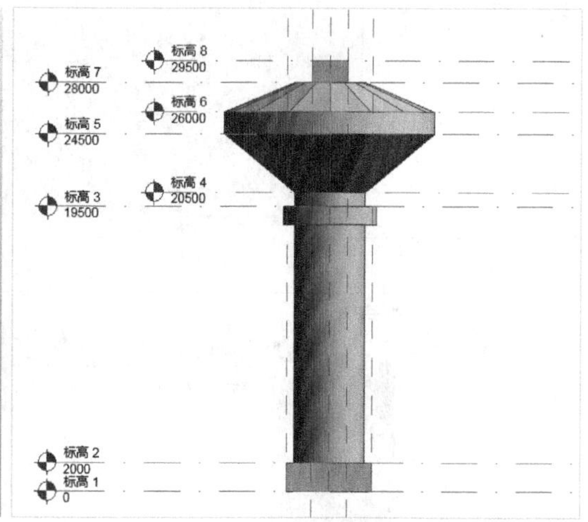

图10-39

1. 新建概念体量

01 执行“文件>新建>概念体量”命令，如图10-40所示，打开“新概念体量-选择样板文件”对话框，选择“公制体量.rft”文件，并单击“打开”按钮 打开(O) ，如图10-41所示。

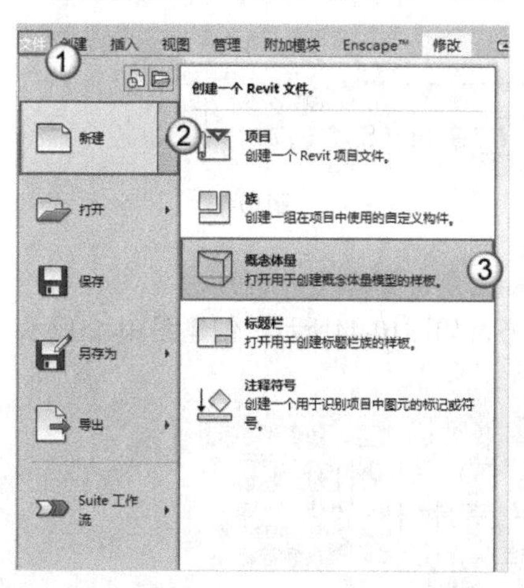

图10-40

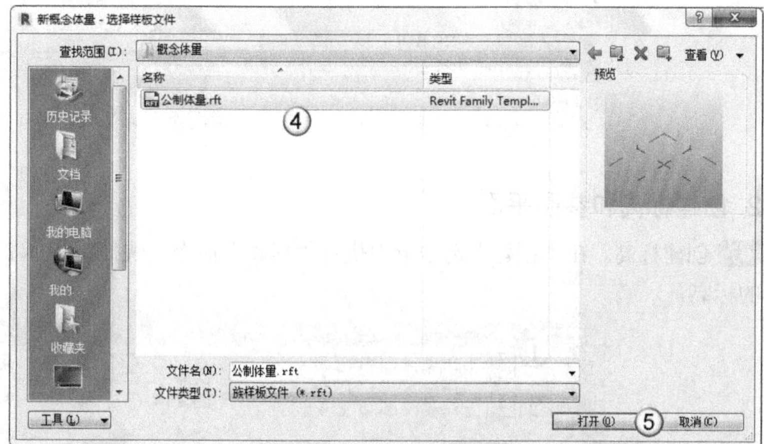

图10-41

02 进入体量的创建界面，双击“项目浏览器”面板中的“南”视图，进入“南”立面视图，如图10-42所示；然后按快捷键Ctrl+S，在打开的“另存为”对话框中设置保存名称和路径，再单击“保存”按钮 保存(S) ，如图10-43所示。

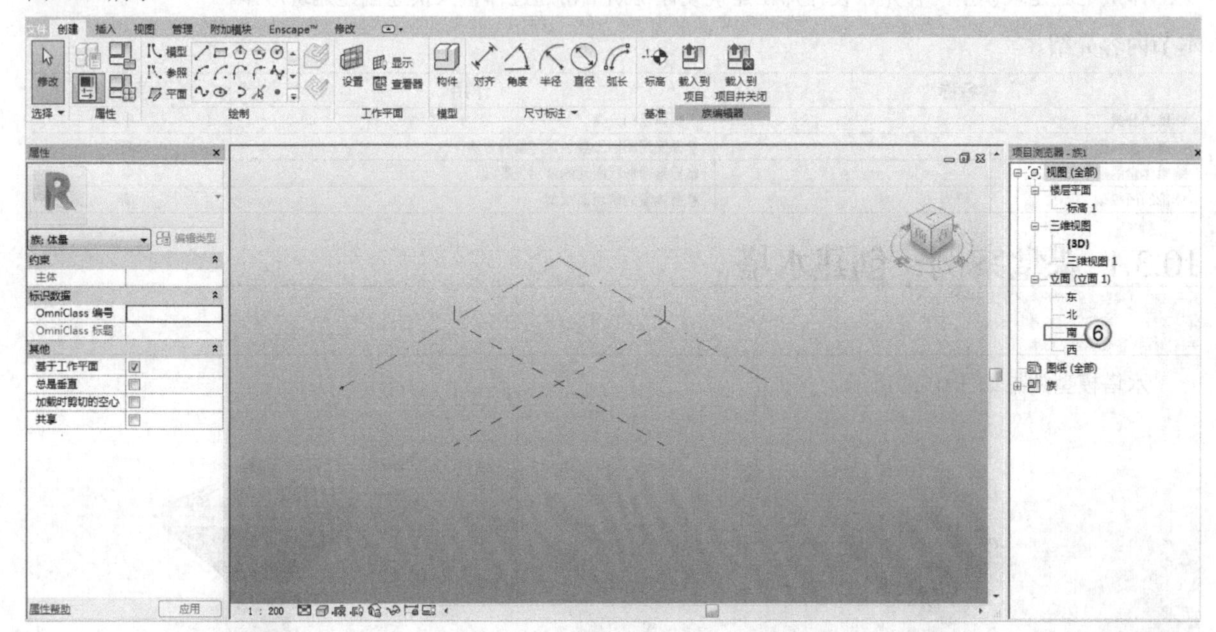

图10-42

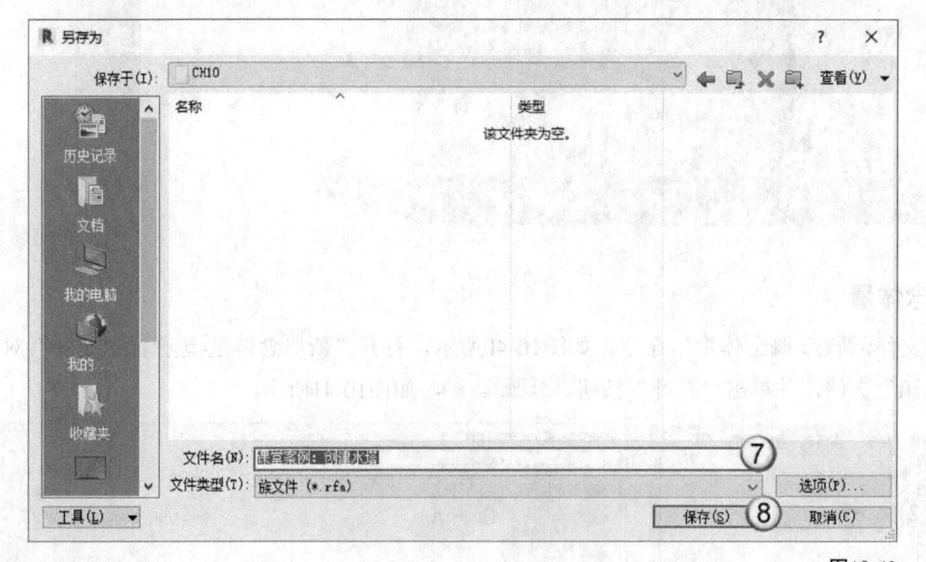

图10-43

2. 创建标高和参照平面

01 创建标高。在“创建”选项卡中执行“标高”命令（快捷键为L+L），如图10-44所示，创建图10-45所示的标高。

图10-44

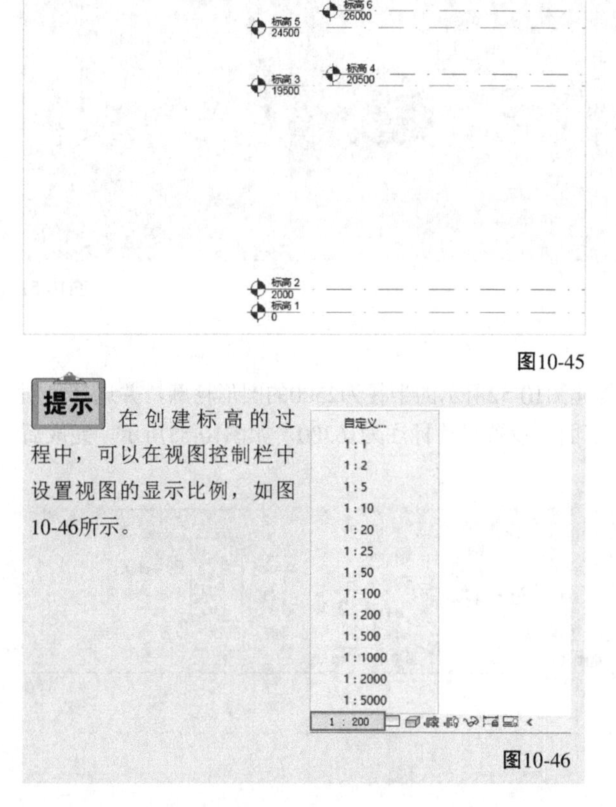

图10-45

提示

在创建标高的过程中，可以在视图控制栏中设置视图的显示比例，如图10-46所示。

图10-46

02 创建参照平面。在“创建”选项卡中执行“平面”命令，如图10-47所示；进入“标高1”平面视图，创建图10-48所示的参照平面。

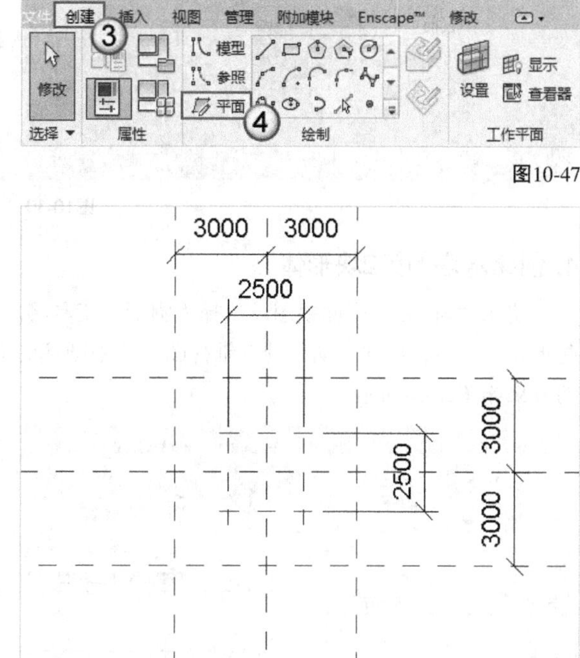

图10-47

图10-48

3. 创建水塔的第1块形体

在“修改|设置 线”选项卡中选择“矩形”工具，创建图10-49所示的矩形轮廓，并选择“创建形状”工具；然后切换到三维视图，选中形体的上表面（将鼠标指针放在形体的上表面，按Tab键可切换选择），单击尺寸标注，将其设置为2000，如图10-50所示。完成后的效果如图10-51所示。

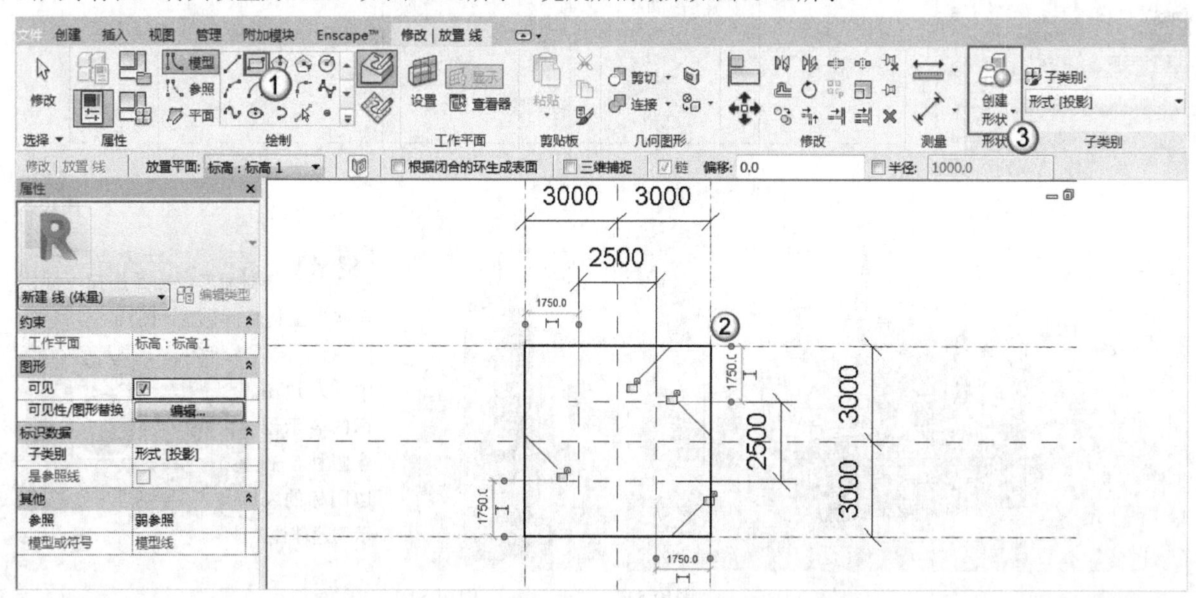

图10-49

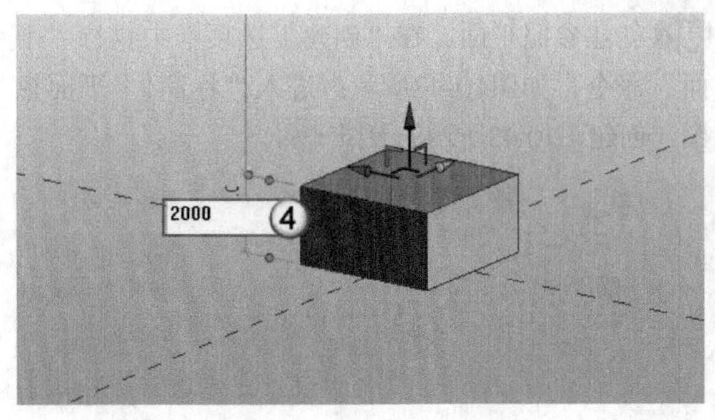

图10-50

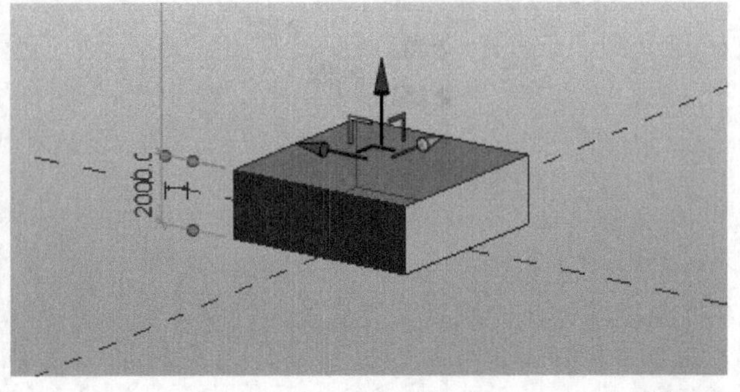

图10-51

4. 创建水塔的第2块形体

进入“标高2”平面视图，选择“圆形”工具，创建图10-52所示的半径为2500的圆形轮廓，并选择“创建形状”工具；同样，切换到三维视图，选中圆柱的上表面，设置尺寸标注为16300，如图10-53所示。完成后的效果如图10-54所示。

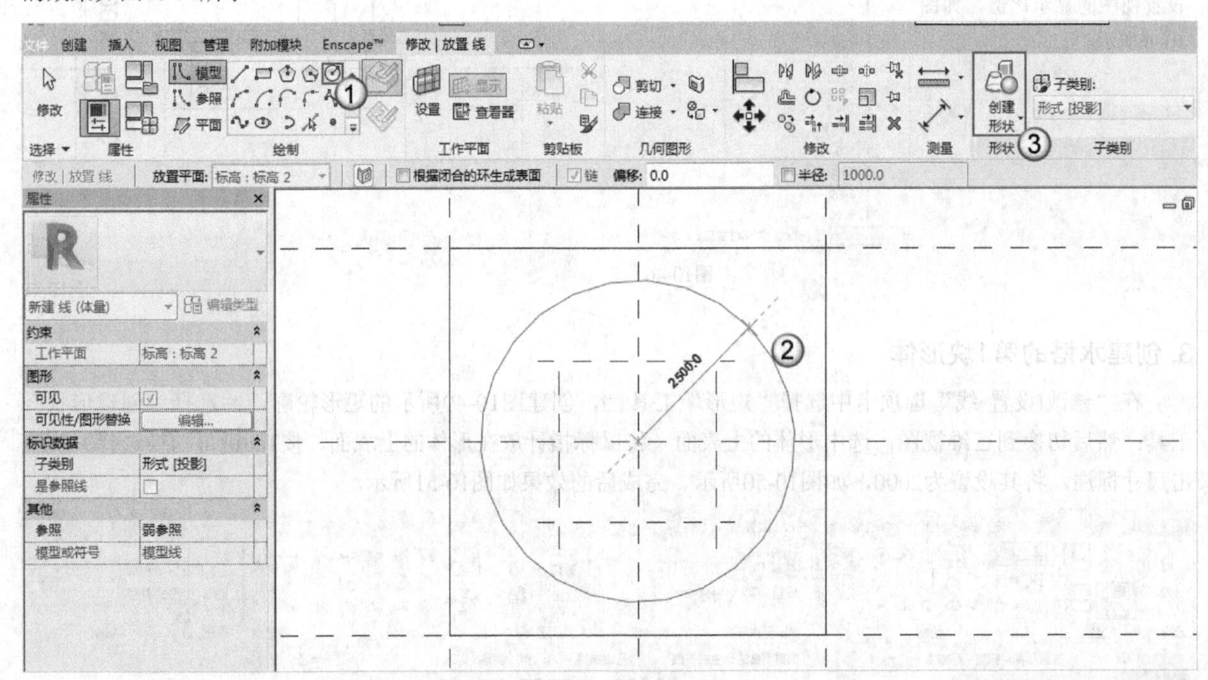

图10-52

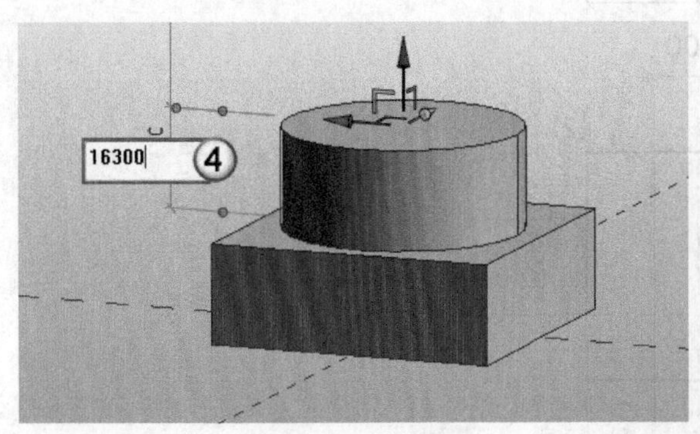

图10-53　图10-54

提示　绘制圆形轮廓并选择“创建形状”工具后，会显示图10-55所示的图标。其中，左边图标的表示创建圆柱，右边图标的表示创建球体。

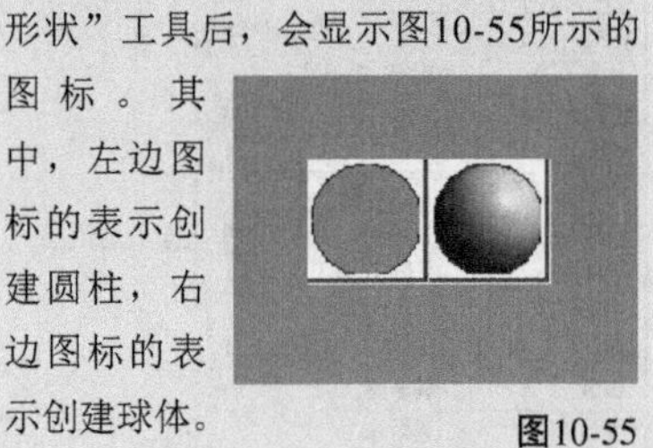

图10-55

5. 创建水塔的第3块形体

进入“标高3”平面视图，选择“圆形”工具，并选择“在工作平面上绘制”工具，创建图10-56所示的半径为3300的圆形轮廓，选择“创建形状”工具；切换到三维视图，拖动蓝色小点到下面圆柱的上表面所在的平面，然后选中圆柱的上表面，设置尺寸标注为0，如图10-57所示。完成后的效果如图10-58所示。

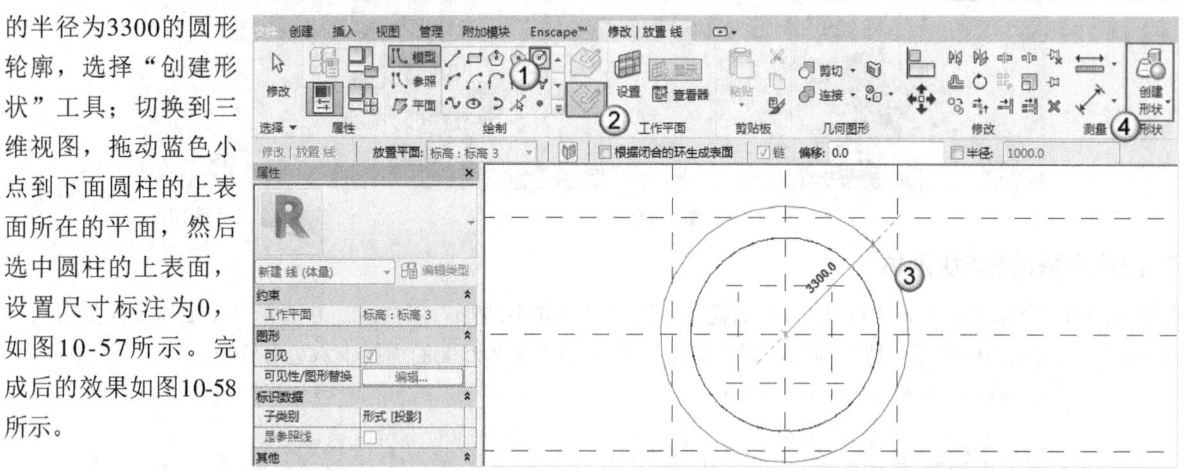

图10-56

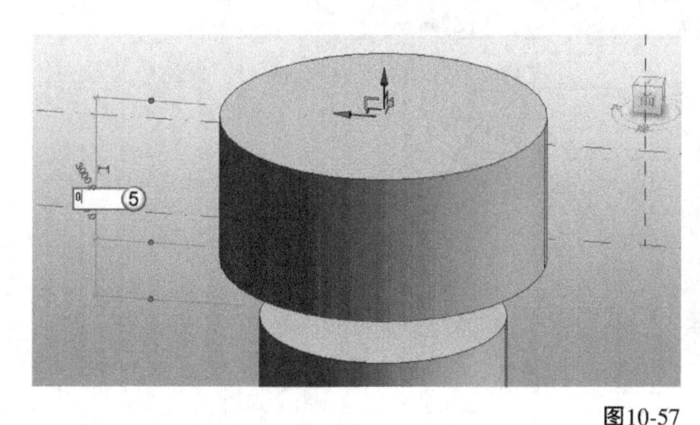

图10-57

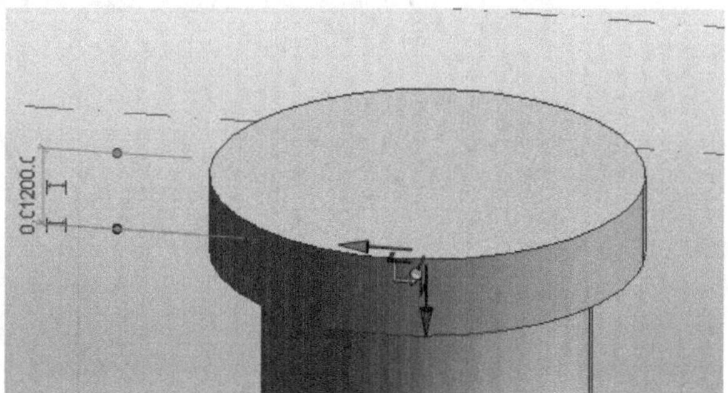

图10-58

6. 创建水塔的第4块形体

进入“标高3”平面视图，选择“圆形”工具，并选择“在工作平面上绘制”工具，创建图10-59所示的半径为2500的圆形轮廓，并选择“创建形状”工具；切换到三维视图，选中圆柱的上表面，设置尺寸标注为1000，如图10-60所示。完成后的效果如图10-61所示。

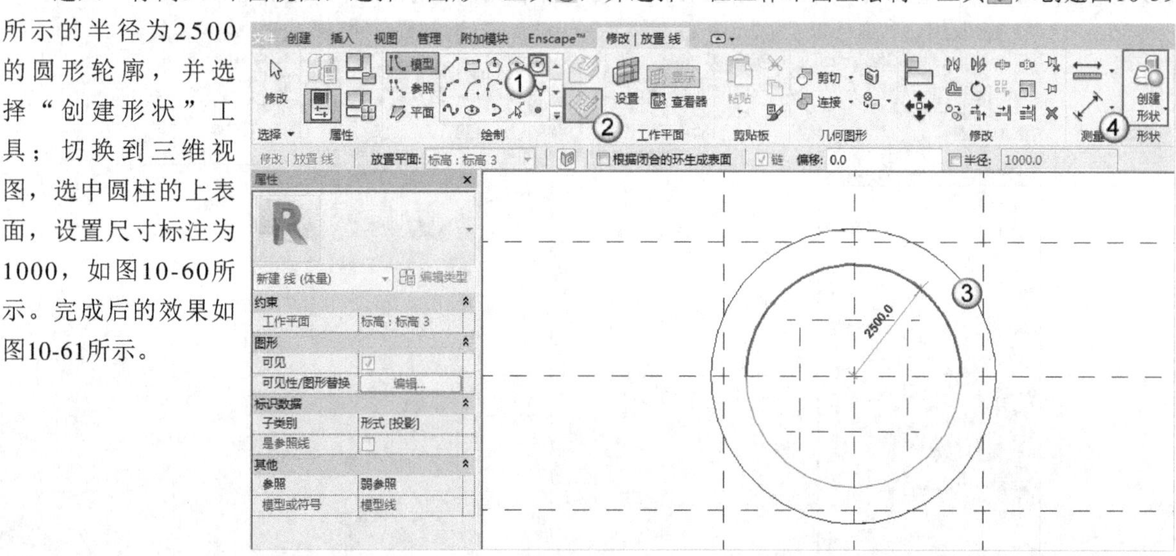

图10-59

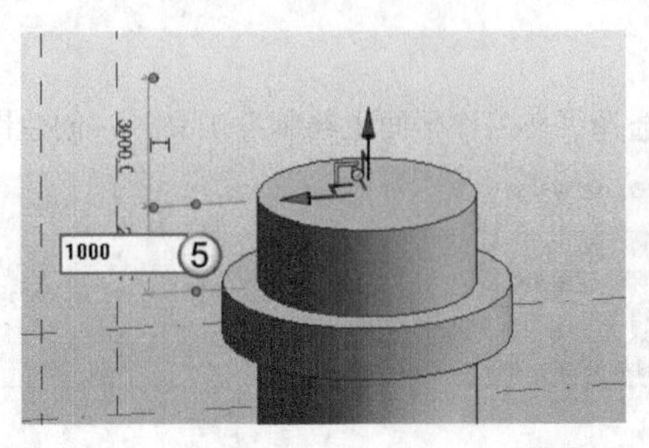

图10-60

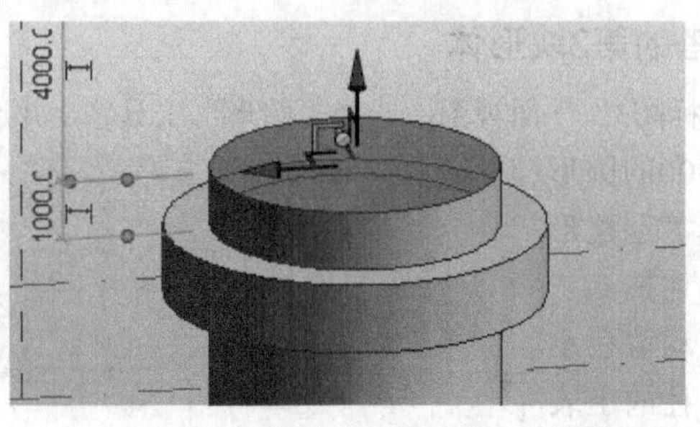

图10-61

7. 创建水塔的第5块形体

01 创建第1个轮廓。进入“标高4”平面视图，选择“内接多边形”工具，并选择“在工作平面上绘制”工具，在选项栏中设置“边”为16，创建图10-62所示的半径为2500的内接十六边形轮廓。

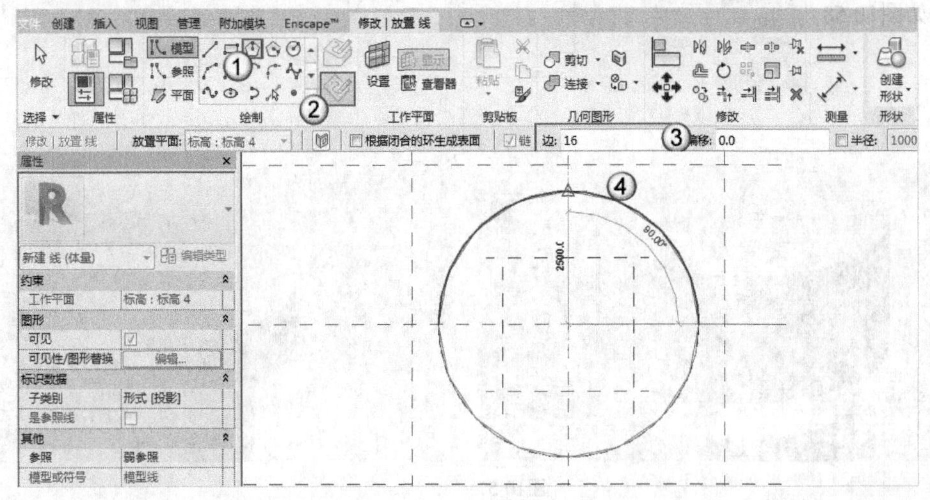

图10-62

02 创建第2个轮廓。进入“标高5”平面视图，选择“内接多边形”工具，并选择“在工作平面上绘制”工具，在选项栏中设置“边”为16，创建图10-63所示的半径为7500的内接十六边形轮廓。

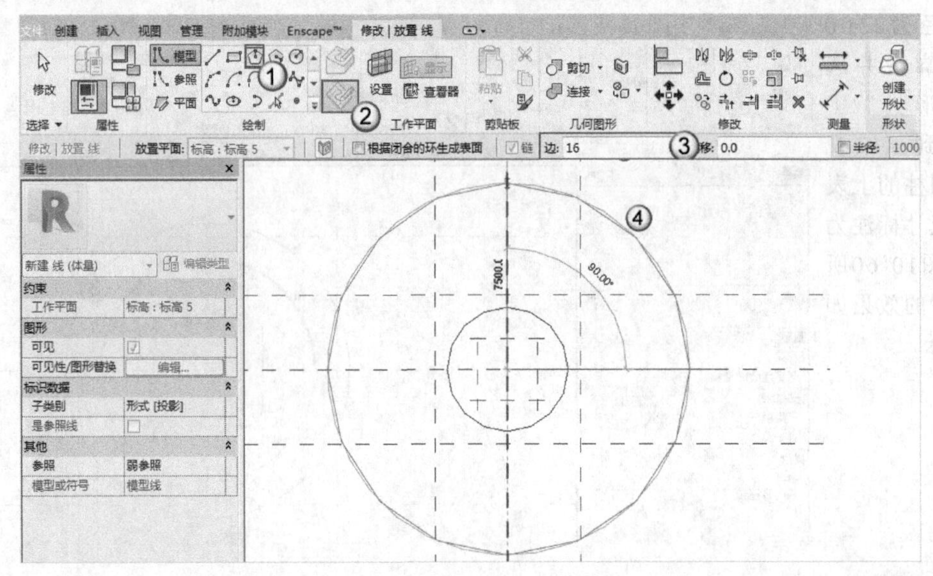

图10-63

03 创建形体。进入三维视图，按住Ctrl键选中前面创建的两个十六边形轮廓，然后执行“创建形状>实心形状”命令，如图10-64所示。完成后的效果如图10-65所示。

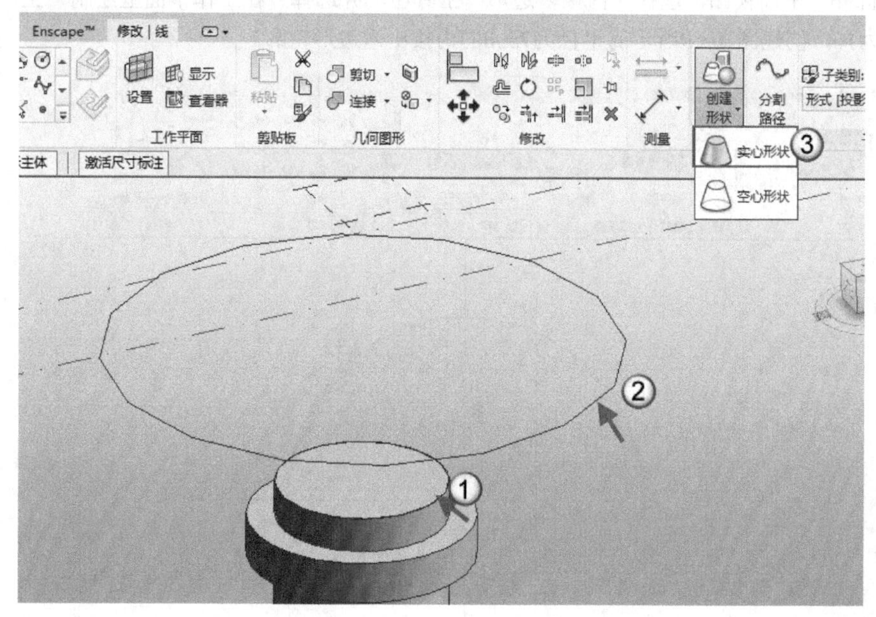

图10-64

图10-65

8. 创建水塔的第6块形体

进入“标高5”平面视图，选择“圆形”工具，并选择“在工作平面上绘制”工具，创建图10-66所示的半径为7500的圆形轮廓，选择“创建形状”工具；切换到三维视图，选中形体的上表面，设置尺寸标注为1500，如图10-67所示。完成后的效果如图10-68所示。

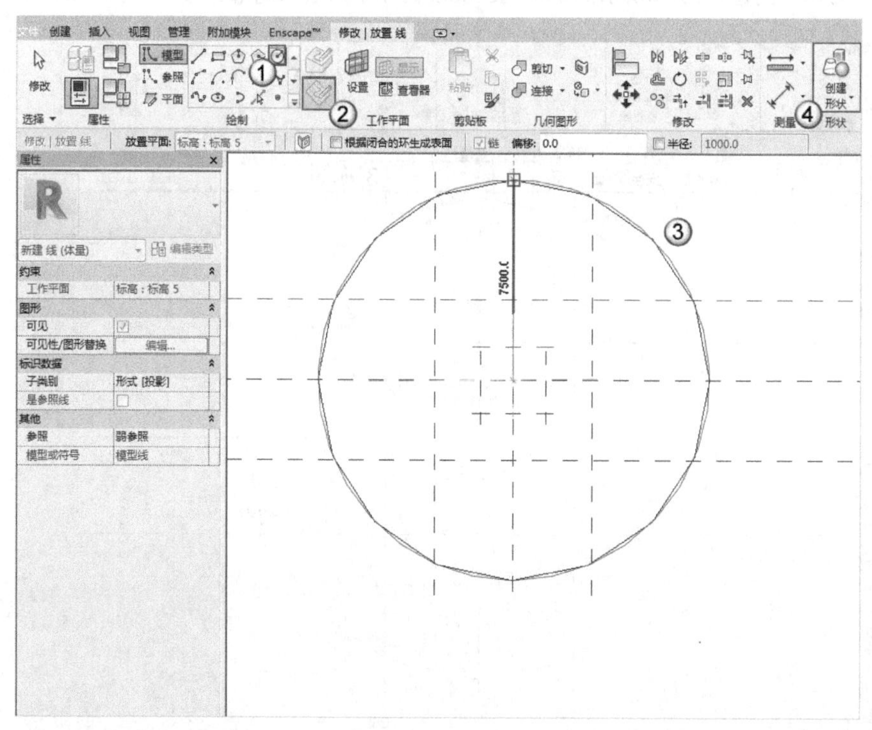

图10-66

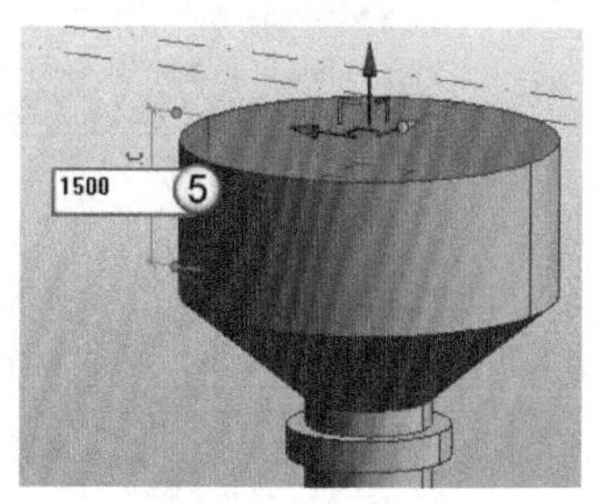

图10-67

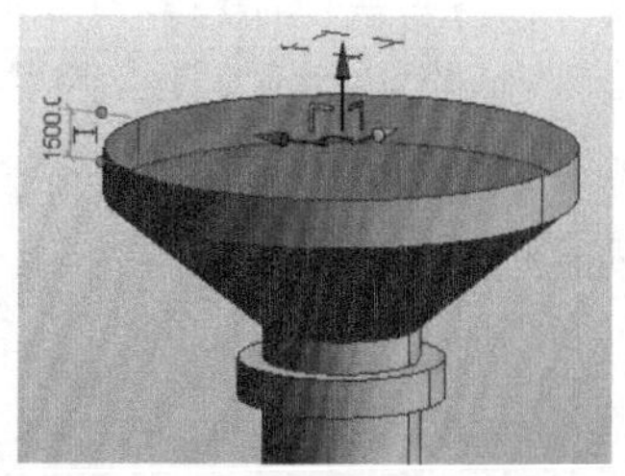

图10-68

9. 创建水塔的第7块形体

01 创建第1个轮廓。进入“标高6”平面视图，选择“内接多边形”工具，并选择“在工作平面上绘制”工具，在选项栏中设置“边”为16，创建图10-69所示的半径为7500的内接十六边形轮廓。

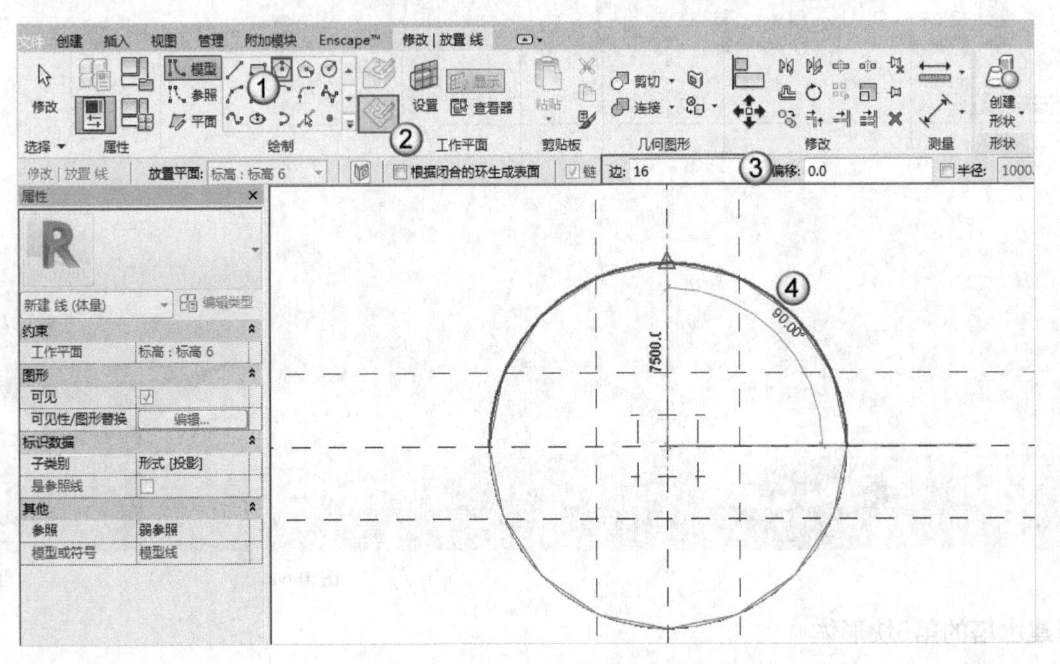

图10-69

02 创建第2个轮廓。进入“标高7”平面视图，选择“内接多边形”工具，并选择“在工作平面上绘制”工具，在选项栏中设置“边”为16，创建图10-70所示的半径为2500的内接十六边形轮廓。

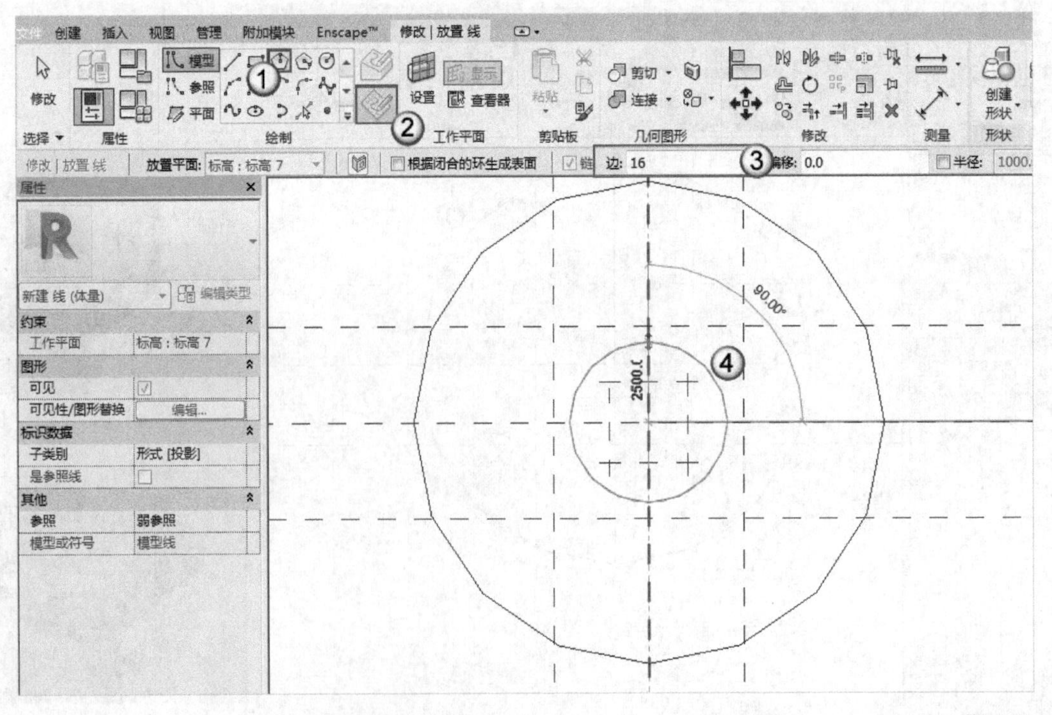

图10-70

03 创建形体。进入三维视图，按住Ctrl键选中前面创建的两个内接十六边形轮廓，然后执行“创建形状>实心形状”命令，如图10-71所示。完成后的效果如图10-72所示。

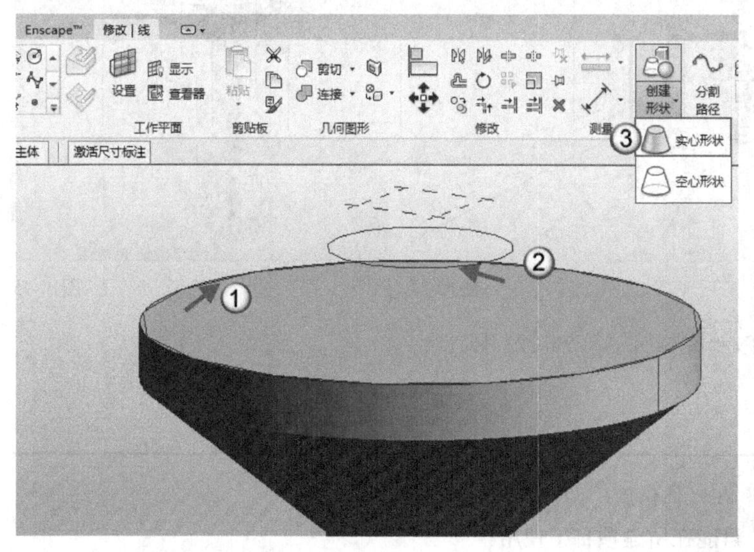

图10-71

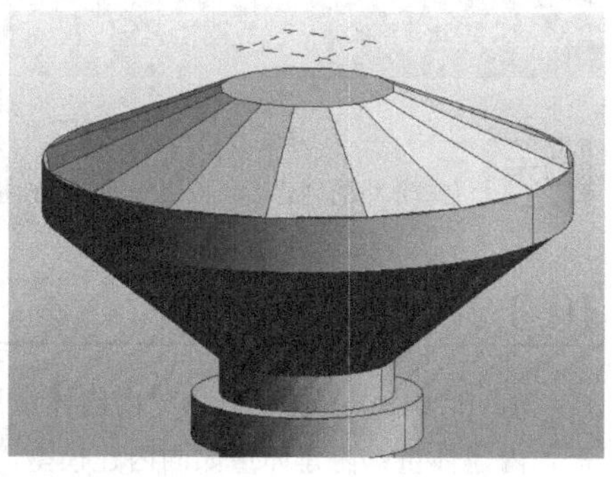

图10-72

10. 创建水塔的第8块形体

进入“标高7”视图，选择“矩形”工具，并选择“在工作平面上绘制”工具，创建图10-73所示的矩形轮廓，选择“创建形状”工具；切换到三维视图，并选中形体的上表面，设置尺寸标注为1500，如图10-74所示。水塔的最终效果如图10-75所示。

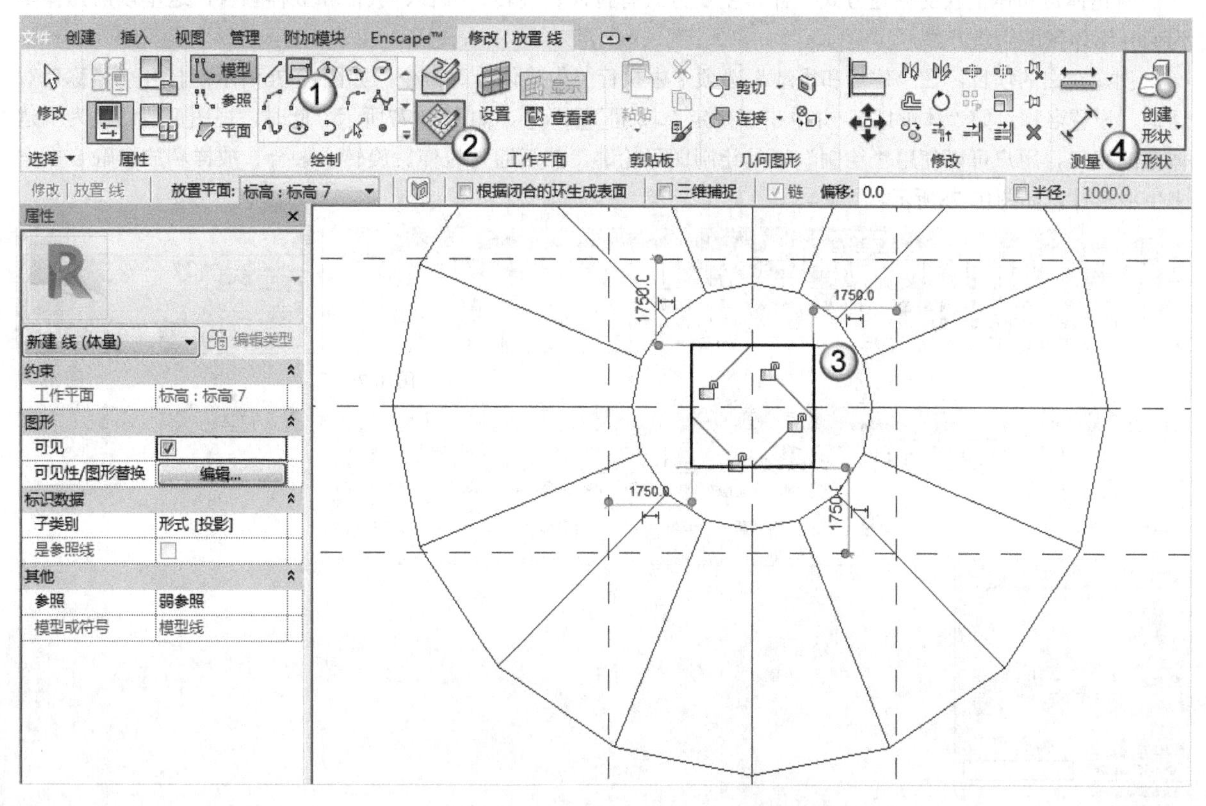

图10-73

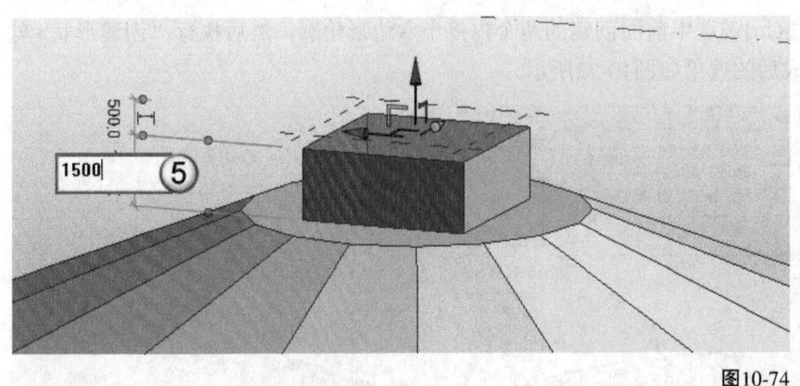

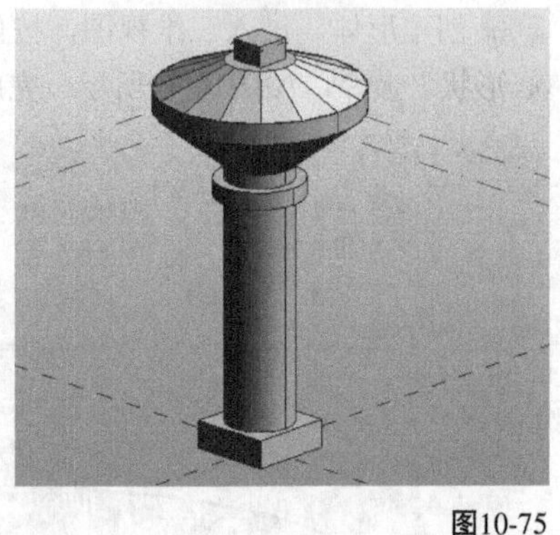

图10-74 图10-75

提示

完成水塔的创建后，按快捷键Ctrl+S将文件保存到最开始设置的文件路径中。

10.3.2 体量的分类

Revit 2018中的体量分为“内建体量”和“体量族”两大类，具体如下。

内建体量：内建体量如同内建模型，只能在所建项目中使用。

体量族：同可载入族一样，体量族模型也可载入任何项目中使用，如前面创建的水塔就是体量族模型，因为我们已将其保存为族文件。

10.3.3 创建体量模型

内建体量和体量族的创建方式一样，主要方式有拉伸、旋转、融合、放样和放样融合，这里以内建体量为例介绍体量的创建方式。

创建空白的项目，在“体量和场地”选项卡中执行“内建体量”命令，如图10-76所示；打开“名称”对话框，设置名称，如“体量1”，并单击“确定”按钮［确定］，如图10-77所示。此时，视图窗口切换为创建体量的视口，用户可以使用“绘制”工具绘制图形轮廓，然后通过拉伸、旋转、融合、放样和放样融合操作来生成形体，如图10-78所示。

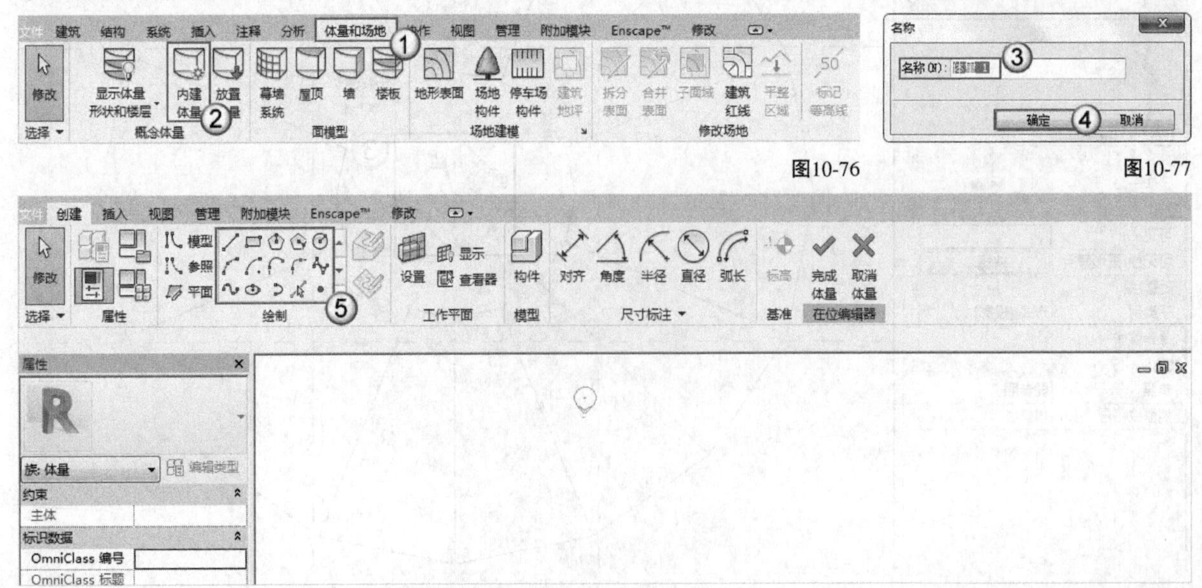

图10-76 图10-77

图10-78

1. 拉伸

进入对应的平面视图，如“标高1”，选择“线”工具，创建任意形状轮廓；然后按住Ctrl键选中轮廓，并选择“创建形状”工具，如图10-79所示，即可拉伸轮廓，从而生成形体，如图10-80所示。

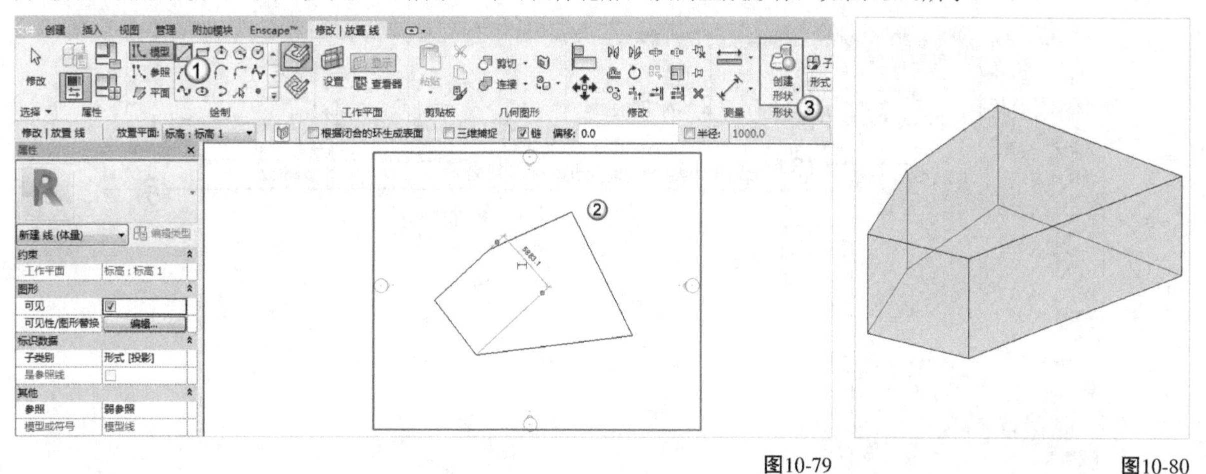

图10-79 图10-80

2. 旋转

选择“线”工具，先绘制旋转轴，再绘制旋转轮廓（旋转轴一定要比旋转轮廓长），如图10-81所示；按住Ctrl键并选中旋转轴和旋转轮廓，执行“创建形状>实心形状”命令，如图10-82所示。形体效果如图10-83所示。

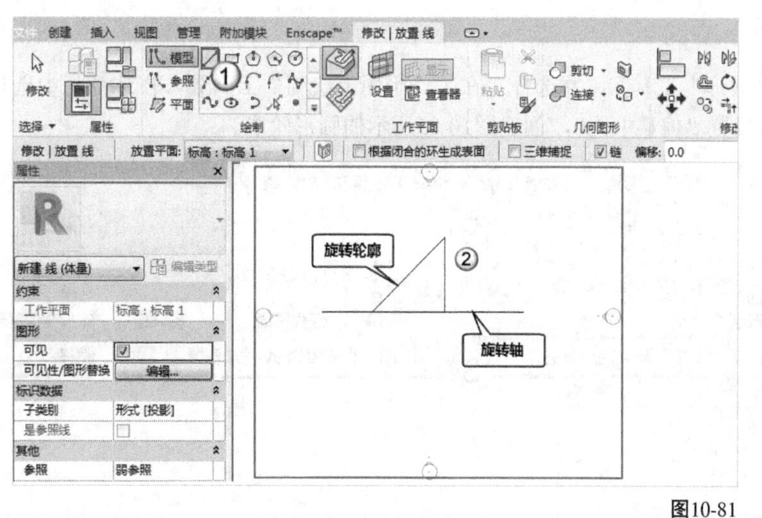

图10-81

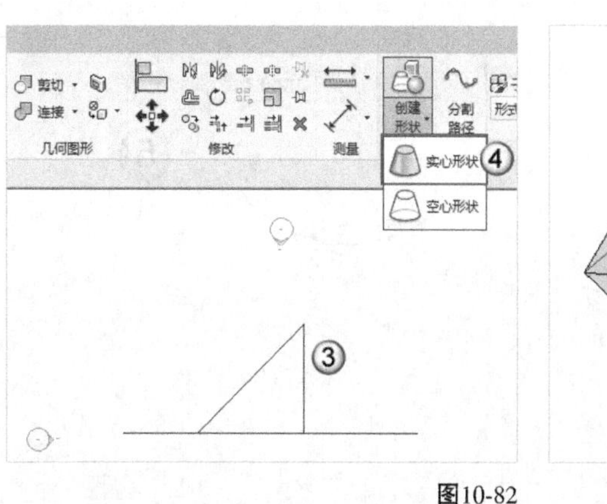

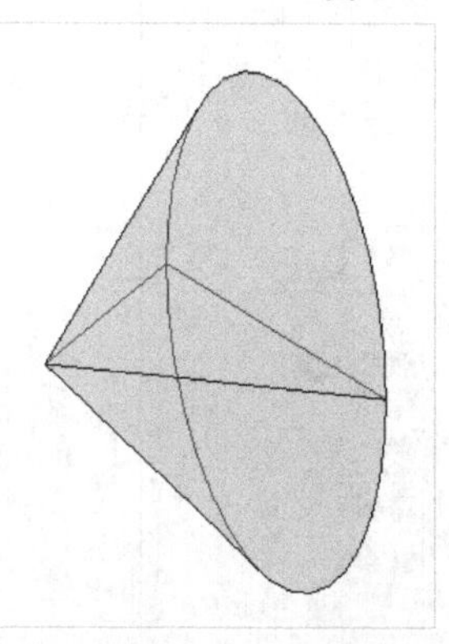

图10-82 图10-83

3. 融合

第1步：选择“内接多边形”工具，在选项栏中选择一个放置平面，如“标高1”，设置“边”为6、“偏移”为0，创建图10-84所示的轮廓。

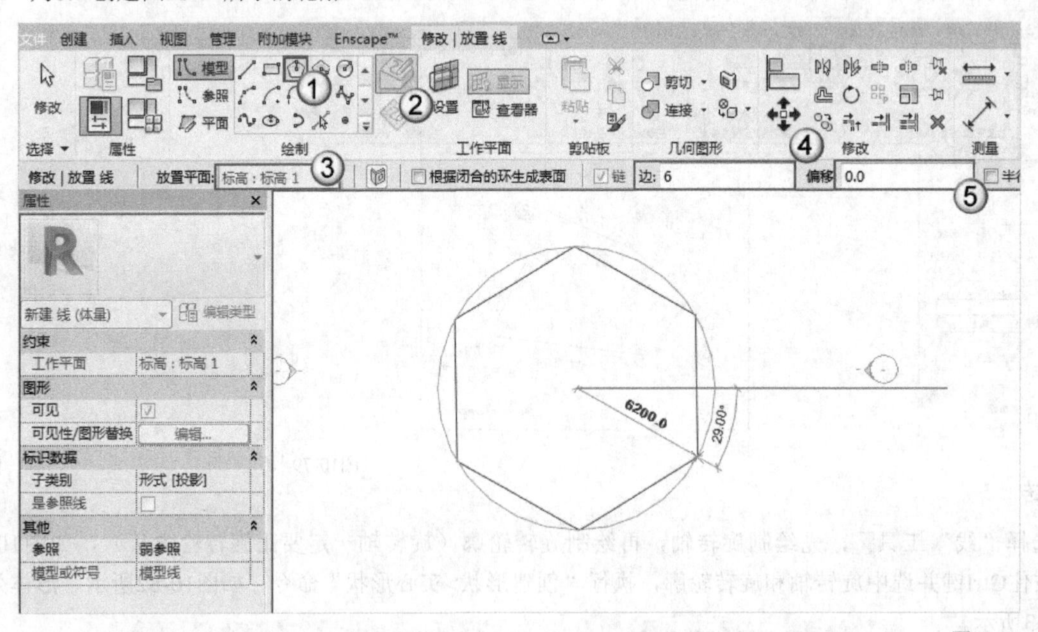

图10-84

第2步：选择“圆形”工具，并选择“在工作平面上绘制”工具，在选项栏中选择另一个放置平面，如“标高2”，同样设置“偏移”为0，创建图10-85所示的圆形轮廓。

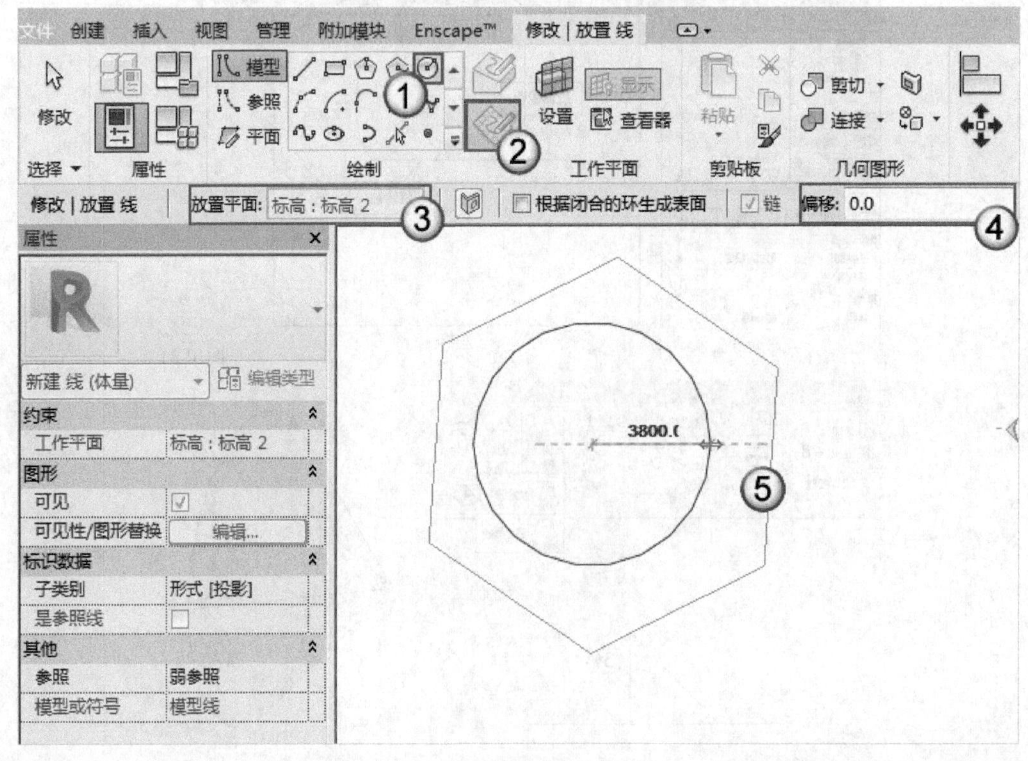

图10-85

第3步：进入三维视图，按住Ctrl键选中两个轮廓；然后执行“创建形状>实心形状”命令，如图10-86所示。融合生成的形体如图10-87所示。

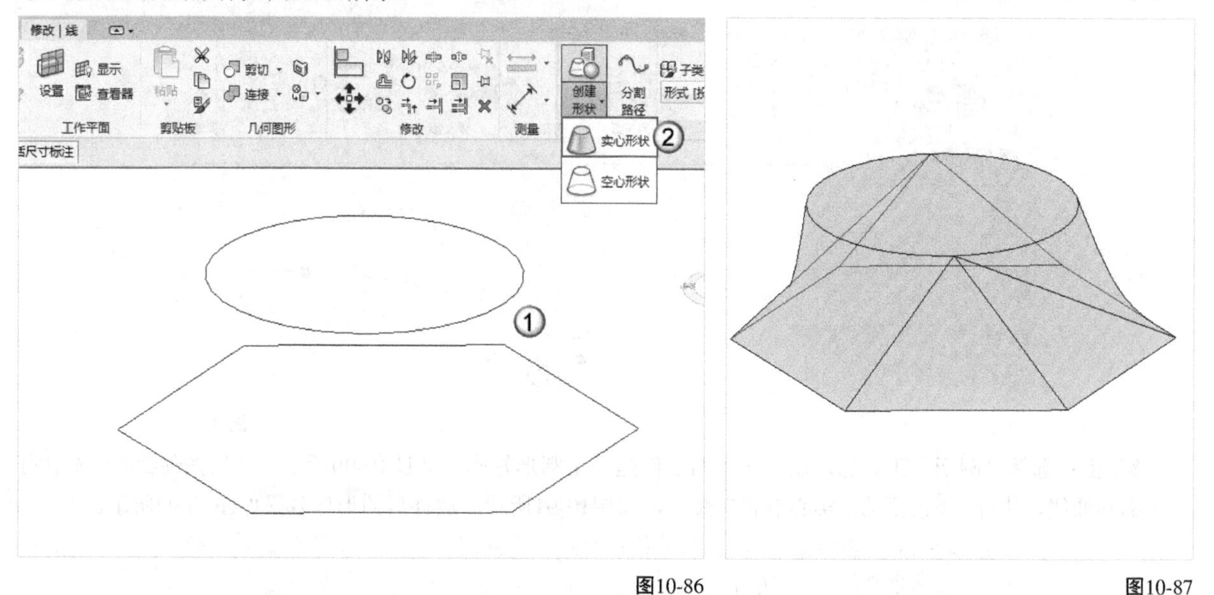

图10-86

图10-87

4. 放样

第1步：选择“通过点的样条曲线”工具，然后进入一个平面视图，如“标高1”，创建一条曲线，如图10-88所示。

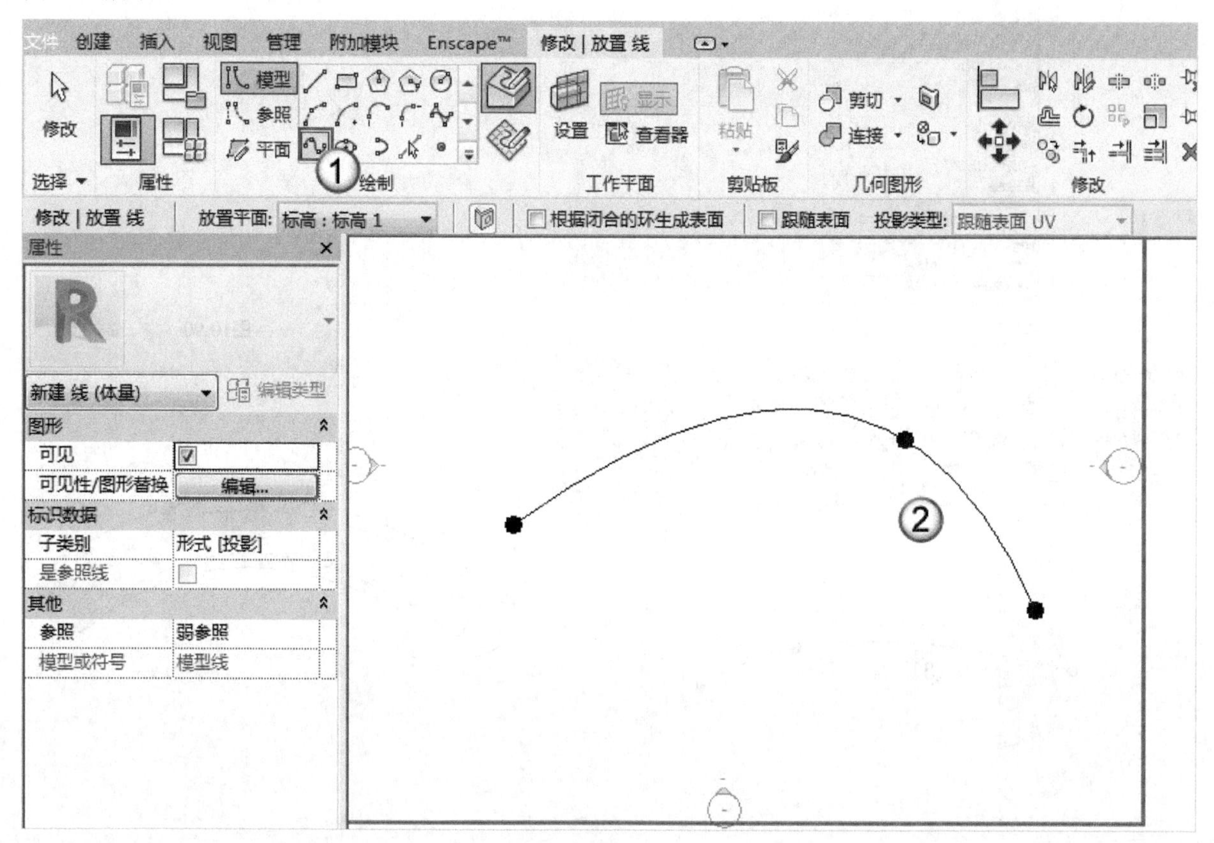

图10-88

第2步：进入三维视图，选择“设置”工具，使用鼠标左键拾取一个垂直于曲线的工作平面，然后选择“显示”工具，如图10-89所示。

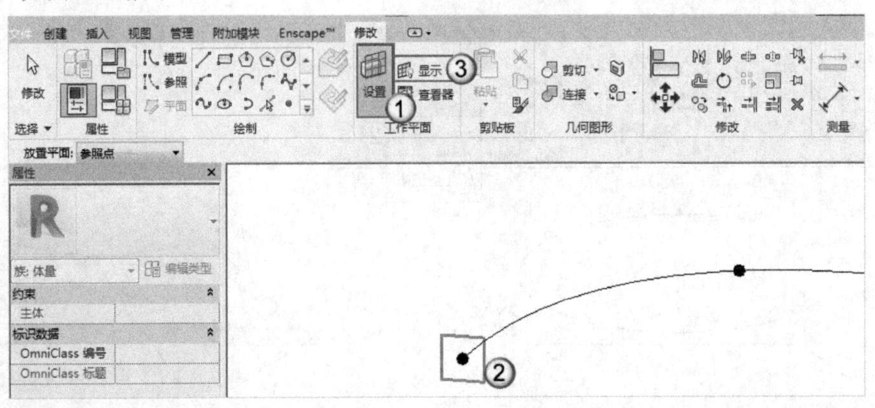

图10-89

第3步：选择“圆形”工具，在工作平面上创建一个圆形轮廓，如图10-90所示；然后按住Ctrl键选中圆形轮廓和曲线，执行“创建形状>实心形状”命令，如图10-91所示。放样后的形体效果如图10-92所示。

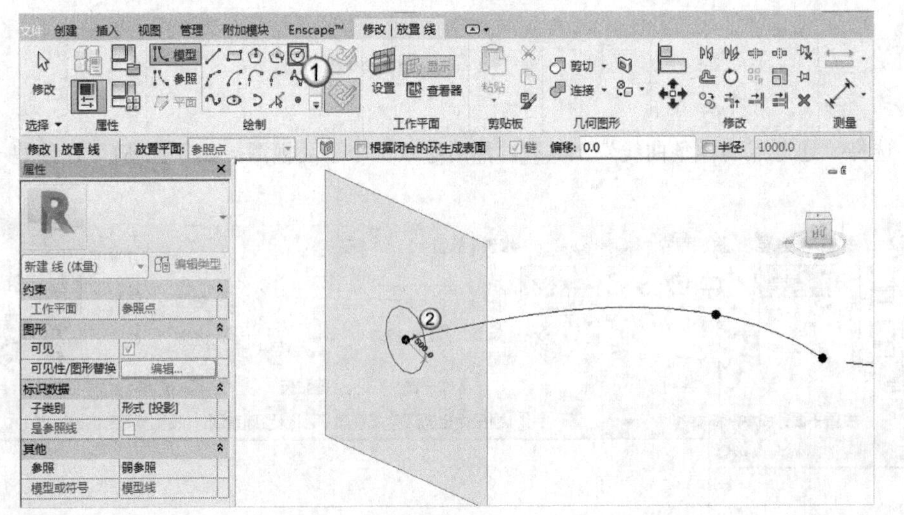

图10-90

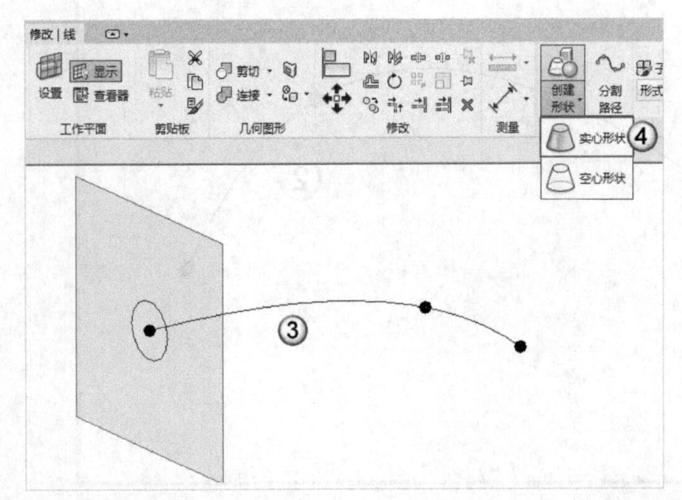

图10-91

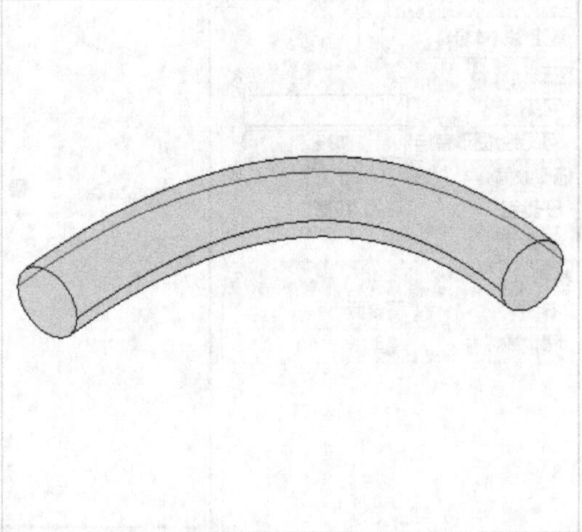

图10-92

5. 放样融合

第1步：紧接前面的放样操作，按快捷键Ctrl+Z撤销（后退）一步，使用鼠标左键在曲线右侧拾取一个垂直于曲线的工作平面；然后选择“内接多边形”工具，在拾取的工作平面上创建多边形轮廓，如图10-93所示。

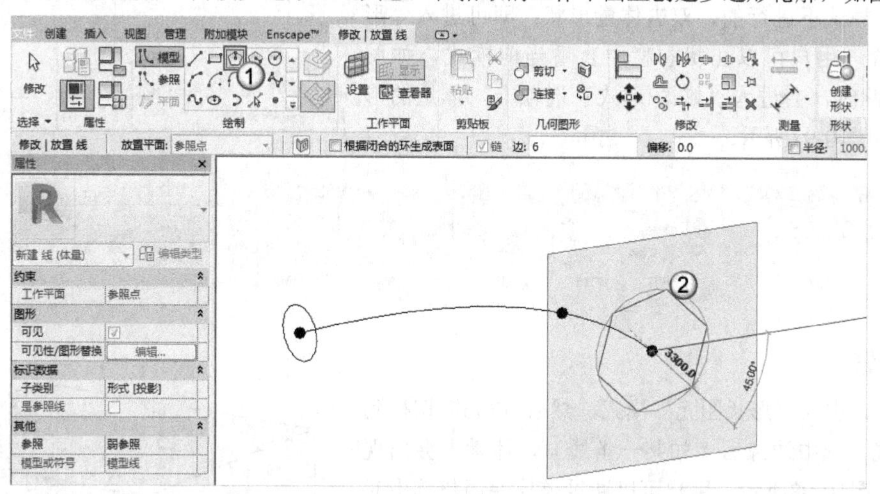

图10-93

第2步：按住Ctrl键选中轮廓和曲线，并执行“创建形状>实心形状”命令，如图10-94所示。放样融合后的形体如图10-95所示。

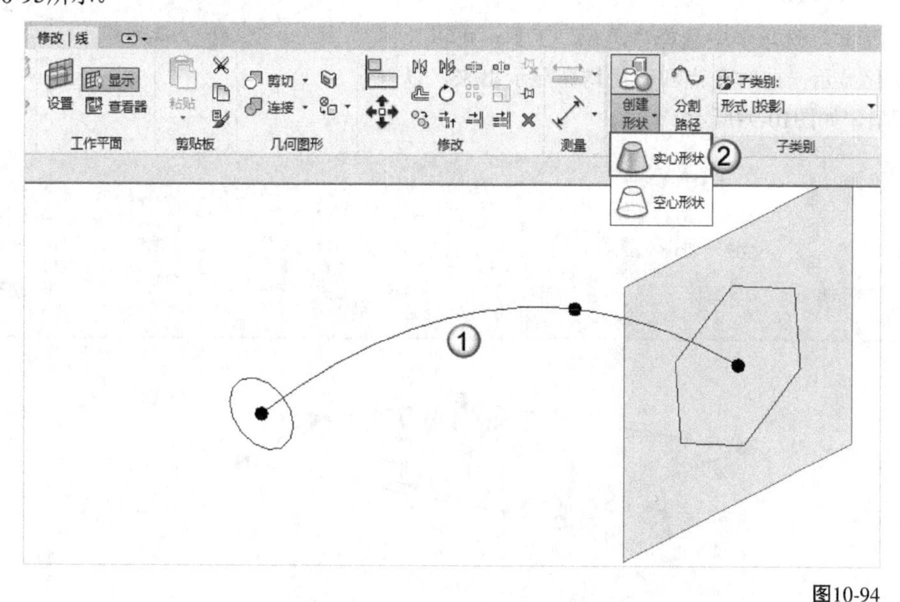

图10-94

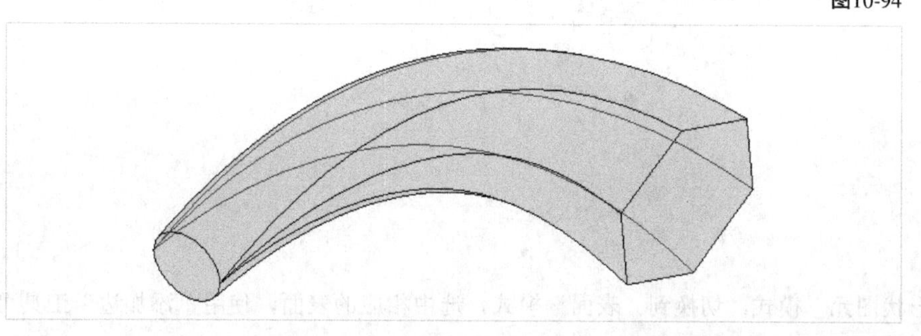

图10-95

10.3.4 编辑体量的形状图元

创建的体量的外形可能不能满足项目需求，这时需要对体量的形状进行编辑。编辑体量形状都是在“形状图元”模式下进行的，双击体量形状，即可进入“形状图元”模式，用户可以在状态栏中查看当前模式，如图10-96所示。此时，会进入“修改|形式”选项卡，体量的形状编辑工具如图10-97所示。

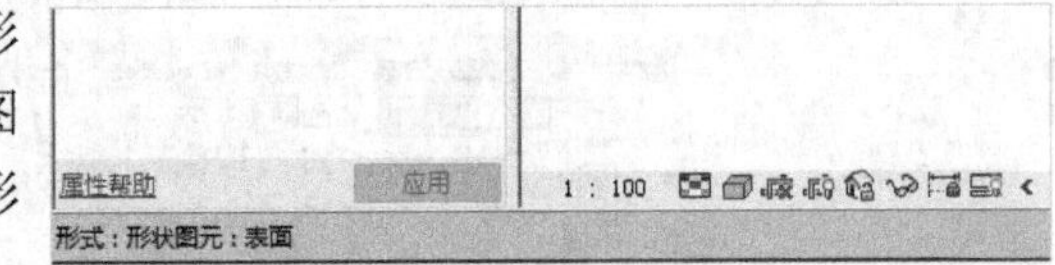

图10-96

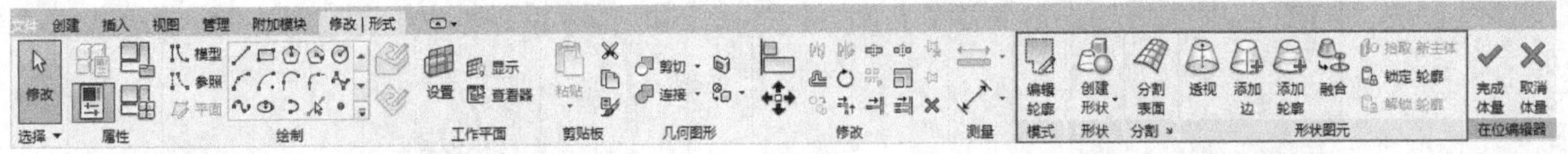

图10-97

1. 调整边位置

双击体量，进入“形状图元”模式，然后按Tab键切换到“边缘”模式，选中边缘后（如某一条线），体量上会出现拖曳控件，如图10-98所示。用户可以通过该控件调整选中对象的位置。

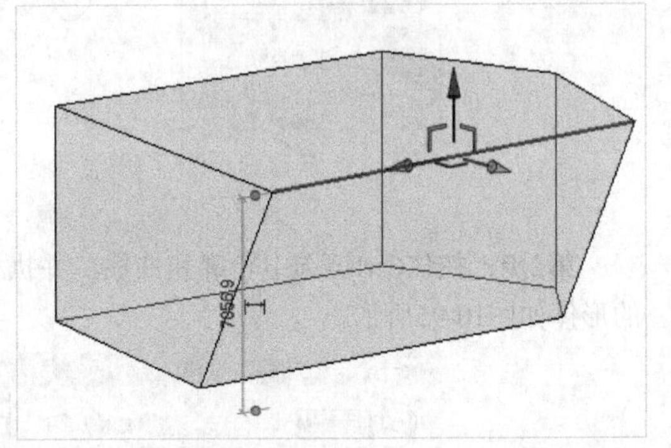

图10-98

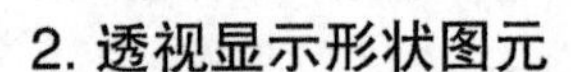

2. 透视显示形状图元

在“修改|形式”选项卡中选择“透视”工具，可以让体量模型半透明化显示，此时角点和路径均会显示出来，以方便编辑体量模型，如图10-99所示。

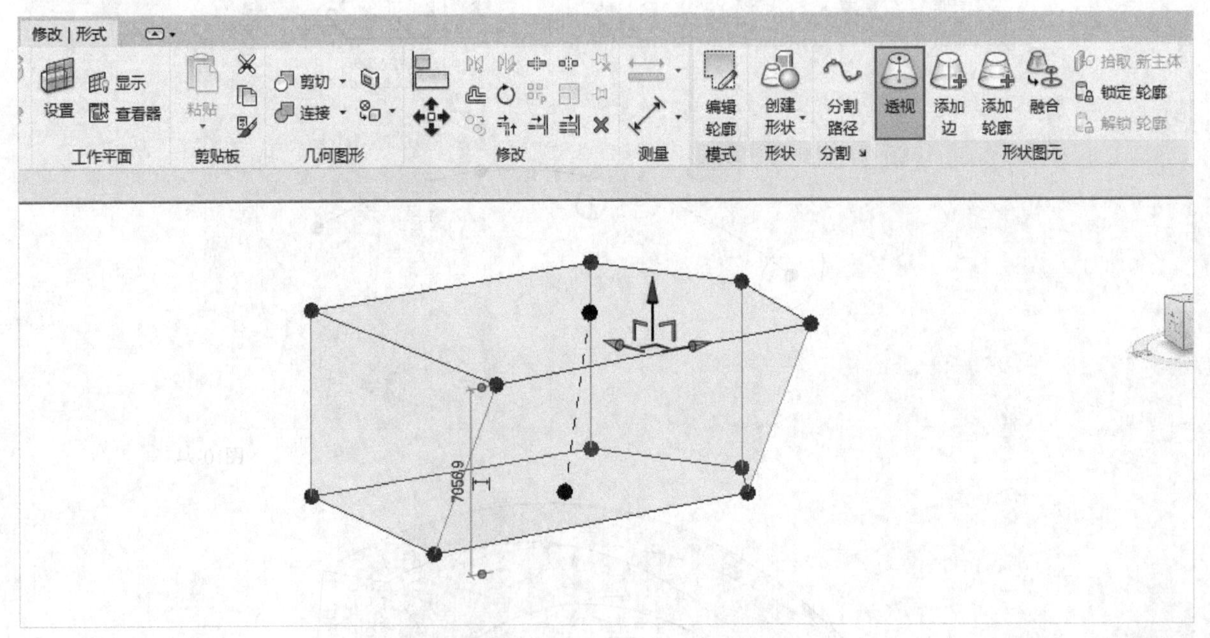

图10-99

3. 添加边

进入“形状图元”模式，切换到“表面”模式，选中相应的表面，使用“添加边”工具可以在该表面上添加边线，如图10-100所示。

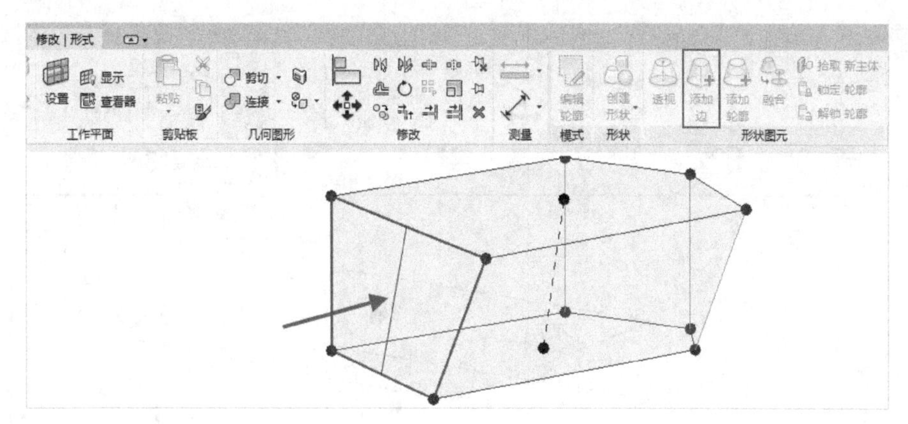

图10-100

4. 添加轮廓

进入“形状图元”模式，选中相应的表面，使用“添加轮廓”工具可以在体量轮廓面之间添加轮廓线，如图10-101所示。

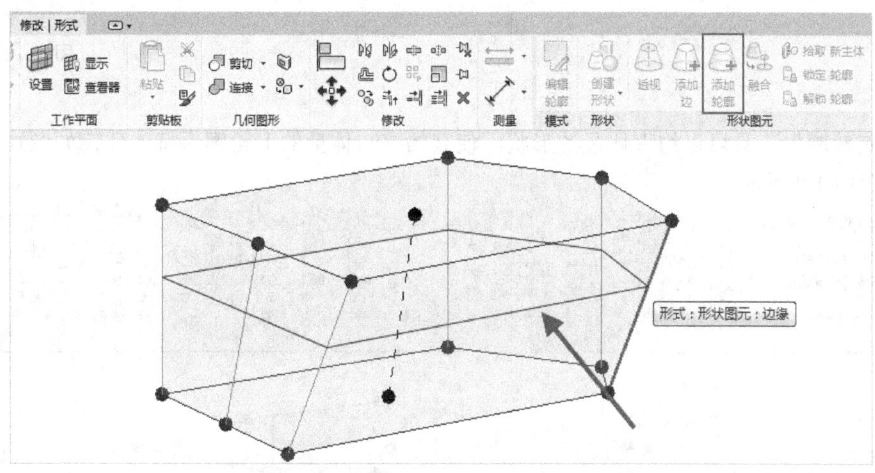

图10-101

5. 融合

删除体量的所有形状，只留下轮廓线，使用“融合”工具可以重新创建体量，操作过程如图10-102和图10-103所示。

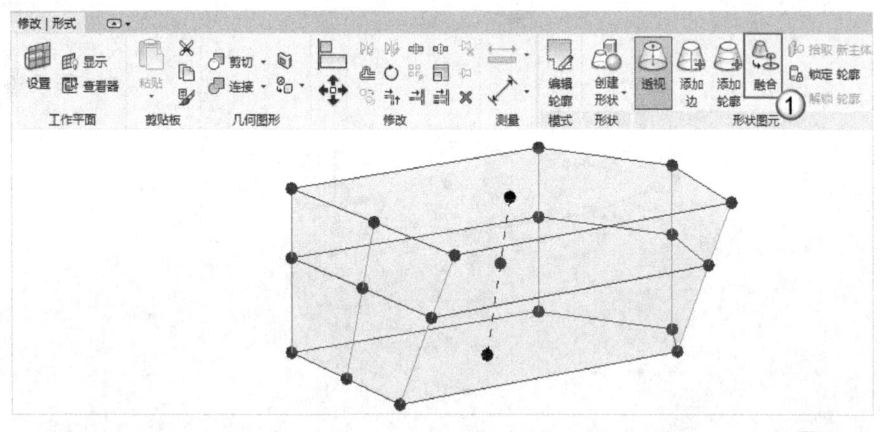

图10-102

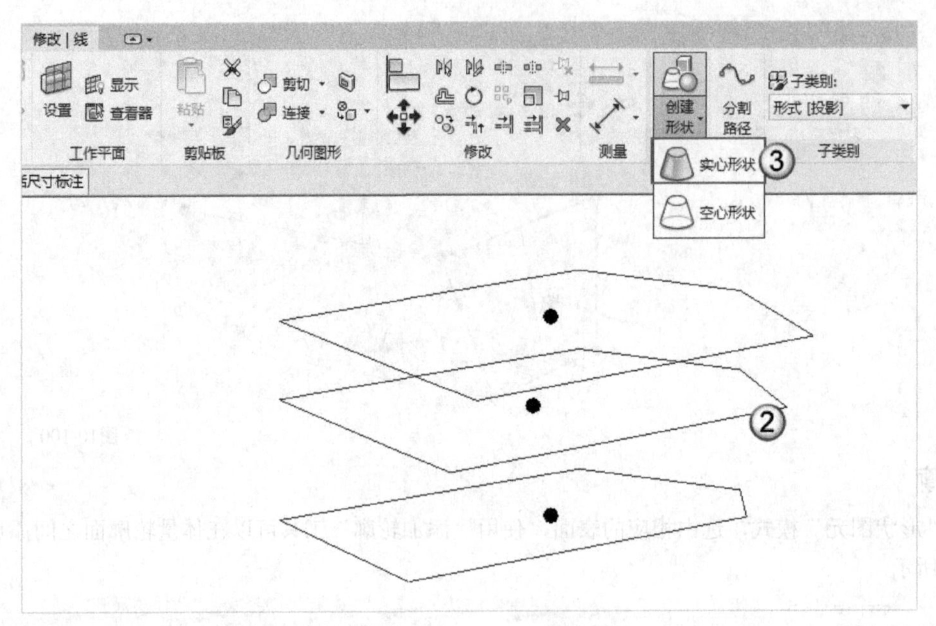

图10-103

6. 锁定轮廓

使用“锁定轮廓”工具可以约束体量的形状，使其始终与体量的上轮廓保持一致，如图10-104所示。锁定后的效果如图10-105所示。

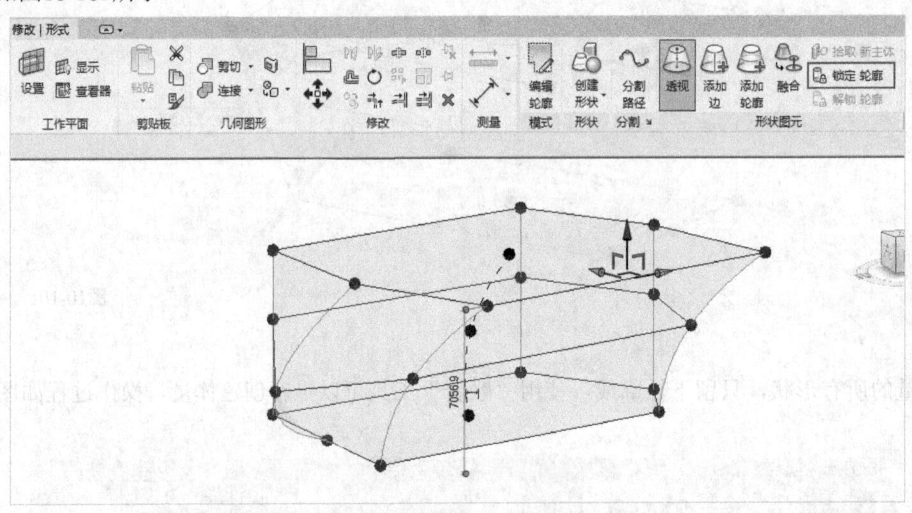

图10-104

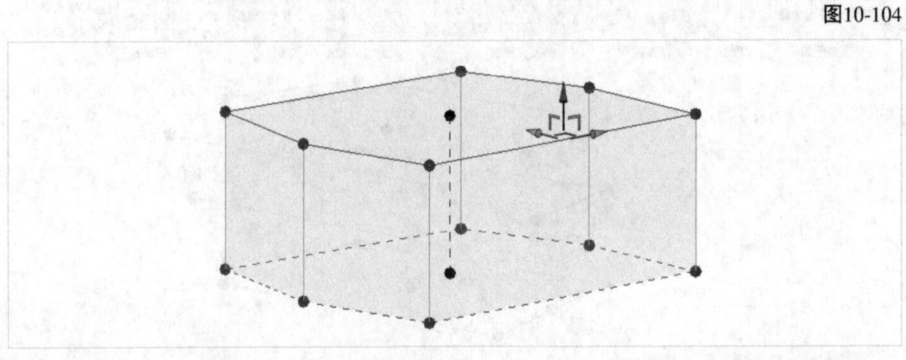

图10-105

7. 分割表面

使用“分割表面”工具可以将体量表面分割成网格，并在体量表面上生成网格线。拾取到体量表面，然后选择“分割表面”工具，如图10-106所示。分割后的效果如图10-107所示。

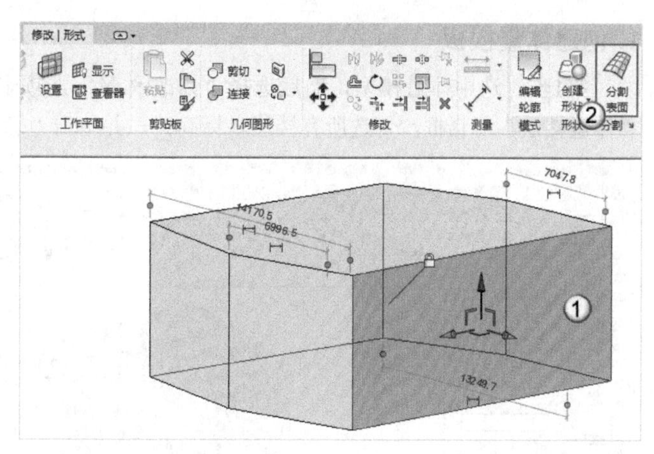

图10-106

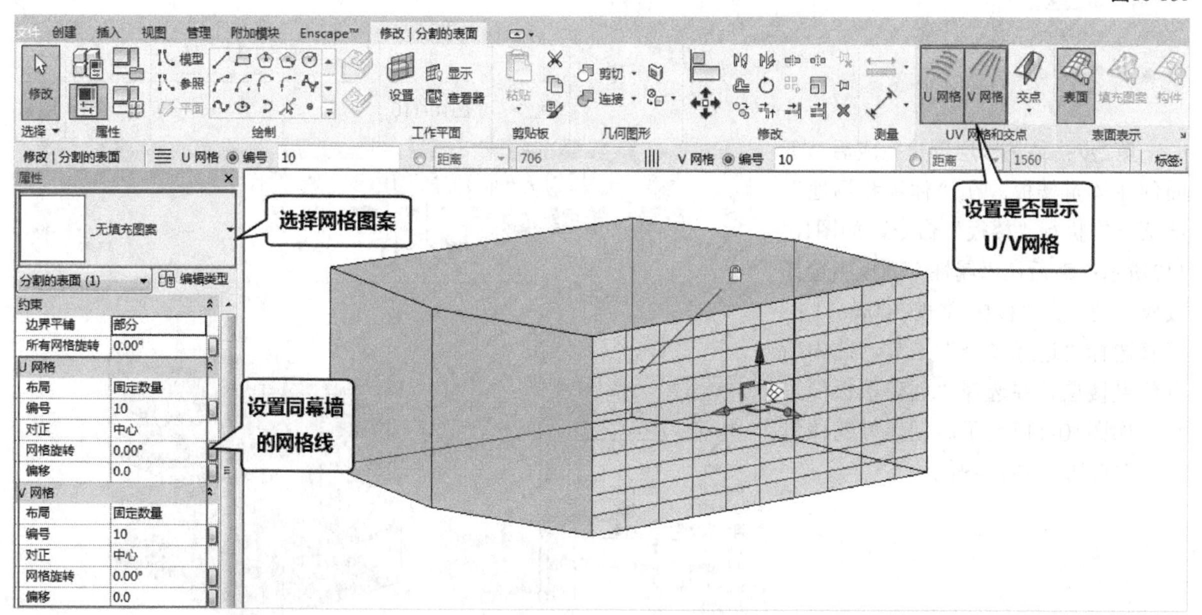

图10-107

10.3.5 体量的面模型

前面介绍的是体量形状的编辑，本小节主要介绍体量整体的编辑。在“形状图元”模式中单击“完成体量”✔或“取消体量”✖按钮（前者为确认修改，后者为取消修改），即可返回“体量”模式，如图10-108所示。此时，会进入“修改|体量”选项卡，如图10-109所示。下面以一个建筑外框的例子来介绍体量面模型的使用方法。

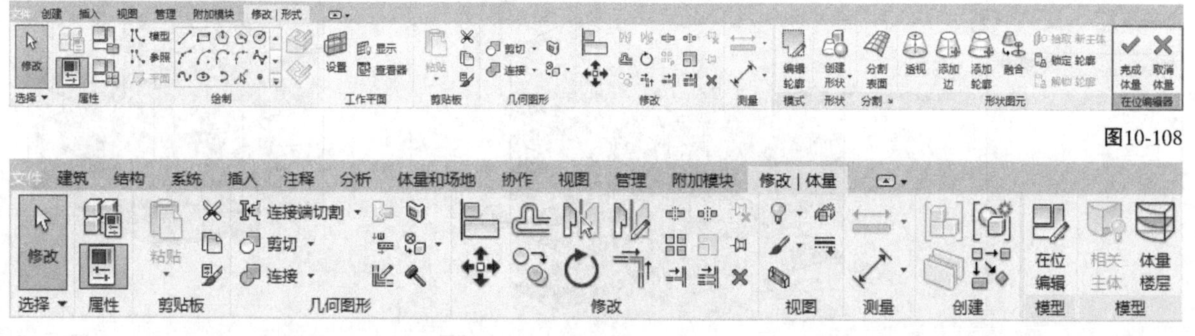

图10-108

图10-109

1. 创建体量楼板

第1步：选中体量模型，然后选择“修改|体量”选项卡中的“体量楼层”工具，如图10-110所示；打开“体量楼层”对话框，勾选所有楼层（标高），并单击“确定”按钮 确定 ，如图10-111所示。

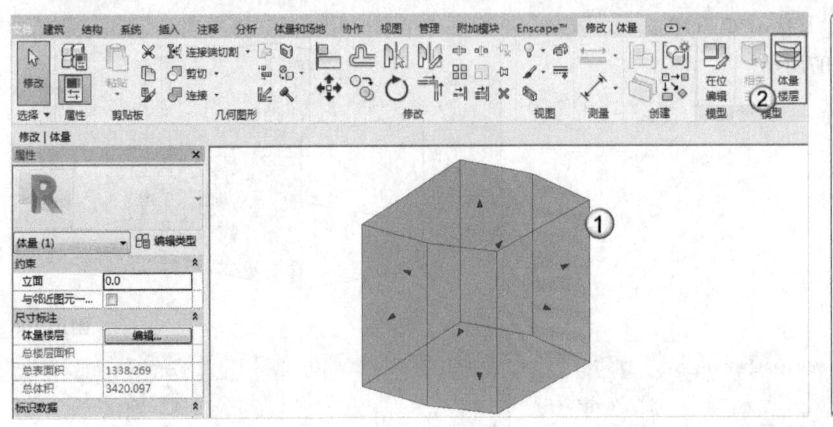

图10-110

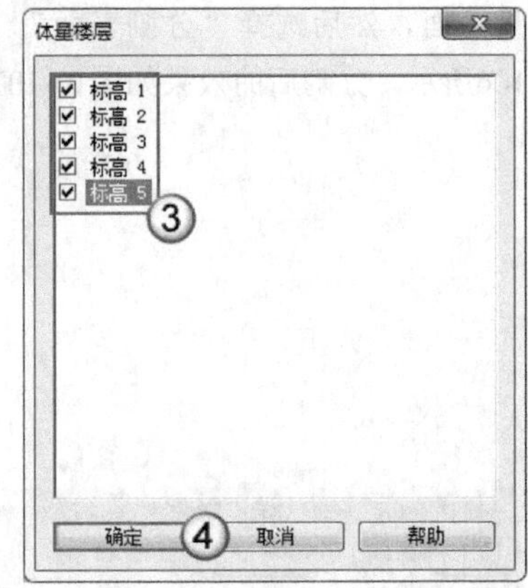

图10-111

第2步：体量楼层创建完成后，下面创建体量楼板。在“体量和场地”选项卡中执行“楼板”命令，如图10-112所示；然后在“属性”面板中选择楼板类型，如“楼板 常规-300mm”；接着选择“选择多个”工具，选中所有体量楼层，并选择“创建楼板”工具，如图10-113所示。创建好的体量楼板效果如图10-114所示。

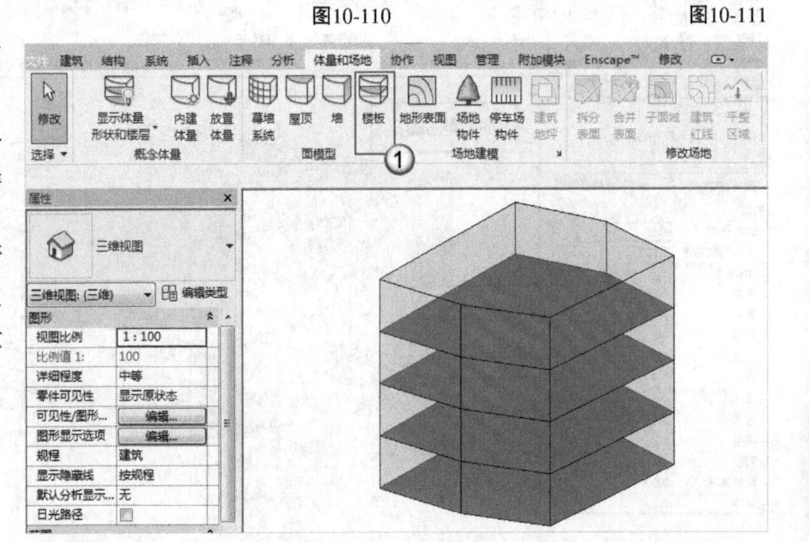

图10-112

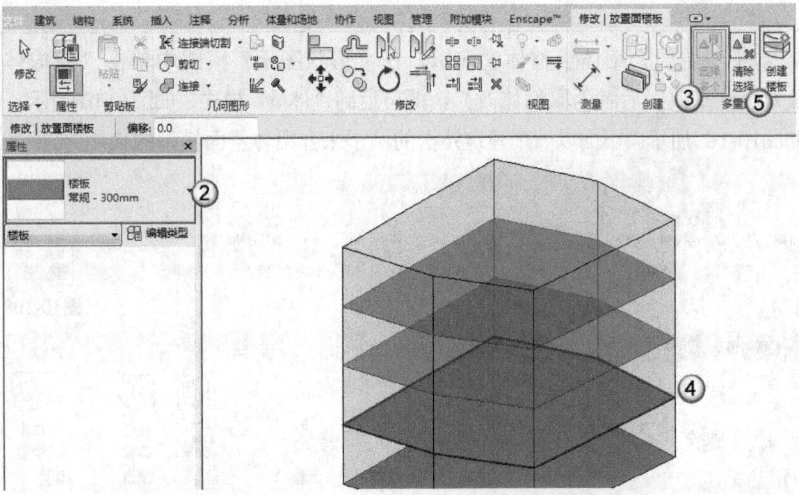

图10-113

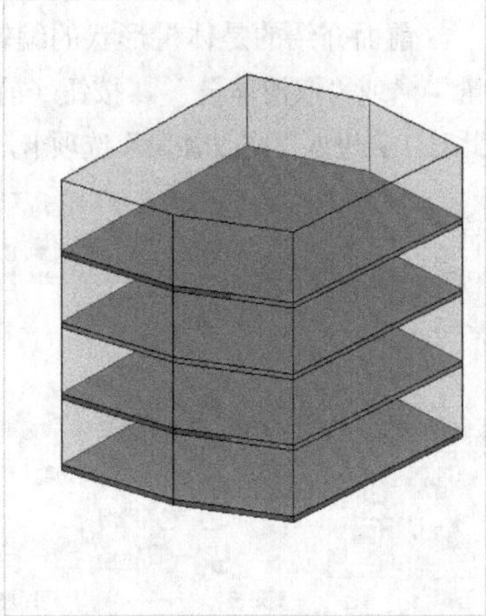

图10-114

2. 创建体量屋顶

执行“体量和场地”选项卡中的“屋顶”命令，如图10-115所示；然后在“属性”面板中选择屋顶类型，如“基本屋顶 常规-400mm”；接着取消选择“选择多个”工具，单击体量顶面，如图10-116所示。体量屋顶的效果如图10-117所示。

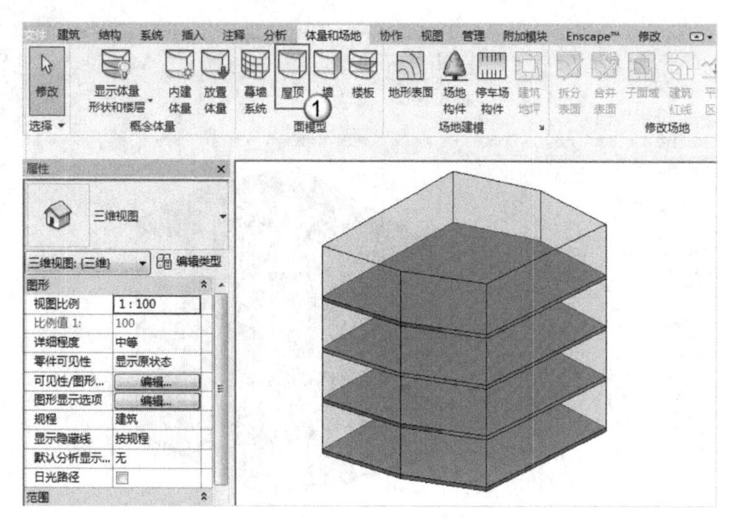

图10-115

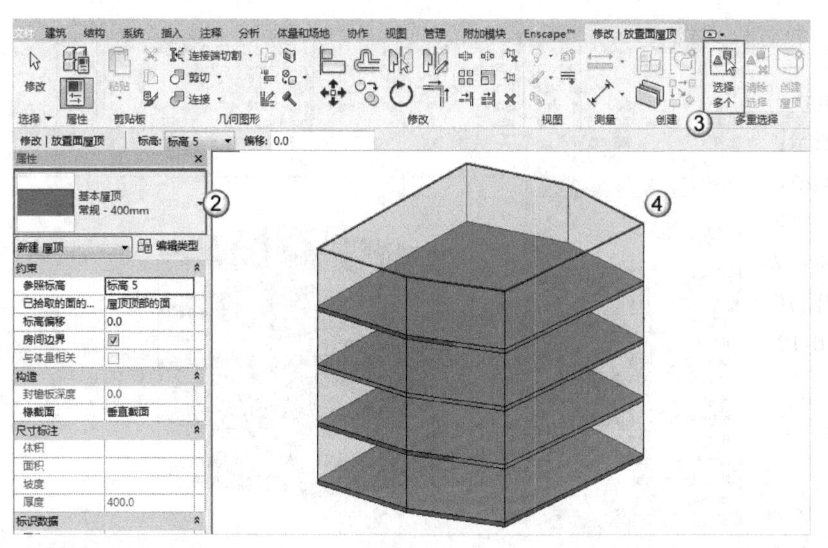

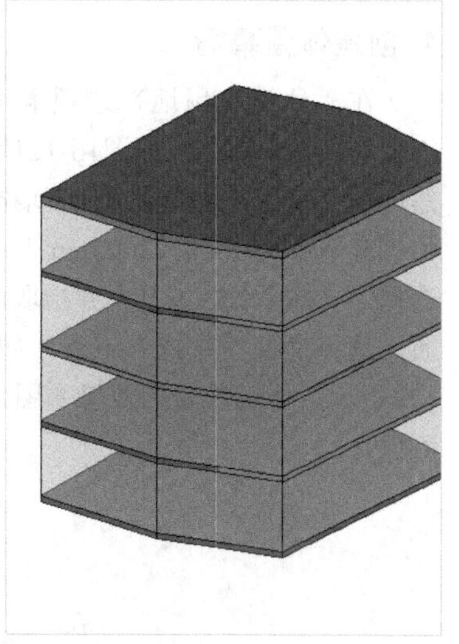

图10-116　图10-117

3. 创建体量墙

在“体量和场地”选项卡中执行“墙”命令，如图10-118所示；然后在“属性”面板中选择墙类型，如“基本墙 常规-200mm”；接着选择“拾取面”工具，拾取体量表面，如图10-119所示。体量墙的效果如图10-120所示。

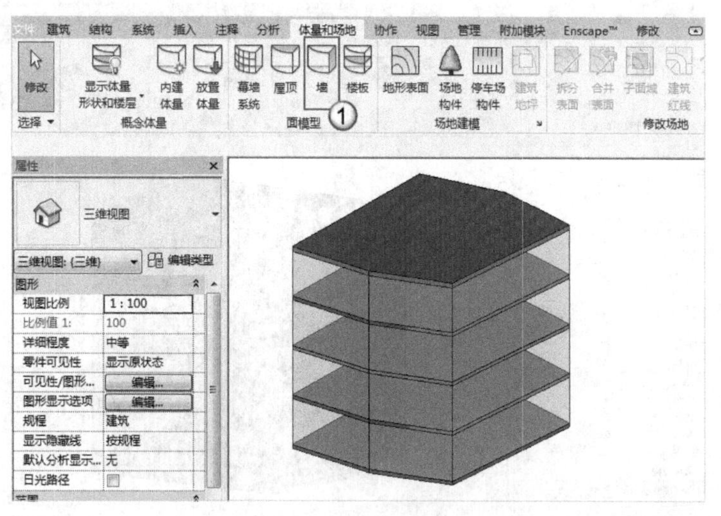

图10-118

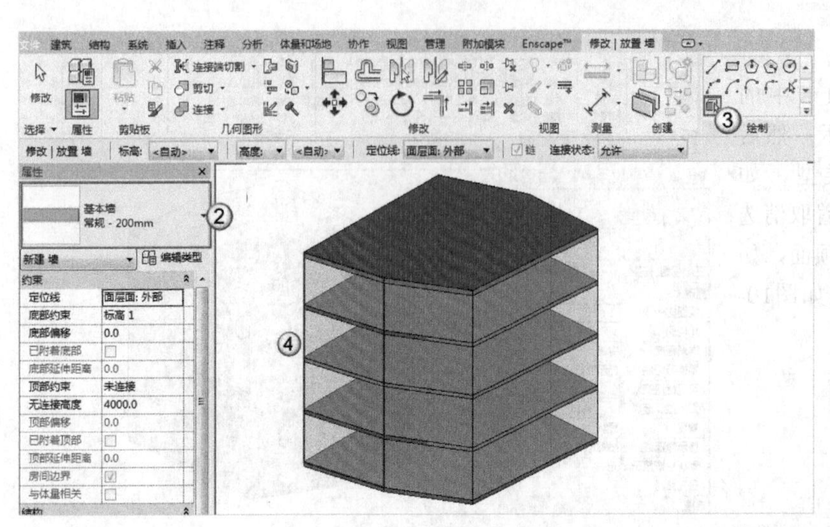

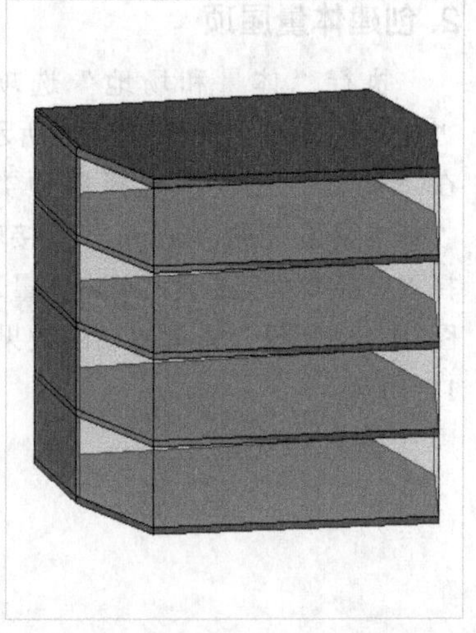

图10-119

图10-120

4. 创建体量幕墙

在“体量和场地”选项卡中执行“幕墙系统”命令，如图10-121所示；然后在“属性”面板中选择幕墙类型，如“幕墙系统 1500×3000mm”；接着选择“选择多个”工具，并拾取体量表面，选择“创建系统”工具，如图10-122所示。体量幕墙的效果如图10-123所示。

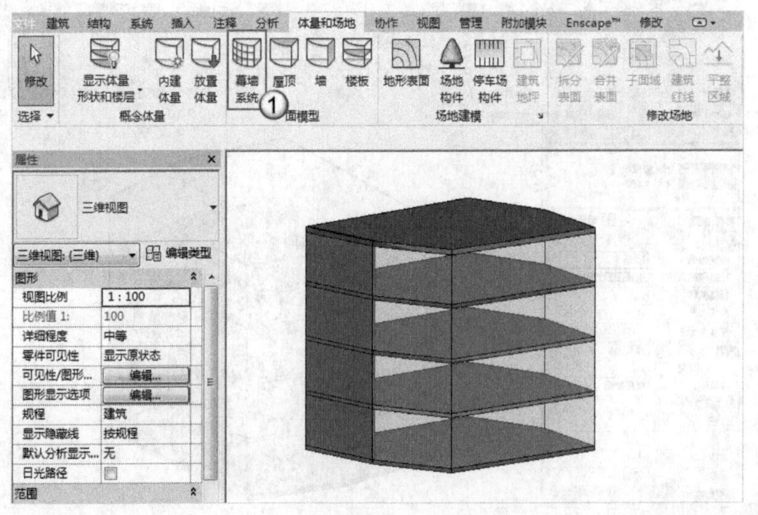

图10-121

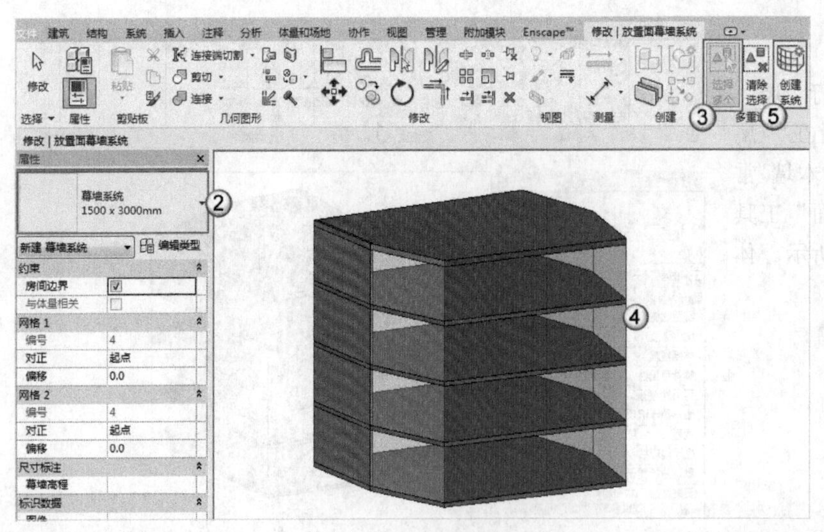

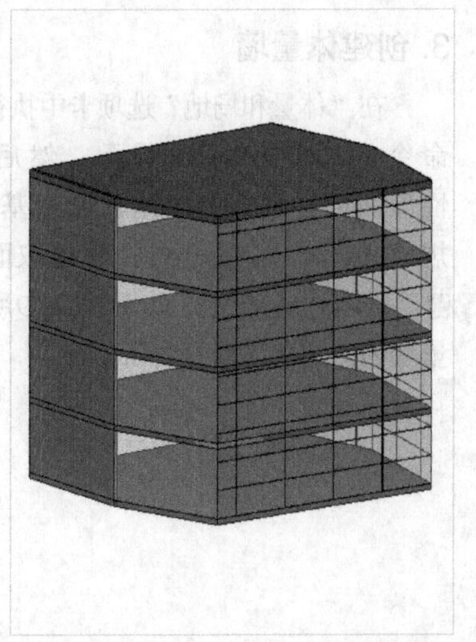

图10-122

图10-123

10.4 课堂练习：使用内建体量绘制柱脚

实例文件　实例文件>CH10>课堂练习：使用内建体量绘制柱脚.rvt
视频文件　课堂练习：使用内建体量绘制柱脚.mp4
学习目标　掌握内建体量的创建方法

柱脚模型如图10-124所示。

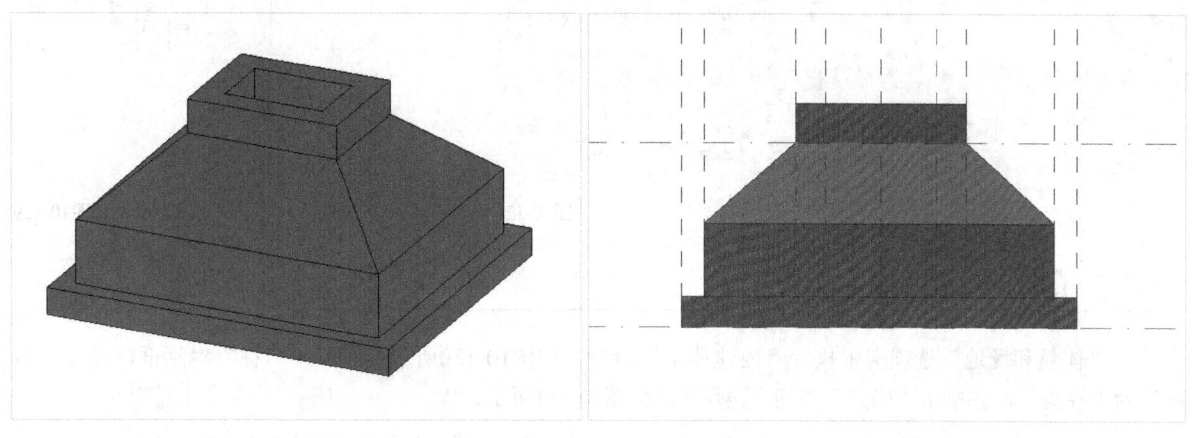

图10-124

10.4.1 创建标高/交叉轴网/参照平面

01 新建项目模板文件，进入“南”立面视图，将“标高2”设置为2.400，如图10-125所示。

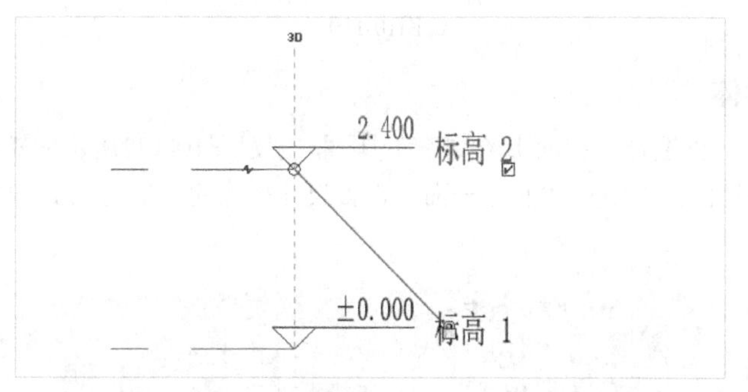

图10-125

02 在“建筑”选项卡中执行“轴网”命令，如图10-126所示；然后进入“标高1”平面视图，创建图10-127所示的交叉轴线。

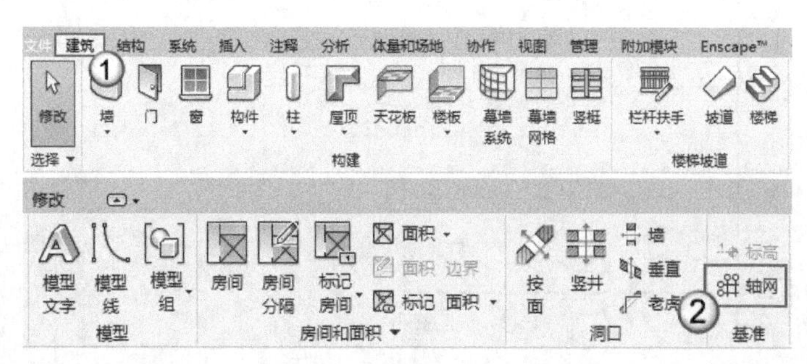

图10-126

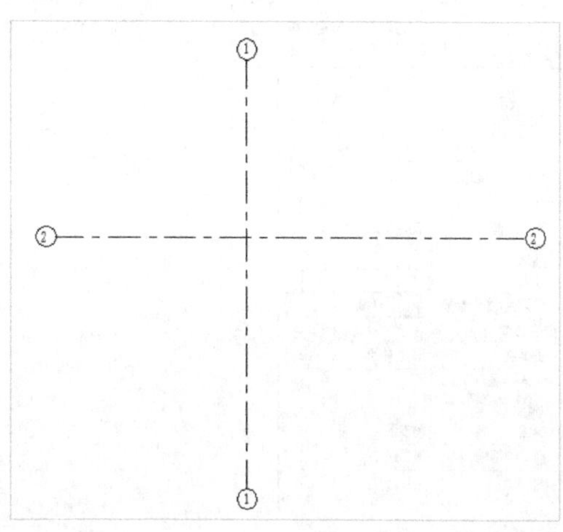

图10-127

03 在“建筑”选项卡中执行“参照 平面”命令，如图10-128所示；然后进入“标高1”平面视图，创建图10-129所示的参照平面。

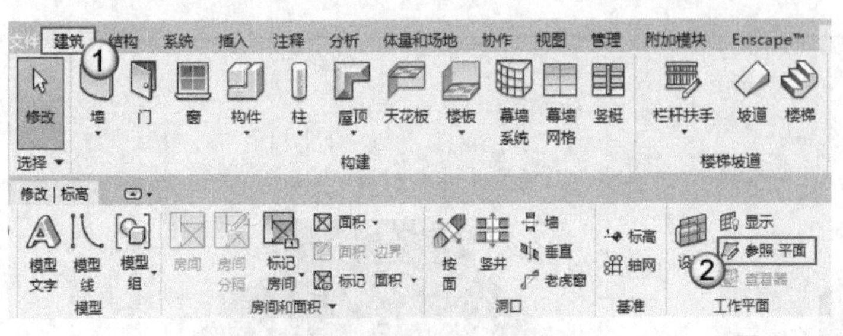

图10-128

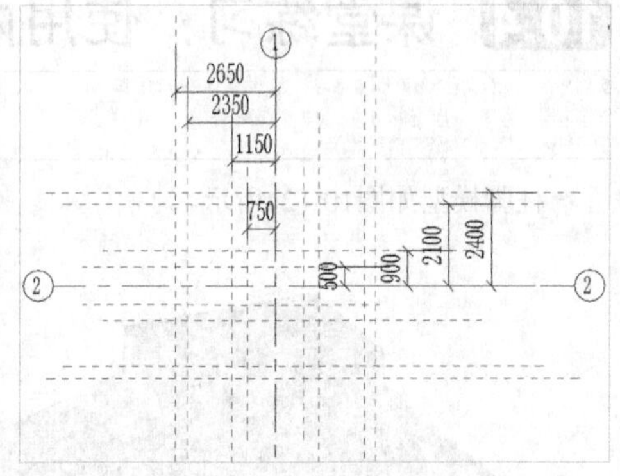

图10-129

10.4.2 创建内建体量模型

在“体量和场地”选项卡中执行“内建体量”命令，如图10-130所示；打开“名称”对话框，设置“名称”为“柱脚”，并单击“确定”按钮确定，如图10-131所示。

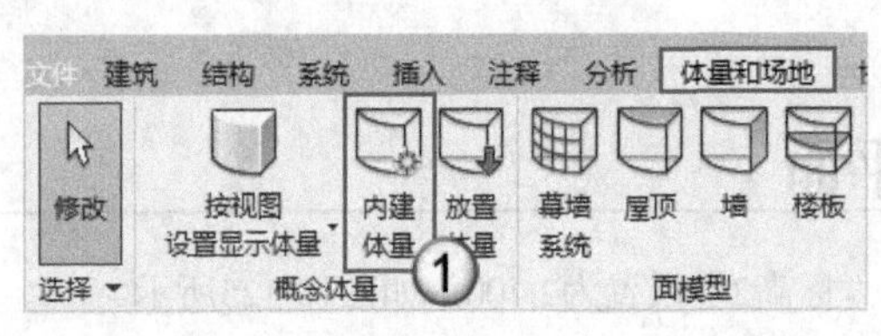

图10-130

图10-131

1. 创建柱脚的第1块形体

选择“矩形”工具，再选择“在面上绘制”工具，创建图10-132所示的矩形轮廓，并选择“创建形状”工具；然后进入三维视图，选中形体的上表面，设置尺寸标注的数值为400，如图10-133所示。完成后的效果如图10-134所示。

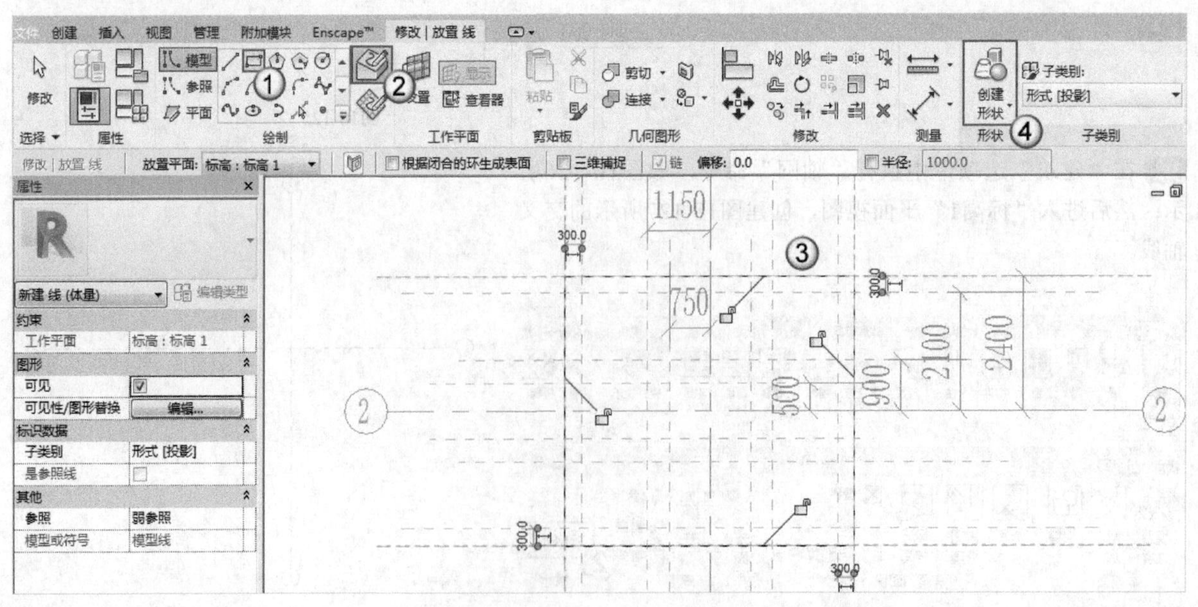

图10-132

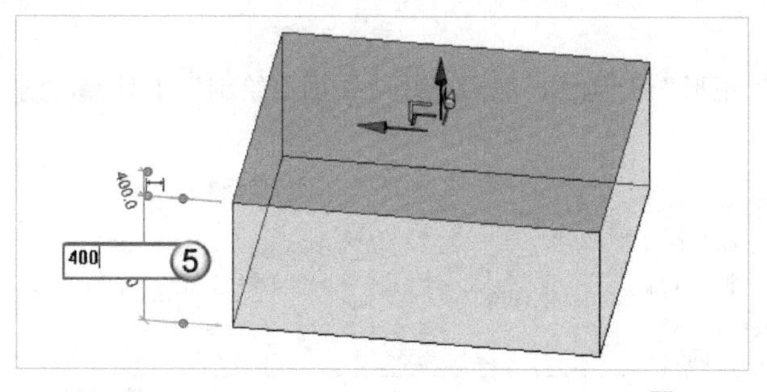

图10-133

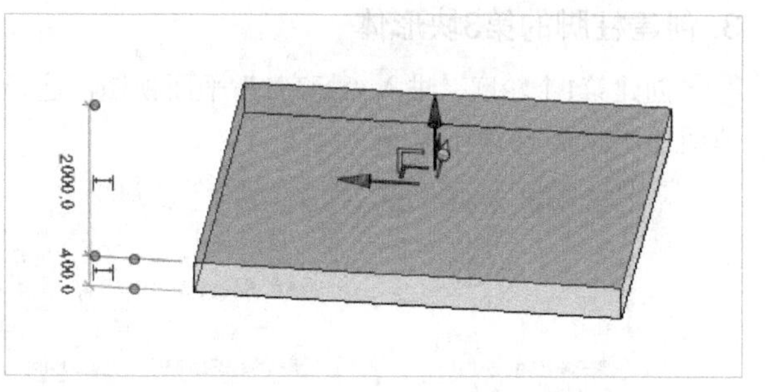

图10-134

2. 创建柱脚的第2块形体

进入“标高1”平面视图，选择“矩形”工具，再选择“在面上绘制”工具，创建图10-135所示的矩形轮廓，并选择“创建形状”工具；然后进入三维视图，选中形体的上表面，设置尺寸标注的数值为950，如图10-136所示。完成后的效果如图10-137所示。

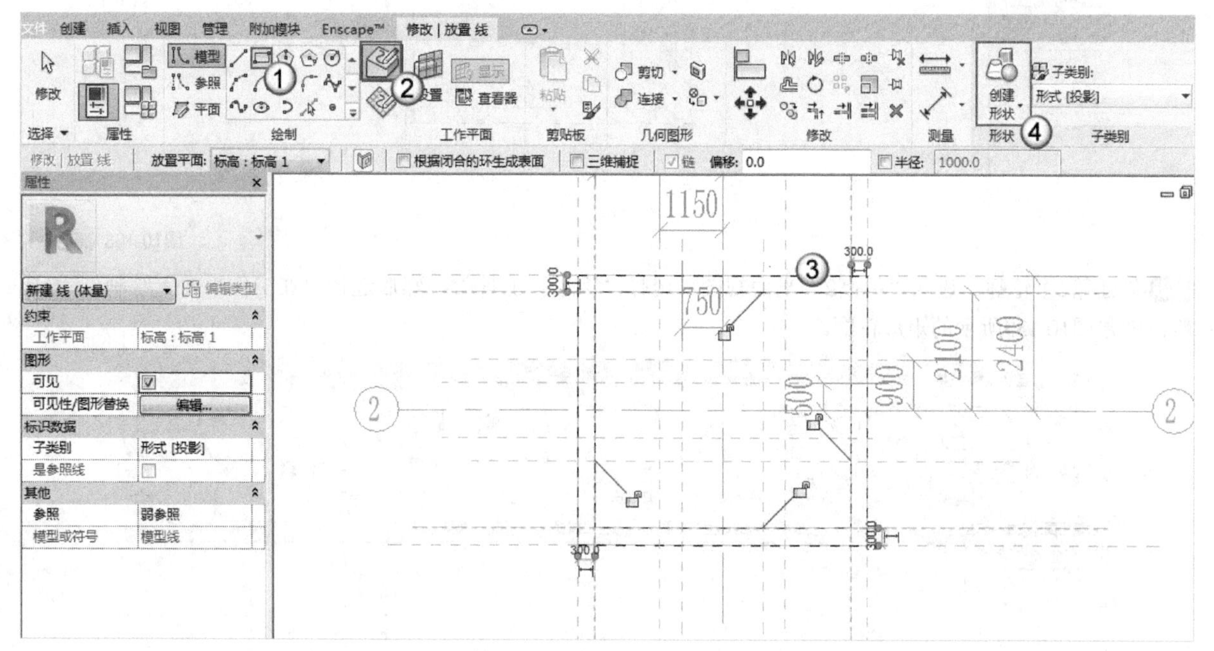

图10-135

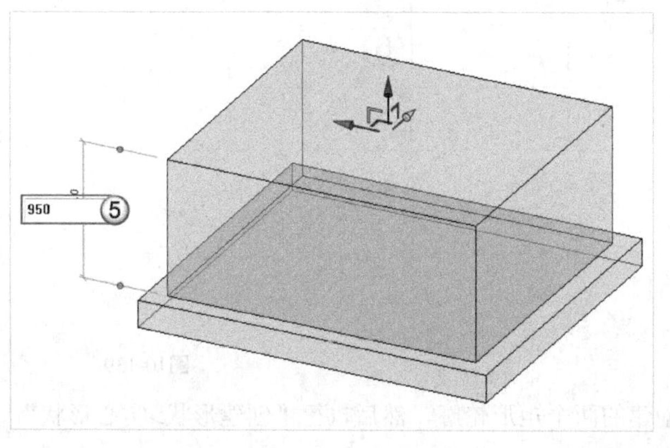

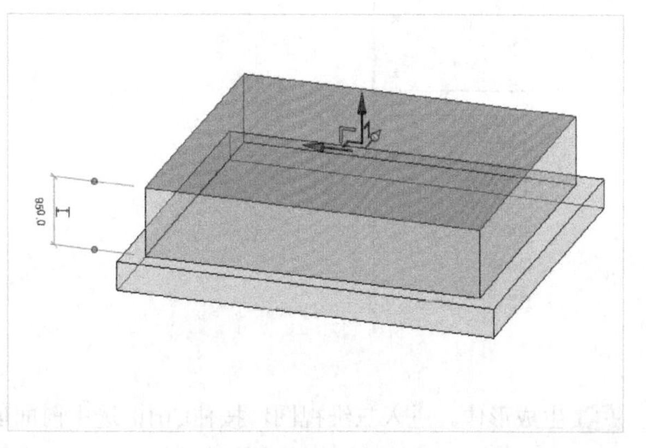

图10-136

图10-137

3. 创建柱脚的第3块形体

01 创建第1个轮廓。进入“标高1”平面视图，选择“矩形”工具，然后选择“在面上绘制”工具，创建图10-138所示的矩形轮廓。

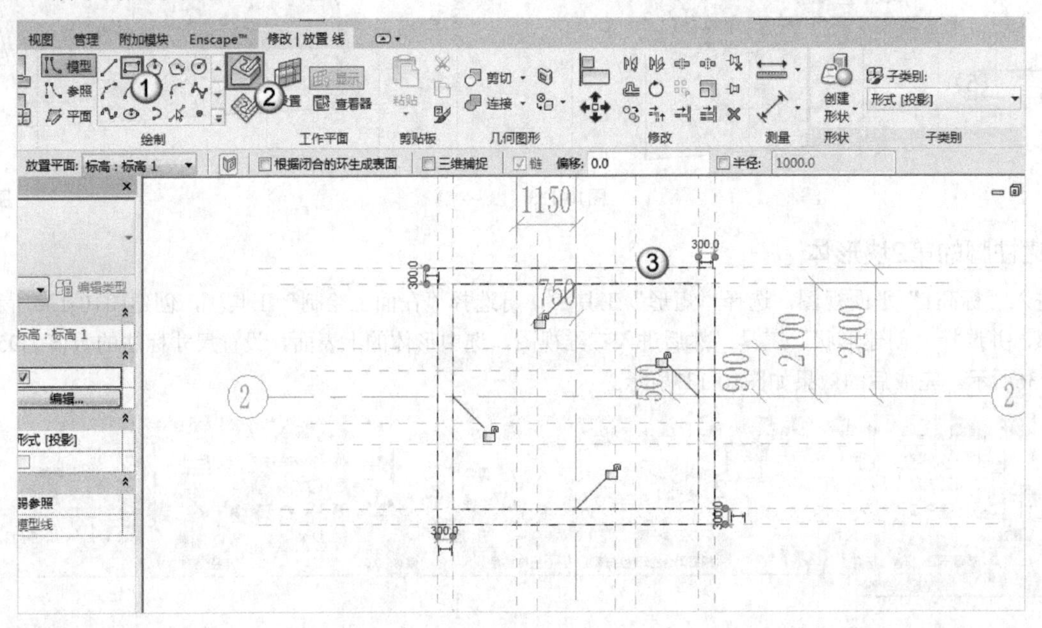

图10-138

02 创建第2个轮廓。进入“标高2”平面视图，选择“矩形”工具，然后选择“在工作平面上绘制”工具，创建图10-139所示的矩形轮廓。

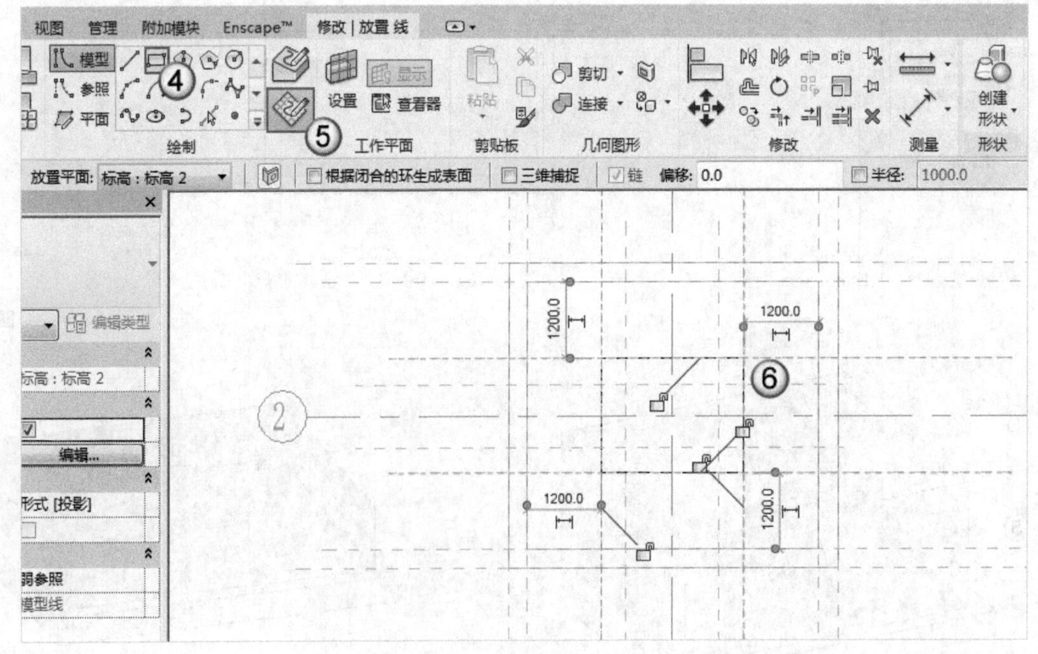

图10-139

03 生成形体。进入三维视图，按住Ctrl键选中前面创建的两个矩形轮廓，然后执行“创建形状>实心形状”命令，如图10-140所示。完成后的效果如图10-141所示。

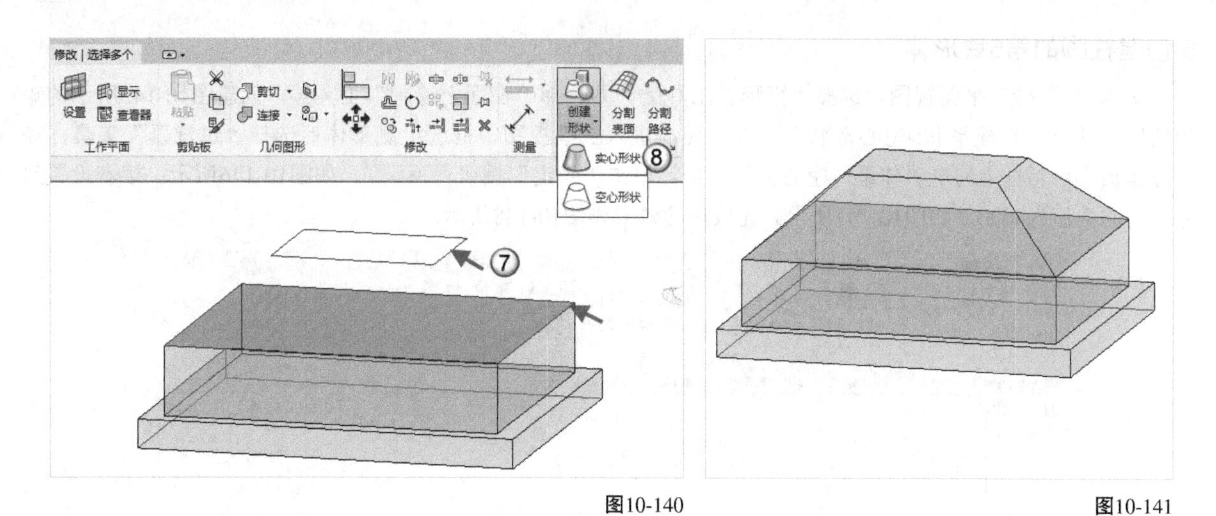

图10-140

图10-141

4. 创建柱脚的第4块形体

进入“标高2”平面视图，选择“矩形”工具，并选择“在面上绘制”工具，创建图10-142所示的矩形轮廓，并选择“创建形状”工具；然后进入三维视图，选中形体的上表面，设置尺寸标注的数值为500，如图10-143所示。完成后的效果如图10-144所示。

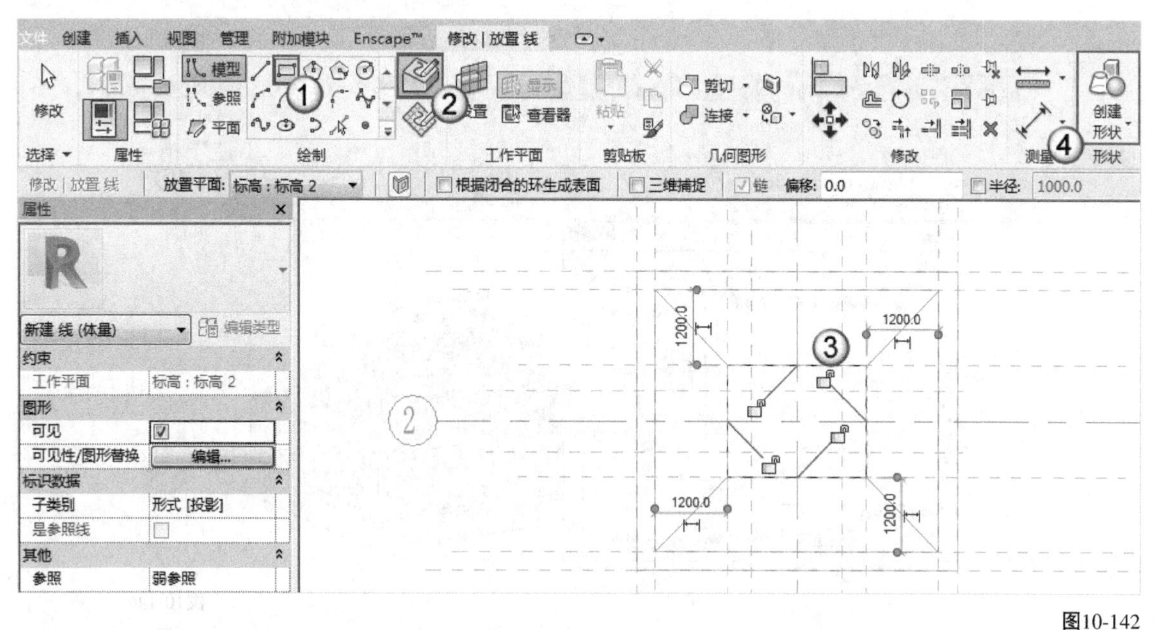

图10-142

图10-143

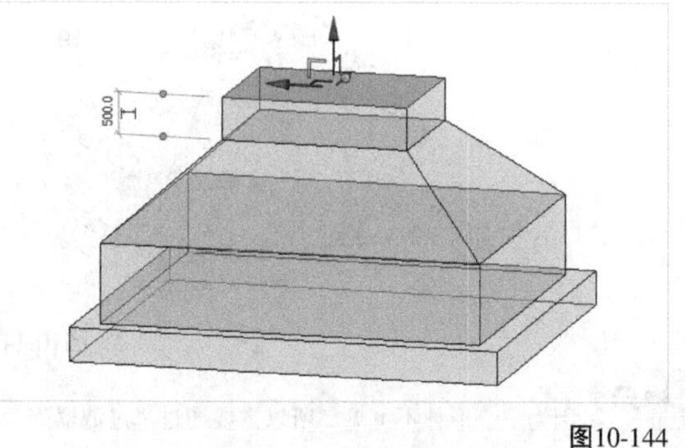

图10-144

5.创建柱脚的第5块形体

进入“标高2”平面视图，选择“矩形”工具，并选择“在面上绘制”工具，创建图10-145所示的矩形轮廓，执行“创建形状>空心形状”命令；然后进入三维视图，框选上侧形体后选择“过滤器”工具，在“过滤器”对话框中勾选“体量（空心）”选项，单击“确定”按钮，如图10-146所示；接着设置尺寸标注的数值为3000，如图10-147所示。完成后的效果如图10-148所示。

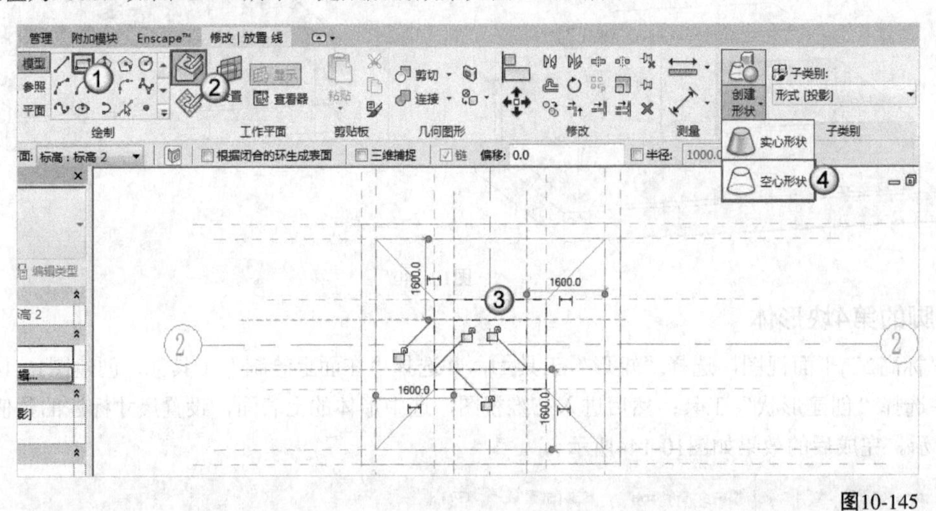

图10-145

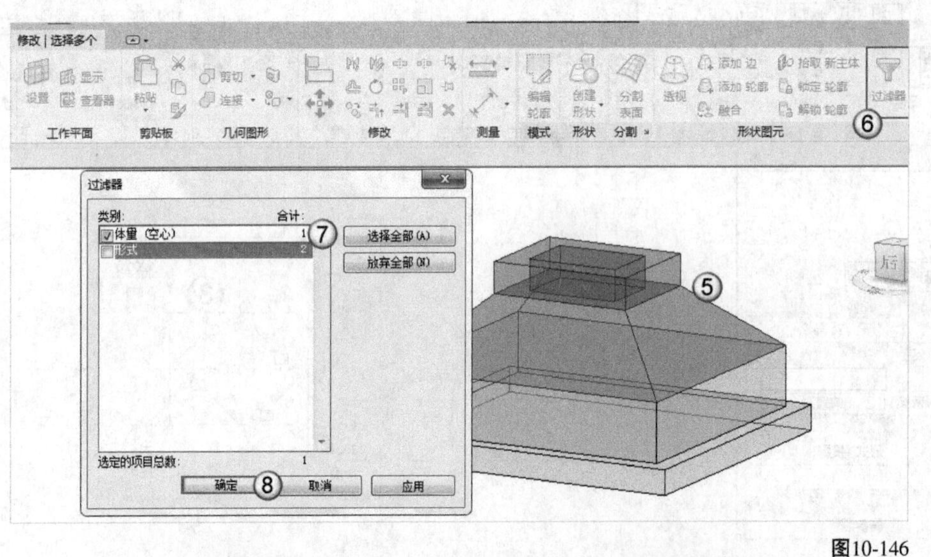

图10-146

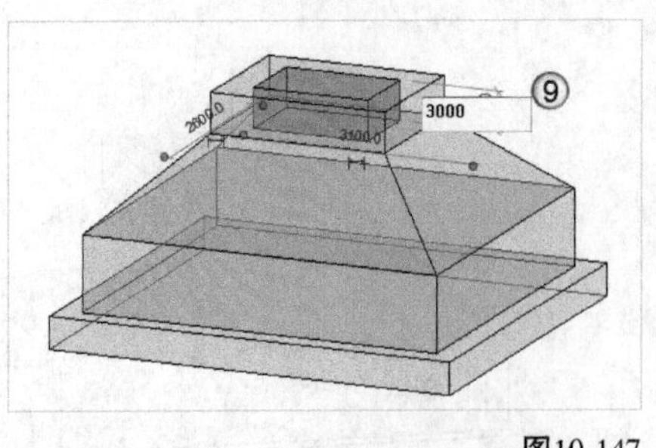

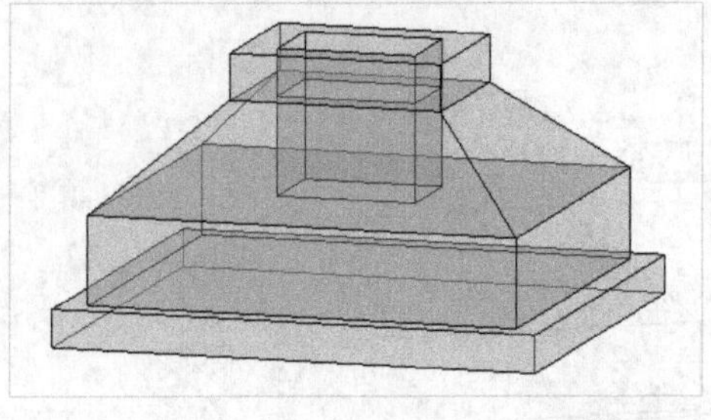

图10-147　　图10-148

因为空心形体不可见，所以需要通过“过滤器”工具将其选中。

10.4.3 指定柱脚材质

01 选择“修改”选项卡中的“连接”工具，如图10-149所示；然后使用鼠标左键从第1块形体开始选择，完成各形体的合并，如图10-150所示。

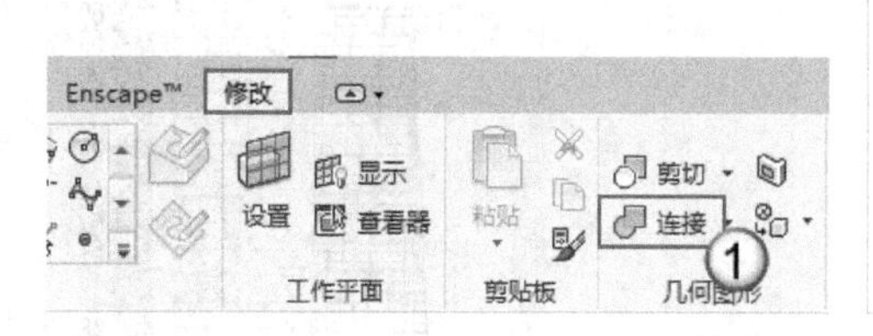

图10-149

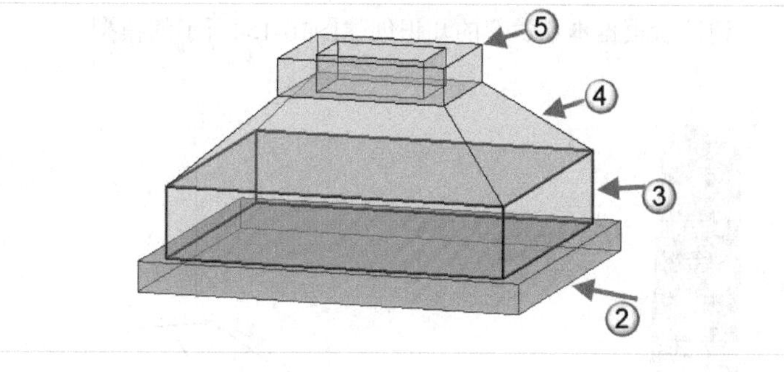

图10-150

02 合并完成后，选中柱脚，设置“属性”面板中的“材质”选项，如图10-151所示；打开“材质浏览器”对话框，选择“混凝土”材质，并单击“确定”按钮 确定 ，如图10-152所示。柱脚效果如图10-153所示。

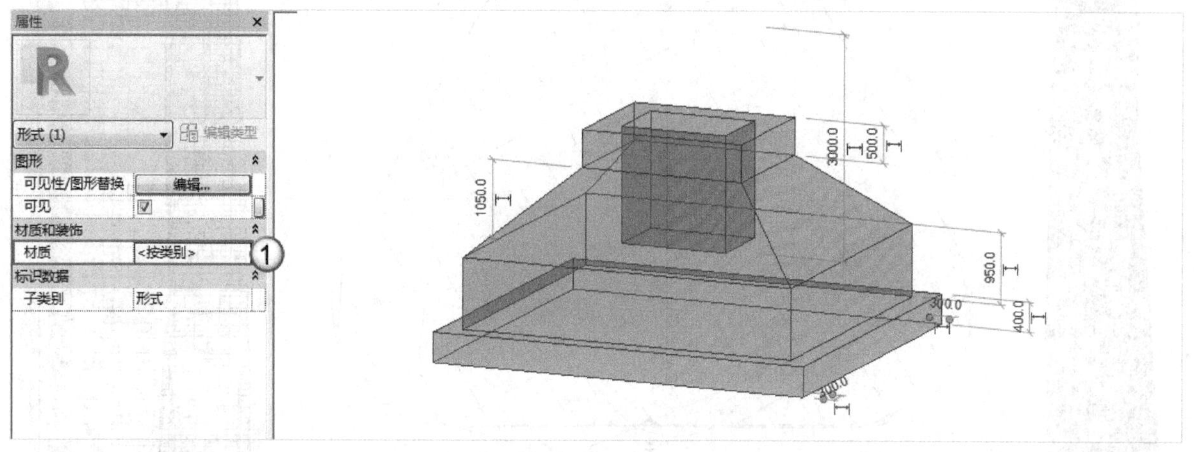

图10-151

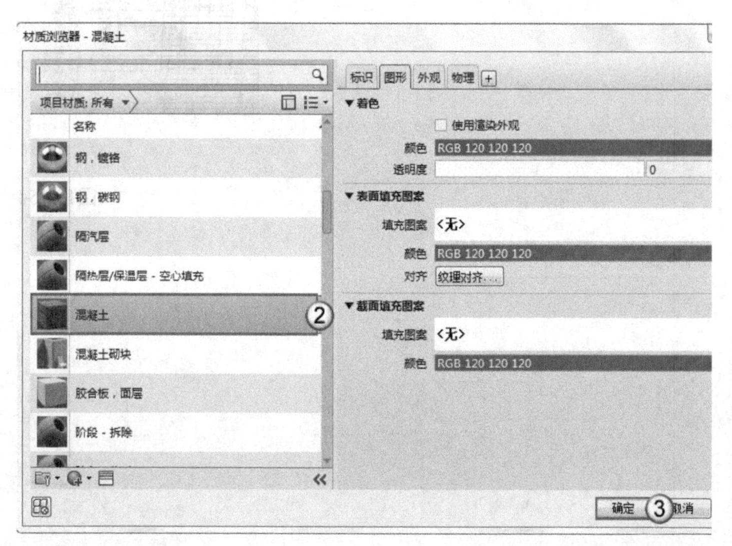

图10-152

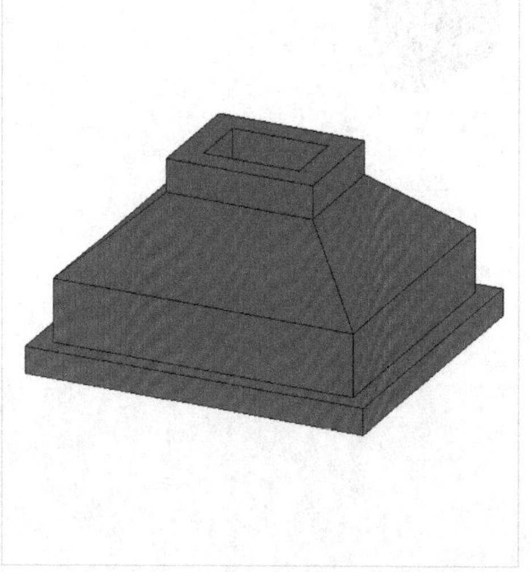

图10-153

10.5 课后习题：使用体量创建高层建筑

实例文件　实例文件>CH10>课后习题：使用体量创建高层建筑.rvt
视频文件　课后习题：使用体量创建高层建筑.mp4
学习目标　掌握体量的创建方法

请读者根据本章学习的知识创建图10-154所示的模型。

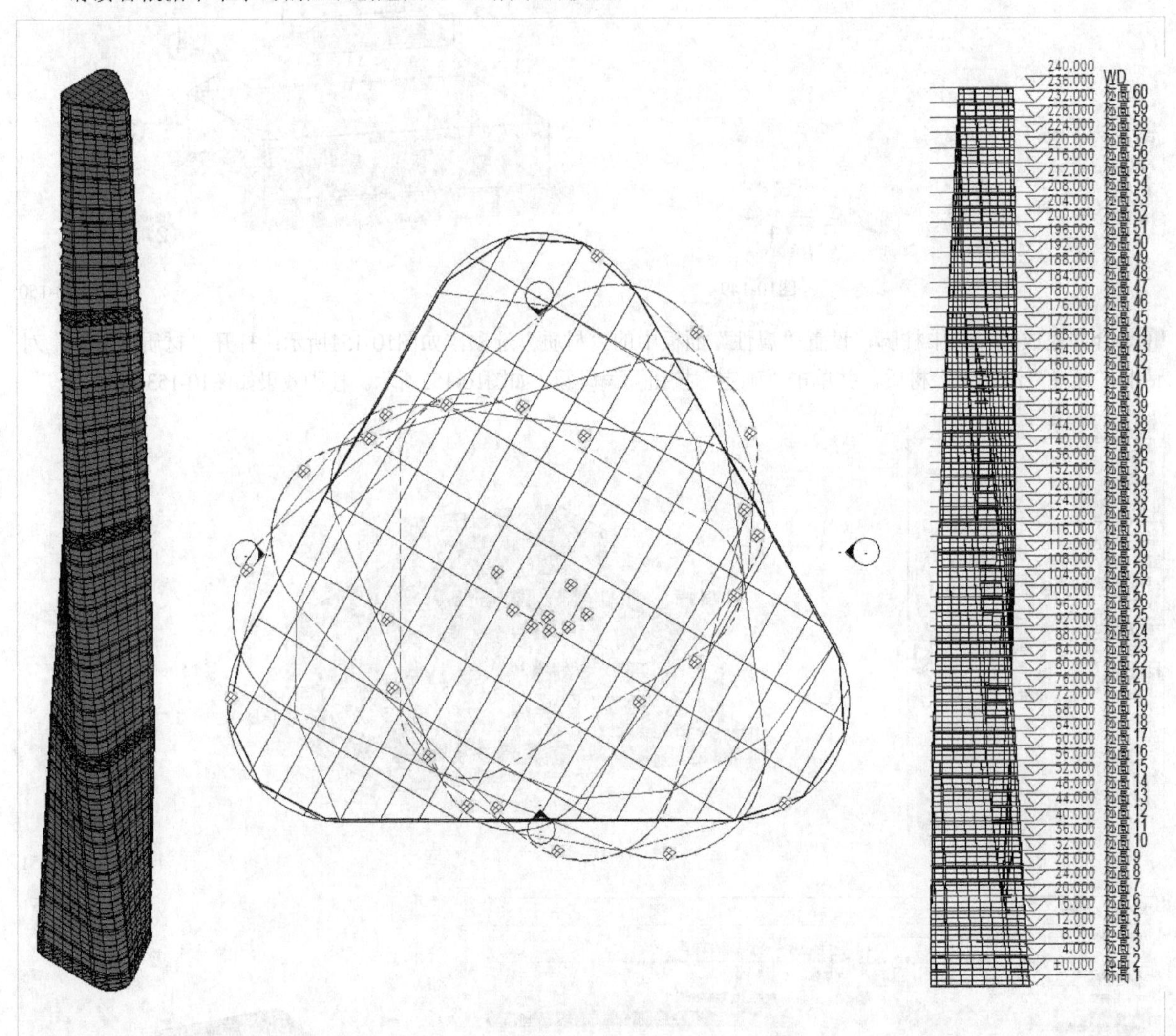

图10-154

第11章

族

本章将介绍Revit 2018中族的基本概念和创建方法。通过对本章的学习，读者将会对族的创建有基本的了解，并能创建常见的族。

学习目标

- 掌握族的创建方法
- 掌握族的参数设置方法
- 掌握嵌套族的操作方法
- 掌握族公式的设置方法

11.1 族模型的创建和编辑

族是用户在Revit 2018中建模的基础，不论是模型图元还是注释图元，它们都是由各种族构成的。掌握了族的读者能更高效地完成模型的创建。本节将对族的创建和族的参数设置进行介绍。

本节内容介绍

名称	作用	重要程度
选择族样板文件	掌握族样板文件的创建方法	高
族的参数设置	掌握锁定模型边线和设置参数的方法	高

11.1.1 课堂案例：创建装饰柱族模型

实例文件　实例文件>CH11>课堂案例：创建装饰柱族模型.rfa
视频文件　课堂案例：创建装饰柱族模型.mp4
学习目标　掌握族样板文件和族模型的创建方法

装饰柱族模型如图11-1所示。

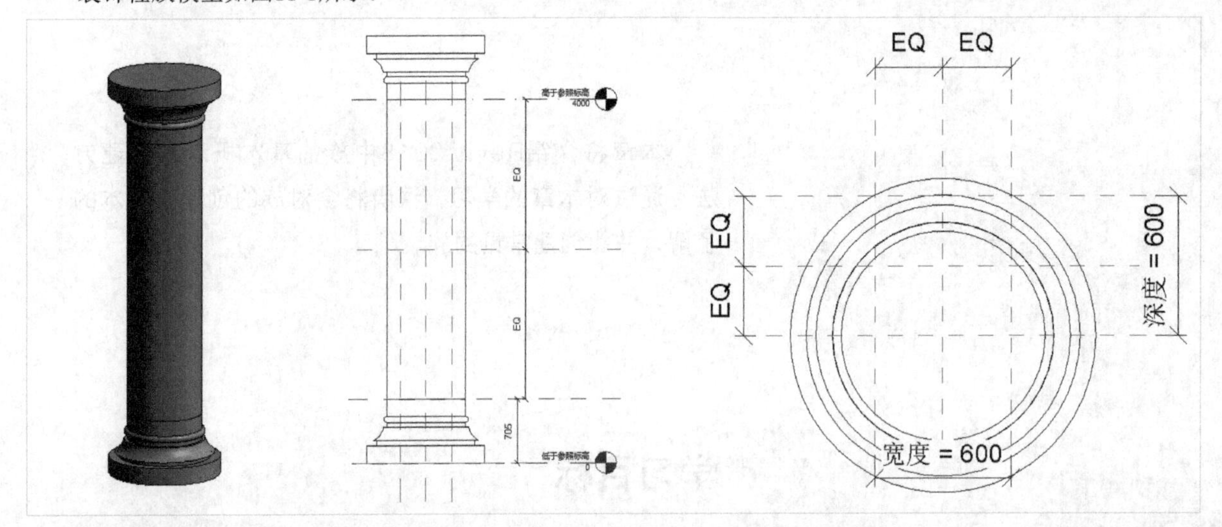

图11-1

1.新建族文件

在“族”区域中选择“新建”选项，打开“新族-选择样板文件”对话框；然后选择“公制柱.rft”文件，并单击“打开”按钮 打开(O) ，如图11-2所示。打开族的创建窗口，如图11-3所示。

图11-2

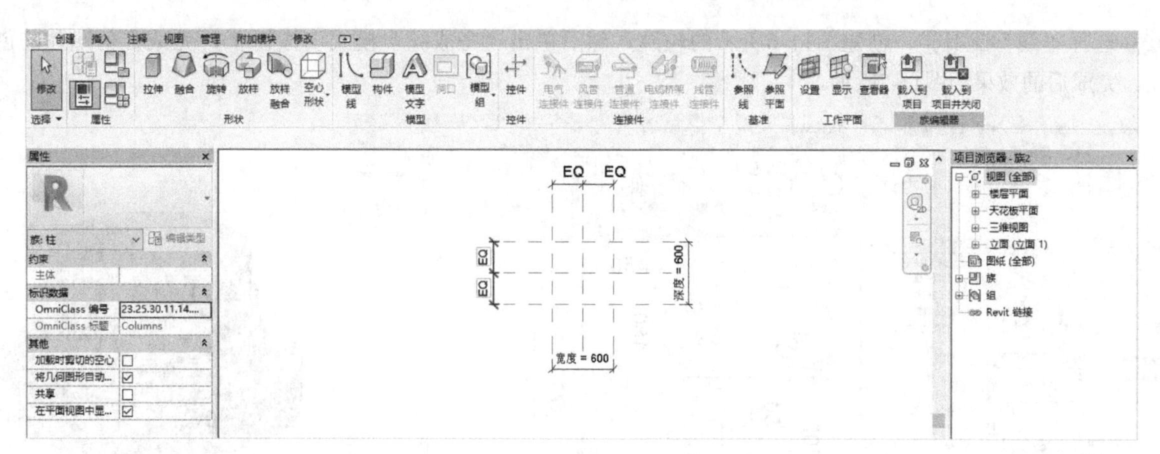

图11-3

2. 创建装饰柱族的第1块几何形体

01 在“项目浏览器”面板中双击“前”视图，进入模型的“前”立面视图，在“创建”选项卡中执行“旋转”命令，如图11-4所示；切换到“修改|创建旋转”选项卡，选择“轴线”右侧的“线”工具，创建图11-5所示的轴线。

图11-4

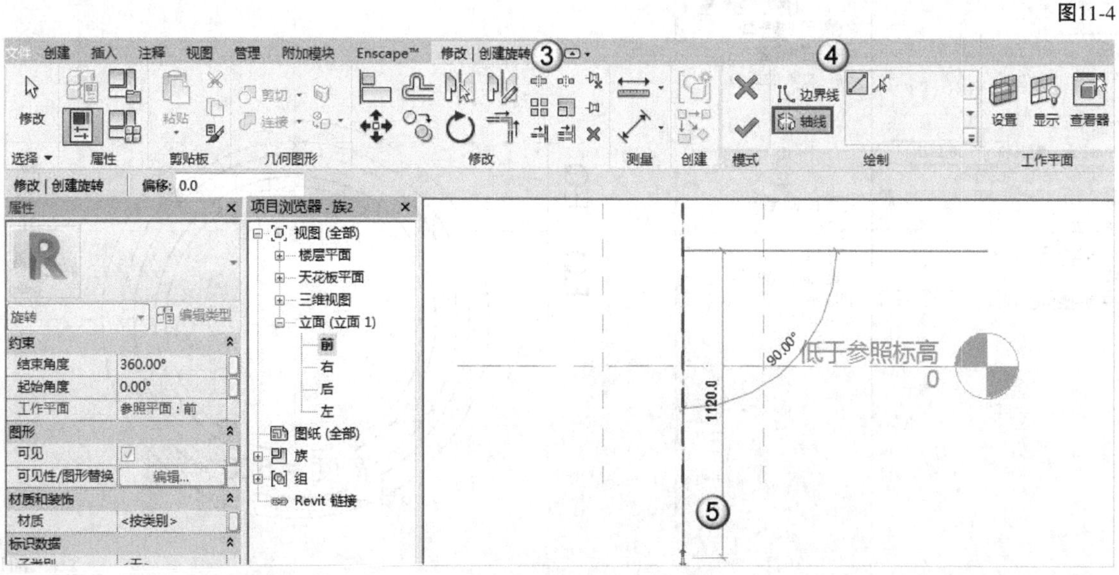

图11-5

02 选择“线”工具，创建图11-6所示的轮廓，然后单击“完成编辑模式”按钮，完成几何形体的创建。完成后的效果如图11-7所示。

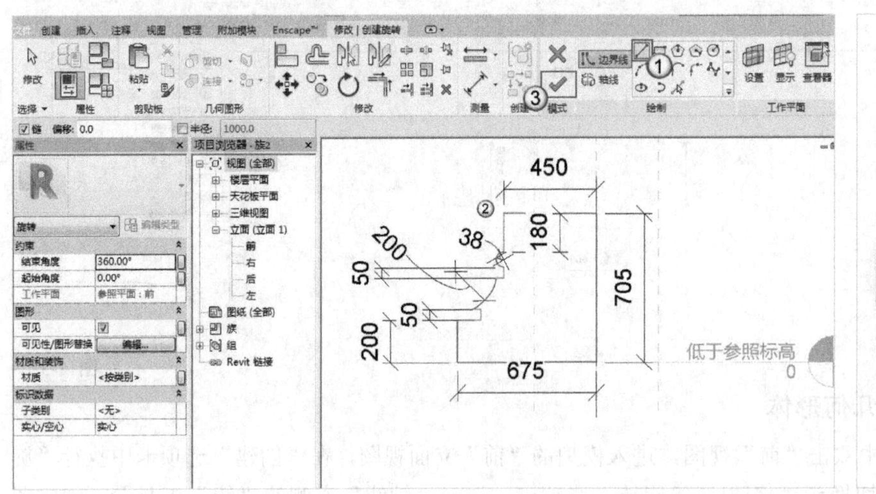

图11-6

图11-7

3. 创建装饰柱族的第2块几何形体

双击“低于参照标高”视图，进入“低于参照标高”平面视图，执行“创建”选项卡中的“拉伸”命令，如图11-8所示；然后选择“圆形”工具，在“属性”面板中设置“拉伸起点”和“拉伸终点”；接着在平面视图中创建图11-9所示的半径为450的圆形轮廓，并单击“完成编辑模式”按钮。完成后的效果如图11-10所示。

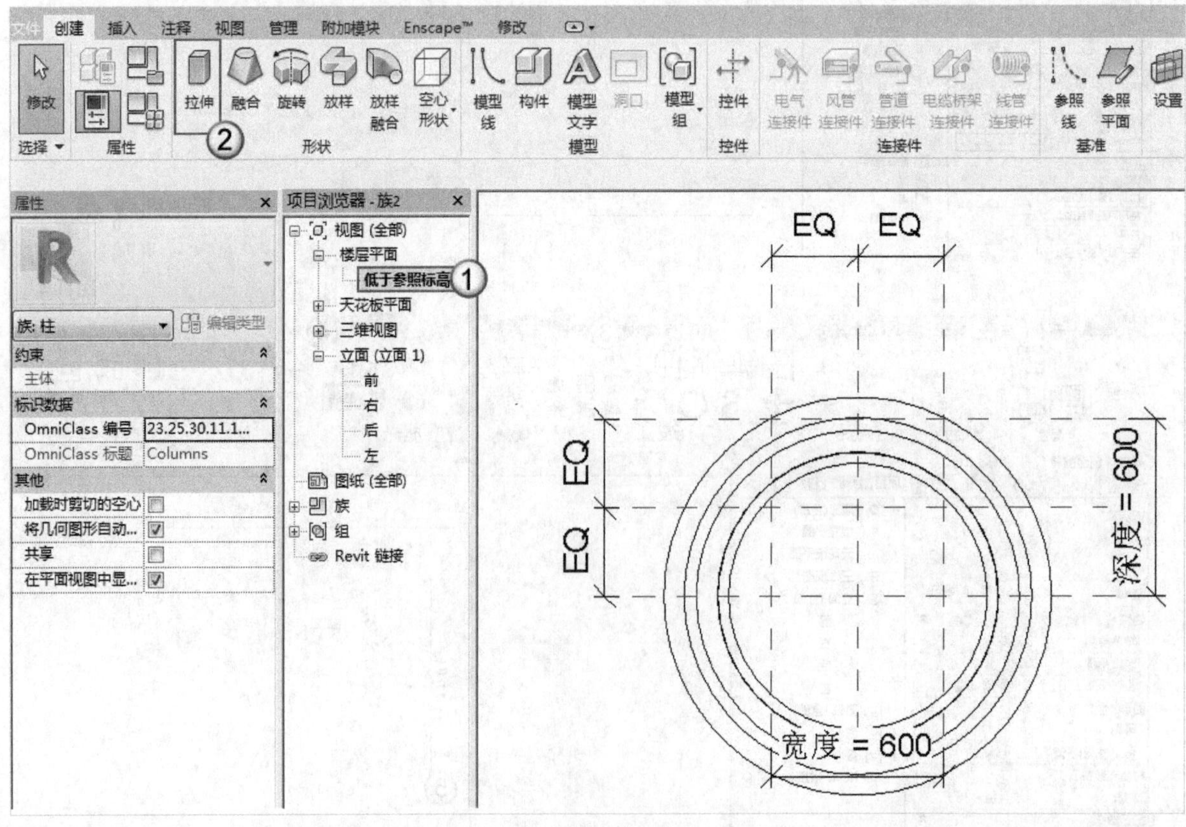

图11-8

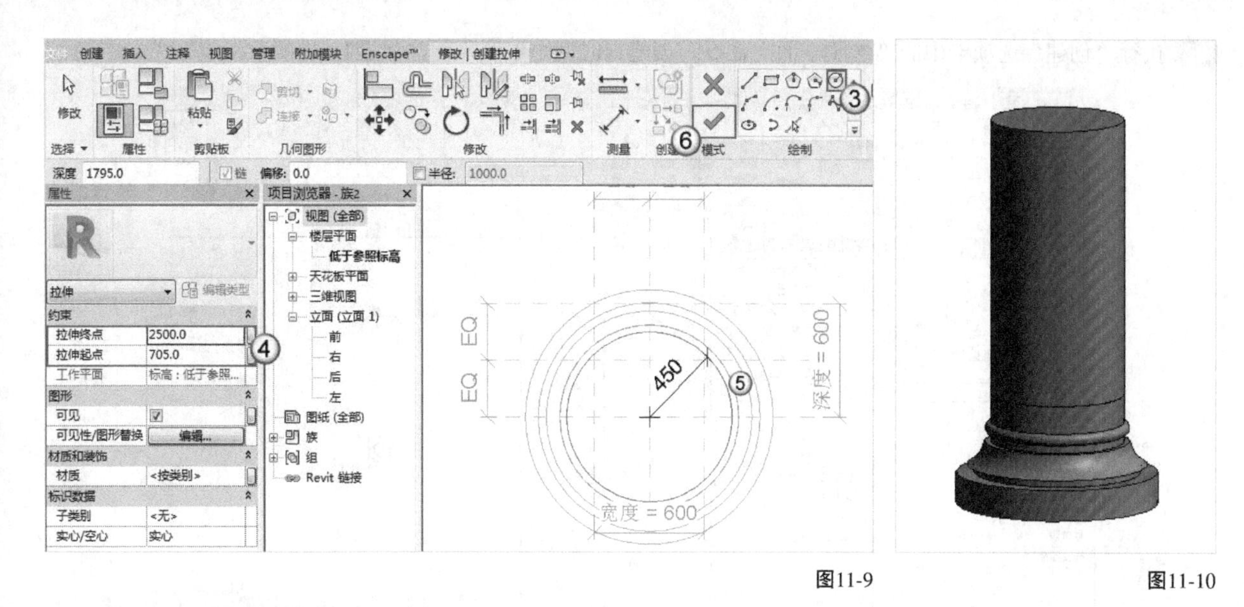

图11-9　　图11-10

4. 创建装饰柱族的第3块几何形体

01 在“项目浏览器”面板中双击“前”视图，进入“前”立面视图，选择“修改”选项卡中的“对齐”工具，并将创建的拉伸形体的上边线锁定到“高于参照标高”参照平面，具体操作方式如图11-11所示。

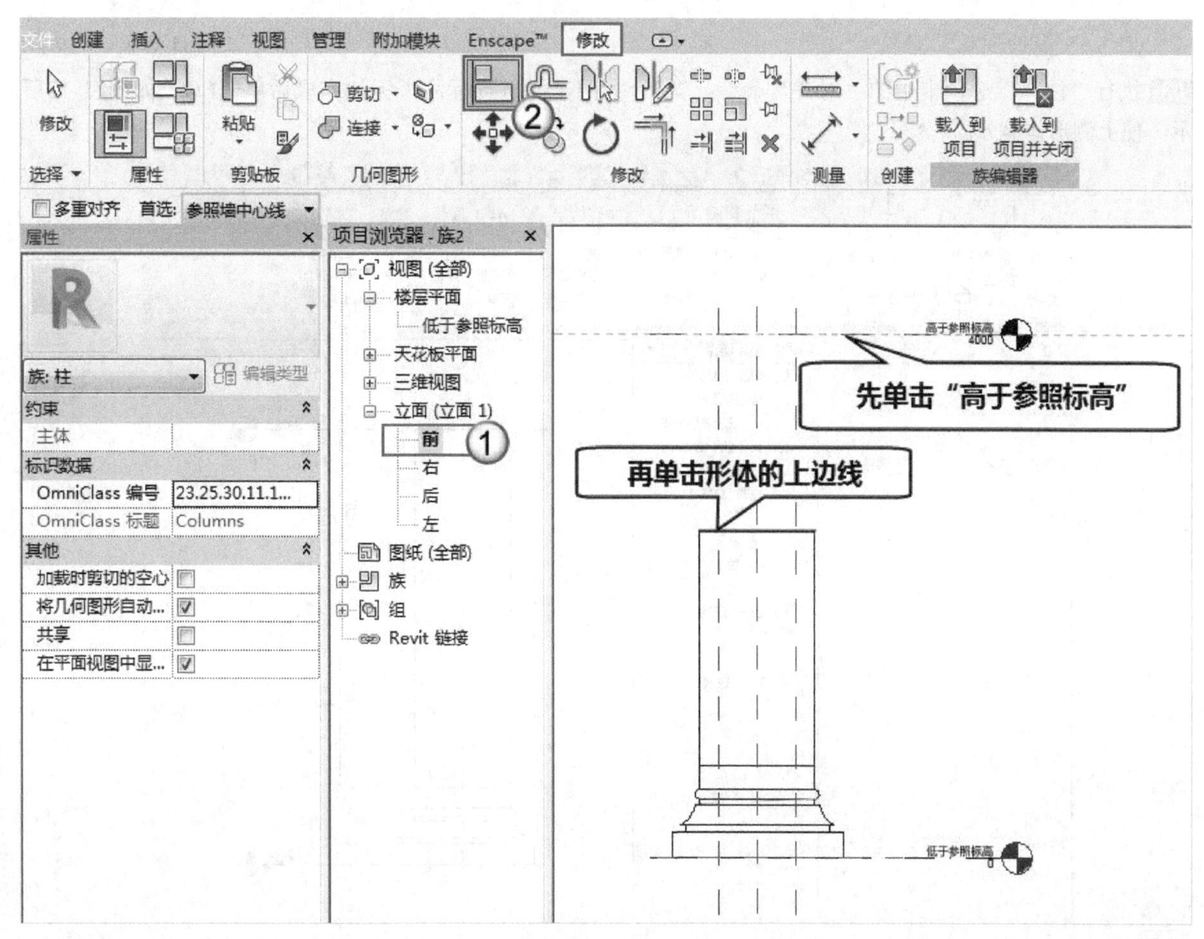

图11-11

02 执行“创建”选项卡中的“参照平面”命令，创建1和2两个参照平面，如图11-12所示。

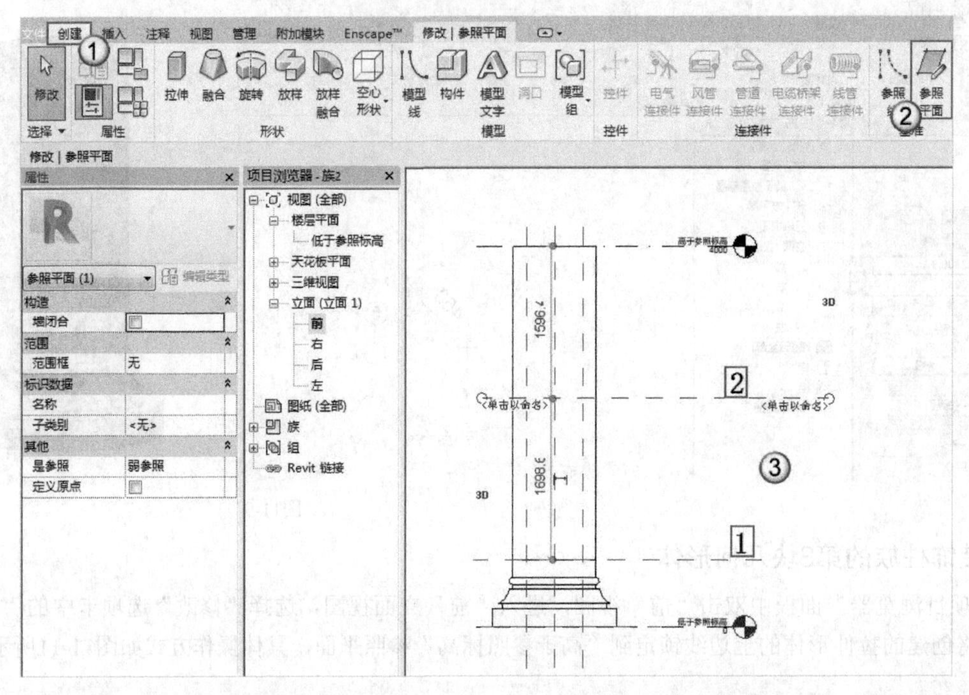

图11-12

03 执行“注释”选项卡中的“对齐”命令，对3个参照平面进行标注，标注完成后单击EQ，如图11-13所示，使上侧形体等分。

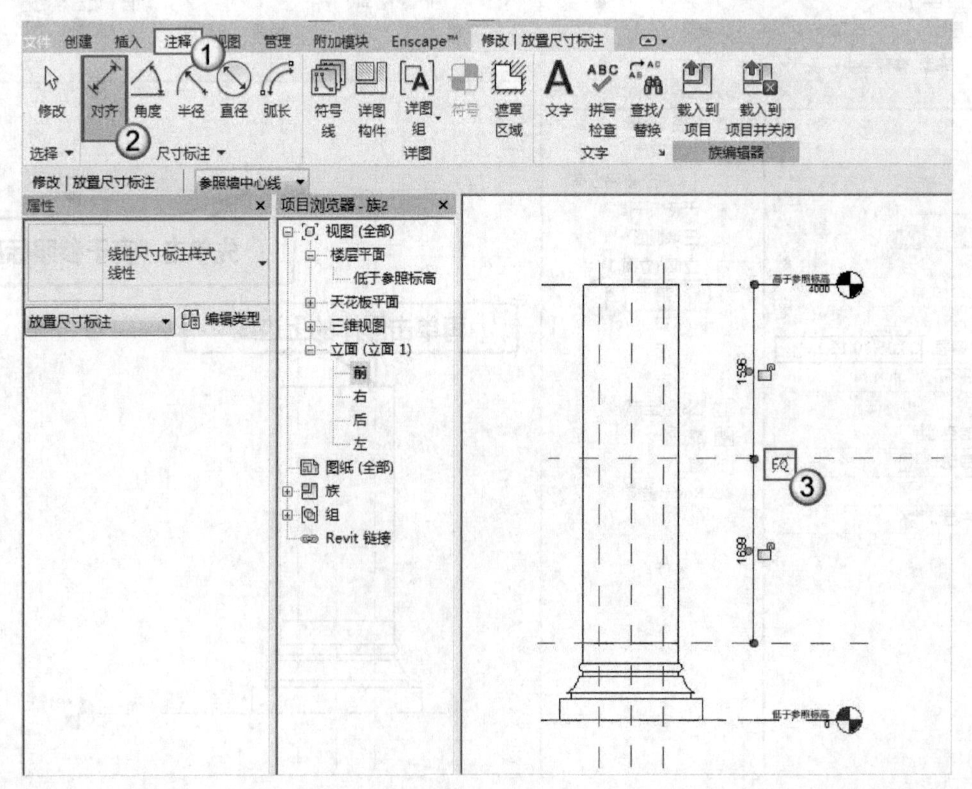

图11-13

04 选中下侧形体，选择“修改|旋转”选项卡中的“镜像-拾取轴”工具，然后单击中间的参照平面，如图11-14所示。装饰柱族模型如图11-15所示。

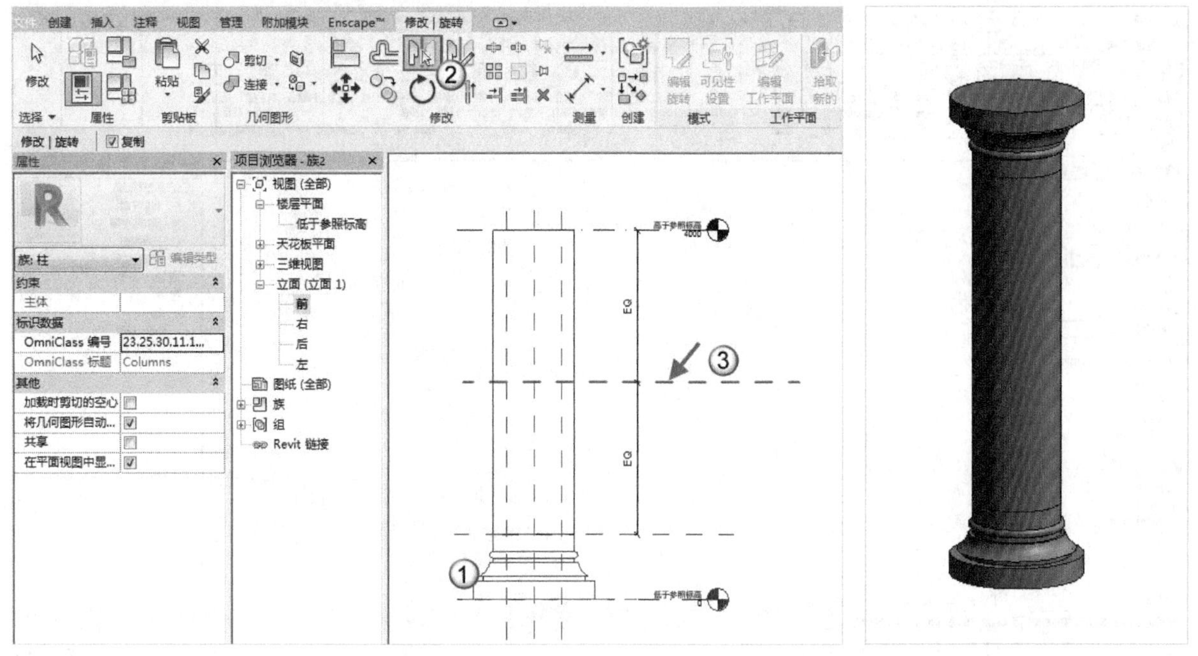

图11-14 图11-15

11.1.2 选择族样板文件

在创建模型之前，需要选择族样板文件。在“族”区域中选择“新建”选项，打开“新族-选择样板文件”对话框，其中包含了不同的族样板类型，如“带贴面公制窗”“钢筋形状样板”等，用户可以在此选择需要的族样板文件来创建需要的族模型，如图11-16所示。

图11-16

此时，系统会切换到族的创建窗口，如图11-17所示。用户可以在其中根据选择的样板文件创建需要的族模型，创建命令包含“拉伸”“融合”“旋转”“放样”“放样融合”和“空心形状”等。

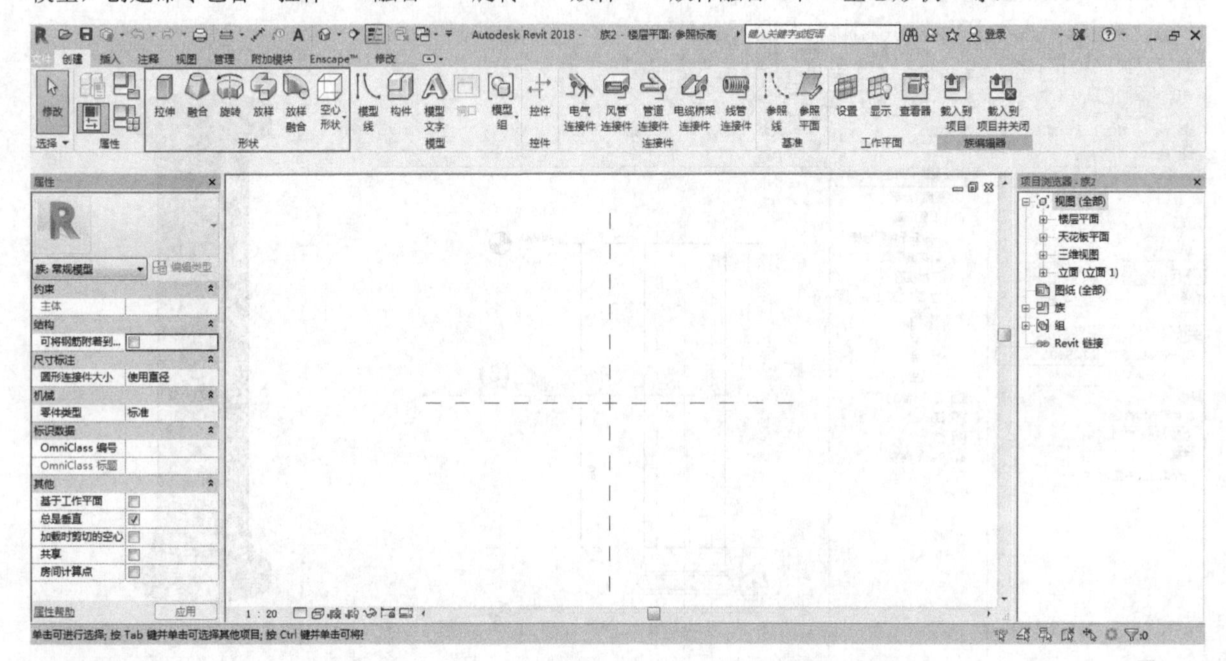

图11-17

族模型的创建方法与内建模型的创建方法一样，这里就不再赘述了，读者可查看前面的相关内容。

11.1.3 族的参数设置

创建好族模型后，还需要对族模型进行一系列的参数设置，使该模型在被载入项目后，用户能对模型的相关信息有一定的了解。下面以图11-18所示的楼梯族模型为例介绍族的参数设置（主要为楼梯族模型的尺寸标注）方法。

1. 锁定模型边线

在对模型进行标注之前，建议锁定模型边线，方便后面的参数设置。

第1步：双击“项目浏览器”面板中的“参照标高”视图，进入“参照标高”平面视图，执行“注释”选项卡中的“对齐”命令，对右侧的参照平面进行标注，并单击图标，锁定标注，如图11-19所示。

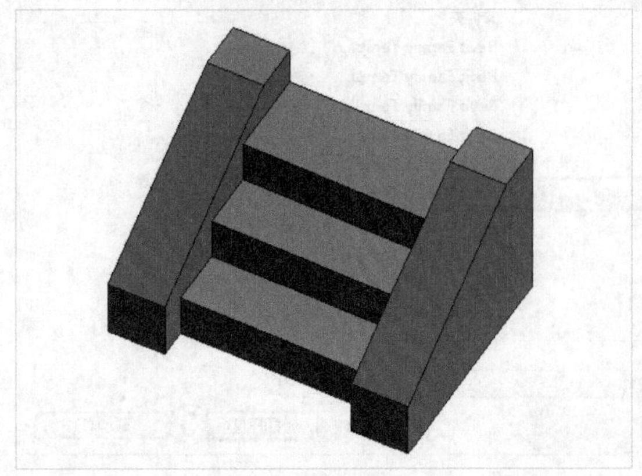

图11-18

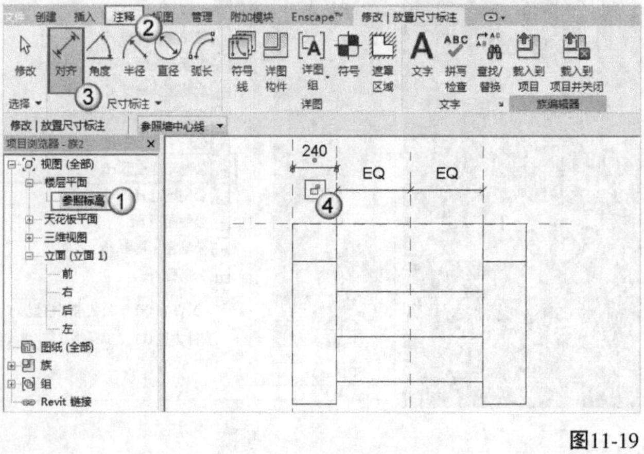

图11-19

第2步：选择“修改”选项卡中的“对齐”工具，然后单击一次右侧参照线，再单击右侧形体的边线，如图11-20所示；接着单击右侧形体的边线后，单击图标，将形体的右边线锁定在参照平面上，如图11-21所示。

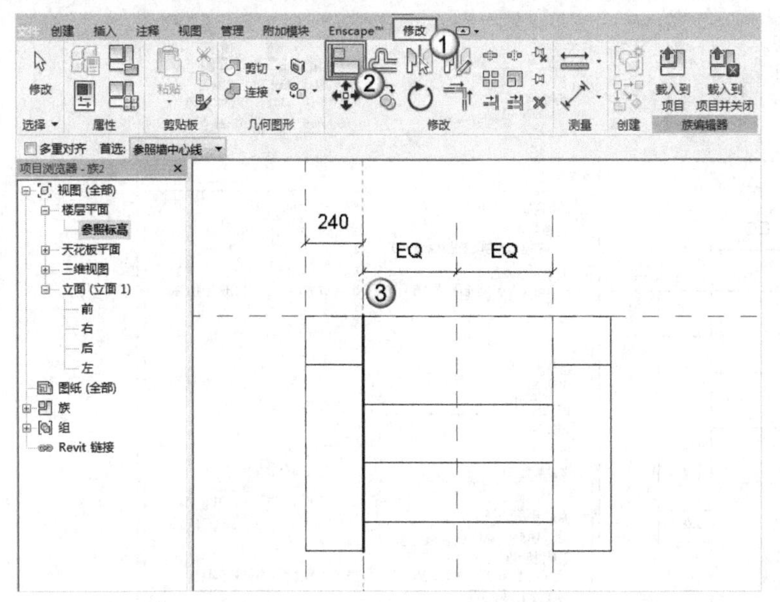

图11-20

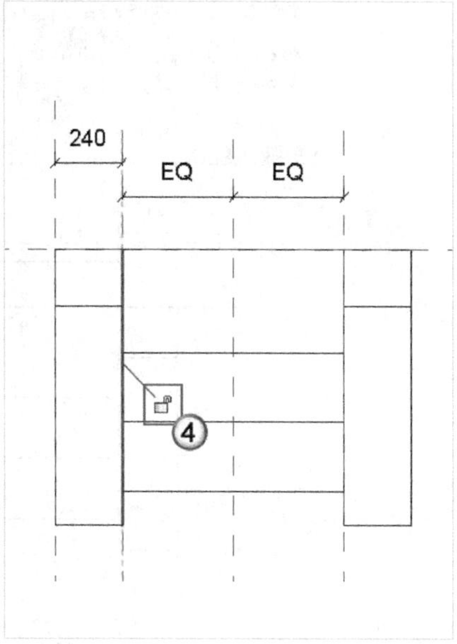

图11-21

第3步：同理，将A形体的左边线锁定到参照平面1上、B形体的左边线锁定到参照平面2上、B形体的右边线锁定到参照平面3上、C形体的左边线锁定到参照平面3上，如图11-22所示。

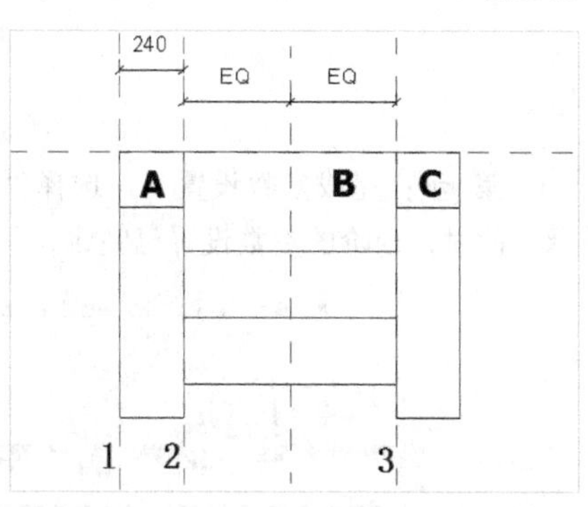

图11-22

2. 设定参数

第1步：执行“注释”选项卡中的“对齐”命令，然后对C形体进行标注，标注完成后单击图标，将C形体的拉伸厚度锁定，如图11-23所示。

第2步：执行“注释”选择卡中的“对齐”命令，对B形体进行标注，如图11-24所示。

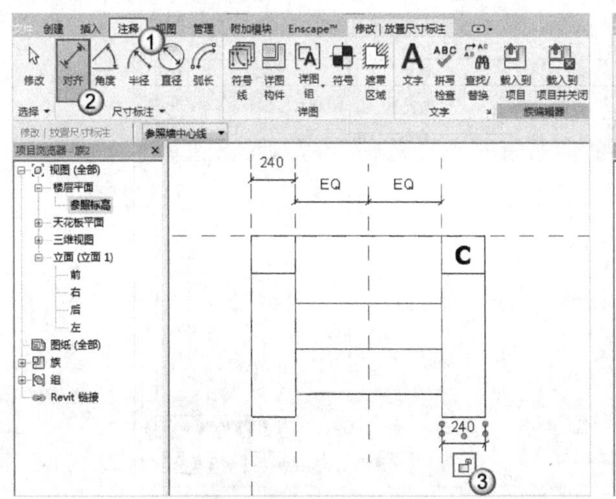

图11-23

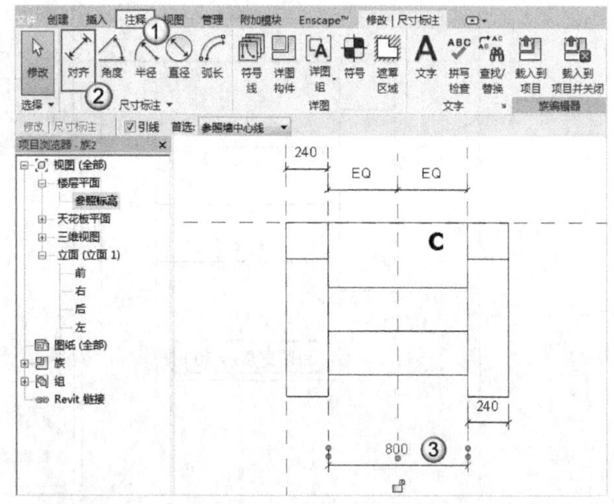

图11-24

第3步：选中B形体的标注，选择“修改|尺寸标注”选项卡中的“创建参数”工具，打开“参数属性”对话框，然后设置标注的“名称”为“台阶宽度”，并单击“确定”按钮，如图11-25所示。

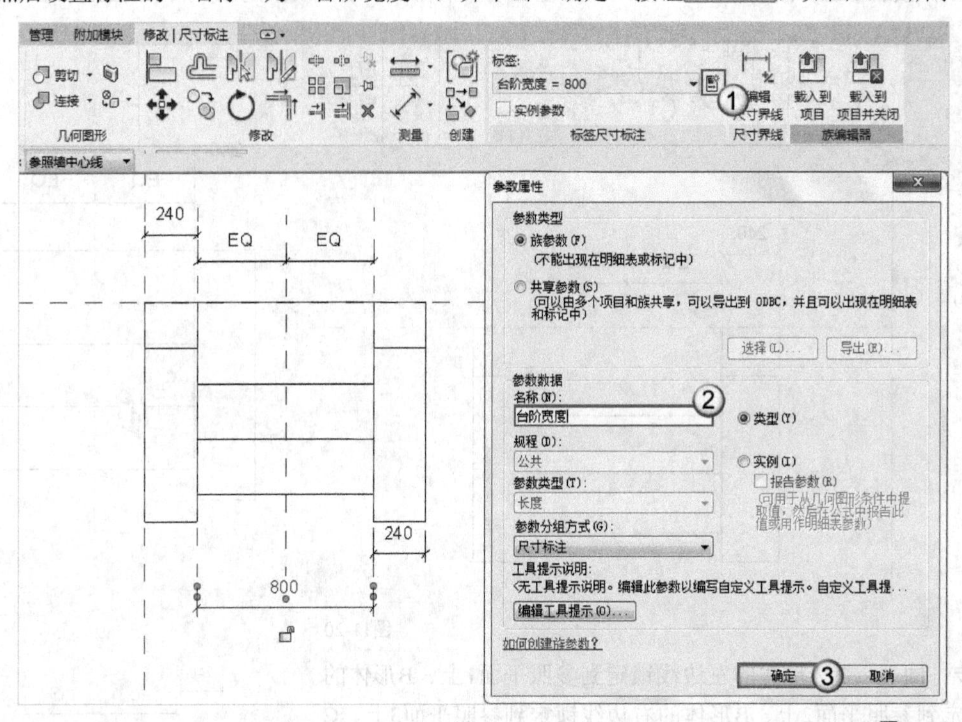

图11-25

第4步：完成参数设置后，选择“族类型”工具，打开“族类型”对话框，相关参数设置如图11-26所示。此时，台阶的参数设置已完成。

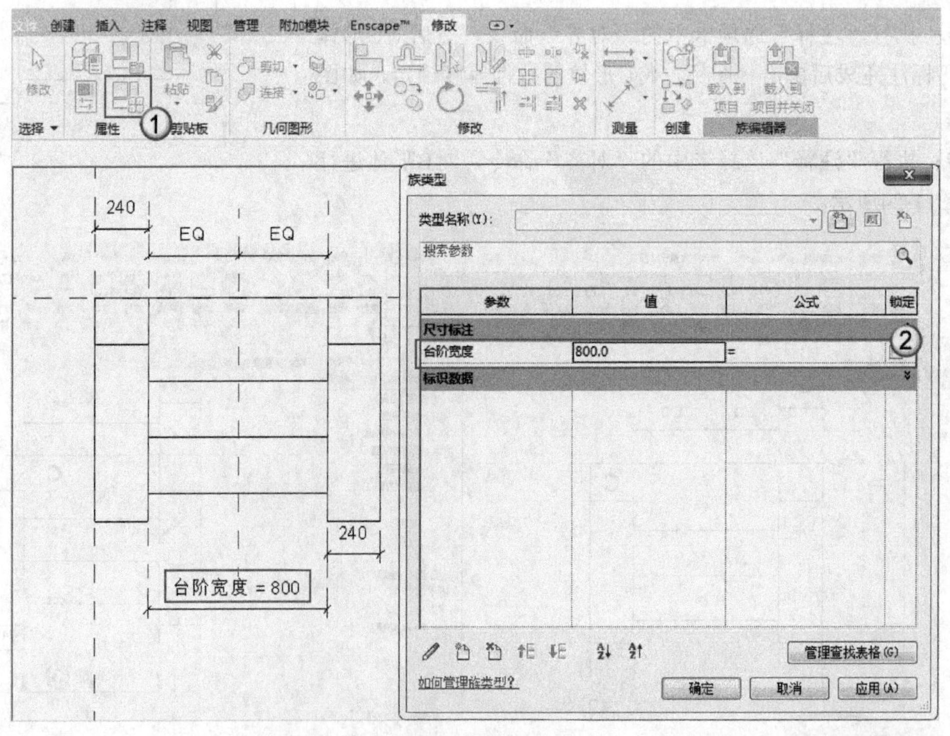

图11-26

11.2 课堂练习：通过嵌套的方式创建百叶窗族

实例文件　实例文件>CH11>课堂练习：通过嵌套的方式创建百叶窗族.rfa
视频文件　课堂练习：通过嵌套的方式创建百叶窗族.mp4
学习目标　掌握嵌套族、族公式的使用方法

本节将创建百叶窗族，并进一步介绍族的参数设置。百叶窗族的创建主要通过嵌套的方式，先创建叶扇个体族，然后创建百叶窗窗框族，再将叶扇个体族载入百叶窗窗框族中使用，并在百叶窗窗框族中关联叶扇个体族的参数。百叶窗族模型如图11-27所示。

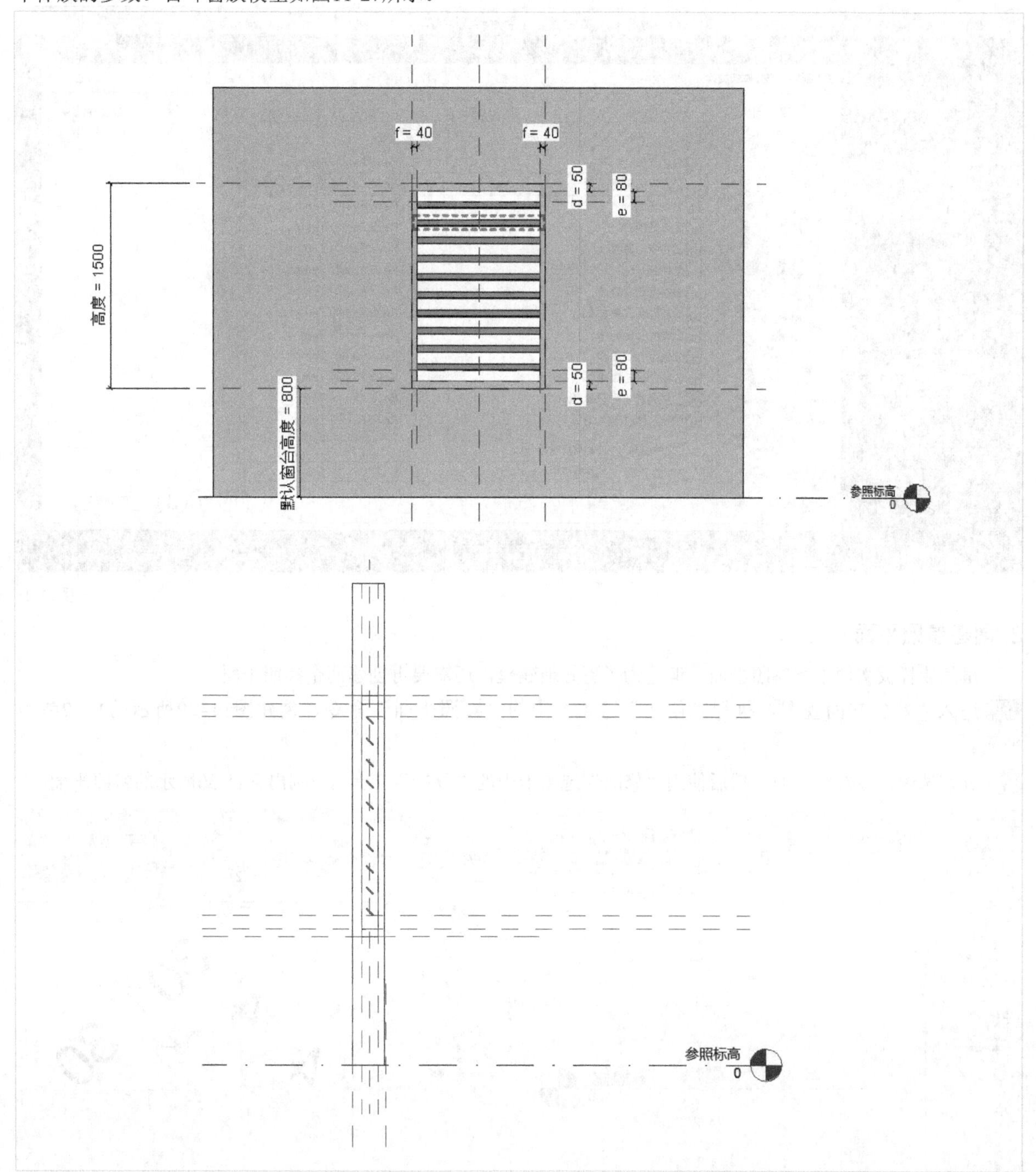

图11-27

11.2.1 创建百叶窗的叶扇

本小节创建百叶窗的叶扇，主要用“公制常规模型.rft”族样板文件进行创建，下面介绍具体步骤。

1. 新建族文件

在“族”区域中选择“新建”选项，打开“新族-选择样板文件”对话框，然后选择“公制常规模型.rft”族样板文件，并单击“打开”按钮 打开(O) ，如图11-28所示。

图11-28

2. 创建参照平面

虽然族样板文件中有参照平面，但是为了更好地建模，还需要再创建两个参照平面。

01 进入“右”立面视图，执行“创建”选项卡中的“参照平面”命令，创建图11-29所示的1、2参照平面。

02 分别选中1、2参照平面，然后使用“修改”选项卡中的“复制”工具复制出图11-30所示的参照平面。

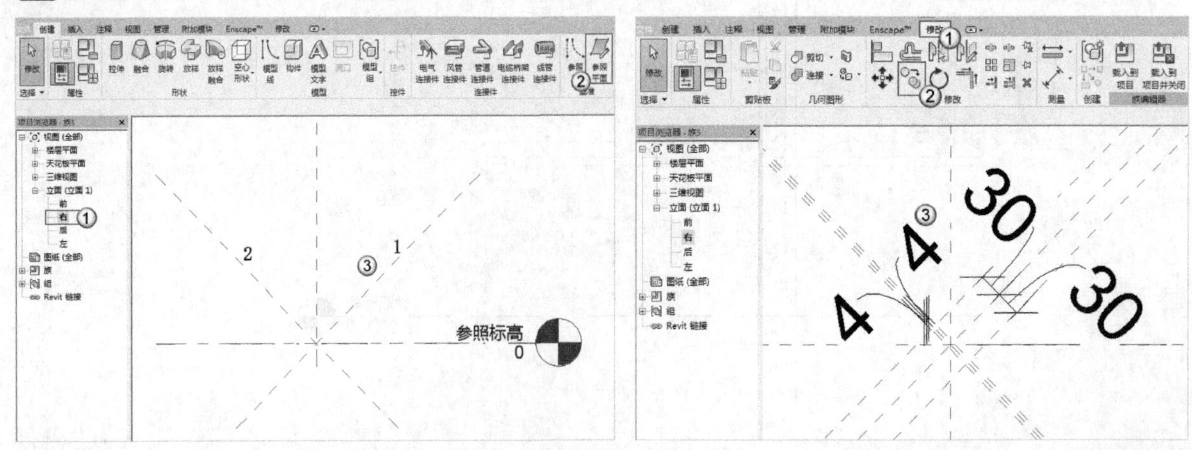

图11-29　　图11-30

3. 创建叶扇的形体

设置好参照平面后，下面开始叶扇形体的创建。

01 执行“创建”选项卡中的“拉伸”命令，然后选择“修改|创建拉伸”选项卡中的“线”工具，如图11-31所示，创建图11-32所示的轮廓。

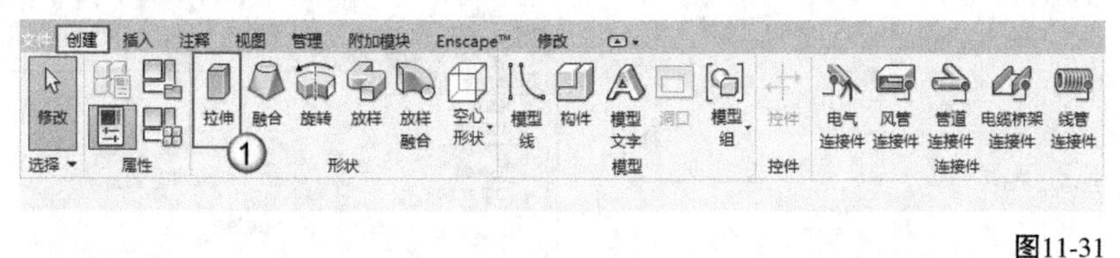

图11-31

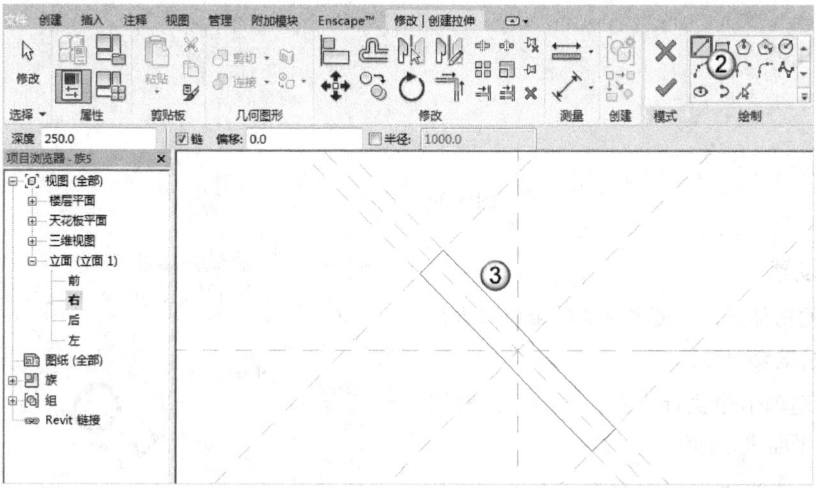

图11-32

02 在“修改|创建拉伸”选项卡中选择“对齐”工具，将上一步绘制的轮廓的4条边分别锁定到对应的参照平面上，如图11-33所示。

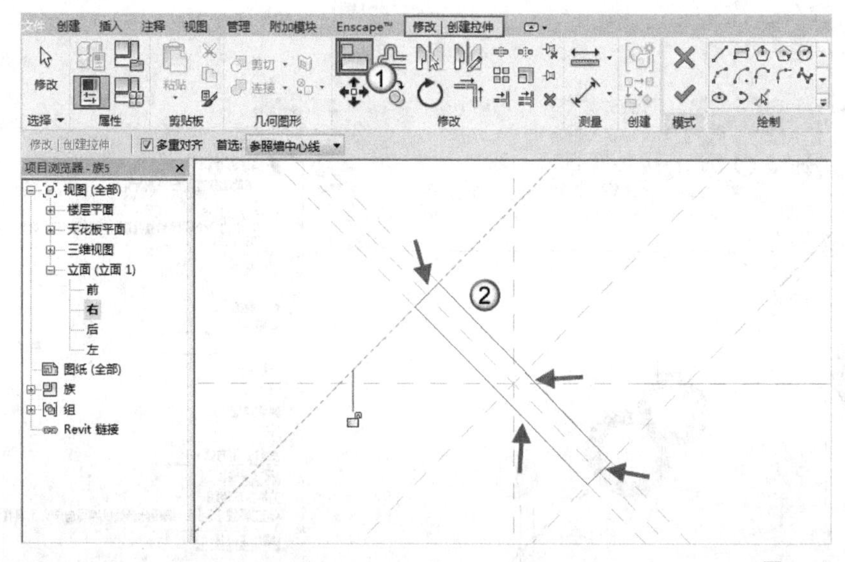

图11-33

提示 关于锁定的具体操作方法，读者可以参考“11.1.3 族的参数设置”中的内容。

03 在“注释”选项卡中执行“对齐”命令，然后分别标注图11-34中的参照平面，标注完成后单击EQ，以等分参照平面；接着单击“完成编辑模式”按钮✔，如图11-35所示。

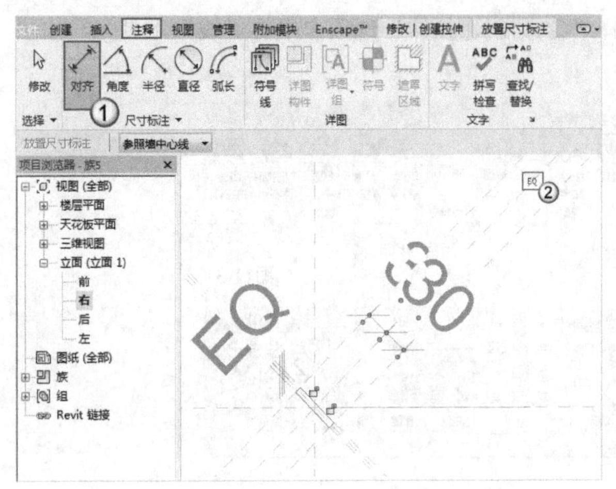

图11-34

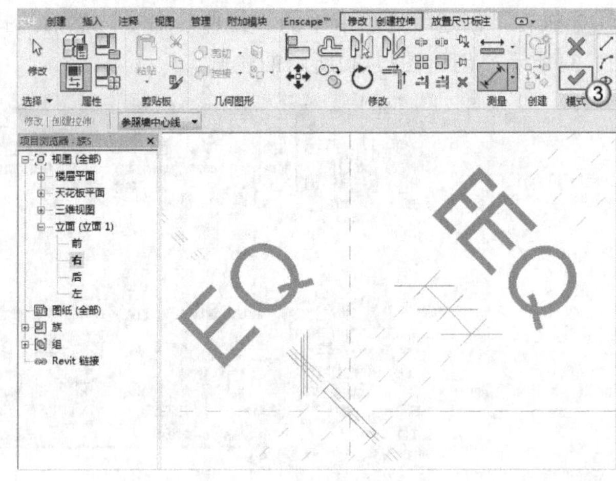

图11-35

4. 叶扇的参数设置

创建好叶扇的形体后，就要考虑对叶扇模型进行参数设置，备注其重要信息。

01 在“注释”选项卡中执行“对齐”命令，对图11-36所示的参照平面进行标注。

02 选中标注8，选择“创建参数”工具，打开“参数属性”对话框，然后设置“名称”为a，并单击“确定”按钮确定，如图11-37所示。

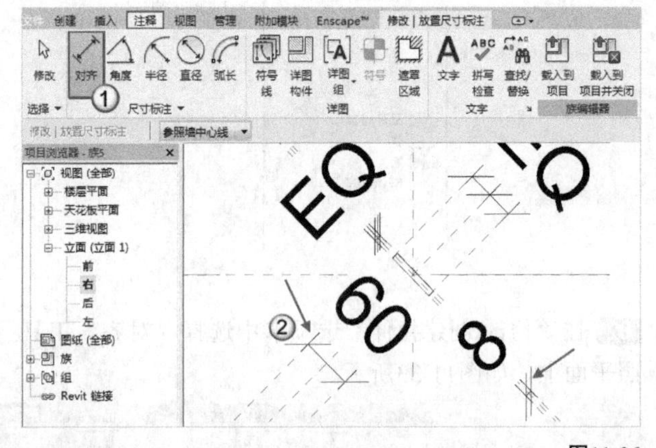

图11-36

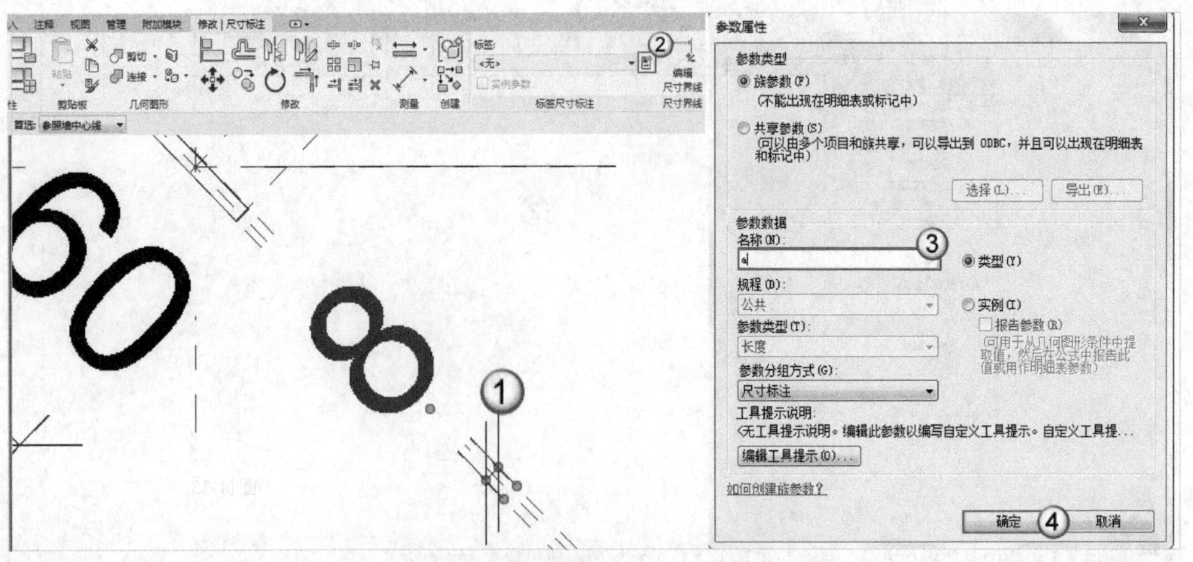

图11-37

03 选中标注60，选择“创建参数”工具，打开“参数属性”对话框，然后设置“名称”为b，并单击“确定”按钮 确定 ，如图11-38所示。

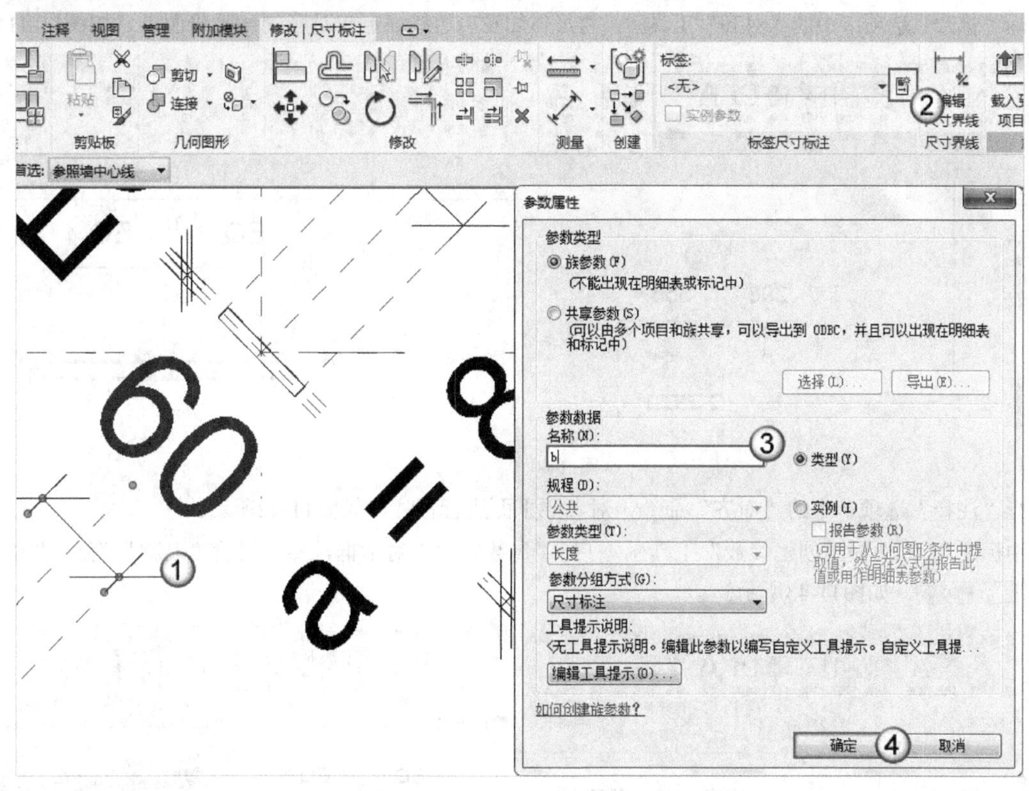

图11-38

04 进入“参照标高”平面视图，执行“创建”选项卡中的“参照平面”命令，创建图11-39所示的两个参照平面。

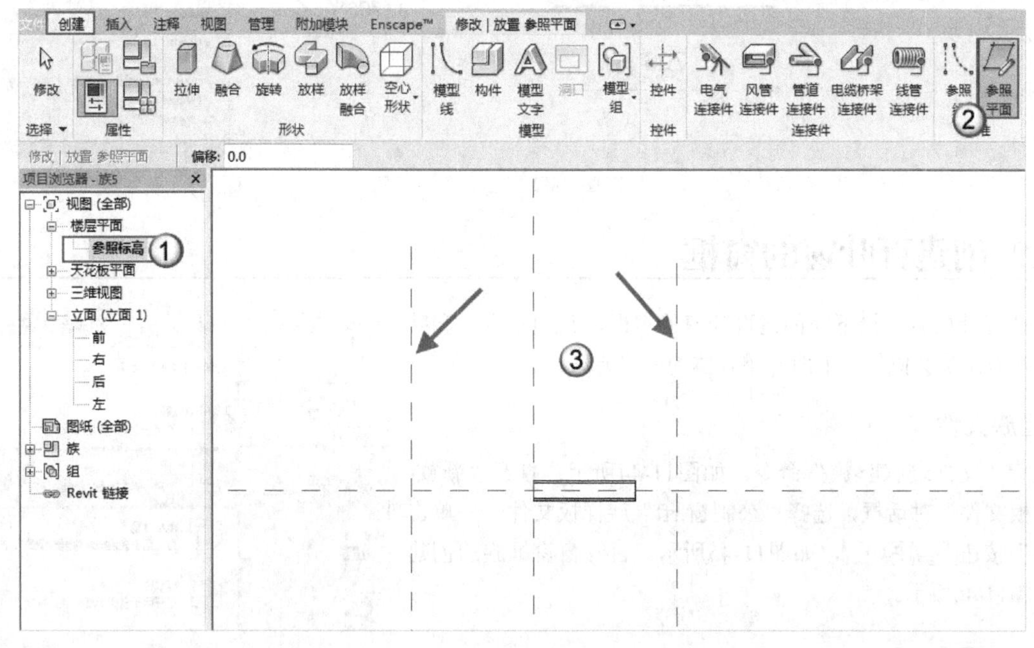

图11-39

05 执行“注释”选项卡中的“对齐”命令，对参照平面进行标注，标注完成后单击“EQ”，以等分参照平面，如图11-40所示。

06 选择“修改”选项卡中的“对齐”工具，将形体的左右边线锁定在对应的参照平面上，如图11-41所示。

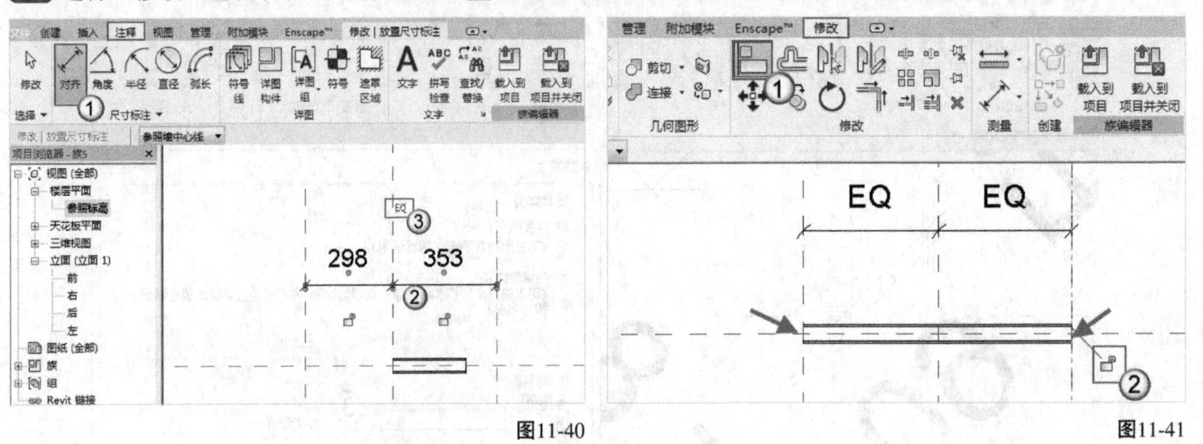

图11-40　图11-41

07 执行“注释”选项卡中的“对齐”命令，对参照平面进行标注，如图11-42所示。

08 选中标注706，选择“创建参数”工具，打开“参数属性”对话框，然后设置“名称”为c，并单击“确定”按钮 确定 ，如图11-43所示。

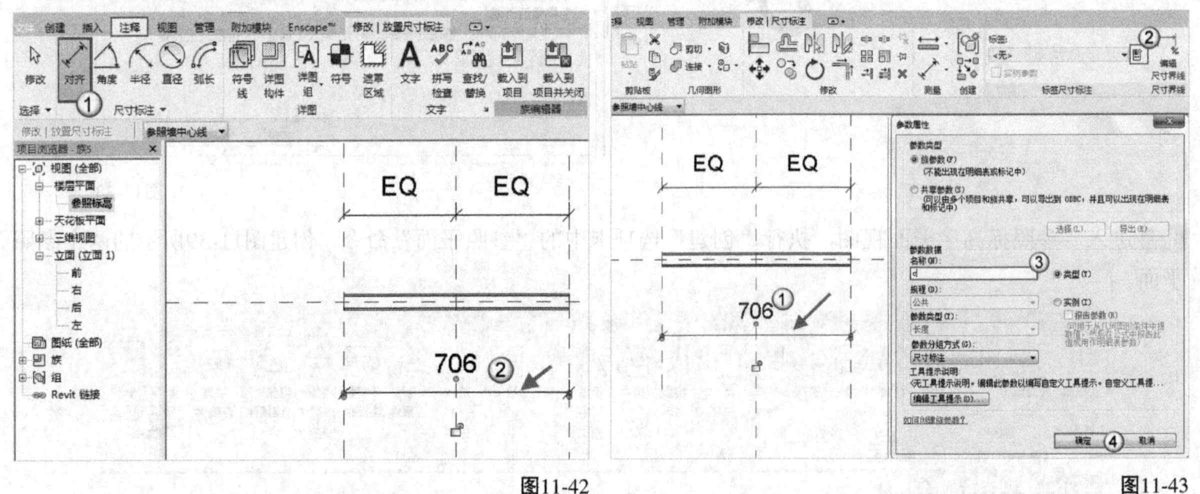

图11-42　图11-43

11.2.2 创建百叶窗的窗框

创建好叶扇后，接下来创建百叶窗的窗框，其创建方法和叶扇的创建方法是类似的，下面介绍具体的创建方法。

1. 新建族文件

执行“文件>新建>族”命令，如图11-44所示；打开“新族-选择样板文件”对话框，选择“公制窗.rft”族样板文件，并单击“打开”按钮 打开(O) ，如图11-45所示。百叶窗窗框族的创建窗口如图11-46所示。

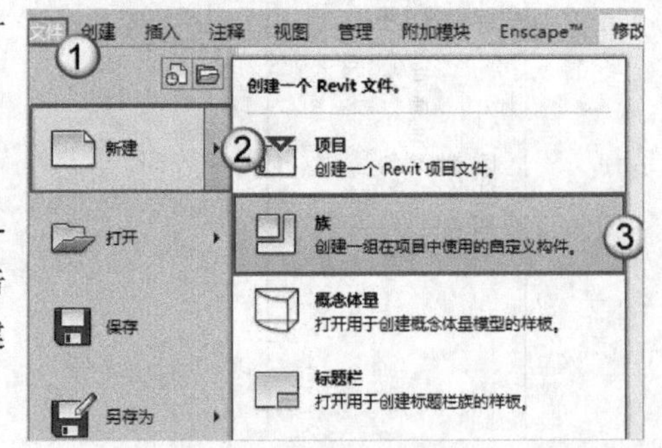

图11-44

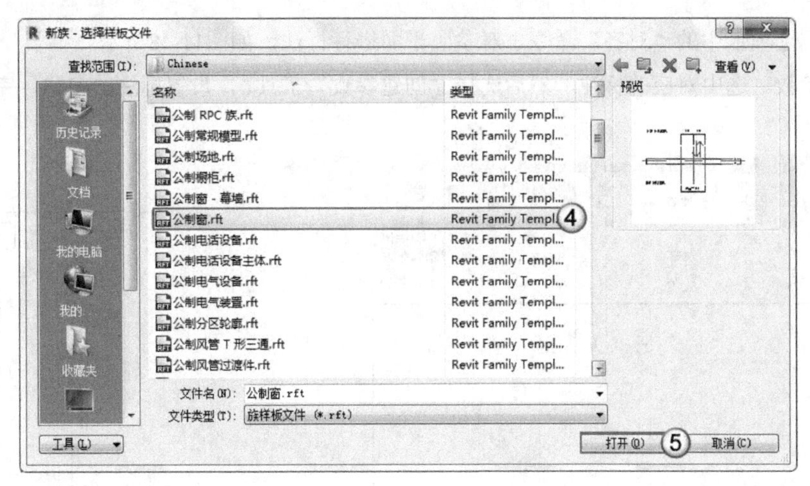

图11-45

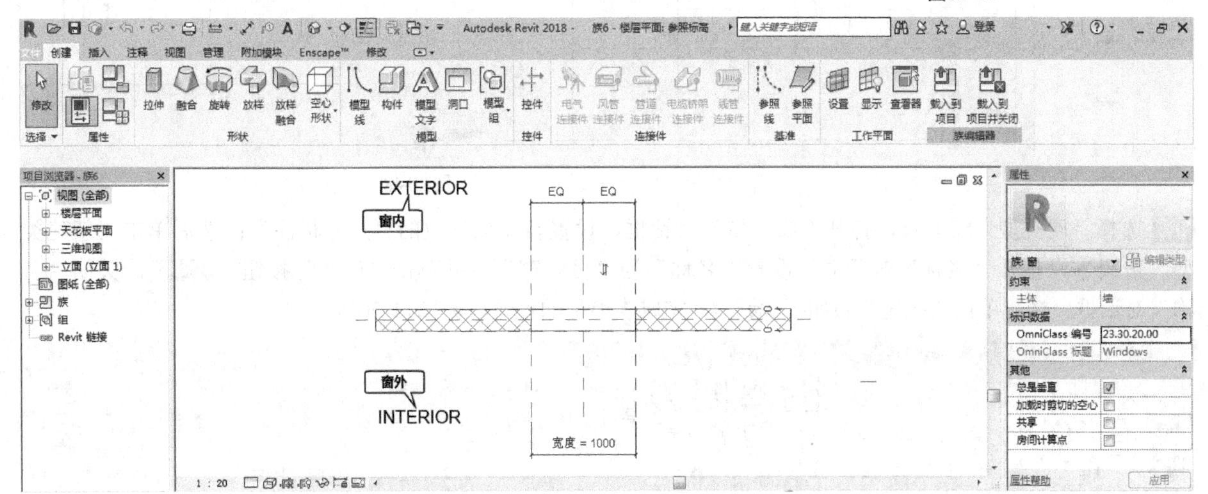

图11-46

2. 创建参照平面

01 进入“外部”立面视图，执行“创建”选项卡中的“参照平面”命令，创建图11-47所示的参照平面。

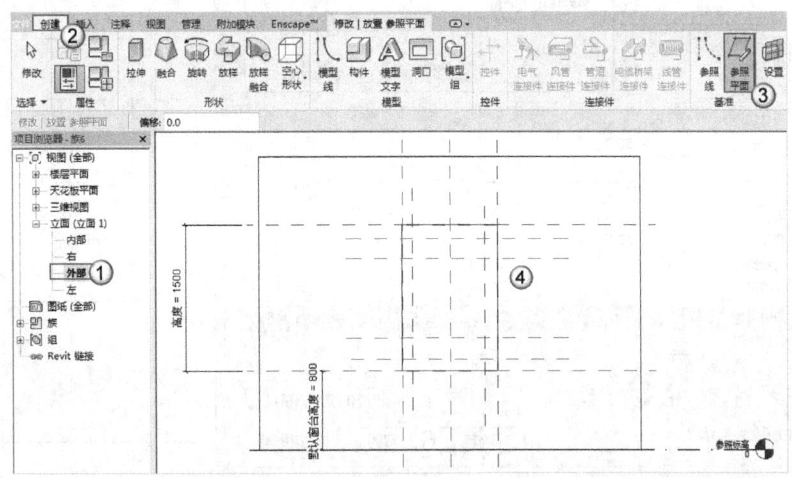

图11-47

02 执行“注释”选项卡中的“对齐”命令，对参照平面进行标注，如图11-48所示。

03 为窗框添加参数。选中对应的标注，然后选择“创建参数”工具，设置标注的名称，完成后的效果如图11-49所示。

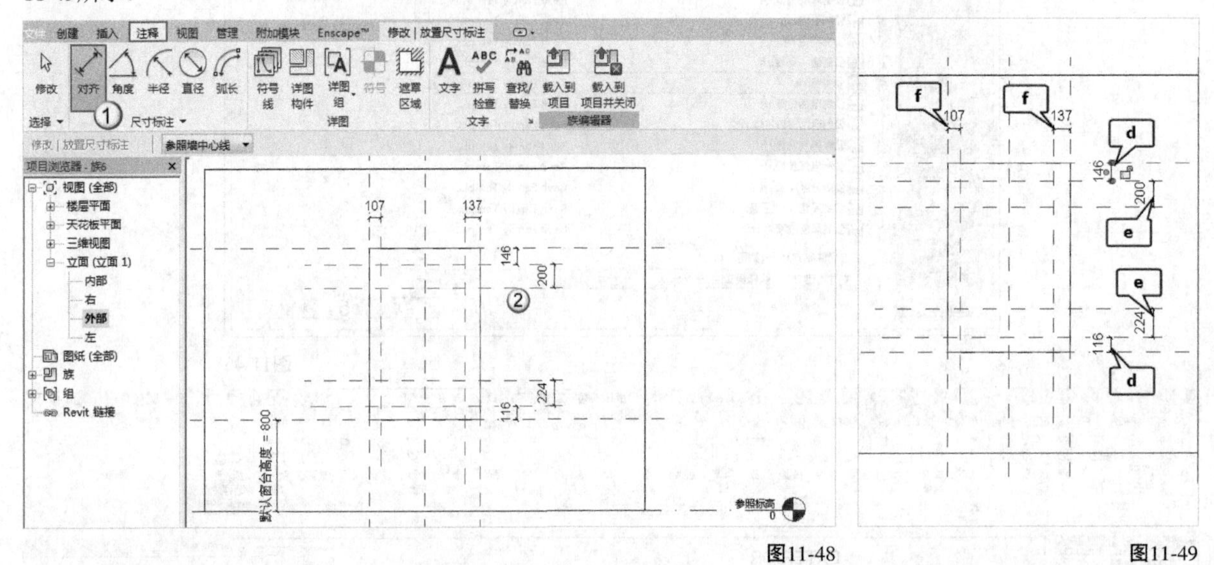

图11-48　　图11-49

04 选择“族类型”工具，打开“族类型”对话框，设置新添加参数的“尺寸标注”；然后单击“新建类型”按钮，打开“名称”对话框，设置“名称”为“百叶窗”，并单击“确定”按钮，关闭“名称”对话框；接着单击“确定”按钮，完成族类型的设置，如图11-50所示。

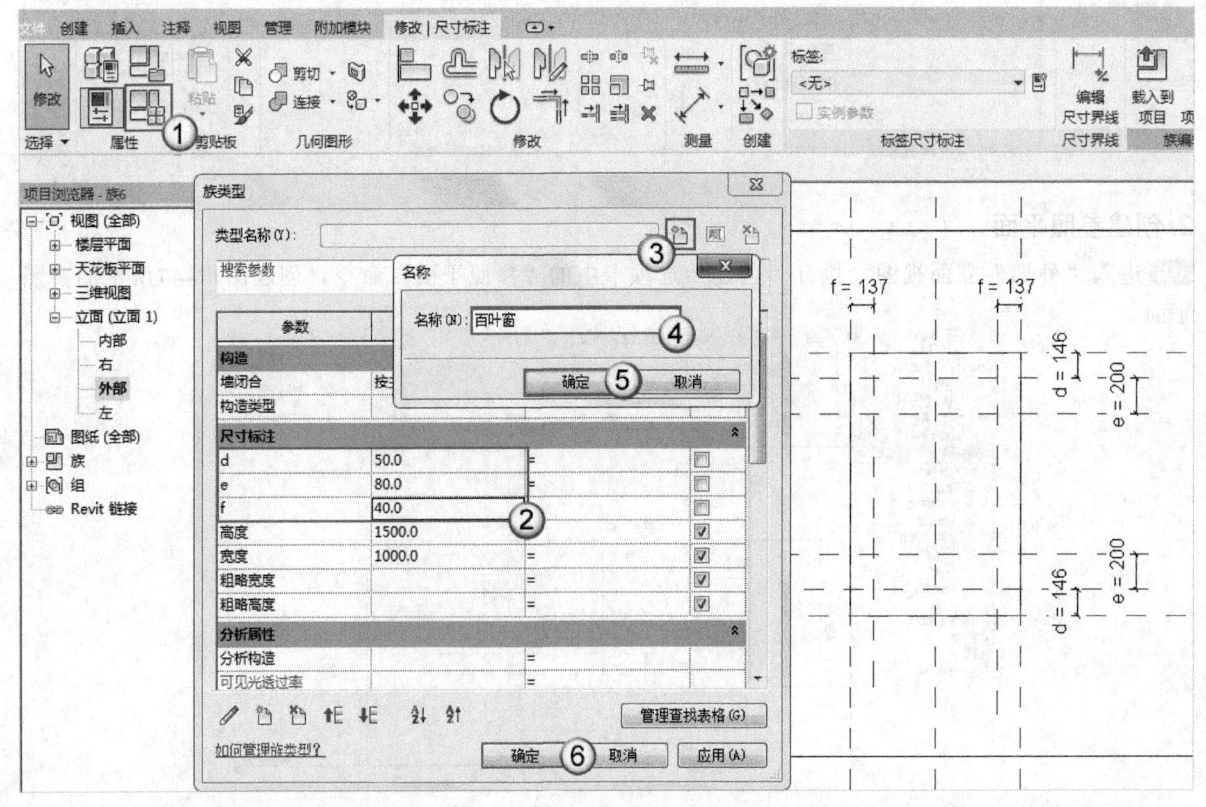

图11-50

3. 创建百叶窗窗框的形体

01 切换到“创建”选项卡，执行“拉伸”命令，如图11-51所示；然后在“修改|创建拉伸”选项卡中选择“矩形”工具，创建图11-52所示的矩形，并分别单击矩形4条边处的图标，将矩形边锁定在对应的参照平面上。

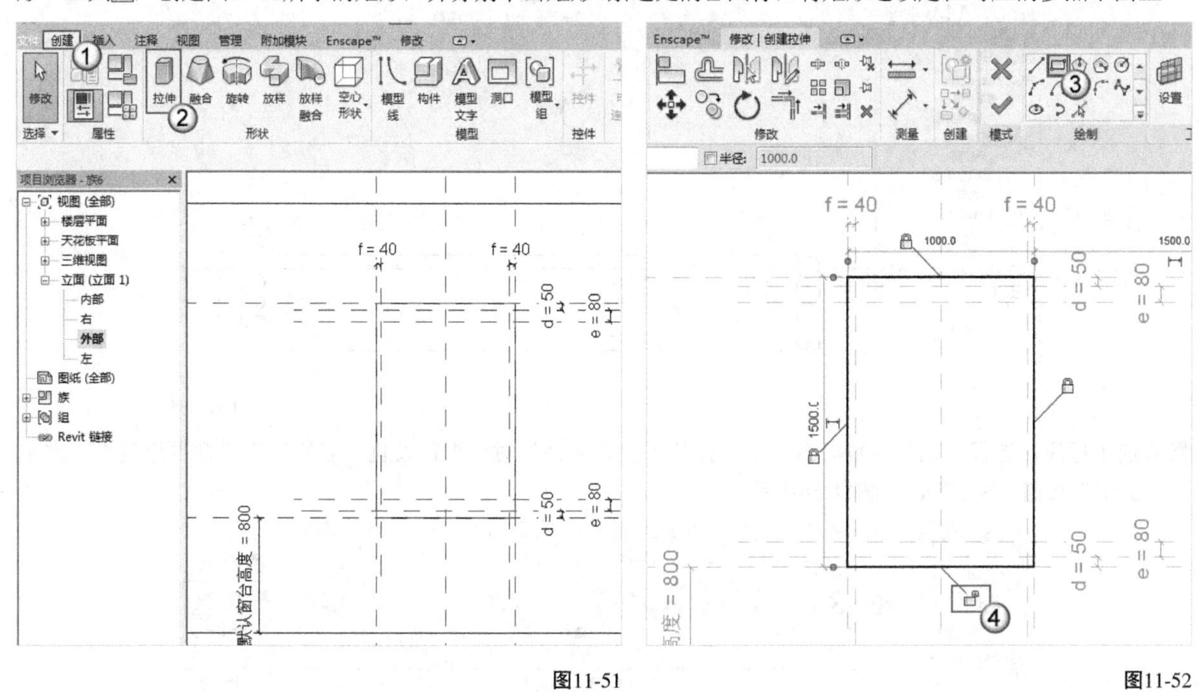

图11-51　　图11-52

02 用同样的方法继续创建第2个矩形，同样将该矩形的4条边锁定在对应的参照平面上，并单击“完成编辑模式”按钮，如图11-53所示。

03 进入“参照标高”平面视图，执行“注释”选项卡中的“对齐”命令，对创建的拉伸形体进行标注，标注完成后单击EQ，以等分拉伸形体，如图11-54所示。

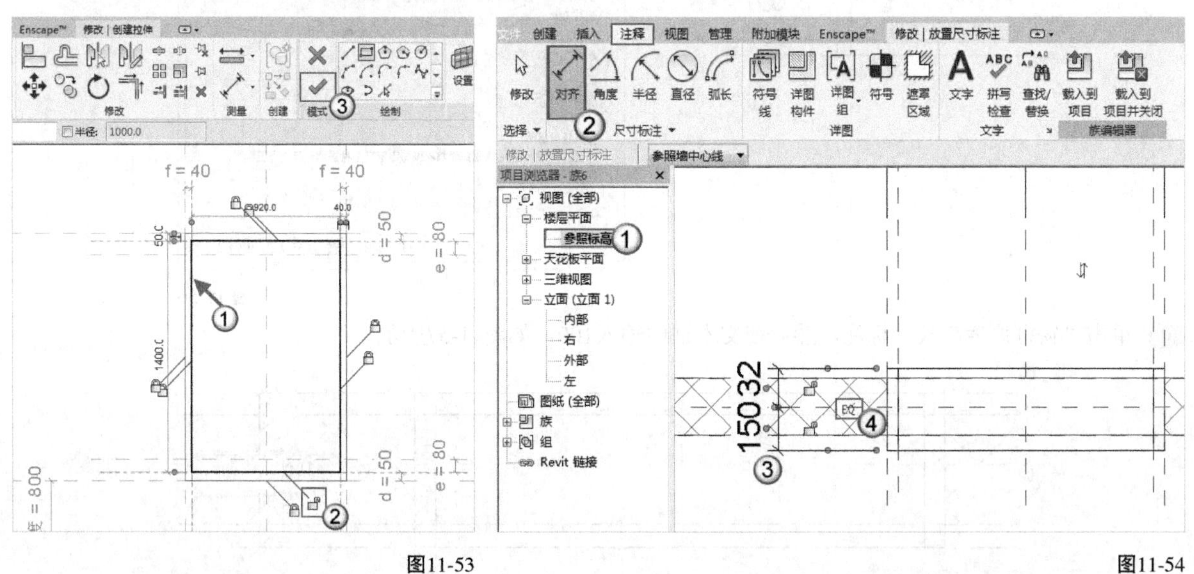

图11-53　　图11-54

04 用同样的方法，再次执行“注释”选项卡中的“对齐”命令，对拉伸形体进行标注，如图11-55所示。

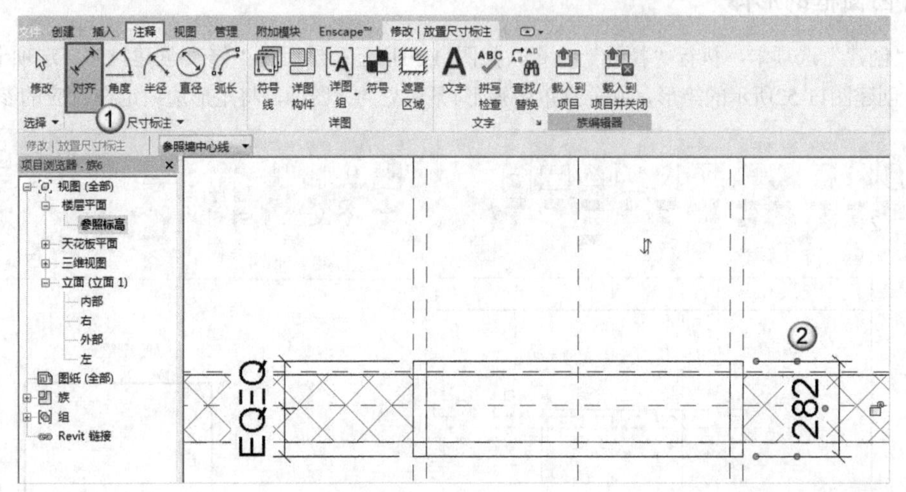

图11-55

05 选中标注，选择“创建参数 ”工具，打开“参数属性”对话框，设置“名称”为“窗框厚度”，并单击“确定”按钮，如图11-56所示。

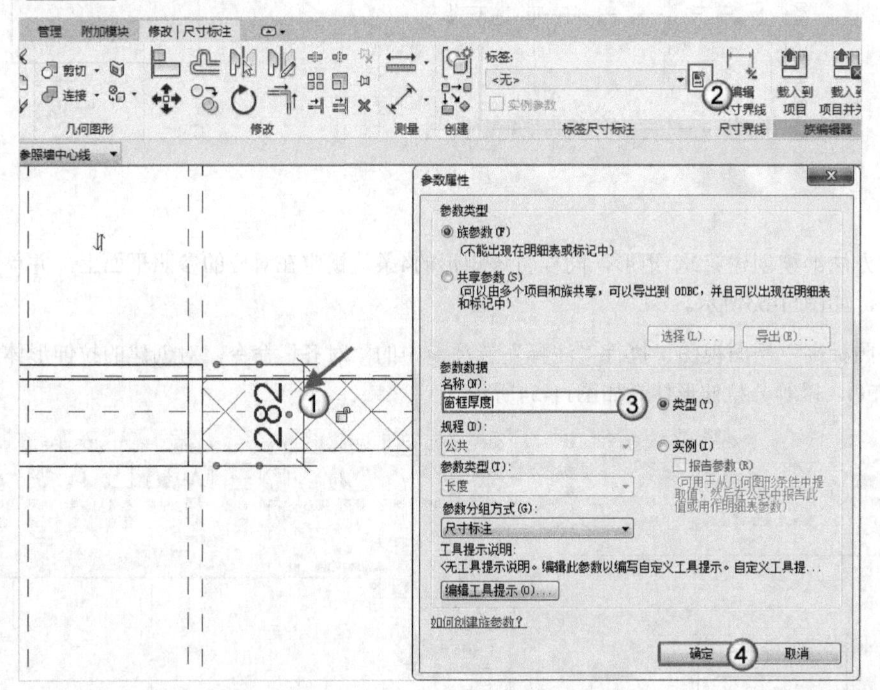

图11-56

06 单击“窗框厚度”尺寸标注，然后在文本框中输入100，如图11-57所示。

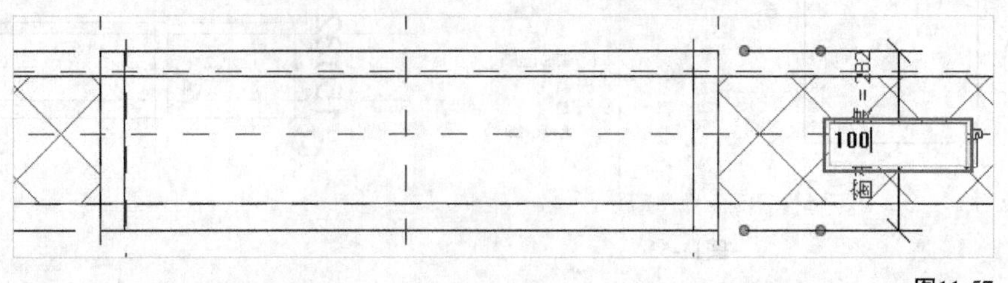

图11-57

11.2.3 将叶扇嵌入窗框

下面将叶扇族模型嵌入百叶窗窗框中，然后关联相关参数，即可在百叶窗窗框中直接使用叶扇族模型。

1. 载入叶扇模型

打开快速访问工具栏中“切换窗口”工具的下拉列表，选择前面创建的叶扇族模型文件，如图11-58所示；然后选择“载入到项目”工具，如图11-59所示；接着将载入的“百叶”模型放置在窗框的中心位置，如图11-60所示。

提示 对于此步骤和后面步骤中的叶扇（图中为“百叶”）模型的名称，因为笔者在建模的时候就已经命名且存储了相关文件，所以是图中的名称。读者在建模的过程中，请根据自己的实际命名选择对应文件。

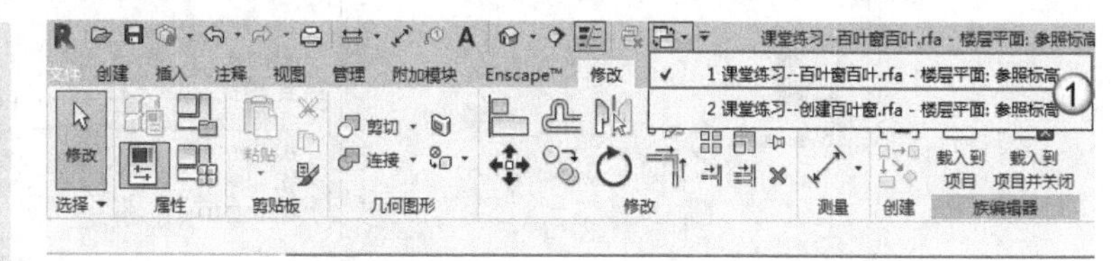

图11-58

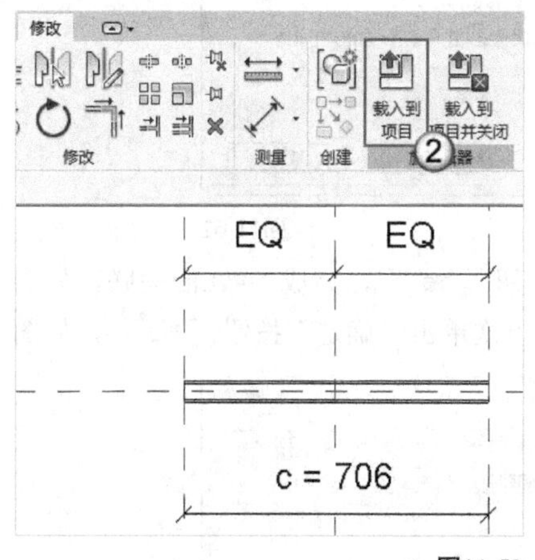

图11-59

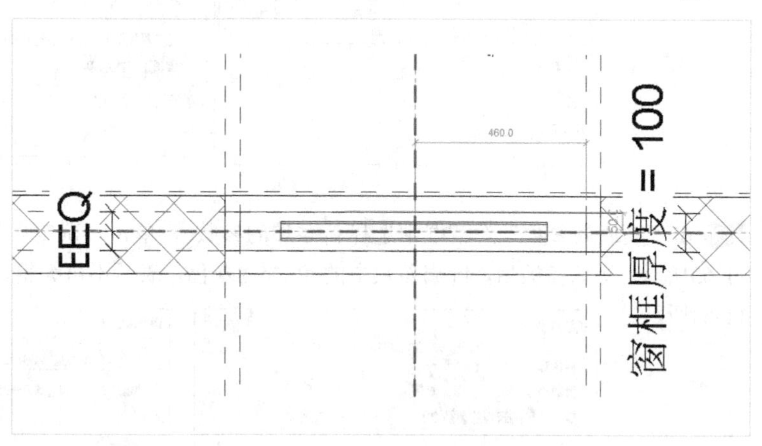

图11-60

2. 关联叶扇的参数

01 选中“百叶”模型，然后在“属性”面板中选择“编辑类型”选项，打开“类型属性”对话框，接着单击“尺寸标注”中c右侧的“关联族参数”按钮，如图11-61所示。

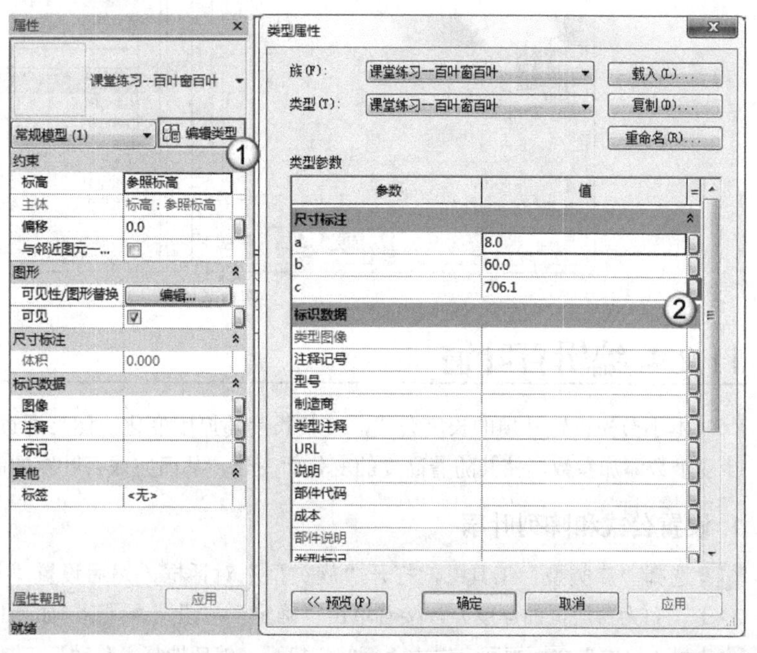

图11-61

02 打开“关联族参数”对话框，然后单击“新建参数”按钮，在“参数属性”对话框中设置“名称”为c，并单击“确定”按钮，关闭“参数属性”对话框，如图11-62所示。

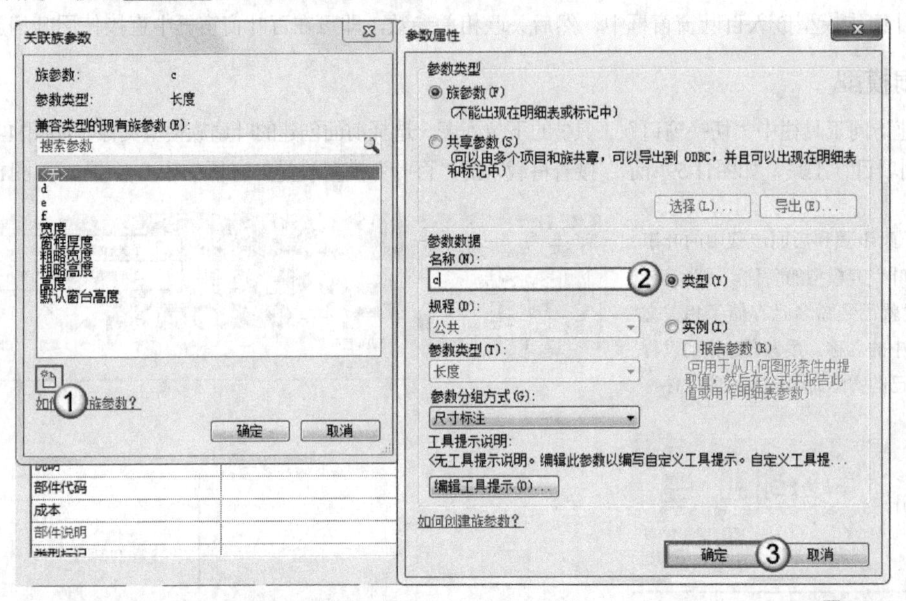

图11-62

03 在“关联族参数”对话框中选择新添加的参数c，单击“确定”按钮，完成参数c的关联，如图11-63所示。关联参数后，叶扇参数中的参数c为灰色，表示不可编辑，再次单击“确定”按钮，如图11-64所示。

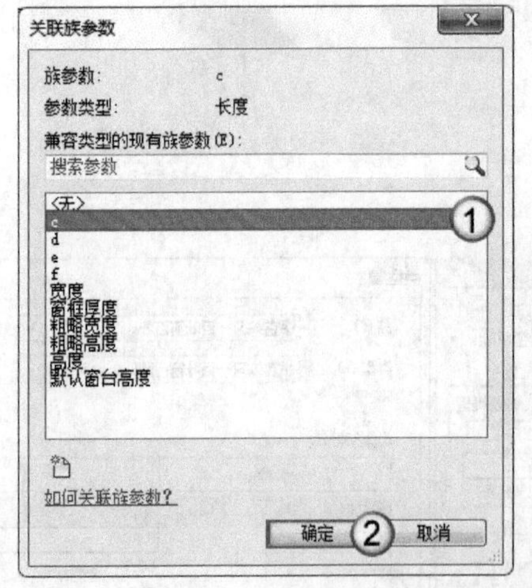

图11-63

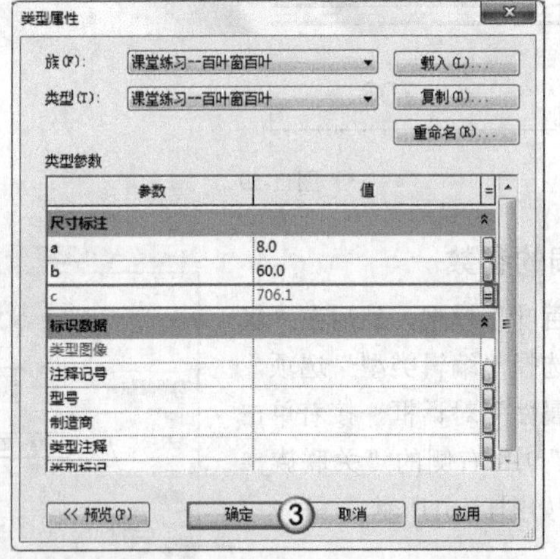

图11-64

11.2.4 编辑百叶窗

本小节先设置叶扇的长度公式，使其长度随厚度变化；然后通过“阵列”工具设置叶扇的个数，并为叶扇个数添加参数，使其随着高度的变化而变化，从而完成百叶窗的制作，具体操作方法如下。

1. 设置公式和阵列叶扇

01 选择“族类型”工具，打开“族类型”对话框，然后设置“尺寸标注”中c的长度公式为“=宽度－2×f”（f为窗边框的厚度），接着单击“确定”按钮，如图11-65所示。

02 进入“右”立面视图，选中“百叶”模型，然后选择“移动”工具，将其移动到图11-66所示的位置。

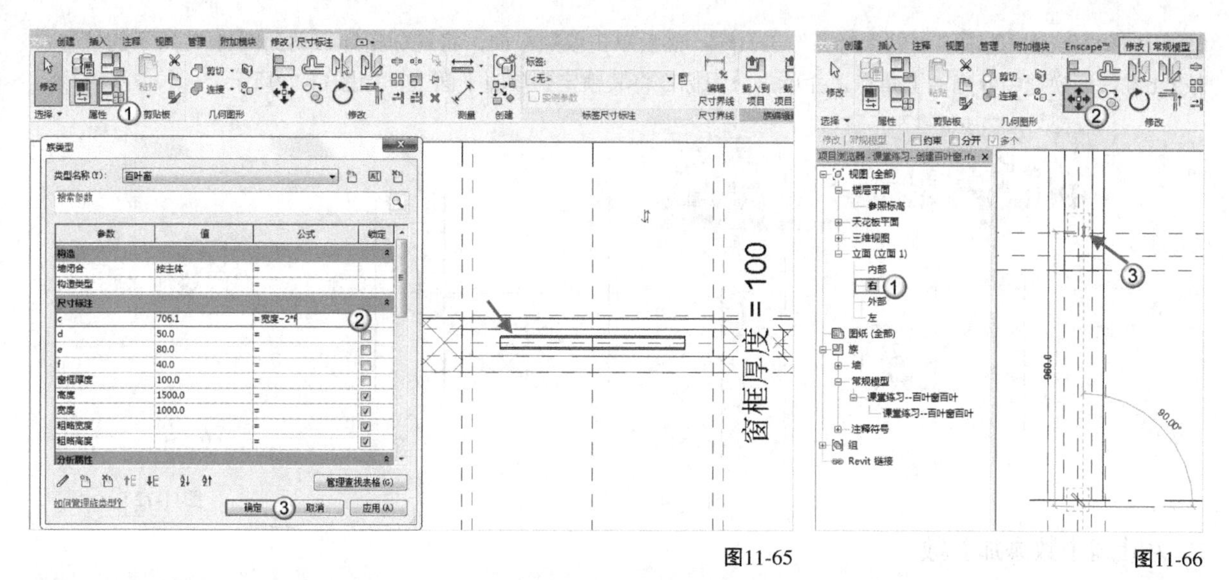

图11-65　　图11-66

03 选择“修改”选项卡中的“对齐”工具；然后单击参照平面，移动鼠标指针到图11-67所示的位置；按Tab键，切换选中叶扇的下角点，并单击图标，将其锁定到参照平面上，如图11-68所示。

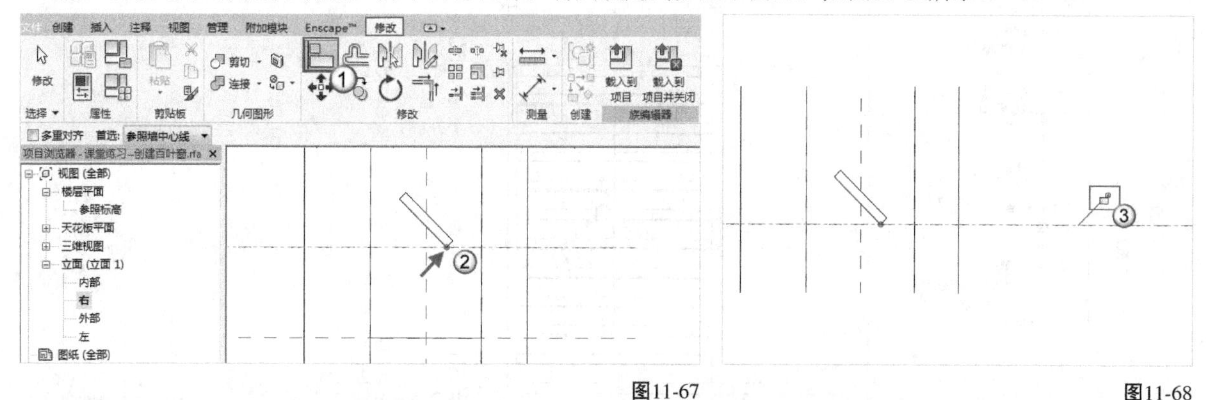

图11-67　　图11-68

04 选中叶扇，选择“修改|常规模型”选项卡中的“阵列”工具，然后在选项栏中设置“项目数”为10、“移动到”为“最后一个”，接着选中叶扇的上角点，如图11-69所示；单击图11-70所示的位置，完成叶扇的阵列操作。

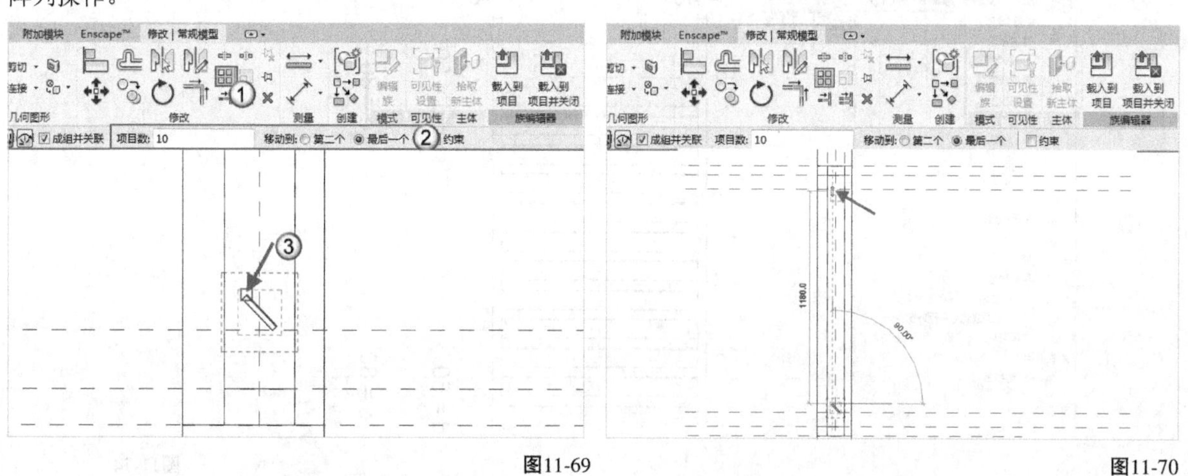

图11-69　　图11-70

05 选择“修改”选项卡中的“对齐”工具▣，然后单击参照平面，将鼠标指针移动到图11-71所示的位置；按Tab键，切换选中叶扇的上角点，并单击🔒图标，将其锁定到参照平面上，如图11-72所示。

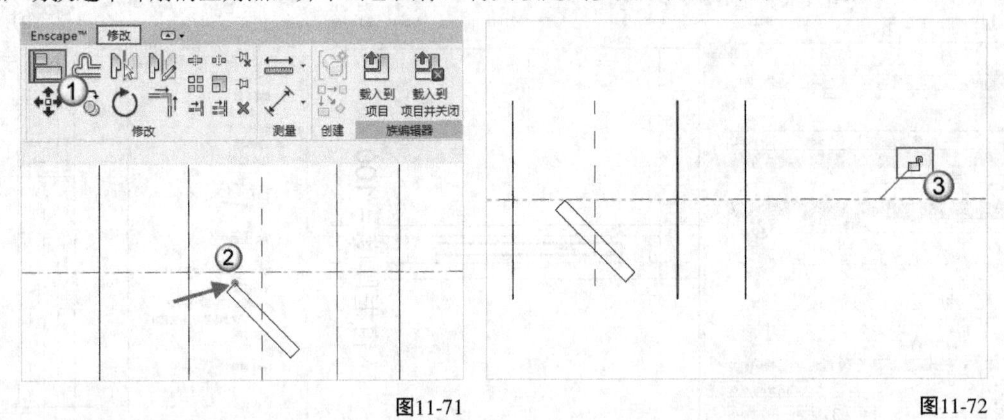

图11-71　　图11-72

2. 为叶扇个数添加参数

01 进入“外部”立面视图，选中阵列线，如图11-73所示；然后在选项栏中选择“添加参数”选项，如图11-74所示。

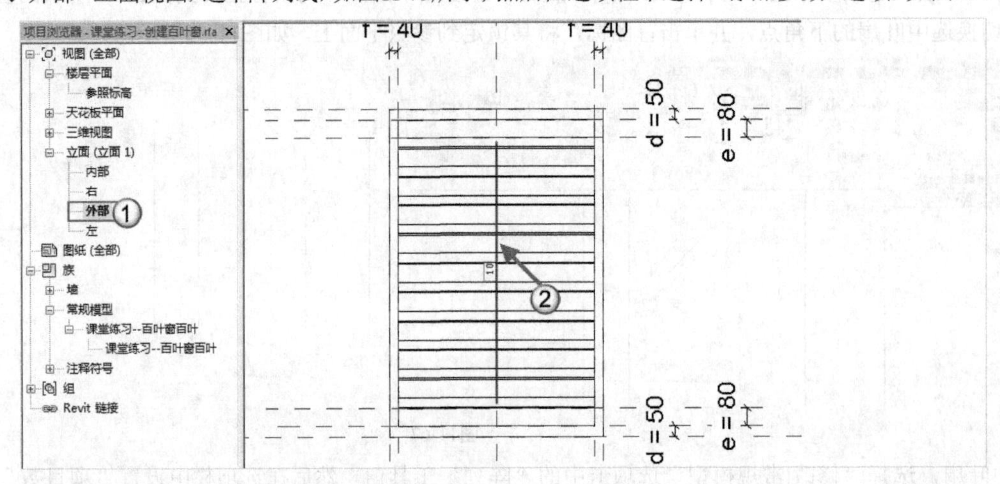

图11-73

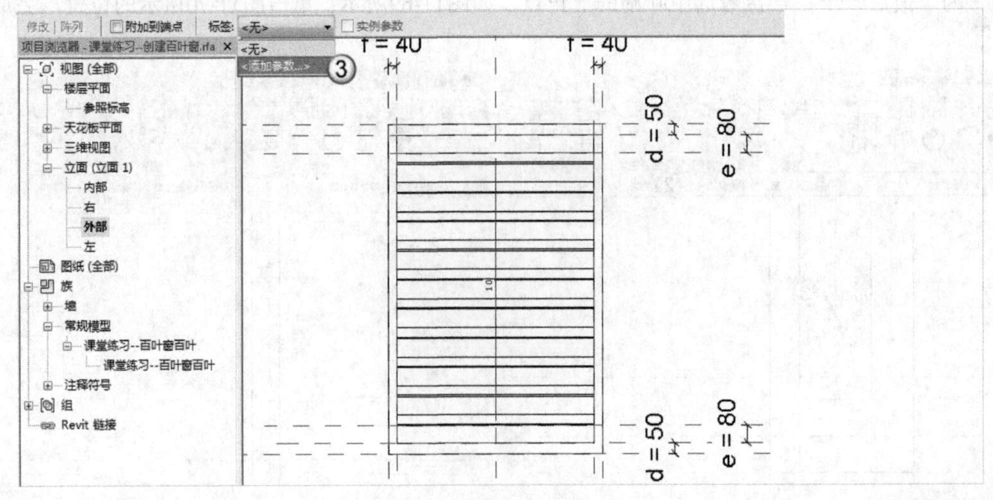

图11-74

02 打开“参数属性”对话框，设置“名称”为“百叶个数”，并单击“确定”按钮，如图11-75所示。

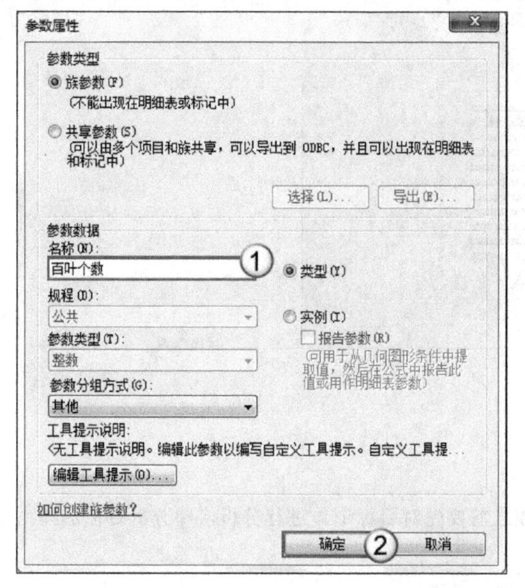

图11-75

03 对叶扇个数进行公式设置，使其个数随高度变化。选择“族类型”工具，打开“族类型”对话框，设置“百叶个数”的公式为“=高度/150”，然后单击“确定”按钮，如图11-76所示。创建好的百叶窗族模型如图11-77所示。

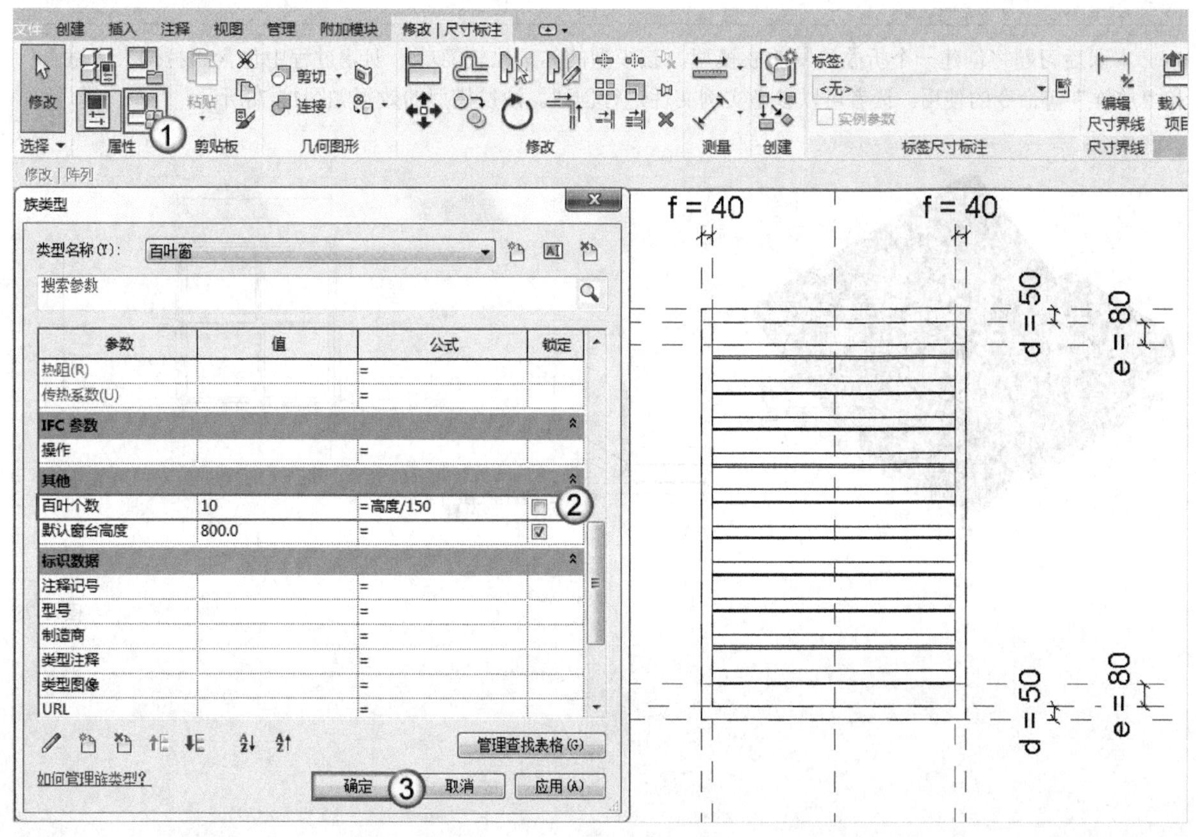

图11-76

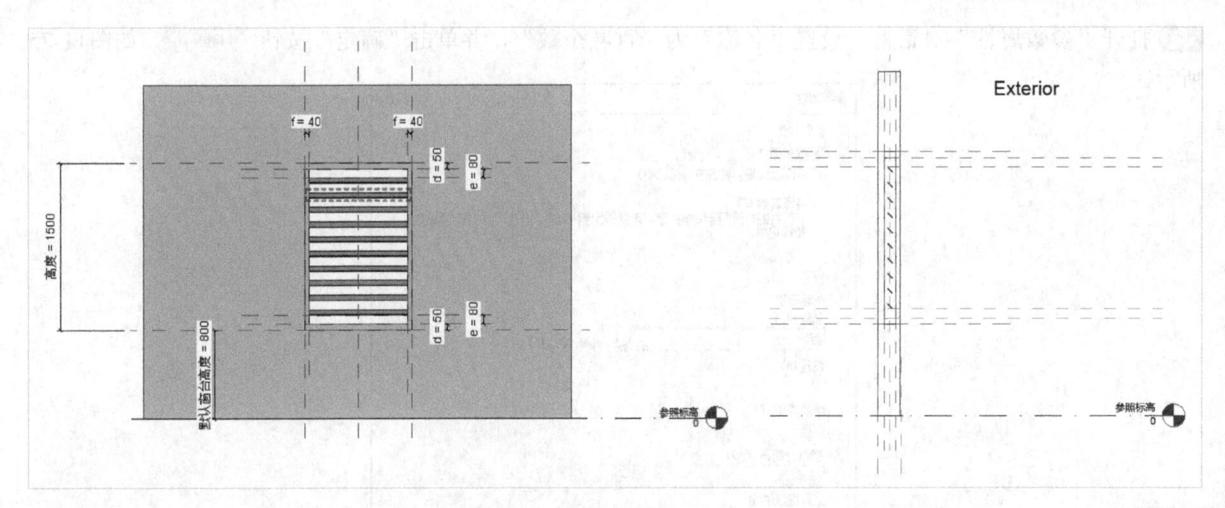

图11-77

提示 在Revit 2018中，创建族之前要先对目标形体进行分析，即分析目标形体由哪些几何形体组成。将其进行分解后，再用基本形体将其拼装出来。

11.3 课后习题：创建沙发族模型

实例文件　实例文件>CH11>课后习题：创建沙发族模型.rfa
视频文件　课后习题：创建沙发族模型.mp4
学习目标　掌握族模型的拉伸、融合和放样操作

本课后习题将创建一个折叠沙发的族模型，该模型的结构比较简单，创建过程中包含“拉伸”“融合”和“放样”等命令的使用。读者可以参考实例文件进行创建。沙发模型的效果如图11-78所示。

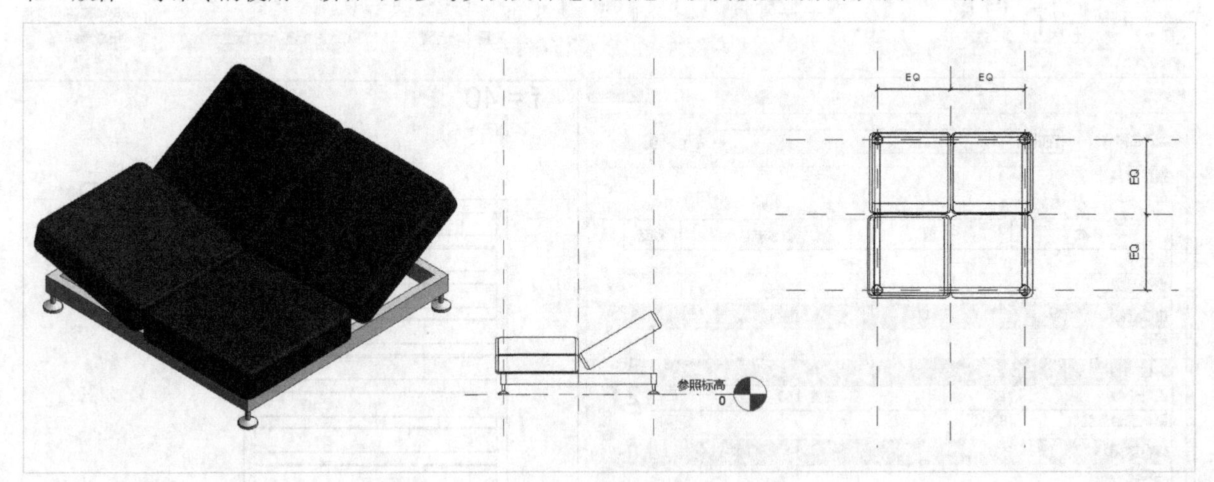

图11-78

第12章

综合案例实训：阶梯教室

通过对前面章节的学习，读者应该对Revit建模有了较全面的了解。本例将整合前面的内容，完成一个完整的建筑项目，请读者灵活运用前面章节中学习的标高、轴网、墙、门、窗、楼梯、楼板和屋顶等知识，完成本章的学习。

学习目标

- 掌握模型的创建流程
- 掌握扇形建筑轴网的绘制方法
- 掌握阶梯草图的编辑方法
- 掌握门窗的放置方法
- 掌握异形屋顶的创建方法

12.1 案例介绍

实例文件　实例文件>CH12>综合案例实训：阶梯教室．rvt
视频文件　综合案例实训：阶梯教室1~4.mp4
学习目标　掌握大型建筑模型的创建方法

虽然本例的模型不同于前面介绍过的建筑模型（本例模型是一个扇形的建筑模型）但是其建模思路与前面学习过的建模思路基本类似。在创建本例模型时，请读者注意扇形部分，只要能精准地画出弧形轴线和相交的直轴网，后面的建筑构件就可以使用前面学过的知识进行创建了。另外，本例部分平面图因为书面展示的局限性，不能完全看清，所以读者可以查看学习资源中的参考平面图进行操作。阶梯教室的效果如图12-1所示。

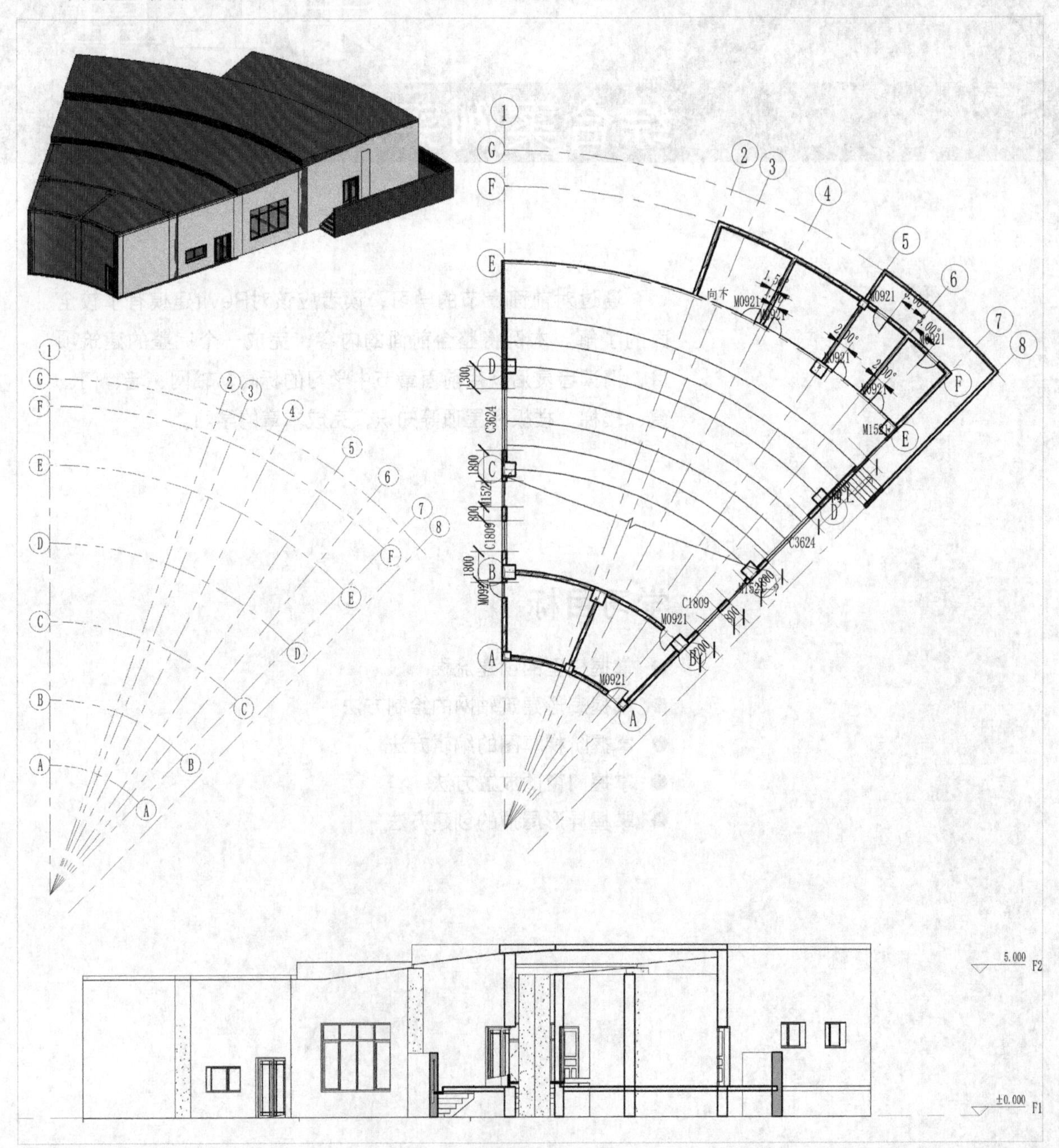

图12-1

12.2 绘制标高和轴网

在建模之前，需要新建项目样板文件，并将项目样板文件保存到合适的位置，然后绘制建筑的标高和轴网，为后续的建模做好准备。

12.2.1 新建项目样板文件

01 执行“文件>新建>项目”命令，如图12-2所示，打开“新建项目”对话框，选择“建筑样板”选项，并单击“确定”按钮 确定(O) ，如图12-3所示。

图12-2

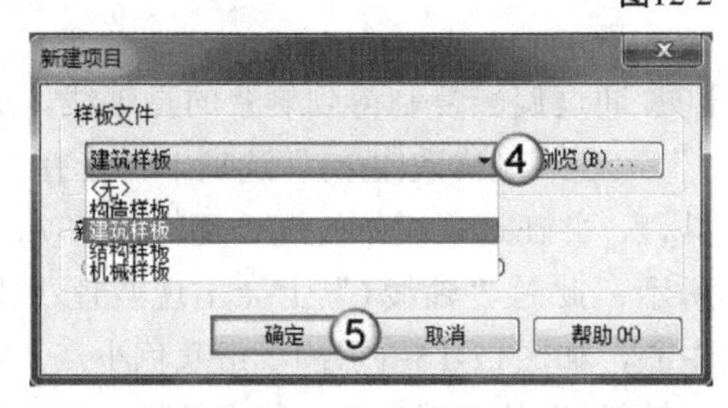

图12-3

02 单击“保存” 按钮，打开“另存为”对话框；然后单击“选项”按钮 选项(P)... ，在打开的“文件保存选项”对话框中设置“最大备份数”为3，单击“确定”按钮 确定(O) ；设置好“文件名”和保存路径，单击“保存”按钮 保存(S) ，如图12-4所示。

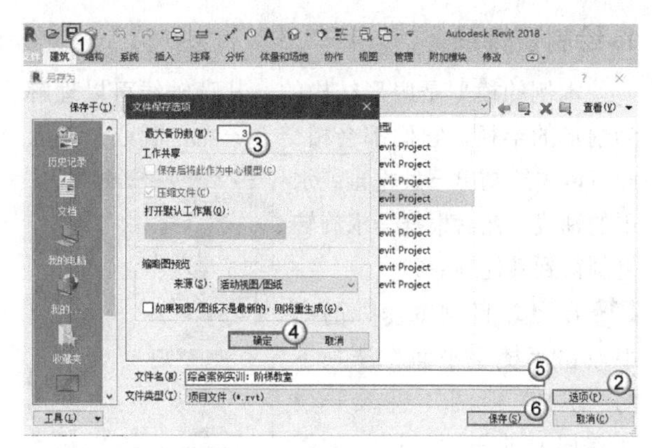

图12-4

12.2.2 绘制标高

01 在“项目浏览器”面板中展开“立面（建筑立面）”选项，然后双击“南”视图，进入“南”立面视图，如图12-5所示；接着更改标高的名称，修改“标高1”为F1、“标高2”为F2，结果如图12-6所示。

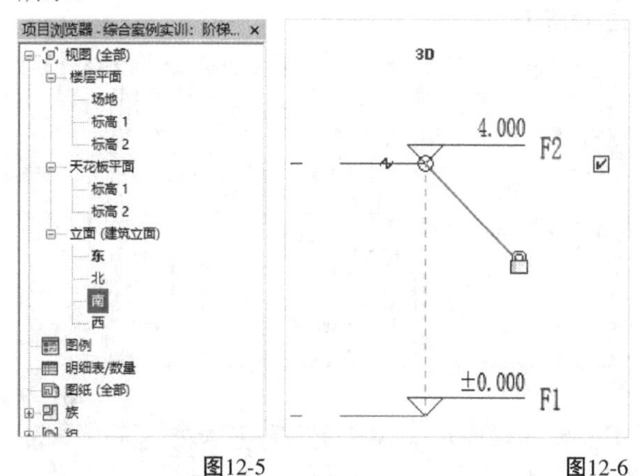

图12-5　　图12-6

02 调整F2的值，如图12-7所示，将一层与二层之间的高度修改为5000mm（5m）。

图12-7

12.2.3 绘制轴网

在绘制阶梯教室的轴网之前，可以先观察图12-1所示的三维模型，该模型不同于前面介绍的小别墅或者会所模型。该阶梯教室可理解为扇形结构，所以它的轴网主要由弧形轴线和相交的直轴线组成。

1. 绘制直轴线

本例的模型是扇形结构的，其直轴线可以理解为扇形的半径，它们都会相交于一点（圆心），因此可以先绘制出一条垂直或水平的轴线，然后根据需求旋转复制得到其他轴线。

01 在“项目浏览器”面板中双击“楼层平面”选项下的“F1”视图，进入一层（首层）的平面视图，如图12-8所示。

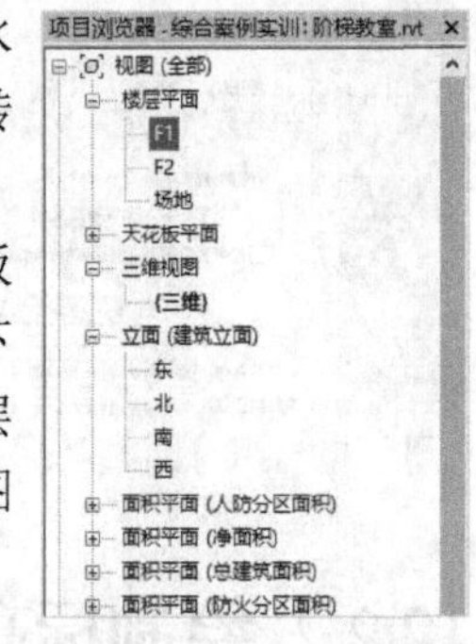

图12-8

02 绘制垂直轴线。在“建筑”选项卡中执行“轴网”命令，如图12-9所示；然后在“修改|放置 轴网”选项卡中选择“线”工具，如图12-10所示；接着在视图内单击，并垂直向下移动鼠标指针，单击完成“轴线1”的绘制，如图12-11和图12-12所示。

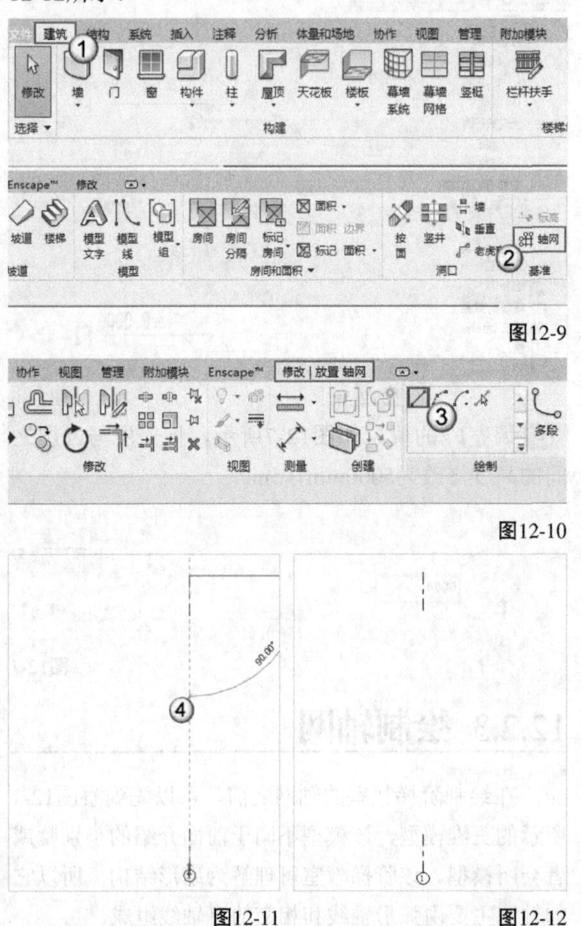

图12-9

图12-10

图12-11

图12-12

03 选中“轴线1”，在“属性”面板中选择“编辑类型”选项，打开“类型属性”对话框；然后设置“轴线中段”为“连续”，勾选“平面视图轴号端点1”选项，取消勾选“平面视图轴号端点2”选项，单击“确定”按钮确定(O)，如图12-13所示。完成后的效果如图12-14所示。

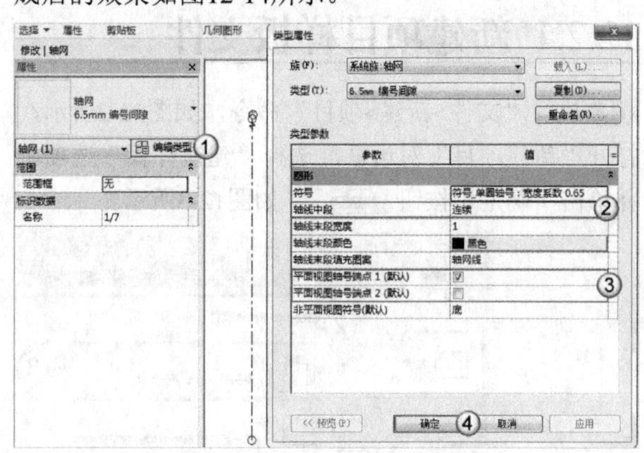

图12-13

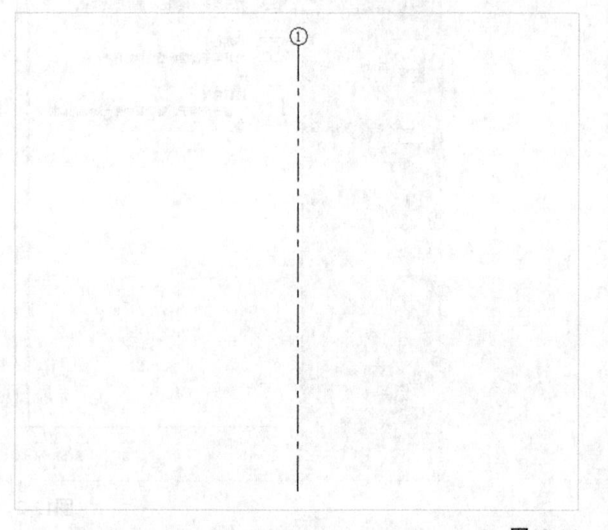

图12-14

04 通过旋转复制得到剩余的直轴线。选中“轴线1”，进入“修改|轴网”选项卡，选择“旋转”工具，并在选项栏中勾选“复制”选项，如图12-15所示；此时“轴线1”上会出现蓝色小点，即旋转中心，如图12-16所示；单击蓝色小点，将其移动到“轴线1”的下端点处，单击轴线，向右移动鼠标指针，旋转20.00°，复制出“轴线2”，如图12-17所示。

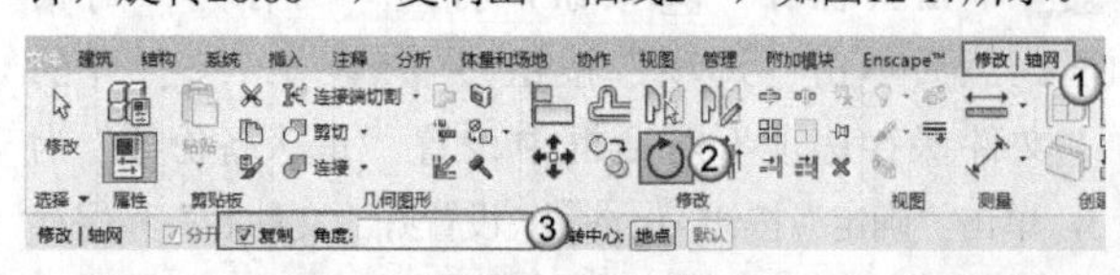

图12-15

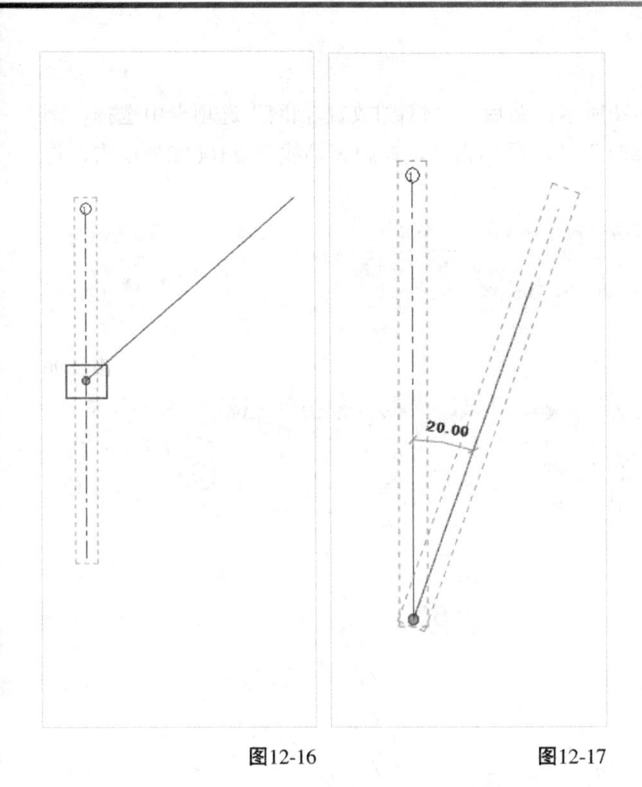

05 用同样的方法复制出5条轴线，“轴线2”和“轴线7”之间相邻轴线的夹角依次为2.50°、5.00°、7.50°、5.00°、5.00°，如图12-18所示。

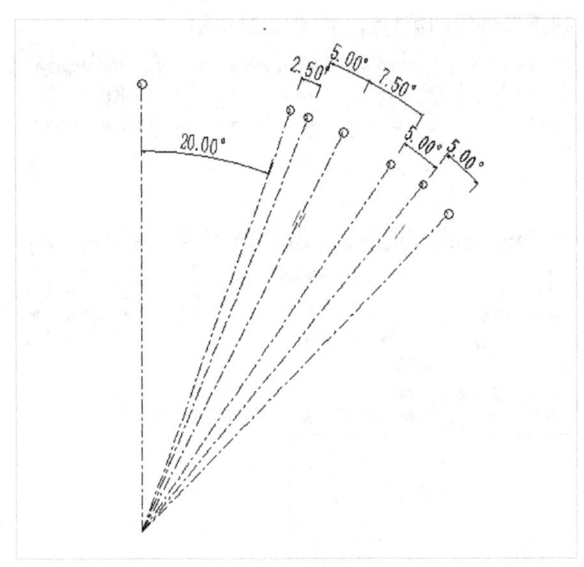

图12-16　　图12-17　　图12-18

06 选中“轴线7”，在“修改|轴网”选项卡中选择“复制”工具，将其沿平行的方向移动，然后单击，设置移动距离为2000，得到“轴线8”，如图12-19所示。

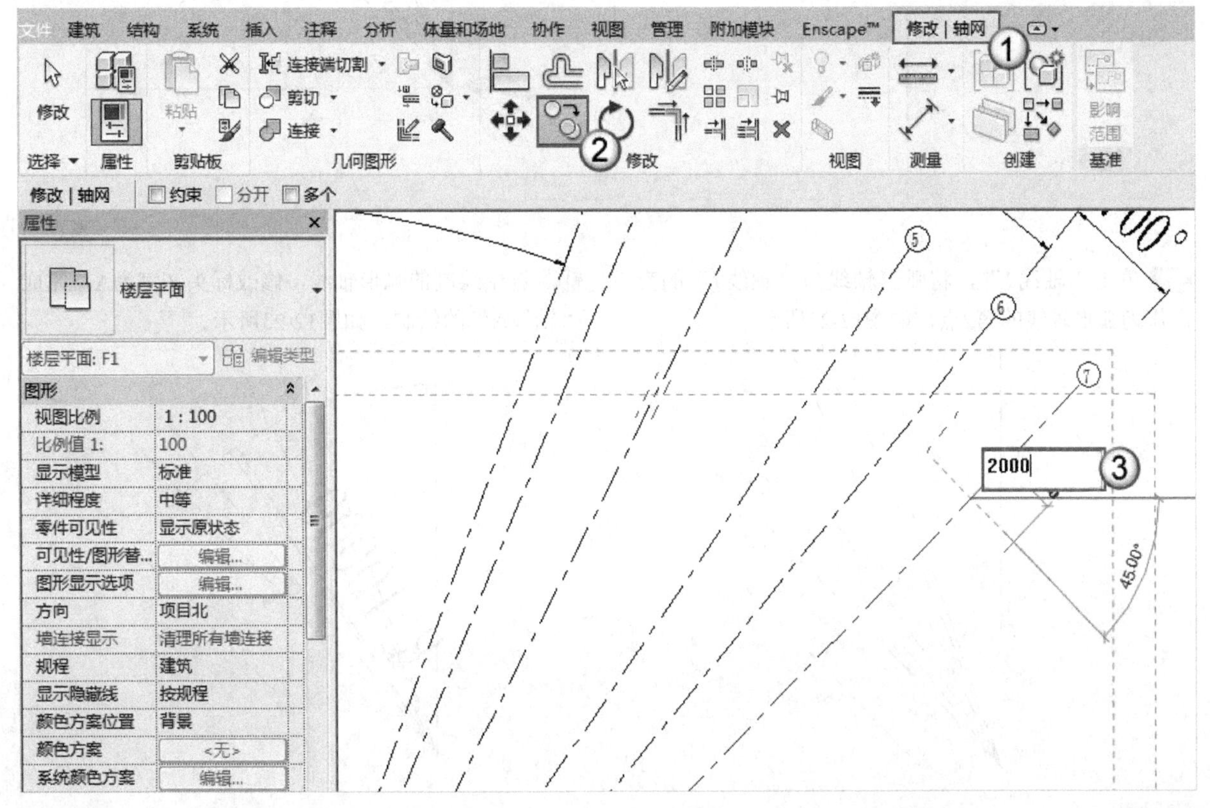

图12-19

2. 绘制弧形轴线

01 在“建筑”选项卡中执行“轴网”命令，如图12-20所示；然后在“修改|放置 轴网”选项卡中选择“圆心-端点弧”工具，单击轴线的交点；接着沿着“轴线1”移动鼠标指针，在距离轴线交点10000处单击，得到弧形轴线的第1点，如图12-21所示。

图12-20

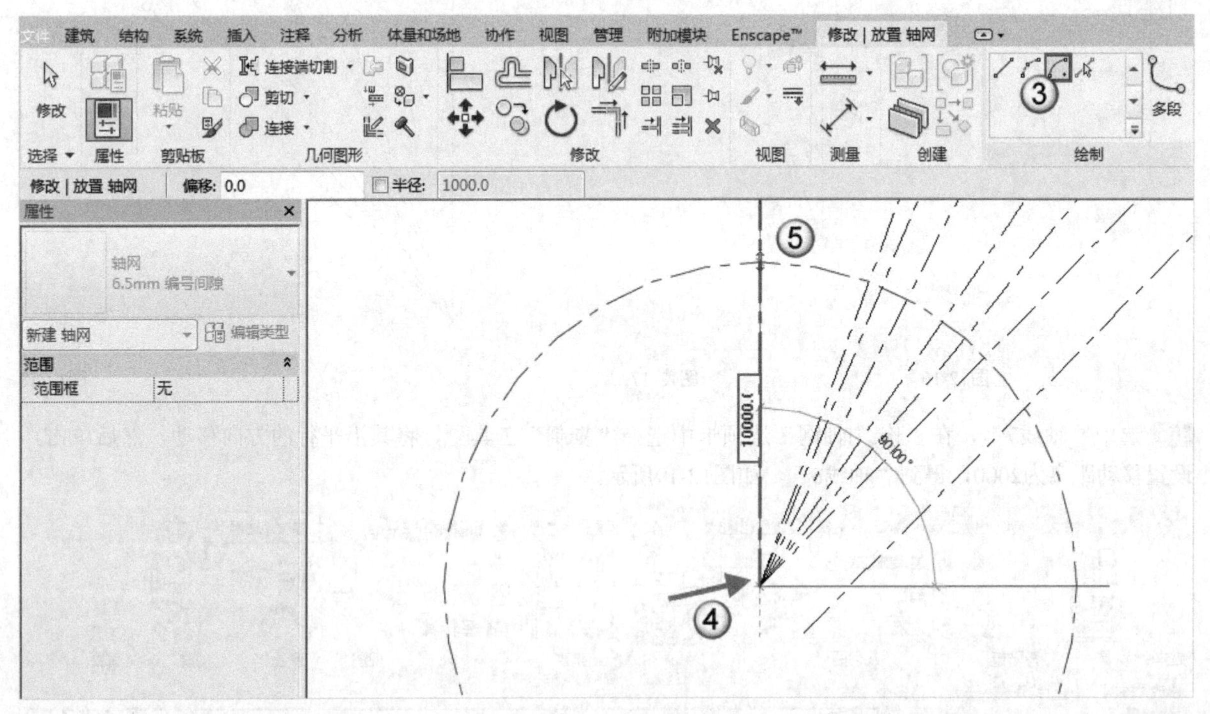

图12-21

02 单击“轴线7”，将弧形轴线与“轴线7”的交点作为弧形轴线的第2点，如图12-22所示。

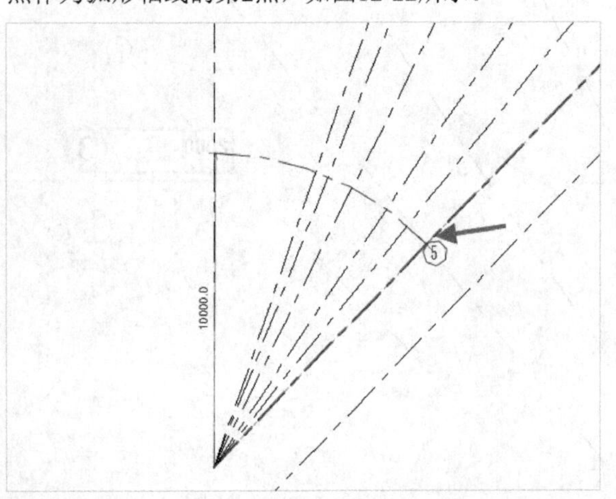

图12-22

03 选中绘制的弧形轴线，修改标头文字为A，完成“轴线A”的绘制，如图12-23所示。

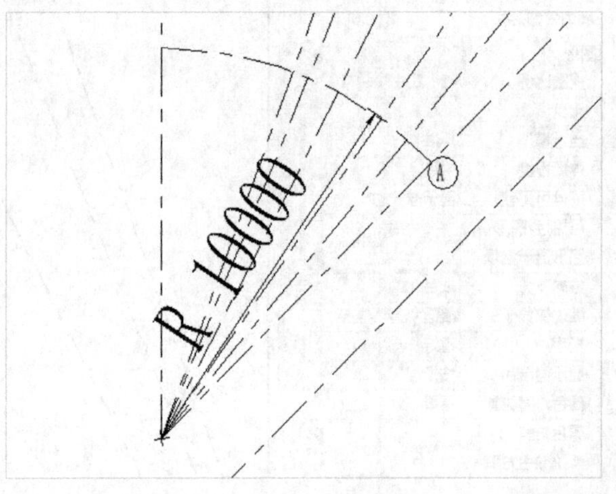

图12-23

04 按照上述方法，绘制出“轴线B”~“轴线G”，它们的半径依次为15000、21000、27000、33000、37500、39620，如图12-24所示。阶梯教室的轴网效果如图12-25所示。

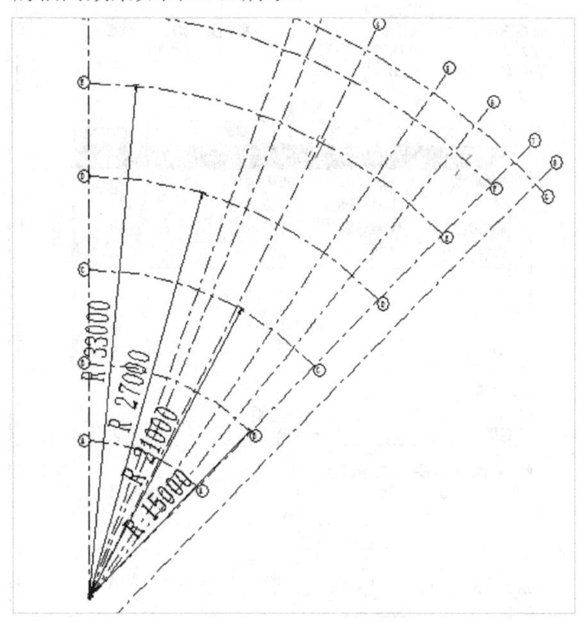

图12-24

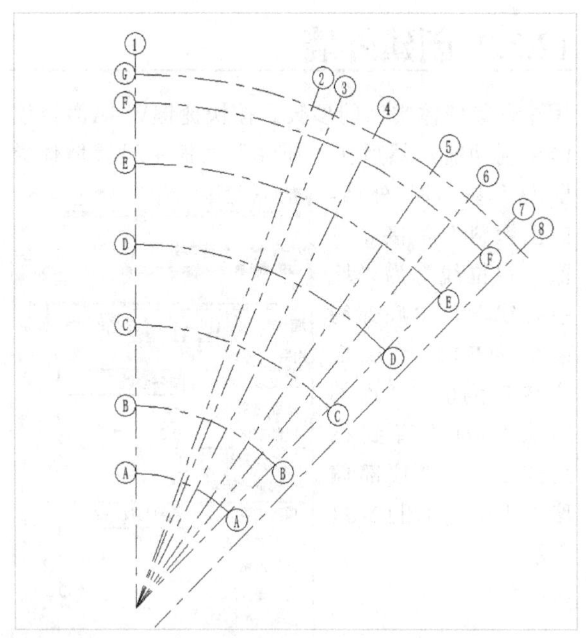

图12-25

提示 注意，“轴线G”的第2个点是与“轴线8”的交点。另外，在绘图过程中，为了方便读者观察轴线的结构，笔者将标头比例缩小了，读者可以在视图控制栏中设置相关比例来调整标头的大小。

12.3 创建墙体

完成轴网的绘制后，就可以根据轴网来创建阶梯教室的墙体了。本例的墙体分为内墙、外墙和外墙护围，下面依次介绍它们的创建方法。

12.3.1 设置墙类型

01 新建墙类型。双击F1进入一层的平面视图，在“建筑”选项卡中执行“墙>墙:建筑”命令（快捷键为W+A），激活墙体绘制功能，如图12-26所示；然后在“属性”面板中设置墙体类型为“基本墙 常规-200mm”，并选择“编辑类型”选项，打开“类型属性”对话框；接着单击“复制”按钮 复制(D)...，在打开的“重命名”对话框中设置“新名称”为“外墙-白色涂料”，并单击“确定”按钮 确定(O)，如图12-27所示。

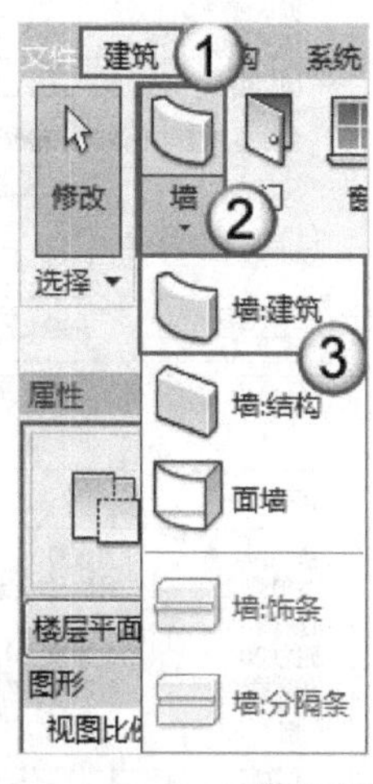

图12-26

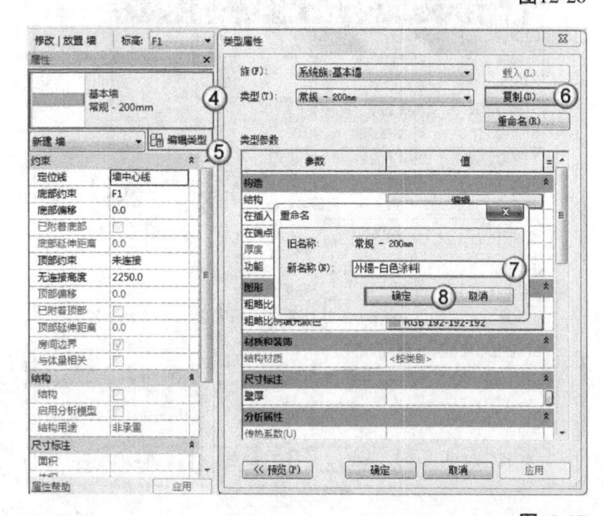

图12-27

02 设置墙层和各墙层材质等参数。在“类型属性”对话框中单击“结构”右侧的“编辑”按钮 编辑... ，打开“编辑部件”对话框。单击“插入”按钮 插入(I) ，如图12-28所示，插入新的墙层，为其设置图12-29所示的功能和参数，并单击“确定”按钮 确定 。

编辑部件

族：基本墙
类型：外墙-白色涂料
厚度总计：200.0　　样本高度(S)：6096.0
阻力(R)：0.0000 (m²·K)/W
热质量：0.00 kJ/K

层　外部边

	功能	材质	厚度	包络	结构材质
1	核心边界	包络上层	0.0		
2	结构 [1]	<按类别>	200.0	☐	☑
3	核心边界	包络下层	0.0		

内部边

插入(I) ① 删除(D) 向上(U) 向下(O)
默认包络　插入点(N)：不包络　结束点(E)：无
修改垂直结构(仅限于剖面预览中)
修改(M) 合并区域(G) 墙饰条(W) 指定层(A) 拆分区域(L) 分隔条(R)
<< 预览(P) 确定 取消 帮助(H)

图12-28

编辑部件

族：基本墙
类型：外墙-白色涂料
厚度总计：282.0　　样本高度(S)：6096.0
阻力(R)：0.0000 (m²·K)/W
热质量：0.00 kJ/K

层　外部边

	功能	材质	厚度	包络	结构材质
1	面层 2 [5]	涂料	2.0	☑	☐
2	面层 2 [5]	水泥砂浆防	6.0	☑	☐
3	面层 2 [5]	聚苯颗粒保	24.0	☑	☐
4	面层 2 [5]	水泥砂浆	8.0	☑	☐
5	核心边界	包络上层	0.0		
6	结构 [1]	砌体-普通砖	240.0	☐	☑
7	核心边界	包络下层	0.0		
8	面层 1 [4]	石膏抹灰	2.0	☑	☐

内部边 ②

插入(I) 删除(D) 向上(U) 向下(O)
默认包络　插入点(N)：不包络　结束点(E)：无
修改垂直结构(仅限于剖面预览中)
修改(M) 合并区域(G) 墙饰条(W) 指定层(A) 拆分区域(L) 分隔条(R)
<< 预览(P) 确定 ③ 取消 帮助(H)

图12-29

03 按照步骤01中的方法创建阶梯教室的其他墙类型“内墙-240”，具体设置如图12-30所示。

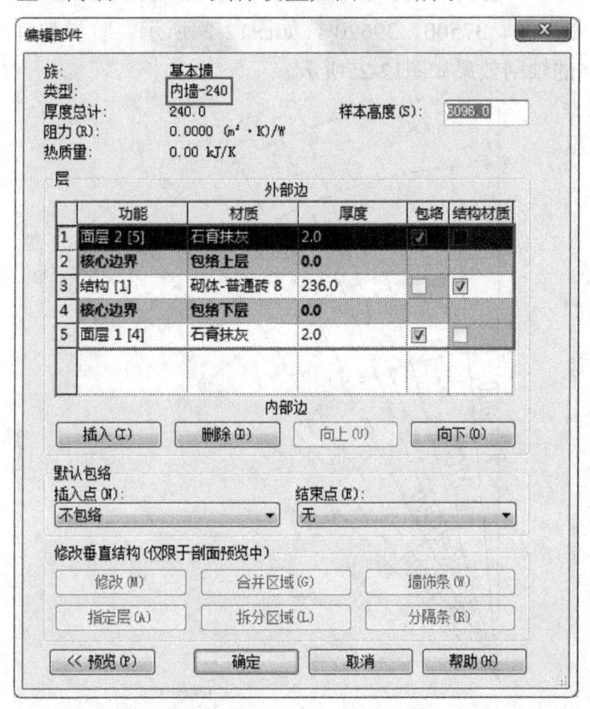

图12-30

12.3.2 创建外墙

01 设置墙体实例的参数。按快捷键W+A激活墙体绘制功能，然后在“属性”面板中设置墙体类型为“基本墙 外墙-白色涂料”，接着设置“定位线”为“墙中心线”、“底部约束”为F1、“底部偏移”为0、“顶部约束”为“直到标高:F2”、“顶部偏移”为0，如图12-31所示。

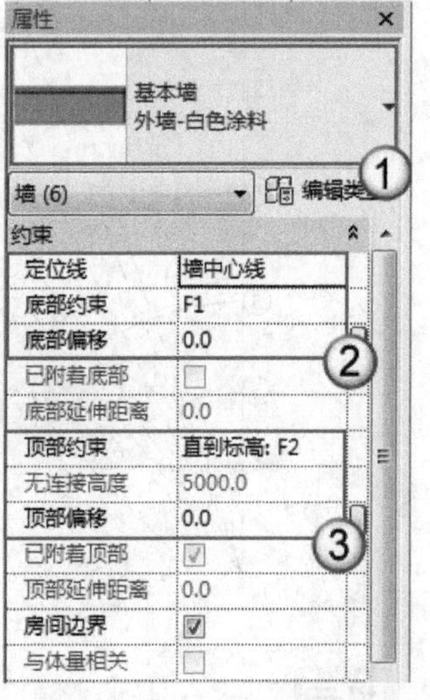

图12-31

02 选择“拾取线”工具，如图12-32所示；然后移动鼠标指针，依次单击“轴线1”“轴线A”和“轴线7”，创建出外墙，如图12-33所示。

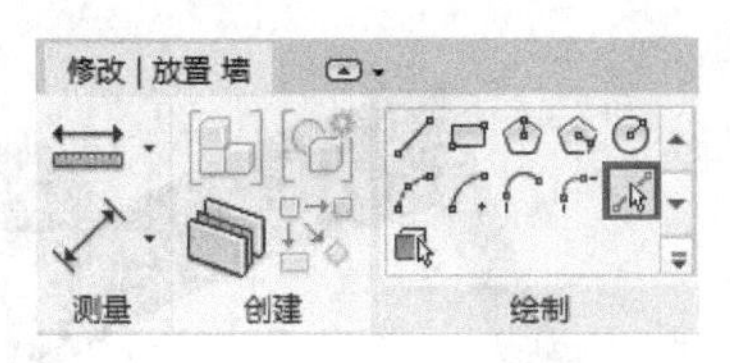

图12-32

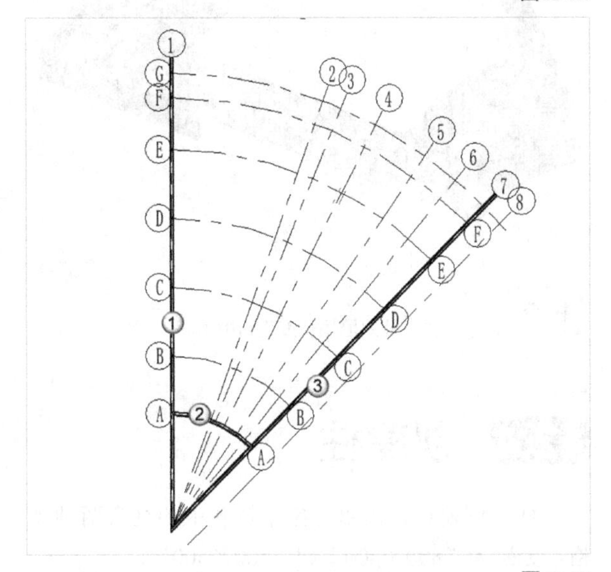

图12-33

03 进入“修改”选项卡，选择“修剪/延伸为角”工具，单击“轴线1”处的墙体，再单击“轴线A”处的墙体，对墙体进行修剪，如图12-34所示。

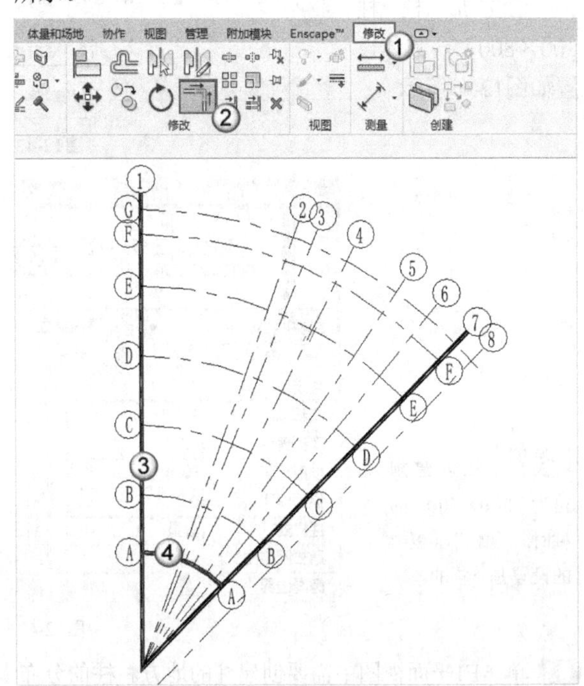

图12-34

04 用同样的方法依次单击“轴线7”和“轴线A”处的墙体，对墙体进行修剪，如图12-35所示。

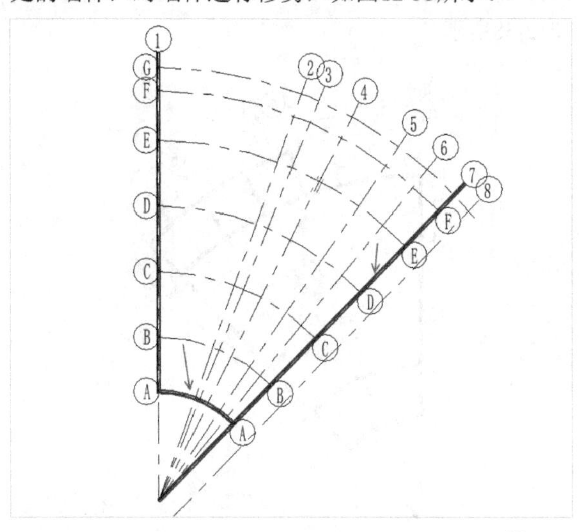

图12-35

05 用前面的方法创建出图12-36所示的外墙。

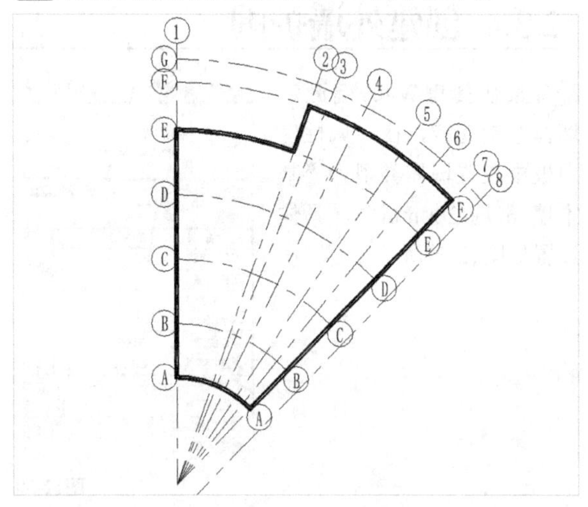

图12-36

12.3.3 创建内墙

01 按快捷键W+A激活墙体绘制功能，在“属性”面板中设置墙体类型为“基本墙 内墙-240”，具体设置如图12-37所示。

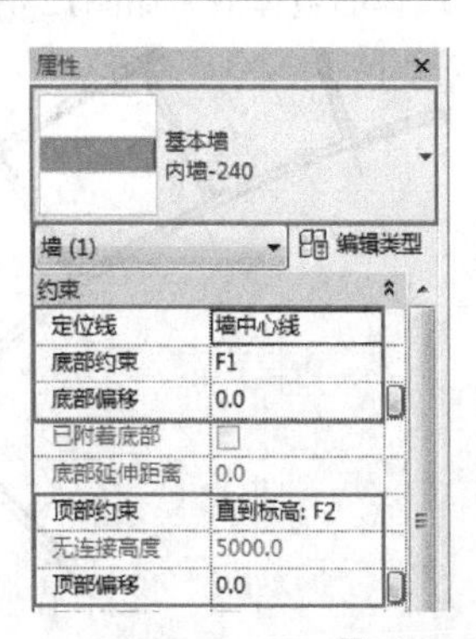

图12-37

02 同样，使用“拾取线”工具并结合轴网绘制出内墙，通过内墙编辑点调整内墙的范围，效果如图12-38所示。

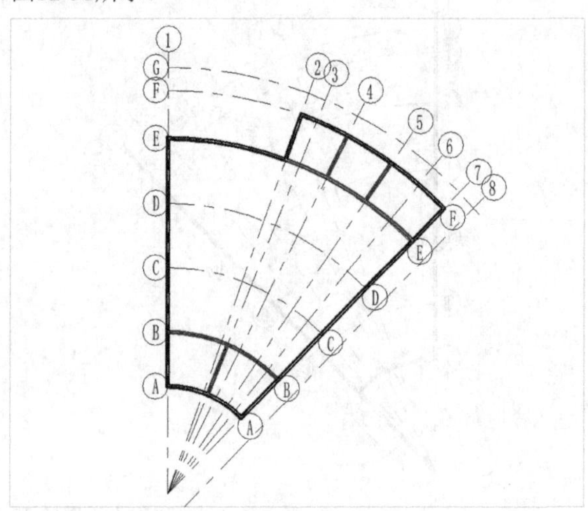

图12-38

12.3.4 创建外墙护围

01 按快捷键W+A键激活墙体绘制功能，在“属性”面板中设置墙体类型为“基本墙 常规-200mm”，具体设置如图12-39所示。

图12-39

02 使用“拾取线”工具并结合轴网绘制出外墙护围，调整外墙护围的范围，效果如图12-40所示。墙体的整体效果如图12-41所示。

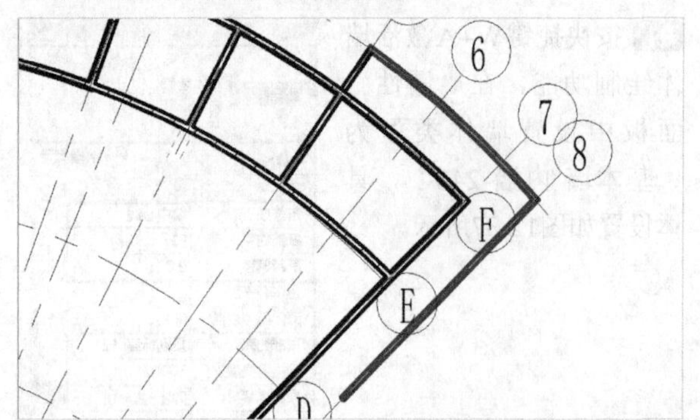

图12-40

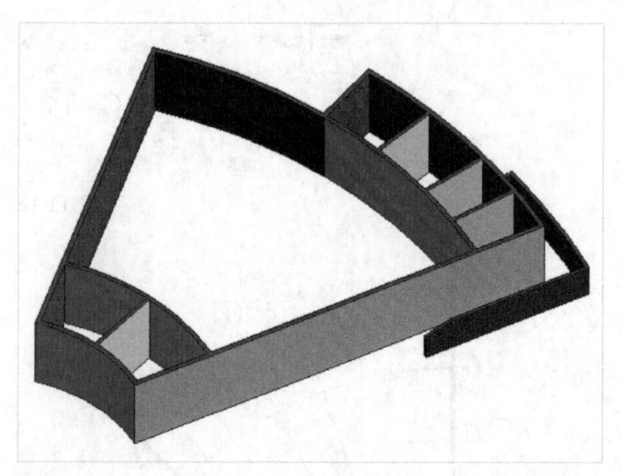

图12-41

提示 “轴线8”处的墙体长度为11048。

12.4 创建柱

柱的创建比较简单，整个场景中的柱有两种规格，分别为“800×800”和“500×500”。

01 进入F1平面视图，在“建筑”选项卡中执行“柱>结构柱”命令，如图12-42所示；然后在“属性”面板中设置柱类型为“混凝土-正方形-柱 柱800×800”，具体设置如图12-43所示。

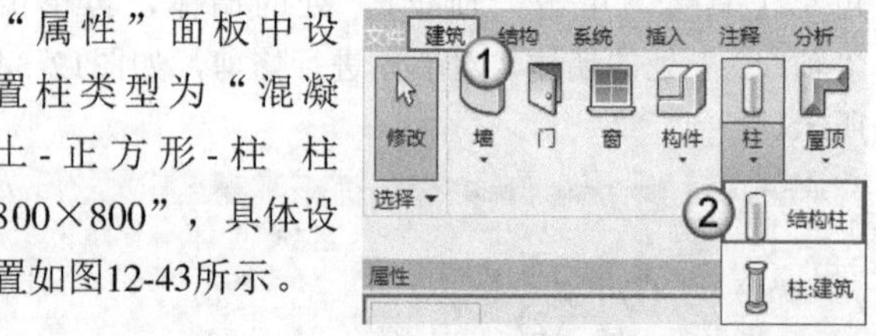

图12-42

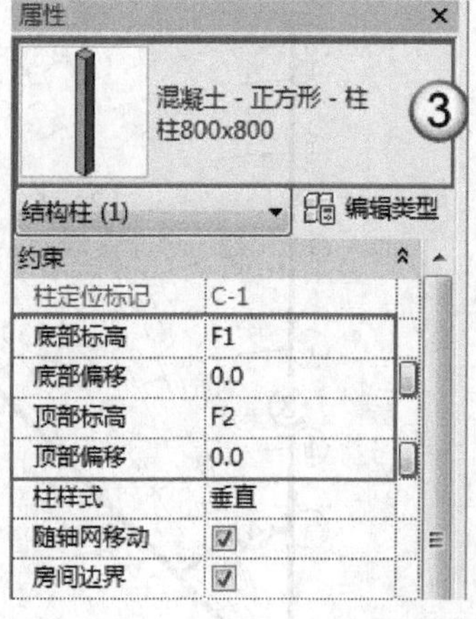

图12-43

提示 在创建规格为“500×500”的柱时，“属性”面板中的设置是一样的。

02 单击F1平面视图中需要创建柱的地方。柱的分布如图12-44所示，其三维效果如图12-45所示。

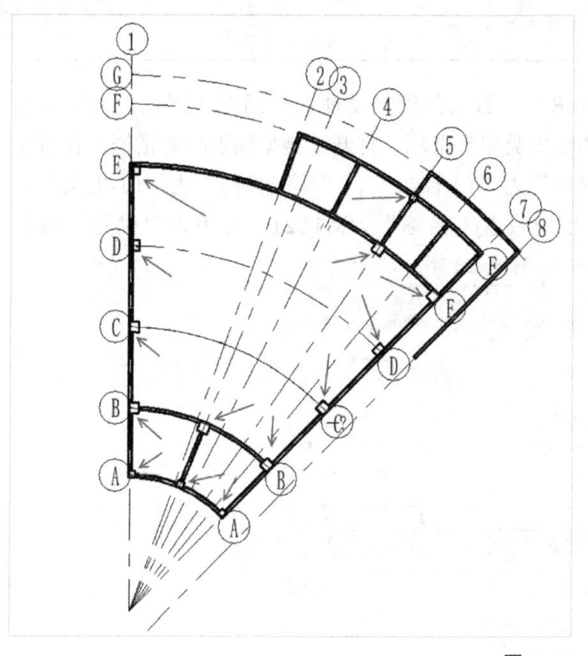

图12-44

图12-45

提示 图12-44中的大柱规格为800×800，小柱规格为500×500。

12.5 创建门窗

下面在墙体上创建门窗，门窗的创建主要涉及载入门窗族、新建门窗类型、创建门和更改门的标记等操作。

12.5.1 载入门窗族

在“插入”选项卡中执行“载入族”命令，如图12-46所示，打开“载入族”对话框；然后选择“建筑>门>普通门>推拉门>双扇推拉门2.rfa”族文件，并单击“打开”按钮 打开(O) ，完成门的载入，如图12-47所示。

图12-46

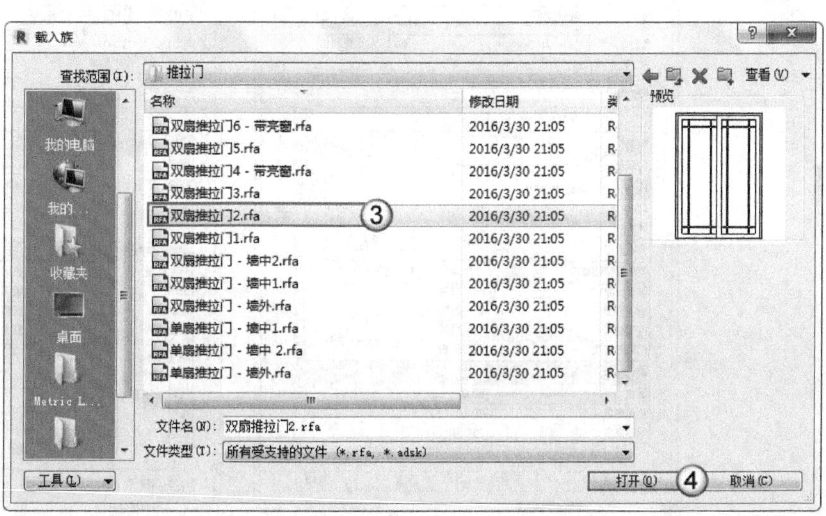

图12-47

提示 按照上述步骤依次载入“建筑>门>普通门>平开门>单扇>单嵌板木门 4.rfa”“建筑>窗>普通窗>组合窗>组合窗-双层四列（两侧平开）-上部固定.rfa”和“建筑>窗>普通窗>平开窗>双扇平开-带贴面.rfa”族文件。

12.5.2 新建门窗类型

01 在“建筑”选项卡中执行“门”命令（快捷键为D+R），激活门绘制功能；然后在“属性”面板中设置门类型为“双扇推拉门2 1500×2100mm”，并选择“编辑类型”选项，打开“类型属性”对话框；接着在“材质和装饰”中设置“玻璃”为“玻璃”、“门嵌板材质”为“门-嵌板”、“框架材质”为“门-框架”，单击“复制”按钮 复制(D)... ，在打开的“名称”对话框中设置“名称”为M1521，并单击“确定”按钮 确定(O) ，如图12-48所示。

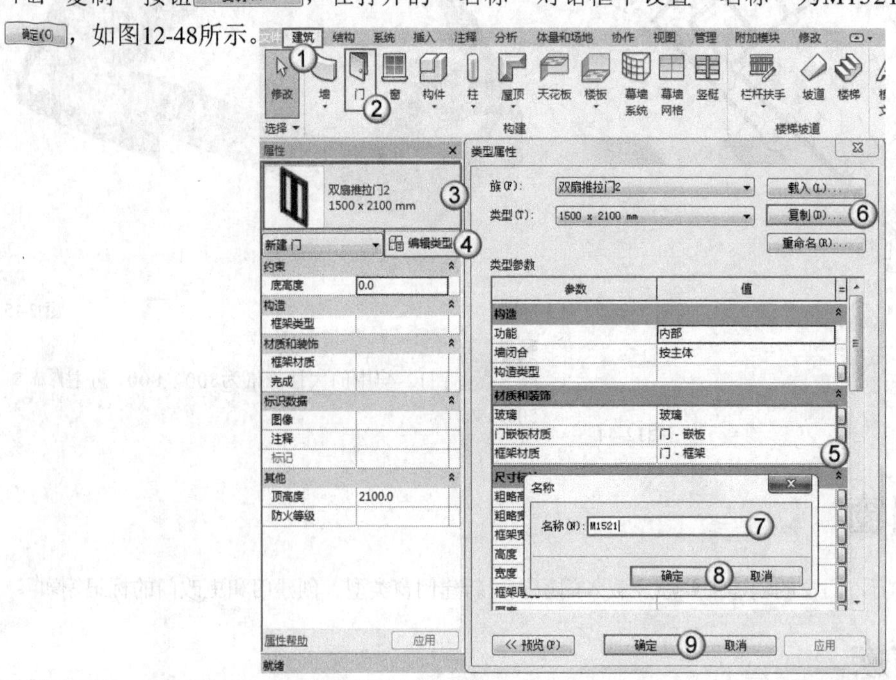

图12-48

02 按上述步骤将“单嵌板木门4 900×2100mm”命名为M0921、“组合窗 双层四列（两侧平开） -上部固定.rfa”命名为C3624、“双扇平开-带贴面 1800 ×900mm”命名为C1809（窗的底高度都为900）。M0921和C1809两扇门的材质设置如图12-49和图12-50所示。

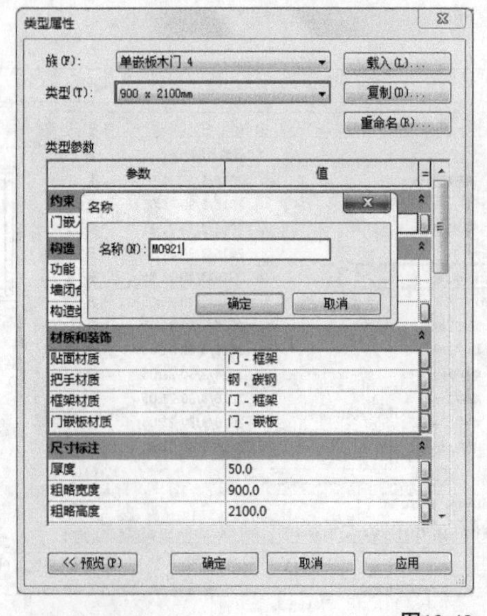

图12-49

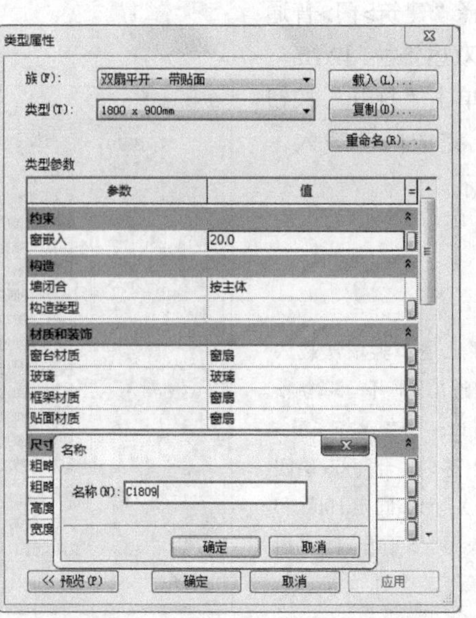

图12-50

12.5.3 创建门和更改门的标记

01 按快捷键D+R激活门绘制功能，然后在“属性”面板中设置门类型为“单嵌板木门4 M0921”，接着选择“在放置时进行标记”工具，将鼠标指针移动到“轴线1”的AB段，此时会出现门与周围墙体距离的蓝色相对临时尺寸，单击放置门，如图12-51所示。

提示 放置门时可以按空格键调整门的开启方向。

02 单击门与“轴线B”间的相对临时尺寸，输入240，以精确定位门，如图12-52所示。完成后的效果如图12-53所示。

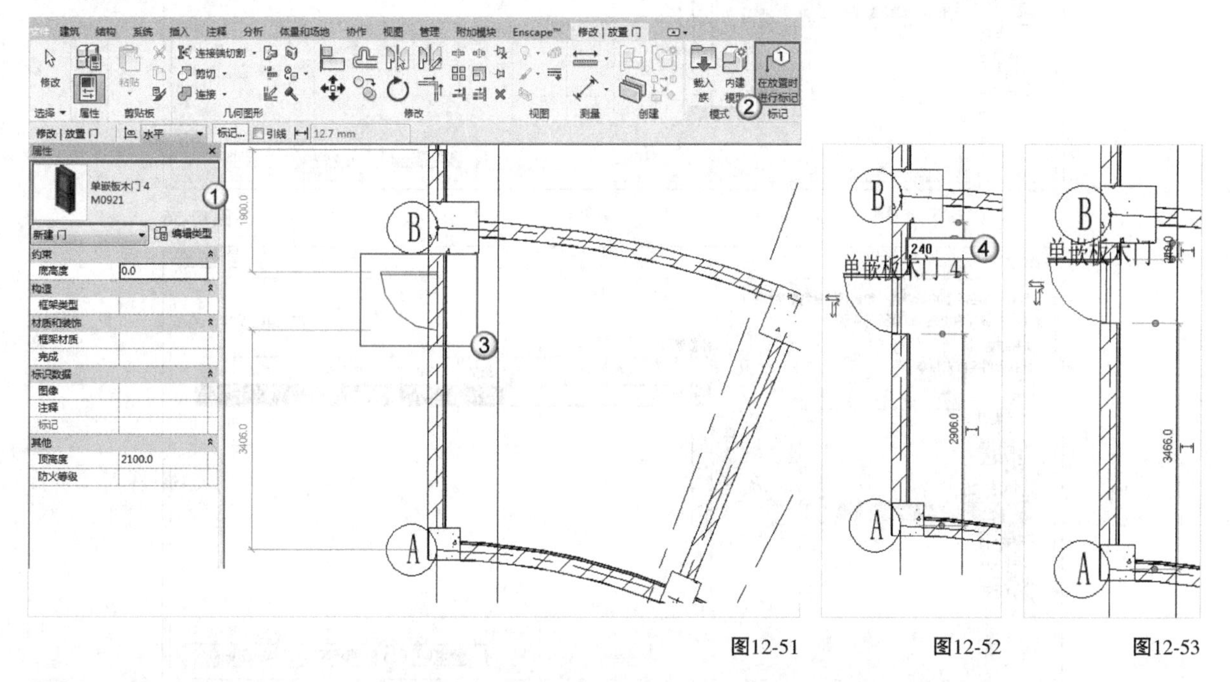

图12-51 图12-52 图12-53

03 更改门的标记（名称）。拾取门标记，在“修改|门标记”选项卡中选择“编辑族”工具，如图12-54所示，打开编辑族的窗口，选中1t，并选择“编辑标签”工具，如图12-55所示。

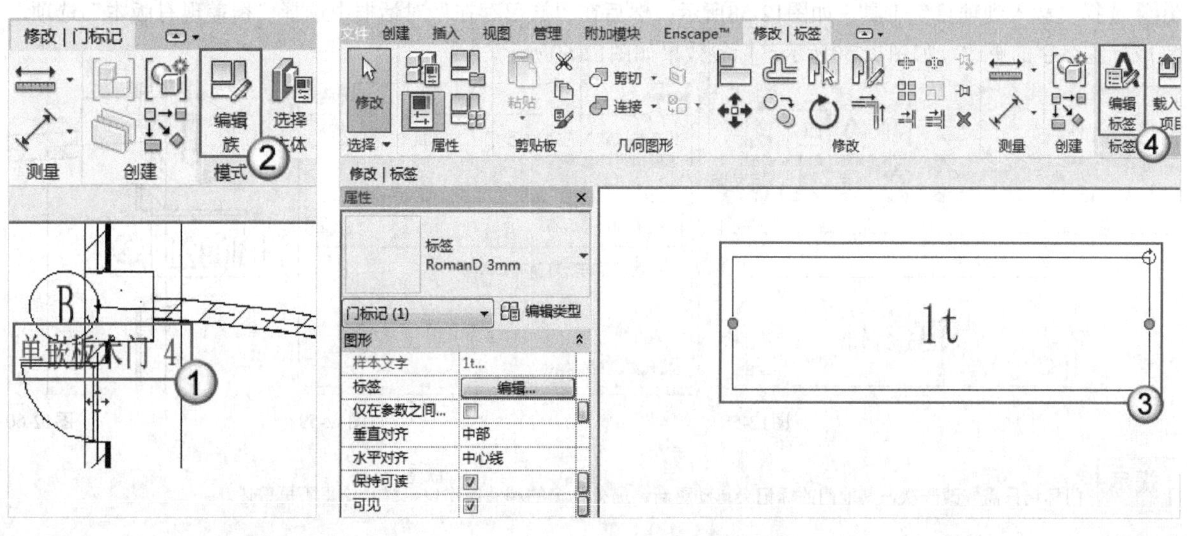

图12-54 图12-55

04 打开“编辑标签”对话框，选择“标签参数”中的“类型标记”选项，单击“从标签中删除参数”按钮，删除类型标记，如图12-56所示；然后选择“类别参数”中的“类型名称”选项，单击“将参数添加到标签”按钮，添加类型名称，并单击“确定”按钮，如图12-57所示。

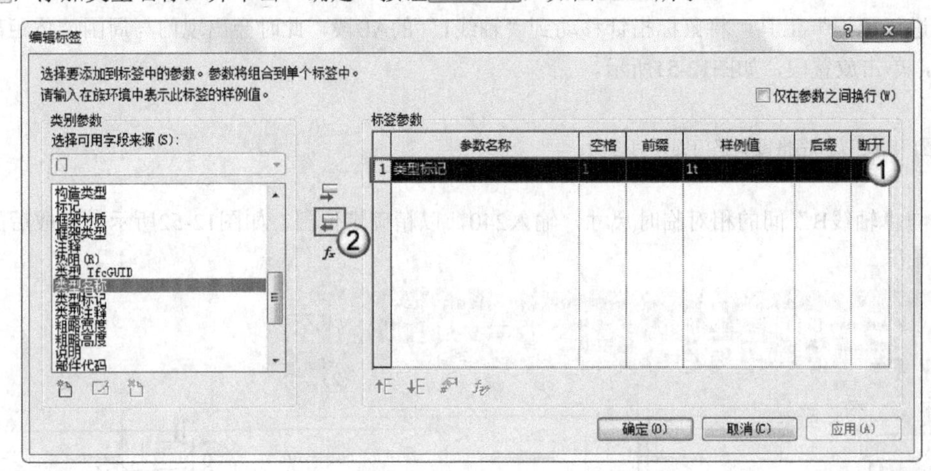

图12-56

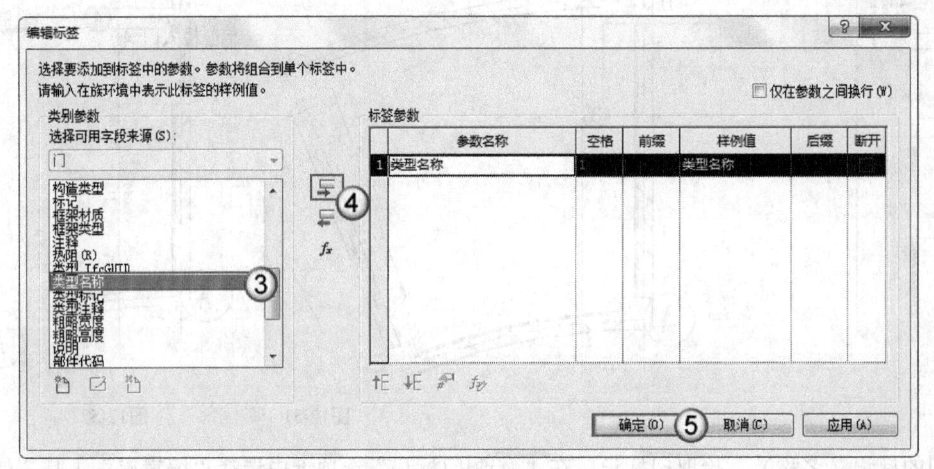

图12-57

05 选择“载入到项目”工具，如图12-58所示；然后在“族已存在”对话框中选择“覆盖现有版本”选项，完成标签名字的更改，如图12-59所示。标签效果如图12-60所示。

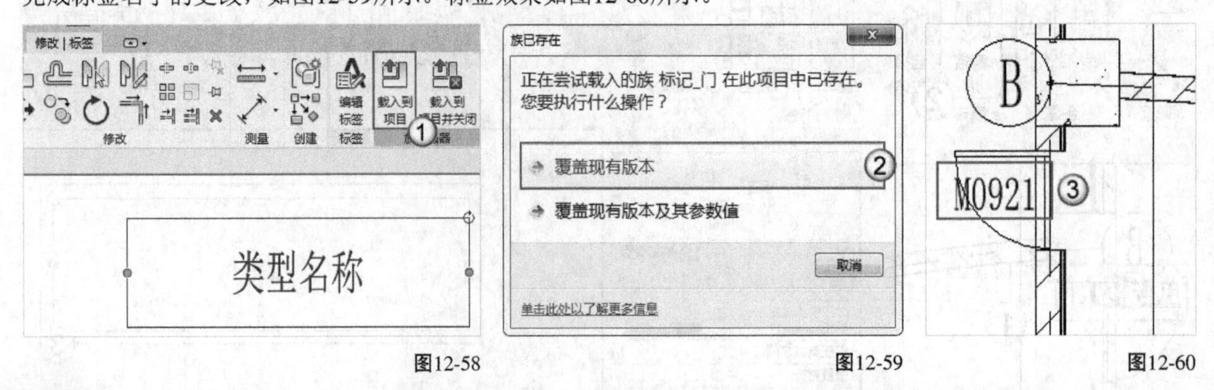

图12-58　　图12-59　　图12-60

提示 门标记只需修改一次，其他门的标记会自动更新。另外，窗的相关操作也一样，这里不再赘述。

12.5.4 创建剩下的门窗

01 按照前面的方法创建出剩余的门窗，门窗位置和标记如图12-61所示。

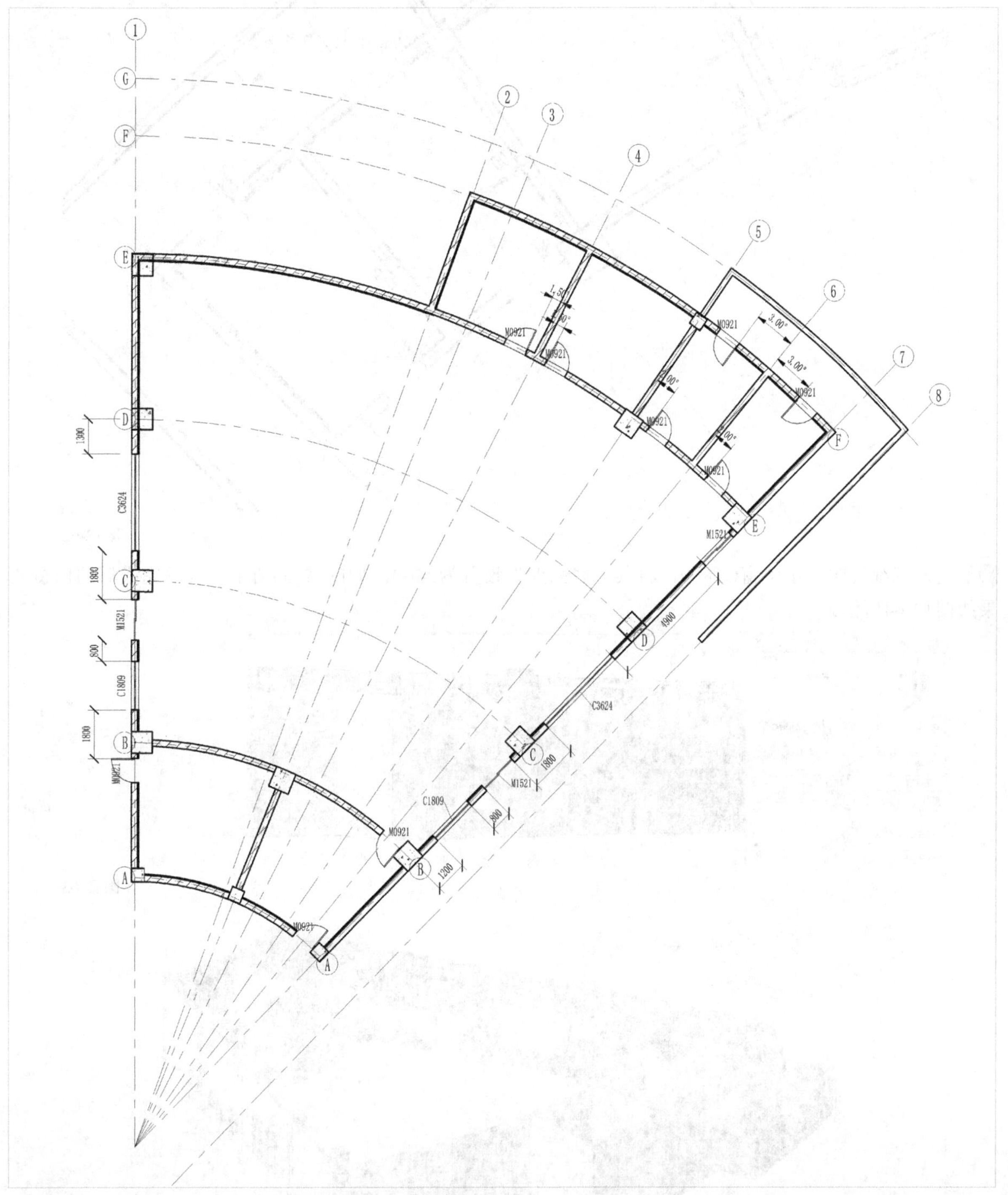

图12-61

提示 因为图12-61太大，书中不能完全展示，所以在学习资源中提供了原图，读者可以查看原图进行操作。

02 选中图12-61所示的门M0921和M1521，设置它们的“底高度”为1050，效果如图12-62所示。

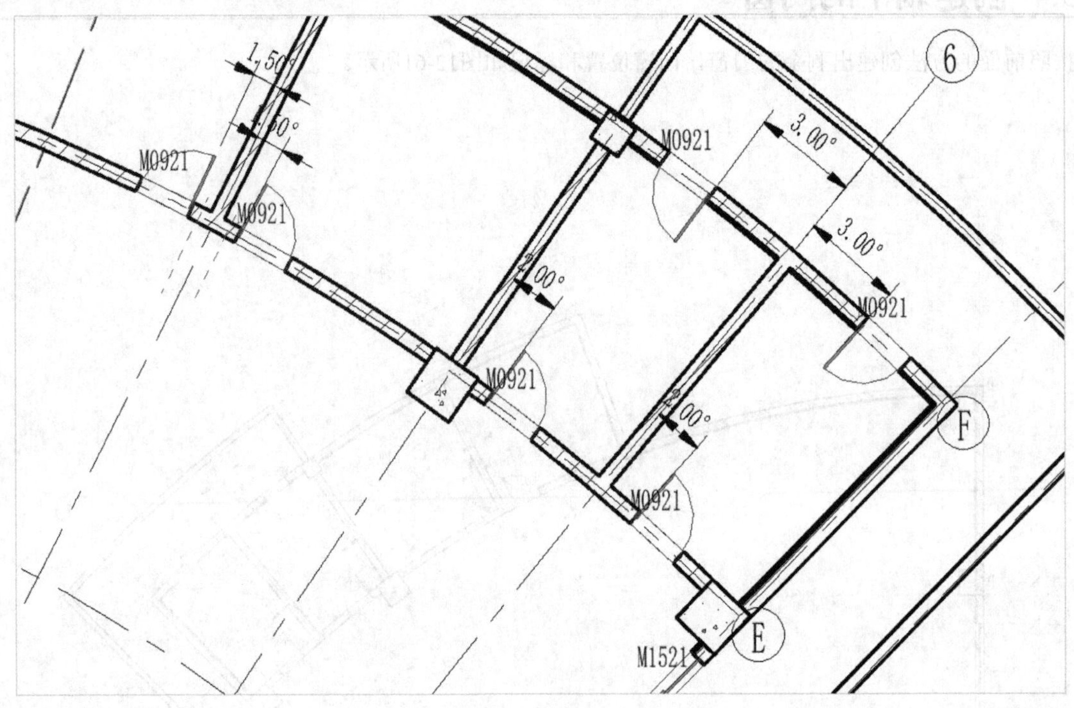

图12-62

03 进入三维视图，选中窗C1809，将其“底高度”设置为2400，如图12-63所示。设置完成后的门窗效果如图12-64所示。

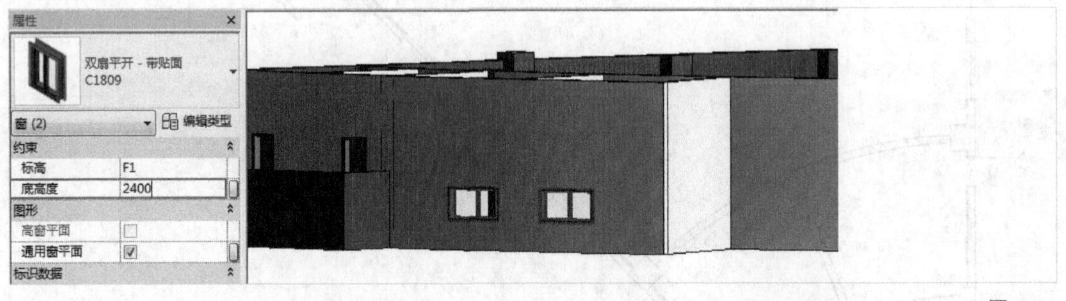

图12-63

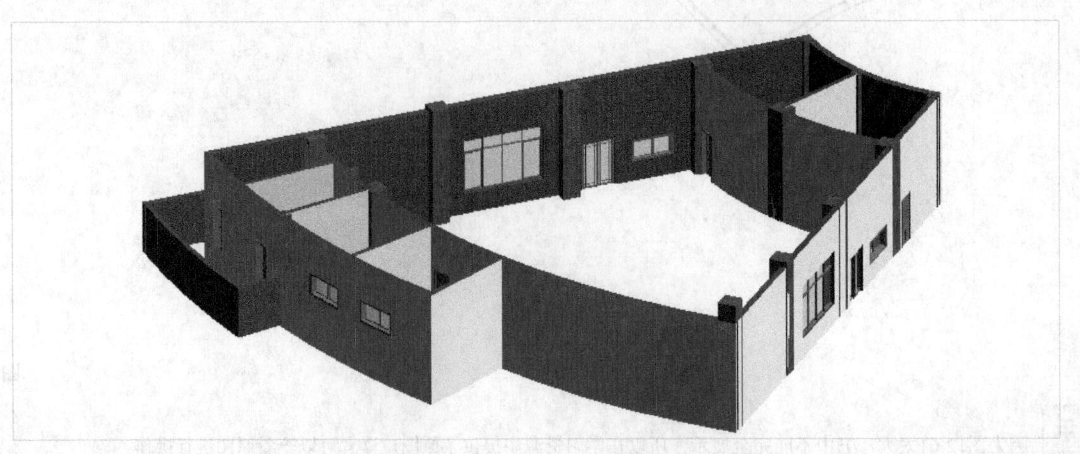

图12-64

12.6 创建楼板和阶梯

本节主要创建阶梯教室的地面部分，包含楼板和阶梯两部分。其中，楼板包含阶梯教室地面和外墙护围地面（有高度），阶梯包含阶梯教室的阶梯和外墙护围的楼梯。

12.6.1 创建阶梯教室的地面楼板

在“建筑”选项卡中执行“楼板>楼板:建筑”命令（快捷键为S+B），激活楼板绘制功能；然后在“属性”面板中设置楼板类型为“楼板 楼板-200”，如图12-65所示；接着选择“拾取线”工具，拾取图12-66所示的外墙护围来绘制边界线，并单击“完成编辑模式”按钮✔。

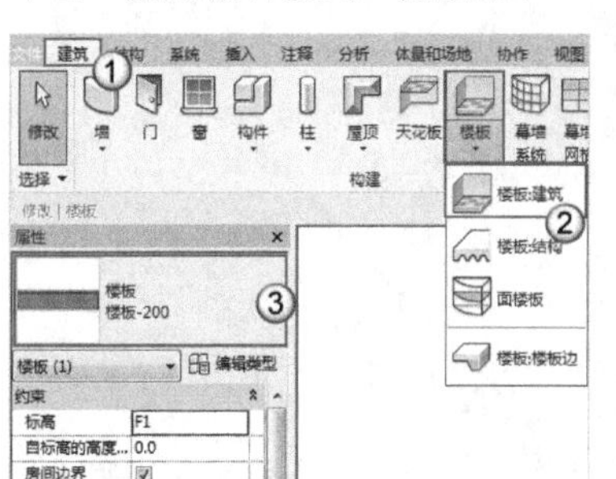

图12-65

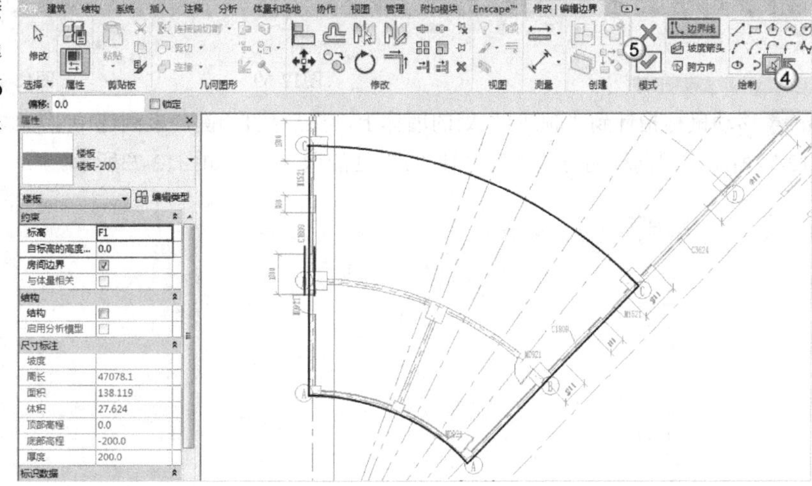

图12-66

提示　在绘制楼板边界线时，一定要确认“属性”面板中的“标高”为F1、“自标高的高度”为0。因为其位于地面，所以不需要厚度。

12.6.2 创建外墙的护围楼板

在“建筑”选项卡中执行“楼板>楼板:建筑”命令（快捷键为S+B），激活楼板绘制功能；然后在“属性”面板中设置楼板类型为“楼板 楼板-200”，如图12-67所示；接着选择“拾取线”工具，设置“自标高的高度”为1050，拾取图12-68所示的轴线来绘制边界线，并单击“完成编辑模式”按钮✔。

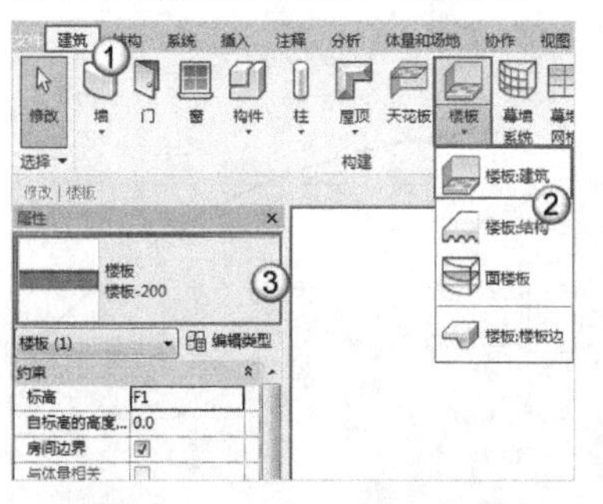

图12-67

图12-68

外墙护围的楼板是在台阶上面的，所以它本身是有高度（厚度）的，这里的1050表示该处的高度为1.05m。

12.6.3 创建阶梯教室的阶梯

下面创建阶梯教室的阶梯，具体方法如下。

1. 创建边界线

01 在“建筑”选项卡中执行“楼梯”命令，如图12-69所示；然后选择“创建草图”工具，如图12-70所示；接着选择“拾取线”工具，如图12-71所示。

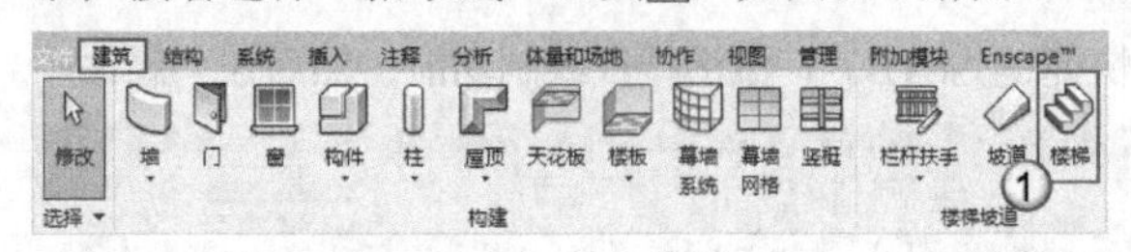

图12-69

图12-70

图12-71

02 移动鼠标指针到“轴线1”处的墙体上，然后按Tab键，直到选中“轴线1”，接着单击创建边界线，如图12-72所示。用同样的方法创建“轴线7”处的边界线，如图12-73所示。

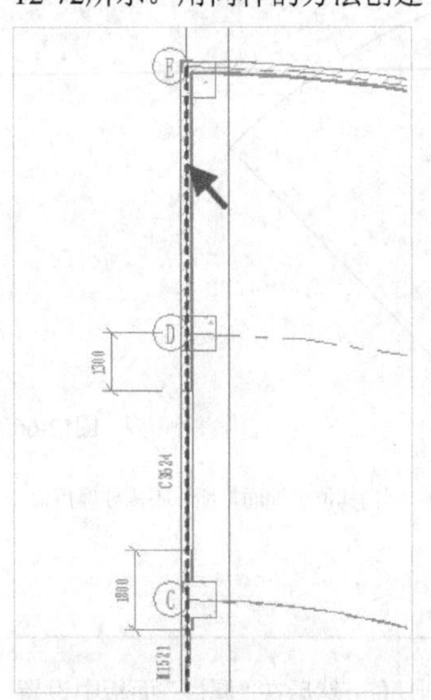

图12-72

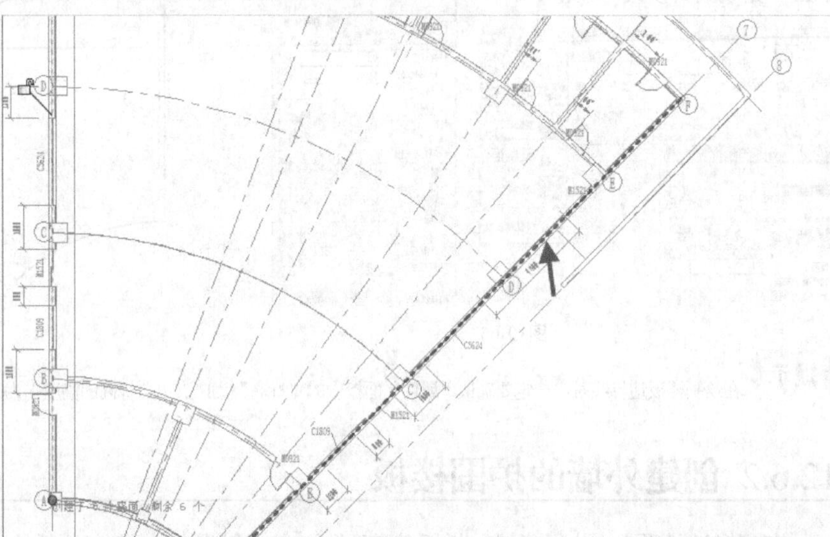

图12-73

2. 创建楼梯踢面线

01 选择“踢面”工具，然后选择“拾取线”工具，接着单击“轴线C”，创建第1条踢面线，如图12-74所示。

02 选中前面创建的踢面线，然后选择“偏移”工具，设置“偏移”为1400，并勾选“复制”选项，单击已经创建好的踢面线，创建一条新的踢面线，如图12-75所示。

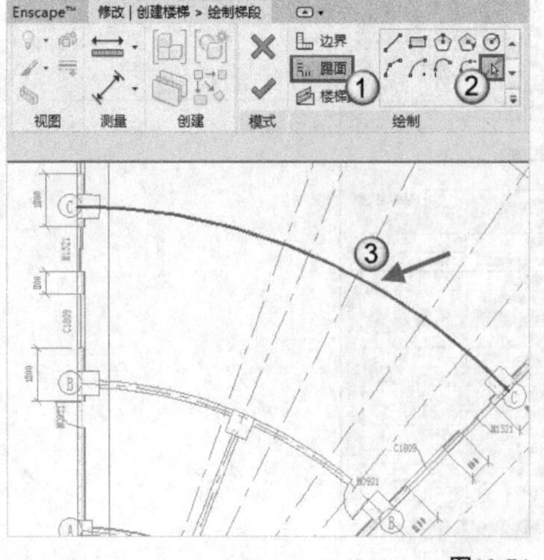

图12-74

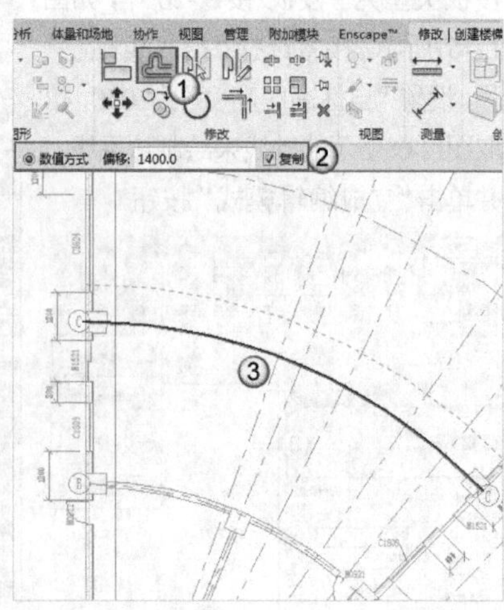

图12-75

提示
注意新建的踢面线在已有踢面线的上面。

03 用前面的方法继续创建踢面线，踢面线的具体尺寸如图12-76所示，创建完成后单击“完成编辑模式”按钮✔。

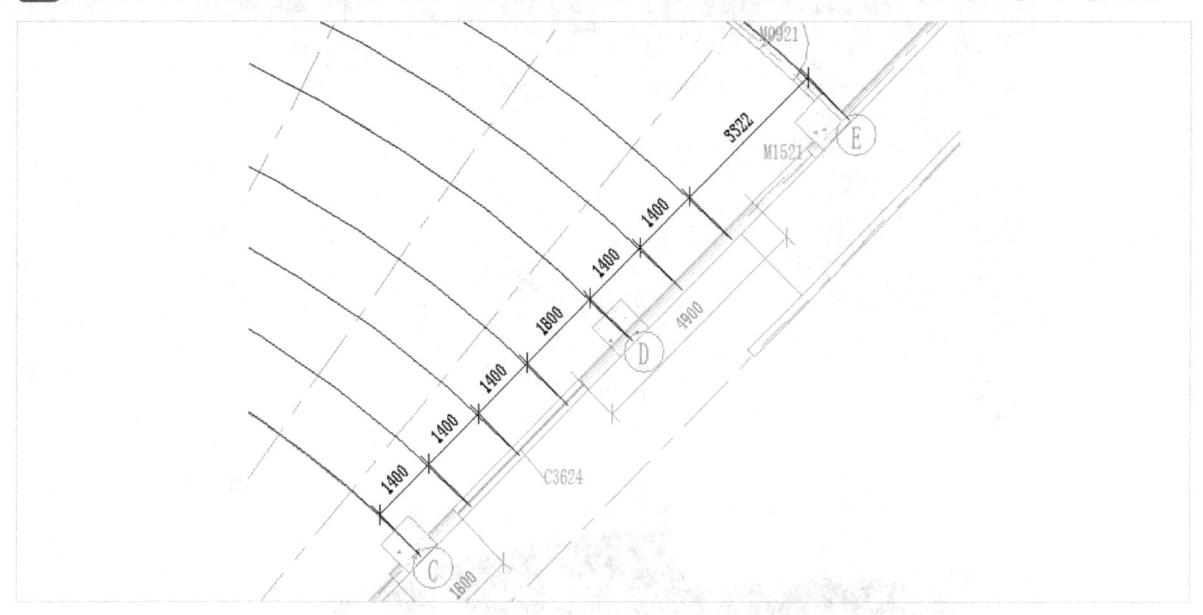

图12-76

3. 改变楼梯方向

选中楼梯，单击“翻转楼梯”箭头，如图12-77所示。完成后的效果如图12-78所示。

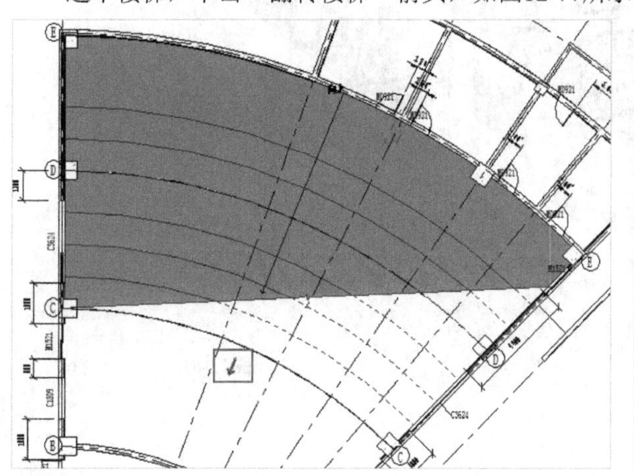

图12-77

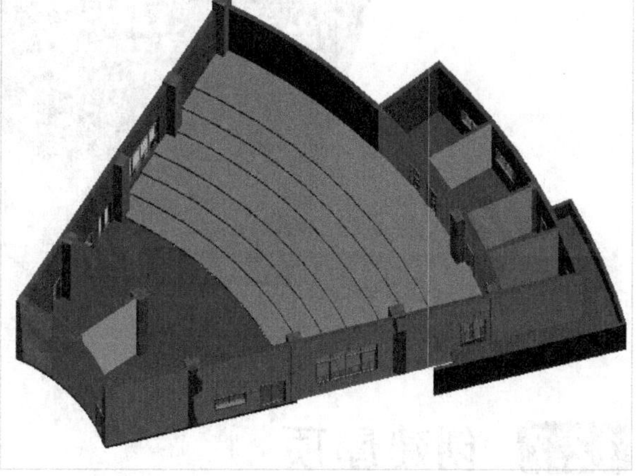

图12-78

12.6.4 创建外墙护围的楼梯

执行“建筑”选项卡中的“楼梯”命令，如图12-79所示；然后在“属性”面板中设置楼梯类型为“组合楼梯 190mm最大梯面250mm梯段”，并设置具体参数；接着选择“梯段”右侧的“直梯”工具▥，在外墙护围楼板处创建楼梯，并单击“完成编辑模式”按钮✔，如图12-80所示。完成后的效果如图12-81所示。

图12-79

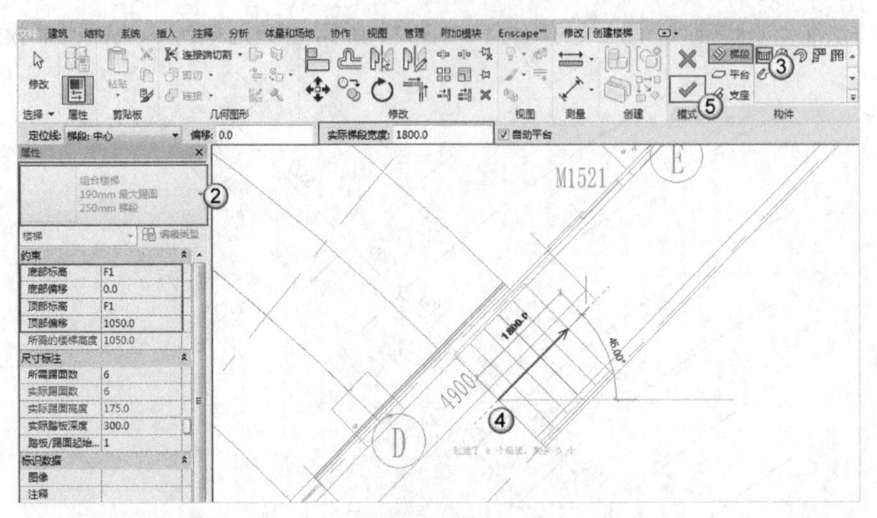

图12-80

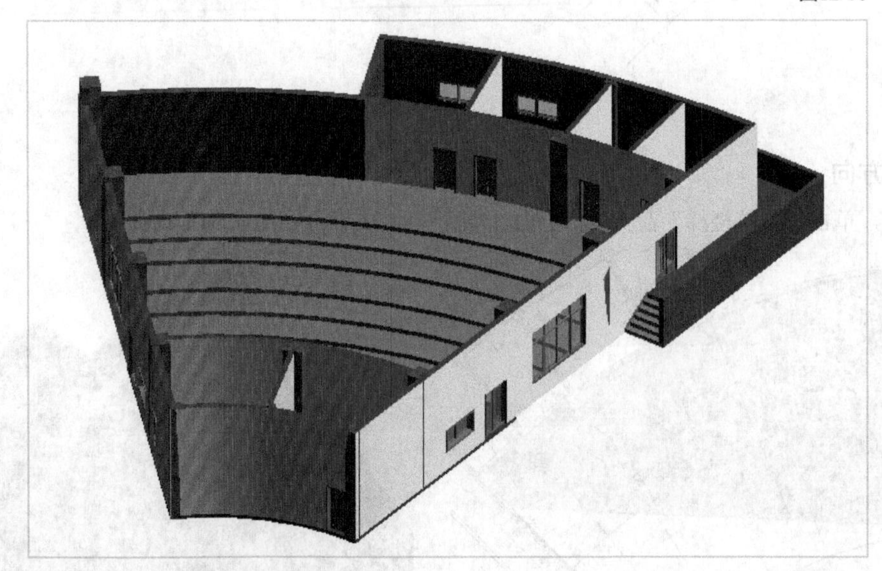

图12-81

12.7 创建屋顶

本节进行阶梯教室的封顶操作，即创建屋顶。在创建屋顶时，本节会根据阶梯教室的特点，将屋顶分为两个部分：一部分是阶梯地面处和最高阶梯处的迹线屋顶，另一部分是阶梯部分的异形屋顶。

12.7.1 创建迹线屋顶

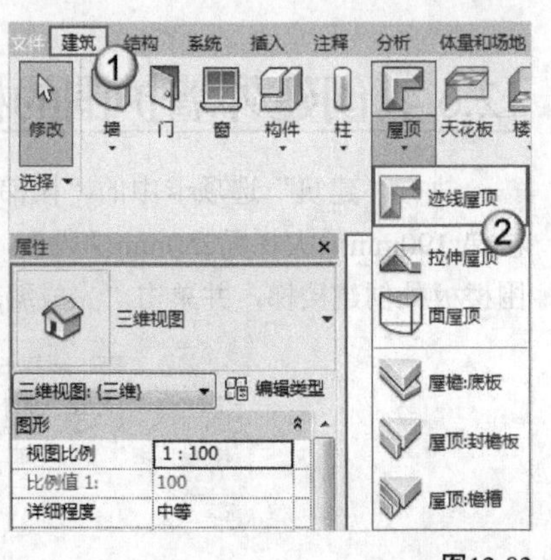

图12-82

01 在“建筑”选项卡中执行“屋顶>迹线屋顶”命令，如图12-82所示；然后在“属性”面板中设置屋顶类型为“基本屋顶 常规-150”，并设置“底部标高”为F2、“自标高的底部偏移”为-150；接着取消勾选选项栏中的“定义坡度”选项，并选择“拾取线”工具，在视图中创建图12-83所示的轮廓，单击“完成编辑模式”按钮✔。

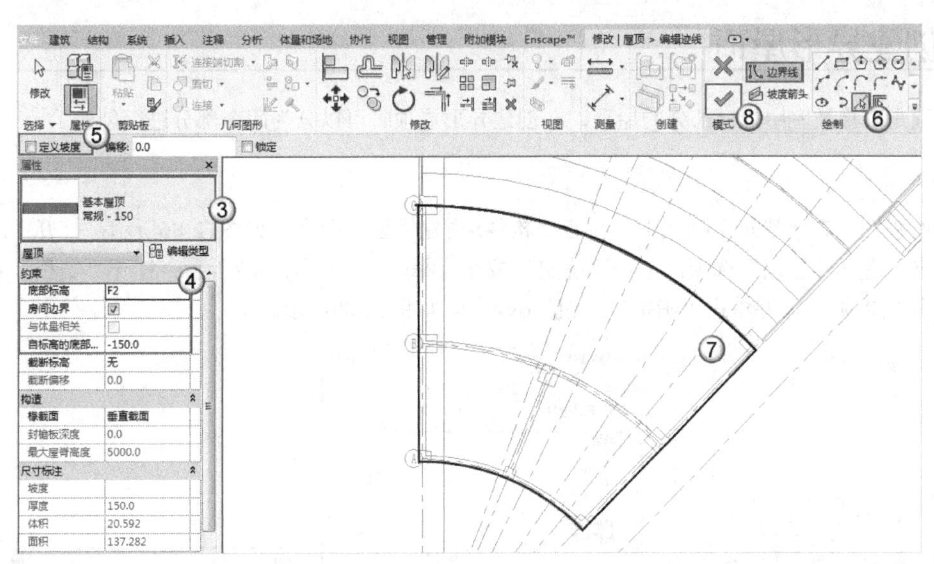

图12-83

02 用同样的方法创建最高阶梯处的屋顶，如图12-84所示，效果如图12-85所示。

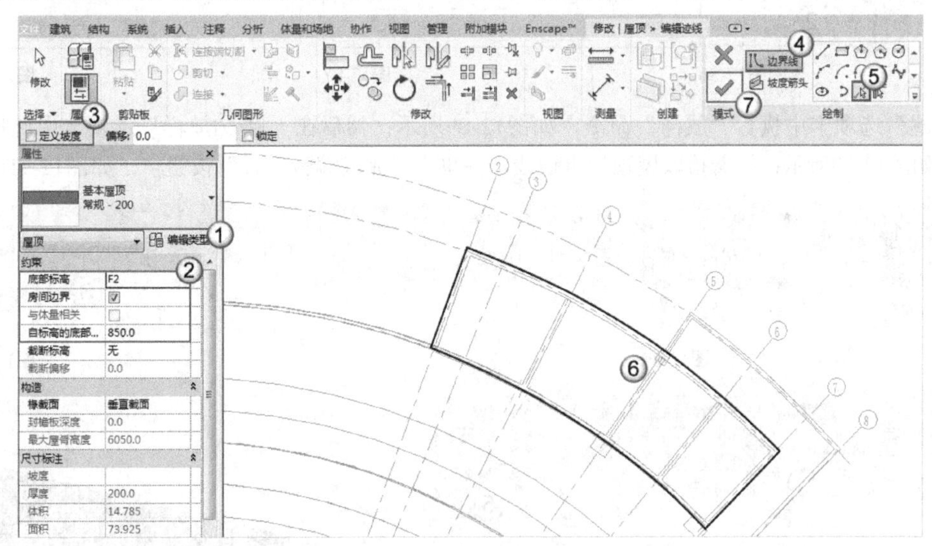

图12-84

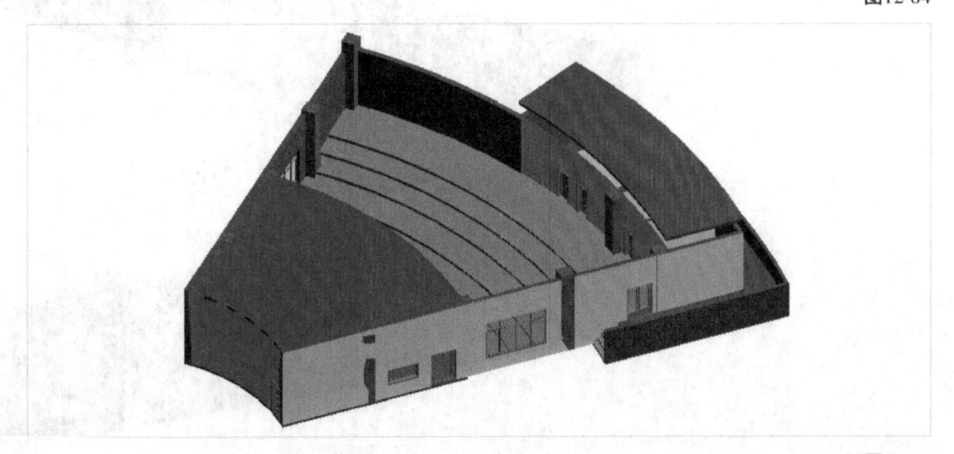

图12-85

12.7.2 创建异形屋顶

异形屋顶是阶梯教室中阶梯部分的屋顶，在创建异形屋顶时可以分为两个部分进行创建。

异形屋顶1

01 进入三维视图，在“建筑”选项卡中执行“构件>内建模型”命令，如图12-86所示；打开“族类别和族参数”对话框，选择“屋顶”选项，单击“确定”按钮 确定(O) ，如图12-87所示；打开“名称”对话框，设置“名称”为“屋顶1”，并单击“确定”按钮 确定(O) ，如图12-88所示。

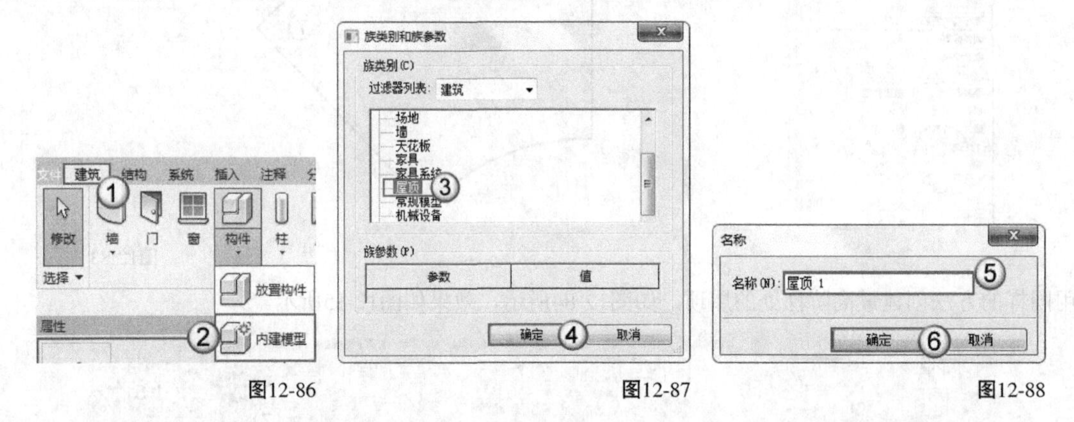

图12-86　图12-87　图12-88

02 在“创建”选项卡中执行“放样”命令，如图12-89所示；然后在“修改|放样”选项卡中选择“拾取路径”工具，如图12-90所示；接着拾取屋顶的上边线，并单击“完成编辑模式”按钮✔，如图12-91所示。

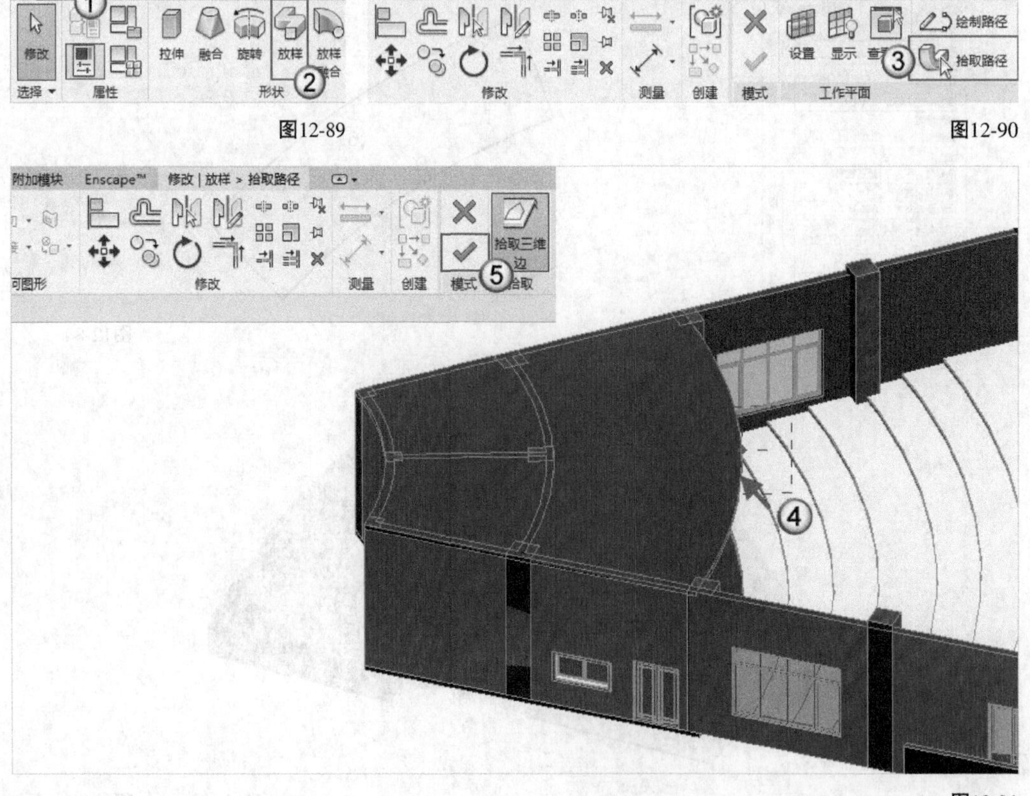

图12-89　图12-90

图12-91

03 单击视图中的“右”，进入三维视图中的“右”立面视图，然后在“修改|放样”选项卡中选择“编辑轮廓”工具，如图12-92所示。

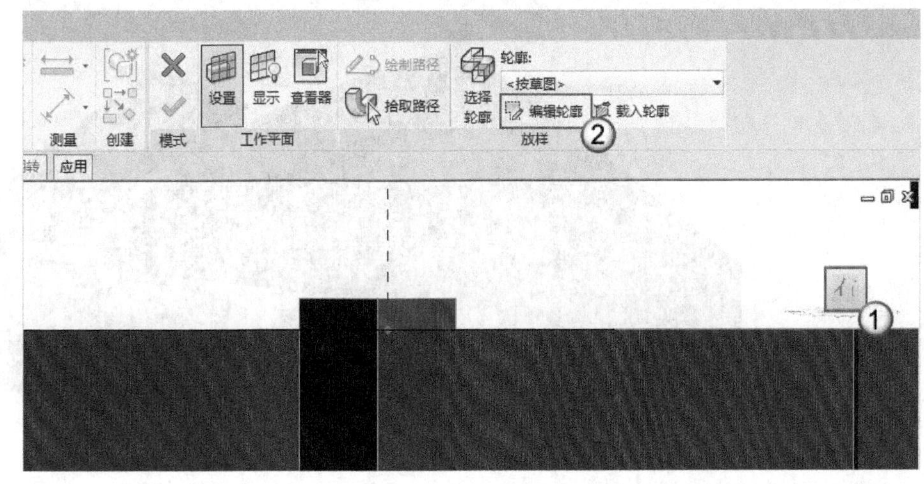

图12-92

04 选择“线”工具☐，创建图12-93所示的轮廓，并单击“完成编辑模式”按钮✔；然后再次单击“完成编辑模式”按钮✔，如图12-94所示；接着单击“完成模型”按钮✔，如图12-95所示。完成后的效果如图12-96所示。

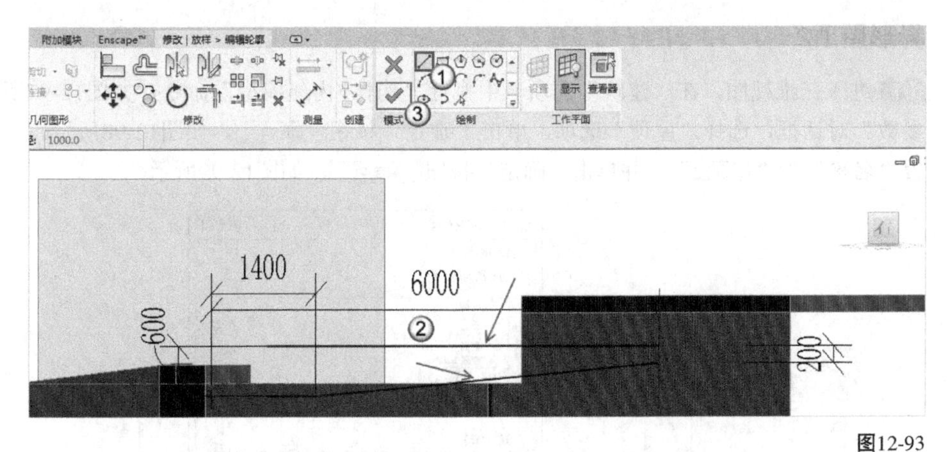

图12-93

图12-94

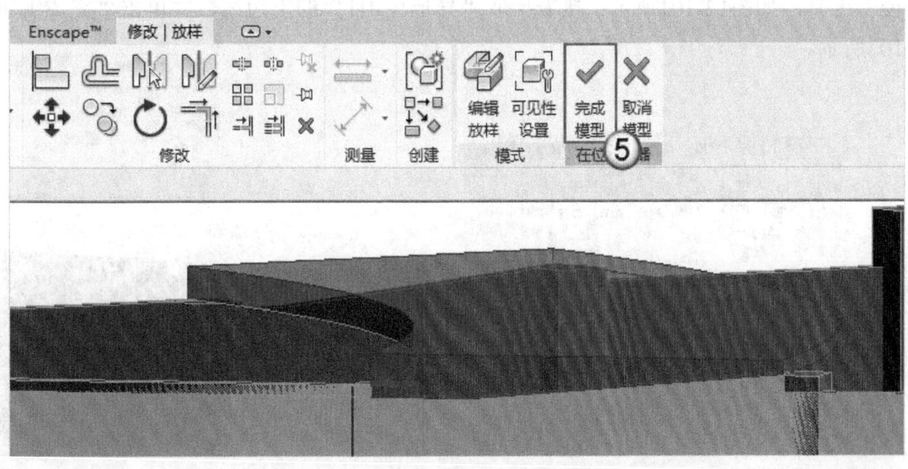

图12-95

图12-96

异形屋顶2

01 进入三维视图，在“建筑”选项卡中执行“构件>内建模型”命令，如图12-97所示；打开“族类别和族参数”对话框，选择“屋顶”选项，单击“确定”按钮 确定(O) ，如图12-98所示；打开“名称”对话框，设置“名称”为“屋顶2”，并单击“确定”按钮 确定(O) ，如图12-99所示。

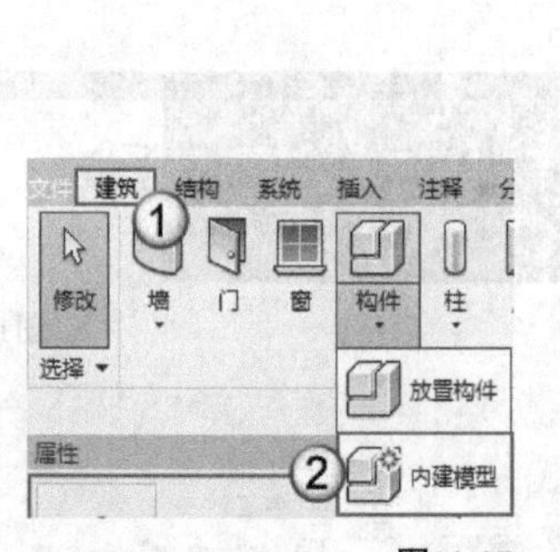

图12-97

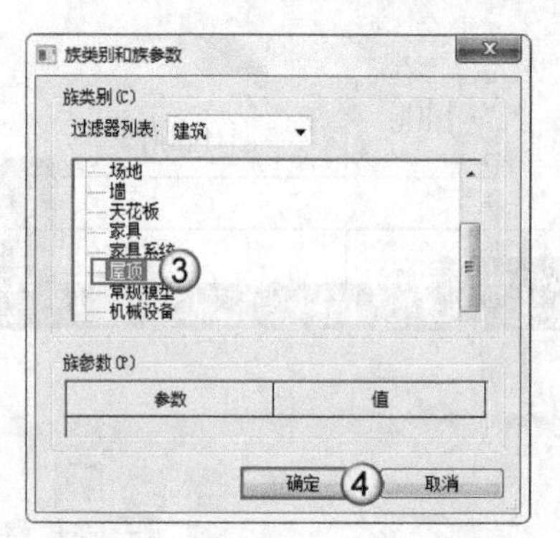

图12-98

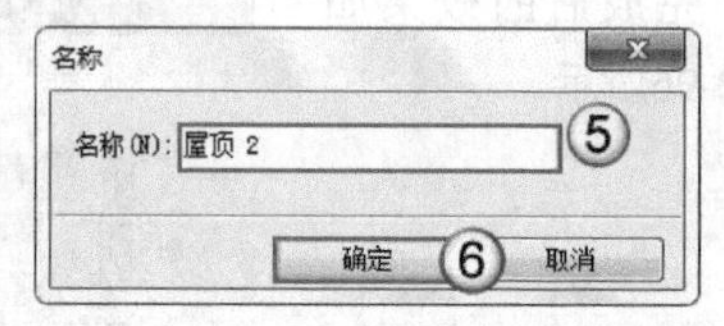

图12-99

02 在“创建”选项卡中执行“放样”命令，如图12-100所示；然后在“修改|放样”选项卡中选择“拾取路径”工具，如图12-101所示；接着拾取“异形屋顶1”的上边线，并单击“完成编辑模式”按钮✔，如图12-102所示。

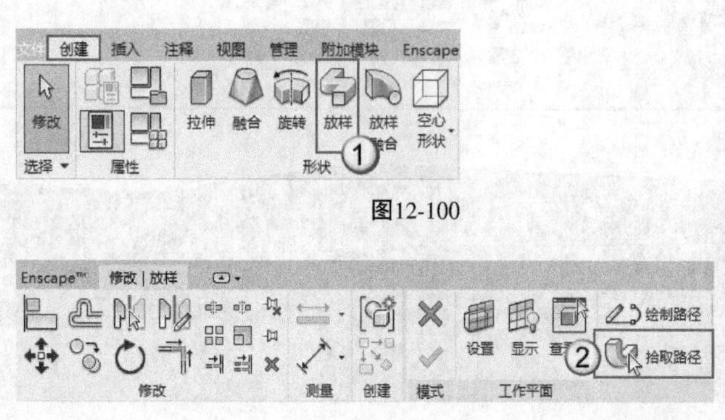

图12-100

图12-101

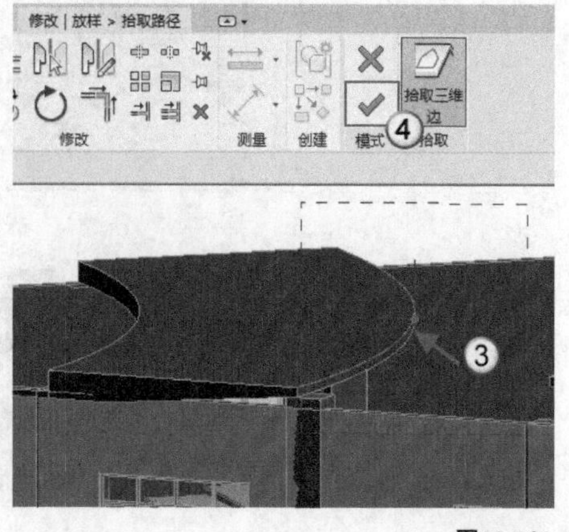

图12-102

03 单击视图中的“右”，进入三维视图中的“右”立面视图，然后在“修改|放样”选项卡中选择“编辑轮廓”工具，如图12-103所示。

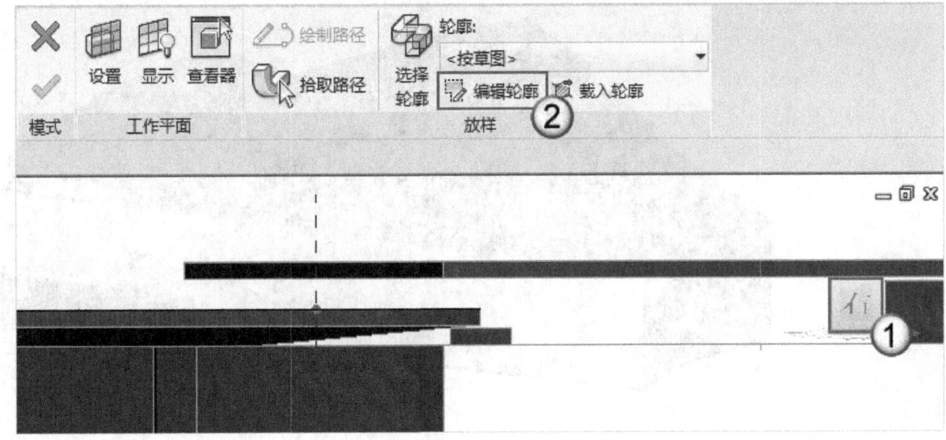

图12-103

04 选择“线”工具，创建图12-104所示的轮廓，并单击“完成编辑模式”按钮；然后再次单击“完成编辑模式”按钮，如图12-105所示；接着单击“完成模型”按钮，如图12-106所示。完成后的效果如图12-107所示。

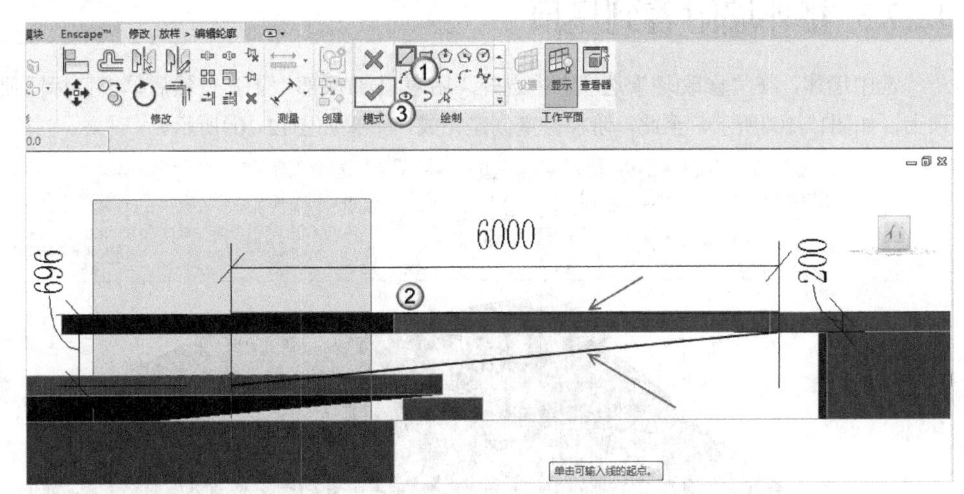

图12-104

图12-105

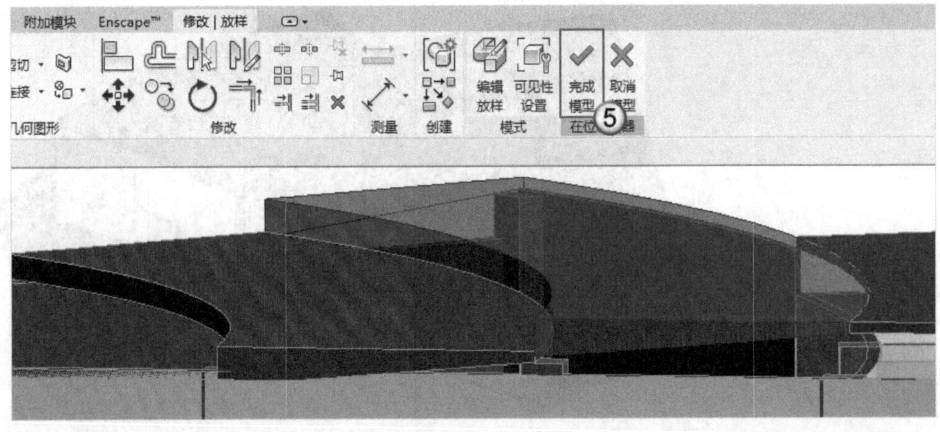

图12-106

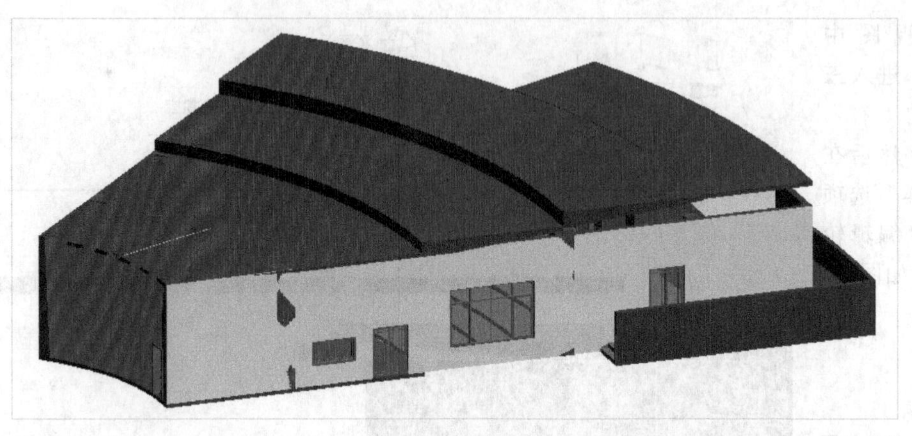

图12-107

12.7.3 将外墙附着到屋顶

选中墙体，在“修改|墙”选项卡中选择“附着顶部/底部”工具，然后单击目标屋顶，将外墙附着到该屋顶上，如图12-108所示。至此，阶梯教室创建完成，效果如图12-109所示。

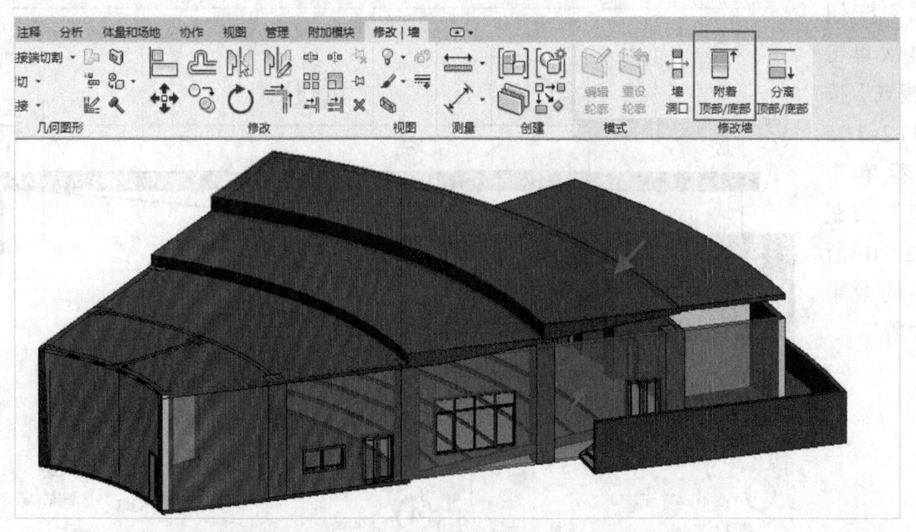

图12-108

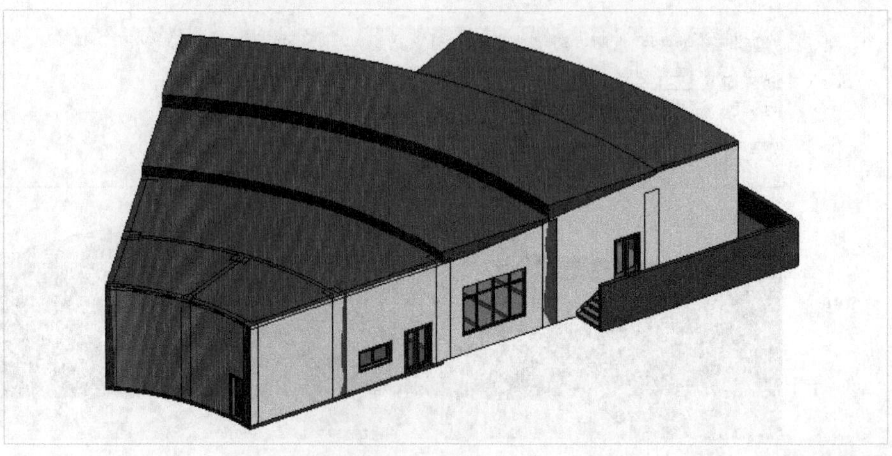

图12-109

附录1 Revit 2018常用快捷键

建模与绘图	快捷键
墙	W+A
门	D+R
窗	W+N
放置构件	C+M
房间	R+M
房间标记	R+T
轴线	G+R
文字	T+X
对齐标注	D+I
标高	L+L
工程点标注	E+L
绘制参照平面	R+P
按类别标记	T+G
模型线	L+I
详图线	D+L

捕捉/替换常用工具	快捷键
捕捉远距离对象	S+R
象限点	S+Q
垂足	S+P
最近点	S+N
中点	S+M
交点	S+I
端点	S+E
中心	S+C
捕捉到云点	P+C
点	S+X
工作平面网格	S+W
切点	S+T
关闭替换	S+S
形状闭合	S+Z
关闭捕捉	S+O

标记修改工具	快捷键
图元属性	P+P或Ctrl+1
删除	D+E
移动	M+V
复制	C+O
定义旋转中心	R+3或空格键
旋转	R+O
阵列	A+R
镜像-拾取轴	M+M
创建组	G+P
锁定位置	P+P
解锁位置	U+P
匹配对象类型	M+A
线处理	L+W
填色	P+T
拆分区域	S+F
对齐	A+L
拆分图元	S+L
修剪延伸	T+R
在整个项目中选择全部实例	S+A
偏移	O+F
重复上一个命令	R+C或Enter
恢复上一次选择	Ctrl+←

控制视图	快捷键
区域放大	Z+R
缩放设置	Z+F
上一次缩放	Z+P
动态视图	F8或Shift+W
线框显示模式	W+F
隐藏线显示模式	W+F
带边框着色显示模式	S+D
细线显示模式	T+L
视图图元属性	V+P
可见性图形	V+V/V+G
临时隐藏图元	H+H
临时隔离图元	H+I
临时隐藏类别	H+C
临时隔离类别	I+C
重设临时隐藏	H+R
隐藏图元	E+H
隐藏类别	V+H
取消隐藏图元	E+U
取消隐藏类别	V+U
切换显示隐藏图元模式	R+H
渲染	R+R
快捷键定义窗口	K+S
视图窗口平铺	W+T
视图窗口层叠	W+C

附录2 Revit 2018安装配置清单

最低配置清单	
操作系统	Windows 7 64 位 Windows 8.1 64 位 Windows 10 64 位
CPU 类型	核心配置4核 i3或同级AMD
显卡	至少有1GB显存的NVIDIA卡或ATI卡，支持 DirectX 11 和Shader Model 3
内存	4GB
显示器	分辨率为1280×1024的真彩色显示器
磁盘空间	5GB
浏览器	Microsoft Internet Explorer 7.0
网络	连接状态

性价比配置清单	
操作系统	Windows 7 64 位 Windows 8.1 64 位 Windows 10 64 位
CPU 类型	核心配置4核 i5或同级AMD
显卡	至少有2GB显存的 NVIDIA卡或ATI卡，支持 DirectX 11 和Shader Model 3
内存	8GB
显示器	分辨率为1920×1080的真彩色显示器
磁盘空间	10GB
浏览器	Microsoft Internet Explorer 7.0及以上
网络	连接状态

高端配置清单	
操作系统	Windows 7 64 位 Windows 8.1 64 位 Windows 10 64 位
CPU 类型	核心配置8核 i7或同级AMD
显卡	至少有3GB显存的 NVIDIA卡或ATI卡，支持 DirectX 11 和Shader Model 3
内存	16GB
显示器	分辨率为1920×1080的真彩色显示器
磁盘空间	10GB
浏览器	Microsoft Internet Explorer 7.0及以上
网络	连接状态